単体の性状 注2

- 気体
- 液体
- 固体（融点500℃以下）
- 固体（融点500℃以上）
- 未確定

陰性・非金属性 → 大

注2 固体の状態は，常温・常圧におけるふつうの結晶型の場合を示す。リンには黄リンと赤リンとが存在するが，ここでは黄リンの場合を示す。なお，100～118番元素は，いずれも放射性の人工元素で，寿命が短いため正確なデータが得られていない。

陰性・非金属性 ↑

10	11	12	13	14	15	16	17	18
								2 He ヘリウム 4.003
			5 B ホウ素 10.81	6 C 炭素 12.01	7 N 窒素 14.01	8 O 酸素 16.00	9 F フッ素 19.00	10 Ne ネオン 20.18
			13 Al アルミニウム 26.98	14 Si ケイ素 28.09	15 P リン 30.97	16 S 硫黄 32.07	17 Cl 塩素 35.45	18 Ar アルゴン 39.95
28 Ni ニッケル 58.69	29 Cu 銅 63.55	30 Zn 亜鉛 65.38	31 Ga ガリウム 69.72	32 Ge ゲルマニウム 72.63	33 As ヒ素 74.92	34 Se セレン 78.97	35 Br 臭素 79.90	36 Kr クリプトン 83.80
46 Pd パラジウム 106.4	47 Ag 銀 107.9	48 Cd カドミウム 112.4	49 In インジウム 114.8	50 Sn スズ 118.7	51 Sb アンチモン 121.8	52 Te テルル 127.6	53 I ヨウ素 126.9	54 Xe キセノン 131.3
78 Pt 白金 195.1	79 Au 金 197.0	80 Hg 水銀 200.6	81 Tl タリウム 204.4	82 Pb 鉛 207.2	83 Bi ビスマス 209.0	84 Po ポロニウム (210)	85 At アスタチン (210)	86 Rn ラドン (222)
110 Ds ダームスタチウム (281)	111 Rg レントゲニウム (280)	112 Cn コペルニシウム (285)	113 Nh ニホニウム (278)	114 Fl フレロビウム (289)	115 Mc モスコビウム (289)	116 Lv リバモリウム (293)	117 Ts テネシン (293)	118 Og オガネソン (294)
			典型元素					
			3	4	5	6	7 ハロゲン	0 貴ガス

64 Gd ガドリニウム 157.3	65 Tb テルビウム 158.9	66 Dy ジスプロシウム 162.5	67 Ho ホルミウム 164.9	68 Er エルビウム 167.3	69 Tm ツリウム 168.9	70 Yb イッテルビウム 173.0	71 Lu ルテチウム 175.0
96 Cm キュリウム (247)	97 Bk バークリウム (247)	98 Cf カリホルニウム (252)	99 Es アインスタイニウム (252)	100 Fm フェルミウム (257)	101 Md メンデレビウム (258)	102 No ノーベリウム (259)	103 Lr ローレンシウム (262)

遷移元素

本書の特徴と使い方

本書は，大学入学共通テストの対策を目的とした問題集です。大学入学共通テストは，「知識の理解の質を問う問題」や「思考力・判断力・表現力を発揮して解く問題」を中心に作成されています。このような問題に対応するためには，きちんとした知識の習得と，それを活用する問題演習が重要となります。そのうえで，学習しやすいように「問題タイプ別」に編集しました。自分の弱いタイプの問題が攻略できるように工夫してあります。

使いやすい「問題タイプ別」の構成で，短期完成にも最適。

○知識の確認

表や図などを用いて重要事項をまとめました。さらにその内容を空欄補充して，記憶に定着するようにしました。

○計算問題対策／**実験・グラフ問題**対策／**思考問題**対策

- 計算問題の解き方をていねいに説明しました。別解も取りあげ，いろいろなアプローチを試みることでより確かな計算力が身につくように配慮しました。
- 実験問題を解くときのポイント，必要な知識をまとめました。また，グラフ問題については，具体例を示しながら解き方のコツを解説しました。
- 長文問題やデータ分析問題を中心に取りあげました。問題文の読みとり方に重点を置いて説明しました。

○模擬問題

巻末に2回分の模擬問題を収録しました。大学入学共通テストに近い形式で問題作成を行っています。実力を確実なものにするため，あるいは，最後のチェックとして利用してください。

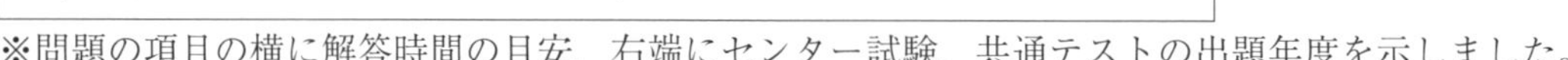
※問題の項目の横に解答時間の目安，右端にセンター試験，共通テストの出題年度を示しました。

別冊解答は2色刷りで，ていねいな解説。内容が理解しやすい。

▶攻略のPoint　解法の方針を示しました。

まとめ　問題を解くうえでのポイントを示しました。

注意!　間違えやすい箇所をまとめました。

大学入学共通テスト「化学」の分析と対策

最新の大学入学共通テスト「化学」の分析を右記のWebページに掲載しました。入試傾向の把握とその対策にご活用ください。

実教出版

問題タイプ別 大学入学共通テスト対策問題集 化学 Chemistry

目次 | contents

裏表紙のQRコードより，右記のコンテンツをご覧いただけます。

①問題（Microsoft Forms）
②解答（pdf）
③ POINT（第1編）の解説動画
④思考問題（第4編）の解説動画

1―0 化学基礎の復習

1 ―原子の構造

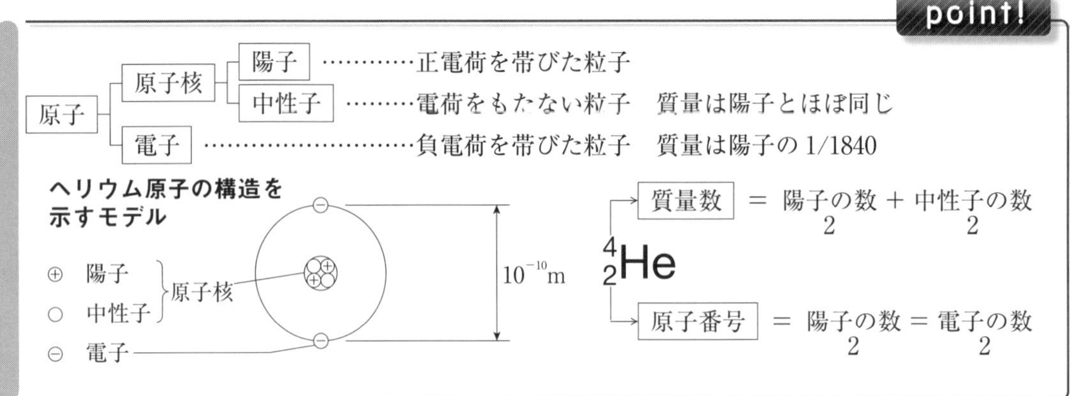

1 原子の中心には，原子核がある。これは正の電荷をもつ①______と電荷をもたない②______からできている。また，原子核のまわりを負の電荷をもつ③______が回っている。電子の質量は非常に小さいので，原子の質量は①の数と②の数の和で決まる。この和を④______という。

原子核中の①の数と，そのまわりを回っている③の数は等しいので，原子全体としては電荷をもたず，電気的に⑤______である。

2 元素記号の左下に⑥______を，左上に④を付記する。⑥が等しく，④が異なる原子を互いに同位体(アイソトープ)という。同位体は，⑦______の数が異なるだけで，その化学的性質はほとんど同じになる。

2 ―電子配置

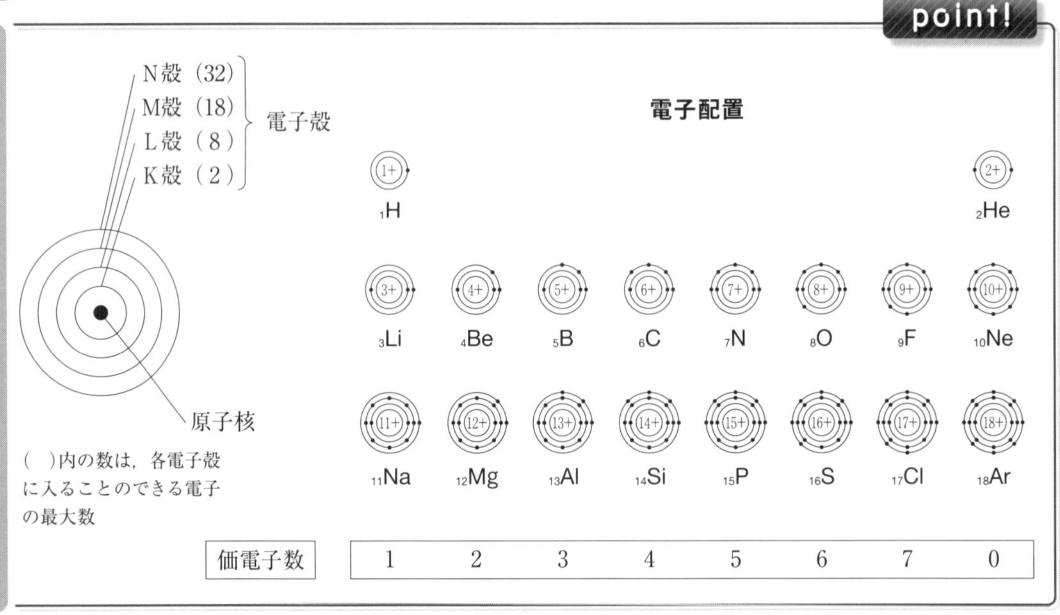

答 ①陽子 ②中性子 ③電子 ④質量数 ⑤中性 ⑥原子番号 ⑦中性子

1　電子はいくつかの層(電子殻という)に分かれて，原子核のまわりを回っている。電子殻は内側から順に①＿＿＿＿殻，②＿＿＿＿殻，③＿＿＿＿殻と呼ばれる。それぞれの電子殻に入ることのできる電子の最大数は決まっていて，内側から n 番目の電子殻に入る最大数は④＿＿＿＿と表すことができる。例えば，内側から 3 番目の M 殻では⑤＿＿＿＿個の電子が入ることができる。

2　原子番号順に見ていくと，最外殻電子(最も外側の電子殻の電子)の数は周期的に変化する。最外殻電子は，原子核からの引力が弱いこと，最も外側にあることから，原子がイオンになったり，原子どうしが結合するときに重要な役割を果たす。そのため⑥＿＿＿＿と呼ばれる。ただし，貴ガスは安定でイオンになったり結合することがないので，⑥の数は⑦＿＿＿＿とみなす。

3 ●—イオン化エネルギーと電子親和力

point!

イオン化エネルギーが小さい原子
　→ 陽イオンになりやすい。

電子親和力が大きい原子
　→ 陰イオンになりやすい。

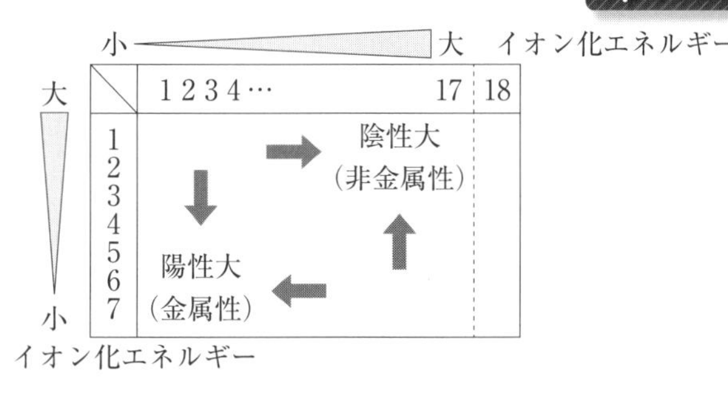

1　原子から電子を 1 個取り去って陽イオンにするために必要なエネルギーを原子の⑧＿＿＿＿エネルギーという。同一周期の元素では⑨＿＿＿＿族が最小で最も陽イオンになりやすく，18 族が最大。

2　原子が電子を 1 個受け取って陰イオンになるときに放出するエネルギーを原子の⑩＿＿＿＿という。同一周期の元素では，17 族の⑪＿＿＿＿が最大で，陰イオンになりやすい。

4 ●—化学結合

point!

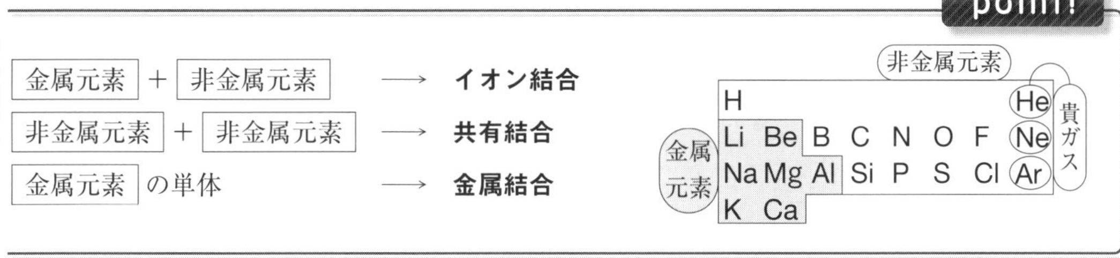

結合の種類の見分け方　一般に，その物質を構成する元素で判断することができる。アンモニア分子 NH_3 は⑫＿＿＿＿結合，塩化カルシウム $CaCl_2$ は⑬＿＿＿＿結合，カリウム K の単体は⑭＿＿＿＿結合でできている。

答 ①K　②L　③M　④$2n^2$　⑤$2\times3^2=18$　⑥価電子　⑦0　⑧イオン化　⑨1　⑩電子親和力　⑪ハロゲン　⑫共有　⑬イオン　⑭金属

第1編 知識の確認
第2編 計算問題対策
第3編 実験・グラフ問題対策
第4編 思考問題対策
第5編 模擬問題

1 イオン結合

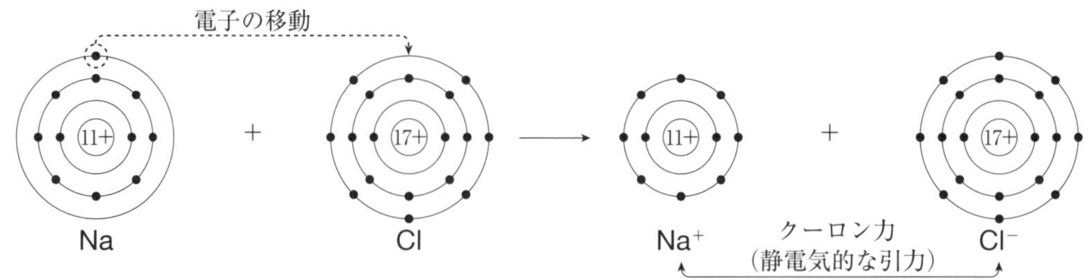

価電子の授受により，金属元素の原子が①＿＿＿イオンに，非金属元素の原子が②＿＿＿イオンとなり，これが互いに静電気的な引力である③＿＿＿力で引き合って結びついている結合である。

2 共有結合

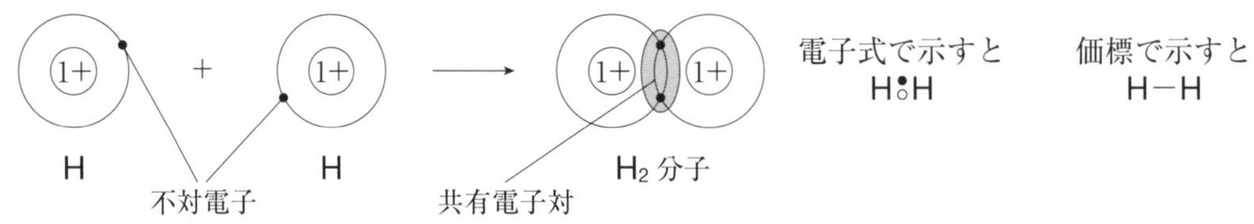

非金属元素どうしが，それぞれの不対電子を共有することにより④＿＿＿原子と同じ電子配置となる。このように電子を共有することにより形成される結合が⑤＿＿＿結合である。

電子式で表したとき，各原子のまわりに⑥＿＿＿個の電子があると安定になる(H では2個)。

共有結合に使われている電子対を⑦＿＿＿，はじめから電子対になっており，原子間で共有されていない電子対を⑧＿＿＿という。

3 金属結合

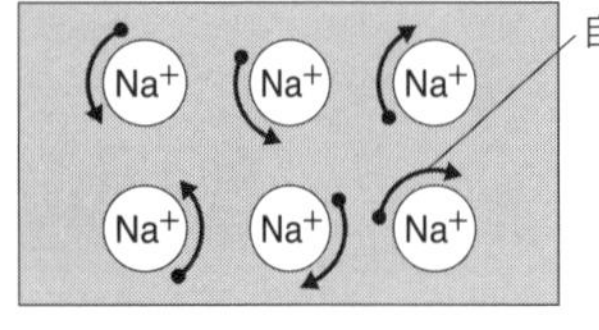

最外電子殻の一部が重なり合い，この重なり合った電子殻を伝わって金属全体を移動する電子を⑨＿＿＿という。この電子による結合が金属結合であり，そのため，金属は⑩＿＿＿や⑪＿＿＿をよく伝える。

4 配位結合

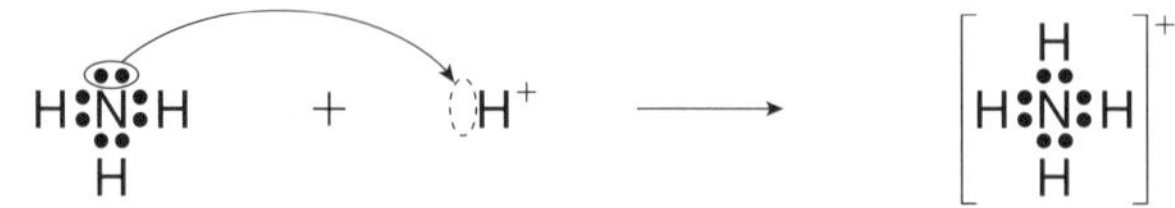

一方の原子の⑫＿＿＿が，もう一方の原子にそのまま提供されてできる共有結合を配位結合という。アンモニアや水の分子の⑫が H^+ に提供され共有されると安定な⑬＿＿＿イオンや⑭＿＿＿イオンができる。

このとき，配位結合は，もとからある共有結合と結合のできる過程が異なるだけで区別することはできない。

金属イオンに分子またはイオンが配位してできたイオンが⑮＿＿＿である。例えば，Cu^{2+} にアンモニア分子 NH_3 が4個配位すると⑯＿＿＿(化学式)になる。

答 ①陽　②陰　③クーロン　④貴ガス　⑤共有　⑥8　⑦共有電子対　⑧非共有電子対　⑨自由電子　⑩・⑪熱，電気　⑫非共有電子対　⑬アンモニウム　⑭オキソニウム　⑮錯イオン　⑯$[Cu(NH_3)_4]^{2+}$

5 ●―電気陰性度と分子の極性

point!

電気陰性度 …電子を引きつける力の強さを示す。

周期表の右上にあるほど
　　陰性が強い ⟶ 電気陰性度(大)
周期表の左下にあるほど
　　陽性が強い ⟶ 電気陰性度(小)

※貴ガス原子はほとんど結合しないので，電気陰性度は定められない。

周期＼族	1	2	13	14	15	16	17	18
1	H 2.2							He
2	Li 1.0	Be 1.6	B 2.0	C 2.6	N 3.0	O 3.4	F 4.0	Ne
3	Na 0.9	Mg 1.3	Al 1.6	Si 1.9	P 2.2	S 2.6	Cl 3.2	Ar

	二原子分子		多原子分子		
無極性分子	水素 H−H	塩素 Cl−Cl	二酸化炭素 $O^{\delta-}=C^{\delta+}=O^{\delta-}$ (直線形)	メタン $H^{\delta+}$, $C^{\delta-}$, $H^{\delta+}$, $H^{\delta+}$, $H^{\delta+}$ (正四面体形)	四塩化炭素 $Cl^{\delta-}$, $C^{\delta+}$, $Cl^{\delta-}$, $Cl^{\delta-}$, $Cl^{\delta-}$ (正四面体形)
極性分子	塩化水素 $H^{\delta+}-Cl^{\delta-}$		水 $O^{\delta-}$, $H^{\delta+}$, $H^{\delta+}$ (折れ線形)	アンモニア $N^{\delta-}$, $H^{\delta+}$, $H^{\delta+}$, $H^{\delta+}$ (三角錐形)	

電気陰性度の大きな原子ほど，電子を①＿＿＿＿＿ので，結合に電荷のかたよりを生じる。これを結合の②＿＿＿＿という。

分子全体として極性を示す分子を③＿＿＿＿，極性を示さない分子を④＿＿＿＿＿という。CO_2 は，C=O 結合に極性があるが，分子が直線形であるため，互いに打ち消し合って⑤＿＿＿＿分子になる。H_2O は分子の形が⑥＿＿＿＿であるため，分子全体で極性が打ち消されず，⑦＿＿＿＿分子になる。

6 ●―分子間力(ファンデルワールス力と水素結合)

point!

分子間に働く弱い力を**分子間力**という。

- 分子間力
  - ファンデルワールス力
    - すべての分子の間に働く引力
    - 極性分子間に働く静電気的引力
  - 水素結合

N_2 や CO_2 のような無極性分子をはじめとして，すべての分子に働いている弱い引力と，HCl のような極性分子間に働く静電気的引力をまとめて⑧＿＿＿＿＿＿＿＿という。一般に分子構造が似ている物質では，⑨＿＿＿＿が大きいほど分子間力は大きく，沸点も高くなる。

また，分子量が同程度の分子を比べたとき，極性をもつ分子の方が静電気的引力が加わるため，沸点は⑩＿＿＿＿くなる。

F，O，N のように電気陰性度の大きな原子と水素原子が結合した分子⑪＿＿＿＿，⑫＿＿＿＿，⑬＿＿＿＿には，水素原子をなかだちとした強い分子間力である⑭＿＿＿＿が生じる。

答 ①引きつける　②極性　③極性分子　④無極性分子　⑤無極性　⑥折れ線形　⑦極性
⑧ファンデルワールス力　⑨分子量　⑩高　⑪・⑫・⑬ HF，H_2O，NH_3　⑭水素結合

演習問題

1　原子の構造　3分　15●

水素以外の原子に関する記述として**誤りを含むもの**を，次の①～⑤のうちから一つ選べ。 1

① 原子は，原子核と電子から構成される。
② 原子核は，陽子と中性子から構成される。
③ 原子核の大きさは，原子の大きさに比べてきわめて小さい。
④ 原子番号と質量数は等しい。
⑤ 原子番号が同じで中性子の数が異なる原子どうしは，互いに同位体である。

2　原子の構造　3分　18●

表1に示す陽子数，中性子数，電子数をもつ原子または単原子イオン**ア**～**カ**の中で，陰イオンのうち質量数が最も大きいものを，下の①～⑥のうちから一つ選べ。 2

表 1

	陽子数	中性子数	電子数
ア	16	18	18
イ	17	18	18
ウ	17	20	17
エ	19	20	18
オ	19	22	19
カ	20	20	18

① **ア**　② **イ**　③ **ウ**　④ **エ**　⑤ **オ**　⑥ **カ**

3　電子配置　3分　15(追)●

周期表中の水素以外の典型元素に関する記述として**誤りを含むもの**を，次の①～⑤のうちから一つ選べ。 3

① 同族元素の原子は，同数の価電子をもつ。
② 同族元素の原子は，同じ電子配置をもつ。
③ 同族元素では，化学的性質が互いに類似している。
④ 同一周期では，右にある原子ほど陽子の数が多くなる。
⑤ 第3周期の原子では，最外殻電子がM殻にある。

4　イオンの電子配置　4分　16●

アルゴン原子と電子配置が同じイオンはどれか。正しいものを，次の①～⑧のうちから一つ選べ。 4

① Al^{3+}　② Br^{-}　③ F^{-}　④ K^{+}
⑤ Mg^{2+}　⑥ Na^{+}　⑦ O^{2-}　⑧ Zn^{2+}

5 イオン化エネルギー 3分

17(追)●

イオンとその生成に関する記述として**誤りを含むもの**を，次の①～⑤のうちから一つ選べ。 5

① イオン化エネルギー(第一イオン化エネルギー)が小さい原子は，陽イオンになりやすい。

② 電子親和力が大きい原子は，陰イオンになりやすい。

③ 17族元素の原子は，同一周期の他の元素の原子と比較して，陰イオンになりやすい。

④ 18族元素の原子は，同一周期の中でイオン化エネルギー(第一イオン化エネルギー)が最も大きい。

⑤ 2族元素の原子の2価の陽イオンは，同一周期の貴ガスと同じ電子配置である。

6 非共有電子対 4分

17●

次のa・bに当てはまるものを，それぞれの解答群の①～⑤のうちから一つずつ選べ。

a 固体が分子結晶のもの 6

① 黒 鉛　② ケイ素　③ ミョウバン

④ ヨウ素　⑤ 白 金

b 分子が非共有電子対を4組もつもの 7

① 塩化水素　② アンモニア　③ 二酸化炭素

④ 窒 素　⑤ メタン

7 極性分子と無極性分子 5分

17●

次の分子**ア**～**カ**には，下の記述(a・b)に当てはまる分子がそれぞれ二つずつある。その分子の組合せとして最も適当なものを，下の①～⑧のうちから一つずつ選べ。

ア CO_2　**イ** Cl_2　**ウ** NH_3　**エ** H_2　**オ** H_2O　**カ** CH_4

a 分子内の結合に極性がなく，分子全体としても極性がない。 8

b 分子内の結合に極性があるが，分子全体としては極性がない。 9

① **ア**と**オ**　② **ア**と**カ**　③ **イ**と**ウ**　④ **イ**と**エ**

⑤ **ウ**と**エ**　⑥ **ウ**と**オ**　⑦ **エ**と**オ**　⑧ **オ**と**カ**

8 化学結合 3分

化学結合に関する次の記述①～⑤のうちから，**誤りを含むもの**を一つ選べ。 10

① アンモニア NH_3 と水素イオン H^+ で NH_4^+ ができるように，NH_3 と Cu^{2+} のイオン結合で錯イオンの $[Cu(NH_3)_4]^{2+}$ が形成される。

② ポリエチレンは，付加重合により連なった構造をもっている。

③ 塩化カリウムはイオン結晶であり，カリウムイオンと塩化物イオンが静電気的な引力で結びついている。

④ 金属銅には自由電子が存在し，電気をよく導く。

⑤ ダイヤモンドは共有結合の結晶であり，非常に硬く，融点が高い。

1—1 状態変化

1 ●—蒸気圧と沸騰

point!

気液平衡の状態では

（蒸発する分子の数）＝（凝縮する分子の数）

このときの蒸気の示す圧力が**飽和蒸気圧（蒸気圧）**であり，温度と蒸気圧の関係を示す曲線が蒸気圧曲線（右図）である。

蒸気圧が外圧（大気圧）に等しくなると沸騰が起こる。このときの温度を沸点という。

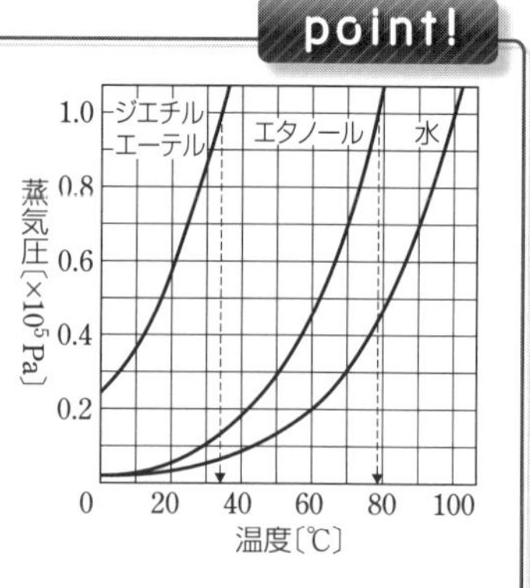

密閉容器に液体を入れておくと，蒸発する分子の数と①________する分子の数が等しくなって，見かけ上，蒸発が止まったかのような状態になる。これを②________という。

このとき，蒸気の示す圧力＝（飽和）蒸気圧については，次の1)，2)がいえる。

1) 蒸気圧は，温度が高くなるにつれて③________くなる。

2) 温度が一定であれば，蒸気圧は気体の体積を変えても④________。

蒸気圧が，外圧（大気圧）と等しくなると，液体の内部からも気泡が発生しはじめる。この現象が⑤________であり，液体の液面ばかりでなく，液体内部からも蒸発が起こっている。

1.0×10^5Paの大気圧のもとでは，上図の蒸気圧曲線から，水の沸点は⑥________℃，エタノールの沸点は⑦________℃，ジエチルエーテルの沸点は⑧________℃とわかる。

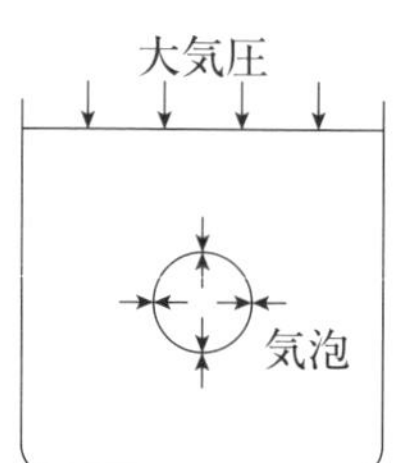

（蒸気圧）＝（大気圧）となると気泡は押しつぶされない。

2 ●—熱エネルギー

point!

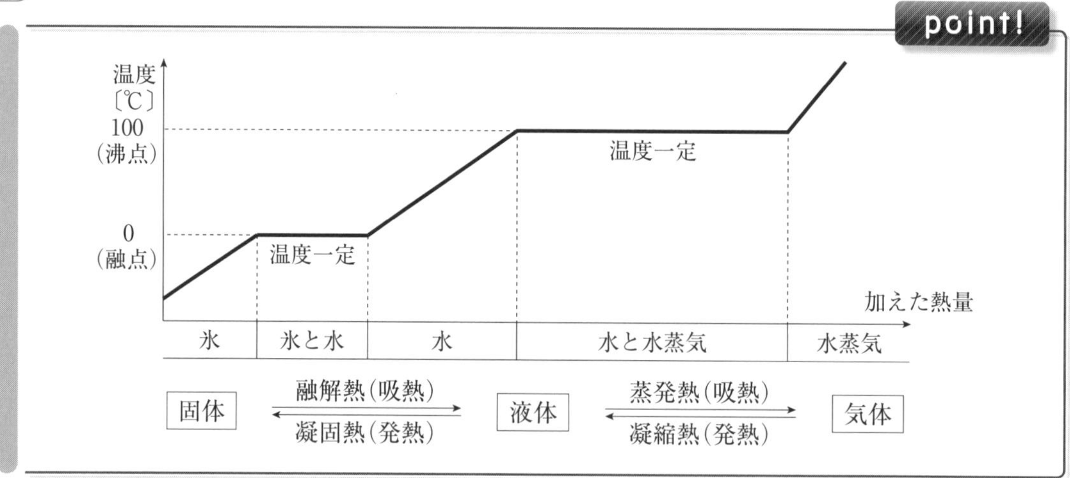

氷が融解しはじめると，外部から加えた熱は固体から液体になるのに使われ，温度は一定のままである。

固体1molが液体になるときに吸収する熱量を⑨________という。

また，液体1molがすべて蒸発して気体になるときに外部から吸収する熱量が⑩________である。

答 ①凝縮 ②気液平衡 ③高 ④一定である ⑤沸騰 ⑥100 ⑦78 ⑧34 ⑨融解熱 ⑩蒸発熱

例題 1 分子間力

物質の性質に関する次の記述①～④のうちから，下線部に**誤りを含むもの**を一つ選べ。

① ダイヤモンド，炭化ケイ素，ナフタレンのうちで，ナフタレンが最もやわらかいのは，ナフタレンが分子結晶をつくるからである。

② メタン，エタン，プロパンのうちで，プロパンの沸点が最も高いのは，ファンデルワールス力(分子間力)がプロパンの場合に最も小さいからである。

③ ほぼ同じ分子量をもつ CH_4，NH_3，Ne のうちで，NH_3 の沸点が最も高いのは，NH_3 分子が極性をもつからである。

④ 16族元素の水素化合物である H_2O，H_2S，H_2Se，H_2Te のうちで，H_2O の沸点が最も高いのは，H_2O 分子間の水素結合のためである。

① ダイヤモンド，炭化ケイ素の結晶は(ア　　　　)なので，非常に硬い。それに対して，ナフタレン $C_{10}H_8$ は分子間に働く分子間力で結晶をつくっている(分子結晶)。そのため，やわらかい。

② 性質や構造の似た分子では，分子量が大きくなるほどファンデルワールス力は(イ　　　)くなり，沸点は(ウ　　　)くなる。

メタン，エタン，プロパンのうち，プロパンの分子量が最も(エ　　　)いので，ファンデルワールス力が最も大きくなる。

③ 分子量がほぼ同じ分子では，極性分子の方が静電気的引力が加わるために，ファンデルワールス力は(オ　　　)くなり，沸点は(カ　　　)くなる。

④ 16族の水素化合物では，H_2O 分子間に(キ　　　)が働くため，沸点が異常に高くなる。

答 ア 共有結合の結晶　イ 強　ウ 高　エ 大き　オ 強　カ 高　キ 水素結合

解法のコツ

まず，①，②にあげられている物質の化学式を書く。

① ダイヤモンド　C
炭化ケイ素　SiC
ナフタレン　$C_{10}H_8$
(構造式は 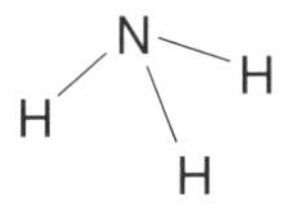)

② メタン CH_4　エタン C_2H_6
プロパン C_3H_8

③ アンモニア NH_3 は N－H 間に極性をもち，三角錐形の分子なので，極性分子である。

なお，アンモニア分子間には水素結合があり，その影響で沸点が高いと考えることもできる。

例題①の解答
②

例題 2 蒸気圧曲線

右図は，化合物A，B，Cの液体の飽和蒸気圧〔Pa〕と温度〔℃〕の関係を示している。容積を変えられる三つの真空容器に，20℃において，A，B，Cの液体を入れたところ，すべて気化した。その後，20℃のもとで各容器の容積を小さくしていくと，それぞれ圧力が p_A，p_B，p_C になったときに，A，B，Cが液化し始めた。p_A，p_B，p_C の大小関係として正しいものを，次の①～⑤のうちから一つ選べ。

① $p_A > p_B > p_C$　② $p_A > p_C > p_B$
③ $p_B > p_A > p_C$　④ $p_B > p_C > p_A$　⑤ $p_C > p_B > p_A$

容器の容積を小さくしていったときに，その圧力が(ア　　　　)になると，気体が液化し始める。それぞれの圧力が p_A，p_B，p_C となったときにA，B，Cが液化し始めたので，p_A，p_B，p_C は20℃における飽和蒸気圧である。グラフより，その値を読み取ると，p_A，p_B，p_C の大小関係は，(イ　　　　)。

答 ア 飽和蒸気圧　イ $p_A > p_B > p_C$

解法のコツ

20℃の飽和蒸気圧は
化合物A…0.58×10^5 Pa
化合物B…0.06×10^5 Pa
化合物C…0.02×10^5 Pa

例題②の解答
①

演習問題

9　分子間力　3分

分子と分子の間に働く力に関する記述として**誤りを含むもの**を，次の①～⑤のうちから一つ選べ。 1

① 実在気体では分子間力が働いている。
② 1個の水分子は，隣接する水分子4個と水素結合をつくることができる。
③ メタン分子の間のファンデルワールス力は，水分子の間の水素結合の強さよりも強い。
④ 塩化水素分子は極性をもつので，分子間に静電気的な引力が働く。
⑤ 一般に分子量が大きくなると，ファンデルワールス力が強くなる。

10　蒸気圧　3分

次の記述①～⑤のうちから，下線部に**誤りを含むもの**を一つ選べ。 2

① 液体の蒸気圧が温度の上昇とともに高くなるのは，蒸発熱(気化熱)以上のエネルギーをもつ液体分子の割合が増加するためである。
② 一定気圧のもとで沸騰している液体の蒸気圧は，液体の種類に関係なく，すべて同一である。
③ ふた付きの椀に熱い吸い物を入れて室温に放置すると，ふたが取れにくくなるのは，主として椀の中の水蒸気圧が高くなるためである。
④ 液体の蒸気圧が外圧と等しくなると，沸騰が起こる。
⑤ ナフタレンは分子間の結合力が弱いため，結晶は室温で昇華する。

11　蒸気圧曲線　4分

図は，物質A～Cの飽和蒸気圧と温度の関係を示したものである。物質A～Cに関する記述として**誤りを含むもの**を，下の①～⑤のうちから一つ選べ。 3

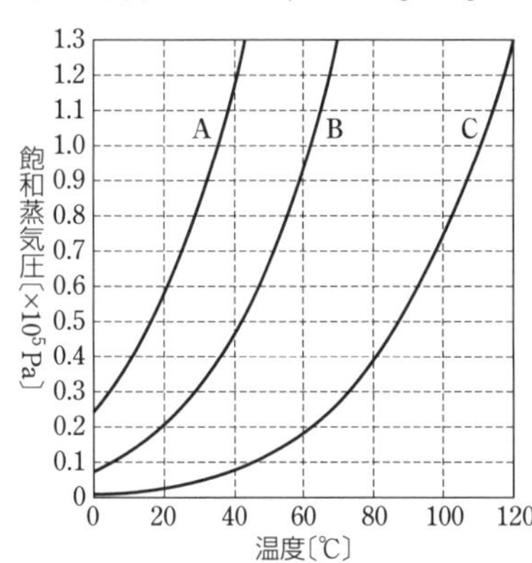

① 外圧が 1.0×10^5 Pa のとき，Cの沸点が最も高い。
② 40℃では，Cの飽和蒸気圧が最も低い。
③ 外圧が 0.2×10^5 Pa のときのBの沸点は，外圧が 1.0×10^5 Pa のときのAの沸点より低い。
④ 20℃の密閉容器にあらかじめ，0.05×10^5 Pa の窒素が入っているとき，その中でのBの飽和蒸気圧は 0.15×10^5 Pa である。
⑤ 80℃におけるCの飽和蒸気圧は，20℃におけるAの飽和蒸気圧よりも低い。

12　状態変化　5分

図は，ある化合物の固体0.10 molに1時間あたり6.0 kJの熱を加えたときの加熱時間と化合物の温度の関係を示している。この図に関する次の記述a～cについて，正誤の組合せとして正しいものを，次の①～⑧のうちから一つ選べ。ただし，比熱とは質量1gの物質の温度を1℃上げるのに必要な熱量である。 4

a この物質の固体の比熱は，液体よりも大きい。
b B～Cの過程では，固体と液体が共存する。
c この物質の蒸発熱は，約180 kJ/mol である。

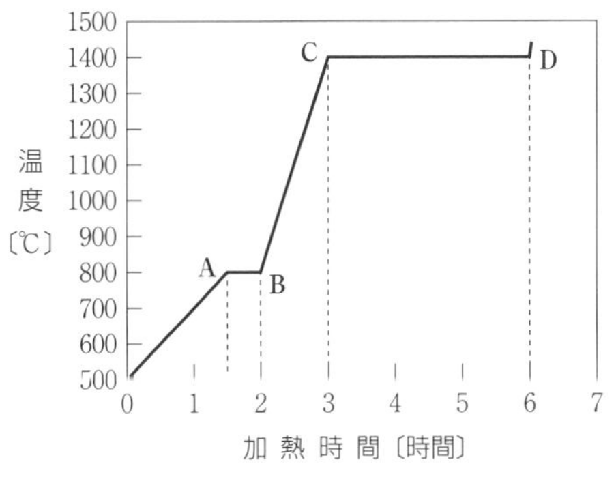

	a	b	c
①	正	正	正
②	正	正	誤
③	正	誤	正
④	正	誤	誤
⑤	誤	正	正
⑥	誤	正	誤
⑦	誤	誤	正
⑧	誤	誤	誤

13 水の状態変化 3分

水に関する次の記述①～⑤のうちから，正しいものを一つ選べ。 5

① 氷が融解するとき，熱が放出される。

② 水が入った密閉容器中で，空間が水蒸気で飽和されているとき，水と水蒸気の間で水分子の移動はまったく起こらない。

③ 水は液体から固体になると，密度が大きくなる。

④ 密閉容器中で，水蒸気が飽和している気体を温度一定で圧縮すると，水蒸気の凝縮が起こる。

⑤ 室温，1.0×10^5 Pa で容積一定の容器に水を入れ，密閉してから加熱すると，容器内の水は 100 ℃以下で沸騰する。

14 状態図 4分

17●

図1は温度と圧力に応じて，二酸化炭素がとりうる状態を示す図である。ここで，A，B，Cは固体，液体，気体のいずれかの状態を表す。臨界点以下の温度と圧力において，下の **a**・**b** それぞれの条件のもとで，気体の二酸化炭素を液体に変える操作として最も適当なものを，それぞれの解答群の①～④のうちから一つずつ選べ。ただし，T_T と p_T はそれぞれ三重点の温度と圧力である。

a 温度一定の条件 6

① T_T より低い温度で，圧力を低くする。

② T_T より低い温度で，圧力を高くする。

③ T_T より高い温度で，圧力を低くする。

④ T_T より高い温度で，圧力を高くする。

b 圧力一定の条件 7

① p_T より低い圧力で，温度を低くする。

② p_T より低い圧力で，温度を高くする。

③ p_T より高い圧力で，温度を低くする。

④ p_T より高い圧力で，温度を高くする。

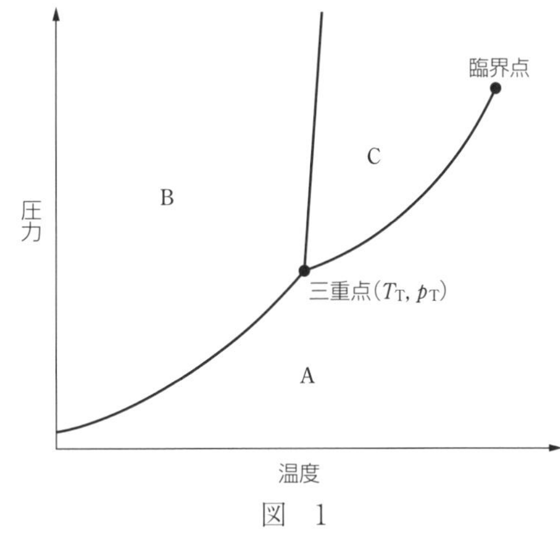

図 1

1―2 気体の性質

1 ●―ボイル・シャルルの法則

point!

(1) ボイルの法則(温度一定)

$pV = k_1$(一定)　　$p_1V_1 = p_2V_2$

(2) シャルルの法則(圧力一定)

$\dfrac{V}{T} = k_2$(一定)　　$\dfrac{V_1}{T_1} = \dfrac{V_2}{T_2}$

(3) ボイル・シャルルの法則

$\dfrac{pV}{T} = k$(一定)　　$\dfrac{p_1V_1}{T_1} = \dfrac{p_2V_2}{T_2}$

T：絶対温度　T〔K〕$= 273 + t$〔℃〕
（絶対温度）（セルシウス温度）

1 ボイルの法則……温度が一定のとき，一定量の気体の体積 V は圧力 p に①＿＿＿＿する。

(例)　1.0×10^5 Pa，5.0 L の気体を，温度を一定に保ったまま，圧力を 2.0×10^5 Pa にすると体積は②＿＿＿＿L になる。

2 シャルルの法則……圧力が一定のとき，一定量の気体の体積 V は絶対温度 T に③＿＿＿＿する。

(例)　300 K のもとで 12 L の体積の気体を，圧力を一定に保ったまま，温度を 400 K にすると体積は④＿＿＿＿L になる。

3 ボイル・シャルルの法則……一定量の気体の体積 V は，圧力 p に⑤＿＿＿＿し，絶対温度 T に⑥＿＿＿＿する。

(例)　27 ℃，4.0×10^5 Pa で体積 2.0 L の気体は，57 ℃，1.1×10^5 Pa のもとでは，体積は⑦＿＿＿＿L になる。

2 ●―気体の状態方程式

point!

アボガドロの法則

標準状態(0 ℃ = 273 K，1.013×10^5 Pa)における 1 mol の気体の体積は 22.4 L になる。
この体積を v とすると

$$k = \frac{pv}{T} = \frac{1.013 \times 10^5 \times 22.4}{273} \fallingdotseq 8.3 \times 10^3 \text{ Pa·L/(K·mol)}$$

この値を気体定数といい，R で表す。

(4) n〔mol〕の気体について，体積を V〔L〕とすると

$V = nv$ の関係が成立するので $v = \dfrac{V}{n}$

$$R = \frac{pv}{T} = \frac{p \times \frac{V}{n}}{T}$$

式を変形して

気体の状態方程式　$pV = nRT$

4 気体の状態方程式 $pV = nRT$ において，各々の量を代入するときの単位は，圧力 p は⑧＿＿＿＿，体積 V は⑨＿＿＿＿，温度 T は⑩＿＿＿＿である。気体定数 R は 8.3×10^3 Pa・L/(K・mol)とする。
気体の状態方程式を用いて計算すると

(例)　27 ℃，8.3×10^5 Pa のもとでの 2.0 mol の気体の体積は⑪＿＿＿＿L になる。
また，0.25 mol の気体が 8.3 L の容器に入っているとき，容器内の圧力が 1.0×10^5 Pa であれば温度は⑫＿＿＿＿℃になる。

答 ①反比例　② $1.0 \times 10^5 \times 5.0 = 2.0 \times 10^5 \times V$ より　$V = 2.5$ L　③比例　④ $\dfrac{12}{300} = \dfrac{V}{400}$ より　$V = 16$ L
⑤反比例　⑥比例　⑦ 27 ℃ = 300 K，57 ℃ = 330 K　$\dfrac{4.0 \times 10^5 \times 2.0}{300} = \dfrac{1.1 \times 10^5 \times V}{330}$ より　$V = 8.0$ L
⑧ Pa　⑨ L　⑩ K　⑪ $8.3 \times 10^5 \times V = 2.0 \times 8.3 \times 10^3 \times 300$ より　$V = 6.0$ L
⑫ $1.0 \times 10^5 \times 8.3 = 0.25 \times 8.3 \times 10^3 \times T$ より　$T = 400$，$400 - 273 = 127$ ℃

3 ●―気体の分子量

point!

気体の分子量 M を求める。

$pV = nRT$ →

質量 w〔g〕のとき $n = \dfrac{w}{M}$ を代入して $pV = \dfrac{w}{M}RT$ より

$$M = \frac{wRT}{pV}$$

密度 d〔g/L〕のとき $d = \dfrac{w}{V}$ であるから $M = \dfrac{wRT}{pV} = \dfrac{dRT}{p}$

（例） 27℃，1.0×10^5 Pa のもとで気体の密度を測定したところ，1.1g/L であった。この気体の分子量は①＿＿＿＿である。

4 ●―混合気体――分圧の法則

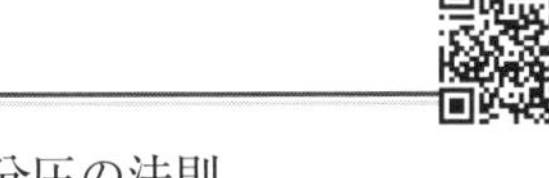

point!

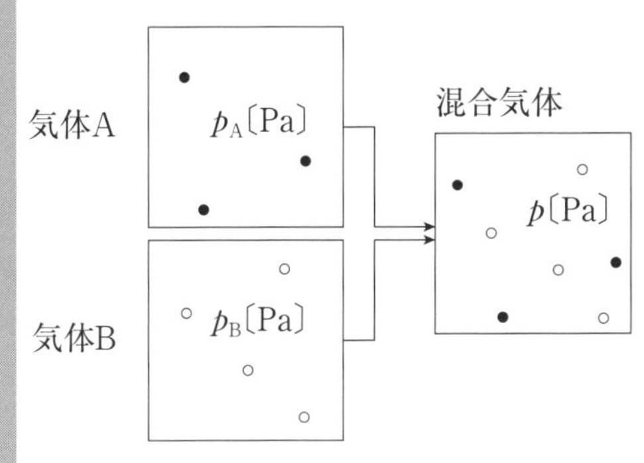

（1） 分圧の法則

全圧は分圧の和に等しい。

$p = p_A + p_B$

（2） 混合気体において

分圧の比 ＝ 物質量の比（同温・同体積のとき）

体積の比 ＝ 物質量の比（同温・同圧のとき）

が成立する。

混合気体の圧力を②＿＿＿＿といい，各成分気体がそれぞれ単独で混合気体の体積を占めたときに示す圧力を③＿＿＿＿という。

（例） 2.0×10^4 Pa の酸素 2.0 L と 1.0×10^4 Pa の窒素 3.0 L を 5.0 L の容器に入れた。

このとき，酸素の分圧 p_{O_2} と窒素の分圧 p_{N_2} はボイルの法則より

$$2.0 \times 10^4 \times 2.0 = p_{O_2} \times 5.0 \qquad p_{O_2} = 2.0 \times 10^4 \times \frac{2.0}{5.0} = ④\underline{\qquad\qquad}\ \text{Pa}$$

$$1.0 \times 10^4 \times 3.0 = p_{N_2} \times 5.0 \qquad p_{N_2} = 1.0 \times 10^4 \times \frac{3.0}{5.0} = ⑤\underline{\qquad\qquad}\ \text{Pa}$$

混合気体の全圧 p は $p = p_{O_2} + p_{N_2} =$ ⑥＿＿＿＿ Pa になる。

5 ●―理想気体と実在気体

point!

理想気体：気体の状態方程式 $pV = nRT$ があてはまる気体。

実在気体：実際に存在する気体。理想気体からずれることがある。

理想気体では，気体分子間に働いている⑦＿＿＿＿や気体分子の⑧＿＿＿＿を 0 とみなしている。

実在気体も⑨＿＿＿＿温・⑩＿＿＿＿圧になると理想気体に近づく。

答 ① $M = \dfrac{dRT}{p} = \dfrac{1.1 \times 8.3 \times 10^3 \times 300}{1.0 \times 10^5} \fallingdotseq 27$ ②全圧 ③分圧 ④ 8.0×10^3 ⑤ 6.0×10^3
⑥ 1.4×10^4 ⑦分子間力 ⑧体積 ⑨高 ⑩低

例題 1　ボイル・シャルルの法則，気体の状態方程式

次のa・bに当てはまるものを，それぞれの解答群①～⑤のうちから一つずつ選べ。ただし，気体はすべて理想気体とする。

a　温度27℃，圧力 2.00×10^5 Paで体積が30.0Lの窒素がある。この窒素を温度127℃，圧力 1.50×10^5 Paにすると，体積は何Lになるか。

①　20.0　②　22.5　③　40.0　④　53.3　⑤　188

b　ある揮発性の液体0.27gを完全に蒸発させると，その蒸気の体積は，47℃，1.0×10^5 Paで0.10Lであった。この物質の分子量はいくらか。

①　34　②　44　③　72　④　136　⑤　180

解法のコツ

aは同一気体の条件変化どのように変化したかを図示すると

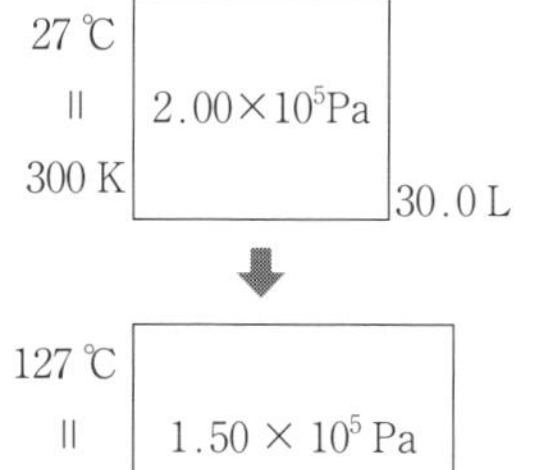

a　ボイル・シャルルの法則の式に各々の数値を代入する。

体積を V〔L〕とすると

$$\frac{p_1V_1}{T_1} = \frac{p_2V_2}{T_2} \qquad \frac{2.00 \times 10^5 \times 30.0}{300} = (\text{ア}\qquad)$$

$$V \fallingdotseq (\text{イ}\qquad)$$

b　$pV = \dfrac{w}{M}RT$ を変形して　$M = \dfrac{wRT}{pV}$

各々の数値を代入すると　$M = (\text{ウ}\qquad) \fallingdotseq (\text{エ}\qquad)$

bは気体の示す1つの量を求めるので気体の状態方程式を用いる。

答　ア $\dfrac{1.50 \times 10^5 \times V}{400}$　イ 53.3　ウ $\dfrac{0.27 \times 8.3 \times 10^3 \times 320}{1.0 \times 10^5 \times 0.10}$　エ 72

例題①の解答

a　④　b　③

例題 2　混合気体

図に示すように，容積3.0Lの容器Aと容積2.0Lの容器Bをコックで連結した装置がある。すべてのコックが閉じている状態で，容器Aには 4.0×10^5 Paの窒素，容器Bには 5.0×10^5 Paの窒素が入っている。

温度を一定に保ったまま，中央のコックを開き，十分な時間が経過した後，容器内の圧力は何Paになるか。

最も適当な数値を，次の①～⑥のうちから一つ選べ。

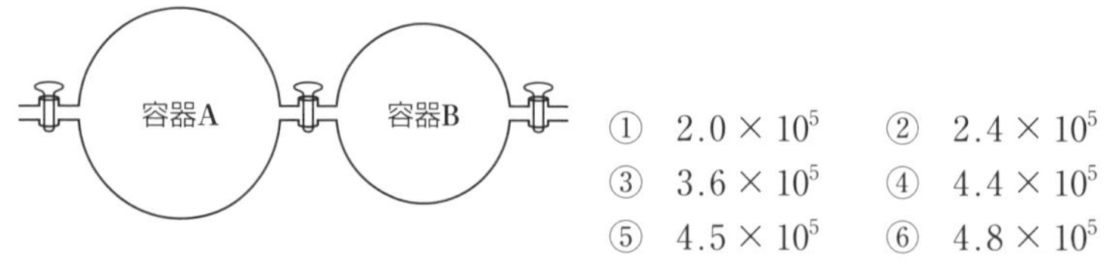

①　2.0×10^5　②　2.4×10^5
③　3.6×10^5　④　4.4×10^5
⑤　4.5×10^5　⑥　4.8×10^5

解法のコツ

コックを開いた前後の状態を把握しよう。

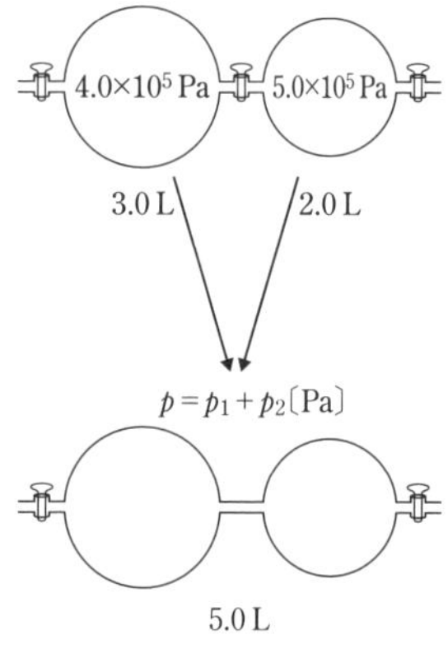

コックを開いた後の容器Aの窒素の分圧を p_1〔Pa〕，容器Bの窒素の分圧を p_2〔Pa〕とすると，ボイルの法則より

容器A　3.0L→5.0Lとなる　$p_1 = 4.0 \times 10^5 \times \dfrac{3.0}{5.0} = (\text{ア}\qquad)$

容器B　2.0L→5.0Lとなる　$p_2 = 5.0 \times 10^5 \times \dfrac{2.0}{5.0} = (\text{イ}\qquad)$

全圧 p は　$p = p_1 + p_2 = (\text{ウ}\qquad)$ Pa

答　ア 2.4×10^5　イ 2.0×10^5　ウ 4.4×10^5

例題②の解答

④

演　習　問　題

第1編 知識の確認
第2編 計算問題対策
第3編 実験・グラフ問題対策
第4編 思考問題対策
第5編 模擬問題

15 ボイル・シャルルの法則 4分

高度 10000 m において，大気圧は 200 mmHg，温度は −50 ℃である。気球が 20 ℃，1.0×10^5 Pa の海水面から上昇してこの高度に達したとき，気球の体積は何倍になるか。次の①～⑤のうちから，最も適当な数値を一つ選べ。ただし，1.0×10^5 Pa = 760 mmHg，気球は理想気体であるとし，気球は自由に膨張できるものとする。［ 1 ］倍

① 0.34　② 1.7　③ 2.9　④ 3.8　⑤ 5.0

16 気体の法則 3分

一定質量の理想気体の温度を T_1〔K〕または T_2〔K〕に保ったまま，圧力 p を変える。このときの気体の体積 V〔L〕と圧力 p〔Pa〕との関係を表すグラフとして最も適当なものを，次の①～⑥のうちから一つ選べ。ただし，$T_1 > T_2$ とする。［ 2 ］

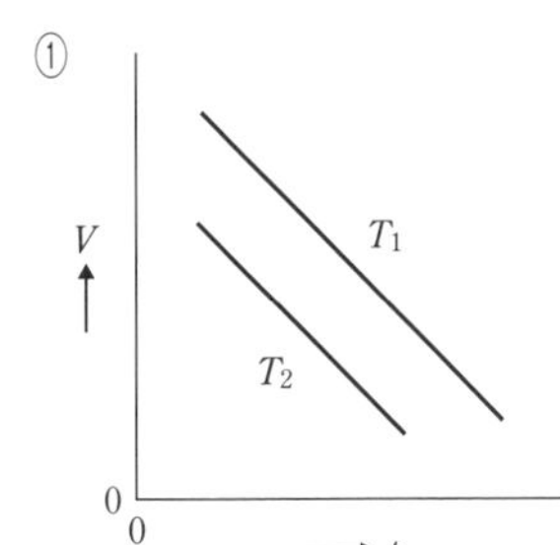

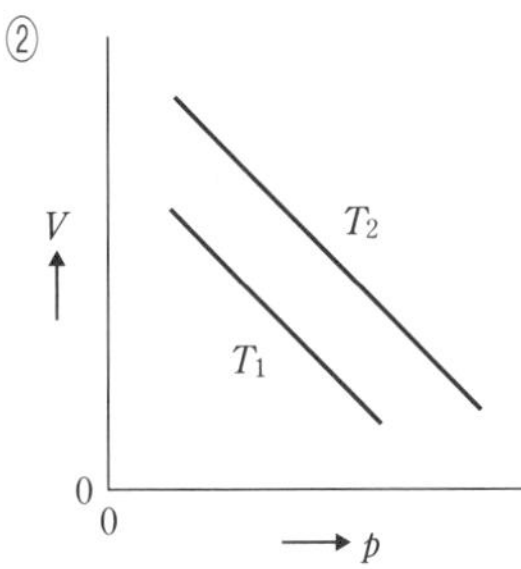

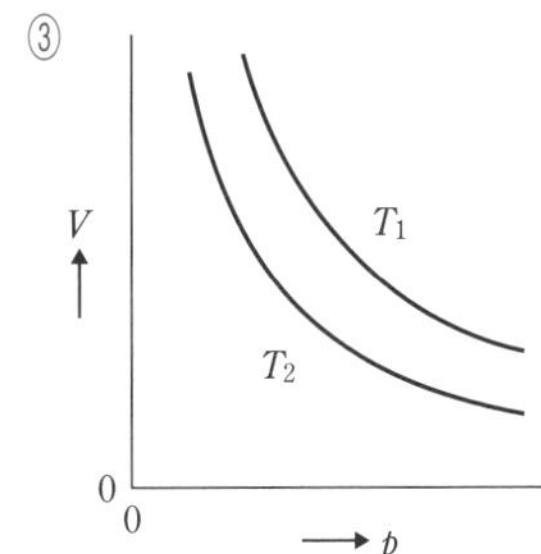

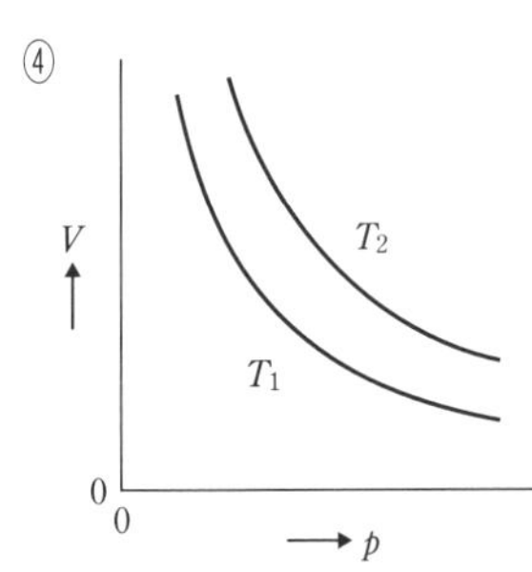

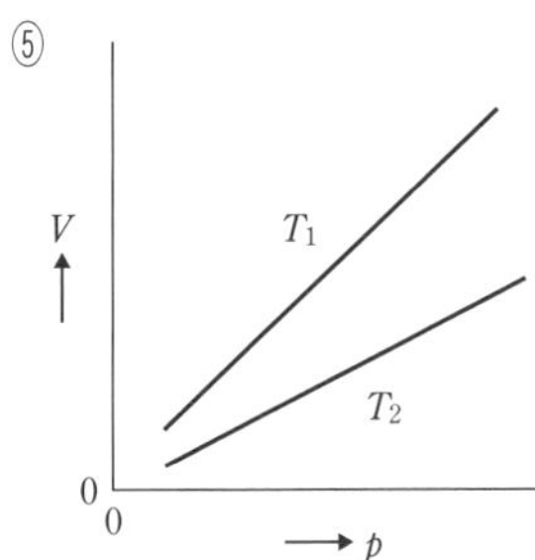

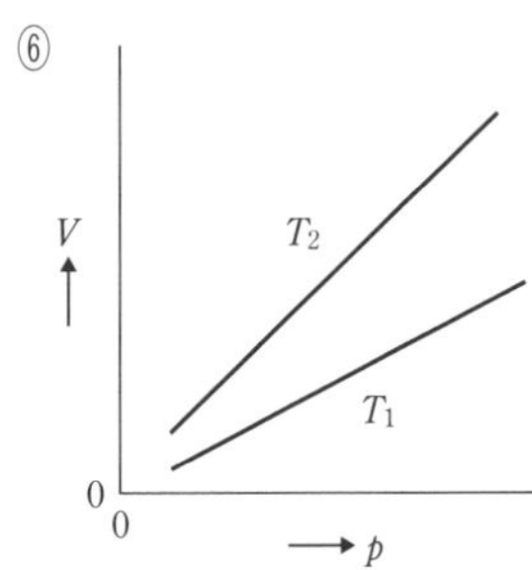

17 気体の状態方程式 4分 原子量 H = 1.0 とする。

水素ガスを容積 1.0 L の容器に入れ，密封して 400 K に加熱したところ，圧力は 3.32×10^5 Pa となった。容器内の水素の質量は何 g か。最も適当な数値を，次の①～⑥のうちから一つ選べ。ただし，気体定数を 8.3×10^3 Pa・L/(K・mol) とする。［ 3 ］g

① 0.10　② 0.20　③ 1.0　④ 2.0　⑤ 10　⑥ 20

18 気体の圧力 5分 原子量 H = 1.0，C = 12，N = 14，O = 16 とする。

容積の等しい容器A，B，Cを真空にしたのち，それぞれ次の気体を封入した。

容器A：27 ℃，2.0×10^5 Pa で 2.5 L の体積を占める一酸化炭素

容器B：1.6 g のメタン

容器C：標準状態で 5.0 L の体積を占める窒素

封入後の容器の温度を 27 ℃に保ったとき，容器内の圧力の高いものから順に並べると，どのようになるか。次の①～⑥のうちから正しいものを一つ選べ。ただし，気体はいずれも理想気体とし，気体定数は 8.3×10^3 Pa・L/(K・mol)とする。［ 4 ］

① A ＞ B ＞ C　② A ＞ C ＞ B　③ B ＞ A ＞ C

④ B ＞ C ＞ A　⑤ C ＞ A ＞ B　⑥ C ＞ B ＞ A

19 混合気体 5分 原子量 H = 1.0，C = 12，N = 14，Ar = 40 とする。

0.32 g のメタン，0.20 g のアルゴン，0.28 g の窒素からなる混合気体がある。この混合気体の 500 K における窒素の分圧は 1.0×10^5 Pa である。この混合気体に関する次の問い（**a**・**b**）に答えよ。ただし，気体はすべて理想気体とみなし，気体定数は $R = 8.3 \times 10^3$ Pa・L/(K・mol)とする。

a　500 K における混合気体の体積〔L〕として最も適当な数値を，次の①～⑤のうちから一つ選べ。

［ 5 ］L

① 0.14　② 0.42　③ 1.0　④ 1.4　⑤ 4.2

b　500 K における混合気体の全圧〔Pa〕として最も適当な数値を，次の①～⑤のうちから一つ選べ。

［ 6 ］Pa

① 2.0×10^5　② 2.5×10^5　③ 3.0×10^5　④ 3.5×10^5　⑤ 4.0×10^5

20 平均分子量 3分 原子量 O = 16，Ar = 40 とする。

1.0×10^5 Pa の酸素 6.0 L と 2.0×10^5 Pa のアルゴン 2.0 L を混合した。この混合気体の平均分子量はおよそいくらか。次の①～⑤のうちから，最も適当な数値を一つ選べ。［ 7 ］

① 18　② 26　③ 28　④ 35　⑤ 38

21 理想気体と実在気体 3分

実在気体では，一般に低温・高圧になるほど理想気体の状態方程式からのずれが生じる。理想気体からのずれに関する次の記述 **a** ～ **c** について，正誤の組合せとして正しいものを，下の①～⑧のうちから一つ選べ。［ 8 ］

a　一般に，極性が大きいものほど大きい。

b　一般に，分子量が小さいものほど大きい。

c　一般に，沸点が高いものほど大きい。

	a	b	c		a	b	c
①	正	正	正	②	正	正	誤
③	正	誤	正	④	正	誤	誤
⑤	誤	正	正	⑥	誤	正	誤
⑦	誤	誤	正	⑧	誤	誤	誤

1―3 固体の構造

1 ●―イオン結晶

point!

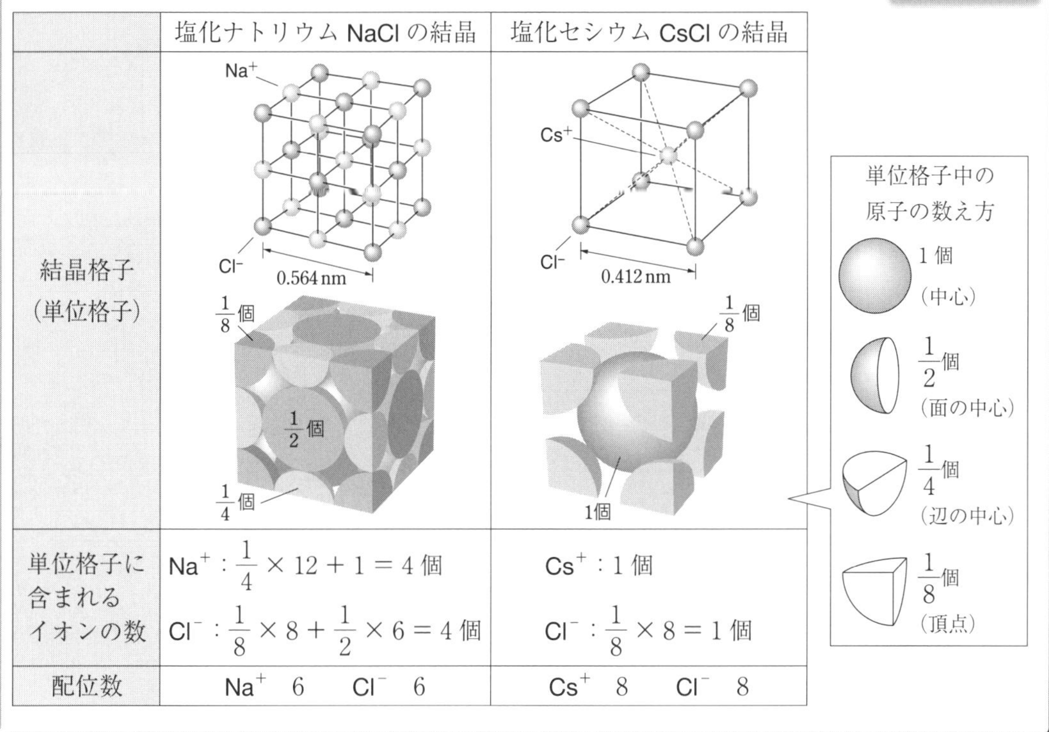

	塩化ナトリウム NaCl の結晶	塩化セシウム CsCl の結晶
結晶格子（単位格子）	Na^+、Cl^-、0.564 nm、$\frac{1}{8}$個、$\frac{1}{2}$個、$\frac{1}{4}$個	Cs^+、Cl^-、0.412 nm、$\frac{1}{8}$個、1個
単位格子に含まれるイオンの数	Na^+：$\frac{1}{4}\times 12+1=4$ 個 Cl^-：$\frac{1}{8}\times 8+\frac{1}{2}\times 6=4$ 個	Cs^+：1 個 Cl^-：$\frac{1}{8}\times 8=1$ 個
配位数	Na^+ 6 Cl^- 6	Cs^+ 8 Cl^- 8

結晶格子の繰り返し単位を①＿＿＿＿という。結晶中のある粒子をとり囲む粒子の数を②＿＿＿＿という。イオン結晶の場合は，特定のイオンをとり囲む反対符号のイオンの数になる。

2 ●―共有結合の結晶

point!

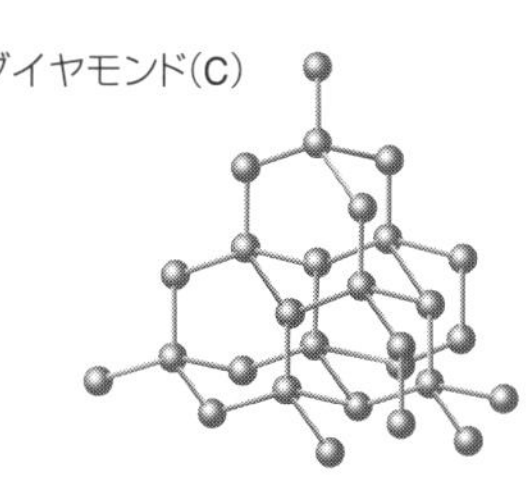

各炭素原子は4個の価電子を共有結合に使い，正四面体の立体的な構造をとる。

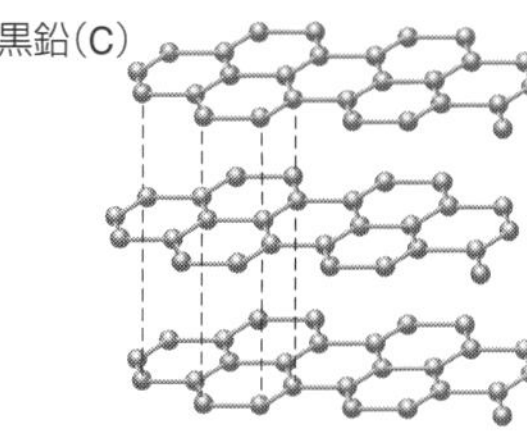

各炭素原子は3個の価電子を共有結合に使い，正六角形の平面構造をとる。

共有結合の結晶は，非常に硬く，融点がきわめて③＿＿＿＿い。

3 ●―分子結晶

point!

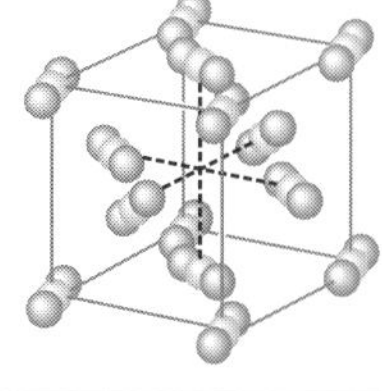

分子結晶は，分子間力により分子が規則正しく配列してできた結晶である。CO_2 は共有結合でできた分子であるが，これが弱い分子間力で結ばれると結晶(ドライアイス)になる。

他にヨウ素 I_2，ナフタレン $C_{10}H_8$ などがある。

分子結晶は，沸点が低く，④＿＿＿＿(固体 ⟶ 気体)するものがある。

答 ①単位格子 ②配位数 ③高 ④昇華

4 ●—金属結晶

point!

	体心立方格子	面心立方格子	六方最密構造
結晶格子(単位格子)			
単位格子に含まれる原子の数	2	4	2
配位数	8	12	12

次の3つの金属結晶の結晶格子について，配位数を調べてみよう。

●の原子に着目して，とり囲んでいる最近接な原子●の個数を数えればよい。

①________格子　②________格子　
③________

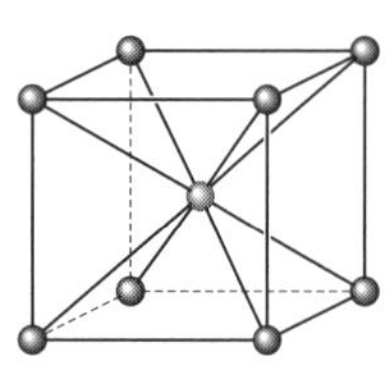
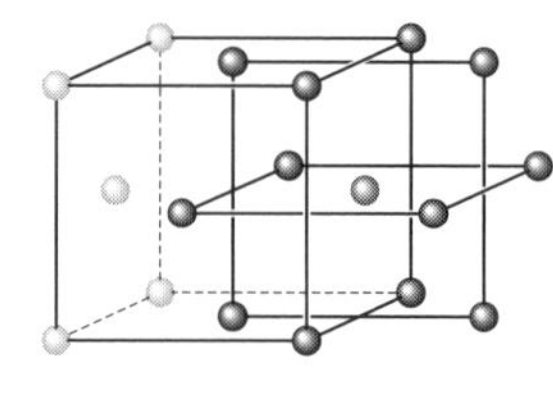
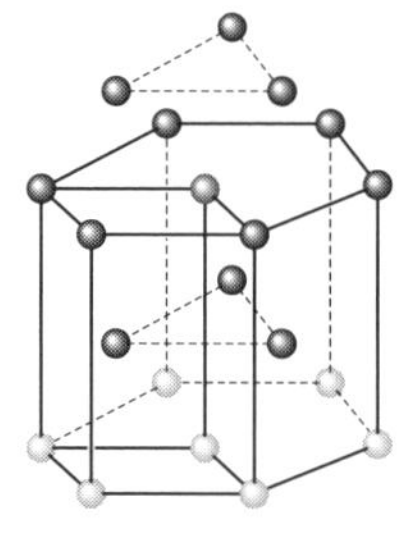

●は④________個　●は⑤________個　●は⑥________個

●の個数が配位数になる。(隣の単位格子中にある最近接な原子も数える。)

面心立方格子と六方最密構造は，いずれも配位数が⑦________であり，最も密に原子が空間につまっているので⑧________という。

5 ●—アモルファス

point!

アモルファス(非晶質)……固体の原子・分子が規則正しく配列していない。そのため結晶とは異なった性質を示す。アモルファスは，決まった外形をとらず，一定の融点をもたない。また，ある温度幅で軟化する。

(例)　ガラス，アモルファス金属など

石英 SiO_2 は⑨________結合の結晶である。しかし，その融解液を急冷して得られる石英ガラスは，⑩________であり，もとの結晶とは異なる性質を示す。ただし，石英と同じ組成をもつ。

答 ①体心立方　②面心立方　③六方最密構造　④8　⑤12　⑥12　⑦12　⑧最密構造　⑨共有　⑩アモルファス(非晶質)

例題 1　金属の結晶格子

図1，図2，図3に金属の結晶格子を示す。次のa～cに当てはまるものを，それぞれの解答群①～⑤のうちから一つずつ選べ。

a　図1は銀の結晶格子である。1つの銀原子に隣接する銀原子の数は何個か。

① 2　② 4　③ 8
④ 12　⑤ 16

b　図2はナトリウムの結晶格子である。単位格子に含まれる原子の数は何個か。

① 1　② 2　③ 4　④ 6　⑤ 8

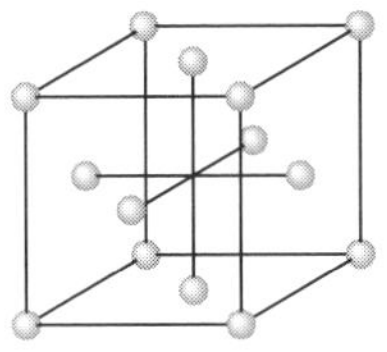
図1

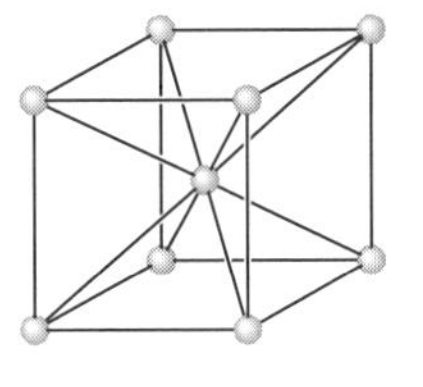

図2

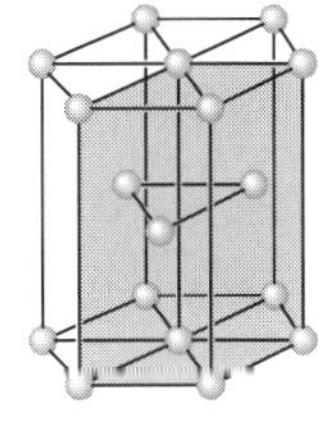
図3

c　図3は六方最密構造といい，マグネシウムの結晶格子である。単位格子に含まれる原子の数は何個か。ただし，図の影付き部分が単位格子である。

① 2　② 4　③ 6　④ 8　⑤ 12

a　図1の銀の結晶格子は(ア　　　)であり，1つの原子に着目すると，上下，左右，前後の面で，それぞれ4個の隣接する原子があるので，全部で(イ　　)個となる。

b　図2のナトリウムの結晶格子は(ウ　　　)である。単位格子に含まれる原子の数は，格子の中心にある原子を(エ　　)個，各面の中心にある原子を(オ　　)個，各辺の中心にある原子を(カ　　)個，各頂点にある原子を(キ　　)個と数えることになる。

体心立方格子では

1(中心) × (ク　　) + $\frac{1}{8}$(頂点) × (ケ　　) = (コ　　)になる。

c　六方最密構造の場合は，まず図3の六角柱に含まれる原子の数を数える。頂点に位置する原子は$\frac{1}{6}$個に相当し，これが12個，上下の面の中心にある原子が2個，内部に3個あるので

$$\frac{1}{6} \times 12 + \frac{1}{2} \times 2 + 3 = 6 \text{ 個}$$

単位格子は六角柱の$\frac{1}{3}$にあたるので　6個 × $\frac{1}{3}$ = (サ　　)個になる。

解法のコツ

面心立方格子では同様にして

$\frac{1}{8}$(頂点) × 8 + $\frac{1}{2}$(面) × 6 = 4個となる。

答 ア 面心立方格子　イ 12　ウ 体心立方格子　エ 1　オ $\frac{1}{2}$　カ $\frac{1}{4}$　キ $\frac{1}{8}$　ク 1　ケ 8　コ 2　サ 2

例題①の解答
a ④　b ②　c ①

例題 2　結晶の密度

X線を用いてナトリウムの結晶を調べたところ，単位格子の1辺が4.28×10^{-8} cmの体心立方格子であることがわかった。この結晶の密度は何g/cm^{3}か。最も適当な数値を，次の①～⑤のうちから一つ選べ。$(4.28)^3 = 78.3$，Na = 23，アボガドロ定数は6.0×10^{23}/molとする。

① 0.51　② 0.98　③ 1.4　④ 2.1　⑤ 2.7

$$\text{密度} = \frac{\text{質量}}{\text{体積}} = \frac{(\text{イ}\quad\quad)\text{g}}{(\text{ア}\quad\quad)\text{cm}^3} \fallingdotseq (\text{ウ}\quad\quad)\text{g/cm}^3$$

解法のコツ

結晶では，どの部分の密度も等しくなるので，単位格子を基準にして計算する。

Na原子1個の質量は

$\frac{23}{6.0 \times 10^{23}}$ g

体心立方格子なので単位格子中には，原子は2個ある。

答 ア $(4.28 \times 10^{-8})^3$　イ $\frac{23}{6.0 \times 10^{23}} \times 2$　ウ 0.98

例題②の解答
②

演　習　問　題

22　結晶格子　3分

結晶格子に関する次の記述①～⑤のうちから，**誤りを含むもの**を一つ選べ。［ 1 ］

① 塩化ナトリウムの結晶中では，ナトリウムイオンと塩化物イオンは，それぞれ面心立方格子をつくっている。

② ダイヤモンドは，1個の炭素原子に4個の炭素原子が正四面体状に共有結合した構造をつくっている。

③ ガラスは，非晶質(アモルファス)の構造をつくっている。

④ 氷の中の水分子は，それを取り囲む他の水分子と水素結合によって，三次元的につながっている。

⑤ 二酸化ケイ素の結晶は，ケイ素と酸素がイオン結合によって，三次元的につながったものである。

23　塩化ナトリウムの結晶格子と配位数　3分

塩化ナトリウムの結晶の中で，1個の塩化物イオン Cl^- の最も近くに存在するナトリウムイオン Na^+ は何個か。次の①～⑤のうちから，正しい数値を一つ選べ。［ 2 ］個

① 2　② 4　③ 6　④ 8　⑤ 12

24　塩化ナトリウムの結晶　4分

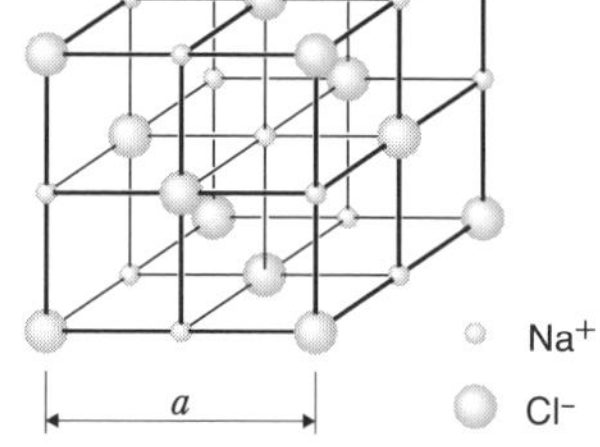

塩化ナトリウムの結晶は，図に示すように，ナトリウムイオンと塩化物イオンが交互に並んでいる。図の立方体の一辺の長さを a〔cm〕，結晶の密度を d〔g/cm^3〕，アボガドロ数を N_A とするとき，塩化ナトリウムの式量を与える式として最も適当なものを，次の①～⑥のうちから一つ選べ。［ 3 ］

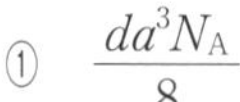

① $\dfrac{da^3N_A}{8}$　② $\dfrac{da^3N_A}{4}$　③ $\dfrac{da^3N_A}{2}$　④ $\dfrac{8N_A}{da^3}$

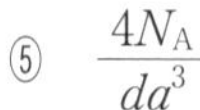

⑤ $\dfrac{4N_A}{da^3}$　⑥ $\dfrac{2N_A}{da^3}$

25　単位格子と組成式　3分

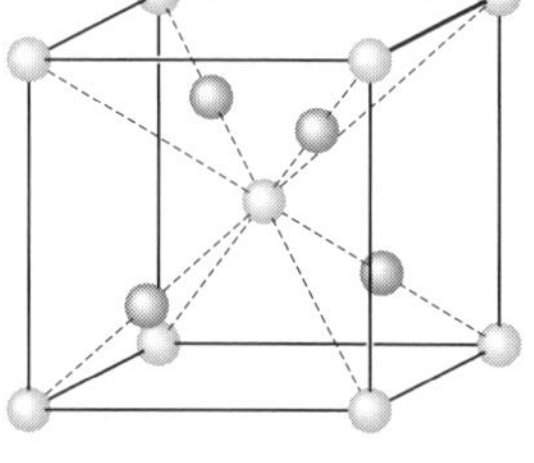

Aの陽イオン　Bの陰イオン

図は，原子Aの陽イオン(●)と原子Bの陰イオン(○)からできたイオン結晶の単位格子(結晶格子の繰り返しの基本単位)を示している。この化合物の組成式として最も適当なものを，次の①～⑦のうちから一つ選べ。［ 4 ］

① AB_3　② A_4B_9　③ AB_2　④ AB　⑤ A_2B

⑥ A_9B_4　⑦ A_3B

26　面心立方格子と辺の長さ　3分

銀は図に示すように，面心立方格子(最密構造)からなる結晶をつくる。図の立方体の一辺の長さは原子の半径の何倍になるか。最も適当なものを，次の①～⑥のうちから一つ選べ。［ 5 ］倍

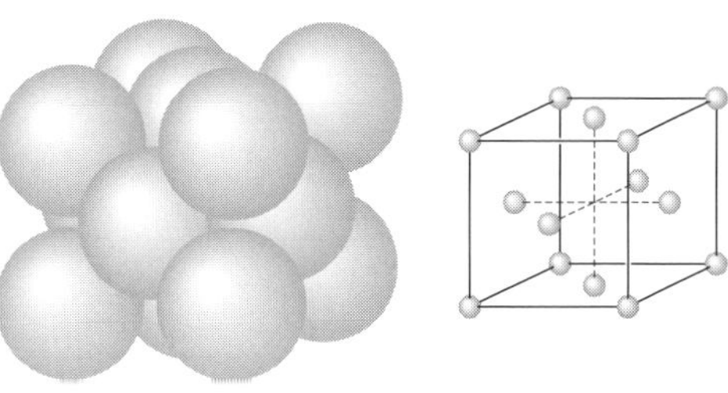

① $\dfrac{2}{\sqrt{3}}$　② $\sqrt{2}$　③ 2　④ $\dfrac{4}{\sqrt{3}}$

⑤ $2\sqrt{2}$　⑥ $2\sqrt{3}$

27　面心立方格子と密度　4分

銀の結晶は，右図に示す面心立方格子である。単位格子の一辺を a〔cm〕，銀のモル質量を W〔g/mol〕，結晶の密度を d〔g/cm^3〕とするとき，アボガドロ定数 N_A〔/mol〕を表す式として正しいものを，次の①～⑥のうちから一つ選べ。［ 6 ］/mol

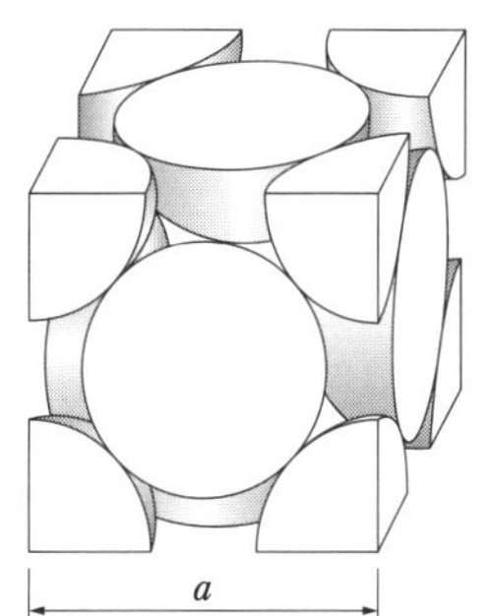

① $\dfrac{W}{a^3d}$　② $\dfrac{2W}{a^3d}$　③ $\dfrac{4W}{a^3d}$　④ $\dfrac{Wd}{a^3}$

⑤ $\dfrac{2Wd}{a^3}$　⑥ $\dfrac{4Wd}{a^3}$

28　体心立方格子と面心立方格子　3分

同じ大きさの球を用いて，面心立方格子と体心立方格子をつくった。図は，それぞれの格子の，配列の最小単位(単位格子)を示したものである。次の記述①～⑤のうちから，正しいものを一つ選べ。［ 7 ］

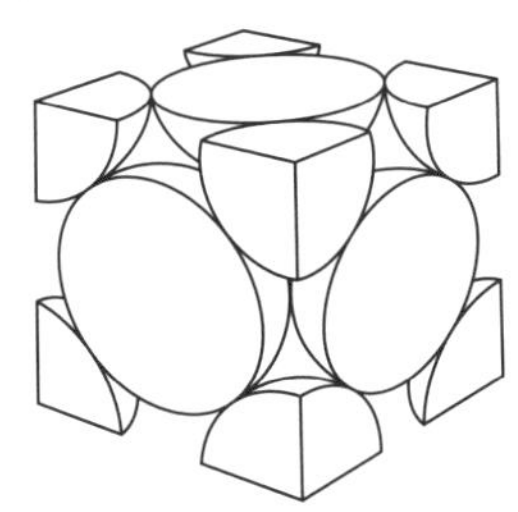
面心立方格子

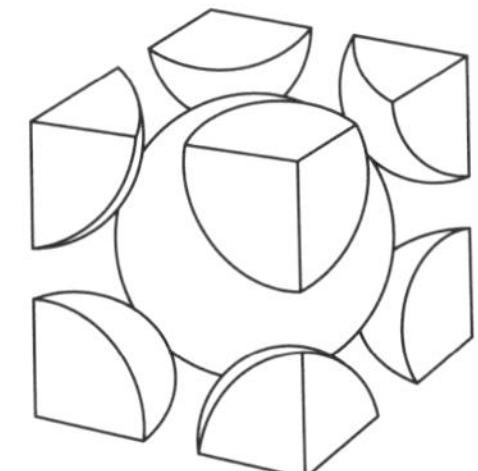
体心立方格子

① 面心立方格子の方が，体心立方格子よりも単位格子内に含まれる球の数が多い。
② 面心立方格子と体心立方格子では，単位格子の一辺の長さが等しい。
③ 面心立方格子と体心立方格子では，一つの球に接する球の数が等しい。
④ 面心立方格子よりも体心立方格子の方が，同じ体積で比べると球が密に詰め込まれている。
⑤ 面心立方格子と体心立方格子は，ともに単位格子の中心に隙間がない。

1-4 溶液

1 —溶液

point!

溶媒＼溶質	イオン結晶（塩化ナトリウム）	極性分子*（グルコース）	無極性分子（ヨウ素,ナフタレン）
極性分子（水）	溶けやすい	溶けやすい	溶けにくい
無極性分子（ヘキサン）	溶けにくい	溶けにくい	溶けやすい

＊極性分子にはエタノールのように，極性溶媒にも無極性溶媒にも溶けるものがある。

電解質
$NaCl \longrightarrow Na^{+} + Cl^{-}$
非電解質　グルコース

(グルコースの構造式：CH_2OH，H，C，O，OH … 親水基)

塩化ナトリウムは，水に溶けてイオンに分かれるので①＿＿＿＿であり，各イオンは静電気的な引力によって水分子に取り囲まれている。この状態を②＿＿＿＿という。

NaCl → Na⁺, Cl⁻ (水分子 H-O-H に取り囲まれる)

グルコース(ブドウ糖)は非電解質であり，－OH(ヒドロキシ基)のような，極性をもつため水和しやすい部分，つまり③＿＿＿＿をもっている。グルコースは－OH と水分子との間に④＿＿＿＿が生じて水和するので水に溶けやすい。

ヨウ素やナフタレンは，水にほとんど溶けないが，無極性分子のヘキサンにはよく溶ける。

このように，極性分子どうし／無極性分子どうし は，⑤＿＿＿＿。極性分子と／無極性分子 は，⑥＿＿＿＿。

2 —固体の溶解度

point!

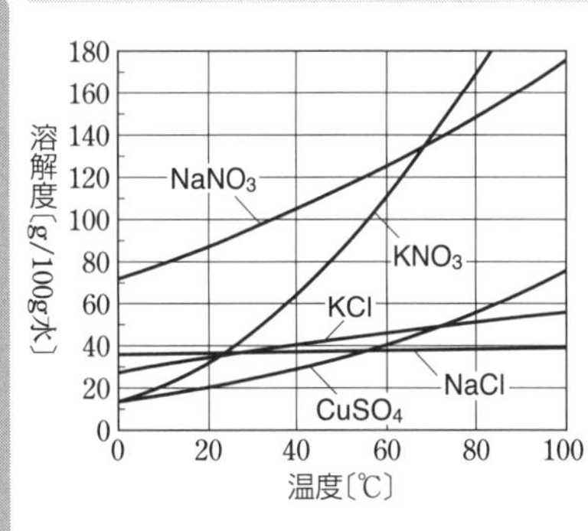

溶解度……溶媒 100 g に溶かすことができる溶質の最大量のグラム単位の数値

溶解度の温度変化を示すグラフが溶解度曲線(左図)である。

固体の溶解度は，温度が高くなるほど大きくなる。

ただし，塩化ナトリウム NaCl のようにほとんど変化しないようなものもある。

上の KNO_3 の溶解度曲線を見ると，溶解度は 20 ℃で 32，60 ℃で 110 である。

60 ℃　KNO_3 飽和溶液　水 100 g に KNO_3 は⑦＿＿＿＿g まで溶ける

→ 冷却

20 ℃　水 100 g に KNO_3 は⑧＿＿＿＿g 溶けている　結晶が析出

60 ℃の飽和溶液を 20 ℃まで冷却すると溶解度の差に相当する量⑨＿＿＿＿g の結晶が析出する。

この操作を⑩＿＿＿＿という。

答 ①電解質　②水和　③親水基　④水素結合　⑤溶けやすい　⑥溶けにくい　⑦110　⑧32　⑨110 － 32 ＝ 78　⑩再結晶

3 ●―気体の溶解度

point!

溶解度の小さい気体では，次のような関係がある。

ヘンリーの法則……

「一定量の溶媒に溶ける気体の質量は，一定温度のもとでは，その気体の圧力（混合気体の場合は分圧）に比例する。」

これは，次のように言いかえることもできる。

「溶ける気体の体積は，その圧力のもとでは，圧力に関係なく一定である。」

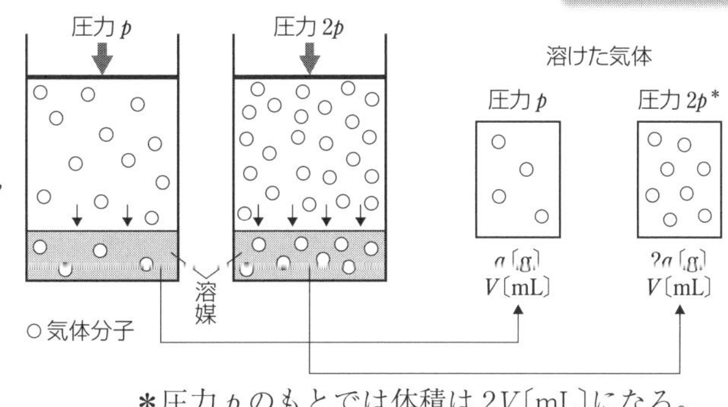

＊圧力 p のもとでは体積は $2V$〔mL〕になる。

気体の溶解度は，一般に温度が高くなるほど①＿＿＿＿くなる。

炭酸飲料水の栓を開けると，ポンと気泡が発生する。これは，圧力が下がると気体の溶解度が②＿＿＿＿くなるためである。このように，気体の圧力と溶解度の間には③＿＿＿＿の法則が成立する。それは，「溶媒に溶け込む気体の④＿＿＿＿は，その気体の圧力に比例する」というものである。

ただし，溶解度の大きな気体，例えば，⑤＿＿＿＿では，この法則は成り立たない。

4 ●―溶液の濃度

point!

(1) 質量パーセント濃度：溶液の質量に対する溶質の質量の割合をパーセント〔%〕で表す。

$$\text{質量パーセント濃度〔\%〕} = \frac{\text{溶質の質量〔g〕}}{\text{溶液の質量〔g〕}} \times 100$$

(2) モル濃度：溶液 1L あたりに溶けている溶質の物質量〔mol〕で表す。単位は mol/L。

$$\text{モル濃度〔mol/L〕} = \frac{\text{溶質の物質量〔mol〕}}{\text{溶液の体積〔L〕}}$$

(3) 質量モル濃度：溶媒 1kg あたりに溶けている溶質の物質量〔mol〕で表す。単位は mol/kg。

$$\text{質量モル濃度〔mol/kg〕} = \frac{\text{溶質の物質量〔mol〕}}{\text{溶媒の質量〔kg〕}}$$

＊質量モル濃度は，質量で定義されているため，温度変化によって溶液の体積が変化しても，モル濃度のように変化しない。そのため，温度変化をともなう現象である沸点上昇や凝固点降下を扱う場合に用いられる。

(1) 1.2 mol/L の塩化ナトリウム水溶液 1 L は，次のように調製する。

1) NaCl = 58.5 であるから，⑥＿＿＿＿ g の NaCl を精密ばかりではかりとり，ビーカーに入れる。

2) これに適当量の水を加えて，NaCl を完全に溶かす。

3) ビーカーの溶液と洗液をあわせて 1 L の⑦＿＿＿＿＿に入れ，標線まで蒸留水を加え，栓をしてよく振り混ぜる。

(2) 水 100 g に 2.0 g の水酸化ナトリウム（NaOH = 40）を加えた溶液の質量モル濃度は $\frac{⑧\_\_\_\_\text{mol}}{0.10\text{ kg}}$ = ⑨＿＿＿＿ mol/kg と計算できる。

答 ①小さ　②小さ　③ヘンリー　④質量（または物質量）　⑤ NH_3 または HCl　⑥ 58.5 × 1.2 = 70.2　⑦メスフラスコ　⑧ 0.050　⑨ 0.50

第1編 知識の確認 / 第2編 計算問題対策 / 第3編 実験・グラフ問題対策 / 第4編 思考問題対策 / 第5編 模擬問題

5 ●—沸点上昇

point!

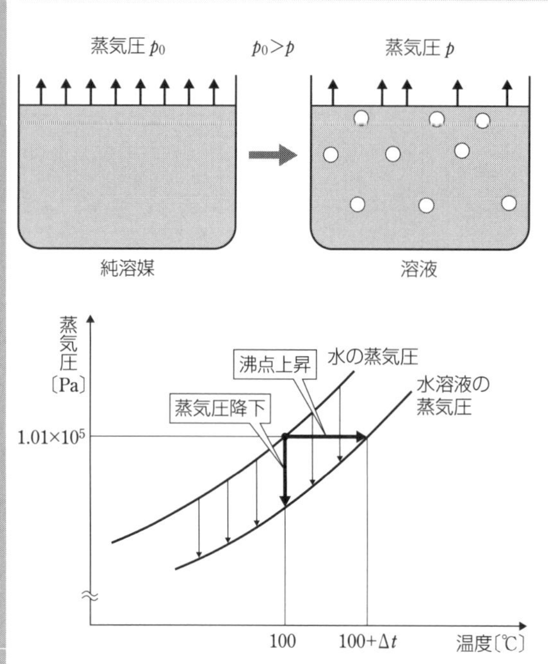

不揮発性物質を純溶媒に溶かすと，蒸発する溶媒分子の数が少なくなる。

⬇

純溶媒に比べて，蒸気圧が低くなる。

この現象を**蒸気圧降下**という。

水，水溶液とも蒸気圧が大気圧（1.01×10^5 Pa）になると沸騰が起こる。

溶液では蒸気圧降下が起こるので，沸点が上昇する。

溶質の種類に関係なく，希薄溶液では，沸点上昇度 Δt は溶液の質量モル濃度 m〔mol/kg〕に比例する。

$$\Delta t = K_b m$$

K_b：モル沸点上昇
　比例定数で，溶媒に固有の定数

海水でぬれている水着は，水で洗ったものよりも乾きにくい。これは①＿＿＿＿が起こったためである。

純水 1 kg に，尿素を 0.20 mol 溶かすと，沸点は 100 ℃よりも高くなる。この現象を②＿＿＿＿という。

水のモル沸点上昇は 0.52 K・kg/mol なので，この尿素水溶液の沸点は 100 ℃から③＿＿＿＿℃高くなる。

6 ●—凝固点降下

point!

同様に，溶液の凝固点が純溶媒の凝固点よりも低くなる現象が**凝固点降下**である。

凝固点降下度 Δt は溶液の質量モル濃度 m〔mol/kg〕に比例する。

$$\Delta t = K_f m$$

K_f はモル凝固点降下とよばれる比例定数で，溶媒に固有の定数である。

溶質の分子量を M，溶質の質量を w〔g〕，溶媒の質量を W〔g〕とすると，沸点上昇度，あるいは凝固点降下度は，次のように表せる。

$$\Delta t = K \cdot \frac{w \cdot 1000}{MW}$$

$K \longrightarrow$ 沸点上昇の場合は，モル沸点上昇 K_b
　　　凝固点降下の場合は，モル凝固点降下 K_f

なお，電解質の溶液では，Δt は分子や電離して生じたイオンなど，すべての溶質粒子の質量モル濃度に比例する。

水のモル凝固点降下は 1.85 K・kg/mol である。水 1.0 kg に 0.10 mol の非電解質を溶かした溶液の凝固点降下度 Δt は④＿＿＿＿K である。

NaCl，$CaCl_2$ は完全電離するので，Δt の値は，それぞれ⑤＿＿＿＿倍，⑥＿＿＿＿倍になる。

答 ①蒸気圧降下　②沸点上昇　③0.104　④0.185　⑤2（$NaCl \longrightarrow Na^+ + Cl^-$ より）　⑥3（$CaCl_2 \longrightarrow Ca^{2+} + 2Cl^-$ より）

7 ●―浸透圧

point!

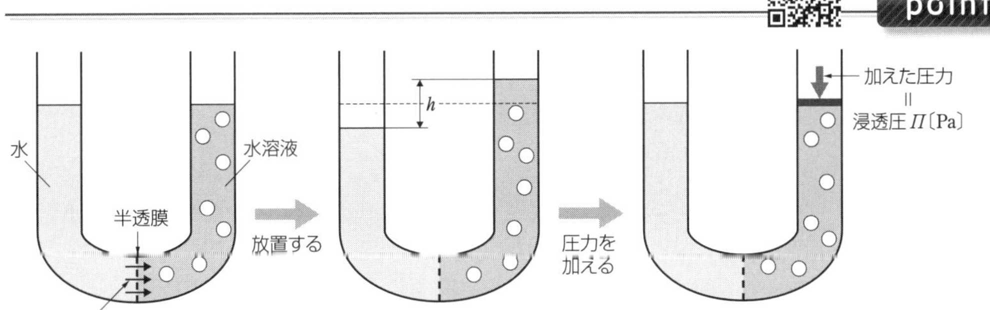

希薄溶液において浸透圧 Π〔Pa〕は，溶液の種類によらず，溶液のモル濃度 C〔mol/L〕と絶対温度 T〔K〕に比例する。(ファントホッフの法則)

$\boxed{\Pi = CRT}$ (R は気体定数)

溶液に含まれる溶質の物質量を n〔mol〕とすると $C = \dfrac{n}{V}$ なので，これを代入して整理すると

$\boxed{\Pi V = nRT}$

ある非電解質 0.20 g を水に溶かして 100 mL にした水溶液の浸透圧を測定したところ，27℃で 8.3×10^4 Pa であった。この物質の分子量 M を求めよう。まず，質量を w〔g〕とすると $\Pi V = \dfrac{w}{M}RT$ より $M =$ ①＿＿＿＿の式が導き出され，これに各値を代入すると $M =$ ②＿＿＿＿となる。

8 ●―コロイド溶液

point!

コロイド溶液……直径が $10^{-9} \sim 10^{-7}$ m 程度の大きさの粒子をコロイド粒子という。コロイド粒子が溶液中に均一に分散しているものをコロイド溶液という。

コロイド粒子は，一定の符号の電荷を帯びている。

チンダル現象，ブラウン運動，透析，電気泳動などの現象を示す。

疎水コロイド

(水との親和力が小さく，そのまわりをとりまく水分子は少ない。)

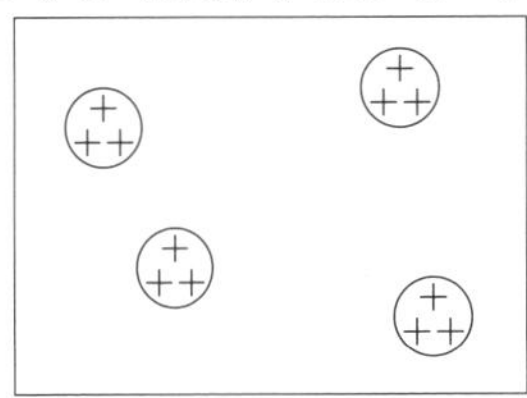

少量の電解質を加えると，コロイド粒子間の電気的な反発力が弱まり，互いに集まって沈殿する。

⟶ **凝析**

親水コロイド

(水との親和力が大きく，水分子が多数水和して，そのまわりをとりまいている。)

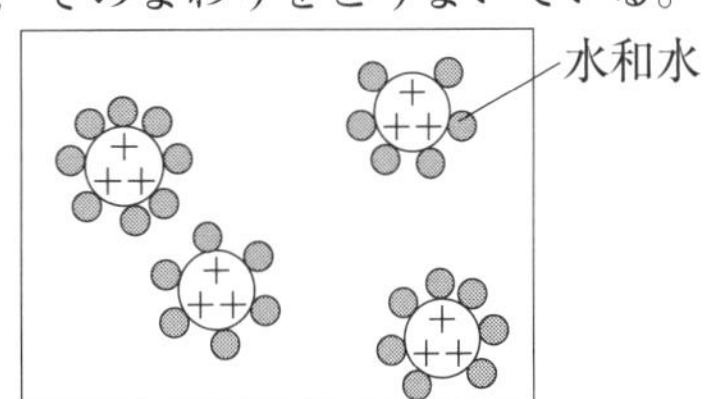

多量の電解質を加えたときに，コロイド粒子をとりまいている水和水が除かれ，沈殿する。

⟶ **塩析**

沸騰水に少量の塩化鉄(Ⅲ)飽和水溶液を加えると，赤褐色の③＿＿＿＿のコロイド溶液が得られる。このコロイド溶液は，④＿＿＿＿により精製することができる。

答 ① $\dfrac{wRT}{\Pi V}$ ② 60 ③水酸化鉄(Ⅲ) ④透析

例題 1　溶解度

気体や固体の水への溶解に関する次の記述①～⑤のうちから，正しいものを一つ選べ。

① 気体の溶解度は，温度が低くなるほど，小さくなることが多い。
② 気体の溶解度は，一定温度のもとで，気体の圧力に無関係である。
③ 気体の溶解度は，気体の種類によらず，ほぼ同じである。
④ 固体の溶解度は，温度が高くなるほど，大きくなることが多い。
⑤ イオン結晶は溶けにくい。

解法のコツ
固体と気体では，温度による溶解度の傾向が違うことに注意しよう。
一般に温度が高くなると
気体の溶解度は小さくなり，
固体の溶解度は大きくなる。

① 気体の溶解度は，温度が低くなるほど大きくなる。誤り。
② 一定温度のもとで，気体の溶解度は気体の圧力に(ア　　　)する。
この関係を示しているのが(イ　　　)の法則である。誤り。
③ 気体の溶解度は，気体の種類によって大きく異なる。誤り。
④ 固体の溶解度は，温度が高くなるほど大きいものが多い。正しい。
⑤ 水は極性の大きい溶媒なので
極性の大きい溶媒 ＋ 極性の大きい溶質 ⟶ 互いに(ウ　　　)。
極性の大きい溶媒 ＋ 極性の小さい溶質 ⟶ 互いに(エ　　　)。
よって，イオン結晶は水に溶けやすい。誤り。

ヘンリーの法則が成り立つのは，水に溶けにくい気体についてである。

答 ア 比例　イ ヘンリー　ウ 溶けやすい　エ 溶けにくい

例題①の解答
④

例題 2　沸点上昇

質量モル濃度 0.10 mol/kg の水溶液にしたとき，その沸点が最も高くなる溶質を，次の①～⑤のうちから一つ選べ。

① 塩化ナトリウム　② 水酸化カリウム　③ 硝酸ナトリウム
④ スクロース(ショ糖)　⑤ 硫酸カリウム

解法のコツ
溶質が「電解質なのか，非電解質なのか」をとらえることが第一歩。

まず，溶質を電解質と非電解質に分けよう。
④スクロース(ショ糖)は非電解質で，他の物質は電解質になる。
沸点上昇度 Δt は溶質の種類には無関係で，溶質粒子の質量モル濃度 m に比例する。したがって電解質では，電離で生じたイオンすべての質量モル濃度になる。
各々の溶質について電離を考えると

① $NaCl \longrightarrow Na^+ + Cl^-$ で　$m = 0.10 \times 2 = 0.20$ mol/kg
② $KOH \longrightarrow K^+ + OH^-$ で　$m = 0.10 \times 2 = 0.20$ mol/kg
③ $NaNO_3 \longrightarrow Na^+ + NO_3^-$ で　$m =$ (ア　　　) ＝ (イ　　　)mol/kg
④ スクロースは，非電解質で　$m = 0.10$ mol/kg のまま
⑤ $K_2SO_4 \longrightarrow$ (ウ　　　)で　$m =$ (エ　　　) ＝ (オ　　　) mol/kg

よって，沸点が最も高くなるのは，m の値が最も(カ　　　)い溶質の(キ　　　)である。

凝固点降下では逆になる。凝固点が最も高くなるのは Δt が最小のものになるため，m が最も小さい。

答 ア 0.10×2　イ 0.20　ウ $2K^+ + SO_4^{2-}$　エ 0.10×3　オ 0.30　カ 大き　キ K_2SO_4

例題②の解答
⑤

演習問題

第1編 知識の確認 第2編 計算問題対策 第3編 実験・グラフ問題対策 第4編 思考問題対策 第5編 模擬問題

29 溶解性 3分

溶解性に関する次の記述a～dのうちで，ヘキサン，塩化ナトリウム，塩化銀のそれぞれに当てはまるものはどれか。最も適当な組合せを，右の①～⑥のうちから一つ選べ。［ 1 ］

a　水にはよく溶けるが，ベンゼンにはほとんど溶けない。
b　水にはほとんど溶けないが，ベンゼンにはよく溶ける。
c　水にもベンゼンにもよく溶ける。
d　水にもベンゼンにもほとんど溶けない。

	ヘキサン	塩化ナトリウム	塩化銀
①	b	a	d
②	d	a	d
③	b	a	b
④	d	c	d
⑤	b	c	b
⑥	d	c	b

30 固体の溶解度 5分

50℃で，水100gに塩化カリウム(KCl)を40.0g溶かした。この水溶液100gを20℃に冷却したとき，析出したKClは何gか。最も適当な数値を，次の①～⑤のうちから一つ選べ。ただし，KClは水100gに対し，50℃で42.9g，20℃で34.2gまで溶ける。［ 2 ］g

①　2.9　　②　4.2　　③　5.8　　④　7.2　　⑤　8.7

31 気体の溶解度 3分

一定量の水に酸素を溶かす実験を行った。この実験に関する記述として**誤りを含むもの**を，次の①～⑤のうちから一つ選べ。［ 3 ］

①　酸素の圧力を1×10^5 Paから2×10^5 Paに上げると，溶ける酸素の質量は約2倍になる。
②　圧力を変えたときに溶ける酸素の体積は，溶かしたときの圧力のもとで測れば，ほぼ一定である。
③　酸素と水が接触する面積を変えても，溶かすことのできる酸素の質量は変わらない。
④　1×10^5 Paの空気に接した水には，0.2×10^5 Paの酸素に接した水に比べ，質量で約5倍の酸素が溶ける。
⑤　水の温度を上げると，溶ける酸素の質量は減る。

32 蒸気圧降下 3分

図のように，空気を除いて密閉した容器のA側に純水を入れ，B側に高濃度のショ糖水溶液を入れる。この容器を室温で長く放置するとき，水面の高さはどうなるか。次の記述①～⑤のうちから，正しいものを一つ選べ。［ 4 ］

①　A，Bそれぞれの側で蒸発する水分子の数と，凝縮する水分子の数がつり合っているので，水面の高さに変化がない。
②　B側の水面がA側より高いので，B側からA側へ水分子が移り，やがて水面の高さが一致する。
③　B側の水蒸気圧がA側より低いため，B側では蒸発する水分子より凝縮する水分子の数が多く，B側の水面が高くなる。
④　純水を得る蒸留器と同じ機能をもつため，B側で蒸発する水分子がA側で凝縮し，A側の水面が高くなる。
⑤　B側では蒸気圧降下により沸点が上昇するため，A側でのみ蒸発と凝縮が起こり，水面の高さには変化がない。

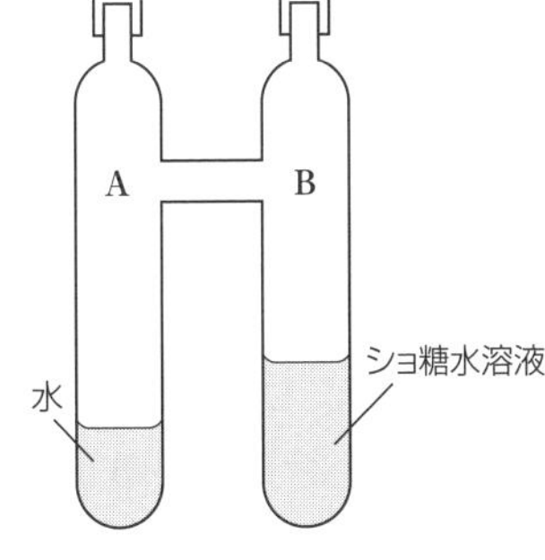

33 沸点上昇 4分

次の水溶液A～Cを，沸点の高いものから並べた順序として正しいものを，下の①～⑥のうちから一つ選べ。[5]

A 1gのブドウ糖(グルコース)(分子量180)を，水100gに溶かした溶液
B 1gの尿素(分子量60)を，水100gに溶かした溶液
C 0.5gの臭化ナトリウム(式量103)を，水100gに溶かした溶液

① A，B，C ② A，C，B ③ B，A，C
④ B，C，A ⑤ C，A，B ⑥ C，B，A

34 溶液の性質 3分

次の記述a・bと最も関連の深い事項を，それぞれの解答群の①～④のうちから一つずつ選べ。

a 炭酸飲料水の入ったびんの栓をあけると，泡がでる。[6]
① シャルルの法則 ② ドルトンの分圧の法則 ③ ヘンリーの法則
④ ボイルの法則

b 漬物をつくるとき，野菜に食塩をふりかけておくと，野菜から水分がでる。[7]
① 塩析 ② 潮解 ③ 浸透圧 ④ 凝固点降下

35 浸透圧 3分

半透膜と浸透圧に関する記述として**誤りを含むもの**を，次の①～⑤のうちから一つ選べ。[8]

① セロハン膜は半透膜としてよく使用される。
② 純水と薄いタンパク質水溶液を半透膜で仕切ると，タンパク質水溶液側に水が移動する。
③ 薄いデンプン水溶液の浸透圧は，デンプン濃度に比例する。
④ 薄いデンプン水溶液の浸透圧は，溶液の温度によらない。
⑤ 海水に圧力をかけて半透膜を通すことにより，海水を淡水化できる。

36 浸透圧 3分

次の文章中の空欄 [ア]・[イ] に入れる語句の組合せとして最も適当なものを，下の①～④のうちから一つ選べ。[9]

水分子は通すがスクロース(ショ糖)分子は通さない半透膜を中央に固定したU字管がある。図1のように，A側に水を，B側にスクロース水溶液を，両方の液面の高さが同じになるように入れた。十分な時間をおくと液面の高さにhの差が生じ，[ア] の液面が高くなった。次にA側とB側の両方に，それぞれ体積Vの水を加え，放置したところ，液面の差はhより小さくなった。ここでA側から体積$2V$の水をとり除き，十分な時間放置したところ，液面の差は [イ]。ただし，A側から体積$2V$の水をとり除いたときも，A側の液面はU字管の垂直部分にあるものとする。また，水の蒸発はないものとする。

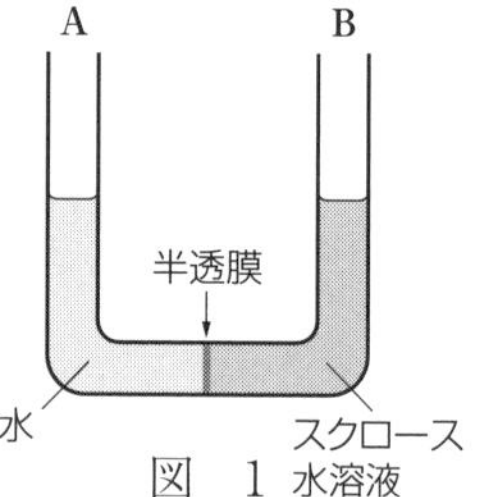

図 1

	ア	イ
①	A側	なくなった
②	A側	hにもどった
③	B側	なくなった
④	B側	hにもどった

37 コロイド溶液 3分

コロイド溶液に関する次の記述①～④のうちから，正しいものを一つ選べ。 10

① デンプン水溶液に横から強い光を当てると，光の通路が輝いて見える。これは，コロイド粒子が光を吸収するからである。

② コロイド粒子はセロハン膜を通過しないが，小さな分子やイオンはセロハン膜を通過する。この性質を利用して，コロイド溶液を精製する操作を塩析という。

③ ブラウン運動は，コロイド粒子とコロイド粒子が不規則に衝突するために起こる現象である。

④ 疎水コロイドの溶液に少量の電解質を加えると，コロイド粒子は沈殿する。この現象を凝析という。

38 溶液の性質 3分

次の**ア**～**オ**に，現象と化学用語が示されている。その両者の対応が適切な場合を正，適切でない場合を誤とするとき，**ア**～**オ**の正誤の組合せとして正しいものを，下の①～⑥のうちから一つ選べ。 11

現象	化学用語
ア タンパク質水溶液に不純物として含まれる小さな分子やイオンは，その水溶液をセロハンで包んで水に浸しておくと除去できる。	**浸透圧**
イ 自動車エンジンの冷却水は，エチレングリコールを加えることによって，凍結しにくくなる。	**凝固点降下**
ウ 墨汁には，にかわが入っているため，炭素の微粒子が沈殿しにくい。	**保護コロイド**
エ 赤血球を水に浸すと，赤血球は膨張していき，破裂する。	**透析**
オ 水の中に分散した粘土の微粒子は，ミョウバンなどの電解質を加えると，沈殿する。	**凝析**

	ア	イ	ウ	エ	オ
①	誤	正	正	正	誤
②	正	正	誤	誤	正
③	誤	正	正	誤	正
④	正	誤	誤	正	誤
⑤	誤	誤	正	正	誤
⑥	正	誤	誤	誤	正

2―1 化学反応とエネルギー

1 ●―化学反応と熱

point!

┌状態を示す

CH_4(気) ＋ $2O_2$(気) ⟶ CO_2(気) ＋ $2H_2O$(液)　$\Delta H = -891\,\mathrm{kJ}$

（反応エンタルピー：－は発熱，＋は吸熱 を表す）

係数はその物質の物質量〔mol〕を示す。したがって，分数になることもある。

⬇

「1 mol のメタン CH_4(気)と 2 mol の酸素 O_2(気)が反応すると，1 mol の二酸化炭素 CO_2(気)と 2 mol の水 H_2O(液)が生成し，そのとき 891 kJ の熱量が発生する」という意味になる。

C_2H_6(気) ＋ $\frac{7}{2}O_2$(気) ⟶ $2CO_2$(気) ＋ $3H_2O$(液)　$\Delta H = -1560\,\mathrm{kJ}$　この化学反応式から「エタン C_2H_6 の 1 mol を燃焼させると，酸素が①＿＿＿＿mol 消費され，二酸化炭素②＿＿＿＿mol と水③＿＿＿＿mol が生成する。このとき発生する熱量は④＿＿＿＿kJ である」とわかる。

2 ●―反応エンタルピー ➡ 一般に対象となる物質の係数を 1 にする。

point!

(1)　燃焼エンタルピー…1 mol の物質が完全燃焼するときの反応エンタルピー。
(2)　生成エンタルピー…1 mol の化合物が成分元素の単体からできるときの反応エンタルピー。
(3)　溶解エンタルピー…1 mol の物質が多量の水に溶解するときの反応エンタルピー。
(4)　中和エンタルピー…中和反応によって，水 1 mol が生成するときの反応エンタルピー。

1　$2CH_3OH$(液) ＋ $3O_2$(気) ⟶ $2CO_2$(気) ＋ $4H_2O$(液)　$\Delta H = -1452\,\mathrm{kJ}$
メタノール CH_3OH(液)の燃焼エンタルピーは，CH_3OH の 1 mol が完全燃焼するときの反応エンタルピーであるから⑤＿＿＿＿kJ/mol である。

2　メタン CH_4(気)の生成エンタルピーは，－ 74 kJ/mol である。CH_4 の成分元素の単体は C(黒鉛)と H_2(気)である。メタンの生成エンタルピーを化学反応式で表すと，
⑥＿＿＿＿＿＿＿＿＿＿＿＿となる。

3　硝酸カリウム KNO_3 の溶解は KNO_3(固) ＋ aq ⟶ KNO_3aq　$\Delta H = 34.9\,\mathrm{kJ}$ と表される。
aq(＝ aqua アクア)は水溶液を表す。aq だけのときは多量の水を意味する。
1 mol の KNO_3 の結晶が多量の水に溶けて KNO_3 水溶液となるとき，34.9 kJ の熱を⑦＿＿＿＿する。

4　HClaq ＋ NaOHaq ⟶ NaClaq ＋ H_2O(液)　$\Delta H = -57\,\mathrm{kJ}$
2.0 mol の塩酸と 2.0 mol の水酸化ナトリウム水溶液の中和反応では⑧＿＿＿＿kJ の熱が発生する。

3 ●―ヘスの法則

point!

ヘスの法則(総熱量保存の法則)
反応エンタルピーの大きさは，変化する前の状態と，変化した後の状態で決まり，その変化の経路には無関係である。

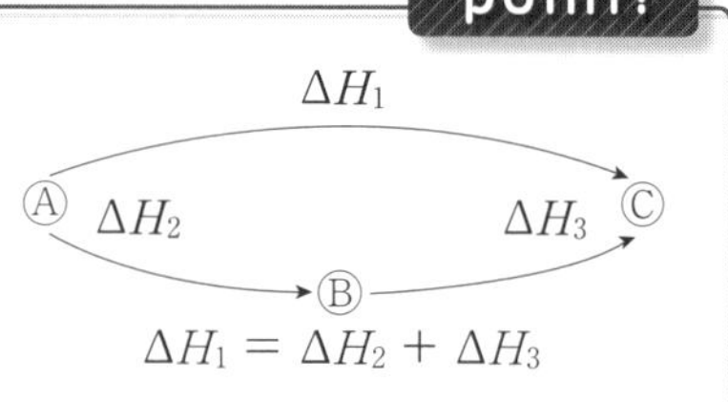

答 ①3.5　②2　③3　④1560　⑤－726　⑥C(黒鉛) ＋ $2H_2$(気) ⟶ CH_4(気)　$\Delta H = -74\,\mathrm{kJ}$　⑦吸収　⑧114

4 ●—結合エネルギー

point!

結合エネルギー：気体分子内の共有結合 1 mol を切断するのに必要なエネルギー。値が大きいほど，原子は強く結びついていることを示す。

反応エンタルピー ＝（反応物の結合エネルギーの総和）－（生成物の結合エネルギーの総和）

＊ただし，反応物，生成物は気体。

H－H の結合エネルギーは 432 kJ/mol である。これは，H_2 分子 1 mol をばらばらの H 原子にするのに 432 kJ のエネルギーが必要なことを示している。化学反応式で示すと①＿＿＿＿＿＿となる。

メタン CH_4 1 mol をばらばらの原子にするには 1644 kJ が必要である。これを化学反応式で示すと

CH_4(気) ⟶ C(気) ＋ 4H(気)　$\Delta H = 1644$ kJ　になる。

CH_4 の 1 分子中には C－H 結合が 4 本あるので，C－H 結合 1 mol あたりの結合エネルギーは②＿＿＿＿kJ/mol である。

水素 1 mol と塩素 1 mol から塩化水素 2 mol が生成するとき，H_2(気) ＋ Cl_2(気) ⟶ 2HCl(気) $\Delta H = -185$ kJ となる。この反応エンタルピー －185 kJ を結合エネルギーを用いて考えてみる。

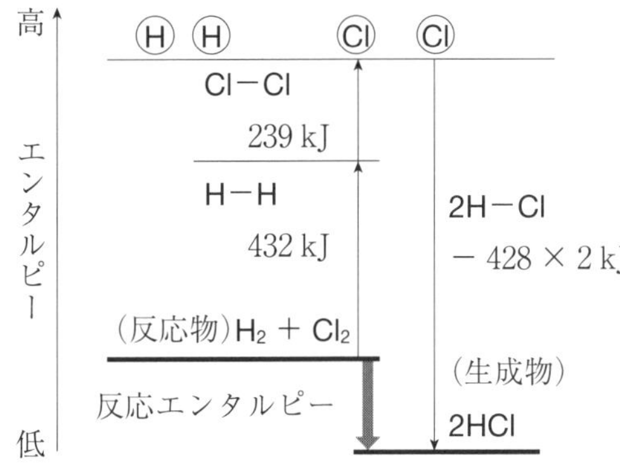

H－H の結合エネルギー	432 kJ/mol
Cl－Cl の結合エネルギー	239 kJ/mol
H－Cl の結合エネルギー	428 kJ/mol

H_2 と Cl_2 をばらばらの原子にする過程で吸収されるエネルギーは　432 ＋ 239 ＝ 671 kJ

ばらばらの H 原子と Cl 原子が共有結合して 2 mol の HCl を生成する過程で放出されるエネルギーは

－428 × 2 ＝ －856 kJ

反応のエネルギー収支は　671 － 856

＝③＿＿＿＿kJ になる。

5 ●—光化学反応・化学発光

point!

光化学反応や**化学発光**では，化学反応による光エネルギーの出入りが起こっている。

（光化学反応）

光合成：緑色植物がデンプンなどの有機物を合成

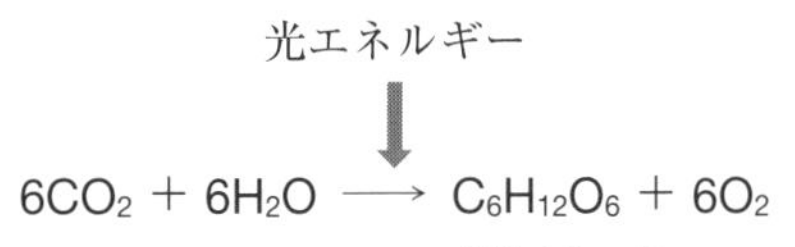

（化学発光）

ルミノール反応：塩基性水溶液中において H_2O_2 でルミノールを酸化すると，青い発光が観察される。

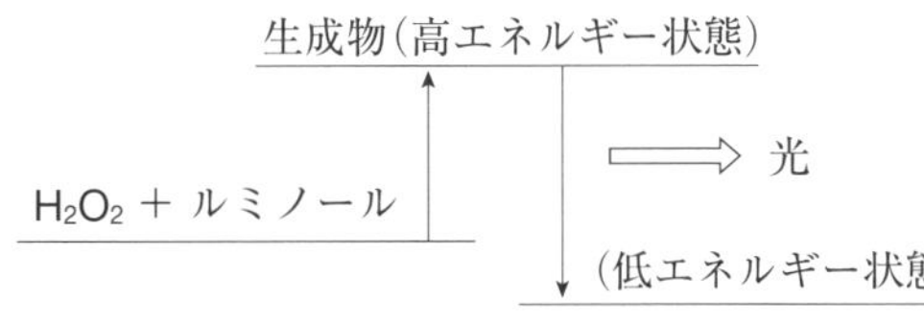

化学反応にともなって発生する光を④＿＿＿＿という。反応により生成した⑤＿＿＿＿エネルギー状態が⑥＿＿＿＿エネルギー状態に戻るときに光が放出される。

答 ① H_2(気) ⟶ 2H(気)　$\Delta H = 432$ kJ　② 411　③ －185　④化学発光　⑤高　⑥低

例題 1　混合気体の燃焼エンタルピー

メタンとエタンの燃焼エンタルピーは，それぞれ -890 kJ/mol，-1560 kJ/mol である。標準状態で 44.8 L を占めるメタンとエタンの混合気体を完全に燃焼させたところ，2785 kJ の熱が発生した。この混合気体中には，メタンが何 mol 含まれていたか。最も適当な数値を，次の①〜⑤のうちから一つ選べ。

①　0.1　　②　0.5　　③　1　　④　1.5　　⑤　2

解法のコツ

燃焼エンタルピーは物質 1 mol が完全燃焼するときの反応エンタルピー。

x〔mol〕ならば，x 倍の反応エンタルピーとなる。

標準状態において 44.8L は(ア　　　)mol であるから，メタン CH_4 を x〔mol〕とすると，エタン C_2H_6 は(イ　　　)mol となる。燃焼させたとき

メタンの発熱量………$890x$〔kJ〕

エタンの発熱量………(ウ　　　　　　)〔kJ〕となる。

全体の発熱量が 2785 kJ となったことから

$890x$ ＋ ウ ＝ 2785　　　　　x ＝ (エ　　　)

答 ア 2　イ $2-x$　ウ $1560(2-x)$　エ 0.5

例題①の解答
②

例題 2　化学反応式とエンタルピー

次の化学反応式(1)・(2)をもとにした下の記述①〜④のうちから，**誤りを含むもの**を一つ選べ。

$2CO + O_2 \longrightarrow 2CO_2 \quad \Delta H = -566$ kJ ……(1)

C(黒鉛) ＋ $O_2 \longrightarrow CO_2 \quad \Delta H = -394$ kJ ……(2)

①　$CO_2 \longrightarrow$ C(黒鉛) ＋ O_2 の反応は，吸熱反応である。
②　一酸化炭素の燃焼エンタルピーは，-566 kJ/mol である。
③　一酸化炭素 2 mol と酸素 1 mol がもっているエネルギーの和は，二酸化炭素 2 mol がもっているエネルギーより大きい。
④　一酸化炭素の生成エンタルピーは，-111 kJ/mol である。

解法のコツ

各々の反応エンタルピーをきちんと理解すること。そのうえで，(1)，(2)の化学反応式が示している内容を読み取っていく。

①　(2)式は ΔH の符号が － なので，(ア　　　)反応である。$CO_2 \longrightarrow$ C(黒鉛) ＋ O_2 はその逆反応なので，(イ　　　)反応。

②　CO の燃焼エンタルピーなので，CO の係数を 1 にする必要がある。(1)式を $\frac{1}{2}$ 倍して　　$CO + \frac{1}{2}O_2 \longrightarrow CO_2 \quad \Delta H =$ (ウ　　　　)kJ……(3)

この式から，CO の燃焼エンタルピーは**ウ** kJ/mol とわかる。誤り。

③　化学反応式中の化学式は，その物質がもつエネルギーを表していると考えることができる。したがって，(1)式より「2CO と O_2 のもつエネルギーの和」は「$2CO_2$ のもつエネルギー」よりも 566 kJ 大きいことがわかる。

④　生成エンタルピーは，CO 1 mol を成分元素の(エ　　　)からつくるときの反応エンタルピーである。これは(2)，(3)式を示した右図の(4) C(黒鉛) ⟶ CO の過程で，CO の生成エンタルピーは -111 kJ/mol となることがわかる。

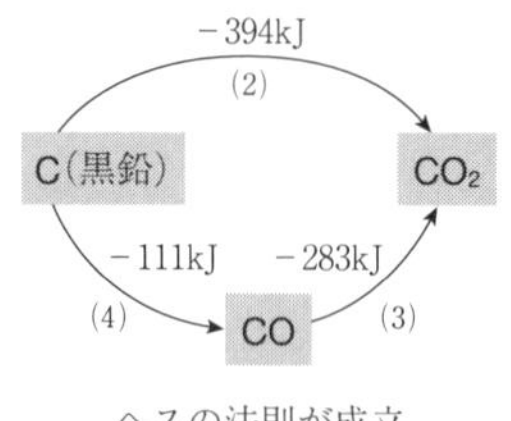

ヘスの法則が成立

答 ア 発熱　イ 吸熱　ウ -283　エ 単体

例題②の解答
②

演習問題

第1編 知識の確認
第2編 計算問題対策
第3編 実験・グラフ問題対策
第4編 思考問題対策
第5編 模擬問題

39 混合気体の発熱量 5分

水素，一酸化炭素，メタンを燃焼させたときの化学反応式を次に示す。

$$H_2(気) + \frac{1}{2}O_2(気) \longrightarrow H_2O(液) \quad \Delta H = -286\,kJ$$

$$CO(気) + \frac{1}{2}O_2(気) \longrightarrow CO_2(気) \quad \Delta H = -283\,kJ$$

$$CH_4(気) + 2O_2(気) \longrightarrow CO_2(気) + 2H_2O(液) \quad \Delta H = -890\,kJ$$

体積百分率が，H_2 50.0％，CO 30.0％，CH_4 10.0％，CO_2 10.0％の混合気体がある。標準状態において22.4Lのこの混合気体を完全燃焼させたとき，発生する熱量〔kJ〕として最も適当な数値を，次の①～⑤のうちから一つ選べ。ただし，気体はすべて理想気体とみなす。［ 1 ］kJ

① 317　② 545　③ 1000　④ 1460　⑤ 2030

40 気体の燃焼エンタルピー 5分

原子量 H = 1.0，C = 12，O = 16とする。

分子式 C_3H_n で表される気体を十分な量の酸素と混合して完全燃焼させたところ，二酸化炭素3.30gと水(液体)が生成し，48.0kJの熱が発生した。次の問い(a・b)に答えよ。

a　この気体の燃焼エンタルピーは何kJ/molか。最も適当な数値を，次の①～⑤のうちから一つ選べ。［ 2 ］kJ/mol

① −640　② −960　③ −1280　④ −1920　⑤ −3840

b　この反応で生成した水の質量は0.900gであった。分子式中の n として最も適当な値を，次の①～⑤のうちから一つ選べ。［ 3 ］

① 4　② 5　③ 6　④ 7　⑤ 8

41 混合気体の燃焼エンタルピー 5分

原子量 H = 1.0，C = 12，O = 16とする。

水素とアセチレンを混合した気体(物質量の合計が1.0mol)を完全燃焼させたところ，水(液体)と二酸化炭素が生成し，800kJの熱が生じた。この実験に関する次の問い(a・b)に答えよ。ただし，水素およびアセチレンの燃焼エンタルピーをそれぞれ −300kJ/molおよび −1300kJ/molとする。

a　燃焼前の混合気体中のアセチレンの物質量〔mol〕として最も適当な数値を，次の①～⑤のうちから一つ選べ。［ 4 ］mol

① 0.20　② 0.40　③ 0.50　④ 0.60　⑤ 0.80

b　生じた水の質量〔g〕として最も適当な数値を，次の①～⑤のうちから一つ選べ。［ 5 ］g

① 9.0　② 18　③ 27　④ 36　⑤ 45

42 エネルギー図 5分

図は，25℃，1×10^5 Pa における 1 mol の水の生成に関する反応エンタルピーと水の状態変化のエンタルピー変化を示している。図に関する下の記述 **a**～**c** について，正誤の組合せとして正しいものを，下の①～⑧のうちから一つ選べ。［ 6 ］

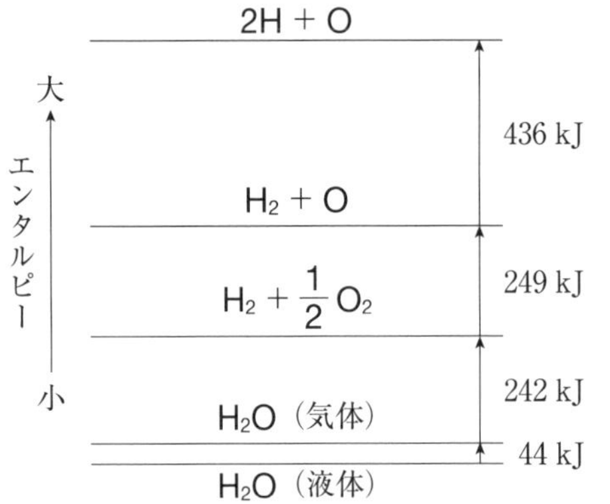

	a	b	c
①	正	正	正
②	正	正	誤
③	正	誤	正
④	正	誤	誤
⑤	誤	正	正
⑥	誤	正	誤
⑦	誤	誤	正
⑧	誤	誤	誤

a　1 mol の H_2 が完全燃焼して液体の水を生成する際に放出されるエネルギーは，286 kJ である。

b　O_2 の結合エネルギーは，H_2 の結合エネルギーより小さい。

c　1 mol の水蒸気が凝縮するとき，44 kJ の熱を吸収する。

43 化学エネルギー 3分

エネルギーに関する記述として**誤りを含むもの**を，次の①～⑥のうちから一つ選べ。［ 7 ］

① 銅の電解精錬は，電気エネルギーを化学エネルギーに変換することで銅を還元している。

② 電池は，酸化還元反応により放出するエネルギーを電気エネルギーとして取り出す装置である。

③ エネルギーが姿を変えても，その前後におけるエネルギーの総量は変わらない。

④ 植物の行っている光合成では，光エネルギーが化学エネルギーに変換される。

⑤ 化学発光を示すルミノールを酸化すると，低エネルギー状態から高エネルギー状態になり，同時に青い光を発する。

⑥ 燃焼エンタルピーは 1 mol の物質が完全燃焼するときの反応エンタルピーであり，必ず発熱反応になる。

2-2 電池と電気分解

1 ●—電池の原理

電池の原理……電池とは，化学変化にともなうエネルギーを電気エネルギーとして取り出す装置のこと。

point!

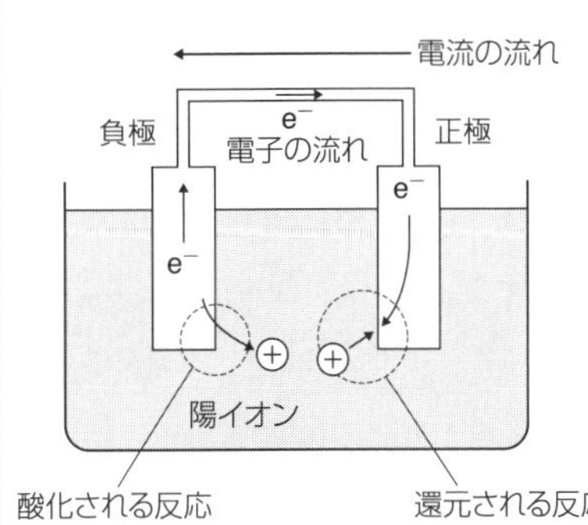

電池：酸化と還元を別々の場所(電極)で行わせる。

⬇

電子の流れをつくる。電流として電気エネルギーを取り出す装置。

電流の向き(正極 → 負極)は，電子の流れと逆向きと約束されている。

負極…イオン化傾向の大きい方の金属。

正極…イオン化傾向の小さい方の金属。

電池の仕組みを，ボルタ電池を使って説明してみる。(右図)

2 種類の金属，Cu と Zn を導線でつなぎ希硫酸に入れると電池になる。イオン化傾向の大きい方の①______が負極となって電子を放出し，自身は陽イオンになって溶け出す。放出された電子は導線を通って，正極の②______板に流れ込む。

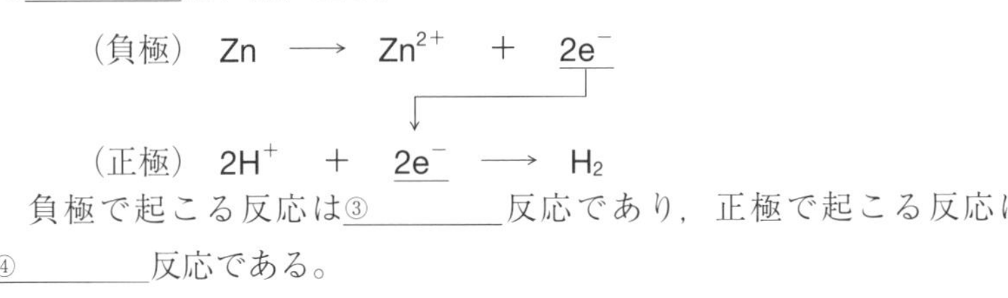

(負極)　$Zn \longrightarrow Zn^{2+} + 2e^-$

(正極)　$2H^+ + 2e^- \longrightarrow H_2$

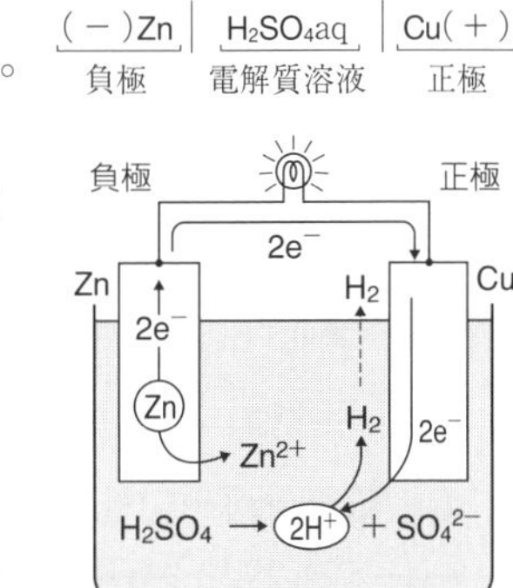

負極で起こる反応は③______反応であり，正極で起こる反応は④______反応である。

2 ●—ダニエル電池

point!

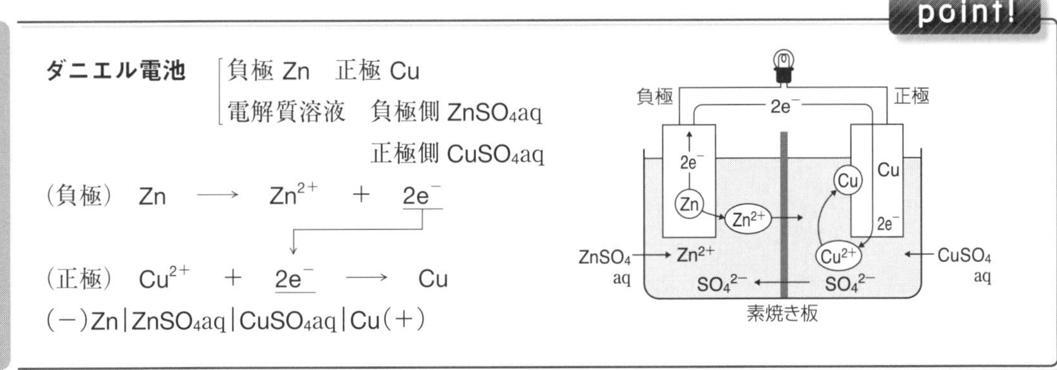

ダニエル電池　負極 Zn　正極 Cu
電解質溶液　負極側 $ZnSO_4aq$
正極側 $CuSO_4aq$

(負極)　$Zn \longrightarrow Zn^{2+} + 2e^-$

(正極)　$Cu^{2+} + 2e^- \longrightarrow Cu$

$(-)Zn | ZnSO_4aq | CuSO_4aq | Cu(+)$

ダニエル電池の極板は Cu と Zn であり，これらのイオン化傾向は Zn ＞ Cu である。イオン化傾向の大きい Zn が電子 e^- を放出し，陽イオンの⑤______になる。電子は Zn 板から導線を通って⑥______板へと流れる。⑥板では，$CuSO_4$ 水溶液中の⑦______が e^- を受け取り，Cu となって析出する。放電を続けると，$ZnSO_4$ 水溶液の濃度は⑧______くなり，$CuSO_4$ 水溶液の濃度は⑨______くなっていく。なお，素焼き板は，正極と負極の水溶液がすぐに混ざり合わないようにしながら，少量のイオンの移動を可能にする隔膜である。

答 ① Zn　② Cu　③酸化　④還元　⑤ Zn^{2+}　⑥ Cu　⑦ Cu^{2+}　⑧高　⑨低

3 ●—実用電池

point!

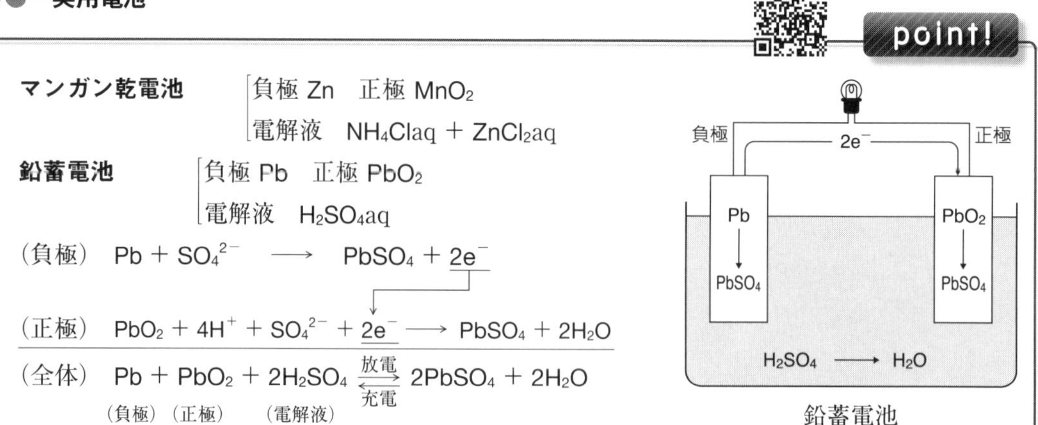

マンガン乾電池　負極 Zn　正極 MnO_2
電解液　$NH_4Claq + ZnCl_2aq$

鉛蓄電池　負極 Pb　正極 PbO_2
電解液　H_2SO_4aq

(負極)　$Pb + SO_4^{2-} \longrightarrow PbSO_4 + 2e^-$

(正極)　$PbO_2 + 4H^+ + SO_4^{2-} + 2e^- \longrightarrow PbSO_4 + 2H_2O$

(全体)　$Pb + PbO_2 + 2H_2SO_4 \underset{充電}{\overset{放電}{\rightleftarrows}} 2PbSO_4 + 2H_2O$
(負極)(正極)(電解液)

鉛蓄電池

1　放電すると再利用できなくなる電池を①＿＿＿＿電池という。一方，充電により繰り返し使うことができる電池を②＿＿＿＿電池という。マンガン乾電池は③＿＿＿＿電池であり，鉛蓄電池は④＿＿＿＿電池である。

2　鉛蓄電池は，負極の鉛 Pb と正極の⑤＿＿＿＿＿＿を，希硫酸に浸した電池である。放電すると，Pb が電子 e^- を放出し，PbO_2 が e^- を受け取り，ともに⑥＿＿＿＿に変化する。これは水に難溶なのでそのまま極板に付着する。そのため電極の質量は増加する。

また，電解質溶液においては，H_2SO_4 が減り，H_2O が生成する。そのため，H_2SO_4 の濃度は⑦＿＿＿＿する。

4 ●—電気分解……電気エネルギーを与えて酸化還元反応を起こす。

point!

水溶液の電気分解により生じる物質の例を次に示す。反応式は，次の **5** を参照。

電解液	電極板		電気分解により生成する物質		
	陽極	陰極	陽極	陰極	
$CuCl_2$ 水溶液	Pt	Pt	Cl_2	Cu	
希 H_2SO_4	Pt	Pt	O_2　H^+	H_2	水を電気分解したことになる。
NaOH 水溶液	Pt	Pt	O_2	H_2　OH^-	(H_2 と O_2 が体積比 2：1 で発生。)
NaCl 水溶液	C	Fe	Cl_2	H_2　OH^-	陰極付近に，NaOH が生成する。
$CuSO_4$ 水溶液	Pt	Pt	O_2　H^+	Cu	
	Cu	Cu	Cu^{2+}	Cu	陽極の銅が溶解し，逆に陰極では銅が析出。
$AgNO_3$ 水溶液	Pt	Pt	O_2　H^+	Ag	
	Ag	Ag	Ag^+	Ag	陽極の銀が溶解し，逆に陰極では銀が析出。

塩化ナトリウム水溶液の電気分解では，陰極付近の水溶液に⑧＿＿＿＿が増加し，Na^+ が移動してくる。したがって，この付近の水溶液を濃縮すると⑨＿＿＿＿が得られる。

答 ①一次　②二次　③一次　④二次　⑤酸化鉛(Ⅳ)PbO_2　⑥ $PbSO_4$　⑦減少　⑧ OH^-　⑨ NaOH

5 ●─電気分解の反応

point!

水溶液の電気分解においては，（陽極）酸化されやすい物質が電子を失う。（陰極）還元されやすい物質が電子を受け取る。

次の順番［1］，［2］，……の順に反応が起こりやすい。陽極，陰極のそれぞれで該当する順番を見つけ，反応式を書く。

陽極 （e^-を失う）	➡［1］白金 Pt と炭素 C 以外の電極を使う ⟶ 電極が陽イオンになる。 （例）電極が銅板なら　$Cu \longrightarrow Cu^{2+} + 2e^-$　銀板なら $Ag \longrightarrow Ag^+ + e^-$
	➡［2］水溶液中のハロゲン化物イオンが単体になる。 （例）水溶液中に Cl^-があれば　$2Cl^- \longrightarrow Cl_2 + 2e^-$ I^- があれば　$2I^- \longrightarrow I_2 + 2e^-$
	➡［3］水溶液中の OH^-または H_2O が酸化されて，O_2 が発生する。 （例）塩基性の水溶液では　$4OH^- \longrightarrow O_2 + 2H_2O + 4e^-$ 酸性～中性の水溶液では　$2H_2O \longrightarrow O_2 + 4H^+ + 4e^-$
陰極 （e^-を受け取る）	➡［1］水溶液中の Cu^{2+}や Ag^+が単体となり，金属が析出する。 （例）水溶液中に Ag^+ があれば　$Ag^+ + e^- \longrightarrow Ag$ Cu^{2+}があれば　$Cu^{2+} + 2e^- \longrightarrow Cu$
	➡［2］水溶液中の H^+または H_2O が還元されて，H_2 が発生する。 （例）酸性の水溶液では　$2H^+ + 2e^- \longrightarrow H_2$ 中性～塩基性の水溶液では　$2H_2O + 2e^- \longrightarrow H_2 + 2OH^-$

1 NaOH 水溶液を Pt を電極にして電気分解するときの両極で起こる反応を考える。まず，水溶液中のイオンを確認すると

$$NaOH \longrightarrow Na^+ + OH^- \qquad H_2O \rightleftarrows H^+ + OH^-$$

陽極での反応は，陰イオンに着目して上の陽極の順番［1］，［2］，［3］を見ていく。OH^-のイオンが存在しているので［3］になる。水溶液は塩基性なので，陽極で起こる反応の反応式は①＿＿＿＿＿＿＿＿である。

陰極での反応は，陽イオンに着目して上の陰極の順番［1］，［2］を見ていくと，［2］に該当する。塩基性の水溶液なので，反応式は②＿＿＿＿＿＿＿＿である。

2 同様にして，$AgNO_3$ 水溶液の電気分解の両極（Pt 電極）で起こる反応を考える。

$$AgNO_3 \longrightarrow Ag^+ + NO_3^- \qquad H_2O \rightleftarrows H^+ + OH^-$$

陽極での反応は，陰イオンの NO_3^-と OH^-に着目して，陽極の順番［3］になる。水溶液は酸性～中性のところを見て，③＿＿＿＿＿＿＿＿の反応式になる。

陰極での反応は，陽イオンの Ag^+，H^+に着目すると，陰極の順番［1］に該当するとわかるので④＿＿＿＿＿＿＿＿となる。

一方，$AgNO_3$ 水溶液を Ag 板を電極にして電気分解した場合は，陽極での反応が，順番［1］となるので⑤＿＿＿＿＿＿＿＿である。

陰極では，Pt 板のときと同じ反応が起こる。

答 ① $4OH^- \longrightarrow O_2 + 2H_2O + 4e^-$　② $2H_2O + 2e^- \longrightarrow H_2 + 2OH^-$　③ $2H_2O \longrightarrow O_2 + 4H^+ + 4e^-$
④ $Ag^+ + e^- \longrightarrow Ag$　⑤ $Ag \longrightarrow Ag^+ + e^-$

例題 1　電池の構成

次の3種の電池について，正極と負極の関係が**誤っているもの**を，次の①～③のうちから一つ選べ。ただし，電池の正極は(＋)，負極は(－)で示している。

① 鉛蓄電池　(－)PbO_2|H_2SO_4(水溶液)|Pb(＋)
② マンガン乾電池　(－)Zn|NH_4Cl(水溶液), $ZnCl_2$(水溶液)|MnO_2, C(＋)
③ ダニエル電池　(－)Zn|$ZnSO_4$(水溶液)|$CuSO_4$(水溶液)|Cu(＋)

3種の電池の構成が示されている。①鉛蓄電池を見ると

(－)PbO_2 | H_2SO_4(水溶液) | Pb(＋)
負極　電解液　正極

鉛蓄電池の電極 PbO_2, Pb は放電すると，ともに $PbSO_4$ に変化する。負極では，電子を出すので酸化数は増加するはずである。

Pb について，酸化数の変化をみると

PbO_2 ⟶ $PbSO_4$　　Pb ⟶ $PbSO_4$
酸化数(ア　　)　＋2　　酸化数(イ　　)　＋2

よって，(ウ　　　)が負極になるので，誤り。
正しくは，(エ　　　　　　　　　　　)となる。
②・③の電池の構成は正しい。

答 ア　＋4　イ　0　ウ　Pb　エ　(－)Pb|H_2SO_4(水溶液)|PbO_2(＋)

解法のコツ
① 鉛蓄電池に着目する。PbO_2 と Pb の酸化数を求める。同じ $PbSO_4$ に変化することを知っていれば，酸化数の小さい方が負極になるとわかる。
一般に負極になるのは，「イオン化傾向の大きい金属」である。このことも覚えておこう。

例題①の解答
①

例題 2　鉛蓄電池による $CuSO_4$ 水溶液の電気分解

図1のように配線をしたとき，A～Dそれぞれの電極では，どのような変化が起こるか。正しい組合せを，下の①～⑤のうちから一つ選べ。

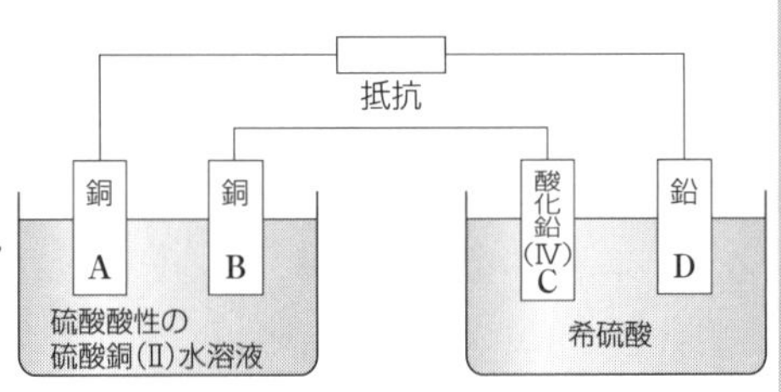

図　1

	A	B	C	D
①	銅の析出	銅の溶解	硫酸鉛(Ⅱ)の生成	硫酸鉛(Ⅱ)の生成
②	銅の溶解	銅の析出	硫酸鉛(Ⅱ)の生成	硫酸鉛(Ⅱ)の生成
③	銅の析出	銅の溶解	酸化鉛(Ⅳ)の溶解	硫酸鉛(Ⅱ)の生成
④	銅の溶解	銅の析出	鉛の生成	酸化鉛(Ⅳ)の生成
⑤	水素の発生	酸素の発生	鉛の生成	硫酸鉛(Ⅱ)の生成

C，Dの電極側は鉛蓄電池である。両方の電極板は(ア　　　　)に変化する。(イ　　　)極のCとつながったBが陽極，(ウ　　　)極のDとつながったAが陰極となる。A，Bの側はCu板を電極とする $CuSO_4$ の電気分解である。反応は

A(陰極)(エ　　　　　　　　)
B(陽極)(オ　　　　　　　　)

答 ア　硫酸鉛(Ⅱ)　イ　正　ウ　負　エ　$Cu^{2+} + 2e^- \longrightarrow Cu$　オ　$Cu \longrightarrow Cu^{2+} + 2e^-$

解法のコツ
C，Dの電極側が鉛蓄電池であることに気づいてほしい。
鉛が負極となる。
C(正極)
$PbO_2 + SO_4^{2-} + 4H^+ + 2e^- \longrightarrow PbSO_4 + 2H_2O$
D(負極)
$Pb + SO_4^{2-} \longrightarrow PbSO_4 + 2e^-$

例題②の解答
①

演 習 問 題

44 ダニエル電池 5分

図1のように，金属**ア**の板を浸した**ア**の硫酸塩水溶液(1 mol/L)と，金属**イ**の板を浸した**イ**の硫酸塩水溶液(1 mol/L)を，仕切り板**ウ**で仕切って電池をつくったところ，金属**ア**の板が負極に，金属**イ**の板が正極となった。下の問い(**a**・**b**)に答えよ。

a **ア**～**ウ**の組合せとして正しいものを，次の①～⑥のうちから一つ選べ。 1

	ア	イ	ウ
①	Zn	Cu	素焼き板
②	Zn	Cu	白金板
③	Zn	Cu	アルミニウム板
④	Cu	Zn	素焼き板
⑤	Cu	Zn	白金板
⑥	Cu	Zn	アルミニウム板

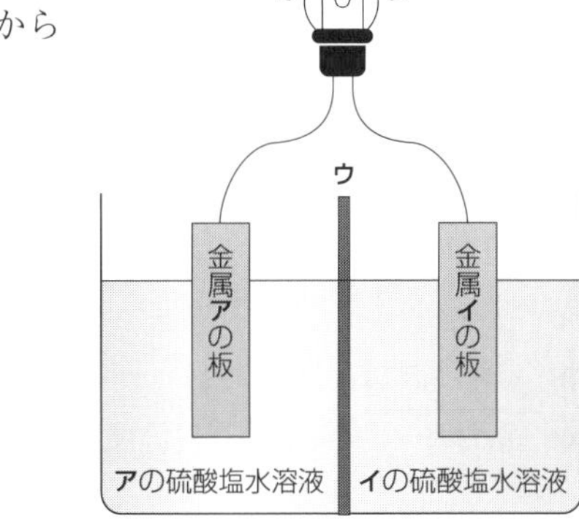

図 1

b 電池を放電させて電球を点灯させ続けたところ，電球はしだいに暗くなった。その理由として最も適当なものを，次の①～⑥のうちから一つ選べ。 2

① 金属**ア**の板の表面を，発生した水素の泡がおおった。
② 金属**イ**の板の表面を，発生した水素の泡がおおった。
③ 金属**ア**の板の表面を，発生した酸素の泡がおおった。
④ 金属**イ**の板の表面を，発生した酸素の泡がおおった。
⑤ 負極側の水溶液中の金属イオン濃度が小さくなった。
⑥ 正極側の水溶液中の金属イオン濃度が小さくなった。

45 鉛蓄電池 4分

鉛蓄電池が放電するとき，電解液で起こる現象に関する記述として正しいものを，次の①～⑤のうちから一つ選べ。 3

① Pb^{2+}が減るので，電解液の密度は小さくなる。
② Pb^{2+}が増えるので，電解液の密度は大きくなる。
③ $SO_4{}^{2-}$が減るので，電解液の密度は小さくなる。
④ $SO_4{}^{2-}$が増えるので，電解液の密度は大きくなる。
⑤ 電解液の密度は変化しない。

46 水溶液の電気分解 5分

水溶液の電気分解と電気伝導性に関する記述として**誤りを含むもの**を，次の①～⑤のうちから一つ選べ。 4

① 水を電気分解するとき，酸化・還元されにくい電解質を加えるのは，電気を通しやすくするためである。
② 0.1 mol/L の酢酸水溶液は，同じ濃度の塩酸より電気を通しにくい。
③ 塩化ナトリウム水溶液を電気分解すると，陽極(黒鉛)で塩素が発生する。
④ 硝酸銀水溶液を電気分解すると，陰極(白金)に銀が析出する。
⑤ ヨウ化カリウム水溶液を電気分解すると，陰極(黒鉛)の周辺の溶液が褐色になる。

47　水溶液の電気分解　4分

白金電極を用いて次の化合物 a ～ d の水溶液を電気分解するとき，両極から気体が発生するものはどれか。その組合せとして最も適当なものを，次の①～⓪のうちから一つ選べ。[5]

a　硝酸銀　　b　硫酸　　c　塩化銅(Ⅱ)　　d　塩化ナトリウム

①　a・b　　②　a・c　　③　a・d　　④　b・c　　⑤　b・d　　⑥　c・d

⑦　a・b・c　　⑧　a・b・d　　⑨　a・c・d　　⓪　b・c・d

48　硫酸銅(Ⅱ)水溶液の電気分解　4分

銅板を陽極および陰極として硫酸銅(Ⅱ)水溶液を電気分解した。この実験に関する次の記述 a ～ c について，正誤の組合せとして正しいものを，右の①～⑧のうちから一つ選べ。[6]

a　陽極から水素が発生する。

b　陰極には銅が析出する。

c　溶液中の硫酸イオンの濃度は変化しない。

	a	b	c
①	正	正	正
②	正	正	誤
③	正	誤	正
④	正	誤	誤
⑤	誤	正	正
⑥	誤	正	誤
⑦	誤	誤	正
⑧	誤	誤	誤

49　ヨウ化カリウム水溶液の電気分解　4分

図1のような装置を用いて，フェノールフタレイン溶液を数滴加えたヨウ化カリウム水溶液を電気分解した。次の記述 a ～ c について，正誤の組合せとして正しいものを，下の①～⑧のうちから一つ選べ。[7]

a　陰極のまわりの液が赤色に変化した。

b　陽極のまわりの液が褐色に変化した。

c　陽極側でのみ気泡の発生がみられた。

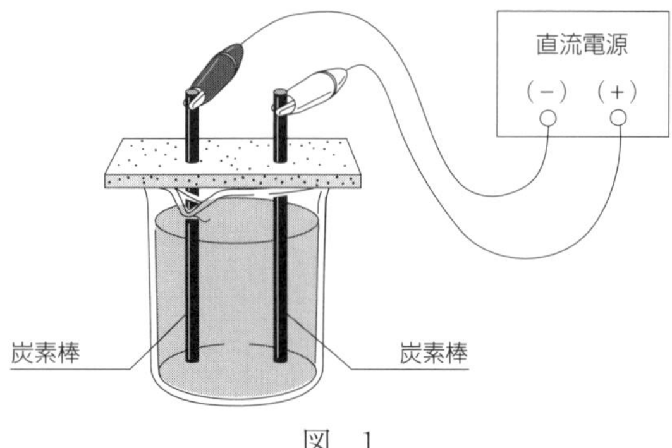

図　1

	a	b	c
①	正	正	正
②	正	正	誤
③	正	誤	正
④	正	誤	誤
⑤	誤	正	正
⑥	誤	正	誤
⑦	誤	誤	正
⑧	誤	誤	誤

2-3 反応の速さとしくみ

1 反応速度

point!

反応速度は，反応物または生成物の濃度の変化量から，次のように表される。

$$\text{反応速度} = \frac{\text{反応物の濃度の減少量}}{\text{反応時間}} = \frac{\text{生成物の濃度の増加量}}{\text{反応時間}}$$

$H_2 + I_2 \longrightarrow 2HI$ の反応では，H_2 の 1 mol，I_2 の 1 mol が反応して，HI が 2 mol 生成することになる。つまり，反応により，H_2 が 1 mol/L 減少したとすると，I_2 は 1 mol/L①＿＿＿＿し，HI は②＿＿＿＿mol/L 増加する。このように，各物質の反応速度の比は，反応式の③＿＿＿＿の比に等しい。

（どの物質に着目するかによって，反応速度の値は異なることに注意する。）

2 反応速度を表す式

point!

反応速度式：反応物の濃度と反応速度の関係を表す。

（例）　約 400℃で気体の H_2 と I_2 が反応して HI が生成するとき

$$H_2 + I_2 \xrightarrow{v} 2HI$$

$v = k[H_2][I_2]$ の反応速度式が書ける。

k：反応速度定数（速度定数）……反応の種類によって異なり，同じ反応であっても温度が高くなると，大きくなる。

$2HI \longrightarrow H_2 + I_2$ の反応において，[HI]を 2 倍にすると，反応速度 v は 4 倍になる。このことから反応速度式は $v =$ ④＿＿＿＿になると予想される。

3 反応速度を変える条件

point!

反応条件と反応速度	理由
濃度…反応物の濃度が大きくなるほど，反応速度は速くなる。（気体では分圧）	粒子の衝突回数が増加するから。
温度…温度を高くすると，反応速度は速くなる。	活性化エネルギー以上のエネルギーをもった粒子の数が多くなるから。衝突回数も増加。
触媒…触媒を加えると，反応速度は速くなる。	触媒が活性化エネルギーを低下させるから。
固体を粉末にするなどして，表面積を大きくすると，反応速度は速くなる。	反応できる粒子の割合が増えるから。

ものを燃やす際には，空気中よりも酸素中の方が激しく燃える。このように反応物の濃度が⑤＿＿＿＿いほど，反応速度は大きくなる。

温度が高くなると，反応速度は急激に⑥＿＿＿＿くなる。温度が 10 ℃上昇すると反応速度が 2 倍になる反応では，30 ℃上昇すると反応速度は⑦＿＿＿＿倍になる。

反応により自身は変化せず，反応速度を大きくする働きをもつ物質を⑧＿＿＿＿という。

答　①減少　②2　③係数　④ $k[HI]^2$　⑤大き　⑥大き（速）　⑦8（$= 2^3$）　⑧触媒

4 ●―反応のしくみ

point!

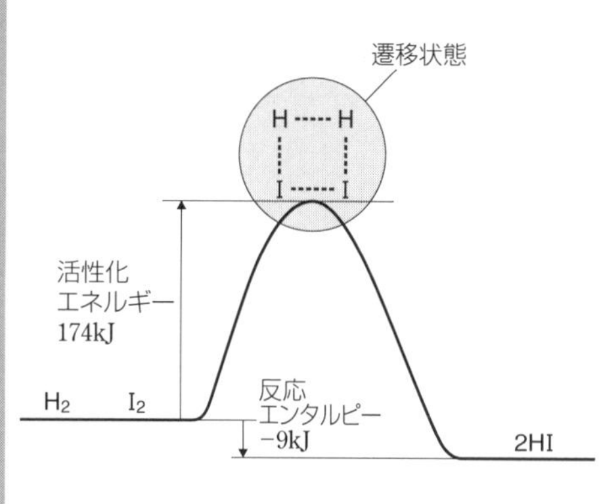

反応が起こるためには，互いに分子が衝突し，**遷移状態**(エネルギーの高い中間の状態)を経由する。

↓

遷移状態にするのに必要な最小のエネルギー

＝**活性化エネルギー**

活性化エネルギーの小さな反応 ⇒ 反応速度が大きい
活性化エネルギーの大きな反応 ⇒ 反応速度が小さい

触媒を加える
低下させる
活性化
エネルギー
H_2+I_2
反応
エンタルピー
2HI

触媒……活性化エネルギーを低下させる。

(活性化エネルギーの小さい別の反応経路をつくる)

↓

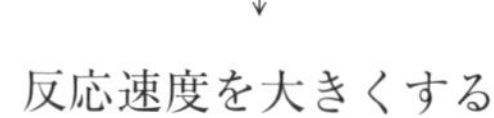

反応速度を大きくする

工業的製法	触媒(主成分)	反応
ハーバー・ボッシュ法 (アンモニアの製法)	四酸化三鉄(鉄) Fe_3O_4(Fe)	$N_2 + 3H_2 \longrightarrow 2NH_3$
オストワルト法 (NH_3 の酸化，硝酸の製法)	白金 Pt	$4NH_3 + 5O_2 \longrightarrow 4NO + 6H_2O$
接触法 (SO_2 の酸化，硫酸の製法)	酸化バナジウム(Ⅴ) V_2O_5	$2SO_2 + O_2 \longrightarrow 2SO_3$

反応は，粒子どうしの衝突により引き起こされるが，衝突した粒子がすべて反応するわけではない。

$H_2 + I_2 \longrightarrow 2HI$ の反応では，結合の組みかえが起こりうるエネルギーの高い状態(①＿＿＿＿＿)になると，H−H 結合と I−I 結合は切れかかり，新しい H−I 結合ができはじめている。この状態にするのに必要なエネルギーを②＿＿＿＿＿＿＿という。

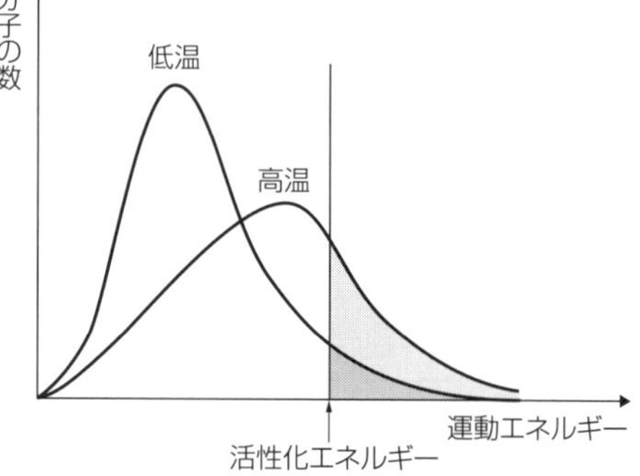

温度を高くすると，右図のように②以上の運動エネルギーをもつ分子数が多くなり，反応速度は大きくなる。

触媒は，反応前後で自身は変化せず，反応速度を③＿＿＿＿＿くする物質である。触媒を加えると活性化エネルギーは④＿＿＿＿＿するが，⑤＿＿＿＿＿＿＿＿の大きさは変わらない。

答 ①遷移状態　②活性化エネルギー　③大き(速)　④低下　⑤反応エンタルピー

例題 1 反応速度

反応速度に関する記述として**誤りを含むもの**を，次の①～④のうちから一つ選べ。

① 化学反応の反応速度は，一般に「(生成物または反応物の濃度の変化量)÷(反応時間)」で表される。
② ヨウ化水素の分解反応を考えたとき，ヨウ化水素の分解速度がわかれば，ヨウ素の生成速度を求めることができる。
③ 反応速度は，一般に反応物の濃度が大きいほど小さくなる。
④ 気体どうしの反応では，反応物の分圧が大きいほど，反応速度は大きくなる。

解法のコツ

反応速度を変える条件の一つに「濃度」がある。

反応速度は単位時間における濃度の変化量で表される。

その際，反応速度の値は正(プラス)になるように定義される。

① 反応速度の定義で正しい。
② $2HI \longrightarrow H_2 + I_2$ の反応において，HI と I_2 の反応速度の比は，反応式の係数の比に等しくなる。したがって，I_2 の生成速度は，HI の分解速度の(ア　　　)になる。正しい。
③ 反応速度は，反応物の濃度が大きいほど(イ　　　)くなる。誤り。
④ 気体反応のとき，濃度はその気体の分圧に(ウ　　　)する。反応物の分圧が大きいほど，反応速度は(エ　　　)くなる。正しい。

例題①の解答
③

答 ア $\frac{1}{2}$　イ 大き(速)　ウ 比例　エ 大き(速)

例題 2 反応速度式

AとBからCが生成する反応がある。AとBの初濃度と反応初期のCの生成速度 v の関係を次の表に示す。実験4のときのCの生成速度 v〔mol/(L・s)〕を，下の①～⑤のうちから一つ選べ。

	Aの初濃度〔mol/L〕	Bの初濃度〔mol/L〕	反応初期のCの生成速度 v〔mol/(L・s)〕
実験1	0.10	0.10	2.5×10^{-3}
実験2	0.40	0.10	1.0×10^{-2}
実験3	0.10	0.20	1.0×10^{-2}
実験4	0.20	0.20	[　　　　]

① 2.5×10^{-3}　② 5.0×10^{-3}　③ 1.0×10^{-2}
④ 2.0×10^{-2}　⑤ 4.0×10^{-2}

解法のコツ

実験1～3で，一方の初濃度を一定にし，他方の初濃度を変化させた場合，反応速度がどのように変化しているのか，その規則性を見つける。

実験1と実験2を比較する。Bの初濃度を一定にして，Aの初濃度を4倍すると，反応速度が(ア　　　)倍になっている。

よって，反応速度はAの濃度に比例するとわかる。

同様に，実験1と実験3を比較すると，Aの初濃度を一定にしてBの初濃度を2倍にしたとき，反応速度は(イ　　　)倍になっている。

よって，反応速度はBの濃度の(ウ　　　)に比例する。

実験4では，実験1のAとBの初濃度を両方とも2倍しているので，反応速度は実験1の(エ　　　)倍となる。したがって，反応速度 v を計算すると(オ　　　)mol/(L・s)である。

反応速度式は $v = k[A][B]^2$ と推定できる。

例題②の解答
④

答 ア 4　イ 4　ウ 2乗　エ $2 \times 2^2 = 8$　オ $2.5 \times 10^{-3} \times 8 = 2.0 \times 10^{-2}$

演習問題

50 反応の速さ　3分

次の記述①～⑤のうちから，**誤りを含むもの**を一つ選べ。［ 1 ］

① 可逆反応において，温度を上げると，正反応も逆反応も速くなる。

② 温度を 10℃上げると反応の速さが2倍になる反応では，温度を 20℃下げると，反応の速さは 1/8 になる。

③ 反応物の濃度が高くなれば，分子どうしの衝突回数が増加し，反応の速さは増大する。

④ 活性化エネルギーが小さくなれば，遷移状態を超える分子の数が増加するので，反応の速さは増大する。

⑤ 可逆反応における見かけの反応の速さは，時間の経過とともに減少し，反応は平衡に達する。

51 活性化エネルギー　3分

次の記述の中の［ ア ］と［ イ ］に当てはまるものを，下の①～⑥のうちから一つずつ選べ。ただし，同じものを繰り返し選んでもよい。

化学反応式　A + B ⟶ C + D　で表される反応が進むときのエネルギー変化を示すと，図1のようになる。この反応の活性化エネルギーは図中の［ ア ］に相当する。また，反応エンタルピーは図中の［ イ ］に相当する。

ア［ 2 ］　**イ**［ 3 ］

①　$E_1 + E_3$　②　$E_2 + E_3$　③　$E_1 + E_2$　④　$E_3 - E_1$　⑤　$E_3 - E_2$　⑥　$E_2 - E_1$

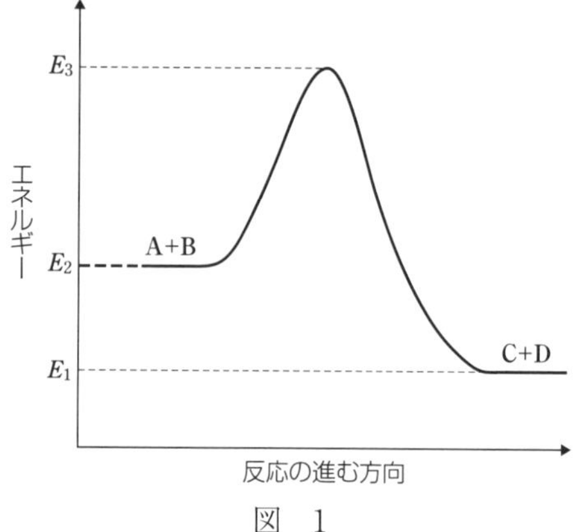

図　1

52 触媒　3分

触媒についての次の記述①～⑤のうちから，**誤りを含むもの**を一つ選べ。［ 4 ］

① 触媒は反応の速さを大きくすることができる。

② 触媒は反応の活性化エネルギーを下げることができる。

③ 触媒自身は，反応の前後で変化しない。

④ 触媒は反応エンタルピーを下げることができる。

⑤ 可逆反応に触媒を用いても，化学平衡は移動しない。

53 反応速度と濃度 3分

過酸化水素水に少量の酸化マンガン(Ⅳ)(二酸化マンガン)を加え，常温常圧で，酸素を発生させる実験を行った。発生した酸素の体積 V を反応が終了するまで測定し，V と時間 t の関係をグラフにすると，図1のようになった。酸化マンガン(Ⅳ)の量を2倍にして同様の実験を行い，体積 V と時間 t の関係を図と同じ目盛りのグラフで示すと，どうなるか。下の①～⑤のうちから，最も適当なものを一つ選べ。[5]

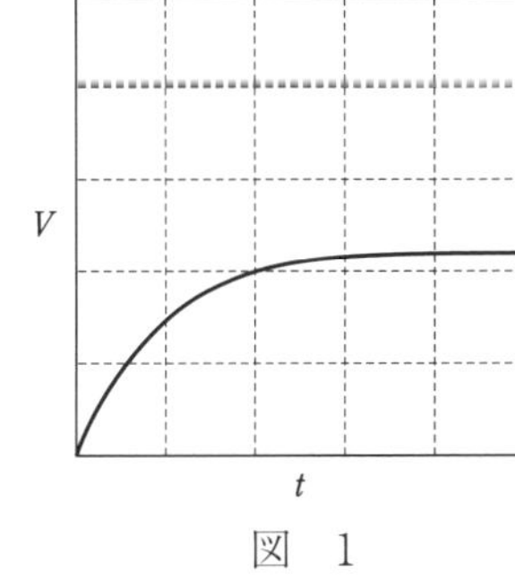

図 1

①

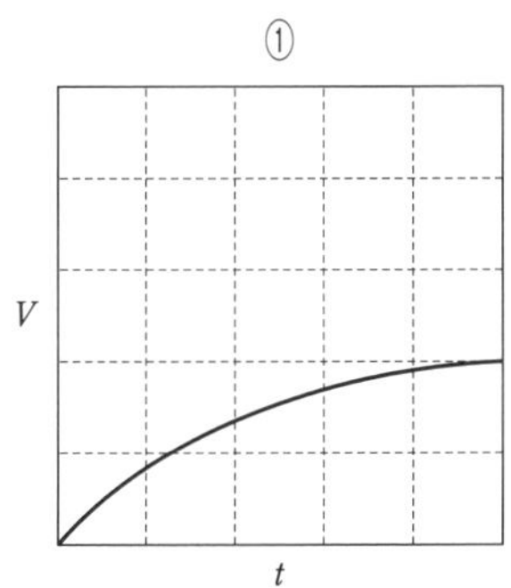

②

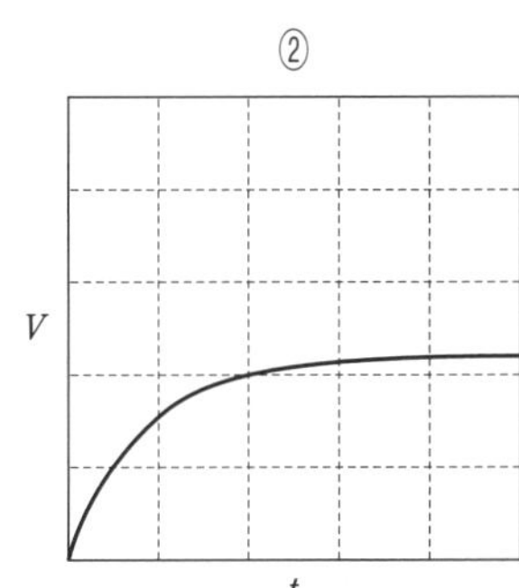

③

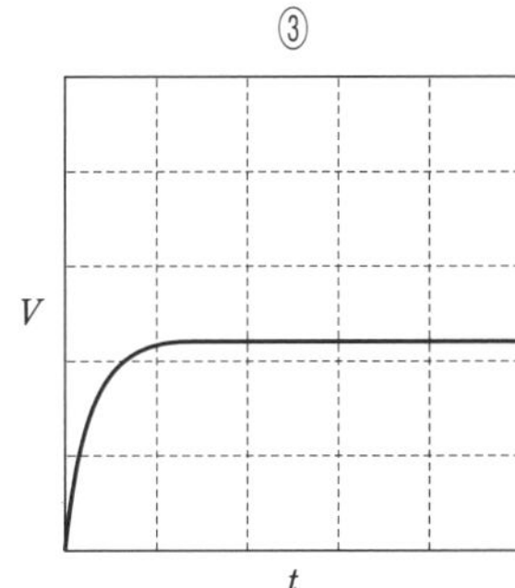

④

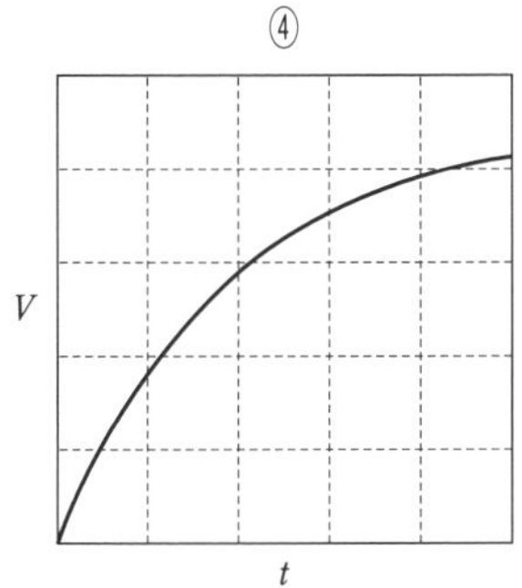

⑤

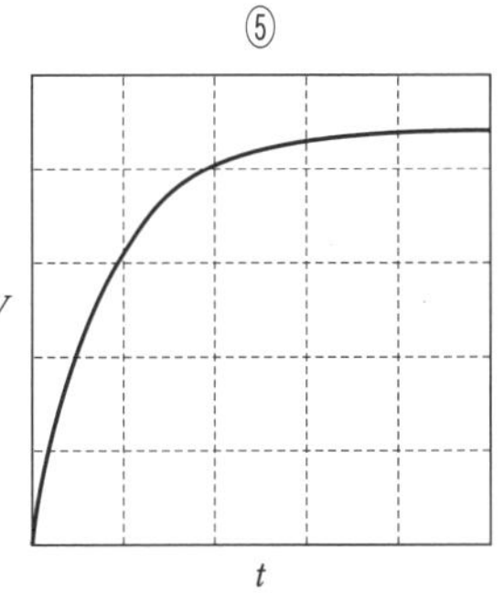

2-4 化学平衡

1 ●—化学平衡の法則

point!

化学平衡　正反応の速度 = 逆反応の速度となり，見かけ上，反応が止まった状態

化学平衡の法則　$aA + bB \rightleftarrows cC + dD$ の平衡状態において

$$K = \frac{[C]^c[D]^d}{[A]^a[B]^b}$$

K：**平衡定数**　温度が一定ならば一定値になる

化学平衡の状態においては，反応物と生成物の濃度は①＿＿＿＿になる。このとき②＿＿＿＿の法則が成立する。(1)〜(4)の反応の平衡定数 K は，各成分のモル濃度を用いて次のように表すことができる。

(1)　$N_2 + 3H_2 \rightleftarrows 2NH_3$　　平衡定数は　$K =$ ③＿＿＿＿$(mol/L)^{-2}$

(2)　$N_2O_4 \rightleftarrows 2NO_2$　　平衡定数は　$K =$ ④＿＿＿＿(mol/L)

(3)　$2SO_2 + O_2 \rightleftarrows 2SO_3$　　平衡定数は　$K =$ ⑤＿＿＿＿$(mol/L)^{-1}$

(4)　$CH_3COOH + C_2H_5OH \rightleftarrows CH_3COOC_2H_5 + H_2O$　　平衡定数は　$K =$ ⑥＿＿＿＿

平衡定数の単位は反応式の係数によって異なる。

2 ●—ルシャトリエの原理

point!

反応条件の変化 ➡ **ルシャトリエの原理に基づく平衡移動**
変化をやわらげる(緩和する)方向

濃度	濃度の減少	その物質の濃度を増加させる方向
	濃度の増加	その物質の濃度を減少させる方向
温度	下げる(冷却)	発熱反応の起こる方向
	上げる(加熱)	吸熱反応の起こる方向
圧力	小さくする(減圧)	気体全体の物質量を増加させる方向
	大きくする(加圧)	気体全体の物質量を減少させる方向

平衡状態にある反応において，条件を変化させると，平衡移動が起こる。

化学平衡を移動させる3つの条件は⑦＿＿＿＿，⑧＿＿＿＿，⑨＿＿＿＿である。

⑦を低くすると，化学平衡は⑩＿＿＿＿反応の方向に移動する。

ある物質の⑧を大きくすると，化学平衡はその物質の⑧を⑪＿＿＿＿させる方向に移動する。

⑨を小さくした場合は，気体全体の物質量を⑫＿＿＿＿させる方向に移動する。

アンモニアの合成反応 $N_2 + 3H_2 \rightleftarrows 2NH_3$ は発熱反応である。

この反応の平衡状態を低温にすると，平衡は⑬＿＿＿＿に移動する。また，$[NH_3]$を増加させると⑭＿＿＿＿に平衡が移動する。減圧した場合は $2NH_3 \longrightarrow N_2 + 3H_2$ と気体分子の総数が増加する方向，つまり⑮＿＿＿＿に平衡が移動する。

触媒を加えても平衡は移動しない。なぜなら，触媒は⑯＿＿＿＿を大きくするが，平衡状態は変化させないからである。

答　①一定　②化学平衡　③$\frac{[NH_3]^2}{[N_2][H_2]^3}$　④$\frac{[NO_2]^2}{[N_2O_4]}$　⑤$\frac{[SO_3]^2}{[SO_2]^2[O_2]}$　⑥$\frac{[CH_3COOC_2H_5][H_2O]}{[CH_3COOH][C_2H_5OH]}$

⑦温度　⑧濃度　⑨圧力　⑩発熱　⑪減少　⑫増加　⑬右　⑭左　⑮左　⑯反応速度

3 ●—電離平衡と電離定数

point!

電離度：電離したものの割合

$$電離度\ \alpha = \frac{電離した電解質の物質量}{溶かした電解質の物質量} \quad \left(\begin{array}{l}強電解質では\ \alpha = 1\\ 弱電解質では\ \alpha \ll 1\end{array}\right)$$

弱酸・弱塩基の電離平衡

（例） 酢酸　　　　　　　　　　　　アンモニア水

$CH_3COOH \rightleftarrows CH_3COO^- + H^+$　　　$NH_3 + H_2O \rightleftarrows NH_4^+ + OH^-$

$K_a = \frac{[CH_3COO^-][H^+]}{[CH_3COOH]}$　　　$K_b = \frac{[NH_4^+][OH^-]}{[NH_3]}$

酢酸の K_a と α の関係
C〔mol/L〕の酢酸において　$\alpha = \sqrt{\frac{K_a}{C}}$　　$[H^+] = C\alpha = \sqrt{CK_a}$

酢酸を水に溶かすと，一部の分子が電離した状態で化学平衡となる。このような電離によって生じた平衡を①＿＿＿＿という。

	CH_3COOH	$\rightleftarrows$	CH_3COO^-	$+ H^+$
電離前	C			
電離した量	$-C\alpha$	$\longrightarrow$	$+C\alpha$	$+C\alpha$
平衡時	②＿＿＿＿	$\rightleftarrows$	③＿＿＿＿	④＿＿＿＿

単位〔mol/L〕

このとき電離定数 K_a は

$$K_a = \frac{[CH_3COO^-][H^+]}{[CH_3COOH]}$$で表される。

この式に，右の②，③，④を代入すると $K_a =$ ⑤＿＿＿＿になる。酢酸は弱酸なので，電離度 α は小さく，$1 - \alpha \fallingdotseq 1$ とみなせるので，$K_a =$ ⑥＿＿＿＿，よって，$\alpha =$ ⑦＿＿＿＿となる。弱酸では，濃度が小さいほど電離度は⑧＿＿＿＿くなることがわかる。また，水素イオン濃度 $[H^+]$ は，$[H^+] = C\alpha =$ ⑨＿＿＿＿になる。

4 ●—水素イオン濃度とpH

point!

水のイオン積 K_w は $K_w = [H^+][OH^-] = 1.0 \times 10^{-14}\ mol^2/L^2$ になる。

pH ＝ $-\log[H^+]$ と定義するので　$[H^+] = 10^{-n}$ mol/L のとき ⟶ pH ＝ n

$[H^+] = a \times 10^{-b}$ mol/L のとき ⟶ pH ＝ $-\log(a \times 10^{-b}) = b - \log a$

1×10^{-3} mol/L の塩酸（$\alpha = 1$）の pH は⑩＿＿＿＿である。1×10^{-3} mol/L の水酸化ナトリウム水溶液（$\alpha = 1$）の場合は，$[H^+] = \frac{K_w}{[OH^-]} = \frac{1.0 \times 10^{-14}}{1 \times 10^{-3}} =$ ⑪＿＿＿＿より，pH は⑫＿＿＿＿である。

5 ●—塩の加水分解

point!

正塩の水溶液の性質は，その塩が「どの酸と塩基の中和反応で生成したものか」で判断する。
正塩については次の表のように「強」のものの性質が現れる。

(1)　強酸 ＋ 強塩基からなる塩	**中性**を示す	（例）NaCl
(2)　強酸 ＋ 弱塩基からなる塩	**酸性**を示す	（例）NH_4Cl
(3)　弱酸 ＋ 強塩基からなる塩	**塩基性**を示す	（例）CH_3COONa

(2)，(3)のときは，塩の加水分解が起こってその液性を示す。

答 ①電離平衡　②$C(1-\alpha)$　③$C\alpha$　④$C\alpha$　⑤$\frac{C\alpha^2}{1-\alpha}$　⑥$C\alpha^2$　⑦$\sqrt{\frac{K_a}{C}}$　⑧大き　⑨$\sqrt{CK_a}$　⑩3　⑪10^{-11}　⑫11

第1編 知識の確認　第2編 計算問題対策　第3編 実験・グラフ問題対策　第4編 思考問題対策　第5編 模擬問題

酢酸ナトリウム CH_3COONa は，弱酸の①＿＿＿＿と強塩基の②＿＿＿＿の中和反応で生成する塩なので，水溶液は③＿＿＿＿性を示す。

水溶液中で，酢酸ナトリウムは(a)のように完全に電離している。水も，(b)のようにわずかに電離して電離平衡に達している。

$$CH_3COONa \longrightarrow CH_3COO^- + Na^+ \cdots (a)$$
$$H_2O \rightleftarrows H^+ + OH^- \cdots (b)$$

結びつく

$$CH_3COONa + H_2O \rightleftarrows CH_3COOH + Na^+ + OH^-$$
$$CH_3COO^- + H_2O \rightleftarrows CH_3COOH + OH^-$$

酢酸は弱酸で電離度が小さいため，CH_3COO^- は H^+ と結びついて，④＿＿＿＿分子に戻ってしまう。そのため，$[H^+] < [OH^-]$ となり，水溶液は⑤＿＿＿＿性を示す。

同様にして

塩化アンモニウム NH_4Cl は強酸の⑥＿＿＿＿と弱塩基の⑦＿＿＿＿でできた塩なので，加水分解して水溶液は⑧＿＿＿＿性を示す。

塩化ナトリウム NaCl は強酸の⑨＿＿＿＿と強塩基の⑩＿＿＿＿でできた塩なので，電離だけが起こり⑪＿＿＿＿性を示す。

6 ●―緩衝液

point!

少量の酸や塩基を加えても，pH がほとんど変化しない溶液 ⟶ **緩衝液**

（例）　弱酸と弱酸の塩　（$CH_3COOH + CH_3COONa$）　　弱塩基と弱塩基の塩　（$NH_3 + NH_4Cl$）

酢酸と酢酸ナトリウムの緩衝液では

酢酸は一部が電離して，電離平衡になっている。
酢酸ナトリウムは，ほぼ完全に電離している。

$$CH_3COOH \rightleftarrows CH_3COO^- + H^+$$
$$CH_3COONa \longrightarrow CH_3COO^- + Na^+$$

したがって，CH_3COOH と CH_3COO^- を多量に含む水溶液ができる。

酸を加えると，CH_3COO^- が H^+ と反応するので，H^+ はそれほど増えない。

$$CH_3COO^- + H^+ \longrightarrow ⑫＿＿＿＿$$

一方，塩基を加えると，CH_3COOH と OH^- が中和反応するので，OH^- はそれほど増えない。

$$CH_3COOH + OH^- \longrightarrow ⑬＿＿＿＿ + H_2O$$

7 ●―溶解度積

point!

水に難溶性の塩は，水にごくわずか溶けて飽和水溶液となる。このとき，溶けたイオンと溶けない塩が平衡状態にある。　$AB(固) \rightleftarrows A^+ + B^-$

このとき　$[A^+][B^-] = K_{sp}$ が一定値となる。K_{sp} を AB の**溶解度積**という。

塩化銀の飽和水溶液では，$AgCl(固) \rightleftarrows Ag^+ + Cl^-$ となる。このときの溶解度積は K_{sp} = ⑭＿＿＿＿と表せる。$[Ag^+]$ と $[Cl^-]$ の積が K_{sp} の値を超えると⑮＿＿＿＿の沈殿が生成する。

答　① CH_3COOH　② NaOH　③塩基　④酢酸　⑤塩基　⑥ HCl　⑦ NH_3　⑧酸　⑨ HCl　⑩ NaOH　⑪中　⑫ CH_3COOH　⑬ CH_3COO^-　⑭ $[Ag^+][Cl^-]$　⑮ AgCl

例題 1 化学平衡の移動(ルシャトリエの原理)

ヨウ化水素を，密閉した容器に入れて加熱すると，次の化学反応式で表される反応が起こり，平衡状態に達する。

$$2HI \rightleftarrows H_2 + I_2 \quad \Delta H = 9.6\,\text{kJ}$$

この反応に関する次の記述①〜④のうちから，**誤りを含むもの**を一つ選べ。ただし，HI，H_2 および I_2 は，常に気体状態にある。

① この反応は温度が高いほど，より速く平衡状態に達する。
② 圧力を一定にして温度を上げると，平衡は左へ移動する。
③ 温度を一定にして圧力を変えても，平衡は移動しない。
④ 温度・圧力に関係なく，H_2 と I_2 の濃度〔mol/L〕は互いに等しい。

解法のコツ

反応条件を変えたときの
(1)「平衡はどちらに移動するのか」(ルシャトリエの原理)
(2)「反応速度はどうなるか」
を，混同しないように。(1)，(2)は別々に考える必要がある。

① 温度が高いほど(ア　　　)は大きくなる。正しい。
② 温度を上げると，ルシャトリエの原理より(イ　　　)反応の方向，つまり平衡は(ウ　　　)へ移動する。誤り。
③ この反応は，反応が起こっても気体全体の物質量は(エ　　　)ので，平衡は移動しない。正しい。
④ ヨウ化水素を容器に入れて，$2HI \longrightarrow H_2 + I_2$ の反応が起こった場合，H_2 と I_2 は同じ物質量が生成する。濃度は互いに等しくなる。正しい。

答 ア 反応速度　イ 吸熱　ウ 右　エ 変化しない

例題1の解答
②

例題 2 塩の pH

0.1 mol/L 塩酸および 0.1 mol/L 酢酸水溶液のそれぞれ 10 mL を別々の三角フラスコに入れ，0.1 mol/L 水酸化ナトリウム水溶液で滴定した。図は，そのとき滴下した水酸化ナトリウム水溶液の体積と，三角フラスコ内の水溶液の pH との関係を示したものである。この図を参考にして，下の問い(a・b)に答えよ。

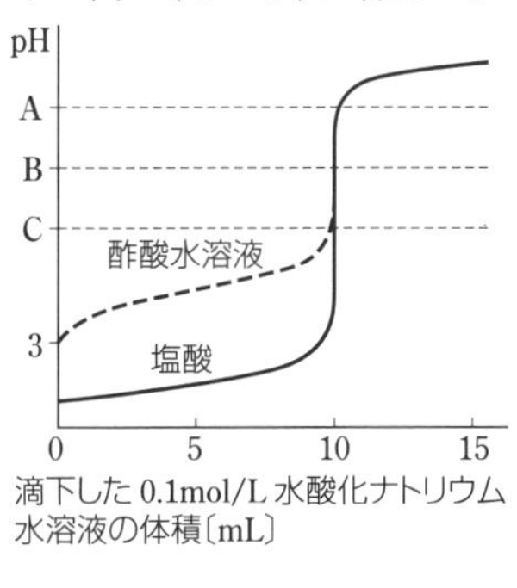

a 縦軸の目盛り A，B，C のうち，pH 7 に相当するものはどれか。次の①〜③のうちから一つ選べ。
① A　② B　③ C

b 0.05 mol/L 酢酸ナトリウム水溶液の pH の値はいくらか。次の①〜⑤のうちから，最も適当な数値を一つ選べ。
① 5　② 6　③ 7　④ 9　⑤ 11

解法のコツ

滴定曲線が急激に変化して，垂直に立ち上がっている部分の中点を中和点と見なしてよい。

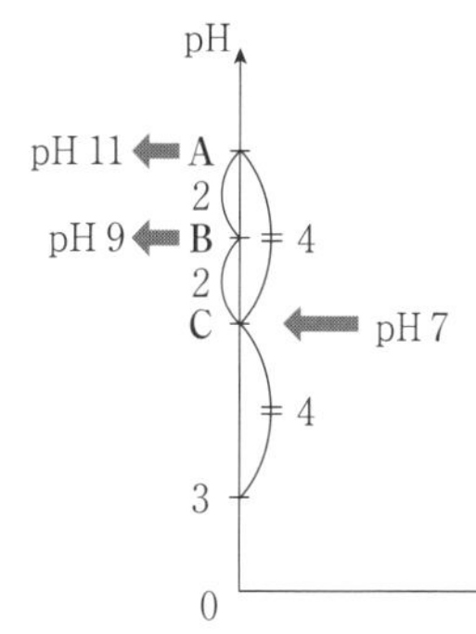

図では C (pH 7) と pH 3 の間の距離が C と A の間の距離に等しい。よって，A が pH 11，B が pH 9 と推測できる。

a 強酸の HCl と強塩基の NaOH の中和反応なので，中和点は(ア　　　)性になる。したがって，C が pH 7 とわかる。
b 弱酸の CH_3COOH と強塩基の NaOH の中和反応では，中和点で生成する塩の(イ　　　)が加水分解して，中和点はやや(ウ　　　)性側にかたよるため，中和点は B (pH 9) である。これが酢酸ナトリウム水溶液が示す pH の値になる。

答 ア 中　イ CH_3COONa　ウ 塩基

例題2の解答
a ③　b ④

演 習 問 題

54 化学平衡の移動 3分

次の化学反応式①～⑤で表される反応が，化学平衡の状態にある。これらのうちから，圧力を変えても平衡は移動しないが，温度を上げると平衡が右へ移動するものを一つ選べ。ただし，式中の物質はすべて気体の状態にある。 1

① $CO + H_2O \rightleftarrows CO_2 + H_2 \quad \Delta H = -41.0\,kJ$

② $CO + 2H_2 \rightleftarrows CH_3OH \quad \Delta H = -90.0\,kJ$

③ $N_2O_4 \rightleftarrows 2NO_2 \quad \Delta H = 57.3\,kJ$

④ $2HI \rightleftarrows H_2 + I_2 \quad \Delta H = 9.6\,kJ$

⑤ $2NH_3 \rightleftarrows N_2 + 3H_2 \quad \Delta H = 92.0\,kJ$

55 化学平衡の移動 3分

次の化学反応式で表される気相反応が，図1のピストンつきの容器の中で平衡状態にある。

$N_2O_4 \rightleftarrows 2NO_2 \quad \Delta H = 56.9\,kJ$

化学平衡に関する次の記述①～⑤のうちから，正しいものを一つ選べ。 2

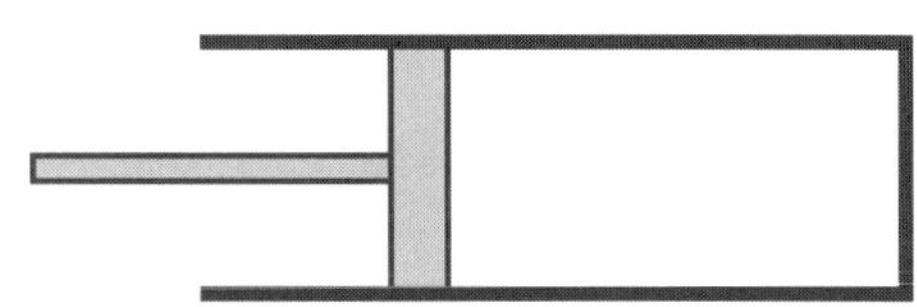

図 1

① 温度一定で，ピストンを押して体積を小さくすると，N_2O_4 の物質量は減少する。

② 全圧一定で，温度を上げると，N_2O_4 の物質量は増加する。

③ 温度一定，全圧一定で，NO_2 を加えても，N_2O_4 の物質量は変化しない。

④ 温度一定，体積一定で，貴ガスを加えると，N_2O_4 の物質量は減少する。

⑤ 温度一定，全圧一定で，貴ガスを加えると，N_2O_4 の物質量は減少する。

56 化学平衡の移動 3分

アンモニアは窒素と水素から，右の反応により合成される。 $N_2 + 3H_2 \rightleftarrows 2NH_3$

鉄触媒の作用により，窒素1 molと水素3 molの混合気体を圧力一定に保って反応させると，時間とともにアンモニアの生成量が増加し，平衡状態に達する。このアンモニアの生成量の時間変化を図の実線で示す。

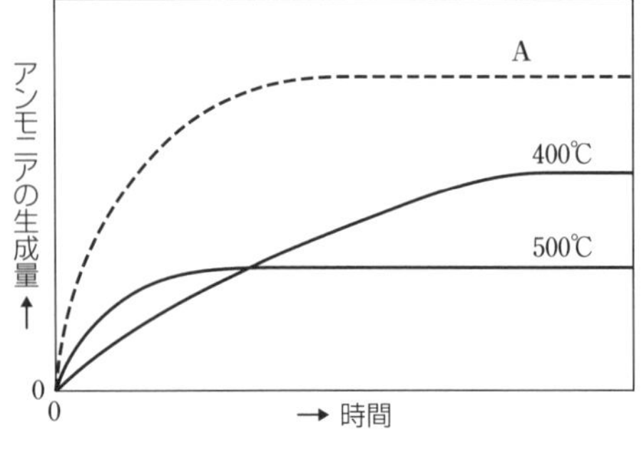

この図を参考にして，次の記述①～④のうちから正しいものを一つ選べ。 3

① アンモニアの生成反応は吸熱反応である。

② 反応式の500℃における平衡定数は，400℃のときの値よりも小さい。

③ アンモニアが生成する速さは，400℃でも500℃でも，時間とともに大きくなる。

④ 触媒の種類を変えて反応の速さを大きくした場合，400℃でのアンモニアの生成量は，図の破線Aで示される。

57 平衡定数 3分

ヨウ化水素を密閉容器に入れて，ある温度に保ったところ 10 %が分解して，下式の平衡状態に達した。

$$2HI \rightleftarrows H_2 + I_2$$

この反応の平衡定数はいくらか。次の①～⑤のうちから，最も適当なものを一つ選べ。 4

① 3.09×10^{-3} ② 6.17×10^{-3} ③ 9.26×10^{-3} ④ 1.23×10^{-2} ⑤ 1.54×10^{-2}

58 酢酸の電離度と電離定数 5分

次の文章中の空欄 ア ・ イ に入れる式として最も適当なものを，下の①～⑧のうちから一つずつ選べ。

酢酸水溶液では，一部の酢酸分子が電離して生じたイオンと未電離の分子との間に平衡が成り立つ。このときの水溶液中の電離していない酢酸分子の濃度が a〔mol/L〕，電離して生じた酢酸イオンの濃度が b〔mol/L〕であるとすると，酢酸の電離度 α は ア で，電離定数 K_a は イ で表される。

ア 5 イ 6

① $\dfrac{a}{b}$ ② $\dfrac{b}{a}$ ③ $\dfrac{a}{a+b}$ ④ $\dfrac{b}{a+b}$ ⑤ $\dfrac{a}{b^2}$ ⑥ $\dfrac{a^2}{b}$ ⑦ $\dfrac{b}{a^2}$ ⑧ $\dfrac{b^2}{a}$

59 塩の加水分解 3分

塩について，水溶液が酸性を示すものを，次の①～⑤のうちから一つ選べ。 7

① CH_3COONa ② $NaHSO_4$ ③ Na_2SO_4 ④ $NaHCO_3$ ⑤ Na_2CO_3

60 緩衝液 5分

次の文章中の空欄 ア ～ エ に当てはまるものとして最も適当なものを，下の①～⑧のうちから一つずつ選べ。

アンモニア水では次の平衡が成り立っている。

$$NH_3 + H_2O \rightleftarrows NH_4^+ + OH^-$$

これに塩化アンモニウムを加えると， ア の濃度が増えるので，ルシャトリエの原理に従って，上式の平衡は イ に動く。この混合溶液に少量の酸が混入しても，溶液の pH はほとんど変わらない。これは， ウ が溶液中の塩基によって消費されるためである。また，少量の塩基が溶け込んだ場合， エ が**ア**と反応し平衡が移動するので，pH はほぼ一定に保たれる。このような性質をもった溶液を緩衝液という。**ア** 8 **イ** 9 **ウ** 10 **エ** 11

① 右 ② 左 ③ H^+ ④ OH^- ⑤ Cl^- ⑥ NH_4^+ ⑦ H_2O ⑧ NH_3

61 溶解度積 3分

0.20 mol/L の硝酸銀水溶液に塩化水素を吹き込んだ場合，塩化銀の沈殿が生じはじめるときの水溶液中の塩化物イオンのモル濃度〔mol/L〕はいくらか。最も適当な数値を，次の①～⑨のうちから一つ選べ。ただし，塩化銀の溶解度積は 1.8×10^{-10} (mol/L)^2 とし，塩化水素を吹き込んだことによる水溶液の体積変化は無視できるものとする。 12 mol/L

① 9.0×10^{-11} ② 1.8×10^{-10} ③ 3.6×10^{-10} ④ 9.0×10^{-10} ⑤ 1.8×10^{-9}
⑥ 3.6×10^{-9} ⑦ 9.0×10^{-9} ⑧ 1.8×10^{-8} ⑨ 3.6×10^{-8}

3―1 周期表と元素の性質，酸化物

1 ●―周期表と元素の分類

point!

	1	2	3	4	5	6	7	8	9	10	11	12	13	14	15	16	17	18
1	H																	He
2	Li	Be											B	C	N	O	F	Ne
3	Na	Mg											Al	Si	P	S	Cl	Ar
4	K	Ca	Sc	Ti	V	Cr	Mn	Fe	Co	Ni	Cu	Zn	Ga	Ge	As	Se	Br	Kr
5	Rb	Sr	Y	Zr	Nb	Mo	Tc	Ru	Rh	Pd	Ag	Cd	In	Sn	Sb	Te	I	Xe
6	Cs	Ba	ランタノイド	Hf	Ta	W	Re	Os	Ir	Pt	Au	Hg	Tl	Pb	Bi	Po	At	Rn
7	Fr	Ra	アクチノイド	Rf	Db	Sg	Bh	Hs	Mt	Ds	Rg	Cn	Nh	Fl	Mc	Lv	Ts	Og

□ 金属元素　■ 非金属元素

陰性大（右上へ）　陽性大（左下へ）

典型元素（1・2族）　遷移元素（3～12族）　典型元素（13～18族）

元素の二つの分類

典型元素（1族，2族，13～18族）
↕
遷移元素（3族～12族）

金属元素
↕
非金属元素

陽性が強い ＝ 陽イオンになりやすい
……イオン化エネルギーが小さい。

陰性が強い ＝ 陰イオンになりやすい
……電子親和力が大きい。

周期表の同じ族に属する元素を①＿＿＿＿元素といい，典型元素では②＿＿＿＿の数が同じであるため，化学的性質が似ている。

遷移元素では，③＿＿＿＿の隣り合った元素どうしの性質が似ている。また，遷移元素はすべて④＿＿＿＿元素である。

周期表の左下に向かうほど，陽イオンへのなりやすさ，つまり⑤＿＿＿＿が強くなり，一方，18族を除いて右上に向かうほど，陰イオンへのなりやすさ，つまり⑥＿＿＿＿が強くなる。

金属元素と非金属元素の境界付近には，例えば，Al，Zn，Sn，Pbといった⑦＿＿＿＿元素と呼ばれるものがあり，両方の性質をあわせもっている。

2 ●―単体

point!

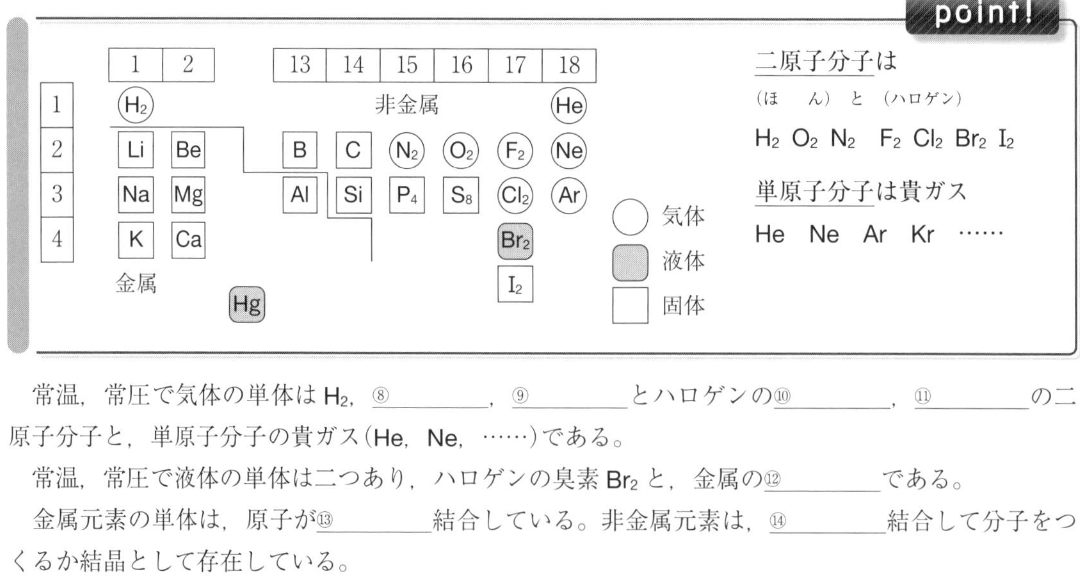

常温，常圧で気体の単体はH_2，⑧＿＿＿＿，⑨＿＿＿＿とハロゲンの⑩＿＿＿＿，⑪＿＿＿＿の二原子分子と，単原子分子の貴ガス（He，Ne，……）である。

常温，常圧で液体の単体は二つあり，ハロゲンの臭素Br_2と，金属の⑫＿＿＿＿である。

金属元素の単体は，原子が⑬＿＿＿＿結合している。非金属元素は，⑭＿＿＿＿結合して分子をつくるか結晶として存在している。

答 ①同族　②価電子　③同一周期（周期表）　④金属　⑤陽性　⑥陰性　⑦両性　⑧・⑨N_2，O_2　⑩・⑪F_2，Cl_2　⑫水銀Hg　⑬金属　⑭共有

3 ●─酸化物

point!

		水との反応	酸・塩基との反応
酸性酸化物	非金属元素の酸化物	酸を生じる。 $SO_3 + H_2O \longrightarrow H_2SO_4$	塩基と反応して塩と水を生じる。 $CO_2 + Ca(OH)_2 \longrightarrow CaCO_3 + H_2O$
塩基性酸化物	金属元素の酸化物	塩基を生じる。 $Na_2O + H_2O \longrightarrow 2NaOH$	酸と反応して塩と水を生じる。 $MgO + 2HCl \longrightarrow MgCl_2 + H_2O$
両性酸化物	両性金属（Al，Zn，Sn，Pb）の酸化物	水に溶けない。	酸とも塩基とも反応する。 （酸と）$Al_2O_3 + 6HCl \longrightarrow 2AlCl_3 + 3H_2O$ （塩基と）$Al_2O_3 + 2NaOH + 3H_2O \longrightarrow 2Na[Al(OH)_4]$

非金属元素の酸化物には酸の働きをするものが多く，①＿＿＿＿酸化物と呼ばれる。一方，②＿＿＿＿元素の酸化物には塩基の働きをするものが多く，③＿＿＿＿酸化物と呼ばれる。

酸とも塩基とも反応して塩を生じる酸化物が④＿＿＿＿酸化物である。両性金属 Al，Zn，Sn，Pb の酸化物である⑤＿＿＿＿，⑥＿＿＿＿，⑦＿＿＿＿，⑧＿＿＿＿がこのような性質を示す。

両性金属の水酸化物も，酸，塩基のいずれとも反応し，⑨＿＿＿＿＿＿と呼ぶ。

水酸化アルミニウム $Al(OH)_3$ の例をあげると

$Al(OH)_3 + 3HCl \longrightarrow$ ⑩＿＿＿＿＿＿

$Al(OH)_3 + NaOH \longrightarrow$ ⑪＿＿＿＿＿＿と反応する。

4 ●─第 3 周期の元素の性質とその化合物

point!

族	1	2	13	14	15	16	17
元素	Na	Mg	Al	Si	P	S	Cl
酸化物	Na_2O	MgO	Al_2O_3	SiO_2	P_4O_{10}	SO_3	Cl_2O_7
	塩基性酸化物		両性酸化物	酸性酸化物			
水酸化物	$NaOH$	$Mg(OH)_2$	$Al(OH)_3$				
オキソ酸				H_2SiO_3	H_3PO_4	H_2SO_4	$HClO_4$
水溶液	強　塩基性	弱	（ほとんど水に溶けない）		弱	酸性	強

分子中に，酸素が含まれている酸を⑫＿＿＿＿という。

酸性酸化物が水と化合すると⑫を生じる。

$P_4O_{10} + 6H_2O \longrightarrow$ ⑬＿＿＿＿（リン酸）

$Cl_2O_7 + H_2O \longrightarrow$ ⑭＿＿＿＿（過塩素酸）

中心となる元素の酸化数が大きいほど酸性が強い。塩素のオキソ酸を右にあげておく。

Cl のオキソ酸	Cl の酸化数	酸性の強さ
$HClO$　次亜塩素酸	＋1	弱い
$HClO_2$　亜塩素酸	⑮＿＿＿	↓
$HClO_3$　塩素酸	⑯＿＿＿	↓
$HClO_4$　過塩素酸	⑰＿＿＿	強い

答 ①酸性　②金属　③塩基性　④両性　⑤ Al_2O_3　⑥ ZnO　⑦ SnO_2　⑧ PbO　⑨両性水酸化物　⑩ $AlCl_3 + 3H_2O$　⑪ $Na[Al(OH)_4]$　⑫オキソ酸　⑬ $4H_3PO_4$　⑭ $2HClO_4$　⑮＋3　⑯＋5　⑰＋7

例題 1　元素の周期律

元素の周期律に関する次の記述①～⑤のうちから，**誤りを含むもの**を一つ選べ。

① 周期表では，元素が原子番号の順に並べられている。
② 周期表を同一周期内で左から右に進むと，原子中の電子の数が増加する。
③ 原子の第一イオン化エネルギーは，原子番号の増加とともに，周期的に変化する。
④ 陽子の数が等しい原子は，質量数が異なっても，周期表上で同じ位置を占める。
⑤ 遷移元素の価電子の数は，族の番号に一致する。

解法のコツ

典型元素と遷移元素の電子の入り方の違いについて理解することが大切。

③ 同一周期内では，右にいくほど第一イオン化エネルギーは大きくなり，(ア　　　)イオンになりにくくなる。正しい。
④ 陽子の数(つまり原子番号)が等しく，質量数の異なる原子は，(イ　　　)と呼ばれる。この名称は周期表上で同じ位置を占めることからきている。正しい。
⑤ 遷移元素では，原子番号が増加しても内殻の電子が増加するため，価電子の数は(ウ　　　)個または(エ　　　)個である。誤り。

答 ア 陽　イ 同位体　ウ・エ 1，2

例題①の解答
⑤

例題 2　元素の性質

次の記述①～⑤のうちから，**誤りを含むもの**を一つ選べ。

① 2族の元素は，典型元素に属する。
② ハロゲンは，陰イオンになりやすい。
③ 遷移元素の単体は，すべて金属である。
④ 貴ガスの単体は，すべて単原子分子からなる。
⑤ 14族に属する元素の単体は，すべて非金属である。

解法のコツ

14族の周期表上の位置がわかるようにしよう。

①～④が正しいことは判断しやすい。

① (ア　　　)族と(イ　　　)族，および13～18族が典型元素である。正しい。
② ハロゲンは，価電子を(ウ　　　)個もつ。よって，電子を1個受け取ると最外殻電子が8個になって安定な電子配置になるため，1価の陰イオンになりやすい。正しい。
③ 典型元素には，金属元素と非金属元素が含まれるが，遷移元素は，すべて(エ　　　)元素である。正しい。
④ 貴ガスの原子は，安定な電子配置をとるため，他の原子と結合しない。このため，1原子のみで安定に存在している。1個の原子で分子となっている(オ　　　)分子である。正しい。
⑤ 14族のうち，(カ　　　)は非金属元素，Ge，Sn，Pbが金属元素である。誤り。

答 ア・イ 1，2　ウ 7　エ 金属　オ 単原子　カ C，Si

例題②の解答
⑤

第1編 知識の確認

第1章 物質の状態と平衡

1-0 化学基礎の復習

1 ④

▶攻略のPoint 次の関係をおさえよう。
質量数 ＝陽子の数＋中性子の数
原子番号＝陽子の数＝電子の数

① 原子は，原子核と電子からなる。(正しい)
② 原子核は，陽子と中性子からなる。(正しい)
③ 原子は直径約 10^{-10} m，原子核は直径約 10^{-15}～10^{-14} m の大きさである。原子をドーム球場の大きさとすると，原子核はビーズ玉の大きさ程度であり，原子核は，原子に比べてきわめて小さい。(正しい)
④ **原子番号は陽子の数に等しく，質量数は陽子の数と中性子の数の和に等しい**ので，原子番号と質量数は異なる。(誤り)
⑤ 原子番号が同じで，中性子の数が異なる原子どうしが同位体になる。(正しい)

注意! 水素を除く原子では，上記のようになる。水素の場合は，②$^1_1$H は，原子核が陽子だけからなる。④$^1_1$H は，中性子の数は 0 となるので，原子番号＝質量数である。あわせて覚えておこう。

2 ②

▶攻略のPoint
陽子数＝電子数 となるのは，原子
陽子数＜電子数 となるのは，陰イオン
陽子数＞電子数 となるのは，陽イオン

陰イオンは**ア**と**イ**である。このうち
アの質量数は 16＋18＝34
イの質量数は 17＋18＝35 となるので
条件に当てはまるものは，**イ**になる。
なお，**ア**は S^{2-}，**イ**は Cl^-，**ウ**は Cl，**エ**は K^+，**オ**は K，**カ**は Ca^{2+}である。

3 ②

「水素以外の典型元素」の前提をもとに，記述の正誤を判断していく。
① 典型元素では，同族元素の原子は同数の価電子をもつ。(正しい)
② 同族元素では価電子の数が等しいが，周期表で下にいくほど(原子番号が大きくなるほど)**電子が収容されている電子殻が増えていくので，電了配置は同じではない。**(誤り)
③ 価電子は原子の最も外側にある電子殻にある電子で，他の原子と結合したりするときに重要な役割を果たす。同族元素では価電子の数が同じなので，化学的性質が互いに類似する。(正しい)
④ 周期表において，同一周期では右にある原子ほど原子番号が大きくなっていく。つまり，陽子の数が多くなる。(正しい)
⑤ 電子は内側の K 殻から順に収容されていく。第 3 周期の原子では，最外殻電子は M 殻にある。(正しい)

注意! 価電子の数は最外殻電子の数と等しい。ただし，貴ガスでは，最外殻電子の数は He が 2 個，他の原子が 8 個であるが，価電子の数はいずれも 0 個とする。

4 ④

Ar の電子配置は，K 殻 2，L 殻 8，M 殻 8 になる。電子の数は 18 である。
①～⑧の各イオンがもつ電子の数が 18 となるものが，Ar と同じ電子配置をとると考えられる。

① $_{13}Al^{3+}$ 13－3＝10(Ne と同じ電子の数)
② $_{35}Br^-$ 35＋1＝36(Kr と同じ電子の数)
③ $_{9}F^-$ 9＋1＝10(Ne と同じ電子の数)
④ $_{19}K^+$ 19－1＝18(Ar と同じ電子の数)
⑤ $_{12}Mg^{2+}$ 12－2＝10(Ne と同じ電子の数)
⑥ $_{11}Na^+$ 11－1＝10(Ne と同じ電子の数)
⑦ $_{8}O^{2-}$ 8＋2＝10(Ne と同じ電子の数)
⑧ $_{30}Zn^{2+}$ 30－2＝28

なお，Zn^{2+}の電子配置は K 殻 2，L 殻 8，M 殻 18 で貴ガス型の電子配置ではない。
Ar と同じ電子配置となるのは④K^+である。

まとめ

貴ガス原子の電子配置と同じ電子配置のイオンを見つけるには，そのイオンのもととなる原子が周期表のどの位置にあるかがわかると推測しやすい。

	1	2	……	12	13	14	15	16	17	18
1	H									He
2	Li	Be			B	C	N	(O)	(F)	Ne
3	(Na)	(Mg)			(Al)	Si	P	S	Cl	Ar
4	(K)	Ca		(Zn)					(Br)	Kr

5　[5]　⑤

①　原子から電子を1個取り去って1価の陽イオンにするのに必要なエネルギーをイオン化エネルギーという。イオン化エネルギーが小さい原子ほど陽イオンになりやすい。(正しい)

②　原子が1個の電子を受け取って1価の陰イオンになるときに，外部に放出されるエネルギーを電子親和力という。電子親和力が大きい原子ほど陰イオンになりやすい。(正しい)

③　17族元素(ハロゲン)は，同一周期では電子親和力が最大で，陰イオンになりやすい。(正しい)

④　18族元素(貴ガス)の原子は，安定な電子配置であるため，電子を取り去りにくい。そのため，同一周期の中でイオン化エネルギーが最大である。(正しい)

⑤　2族元素の原子は，最外殻に2個の電子をもつ。その2個の電子を取り去った2価の陽イオンは，**1つ前の周期の貴ガスと同じ電子配置になる。**(誤り)

6　a－[6]　④　　b－[7]　③

a｜　①～⑤の固体は，以下の結晶に分類される。

共有結合の結晶……①黒鉛 C　②ケイ素 Si
イオン結晶　　……③ミョウバン $AlK(SO_4)_2 \cdot 12H_2O$
金属結晶　　　……⑤白金 Pt
分子結晶　　　……④ヨウ素 I_2

ヨウ素は共有結合で結合してヨウ素分子 I_2 となり，分子間に働くファンデルワールス力により分子結晶を形成している。

注意!
共有結合の結晶――結晶内のすべての原子が共有結合で結びつく。
分子結晶――原子が共有結合で分子をつくり，分子が分子間力で結びついてできる結晶。

b｜　各々の分子の電子式は次のようになる。

①　H:Cl:（Clに非共有電子対3組）　②　H:N:H（下にH，Nに非共有電子対1組）

③　O::C::O（各Oに非共有電子対2組）　④　N⋮N（各Nに非共有電子対1組）

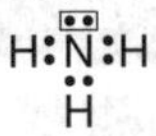

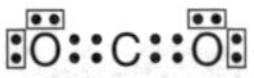

⑤　H:C:H（上下にH）

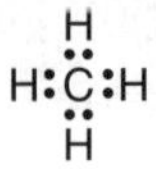

●●の部分が非共有電子対である。非共有電子対が4組のものは③である。

7　a－[8]　④　　b－[9]　②

▶攻略のPoint　極性分子か無極性分子かの判断は，
(1)原子間の結合の極性
(2)分子の形
を基準に行う。

a｜　**イ** Cl_2 や**エ** H_2 は単体であり，同じ種類の元素が結合してできた分子である。分子内の結合に極性がないため，分子全体としても極性がない。

イ　Cl－Cl　　**エ**　H－H

b｜　**ア** CO_2 は直線形の分子で，C＝O結合には極性があるが，2つのC＝O結合の極性が互いに打ち消しあうため，分子全体としては極性がない。また，**カ** CH_4 は正四面体形の分子で，C－H結合には極性があるが，4つのC－H結合の極性が互いに打ち消しあうため，分子全体としては極性がない。

ア　$\overset{\delta-}{O}=\overset{\delta+}{C}=\overset{\delta-}{O}$　　**カ**　$C^{\delta-}$，$H^{\delta+}$（4つ）

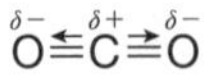

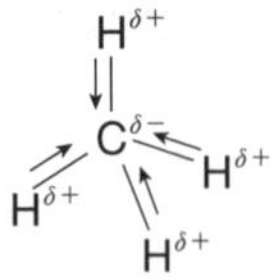

図では，共有電子対がかたよる方向を矢印で示している。共有電子対は電気陰性度の大きな原子の方にかたよる。

注意!　**結合に極性があっても，分子の形により極性が打ち消されて，全体として無極性分子となるものがある。**

なお，**ウ** NH_3 はN－H結合に極性があり，三角錐形の分子なので，3つのN－H結合の極性が互いに打ち消されず，分子全体として極性がある。**オ** H_2O はO－H結合に極性があり，折れ線形の分子なので，2つのO－H結合の極性が互いに打ち消されず，分子全体として極性がある。

ウ　$N^{\delta-}$，$H^{\delta+}$（3つ）　　**オ**　$O^{\delta-}$，$^{\delta+}H$，$H^{\delta+}$

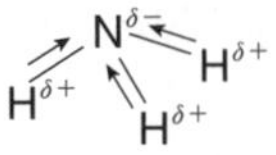

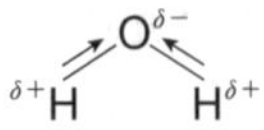

ウと**オ**は，極性分子である。

8 [10] ①

▶攻略のPoint 結晶は「構成粒子」と「結合の種類(結晶をつくる力)」で分類される。

共有結合の結晶・イオン結晶・金属結晶・分子結晶の特徴と化学結合の関連をつかむ。

① NH_3 の非共有電子対が，H^+ に提供され共有されると，安定なアンモニウムイオン NH_4^+ ができる。この結合を配位結合という。NH_4^+ ではもとからある共有結合と配位結合は，結合ができるしくみが異なるだけで，どちらも区別することはできない。

同様に，Cu^{2+} に，NH_3 が配位結合してできたイオンを錯イオンという。

$$Cu^{2+} + 4NH_3 \longrightarrow [Cu(NH_3)_4]^{2+}$$

イオン結合ではなく，**配位結合**でテトラアンミン銅(Ⅱ)イオンが形成される。(誤り)

② ポリエチレンは高分子化合物で，付加重合により生成する。(正しい)

③ KCl は，K^+ と Cl^- がクーロン力（静電気的な引力）で結びついたイオン結晶である。(正しい)

④ 銅は金属結晶である。自由電子により結びついている。自由電子が移動して，熱や電気をよく導く。(正しい)

⑤ ダイヤモンドは，共有結合の結晶である。巨大分子を形成しているということもある。ダイヤモンドの硬度は，物質中最大である。(正しい)

注意!

共有結合の結晶――原子すべてが共有結合で結びつく。

分子結晶――原子が共有結合で分子をつくり，分子が分子間力で結びつく。

1-1 状態変化

[1] ③

① 実際に存在する気体（実在気体）には分子間力が働いている。(正しい)

それに対して，分子間力がなく，分子自身の体積を0と仮定した気体が理想気体である。

② 水素原子をなかだちとしてできる結合が水素結合である。水の場合は，電気陰性度の大きな酸素原子（正確には，酸素の2組の非共有電子対）と水素原子が引き合って水素結合をつくる。

水分子の電子式	H:Ö:H ― 非共有電子対

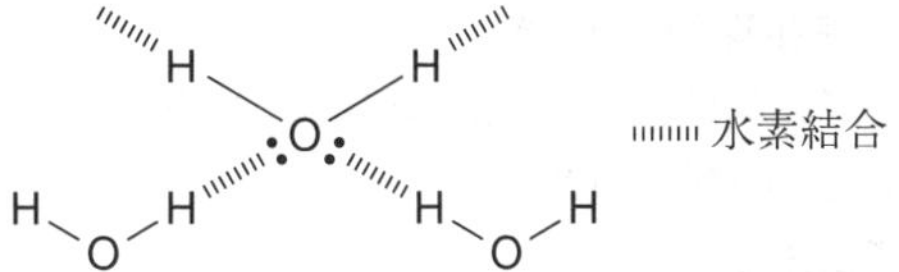

そのため，隣接する水分子4個との間に水素結合をつくることができる。(正しい)

③ ファンデルワールス力は，水素結合の強さよりも**弱い**。(誤り)

④ 極性分子間には，静電気的な引力が働く。(正しい)

⑤ 構造の似た分子では，分子量が大きくなるほど，ファンデルワールス力は強くなる。(正しい)

まとめ

分子間力
- ファンデルワールス力
  - すべての分子の間に働く引力
  - 極性分子間に働く静電気的な引力
- 水素結合

10 [2] ③

① 液体の温度を上げていくと，大きなエネルギーをもった分子は分子間力を振り切って液面から外に飛び出していく。この現象が蒸発である。温度の上昇とともに，蒸発する分子の割合が多くなるため，蒸気圧は高くなる。(正しい)

②，④ 液体の温度を上げていくと，蒸気圧が大きくなり，やがて外圧と等しくなる。このとき液体の内部からも蒸気が発生するようになる。この現象が沸騰である。一定気圧のもとで沸騰している液体の蒸気圧は，外圧と等しく，液体の種類に関係なく同一である。(正しい)

③ ふた付きの椀に熱い吸い物を入れて放置する。しばらくすると冷めて吸い物の温度が下がるので，**椀の中の水蒸気圧が小さくなり，外圧との差が生じるため，ふたが取れにくくなる。**(誤り)

⑤ ナフタレンは，分子どうしが弱い分子間力で結合してできた分子結晶であり，昇華性をもつ。(正しい)

11 [3] ④

▶攻略のPoint　蒸気圧が外圧と等しくなると，液体の内部からも蒸気が発生する。これが沸騰であり，そのときの温度が沸点になる。

図の読み取りが問題解法のカギになる。

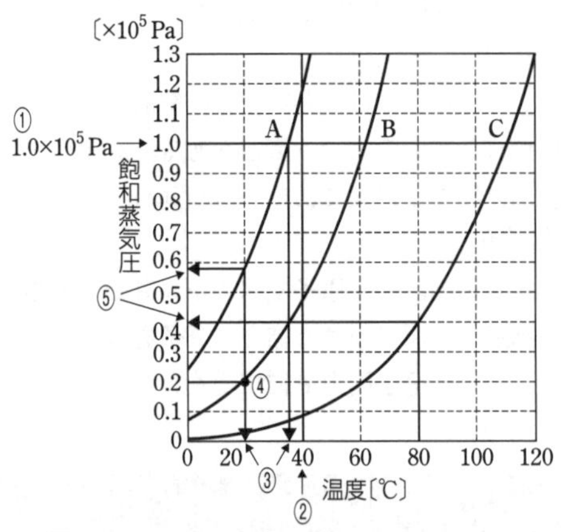

①　飽和蒸気圧が 1.0×10^5 Pa になるときの温度（沸点）をグラフで比較すると，A ＜ B ＜ C の順になる。よって，C の沸点が最も高い。（正しい）

②　A～C の 40 ℃での飽和蒸気圧を比較すると，C ＜ B ＜ A の順である。よって，C の飽和蒸気圧が最も低い。（正しい）

③　外圧が 0.2×10^5 Pa のときの B の沸点は，グラフより 20 ℃である。これは外圧が 1.0×10^5 Pa のときの A の沸点 35 ℃よりも低い。（正しい）

④　密閉容器に 0.05×10^5 Pa の窒素が入っていても，B の飽和蒸気圧は影響を受けない。飽和蒸気圧の値は，温度が一定であれば一定の値を示す。よって，**20 ℃での B の飽和蒸気圧は 0.2×10^5 Pa である。**（誤り）

⑤　80 ℃における C の飽和蒸気圧は 0.4×10^5 Pa，20 ℃における A の飽和蒸気圧は 0.57×10^5 Pa とグラフから読み取れる。（正しい）

12 [4] ③

a｜　最初から A 点（固体）までの傾きは，B 点から C 点（液体）までの傾きよりも小さい。これは，一定の熱量を加えたときに温度上昇が液体よりも固体の方が小さいことを示している。

比熱は物質 1 g の温度を 1 ℃上げるのに必要な熱量であるから，比熱が大きいほど温度上昇は小さくなる。

したがって，**液体よりも固体の比熱の方が大きいことがわかる。**（正）

b｜　B の温度が融点，C の温度が沸点である。

よって，B～C の過程では，**すべてが液体の状態で存在している。**（誤）

c｜　グラフより 0.10 mol のこの物質の液体が C～D の過程ですべて蒸発したと判断できる。この間の 6 − 3 = 3 時間で，6.0 × 3 = 18 kJ の熱が加えられている。

したがって，この物質 1 mol あたりの蒸発熱は

$\dfrac{18}{0.10}$ = **180 kJ** である。（正）

13 [5] ④

①　氷が融解して水になるとき，周囲から**熱を吸収する。**（誤り）

②　密閉容器内で，空間が水蒸気で飽和されているとき，見かけ上は変化が見られないが，**水の蒸発と水蒸気の凝縮の両方が起こっている。**蒸発する水分子の数と凝縮する水分子の数が等しいために，変化がないように見えるわけである。（誤り）

③　水は液体から固体になると，**密度が小さくなる。**その結果，氷は水に浮かぶことになる。（誤り）

④　水蒸気が飽和している気体を温度一定で圧縮すると，容器中の**水蒸気圧が飽和蒸気圧を超えることになる。そのため，水蒸気の凝縮が起こる。**（正しい）

⑤　室温，1.0×10^5 Pa で容積一定の容器に水を入れ，密閉してから加熱した場合，容器内の圧力は 1.0×10^5 Pa よりも大きくなる。

水の飽和蒸気圧が 1.0×10^5 Pa となる温度は 100 ℃である。よって，容器内の圧力が 1.0×10^5 Pa よりも大きくなっている状態では，**100 ℃以上にしないと沸騰が起こらないことになる。**このしくみを利用したのが「圧力ガマ」である。（誤り）

注意！　気体の圧力を p とすると

1）　p ＞ 飽和蒸気圧のとき
気体の凝縮が起こって気液平衡状態になる。

2）　p ≦ 飽和蒸気圧のとき
すべて気体で存在する。

14 a－[6] ④　　b－[7] ③

A は気体，B は固体，C は液体の状態に相当する。

圧力
B 固体
C 液体
臨界点
p_b
bの操作
三重点
p_T
aの操作
A 気体
T_T　T_a　温度

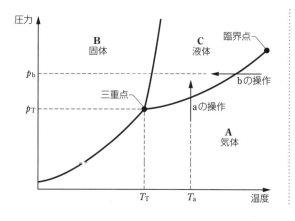

a｜　温度一定の条件で，気体の CO_2 を液体に変えるには，**温度を T_T よりも高い温度（左図では T_a）で一定にして，圧力を高くすればよい。**④の操作を行う。

b｜　圧力一定の条件で，気体の CO_2 を液体に変えるには，**圧力を p_T よりも高い圧力（左図では p_b）で一定にして，温度を低くすればよい。**③の操作を行う。

1-2 気体の性質

1 ③

▶攻略のPoint　「同一気体の条件変化」が問題となったときは，ボイル・シャルルの法則を用いると容易に解ける。

注意！　圧力の単位としては，パスカル（Pa）が一般的であるが，気圧（atm），水銀柱ミリメートル（mmHg）も用いられることがある。1 atm は海水面における大気圧をいう。

大気圧については次のような関係がある。

$1\ \text{atm} = 1.013 \times 10^5\ \text{Pa} = 760\ \text{mmHg}$

（1.013×10^5 Pa は，1.0×10^5 Pa として用いる問題も出題される）

気球の状態は次のように変わる。

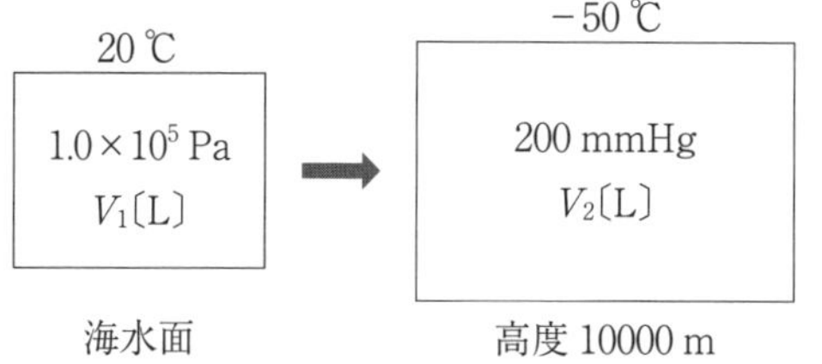

ボイル・シャルルの法則を用いて計算する。圧力，温度の単位に注意しよう。

$T_1 = 273 + 20 = 293\ \text{K}$　　$T_2 = 273 - 50 = 223\ \text{K}$

圧力は，$1.0 \times 10^5\ \text{Pa} = 760\ \text{mmHg}$ の換算を用いるが，どちらの単位でまとめてもよい。

200 mmHg は $\dfrac{200}{760} \times 10^5$ Pa なので

$\dfrac{p_1V_1}{T_1} = \dfrac{p_2V_2}{T_2}$ に代入して

$$\frac{(1.0 \times 10^5) \times V_1}{293} = \frac{\left(\dfrac{200}{760} \times 10^5\right) \times V_2}{223}$$

$$\frac{V_2}{V_1} = 2.89 \fallingdotseq 2.9$$

また，圧力を mmHg でまとめて

$$\frac{760 \times V_1}{293} = \frac{200 \times V_2}{223}$$

としても同じ計算になる。

まとめ

「同一気体を条件変化させる」場合は

ボイル・シャルルの法則

$$\frac{p_1V_1}{T_1} = \frac{p_2V_2}{T_2}$$

この式は

$T_1 = T_2$ のとき　ボイルの法則
$p_1 = p_2$ のとき　シャルルの法則　を表す

16　2 ③

▶攻略のPoint　2つの温度 T_1，T_2〔K〕のグラフがどちらなのかを見つけるので，気体の状態方程式を用いて考える方がよい。

状態方程式 $pV = nRT$ において，一定質量の気体の温度を一定に保つわけだから，n，T が一定になる。

つまり，　$pV = nRT$　（n，R，T が一定）

$pV =$ 一定

これはボイルの法則の関係であり，p と V は反比例，つまり双曲線のグラフになる。③と④のグラフが該当する。

同じ圧力 p_0 で，温度 T_1 のときの体積を V_1
温度 T_2 のときの体積を V_2

とすると

$p_0V_1 = nRT_1$　　$p_0V_2 = nRT_2$

$$V_1 = \frac{nRT_1}{p_0} \qquad V_2 = \frac{nRT_2}{p_0}$$

$T_1 > T_2$ だから

$V_1 > V_2$ となる

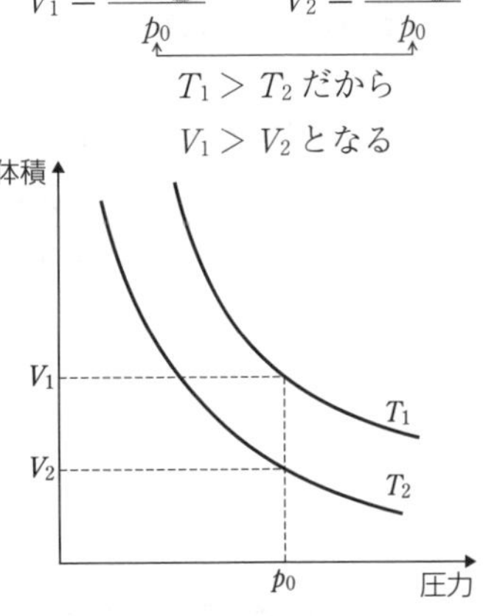

したがって，温度が T_1 のときのグラフが，温度が T_2 のときのグラフの上にくる。③と④のグラフのうち③が該当するグラフになる。

17　3　②

▶攻略のPoint　$pV = nRT$ に数値を代入すればよい。そのときの単位に注意しよう。

H_2 の分子量は2.0なので，求める水素の質量を w〔g〕とすると，その物質量は $\frac{w}{2.0}$〔mol〕になる。

$pV = nRT$ に代入して

$$3.32 \times 10^5 \times 1.0 = \frac{w}{2.0} \times 8.3 \times 10^3 \times 400$$

$$w = \frac{3.32 \times 10^5 \times 1.0 \times 2.0}{8.3 \times 10^3 \times 400} = 0.20\,\text{g}$$

まとめ

気体の状態方程式

$pV = nRT$
（R：気体定数）

圧力 p〔Pa〕
体積 V〔L〕
絶対温度 T〔K〕
物質量 n〔mol〕

気体の質量 w〔g〕，モル質量 M〔g/mol〕が与えられた場合は $n = \frac{w}{M}$ より

$$pV = \frac{w}{M}RT \qquad M = \frac{wRT}{pV}$$

18　4　⑤

▶攻略のPoint　一定体積の容器に温度を等しく保ったときの圧力を高いものから順に並べる。

$pV = nRT$ で V，T が一定であるから，p と n が比例関係になることから，物質量の大小関係を調べればよい。

容器A：$pV = nRT$ より

$$n = \frac{pV}{RT} = \frac{2.0 \times 10^5 \times 2.5}{8.3 \times 10^3 \times 300} \fallingdotseq 0.20\,\text{mol}$$

容器B：メタン CH_4 の分子量が16なので

$$n = \frac{w}{M} = \frac{1.6}{16} = 0.10\,\text{mol}$$

容器C：標準状態において1 molの気体の体積は22.4 Lなので

$$n = \frac{5.0}{22.4} \fallingdotseq 0.22\,\text{mol}$$

物質量が大きいほど圧力も大きくなるので
圧力の高い順にC ＞ A ＞ Bとなる。

19　a－5　②　　b－6　④

a｜　メタン CH_4（分子量16），アルゴン Ar（分子量40），窒素 N_2（分子量28）の物質量は

$$CH_4 : \frac{0.32}{16} = 2.0 \times 10^{-2}\,\text{mol}$$

$$Ar : \frac{0.20}{40} = 0.50 \times 10^{-2}\,\text{mol}$$

$$N_2 : \frac{0.28}{28} = 1.0 \times 10^{-2}\,\text{mol}$$

窒素の分圧が 1.0×10^5 Pa となることから，窒素に着目して状態方程式を立てる。

体積を V〔L〕とすると　$pV = nRT$ より

$$1.0 \times 10^5 \times V = 1.0 \times 10^{-2} \times 8.3 \times 10^3 \times 500$$

$$V = 0.415 \fallingdotseq 0.42\,\text{L}$$

b｜　混合気体の全物質量 n は

$$n = 2.0 \times 10^{-2} + 0.50 \times 10^{-2} + 1.0 \times 10^{-2}$$
$$= 3.5 \times 10^{-2}\,\text{mol}$$

全圧を p〔Pa〕とすると

$$p \times 0.415 = 3.5 \times 10^{-2} \times 8.3 \times 10^3 \times 500$$

$$p = 3.5 \times 10^5\,\text{Pa}$$

20　7　④

▶攻略のPoint

分子量 M_A の気体 n_A〔mol〕
分子量 M_B の気体 n_B〔mol〕
からなる混合気体の平均分子量 M は

$$M = M_A \times \frac{n_A}{n_A + n_B} + M_B \times \frac{n_B}{n_A + n_B}$$

気体定数を R，絶対温度を T〔K〕とすると，酸素とアルゴンの物質量 n_1，n_2 はそれぞれ

$$n_1 = \frac{1.0 \times 10^5 \times 6.0}{RT} = \frac{6.0 \times 10^5}{RT}$$

$$n_2 = \frac{2.0 \times 10^5 \times 2.0}{RT} = \frac{4.0 \times 10^5}{RT}$$

と表すことができる。

酸素 O_2（分子量 32）とアルゴン Ar（分子量 40）の混合気体の平均分子量 M は

$$n_1 + n_2 = \frac{6.0 \times 10^5}{RT} + \frac{4.0 \times 10^5}{RT} = \frac{10 \times 10^5}{RT} \text{より}$$

$$M = 32 \times \frac{\frac{6.0 \times 10^5}{RT}}{\frac{10 \times 10^5}{RT}} + 40 \times \frac{\frac{4.0 \times 10^5}{RT}}{\frac{10 \times 10^5}{RT}}$$

$$= 32 \times \frac{6.0}{10} + 40 \times \frac{4.0}{10}$$

$$= 35.2 \fallingdotseq 35$$

21　8　③

▶攻略のPoint　理想気体は，分子間力や分子自身の体積を 0 と仮定した気体。実在気体では，分子間力が大きいほど，また分子の大きさが大きいほど理想気体からのずれが大きくなる。

a｜　極性が大きい気体ほど分子間力が大きいので，理想気体からのずれが大きくなる。（正）

b｜　分子量が小さいものほど分子間力が小さいので，理想気体からのずれが**小さくなる**。（誤）

c｜　気体分子間に働く分子間力が大きいものほど沸点は高くなる。したがって，沸点が高いものほど分子間力が大きいとわかるので，理想気体からのずれは大きい。（正）

1-3 固体の構造

22　1　⑤

▶攻略のPoint　結晶は，イオン結晶・共有結合の結晶・分子結晶・金属結晶に分類される。結晶を構成している粒子に着目する。また，固体には結晶のように構成粒子が規則的な配列をしていないアモルファス（非晶質）もある。

①　塩化ナトリウムのイオン結晶中では，Na^+ と Cl^- が交互に並んで結晶をつくっている。右の結晶格子で，Na^+ のみ，Cl^- のみに着目してみると，それぞれが面心立方格子をつくっているとわかる。（正しい）

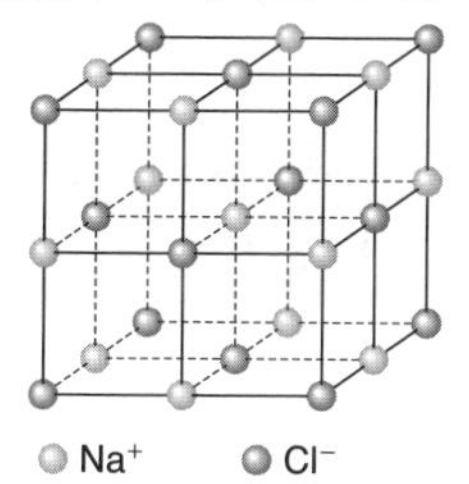

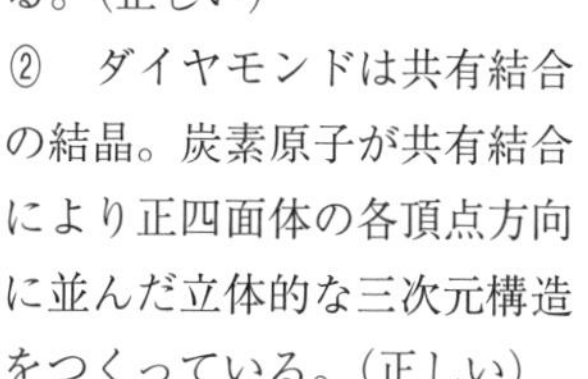

②　ダイヤモンドは共有結合の結晶。炭素原子が共有結合により正四面体の各頂点方向に並んだ立体的な三次元構造をつくっている。（正しい）

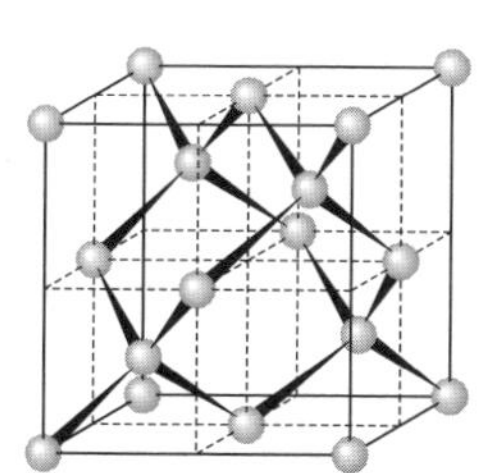

③　ガラスは，ケイ素 Si と酸素 O がつくる立体構造のなかに，Na^+ や Ca^{2+} が入り込み，構成粒子が不規則に配列しているアモルファス（非晶質）になる。（正しい）

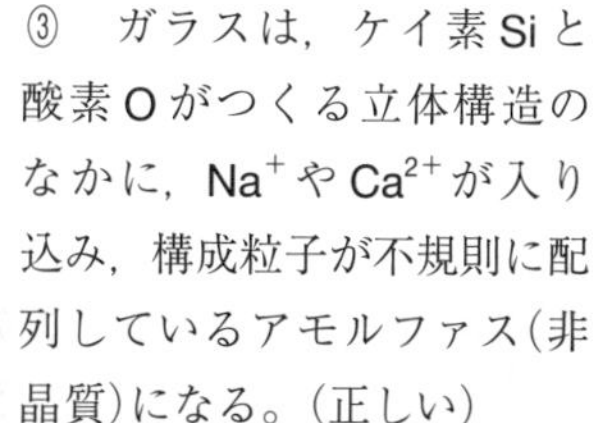

④　氷の結晶は，正四面体の中心と各頂点に水分子が位置している分子結晶。それぞれの水分子は水素結合により三次元的につながっている。（正しい）

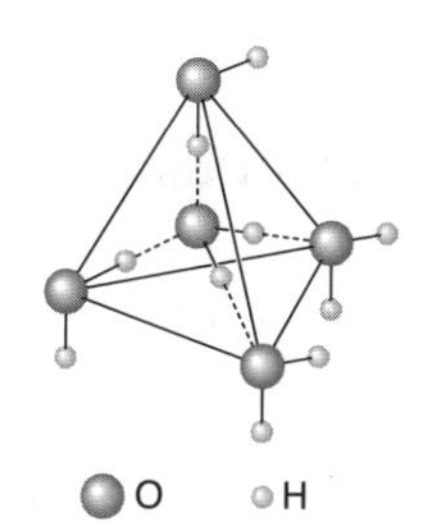

注意！

共有結合が連続してつながっている
　→ 共有結合の結晶
共有結合が数原子間で閉じている
　→ 分子結晶

と区別する。

⑤　二酸化ケイ素 SiO_2 の結晶は，Si と O が共有結合により，三次元的につながった**共有結合の結晶**であり，イオン結晶ではない。（誤り）

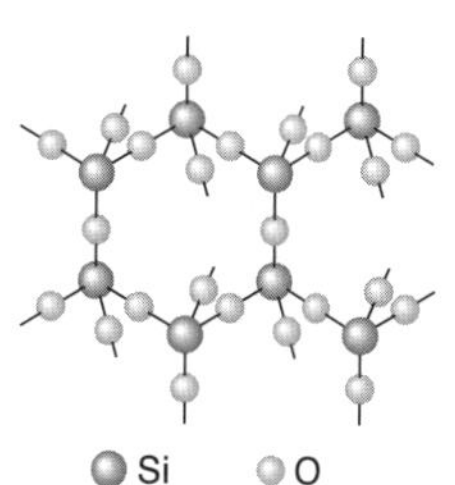

まとめ

構成粒子が
- 金属と非金属 — イオン結晶
- 金属だけ —— 金属結晶
- 非金属だけ
  - 共有結合の結晶（原子が共有結合で結びつく）
  - 分子結晶（分子が分子間力で結びつく）

23　2　③

塩化ナトリウム NaCl の結晶格子を，単位格子の中心の位置に Cl^- がくるように示してみる。

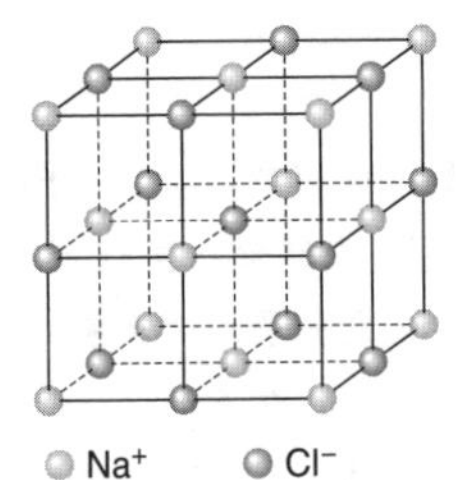

この図で単位格子の中心にあるCl^-を基準にしてみると，上下，前後，左右の6個のNa^+に囲まれている。

24　③　②

▶攻略のPoint　1 molの物質の質量が（式量)gになる。NaClがアボガドロ数N_A個あるときの質量をグラム単位で求めれば，それが塩化ナトリウムの式量になる。

この単位格子中のCl^-の配列は面心立方格子の位置になっている。立方体の頂点にあるイオンは$\frac{1}{8}$が，面の中心にあるイオンは$\frac{1}{2}$が，この単位格子に含まれるので，Cl^-の個数は

$\frac{1}{8}\times 8+\frac{1}{2}\times 6=4$個　になる。

Na^+は，立方体の中心にあるイオンは1個全部が，辺の中心にあるイオンは$\frac{1}{4}$がこの単位格子に含まれるので，Na^+の個数は

$1+\frac{1}{4}\times 12=4$個　になる。

つまり，単位格子中にはNaClが4個分あることになる。

単位格子の質量つまりNaCl 4個分の質量がda^3〔g〕だから，NaCl 1個分の質量は$\frac{da^3}{4}$〔g〕。

これをN_A個（1 mol）集めたときの質量は

$\frac{da^3}{4}\times N_A$〔g〕

よって，塩化ナトリウムの式量は$\frac{da^3N_A}{4}$である。

25　④　⑤

▶攻略のPoint　単位格子に含まれるイオンの数を数えあげれば組成式を求めることができる。

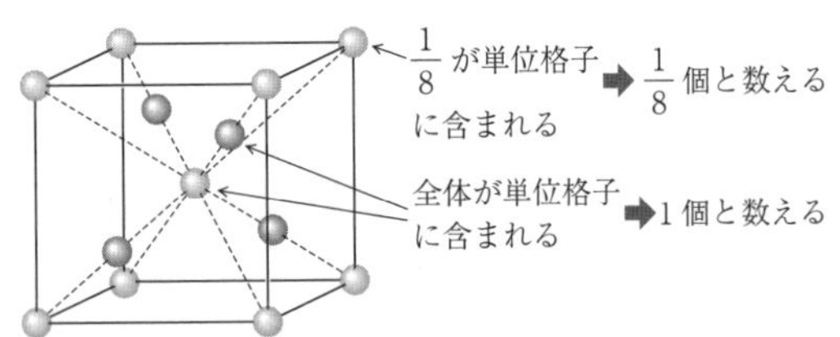

単位格子に含まれるAの陽イオンとBの陰イオンの数は

Aの陽イオン　　$1\times 4=4$個

Bの陰イオン　　$1+\frac{1}{8}\times 8=2$個

この化合物中のAの数とBの数の比は

A：B ＝4：2＝2：1

よって，組成式はA_2Bである。

26　⑤　⑤

▶攻略のPoint　面心立方格子では，単位格子の面に着目して，原子半径rと単位格子の1辺の長さaの関係をつかむ。

単位格子の立方体の空間で切りとると

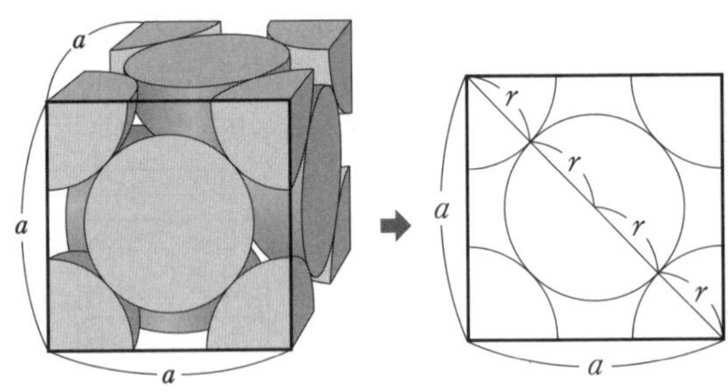

三平方の定理を用いて

$$(4r)^2=a^2+a^2$$
$$4r=\sqrt{2}\,a$$
$$a=\frac{4}{\sqrt{2}}r=2\sqrt{2}\,r$$

分母の有理化を行う

よって，単位格子の1辺の長さaは，原子半径rの$2\sqrt{2}$倍になる。

27　⑥　③

▶攻略のPoint　単位格子の密度を文字式で表してみる。

面心立方格子において，単位格子に含まれる原子の数を求める。

単位格子の頂点にある原子　$\frac{1}{8}$個に相当
面の中心にある原子　$\frac{1}{2}$個に相当
が含まれるので
単位格子に含まれる銀原子の数は

$\frac{1}{8} \times 8 + \frac{1}{2} \times 6 = 4$ 個

銀原子1個は$\frac{W}{N_A}$〔g〕であるから，その4個分の質量をもつ単位格子の質量は$\frac{W}{N_A} \times 4$〔g〕になる。

密度 ＝ $\frac{単位格子の質量〔g〕}{単位格子の体積〔cm^3〕}$ に代入して

$$d = \frac{\frac{W}{N_A} \times 4}{a^3}$$

これを N_A について解くと　$N_A = \frac{4W}{a^3 d}$

7　①

▶攻略のPoint　「同じ大きさの球を用いる」の条件より，同じ原子半径 r の原子として体心立方格子と面心立方格子を比較していくことになる。

① 単位格子に含まれる球の数は

面心立方格子　$\frac{1}{8} \times 8 + \frac{1}{2} \times 6 = 4$ 個

体心立方格子　$\frac{1}{8} \times 8 + 1 \times 1 = 2$ 個

よって，**面心立方格子の方が，体心立方格子よりも球の数が多い**。（正しい）

② 球の半径を r，面心立方格子と体心立方格子の単位格子の一辺の長さをそれぞれ a_1，a_2 とすると

面心立方格子では　$4r = \sqrt{2}\,a_1$ の関係が成り立つので　$a_1 = 2\sqrt{2}\,r \fallingdotseq 2.83r$　……(1)

体心立方格子では

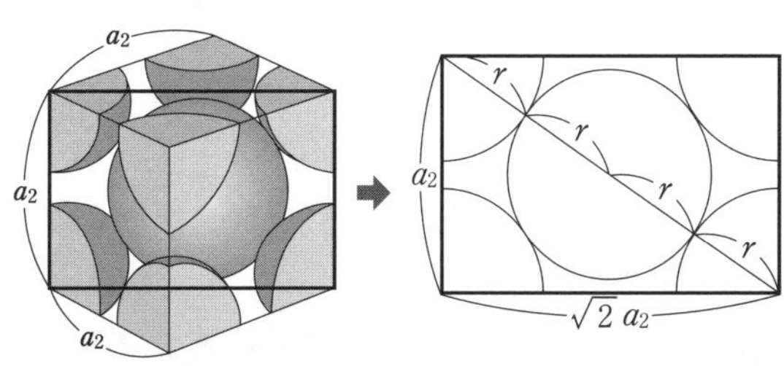

三平方の定理を用いて

$(4r)^2 = a_2^2 + (\sqrt{2}\,a_2)^2$

$4r = \sqrt{3}\,a_2$　の関係が成り立つ。

よって，$a_2 = \frac{4}{\sqrt{3}}r = \frac{4\sqrt{3}}{3}r \fallingdotseq 2.31r$　……(2)

(1)，(2)より，面心立方格子と体心立方格子の**単位格子の一辺の長さ a_1 と a_2 は異なる**。（誤り）

③ 面心立方格子では，一つの球に接する球の数は12個である。体心立方格子では，8個である。

この数を配位数というが，**面心立方格子と体心立方格子では異なる**。（誤り）

④ 空間的にどれぐらい詰まった構造なのかを示すものに「充塡率」がある。

充塡率〔%〕＝ $\frac{単位格子中の原子の体積}{単位格子の体積} \times 100$

各々の結晶格子の充塡率は

面心立方格子　　体心立方格子

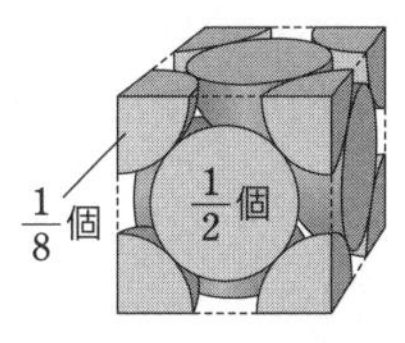

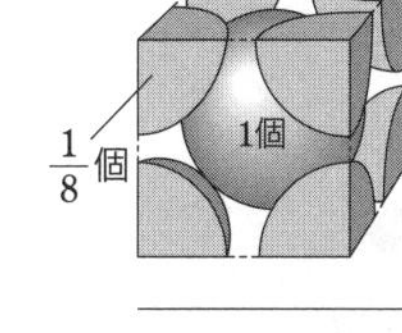

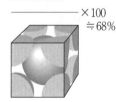

充塡率の大きな結晶格子ほど密に詰め込まれたことになる。

よって，**面心立方格子の方が体心立方格子よりも密に詰め込まれている**。（誤り）

なお，面心立方格子と六方最密構造は，金属結晶で，最も密に詰め込まれた最密構造になる。

⑤ **体心立方格子の中心には隙間がないが，面心立方格子の中心には隙間がある**。（誤り）

まとめ

	体心立方格子	面心立方格子
単位格子に含まれる原子の数	2	4
配位数	8	12
充塡率	68 %	74 %
原子半径 r と単位格子の1辺の長さ a との関係	$4r = \sqrt{3}\,a$ よって $r = \frac{\sqrt{3}}{4}a$	$4r = \sqrt{2}\,a$ よって $r = \frac{\sqrt{2}}{4}a$

1-4 溶液

29 1 ①

▶攻略のPoint　溶媒の水は極性分子，ベンゼンは無極性分子である。これに対して溶かす物質の性質はどちらなのかを見分ける。沈殿物質に注意！

ヘキサン C_6H_{14} は無極性分子なので水に溶けにくく，無極性の有機溶媒にはよく溶ける。b に当てはまる。

イオン結晶である塩化ナトリウムは

$NaCl \longrightarrow Na^+ + Cl^-$ と電離し，生じたイオンが水和するので水に溶けやすい。一方，ベンゼンのような無極性の溶媒とイオンは結びつきにくいのでほとんど溶けない。a に当てはまる。

塩化銀 AgCl はイオン結晶だが，水に溶けにくく，沈殿してしまう。また，ベンゼンにも溶けにくい。d に当てはまる。

まとめ

溶解性

極性分子 ↔ 極性分子 ｝互いに溶けやすい。
無極性分子 ↔ 無極性分子 ｝
極性分子 ↔ 無極性分子 ｝互いに溶けにくい。

30 2 ②

50℃での溶解度が42.9なので，水100gにKCl 40.0gを溶かした場合，全部が溶解する。

この水溶液100g中のKClと水の質量は

$$\text{KCl}：100 \times \frac{40}{140} \fallingdotseq 28.6\text{ g}$$

$$\text{水}：100 \times \frac{100}{140} \fallingdotseq 71.4\text{ g}$$

20℃での溶解度が34.2なので，析出したKClの質量を x〔g〕としたとき，50℃から20℃に冷却すると

$$\frac{\text{溶質の質量}}{\text{溶媒の質量}} = \frac{34.2}{100} = \frac{28.6 - x}{71.4} \quad \cdots\cdots(1)$$

の飽和溶液となる。図で示すと

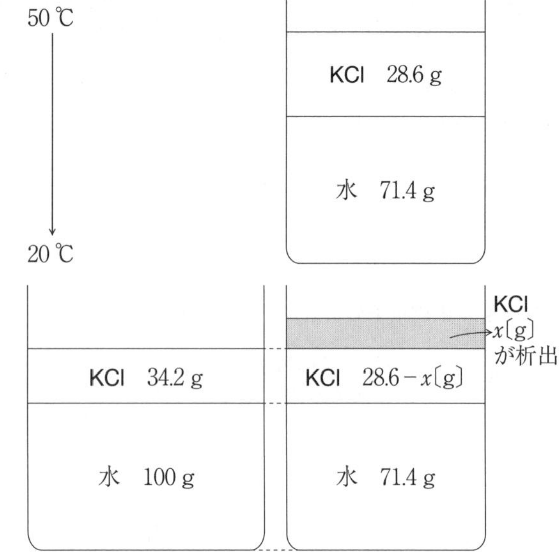

(1)式を計算して　$x \fallingdotseq 4.2$ g

31 3 ④

① 一定量の液体に溶ける気体の質量（または物質量）は，その気体の圧力に比例する。これをヘンリーの法則という。(正しい)

② 圧力を n 倍にすると，溶ける気体の物質量は n 倍になるが，その圧力下での体積はボイルの法則より $\frac{1}{n}$ 倍になる。そのため一定の体積となる。(正しい)

注意！ 溶ける気体の体積を一定圧力のもとで測定した場合は，圧力に比例する。しかし，溶かしたときの圧力のもとでは，体積は一定となる。

③ 水の量が一定であれば，接触する面積を変えても，酸素の溶ける質量は変わらない。(正しい)

④ 空気中の酸素の割合は20％なので，1×10^5 Paの空気中の酸素の分圧は 0.2×10^5 Paになる。これは，0.2×10^5 Paの酸素を水に接触させた場合と等しいので，**酸素の溶ける質量はほぼ等しい**とみなせる。(誤り)

注意！ 混合気体（空気）では，成分気体（酸素）の分圧に対してヘンリーの法則が成り立つ。

⑤ 一般に気体の溶解度は，温度が高くなるほど小さくなる。(正しい)

32 4 ③

純水の蒸気圧に比べて，水溶液の蒸気圧は低くなる（蒸気圧降下）。そのため，水蒸気はA側からB側へ移動する。その結果，圧力が下がるA側では，まだ飽和

の状態となっていないことになるので，凝縮する水分子よりも蒸発する水分子の方が多くなる。一方，水蒸気の入り込んだB側では，飽和の状態よりも多くの水蒸気があるため，蒸発する水分子よりも凝縮する水分子の方が多くなる。

こうして，A側からB側へ水が移動し，B側の水面がさらに高くなる。正しいのは③である。

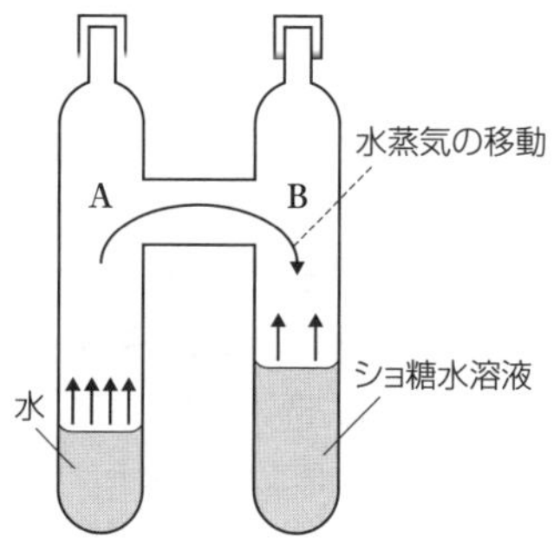

5 ④

▶攻略のPoint 希薄溶液の沸点上昇度Δtは溶液の質量モル濃度mに比例する。そのとき，溶質の種類には関係ないので，溶けているすべての溶質粒子（分子や電離して生じたイオン）の質量モル濃度になる。まず非電解質か，電解質かを分けて考える必要がある。

A～Cの物質のうちCの臭化ナトリウム NaBr が電解質である。

質量モル濃度を比較して沸点上昇度の大きいものから並べる。それが沸点の高い順となる。

ここでは，同じ水100 gに溶けているので，溶質粒子の全物質量を比べればよい。

A　1 gのブドウ糖（グルコース）(分子量180) の物質量は

$$\frac{1}{180}\,\mathrm{mol} \qquad \cdots\cdots(1)$$

B　1 gの尿素（分子量60）の物質量は

$$\frac{1}{60}\,\mathrm{mol} \qquad \cdots\cdots(2)$$

C　NaBr は電解質で，水溶液中で次のように完全電離している。

$$NaBr \longrightarrow Na^{+} + Br^{-}$$

よって，Na^{+}とBr^{-}の全物質量は，2倍となり

$$\frac{0.5}{103} \times 2 = \frac{1}{103}\,\mathrm{mol} \qquad \cdots\cdots(3)$$

(1)～(3)の分母の数値が小さいものほど，物質量が大きくなるので，B，C，Aの順である。

34 a－6 ③　b－7 ③

a｜ 炭酸飲料水をつくるときには，高圧の二酸化炭素を水と接触させて，多量の二酸化炭素が水に溶け込むようにしている。

びんの栓をあけると，外圧は大気圧となり，空気中の二酸化炭素の分圧は小さいので，溶解度がぐっと下がり，溶けなくなった二酸化炭素が泡となって出てくる。これは，気体の溶解度は圧力に比例するという**ヘンリーの法則**である。

b｜ 野菜の細胞膜は半透膜である。野菜は食塩をふりかけると，外側の食塩水の濃度のほうが野菜の体液の濃度よりも濃くなっていくため，**浸透圧の小さい野菜のほうから浸透圧の大きな食塩水のほうに浸透していき**，野菜から水分がでてくることになる。

35 8 ④

① セロハン膜は水分子などの小さい分子を自由に通過させるが，コロイド粒子のような大きな粒子は通過させにくい。このような膜を半透膜という。(正しい)

② 純水とタンパク質水溶液を半透膜で仕切り，液面の高さをそろえておくと，水が半透膜を通ってタンパク質水溶液側へ移動していく。この現象を浸透といい，それによりタンパク質水溶液の液面は高くなる。(正しい)

③ 薄いデンプン水溶液の浸透圧は，デンプンのモル濃度に比例する。(正しい)

④ **浸透圧は絶対温度に比例する**。つまり，溶液の温度により浸透圧は変化する。(誤り)

⑤ 純水と海水とを半透膜で仕切ると，浸透圧が生じる。そこで海水側に浸透圧以上の圧力を加えてやると，水が海水から純水の側に移動することになる。このようにして，海水から純粋な水を取り出す方法を逆浸透法という。(正しい)

36 9 ④

▶攻略のPoint 文章の内容を順を追って読んでいき，何を行っているのかを理解する。

(1) 水とスクロース水溶液を半透膜で仕切っておくと，水がスクロース水溶液の方へ浸透していくので，**Bの液面が上昇する**。

(2) A，Bの両方に体積Vの水を加えて放置する。B側のスクロース水溶液の濃度は薄くなるので，液面差はhよりも小さくなる。(浸透圧は濃度に比例するため)

(3) さらにA側から体積$2V$の水を取り除いて放置す

る。この時点でのスクロースの物質量と水の全量は，はじめの状態と同じになるので，**AとBの液面差は h にもどる**。

37 ⑩ ④

①　デンプン水溶液のようなコロイド溶液に横から強い光を当ててやると，光の通路が輝いて見える。このチンダル現象は，**コロイド粒子が光を散乱させることによって起こる現象である**。(誤り)

②　コロイド粒子はセロハン膜を通過しないが，小さな分子やイオンはセロハン膜を通過する。これを利用して，コロイド溶液を精製する操作は**透析**とよばれる。(誤り)

③　ブラウン運動は，**熱運動をしている溶媒分子がコロイド粒子に衝突するために起こる**。(誤り)

④　疎水コロイドの溶液に少量の電解質を加えると，コロイド粒子間の電気的な反発力が弱まって互いに凝集して沈殿する。この現象を凝析という。(正しい)

まとめ

凝析——疎水コロイド
　　　　少量の電解質を加えて沈殿
塩析——親水コロイド
　　　　多量の電解質を加えて沈殿

38 ⑪ ③

ア　セロハンを用いて，タンパク質水溶液に不純物として含まれる小さな分子やイオンを除去する操作は，**透析**である。(誤)

イ　エンジンの冷却水にエチレングリコールを加えると，**凝固点降下**が起こって凍結しにくくなる。(正)

ウ　墨汁は炭素の疎水コロイド溶液である。疎水コロイドが沈殿しないように，にかわのような親水コロイドを加えると凝析しにくくなる。このときに加える親水コロイドを**保護コロイド**という。(正)

エ　赤血球を水に浸すと，水が赤血球中に浸透し，赤血球は膨張していき，ついには破裂する。これは**浸透圧**の差によるものである。(誤)

オ　水の中に分散した粘土の微粒子は疎水コロイドである。これに，ミョウバンなどの電解質を加えると沈殿する。この現象が**凝析**である。(正)

第2章 物質の変化と平衡

2-1 化学反応とエネルギー

9 | ① ①

化学反応式では，化学式の係数は物質量〔mol〕を意味する。

さらに注目する物質の係数を1，つまり1 molとする。

与えられている3つの化学反応式は，水素 H_2，一酸化炭素 CO，メタン CH_4 の燃焼エンタルピーが，それぞれ −286 kJ/mol，−283 kJ/mol，−890 kJ/molであることを示している。（燃焼エンタルピーは，各物質1 molが完全燃焼したときに発生する熱量）

標準状態において22.4 Lの混合気体の物質量は1 molである。各成分気体の物質量は，それぞれの気体の体積に比例するから

H_2：　$1 \times \dfrac{50.0}{100} = 0.50$ mol

CO：　$1 \times \dfrac{30.0}{100} = 0.30$ mol

CH_4：　$1 \times \dfrac{10.0}{100} = 0.10$ mol

（CO_2 は CH_4 と同じ0.10 molとなるが，燃焼しないので計算からは除く。）

混合気体を燃焼したときに発生する熱量は

$286 \times 0.50 + 283 \times 0.30 + 890 \times 0.10$

$= 316.9 \fallingdotseq$ **317 kJ**

a − ② ④　　b − ③ ①

▶攻略のPoint　炭化水素の燃焼反応式は，次の順序で行うと，手早くできる。

(1)　炭化水素 C_3H_n，O_2，CO_2，H_2O で反応式を書く。

$C_3H_n + \square O_2 \longrightarrow \square CO_2 + \square H_2O$

(2)　C原子，H原子の個数を，両辺で合わせる。

$C_3H_n + O_2 \longrightarrow \boxed{3} CO_2 + \boxed{\dfrac{n}{2}} H_2O$

(3)　O原子の個数が等しくなるように，O_2 の係数をつける。

÷ 2　　$6 + \dfrac{n}{2}$

$C_3H_n + \boxed{\left(3 + \dfrac{n}{4}\right)} O_2 \longrightarrow 3CO_2 + \dfrac{n}{2} H_2O$

＊この後，化学反応式にする場合は，係数は最も簡単な整数にする必要があるので，全体を4倍する。

$4C_3H_n + (12 + n)O_2 \longrightarrow 12CO_2 + 2nH_2O$

この気体の燃焼エンタルピーを Q〔kJ/mol〕とすると，化学反応式は

$C_3H_n + \left(3 + \dfrac{n}{4}\right)O_2 \longrightarrow 3CO_2 + \dfrac{n}{2}H_2O \quad \Delta H = Q\,\mathrm{kJ}$

と表すことができる。

この化学反応式より，CO_2 が3 mol生成すると Q〔kJ〕の熱が発生することがわかる。

CO_2（分子量44）の3.30 gは0.075 molに相当する。0.075 mol生成したときに発生した熱が48.0 kJであったことから

3 mol：0.075 mol ＝ Q〔kJ〕：（−48.0 kJ）

これを解いて　**Q ＝ −1920 kJ/mol**

b | H_2O（分子量18）の0.900 gの物質量は0.050 molである。CO_2 と H_2O の物質量に着目する。

化学反応式の「係数比 ＝ 物質量比」となるので

$3 : \dfrac{n}{2} = 0.075 : 0.050$

これを解いて　**$n = 4$**

41 | a − ④ ③　　b − ⑤ ②

a | 水素 H_2 の物質量を x〔mol〕，アセチレン C_2H_2 の物質量を y〔mol〕とおく。

混合気体の物質量の合計が1.0 molとなることから

$x + y = 1.0$　……(1)

H_2 と C_2H_2 を完全燃焼させたときの熱量が800 kJとなることから

$300x + 1300y = 800$　……(2)

(1)，(2)を解いて　$x = 0.50$ mol

$y = 0.50$ mol

燃焼前の**アセチレンの物質量は0.50 molである。**

b | H_2 0.50 molと C_2H_2 0.50 molを燃焼したので

$\underline{H_2} + \dfrac{1}{2}O_2 \longrightarrow \underline{H_2O}$
0.50 mol　　　0.50 mol

$\underline{C_2H_2} + \dfrac{5}{2}O_2 \longrightarrow 2CO_2 + \underline{H_2O}$
0.50 mol　　　　　0.50 mol

生じた水は，0.50 ＋ 0.50 ＝ 1.0 molになる。

その質量は，H_2O ＝ 18より　18 × 1.0 ＝ **18 g**

42 | ⑥ ④

▶攻略のPoint　物質はそれぞれ固有のエネルギーをもっている。各物質のもつエネルギーの大小を示したのがエネルギー図である。

各物質がどのように変化したときのエネルギー変化

なのかを読み取っていく。

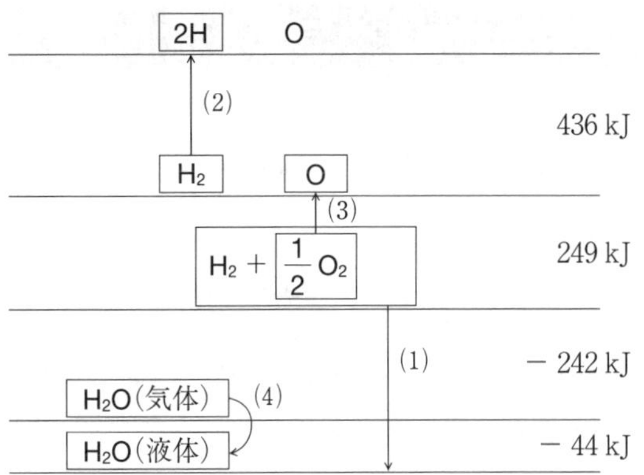

a｜ 1 mol の H_2 が完全燃焼して H_2O(液)を生成する反応は(1)だから

$$H_2 + \frac{1}{2}O_2 \longrightarrow H_2O(液) \quad \Delta H = -(242+44)\mathrm{kJ}$$

よって，放出するエネルギーは 242 + 44 = 286 kJ である。(正)

b｜ エネルギー図の(2)，(3)の変化は次の式で表すことができる。

(2)　$H_2 \longrightarrow 2H \quad \Delta H = 436\,\mathrm{kJ}$

(3)　$\frac{1}{2}O_2 \longrightarrow O \quad \Delta H = 249\,\mathrm{kJ}$　これを2倍すると

$O_2 \longrightarrow 2O \quad \Delta H = (249\times 2)\mathrm{kJ}$

よって，O_2 の結合エネルギーは 249 × 2 = 498kJ/mol，H_2 の結合エネルギーは 436 kJ/mol である。

O_2 の結合エネルギーの方が，H_2 の結合エネルギーよりも大きい。(誤)

c｜ (4)の変化を表すと

$H_2O(気) \longrightarrow H_2O(液) \quad \Delta H = -44\,\mathrm{kJ}$

よって，1 mol の水蒸気が凝縮するとき，**44 kJ の熱を放出する。**(誤)

43｜ 7　⑤

▶攻略のPoint　化学エネルギー，熱エネルギー，光エネルギー，電気エネルギーなどのエネルギーは互いにエネルギーの変換により姿を変える。

①，②　化学エネルギーと電気エネルギーの変換で，次のようになる。(正しい)

化学エネルギー ⇄(電池／電気分解) 電気エネルギー

③　エネルギーの変換が起こっても，その前後におけるエネルギーの総量は変わらない。これを**エネルギー保存の法則**とよぶ。(正しい)

④　化学エネルギーと光エネルギーの変換の代表的なものに光合成がある。(正しい)

化学エネルギー ⇄(化学発光／光合成) 光エネルギー

⑤　化学発光のうちルミノール反応は，次の図で示される。

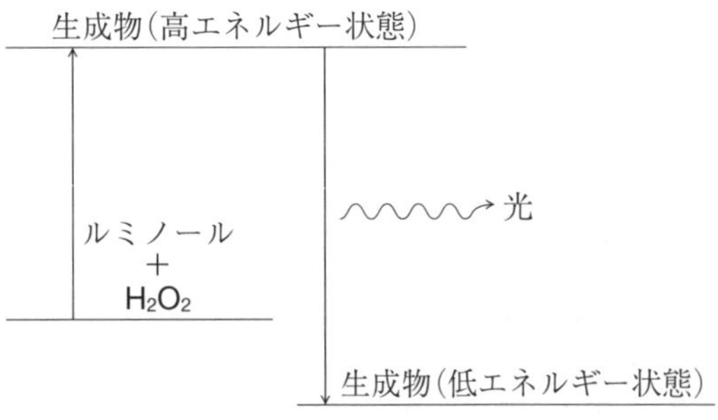

ルミノール反応は，塩基性水溶液中でルミノールを過酸化水素で酸化すると起こり，青い発光が見られる。このときに，血液成分が触媒として働いて，発光が強くなるため，血痕の鑑識に利用されている。

このように生成物のエネルギーの一部が光エネルギーに変換されるので，**高エネルギー状態から低エネルギー状態へと変化するときに光エネルギーを発生することになる。**(誤り)

⑥　燃焼エンタルピーは「1 mol の物質」が「完全燃焼」したときの反応エンタルピーと定義されており，必ず発熱反応である。(正しい)

2-2 電池と電気分解

44｜ a－1　①　　b－2　⑥

a｜ 図のような電池では2つの金属板（**ア**・**イ**）のうち，イオン化傾向の大きい方の金属が負極になる。選択肢には，Zn と Cu が与えられているが，イオン化傾向は Zn > Cu。したがって，**負極のアは Zn，正極のイは Cu である。**

イオン化傾向の大きい Zn が電子 e^- を放出して Zn^{2+} になり，電子が Zn 板から導線を通って Cu 板に流れる。

正極で Cu^{2+} が電子を受け取り，Cu となって析出する。

> ダニエル電池
> 　正極，負極で起こる反応は
> 　負極　$Zn \longrightarrow Zn^{2+} + 2e^-$
> 　正極　$Cu^{2+} + 2e^- \longrightarrow Cu$

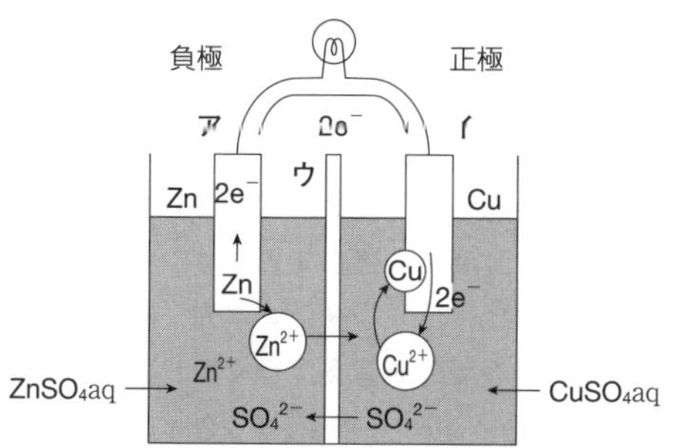

ウには，イオンを通過させることができる素焼き板を用いる。

素焼き板は微細な孔をもち，正極側と負極側の水溶液がすぐに混じり合わないように保ちながら，少量のイオンの移動を行う。

放電を続けると，正極側の水溶液中の Cu^{2+} の濃度が減少する。そのため，Cu が析出しにくくなっていく。つまり，負極板から流れてくる e^- が受け取られにくくなるので，電流が流れにくくなり，電球は暗くなっていく。

理由としては⑥が適当で，**Cu^{2+} の濃度が小さくなるために電流が流れにくくなる。**

３　③

> 鉛蓄電池
> 　正極，負極で起こる反応は
> 　負極　$Pb + SO_4^{2-} \rightarrow PbSO_4 + 2e^-$
> 　正極　$PbO_2 + 4H^+ + SO_4^{2-} + 2e^- \rightarrow PbSO_4 + 2H_2O$
> 　電池全体では
> 　$\underset{(負極)}{Pb} + \underset{(正極)}{PbO_2} + \underset{(電解液)}{2H_2SO_4} \xrightarrow{放電} 2PbSO_4 + 2H_2O$

鉛蓄電池の構成は

$(-)Pb|H_2SO_4aq|PbO_2(+)$

鉛蓄電池が放電するとき，負極の鉛 Pb が Pb^{2+} となるが，すぐに Pb^{2+} は電解液中の SO_4^{2-} と反応し，水に溶けにくい硫酸鉛(Ⅱ)$PbSO_4$ となって極板上に付着する。

一方，正極では，酸化鉛(Ⅳ)PbO_2 が $PbSO_4$ となり，同時に極板上に付着する。

したがって，電解液中の Pb^{2+} の増減は見られない。

電解液では，放電により硫酸が消費されて水が生成する。**希硫酸の濃度は減少し，電解液の密度は小さくなる。**したがって，③が正しい。

注意！　放電によって，鉛蓄電池内の３か所，つまり負極板，正極板，電解液で変化が起こっていると考えられる。

46　４　⑤

▶攻略のPoint　③～⑤では，水溶液中に存在するイオンを確認したあと，《2-2 電池と電気分解 5》にあげてある表にしたがって，順番を[1] [2]…と見ていくと，陽極，陰極で起こる反応の反応式を書くことができる。

①　純水はほとんど電気を通さないので，電気分解を行うためには**電解質を加えて，電気を通しやすくする必要がある。**このとき，酸化・還元されやすいイオンがあると，それが水より先に反応してしまい，水の電気分解が起こらなくなる。そのため，酸化・還元されにくい電解質を加える。(正しい)

②　酢酸は弱酸なので電離度が小さい。したがって，**同じ濃度の塩酸より，酢酸中のイオンの濃度は小さく，電気を通しにくい。**(正しい)

③　塩化ナトリウム水溶液では，イオンは次のようになる。

$NaCl \longrightarrow Na^+ + Cl^-$　　$H_2O \rightleftarrows H^+ + OH^-$

陽極（黒鉛）では，e^- を放出しやすい**塩化物イオンが酸化されて塩素となる。**(正しい)　←陽極・順番[2]

反応式は　$2Cl^- \longrightarrow Cl_2 + 2e^-$

④　硝酸銀水溶液ではイオンは次のようになる。

$AgNO_3 \longrightarrow Ag^+ + NO_3^-$　　$H_2O \rightleftarrows H^+ + OH^-$

陰極（白金）では，e^- を受け取りやすい**銀イオンが還元されて銀となる。**(正しい)　←陰極・順番[1]

反応式は　$Ag^+ + e^- \longrightarrow Ag$

⑤　ヨウ化カリウム水溶液では，イオンは次のようになる。

$KI \longrightarrow K^+ + I^-$　　$H_2O \rightleftarrows H^+ + OH^-$

陽極では，e^- を放出しやすいヨウ化物イオンが酸化されて，I_2 が生成する。

(陽極)　$2I^- \longrightarrow I_2 + 2e^-$　←陽極・順番[2]

(陰極)　$2H_2O + 2e^- \longrightarrow H_2 + 2OH^-$　←陰極・順番[2]

よって，**陽極周辺の溶液は褐色となる**が，陰極周辺の溶液の色に変化はない。(誤り)

注意！　生じた I_2 は水には溶けにくいが，KI 水溶液には溶けて褐色となる。溶液の色が褐色となるのは I_2 が溶液中の I^- と反応して三ヨウ化物イオン I_3^- を生じるからである。

$I_2 + I^- \rightleftarrows I_3^-$（褐色）

47 [5] ⑤

▶攻略のPoint　白金電極を用いた水溶液の電気分解。したがって，《2-2 電池と電気分解 5》を参考にして，両極で起こる反応式が書ければ生成物がわかる。

a｜硝酸銀 $AgNO_3$ 水溶液

（陽極）$2H_2O \longrightarrow O_2 + 4H^+ + 4e^-$ ←陽極[3]

（陰極）$Ag^+ + e^- \longrightarrow Ag$ ←陰極[1]

陽極で**酸素**が発生し，陰極で**銀**が析出する。

b｜硫酸 H_2SO_4

（陽極）$2H_2O \longrightarrow O_2 + 4H^+ + 4e^-$ ←陽極[3]

（陰極）$2H^+ + 2e^- \longrightarrow H_2$ ←陰極[2]

陽極で**酸素**が発生し，陰極で**水素**が発生する。

c｜塩化銅（Ⅱ）$CuCl_2$ 水溶液

（陽極）$2Cl^- \longrightarrow Cl_2 + 2e^-$ ←陽極[2]

（陰極）$Cu^{2+} + 2e^- \longrightarrow Cu$ ←陰極[1]

陽極で**塩素**が発生し，陰極で**銅**が析出する。

d｜塩化ナトリウム NaCl 水溶液

（陽極）$2Cl^- \longrightarrow Cl_2 + 2e^-$ ←陽極[2]

（陰極）$2H_2O + 2e^- \longrightarrow H_2 + 2OH^-$ ←陰極[2]

陽極で**塩素**が発生し，陰極で**水素**が発生する。

よって，両極から気体が発生するのは⑤ **b・d** である。

48 [6] ⑤

▶攻略のPoint　硫酸銅（Ⅱ）水溶液の電気分解。ただし，電極板に白金ではなく銅が使われていることに注意する。

両極で起こる反応は，次のようになる。

（陽極）$Cu \longrightarrow Cu^{2+} + 2e^-$ ←陽極[1]

（陰極）$Cu^{2+} + 2e^- \longrightarrow Cu$ ←陰極[1]

a｜陽極では，**銅が銅（Ⅱ）イオンになって溶け出す。**（誤）

b｜陰極では，**銅が析出する。**銅よりイオン化傾向の大きい水素は発生しない。（正）

c｜陽極と陰極で起こる反応は，逆反応となっている。陰極で消費された Cu^{2+} と同じ物質量の Cu^{2+} が陽極で生じるため，**水溶液中の $CuSO_4$ の濃度は変化しない。**

電気分解しても，SO_4^{2-} の濃度は変わらない。（正）

49 [7] ②

▶攻略のPoint　ヨウ化カリウム KI 水溶液の電気分解である。水溶液中に存在するイオンを確認すると

$KI \longrightarrow K^+ + I^-$　　$H_2O \rightleftarrows H^+ + OH^-$

両極で起こる反応を考えていく。

a｜（陰極）$2H_2O + 2e^- \longrightarrow H_2 + 2OH^-$

K^+ はイオン化傾向が大きいので，水溶液中では還元されず，代わりに水が還元されて（＝電子を受け取り），水素が発生する。このときの反応式を見るとわかるように，OH^- が増加していくので，陰極のまわりの水溶液は中性から塩基性になっていく。

フェノールフタレインは，酸性～中性の水溶液では無色であるが，水溶液が塩基性になると赤色になる。このため，**陰極のまわりの水溶液は赤色に変化していく。**（正）

b｜（陽極）$2I^- \longrightarrow I_2 + 2e^-$

炭素棒が電極なので，電極は変化せず，水溶液中のヨウ化物イオン I^- が酸化されて（＝電子を失い），ヨウ素 I_2 が生じる。I_2 は純水には溶けにくい。しかし，電気分解で，I_2 が生じ始めたときには，溶液には I^- が多く存在しているので，**I_2 は I_3^- となって水溶液に溶け，褐色となる。**（正）

c｜気体が発生するのは，陽極ではなく**陰極である。**この電気分解では，陰極側で水素の気泡が見られることになる。（誤）

2-3 反応の速さとしくみ

50 [1] ②

▶攻略のPoint　反応速度を変えるものとして，濃度・温度・触媒に着目する。

① 温度を上げると，分子どうしの衝突回数が増加するだけでなく，衝突により遷移状態になるために必要なエネルギー（活性化エネルギー）より大きなエネルギーをもった分子の数が増えるので反応速度は大きくなる。

反応が速くなるとは，短い時間で平衡状態になることであり，正反応，逆反応ともに速くなる。（正しい）

② この反応では，温度を 10℃上げると反応の速さが 2 倍になる。逆に，温度を 10℃下げると速さが $\frac{1}{2}$ になる。10℃下げて $\frac{1}{2}$ になった状態からさらに 10℃下げると，速さは $\frac{1}{2} \times \frac{1}{2} = \frac{1}{4}$ になる。

つまり，この反応で**温度を 20℃下げると，速さは**

$\frac{1}{4}$ **になる**。(誤り)

③ 反応物の濃度が高くなれば，単位時間あたりの分子どうしの衝突回数が増加する。そのため，反応の速さは増大する。(正しい)

④ 活性化エネルギーが小さいときの遷移状態を超える分子の数▭は，活性化エネルギーが大きいときの分子の数▬よりも多くなる。

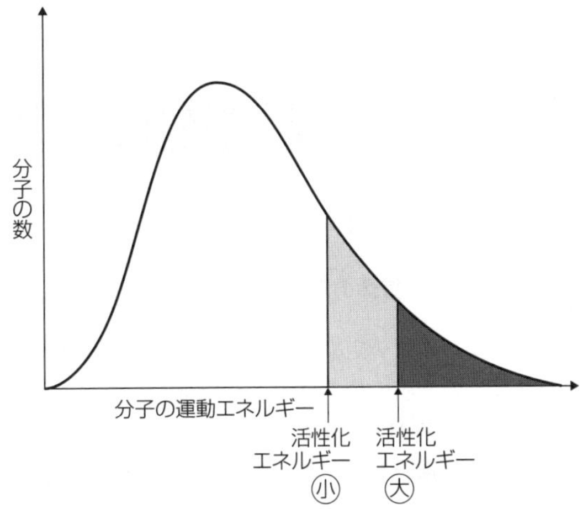

したがって，活性化エネルギーが小さくなると反応する可能性のある分子の数が増加し，反応の速さは増大する。(正しい)

⑤ 時間の経過とともに反応物の濃度が減少し，正反応の速さ v_1 は小さくなっていく。

一方，生成物の濃度は増加するので，逆反応の速さ v_2 は大きくなる。そのため，見かけの速さ $v = v_1 - v_2$ はしだいに減少し，v_1 と v_2 が等しくなったときに反応は平衡状態になる。(正しい)

2 ⑤ 3 ⑥

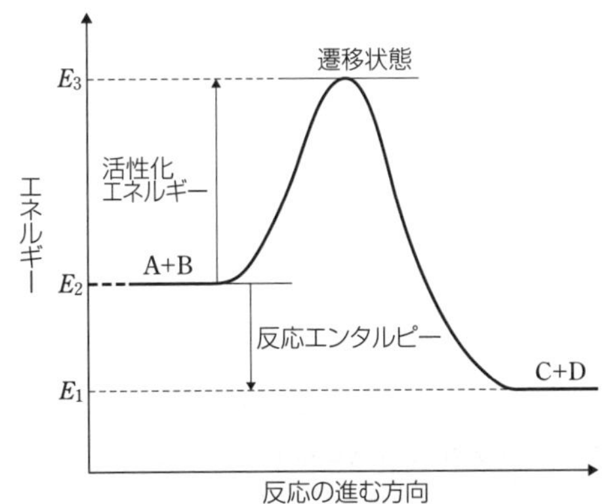

遷移状態になるために必要なエネルギーが活性化エネルギー。活性化エネルギーは，遷移状態のもつエネルギー E_3 と反応物のもつエネルギー E_2 の差，つまり $E_3 - E_2$ になる。

また，反応物のもつエネルギー E_2 と生成物のもつエネルギー E_1 の差にあたる $E_2 - E_1$ がそのときに反応エンタルピーとして放出される。

52 4 ④

①，② 触媒を用いると，活性化エネルギーの小さな経路を通って反応が進行するようになるため，反応速度を大きくすることができる。(正しい)

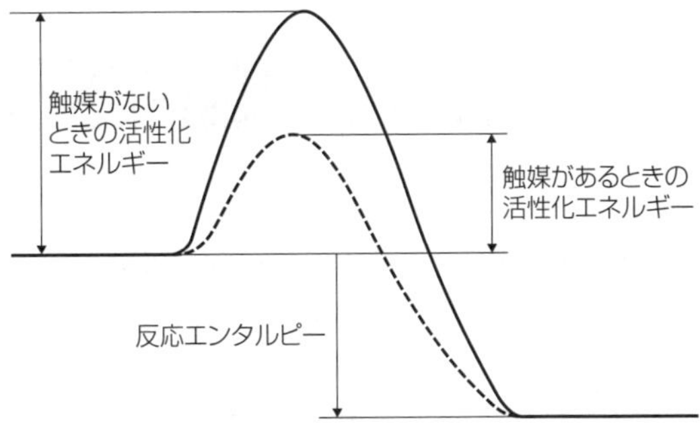

③ 反応の前後で，触媒自身は変化しない。(正しい)

④ 上図をみてわかるように，触媒を用いても反応エンタルピーは変わらない。反応エンタルピーは反応物と生成物のもつエネルギーの差であるから，**触媒を加えても反応エンタルピーの値は変化しない**。(誤り)

⑤ 触媒は，化学平衡の状態は変えないので，平衡の移動は起こらない。(正しい)

まとめ

触媒は
(1) 反応の前後でそれ自身は変化しない。
(2) 活性化エネルギーを低下させて，反応速度を大きくする。(反応エンタルピーは変わらない。)
(3) 平衡状態は変えない。

53 5 ③

過酸化水素の分解反応 $2H_2O_2 \longrightarrow 2H_2O + O_2$ が起こる。このとき，酸化マンガン(Ⅳ)は触媒として作用する。

発生した酸素の体積 V と時間 t のグラフにおいて，触媒の量を2倍にしても，反応により生成した酸素の全体積は変わらない。

しかし，触媒の量を2倍にすると反応速度が速くなり，反応開始直後のグラフの傾きは大きくなり，グラフが横軸と平行となるところ，つまり平衡状態になるまでの時間が短くなる。

以上のような条件にあてはまるグラフは③である。

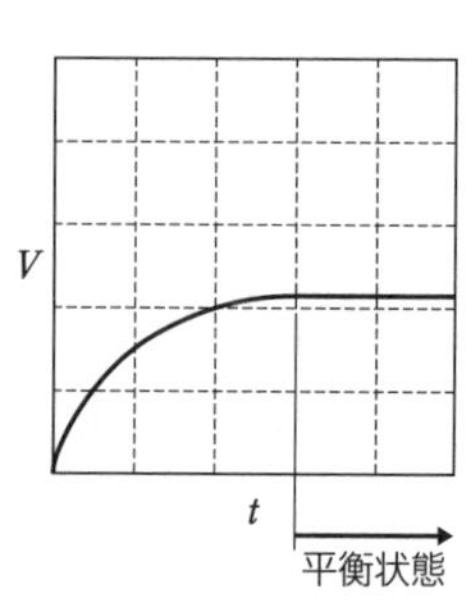

③

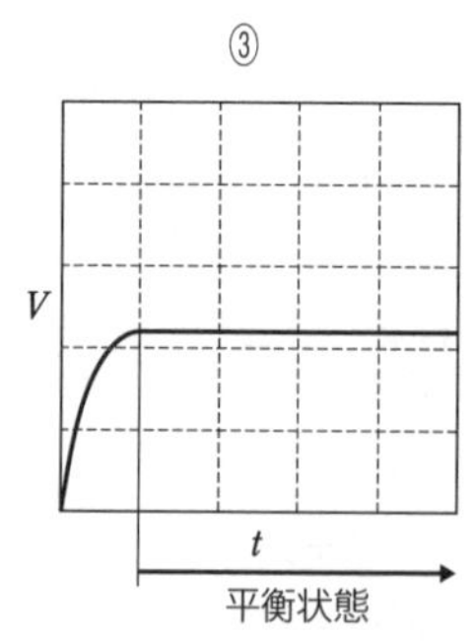

触媒の酸化マンガン(Ⅳ)の量を2倍にすると，少量の酸化マンガン(Ⅳ)を用いたときと比べて反応速度は大きくなるが，酸素の発生量は同じである。

2-4 化学平衡

54 ① ④

▶攻略のPoint 平衡状態にある反応において，反応条件の濃度・温度・圧力を変化させると，その条件の変化を緩和する方向に平衡が移動する。このルシャトリエの原理を用いて，平衡の移動を考える。

1)　圧力を変えても平衡移動は起こらない。
　→気体全体の物質量が変化しない反応を選ぶ。
　…反応式の左辺と右辺の係数の和が等しいもの
　　①と④が該当する。

2)　温度を上げると，平衡が右へ移動する。
　→吸熱反応を選ぶ。③と④と⑤である。

1)と2)の両方に当てはまる反応は④になる。

55 ② ⑤

$N_2O_4 \rightleftarrows 2NO_2 \quad \Delta H = 56.9\,\mathrm{kJ}$

①　温度一定で体積を小さくすると，外部条件の変化として圧力を大きくしたことになる。

ルシャトリエの原理より，気体全体の物質量を減少させる方向，つまり左に平衡が移動するため，**N_2O_4 の物質量は増加する**。(誤り)

②　全圧一定で温度を上げると，ルシャトリエの原理より，温度を下げようとする方向，つまり吸熱反応の右向きに平衡が移動するので，**N_2O_4 の物質量は減少する**。(誤り)

③　温度・全圧一定で NO_2 を加えると，ルシャトリエの原理より［NO_2］を減少させる方向，つまり左へ平衡が移動し，**N_2O_4 の物質量は増加する**。(誤り)

④，⑤で「貴ガスを加える」という操作について考える際，次の点が重要である。

> ④では「体積一定で」
> ⑤では「全圧一定で」
> の条件の違いをとらえる必要がある。

注意！
ルシャトリエの原理における「圧力」
＝
「反応に関わる気体の圧力」を意味する。

④　温度，体積一定で貴ガスを加えると，全圧は加えた貴ガスの分圧の分だけ大きくなる。しかし，反応に関わっている N_2O_4，NO_2 の分圧は変化しない。したがって，平衡は移動せず，**N_2O_4 の物質量は変化しない**。(誤り)

⑤　温度，全圧一定で貴ガスを加える。この場合は，例えば，容器の体積を大きくするなどして，圧力を下げ，その下がった圧力の分だけ貴ガスを加えることが必要である。

つまり，反応に関わっている気体の N_2O_4 と NO_2 の分圧は減少しているので，ルシャトリエの原理より，気体全体の物質量を増加させる方向，つまり右向きに平衡が移動し，**N_2O_4 の物質量は減少する**。(正しい)

56 ③ ②

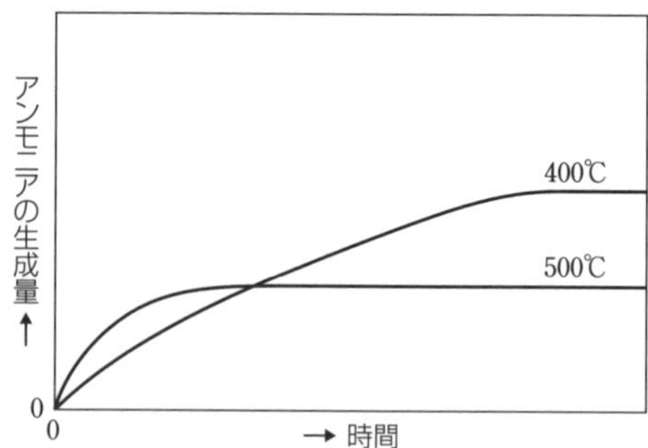

①　図より，温度を400℃から500℃へと上げると，アンモニアの生成量は減少している。

$N_2 + 3H_2 \rightleftarrows 2NH_3 \quad \Delta H = Q\,\mathrm{kJ}$

$Q < 0$，つまり発熱反応の場合は，温度を上げるとルシャトリエの原理より吸熱反応の方向，つまり左向きに平衡が移動し，アンモニアの生成量は減少するこ

となる。アンモニアの生成反応は，この場合に相当するとわかる。

したがって，**アンモニアの生成反応は発熱反応であり，吸熱反応ではない。**（誤り）

② 平衡定数Kは次式で表される。

$$K=\frac{[NH_3]^2}{[N_2][H_2]^3}$$

500℃では，400℃と比べてNH_3の生成量が少なく，N_2とH_2の物質量が多い状態といえる。したがって，式の分母が大きく，分子が小さくなるので，**Kの値は500℃のときの方が400℃のときよりも小さい。**（正しい）

③ アンモニアが生成する速さは，グラフにおける傾きになる。400℃でも500℃でもグラフはしだいに傾きが小さくなっているとわかるので，**アンモニアが生成する速さは，時間とともに小さくなる。**（誤り）

④ 触媒の種類を変えて反応の速さを大きくしても，温度が400℃で同じであれば平衡状態は変化しない。したがって，次図の破線のようになる。（誤り）

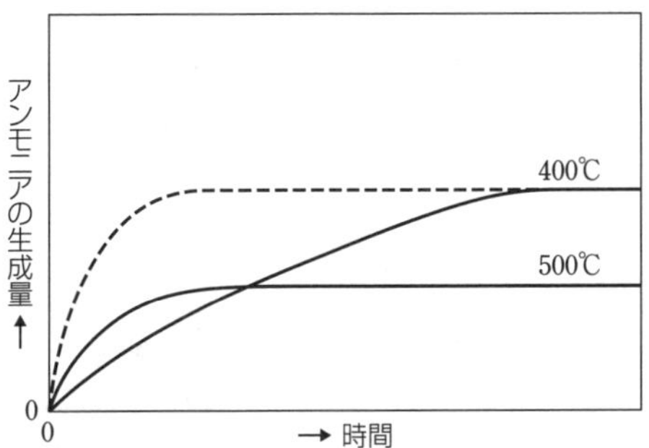

4 ①

密閉容器にヨウ化水素HI n〔mol〕を入れたとする。このうちの10％，つまり$0.1n$〔mol〕が分解して平衡状態になる。

反応前後の各物質の量的関係を表すと

	2HI	⇄	H_2	+	I_2
反応前	n				
反応量	$-0.1n$	⟶	$+\frac{1}{2}\times0.1n$		$+\frac{1}{2}\times0.1n$
平衡時	$0.9n$		$0.05n$		$0.05n$

〔単位 mol〕

容器の体積をV〔L〕とすると，平衡時のモル濃度は

$$[HI]=\frac{0.9n}{V}\text{〔mol/L〕}$$

$$[H_2]=[I_2]=\frac{0.05n}{V}\text{〔mol/L〕}$$

平衡定数Kは　$K=\frac{[H_2][I_2]}{[HI]^2}$ なので，各々の値を代入して

$$K=\frac{[H_2][I_2]}{[HI]^2}=\frac{\left(\frac{0.05n}{V}\right)\left(\frac{0.05n}{V}\right)}{\left(\frac{0.9n}{V}\right)^2}=3.086\times10^{-3}$$

$$\fallingdotseq 3.09\times10^{-3}$$

以上のように平衡定数を求めることができる。

まとめ

平衡定数Kは

aA ＋ bB ⇄ cC ＋ dD の平衡状態において

$$K=\frac{[C]^c[D]^d}{[A]^a[B]^b}$$

58 5 ④ 6 ⑧

電離していない酢酸分子CH_3COOHの濃度がa〔mol/L〕，電離して生じた酢酸イオンCH_3COO^-の濃度がb〔mol/L〕なので，電離する前の酢酸水溶液のモル濃度は$a+b$〔mol/L〕になる。

よって，電離度αは

$$\alpha=\frac{b}{a+b}\quad\cdots\cdots\ \boxed{ア}$$

$CH_3COOH \longrightarrow CH_3COO^- + H^+$ と電離するのでCH_3COO^-とH^+のモル濃度は等しく，電離して生じた水素イオンH^+の濃度はb〔mol/L〕である。

酢酸の電離平衡の状態は次のようになる。

CH_3COOH	⇄	CH_3COO^-	+	H^+
a〔mol/L〕		b〔mol/L〕		b〔mol/L〕

電離定数K_aは

$$K_a=\frac{[CH_3COO^-][H^+]}{[CH_3COOH]}$$

$$=\frac{b\times b}{a}=\frac{b^2}{a}\quad\cdots\cdots\ \boxed{イ}$$

59 7 ②

▶攻略のPoint ①CH_3COONa，③Na_2SO_4，⑤Na_2CO_3は正塩，②$NaHSO_4$，④$NaHCO_3$は酸性塩である。塩の水溶液の液性は塩の加水分解で判断していく。まず，「どの酸と塩基の中和反応で生じた塩か」を考えることから始めよう。

① CH_3COONaは「**弱**酸＋**強**塩基からなる正塩」なので，次のように加水分解して，水溶液は塩基性を示す。

$CH_3COONa \longrightarrow \underline{CH_3COO^-} + Na^+$(電離)

$CH_3COO^- + H_2O \rightleftarrows CH_3COOH + \underline{OH^-}$(加水分解)

② $NaHSO_4$ は「**強**酸 ＋ **強**塩基からなる酸性塩」なので，電離だけが起こり水溶液は酸性を示す。

$NaHSO_4 \longrightarrow Na^+ + \underline{H^+} + SO_4^{2-}$(電離)

③ Na_2SO_4 は「**強**酸 ＋ **強**塩基からなる正塩」なので，電離だけが起こり水溶液は中性を示す。

$Na_2SO_4 \longrightarrow 2Na^+ + SO_4^{2-}$(電離)

④ $NaHCO_3$ は「**弱**酸 ＋ **強**塩基からなる酸性塩」なので，次のように加水分解して水溶液は塩基性を示す。

$NaHCO_3 \rightleftarrows Na^+ + \underline{HCO_3^-}$(電離)

$HCO_3^- + H_2O \rightleftarrows H_2CO_3 + \underline{OH^-}$(加水分解)

注意!　**酸性塩の水溶液は酸性とはかぎらない。**
$NaHSO_4$…酸性を示す。
$NaHCO_3$…塩基性を示す。

⑤ Na_2CO_3 は「**弱**酸 ＋ **強**塩基からなる正塩」なので，次のように加水分解して，水溶液は塩基性を示す。

$Na_2CO_3 \longrightarrow 2Na^+ + \underline{CO_3^{2-}}$(電離)

$CO_3^{2-} + H_2O \rightleftarrows HCO_3^- + \underline{OH^-}$(加水分解)

まとめ

1)　強酸 ＋ 弱塩基からなる塩
(加水分解して) ⟶ 酸性を示す
2)　弱酸 ＋ 強塩基からなる塩
(加水分解して) ⟶ 塩基性を示す
3)　強酸 ＋ 強塩基からなる塩
(電離だけが起こる)　正塩⟶ 中性を示す
　　　　　　　　　　酸性塩⟶ 酸性を示す

60　[8] ⑥　[9] ②　[10] ③　[11] ④

▶攻略のPoint　**弱塩基のアンモニア水に，塩化アンモニウム（弱塩基の塩）を加えた混合溶液は緩衝液である。**

NH_3 水は，次のように一部が電離して電離平衡になっている。

$NH_3 + H_2O \rightleftarrows NH_4^+ + OH^-$

これに NH_4Cl を加えると，$NH_4Cl \longrightarrow NH_4^+ + Cl^-$ と電離するので，**NH_4^+の濃度が増える**。

ルシャトリエの原理より，$[NH_4^+]$ を減少させる方向，つまり**左へ平衡が移動する**。(これを共通イオン効果と呼ぶ)

NH_3 水と NH_4Cl を含む混合溶液は，次のように，NH_3 と NH_4^+を多量に含んでいる。

$\boxed{NH_3} + H_2O \rightleftarrows \boxed{NH_4^+} + OH^-$

$NH_4Cl \longrightarrow \boxed{NH_4^+} + Cl^-$

この溶液に少量の酸(H^+)を加えても，次のように，塩基の NH_3 と中和反応するので，H^+は消費されてしまい，pH はほとんど変化しない。

$NH_3 + HCl \longrightarrow NH_4Cl$

$(NH_3 + H^+ \longrightarrow NH_4^+)$

また，少量の塩基（OH^-）を加えても，OH^-は次のように NH_4^+と反応するので，OH^-はそれほどは増加せず，pH はほとんど変化しない。

$NH_4^+ + OH^- \longrightarrow NH_3 + H_2O$

これを，緩衝作用という。

まとめ

緩衝液 → 緩衝作用により，pH がほとんど変化しない溶液。
(例)
弱酸と弱酸の塩　　…$CH_3COOH + CH_3COONa$
弱塩基と弱塩基の塩…NH_3 水 ＋ NH_4Cl

61　[12] ④

塩化銀の溶解度積 K_{sp} は次のように表される。

$K_{sp} = [Ag^+][Cl^-] = 1.8 \times 10^{-10} (mol/L)^2$

$[Ag^+]$ と $[Cl^-]$ の積が K_{sp} の値になったときが飽和溶液であり，K_{sp} の値を超えると AgCl の沈殿が生成する。

沈殿が生じはじめたときの銀(Ⅰ)イオンの濃度が $[Ag^+] = 0.20$ mol/L なので，$[Cl^-]$は

$$[Cl^-] = \frac{1.8 \times 10^{-10}}{[Ag^+]} = \frac{1.8 \times 10^{-10}}{0.20} = 9.0 \times 10^{-10}\ \text{mol/L}$$

と計算できる。

まとめ

溶解度積 K_{sp}
難溶性の塩 AB
　$AB(固) \rightleftarrows A^+ + B^-$ において
　$K_{sp} = [A^+][B^-]$
$[A^+][B^-]$の値が K_{sp} を超えたとき ⟶ 沈殿生成

第3章　無機物質

3-1 周期表と元素の性質，酸化物

2　a－1 ②　b－2 ④　c－3 ③　d－4 ⑤

▶攻略のPoint　周期表には，いろいろな情報がつまっているので，うまく引き出して活用したい。

まず，典型元素では同族元素は性質が似ているので周期表をもとに同族元素ごとに整理しやすい。

	1	2	13	14	15	16	17	18
1	H							He
2	Li	Be	B	C	N	O	F	Ne
3	Na	Mg	Al	Si	P	S	Cl	Ar
4	K	Ca						

a　上の周期表で，各元素の位置を確認すると，②**B と Al がともに 13 族で同じ族に属するとわかる。**

b　**1 価の陰イオンになりやすいのは 17 族のハロゲン。**

④　Cl は塩化物イオン Cl^- になる。

他の元素についても，どのようなイオンになりやすいかを見ておくと

①　Na……1 族（アルカリ金属）→ 1 価の陽イオン

②　Mg……2 族　→ 2 価の陽イオン

③　O……16 族　→ 2 価の陰イオン

⑤　Ne……18 族（貴ガス）→イオンにはならない。

c　①～⑤の化合物を構成している元素の中で

アルカリ金属……Na，K

ハロゲン　……F，Cl，Br

この組合せとなっている化合物は③KBr である。

d　大気圧下，室温で液体の単体は，金属では水銀 Hg，非金属では**臭素 Br_2 のみである。**

3　5　⑤

①　**典型元素の同族元素は，価電子の数が等しいので，化学的性質が似ている。**よって，「同じ周期に属する元素」が似ているとは限らない。（誤り）

注意！　ただし，3 族～12 族の遷移元素の場合は，同一周期で隣り合った元素どうしの性質が似ている。

②　典型元素の単体のうち，**臭素 Br_2 は常温・常圧で液体である。**（誤り）

③　金属元素の単体はほとんどが固体である。**水銀だけが，常温・常圧で液体である。**（誤り）

④　1 族元素は H，Li，Na，K，Rb，Cs，Fr

金属元素である Li～Fr は固体であるが，**水素 H_2 は常温・常圧で気体である。**（誤り）

⑤　18 族元素は He，Ne，Ar，Kr，Xe，Rn

これらは貴ガスと呼ばれ，単体は単原子分子できわめて安定である。空気中にわずかに含まれ，**常温・常圧で気体である。**（正しい）

64　6　⑤

▶攻略のPoint　「典型元素―遷移元素」と「金属元素―非金属元素」の 2 つの分類は，区別して整理しておくことが大切である。

「典型元素―遷移元素」は，電子がどのように電子殻に配置されていくかによる。

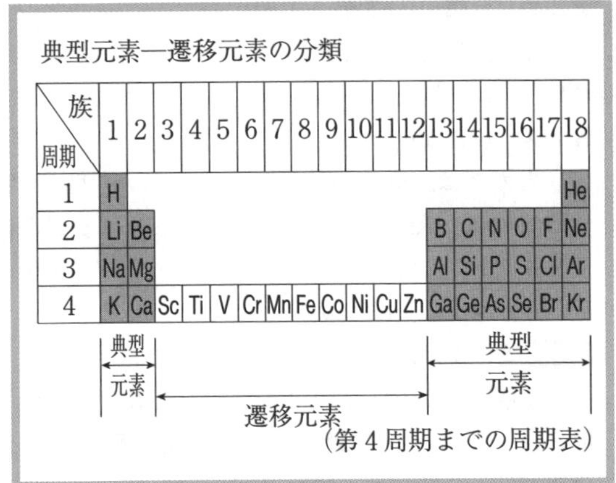

典型元素においては，同じ族の元素の価電子の数が等しく，性質が似ている。一方，遷移元素においては，原子番号の増加にともなって価電子の数は周期的に変化せず，1 または 2 なので同一周期で似た性質を示す。

もう一つの分類は「金属元素―非金属元素」である。

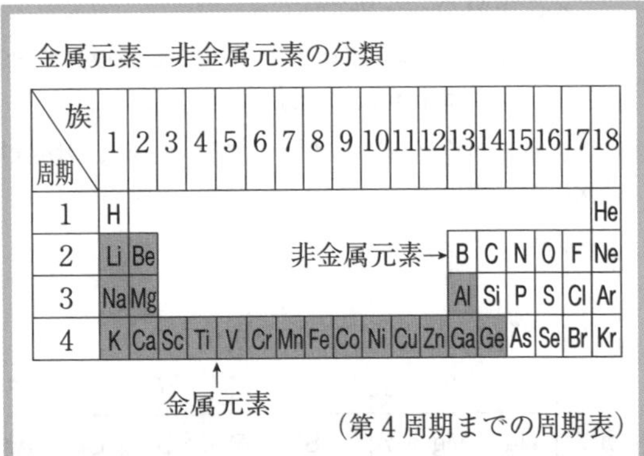

周期表において，金属元素は左下にいくほど陽性（陽イオンになりやすい性質）が強く，非金属元素は（18 族を除いて）右上へいくほど陰性（陰イオンになりやすい性質）が強い。

① 典型元素は**金属元素，非金属元素の両方を含む**。(誤り)

② アルカリ土類金属は**典型元素である**。(誤り)

③ アルカリ金属は，1個の価電子をもつので，**1価の陽イオン**になりやすい。(誤り)

④ 17族の元素はハロゲンと呼ばれる。7個の価電子をもつので，電子1個を得て**1価の陰イオン**になりやすい。(誤り)

⑤ 遷移元素は，Cr や Mn のように，**いろいろな酸化数をとるものが多い**。(正しい)

65 ⑦ ⑤

▶攻略のPoint **典型元素の中で，族としてまとめて整理しておきたいものは**
アルカリ金属　(H を除く 1 族)
アルカリ土類金属　(2 族)
ハロゲン　(17 族)
貴ガス　(18 族)

① 貴ガスは，原子の最外殻電子の数が，He は 2，他の Ne，Ar，Kr，…では 8 である。これは安定な電子配置であり，他の原子とは反応しにくく，価電子の数は 0 とみなす。(正しい)

注意! **貴ガスは，単原子分子である。**

② 遷移元素は，2つ以上の酸化数をとるものが多い。例えば，クロム Cr には+2，+3，+6 の酸化数の化合物が存在する。(正しい)

③ ハロゲンの単体は，F_2，Cl_2，Br_2，I_2 のように，二原子分子である。(正しい)

④ アルカリ金属の酸化物は，塩基性酸化物であり，水に溶けて塩基性を示す。(正しい)

$$Na_2O + H_2O \longrightarrow 2NaOH$$
$$K_2O + H_2O \longrightarrow 2KOH$$

⑤ アルカリ土類金属の硫酸塩のうち $CaSO_4$，$SrSO_4$，$BaSO_4$ は，**いずれも水に溶けにくい**。(誤り)

注意! **同じアルカリ土類金属でも，Mg の硫酸塩は水によく溶ける。**

66 ⑧，⑨ ⑥，⑦

第3周期に属する元素は次の通りである。

族	1	2	13	14	15	16	17	18
元素	Na	Mg	Al	Si	P	S	Cl	Ar

金属元素（Na, Mg）　両性金属（Al）　非金属元素（Si～Ar）

① 1族元素のナトリウムの酸化物 Na_2O を水に溶かすと，次のように反応する。水溶液は塩基性を示す。(正しい)

$$Na_2O + H_2O \longrightarrow 2NaOH$$

② 2族元素のマグネシウムを空気中で熱すると，白光を放って燃え，酸化マグネシウム MgO を生じる。(正しい)

$$2Mg + O_2 \longrightarrow 2MgO$$

③ 13族元素のアルミニウムは両性元素であり，その酸化物 Al_2O_3 は両性酸化物である。(正しい)

④ 14族元素のケイ素の酸化物は二酸化ケイ素 SiO_2 である。構成元素の Si と O がともに非金属元素であるから，共有結合でできている結晶とわかる。(正しい)

⑤ 15族元素のリンを空気中で燃やすと，次のように反応する。

$$4P + 5O_2 \longrightarrow P_4O_{10}$$

得られた十酸化四リン（五酸化二リン）は，強い吸湿性があり，乾燥剤に用いられる。(正しい)

⑥ 16族元素の硫黄の酸化物である SO_2，SO_3 はともに酸性酸化物であり，**水に溶かすと水溶液は酸性を示す**。(誤り)

$$SO_2 + H_2O \longrightarrow H_2SO_3 \text{（亜硫酸）}$$
$$SO_3 + H_2O \longrightarrow H_2SO_4 \text{（硫酸）}$$

⑦ 17族元素（ハロゲン）の最高酸化数は＋Ⅶ(＋7)であり，**＋Ⅷ(＋8)の酸化数をもつ酸化物はない**。

なお，最高酸化数の＋Ⅶ（＋7）の塩素の酸化物は Cl_2O_7 である。(誤り)

67 ⑩ ⑤

▶攻略のPoint **金属元素，非金属元素，そして両性金属の分類が重要な意味をもってくるのは「酸化物」である。酸化物の性質を考えるうえで，基本になる。**

> 非金属元素の酸化物の多く → 酸性酸化物
> ……酸の働きをする
> 金属元素の酸化物の多く → 塩基性酸化物
> ……塩基の働きをする
> 両性金属の酸化物 → 両性酸化物
> (Al，Zn，Sn，Pb)　酸，塩基の両方と反応して塩を生じる。

次の順に考えて，分類する。

Al_2O_3 → 両性金属　Al の酸化物 → 両性酸化物
CaO → 金属元素　Ca の酸化物 → 塩基性酸化物
NO_2 → 非金属元素 N の酸化物 → 酸性酸化物
Na_2O → 金属元素　Na の酸化物 → 塩基性酸化物
SO_2 → 非金属元素 S の酸化物 → 酸性酸化物

注意! **両性金属は，金属元素と非金属元素の境界**

付近にあり，両方の性質をあわせもっている。
「あ（Al），あ（Zn），すん（Sn），なり（Pb）」と覚えてしまおう。

11　⑤

▶攻略のPoint　選択肢の方から攻めていく。選択肢にあげられた元素で該当するものを選んでいけばよい。

a　Ca，S，P のうち，非金属元素は S と P である。

b　Zn，Al，Fe のうち，濃硝酸中で不動態をつくるのは，Al と Fe である。その酸化物の Al_2O_3 と Fe_2O_3 ではともに酸化数+3の状態をとる。

c　Al，Zn，Ca のうち，両性金属は Al，Zn である。
よって，当てはまる元素の組合せは⑤になる。

注意！　鉄，アルミニウム，ニッケルなどを濃硝酸に入れると，表面にち密な酸化被膜ができて内部を保護し，それ以上反応しなくなる。この状態が不動態。

12　④

▶攻略のPoint　酸化物が分類できたら，次はそれに対応する反応を理解しよう。

> 酸性酸化物 → 水に溶けるものは酸を生じる。
> 　　　　　　塩基と反応する。
> 塩基性酸化物 → 水に溶けるものは塩基を生じる。
> 　　　　　　　酸と反応する。
> 両性酸化物 → 水に溶けない。
> 　　　　　　酸とも塩基とも反応する。

①　酸化ナトリウム Na_2O は，塩基性酸化物。水と反応すると水酸化ナトリウムが生じる。このとき，**水素は発生しない**。（誤り）

$Na_2O + H_2O \longrightarrow 2NaOH$

②　酸化亜鉛 ZnO は，両性酸化物。酸と反応して，塩と水が生じる。**水素は発生しない**。（誤り）

$ZnO + 2HCl \longrightarrow ZnCl_2 + H_2O$

③　酸化銅（Ⅱ）CuO は，塩基性酸化物。酸と反応して，塩と水が生じる。**水素は発生しない**。（誤り）

$CuO + H_2SO_4 \longrightarrow CuSO_4 + H_2O$

④　二酸化硫黄 SO_2 は酸性酸化物。水に溶かすと，亜硫酸になり，**水溶液は酸性を示す**。（正しい）

$SO_2 + H_2O \longrightarrow H_2SO_3$

⑤　二酸化ケイ素 SiO_2 は酸性酸化物。よって，酸とは反応しない。さらに，SiO_2 は共有結合の結晶で，**塩酸には溶けない**。（誤り）

3-2 非金属元素とその化合物

1　②

▶攻略のPoint　ハロゲンの単体は電子を受け取って（還元されて）1価の陰イオンになりやすい。つまり，酸化剤である。ハロゲンの化合物については，フッ化物の特異的な性質に注意する必要がある。

①　ハロゲンの単体は，いずれも二原子分子で，分子量の大きいものほど融点，沸点は高くなる。よって，融点，沸点は $Cl_2 < Br_2 < I_2$ の順に高くなる。（正しい）

②　ハロゲンは，酸化剤として作用する。酸化力の強さは，ハロゲンの単体の間で比較すると，周期表で上にいくほど強い。
よって，**$Cl_2 > Br_2 > I_2$ の強さの順である**。（誤り）

③　ハロゲン化銀のうち，AgF は水に溶けるが，AgCl，AgBr，AgI は水に溶けにくい。（正しい）

④　AgCl，AgBr，AgI は，いずれも光によって分解して銀を析出する。
例えば，AgBr の場合は光によって

$2AgBr \longrightarrow 2Ag + Br_2$　と反応が起こる。

このことを利用して，写真の感光剤の材料として使われている。（正しい）

⑤　ハロゲン化水素の水溶液では，HF は弱酸。他の HCl，HBr，HI は強酸である。（正しい）

注意！　フッ化水素酸 HF は，他のハロゲン化水素に比べて①高沸点，②水溶液が弱酸性，③ガラスと反応する点で違っている。

> ハロゲン
> (1)　単体は二原子分子で有色である。
> 　（F_2 淡黄色，Cl_2 黄緑色，Br_2 赤褐色，I_2 黒紫色）
> (2)　融点・沸点　$F_2 < Cl_2 < Br_2 < I_2$
> 　常温・常圧で　F_2，Cl_2…気体　　Br_2…液体
> 　　　　　　　　I_2…固体
> (3)　酸化力が強い。　$F_2 > Cl_2 > Br_2 > I_2$

71 [2]　③

①　フッ素は強い酸化剤。水と反応させると，水を酸化して酸素を発生する。(正しい)

$$2F_2 + 2H_2O \longrightarrow 4HF + O_2$$

②　フッ化水素 HF は，実験室ではフッ化カルシウム(ホタル石)に濃硫酸を加えて，加熱して得る。(正しい)

$$CaF_2 + H_2SO_4 \longrightarrow CaSO_4 + 2HF$$

③　次亜塩素酸 HClO は，強い酸化作用を示し，漂白，殺菌に用いられる。**「還元作用」ではなく，次のような「酸化作用」である。**(誤り)

$$HClO + H^+ + 2e^- \longrightarrow Cl^- + H_2O$$

④　臭化水素 HBr の水溶液は臭化水素酸と呼ばれ，強酸である。ハロゲン化水素ではフッ化水素酸 HF のみ弱酸で，他は強酸である。(正しい)

⑤　ヨウ素 I_2 は水に溶けにくいが，ヨウ化カリウム水溶液中では，I_3^-を生じるため溶ける。(正しい)

> ハロゲンの性質
>
> (1)　F_2 と水の反応 → O_2 の発生
>
> $2F_2 + 2H_2O \longrightarrow 4HF + O_2$
>
> (2)　Cl_2 と水の反応（塩素水）
>
> $Cl_2 + H_2O \rightleftarrows HCl + HClO$
>
> 生じた HClO は強い酸化作用を示す。
>
> (3)　I_2 は水には溶けにくいが，KI 水溶液には溶けて，褐色の液体になる。

72 [3]　⑤

①　ヨウ素は水に溶けにくいが，ヨウ化カリウム水溶液には溶ける。(正しい)

②　ヨウ素はデンプンと反応して，青～青紫色に呈色する。この反応はヨウ素デンプン反応と呼ばれ，ヨウ素の検出や確認に用いられる。(正しい)

③　塩素 Cl_2 とヨウ素 I_2 の酸化力の強さは，$Cl_2 > I_2$ である。したがって，ヨウ化物イオンを含む水溶液に塩素を通じると，次のように反応が起こり，ヨウ素が生成する。(正しい)

$$2I^- + Cl_2 \longrightarrow 2Cl^- + I_2$$

④　ヨウ素 I_2 の結晶は，固体が液体を経ないで直接気体になる，昇華性をもつ。(正しい)

⑤　ハロゲンの単体の反応性は，$F_2 > Cl_2 > Br_2 > I_2$ である。

ハロゲンと水素が反応すると，ハロゲン化水素が生成する。ただ，**ヨウ素は反応しにくく，触媒と加熱により一部が水素と反応する程度である。**(誤り)

注意!　ハロゲンと水素の反応では

フッ素 F_2 は冷暗所でも　$F_2 + H_2 \longrightarrow 2HF$ と爆発的に反応する。

また，塩素 Cl_2 は光を当てると $Cl_2 + H_2 \longrightarrow 2HCl$ の反応が爆発的に起こることをおさえておく。

73 a－[4]　④　　b－[5]　⑥

a｜　オゾン O_3 は酸素 O_2 の**同素体**である。オゾンは酸素に**紫外線**を当てると，次の反応により生じる。

$$3O_2 \longrightarrow 2O_3$$

b｜　オゾンは酸化剤として働く。

$$O_3 + 2H^+ + 2e^- \longrightarrow O_2 + H_2O \quad \cdots\cdots(1)$$

ヨウ化物イオン I^- が O_3 によって酸化されて，ヨウ素 I_2 を生成する。

$$2I^- \longrightarrow I_2 + 2e^- \quad \cdots\cdots(2)$$

(1)＋(2)より

$$2I^- + O_3 + 2H^+ \longrightarrow I_2 + O_2 + H_2O$$

この式に $2K^+$，$2OH^-$ を加えると

$$2KI + O_3 + 2H_2O \longrightarrow I_2 + 2KOH + O_2 + H_2O$$

H_2O が両辺にあるので消去して

$$2KI + O_3 + H_2O \longrightarrow I_2 + 2KOH + O_2 \quad \cdots\cdots(3)$$

この反応により生じた I_2 がデンプンと反応して，**青紫色に変色する。**(ヨウ素デンプン反応)

▶攻略のPoint　半反応式から，酸化還元反応式(3)をつくるには，上で行ったようにすればよい。

ヨウ化カリウムデンプン紙は酸化剤によって I_2 が生じ，青紫色に変色する。よって，Cl_2，O_3，H_2O_2 などの検出に用いられている。この点を理解していれば，(3)の式を，選択肢にあげられている反応式から選ぶのは難しくない。

もう一方の反応式では

$$2K\underset{-1}{\underline{I}} + O_3 + H_2O \longrightarrow 2K + 2H\underset{-1}{\underline{I}} + 2O_2$$

酸化数の変化を見れば，I^- は酸化されていないことがわかる。

74 [6]　③

①　硫化水素 H_2S は，**強い還元作用をもつ。**(正しい)

一方，二酸化硫黄 SO_2 はふつうは還元剤として働くが，反応の相手が還元力をもつ場合は酸化剤として働く。

したがって，H_2S と SO_2 の反応では，H_2S が還元剤 SO_2 が酸化剤として作用し，次のように硫黄を生成する。

$$2H_2S + SO_2 \longrightarrow 3S + 2H_2O$$

② SO_2 のもつ**還元力**は，絹や羊毛などの漂白に利用されている。(正しい)

③ SO_2 を水に溶かすと，亜硫酸 H_2SO_3 が生じる。

$SO_2 + H_2O \rightleftarrows H_2SO_3$

亜硫酸は酸性を示すが，電離度が小さく**弱酸である**。「強酸性」は示さない。(誤り)

④ H_2S が水に溶けると，**弱酸性を示す**。(正しい)

⑤ 熱濃硫酸は，**強い酸化作用をもつ**。(正しい)

注意！ 他の酸で，強い酸化作用のあるものは，硝酸 HNO_3 である。

> 二酸化硫黄 SO_2 の性質
> (1) 無色・刺激臭の気体。有毒。酸性雨の原因の一つ。
> (2) 酸性酸化物で水溶液は弱酸性を示す。
> $SO_2 + H_2O \rightleftarrows H_2SO_3$ (亜硫酸)
> (3) 還元性をもち，繊維の漂白などに用いられる。
> ただし，相手がより強い還元剤のときは，酸化剤として作用する。

75 [7] ③

① 硫化水素 H_2S は火山ガスや温泉水に含まれる。(正しい)

② H_2S は，硫化鉄(Ⅱ)に硫酸を加えると発生する。

$FeS + H_2SO_4 \longrightarrow FeSO_4 + H_2S$

この反応は「弱酸の塩 + 強酸 ⟶ 強酸の塩 + 弱酸」のタイプの反応に当たる。(正しい)

③ H_2S は水に溶けて，**弱酸性を示す**。「中性」ではない。(誤り)

④ H_2S は無色，腐卵臭の気体で，有毒である。(正しい)

⑤ 湿った空気中では，銀は H_2S と容易に反応して黒色の硫化物 Ag_2S を生じるため，銀の表面は黒くなる。(正しい)

> 硫化水素 H_2S の性質
> (1) 無色・腐卵臭の気体。有毒。
> (2) 水溶液は弱酸性を示す。
> (3) 強い還元作用をもつ。
> (4) 多くの金属イオンと反応して硫化物の沈殿をつくる。
> (5) ぬれた酢酸鉛(Ⅱ) $Pb(CH_3COO)_2$ 試験紙が黒変することにより検出される。
> $Pb^{2+} + S^{2-} \longrightarrow PbS\downarrow$ (黒色)

76 [8] ④

a | ①～⑤の**ア**と**ウ**にあげられている気体を組み合わせたときに，白煙を生じるのは HCl と NH_3 である。

$HCl + NH_3 \longrightarrow NH_4Cl$

注意！ 生じた塩化アンモニウムは，白色の微粒子（固体）。これが空気中にちらばり，白煙に見える。

この反応は，HCl，NH_3 それぞれの検出に利用される。

b | 紫外線を吸収する物質としてはオゾン O_3 が考えられる。したがって，気体**イ**は O_3 の同素体である酸素 O_2 である。

地球の上空約 20 km の大気には O_3 の多い層があり，太陽からの紫外線を吸収して，地上の生態系を保護している。近年，フロンが大気中に漏れ出て，オゾン層の破壊を引き起こしていることが問題となっている。

c | ①～⑤の**ウ**と**エ**の気体のうちで，水に溶けると酸性を示すのは，HCl と H_2S。

d | H_2S は腐卵臭があり，水溶液中で還元性を示すので気体**エ**は H_2S とわかる。

以上より，正しい組合せは④になる。

77 [9] ⑤

① 黒鉛は電気をよく通すため，電池や電気分解の電極に用いられている。(正しい)

注意！ 黒鉛と同素体の関係にあるダイヤモンドは電気を通さない。

② ケイ素は，地殻中で岩石を構成する成分として，酸素に次いで多く存在する元素であるが，単体は天然には存在しない。(正しい)

③ 炭素の酸化物である一酸化炭素 CO や二酸化炭素 CO_2 は，いずれも常温・常圧で気体である。(正しい)

④ スクロース $C_{12}H_{22}O_{11}$ に濃硫酸を加えると，濃硫酸の脱水作用により，H 原子と O 原子を 2：1 の比で水 H_2O として引きぬくので，炭化し黒変する。(正しい)

$C_{12}H_{22}O_{11} \longrightarrow 12C + 11H_2O$

⑤ 二酸化ケイ素 SiO_2 はフッ化水素酸 HF と反応し，**ヘキサフルオロケイ酸となって溶解する**。

$SiO_2 + 6HF \longrightarrow H_2SiF_6 + 2H_2O$

SiO_2 はガラスの主成分なので，これが「フッ化水素酸がガラスを侵す」現象になる。

水ガラスは，ケイ酸ナトリウム Na_2SiO_3 に水を加えて加熱したときに得られる粘性の大きな液体である。(誤り)

3-3 金属元素とその化合物

78 ① ③

a｜ 塩化ナトリウムの溶融塩電解では，次のような反応が，両極で起こる。

陽極　$2Cl^- \longrightarrow Cl_2 + 2e^-$
陰極　$Na^+ + e^- \longrightarrow Na$

したがって，**陰極でナトリウムの単体を得ることができる**。(正)

b｜ ナトリウム Na は1価の陽イオンになりやすく，還元力が大きいので，常温で水と激しく反応する。

$2Na + 2H_2O \longrightarrow 2NaOH + H_2$

このときに**発生する気体は，酸素ではなく水素である**。(誤)

c｜ ナトリウムは反応性が大きく，空気中ですみやかに酸化されて金属光沢を失う。(正)

以上より，正しい組合せは③である。

79 ② ④

① 炭酸水素ナトリウム $NaHCO_3$ は，NaCl 飽和水溶液に NH_3 を十分に溶かし，CO_2 を通じると得られる。(正しい)

$NaCl + H_2O + NH_3 + CO_2 \longrightarrow NH_4Cl + NaHCO_3$ ……(1)

② $NaHCO_3$ を加熱すると，炭酸ナトリウム Na_2CO_3 が得られる。(正しい)

$2NaHCO_3 \longrightarrow Na_2CO_3 + H_2O + CO_2$ ……(2)

注意! (1)，(2)の反応は，アンモニアソーダ法(Na_2CO_3 の工業的製法)の反応過程である。

③ Na_2CO_3 水溶液に $CaCl_2$ 水溶液を加えると，$CaCO_3$ の白色沈殿が生じる。(正しい)

$Na_2CO_3 + CaCl_2 \longrightarrow CaCO_3 + 2NaCl$

④ Na_2CO_3 と $NaHCO_3$ は，いずれも弱酸の H_2CO_3 と強塩基の NaOH からできた塩であり，**水溶液は塩基性を示す**。(誤り)

⑤ Na_2CO_3 と $NaHCO_3$ は，次のように塩酸と反応して CO_2 を発生する。(正しい)

$Na_2CO_3 + 2HCl \longrightarrow 2NaCl + H_2O + CO_2$
$NaHCO_3 + HCl \longrightarrow NaCl + H_2O + CO_2$

80 ③ ②

① アルカリ土類金属のうち，Ca，Sr，Ba，Ra は炎色反応を示す。特有の色を示すので，その検出と確認に利用される。(正しい)

Ca(橙赤色)，Sr(深赤色)，Ba(黄緑色)
Ra(赤色)

② **単体は，いずれも常温で水と激しく反応して水酸化物をつくり，水素を発生する**。(誤り)

$Ca + 2H_2O \longrightarrow Ca(OH)_2 + H_2$

③ Ca，Sr，Ba の酸化物は，水と反応して水酸化物になる。(正しい)

$CaO + H_2O \longrightarrow Ca(OH)_2$

④ Ca，Sr，Ba の水酸化物は，強い塩基性を示す。(正しい)

$Ca(OH)_2 \longrightarrow Ca^{2+} + 2OH^-$

⑤ $CaCO_3$，$SrCO_3$，$BaCO_3$ など，Ca，Sr，Ba の炭酸塩は水に溶けにくい。(正しい)

81 ④ ②

石灰石の主成分は，**炭酸カルシウム $CaCO_3$** である。これを 900 ℃に加熱すると，熱分解して**酸化カルシウム CaO** と CO_2 が生じる。

$CaCO_3 \longrightarrow CaO + CO_2$

酸化カルシウムとコークスを混ぜて強熱すると炭化カルシウム（カーバイド）CaC_2 が得られる。

$CaO + 3C \longrightarrow CaC_2 + CO$

この CaC_2 に水を加えると，**アセチレン C_2H_2** が発生する。

$CaC_2 + 2H_2O \longrightarrow Ca(OH)_2 + C_2H_2$

> 炭酸塩の熱分解反応
> ［炭酸塩］⟶［酸化物］＋［二酸化炭素］
> $CaCO_3 \longrightarrow CaO + CO_2$

注意! 石灰石の主成分は，炭酸カルシウムである。硫酸カルシウムはセッコウの成分になる。

82 ⑤ ①

▶攻略のPoint 「金属と水」，「金属と酸」の反応。金属のイオン化傾向と関連づけて，選択肢の金属を選んでいく。

a｜ 室温で，水と反応して塩基性の水溶液を生じるのは，イオン化傾向の大きい K と Ca である。

$2K + 2H_2O \longrightarrow 2KOH + H_2$
$Ca + 2H_2O \longrightarrow Ca(OH)_2 + H_2$

> 金属と水の反応
>
> K Ca Na ←→ 常温で反応
> Mg ←→ 熱水と反応
> Al Zn Fe ←→ 高温の水蒸気と反応

b｜ 希塩酸と反応して水素を発生して溶けるのは，イオン化傾向が水素よりも大きい Zn と Fe である。

$Zn + 2HCl \longrightarrow ZnCl_2 + H_2$

$Fe + 2HCl \longrightarrow FeCl_2 + H_2$

c｜ 水素よりもイオン化傾向の小さい Hg や Cu でも，酸化力の強い熱濃硫酸には溶ける。そのとき，二酸化硫黄を発生する。

しかし，さらにイオン化傾向の小さい Au は，熱濃硫酸でも酸化されず，溶けない。

> 金属と酸の反応
>
> Li K Ca Na Mg Al Zn Fe Ni Sn Pb*
> ←→ 希酸に溶けて H_2 を発生する。
>
> (H_2) Cu Hg Ag ←→ 酸化力の強い酸に溶ける（熱濃 H_2SO_4，HNO_3）
> Pt Au ←→ 王水だけに溶ける
>
> *Pb は表面に難溶性の $PbCl_2$，$PbSO_4$ が生じるので，塩酸や希硫酸にはほとんど溶けない。

したがって，a は K，b は Zn，c は Cu の組合せになる。

83 [6] ⑤

アルミニウム Al は濃硝酸により表面にち密な酸化被膜が生じ，内部を保護するため，濃硝酸には溶けない。この状態を不動態という。

鉄 Fe，ニッケル Ni も濃硝酸で不動態となる。なお，アルミニウムは，空気中に放置しても酸化被膜をつくり，さびない。

> 濃硝酸で不動態になる金属
>
> 不動態になると あ て に する
> Al Fe Ni

注意! 「イオン化傾向」と関連づけて，選択肢にあげられている金属を見てみよう。

金 Au は濃硝酸と反応しない。銀 Ag，銅 Cu，亜鉛 Zn はいずれも濃硝酸に溶ける。アルミニウムも，イオン化傾向の大きさを考慮すると，濃硝酸に溶けるはずであるが，不動態となるため溶けない。

84 [7] ⑦

硫酸カリウム K_2SO_4 と硫酸アルミニウム $Al_2(SO_4)_3$ の濃い混合水溶液を冷却すると，無色透明の正八面体の結晶が得られる。これがミョウバン $AlK(SO_4)_2 \cdot 12H_2O$ である。ミョウバンのように，2種以上の塩が結合している塩を複塩という。複塩は水に溶けると，各成分イオンに電離する。

ミョウバンの場合は，次のように電離することになる。

$AlK(SO_4)_2 \cdot 12H_2O \longrightarrow Al^{3+} + K^+ + 2SO_4^{2-} + 12H_2O$

a｜ ミョウバンは強酸の硫酸と強塩基の水酸化カリウム，弱塩基の水酸化アルミニウムからできた塩と考えられるので，加水分解して**弱酸性を示す**。（誤）

b｜ 酢酸鉛（Ⅱ）水溶液を加えると，ミョウバン水溶液中の SO_4^{2-} と Pb^{2+} が反応して，**白色沈殿**の硫酸鉛（Ⅱ）が生成する。（誤）

$Pb^{2+} + SO_4^{2-} \longrightarrow PbSO_4 \downarrow$

c｜ アンモニア水を加えると，Al^{3+} が反応して，水酸化アルミニウムの**白色ゲル状沈殿が生じる**。（正）

$Al^{3+} + 3OH^- \longrightarrow Al(OH)_3 \downarrow$

85 [8] ⑤

① スズは水素よりもイオン化傾向が大きいので，塩酸に溶ける。（正しい）

$Sn + 2HCl \longrightarrow SnCl_2 + H_2$

② スズは Sn^{2+} よりも Sn^{4+} の方が安定で $Sn^{2+} \longrightarrow Sn^{4+} + 2e^-$ と反応しやすいので，$SnCl_2$ は還元作用を示す。（正しい）

③ $PbSO_4$ は沈殿物質で，希硫酸に溶けにくい。例えば，鉛蓄電池の放電で生成した $PbSO_4$ は希硫酸に溶けず，電極板に付着する。（正しい）

④ $PbCl_2$ は，冷水に溶けにくく沈殿する。（正しい）

注意! **温度が高くなると $PbCl_2$ の溶解度は大きくなるので，熱湯を注いだ場合，沈殿は溶解する。**

⑤ 鉛は Pb^{2+} の方が Pb^{4+} よりも安定である。PbO_2 は還元されて，Pb^{2+} になりやすいので，**PbO_2 は酸化剤として用いられる**。（誤り）

▶攻略のPoint **鉛蓄電池の正極は PbO_2 が使われ，放電の際**

$PbO_2 + 4H^+ + SO_4^{2-} + 2e^- \longrightarrow PbSO_4 + 2H_2O$

と反応する。このことを思い出せれば推測できる。

86 [9] ②

a｜ Cu は，Zn より**イオン化傾向が小さい**。（誤）

b｜ Cu に濃硫酸を加えて熱すると，**SO_2 が発生する**。

（正）

$Cu + 2H_2SO_4 \longrightarrow CuSO_4 + 2H_2O + SO_2$

c　Zn^{2+}を含む水溶液は，酸性にしてH_2Sを吹き込んでも**沈殿を生じない**。（誤）

注意!　**水溶液を中性または塩基性にした場合に，ZnSの白色沈殿を生じる。**

d　ZnOは両性酸化物であり，**濃いNaOH水溶液に溶ける**。（正）

87　10　②

①　遷移元素は周期表の**3族〜12族に属する**。（誤り）

②　遷移元素の単体は，**いずれも金属である**。（正しい）

③　鉄と銅は遷移元素であるが，**鉛は14族に属している典型元素**である。（誤り）

④　遷移元素を含む化合物には，**有色のものが多い**。（誤り）

⑤　**化合物中で+4以上の酸化数をとる遷移元素は存在する**。例えば，$KMnO_4$のMnの酸化数は+7で，+4より大きい。（誤り）

> 遷移元素の特徴
> (1)　周期表の3族〜12族で，すべて金属元素である。
> (2)　典型元素の金属と比べて，融点が高く，密度が大きい。
> (3)　イオンや化合物には有色のものが多い。
> (4)　いろいろな酸化数を示すものがある。

88　11　①

①　$KMnO_4$水溶液の**赤紫色は，過マンガン酸イオンMnO_4^-による**。（誤り）

②　硫酸銅(Ⅱ)水溶液に水酸化ナトリウム水溶液を加えると，次のように反応する。

$CuSO_4 + 2NaOH \longrightarrow Cu(OH)_2 + Na_2SO_4$

水酸化銅(Ⅱ)$Cu(OH)_2$の青白色沈殿が生じる。（正しい）

注意!　**硫酸銅(Ⅱ)水溶液にアンモニア水を十分に加えた場合は，$Cu(OH)_2$の青白色沈殿は錯イオン$[Cu(NH_3)_4]^{2+}$となって溶け，深青色の溶液になる。**

③　塩化鉄(Ⅲ)水溶液にアンモニア水を加えると，水酸化鉄(Ⅲ)の赤褐色沈殿が生じる。（正しい）

④　クロム酸カリウム水溶液に，硝酸鉛(Ⅱ)水溶液を加えると，次の反応が起こりクロム酸鉛(Ⅱ)の黄色沈殿が生じる。（正しい）

$K_2CrO_4 + Pb(NO_3)_2 \longrightarrow PbCrO_4 + 2KNO_3$

> クロム酸塩の沈殿
> $2Ag^+ + CrO_4^{2-} \longrightarrow Ag_2CrO_4$　（赤褐色沈殿）
> $Pb^{2+} + CrO_4^{2-} \longrightarrow PbCrO_4$　（黄色沈殿）
> $Ba^{2+} + CrO_4^{2-} \longrightarrow BaCrO_4$　（黄色沈殿）

⑤　硝酸銀水溶液に，水酸化ナトリウム水溶液を加えると，次の反応が起こり，酸化銀の暗褐色沈殿が生じる。（正しい）

$2AgNO_3 + 2NaOH \longrightarrow Ag_2O + 2NaNO_3 + H_2O$

注意!　**Ag^+とOH^-との反応で生じる沈殿は，水酸化銀ではなく，酸化銀になる。**

$2Ag^+ + 2OH^- \longrightarrow Ag_2O + H_2O$

89　12　②

①　銀は，熱伝導性が金属の中で最大である。（正しい）

注意!　**熱伝導性だけでなく，銀の電気伝導性も金属中で最大である。**

②　銀は，**酸化力の強い酸（熱濃硫酸，硝酸）には溶ける**。（誤り）

$2Ag + 2H_2SO_4 \longrightarrow Ag_2SO_4 + 2H_2O + SO_2$

③　臭化銀AgBrは水に溶けにくい。（正しい）

> ハロゲン化銀の沈殿物…AgFは水に溶けることに注意

AgF	AgCl ↓	AgBr ↓	AgI ↓
水に溶ける	白色	淡黄色	黄色

④　$AgNO_3$水溶液は無色である。（正しい）

注意!　**$AgNO_3$は光によって分解しやすいので，褐色びんに入れて保存しなくてはいけない。$AgNO_3$水溶液自体は無色である。「びん」の色から褐色と間違えないこと。**

⑤　次のように反応して，塩化銀AgClの白色沈殿を生じる。（正しい）

$AgNO_3 + NaCl \longrightarrow AgCl + NaNO_3$

$(Ag^+ + Cl^- \longrightarrow AgCl\downarrow)$

第4章 有機化合物

4-1 有機化合物の分類・異性体

0 1 ③

▶攻略のPoint 基本的には，$-\overset{|}{\underset{|}{C}}-$，H−，−O−の価標の数を合わせるようにして，構造式を書いていけばよい。

鎖式飽和炭化水素（アルカン）は，C 原子間の結合はすべて単結合である。炭化水素の一般式は，アルカンの一般式 C_nH_{2n+2} をもとに考える。

例えば $n=3$ のとき，アルカンは，右図を見てわかるように，H 原子の数が C 原子の 2 倍よりも 2 個多い。➡C_3H_8

アルケンは二重結合を1つもつので，アルカンに比べて H 原子が 2 個減る。

➡C_3H_{8-2}➡C_3H_6

同様に，アルキンは三重結合を1つもつので，アルカンに比べて H 原子が 4 個減る。

➡C_3H_{8-4}➡C_3H_4

また，シクロアルカンでは，環構造が1つあるので，H 原子の数はアルカンに比べて 2 個減る。➡C_3H_{8-2}➡C_3H_6

以上をまとめてみると

> 炭化水素の一般式
> アルカン C_nH_{2n+2} を基準にして
> 二重結合
> または　　｝が1つ増えるごとに，H 原子が 2 個減る
> 環構造
> 三重結合が1つ増えるごとに，H 原子が 4 個減る

① シクロアルカンは，環構造を1つもつので，同じ炭素数のアルカンに比べて H 原子が 2 個少ない。よって，一般式は，C_nH_{2n+2-2}➡C_nH_{2n} で表される。（正しい）

② アルキンは三重結合を1つもつので，同じ炭素数のアルカンに比べて，H 原子が 4 個少ない。よって，一般式は，C_nH_{2n+2-4}➡C_nH_{2n-2} で表される。（正しい）

③ 鎖式で飽和の1価アルコールは，ヒドロキシ基 −OH をもつ。これは，アルカンに酸素原子 −O− が1つ入った形となるので，**一般式は $C_nH_{2n+2}O$ で表される。**（誤り）

④ 鎖式で飽和のケトンは，カルボニル基 $>C=O$ をもつ。したがって，二重結合を1つ（H 原子が 2 個減る），O 原子を1つもつことになるので，一般式は $C_nH_{2n+2-2}O$➡$C_nH_{2n}O$ で表される。（正しい）

⑤ 鎖式で飽和の1価カルボン酸は，右の $-\underset{\overset{\|}{O}}{C}-OH$ カルボキシ基を1つもつ。

したがって，二重結合を1つ，O 原子を2つもつことになるので，一般式は $C_nH_{2n+2-2}O_2$➡$C_nH_{2n}O_2$ で表される。（正しい）

91 2 ①

▶攻略のPoint 異性体には，次のようなものがある。

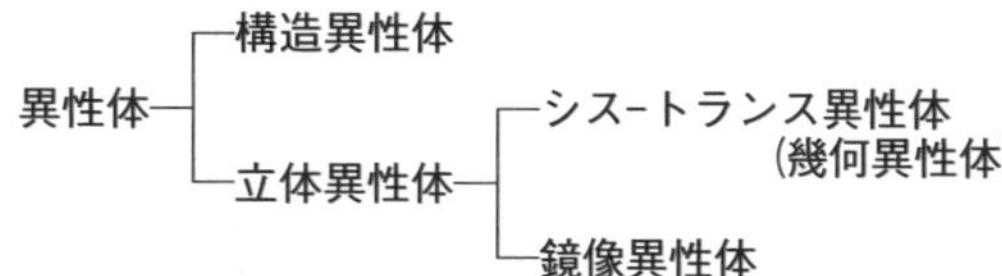

設問がどの異性体についてのことなのかを確認して解いていく。

① アルケンのうち，炭素数2のエチレン $CH_2=CH_2$，炭素数3のプロペン $CH_2=CH-CH_3$ にはシス-トランス異性体は存在しない。

炭素数が4のアルケン C_4H_8 になって，次のシス-トランス異性体をもつことになる。（正しい）

シス-2-ブテン　トランス-2-ブテン

② CH_3CH_2Cl の2つの立体異性体として，次のものが示されている。

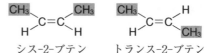

しかし，どちらの構造でも，中央の炭素原子には2個の水素原子が結合しているので，これは不斉炭素原子ではない。したがって，**この2つは鏡像異性体ではなく，同一の構造である。**（誤り）

③ エチルメチルエーテル $CH_3OCH_2CH_3$ の分子式は C_3H_8O である。また，2-メチル-1-プロパノール $CH_3CH(CH_3)CH_2OH$ の分子式は $C_4H_{10}O$ である。

分子式が違うので構造異性体ではない。（誤り）

注意！ **このように，2つの化合物が異性体かどうかを判断するには，第一に分子式を書いてみて一致するかを見る。**

④　酢酸メチル CH_3COOCH_3 の分子式は $C_3H_6O_2$ である。また，乳酸 $CH_3CH(OH)COOH$ の分子式は $C_3H_6O_3$ である。分子式を比べると，O 原子の個数が違うので**構造異性体ではない**。(誤り)

⑤　エチルベンゼンの水素原子の1つを臭素原子に置き換えた化合物のうち，右のものには，**不斉炭素原子 C*が存在する**。(誤り)

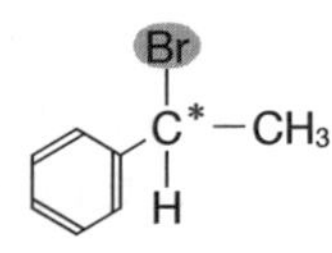

92　3　③

▶攻略のPoint　まず，炭化水素から構造異性体を考えていく。その際，アルカン（C_nH_{2n+2}）が基本になる。④→③→②→①の順で見ていくことにする。

なお，「鎖状の有機化合物」とあるので，環構造の異性体は考慮しなくてよい。

④　C_4H_{10} は炭素数4のアルカンである。炭素数が4であるから，炭素骨格は，次の直鎖のものと側鎖をもつものが考えられる。

$CH_3-CH_2-CH_2-CH_3$　　$CH_3-CH(CH_3)-CH_3$

③　C_4H_8 は，④のアルカンに比べて水素原子の数が2個少ないので，二重結合を1つもつ。二重結合の位置に注意すると，次の構造異性体がある。

$CH_2=CH-CH_2-CH_3$　　$CH_2=C(CH_3)-CH_3$

$CH_3-CH=CH-CH_3$

②　C_3H_4 は，炭素数が3のアルカン C_3H_8 に比べて水素原子の数が4個少ない。したがって，二重結合を2つもつか，あるいは三重結合を1つもつ。

また，炭素数が3なので，炭素骨格は直鎖のものだけが考えられる。したがって，次の2つである。

$CH_2=C=CH_2$　　$CH\equiv C-CH_3$

①　C_2H_6O は O 原子を含んでいる。炭素数2のアルカン C_2H_6 に O 原子が1個ついた化合物ととらえることができる。炭素骨格の端に O 原子がつく場合（アルコール）と，炭素骨格の間に O 原子が割り込む場合（エーテル）の2つが考えられる。エタノールとジメチルエーテルの構造異性体がある。

CH_3-CH_2-OH　　CH_3-O-CH_3
エタノール　　ジメチルエーテル

以上より

構造異性体の数（環構造を除く）は，①は2，②は2，③は3，④は2となる。

93　4　④

▶攻略のPoint　アルコールは，「－OH 基のついた炭素原子」に何個の炭素原子が結合しているかによって分類される。

炭素原子の数が1（または0）は第一級アルコール
　　　　　　2　　　　　は第二級アルコール
　　　　　　3　　　　　は第三級アルコール

という。この分類は反応性の違いに関係するので重要である。

a　分子式 $C_4H_{10}O$ は「飽和炭化水素 C_4H_{10} に酸素原子1個」ととらえられるので，アルコールかエーテルということになる。そのうち，アルコールには次の4つの構造異性体がある。

(1)　第一級アルコール

$CH_3-CH_2-CH_2-CH_2-OH$
1-ブタノール

$CH_3-CH(CH_3)-CH_2-OH$
2-メチル-1-プロパノール

(2)　第二級アルコール

$CH_3-CH_2-CH(CH_3)-OH$　　2-ブタノール

(3)　第三級アルコール

$CH_3-C(CH_3)_2-OH$　　2-メチル-2-プロパノール

したがって，**第一級アルコールの構造異性体は2つある。**

b　分子式 C_4H_8O のアルデヒドなので，ホルミル基 $-CHO$ につく炭素鎖 C_3H_7- の部分を推測すればよい。炭素原子の数が3以上の炭素鎖には枝分かれがあるので

$CH_3-CH_2-CH_2-C(=O)-H$　　$CH_3-CH(CH_3)-C(=O)-H$

の**2つの構造異性体がある。**

94　5，6　④，⑥

▶攻略のPoint　代表的なシス-トランス異性体，鏡像異性体の関係にあるものは，覚えておくようにする。

①　マレイン酸とフマル酸は，構造異性体ではなく，**互いにシス-トランス異性体の関係にある。**(誤り)

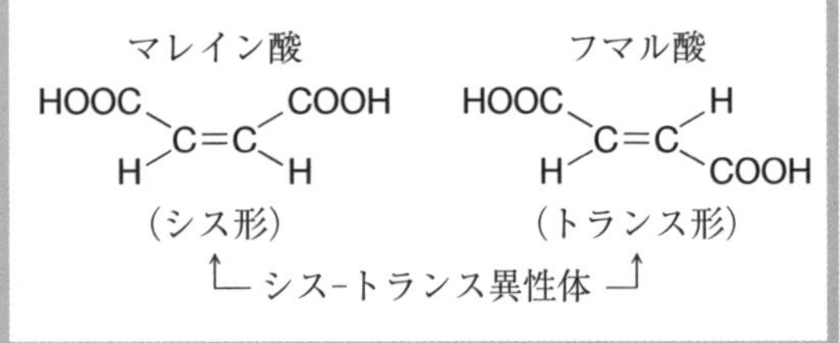

②　フタル酸とテレフタル酸は，ベンゼン環に結合する2つのカルボキシ基の位置がオルト位，パラ位と異

なる。**構造異性体の関係にある。**（誤り）

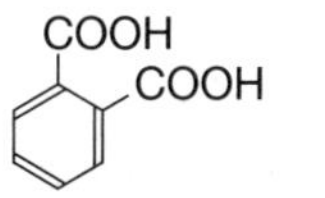

フタル酸

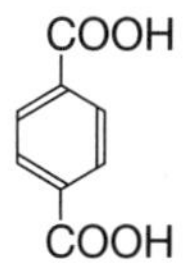

テレフタル酸

③ ブタンと2-メチルプロパンは，どちらも分子式はC_4H_{10}で等しいが，炭素原子の並び方が異なる。**構造異性体の関係にある。**（誤り）

$CH_3-CH_2-CH_2-CH_3$

ブタン

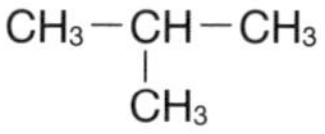

2-メチルプロパン

④ エタノールとジメチルエーテルは，どちらも分子式はC_2H_6Oであり，官能基が異なっている。**構造異性体の関係にある。**（正しい）

CH_3-CH_2-OH 　 CH_3-O-CH_3

エタノール 　 ジメチルエーテル

⑤ 1-ブテン $CH_2=CHCH_2CH_3$ は，次のように構造式を書くことができる。

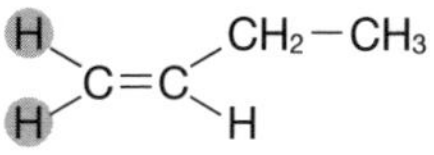

二重結合をしているC=Cの一方の炭素原子には，H原子のみが結合しているので，**シス-トランス異性体は存在しない。**（誤り）

⑥ アラニンは，分子中にアミノ基$-NH_2$とカルボキシ基$-COOH$をもつアミノ酸の一種で，次の構造をもつ。

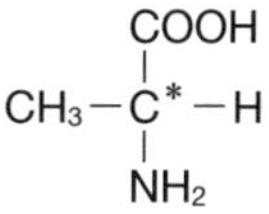

中心になる炭素原子C*は不斉炭素原子となるので，**鏡像異性体がある。**（正しい）

7 ④

メタン分子は，a **正四面体構造**をしている。

乳酸分子は，メタンの3個のH原子を，カルボキシ基，メチル基，b **ヒドロキシ基**で置き換えた構造をしており，中心の炭素原子C*には，4つの異なる原子や原子団が結合していることになる。このような炭素原子が不斉炭素原子で，このとき一対のc **鏡像異性体**が存在する。

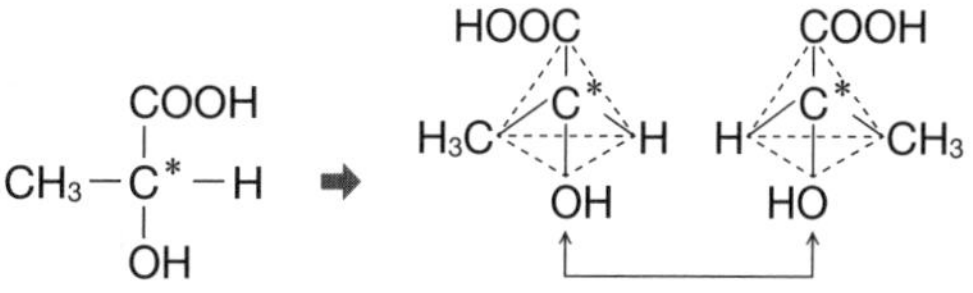

鏡像異性体

（光に対するある種の性質だけが異なる。）

96 **8** ⑤

a～dの化合物にBr_2が付加すると，次のような生成物ができる。

a | 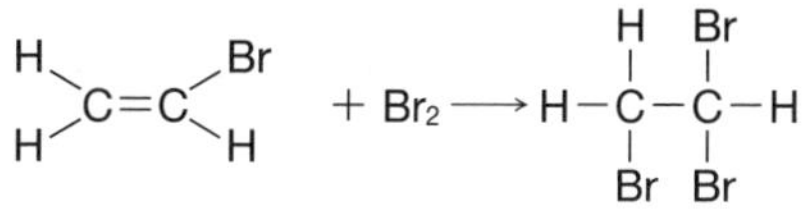

b | 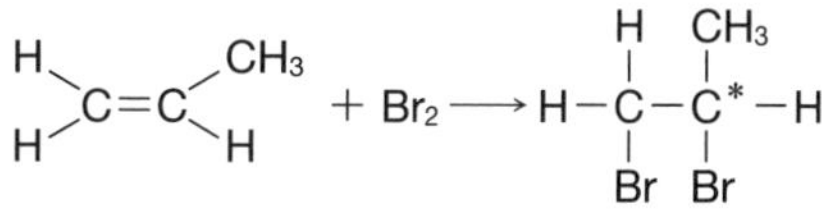

c | 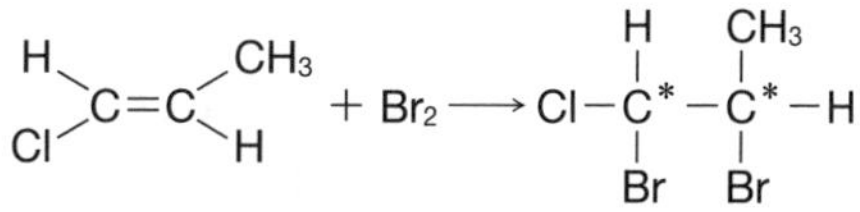

d | 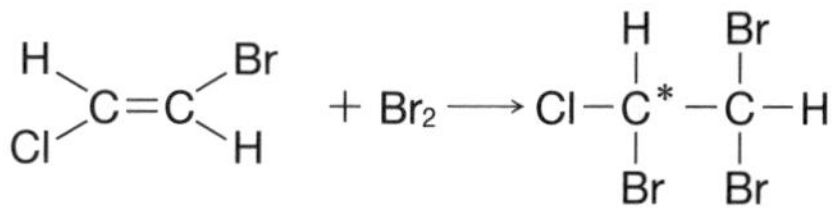

C*が不斉炭素原子。**不斉炭素原子を1個だけもつものは，bとdから生成した化合物である。**

4-2 炭化水素

1 ⑥

① 脂肪族炭化水素の中で，鎖状の飽和炭化水素を**アルカン**という。（正しい）

なお，二重結合を1つもつものを**アルケン**，三重結合を1つもつものを**アルキン**という。

鎖式炭化水素		一般式
アルカン	単結合のみ	C_nH_{2n+2}
アルケン	二重結合を1つもつ	C_nH_{2n}
アルキン	三重結合を1つもつ	C_nH_{2n-2}

② 炭素数が1～3のアルカンには構造異性体はない。炭素数が4以上になると，構造異性体が存在する。

例えば，炭素数4のアルカン（分子式 C_4H_{10}）には，次の**構造異性体がある**。（正しい）

$CH_3-CH_2-CH_2-CH_3$　ブタン

$CH_3-CH(CH_3)-CH_3$　2-メチルプロパン

③　C_nH_{2n} で表される鎖式炭化水素はアルケンと呼ばれる。**分子中に二重結合を1つもつ**。（正しい）

④　エチレンの構造は右のようになる。2個の炭素原子と4個の水素原子は**同一平面上にある**。（正しい）

⑤　2-ブテンには，**シス-トランス異性体が存在する**。（正しい）

シス-2-ブテン：CH_3 と CH_3 が同じ側，H と H が同じ側（$C=C$）

トランス-2-ブテン：CH_3 と H，H と CH_3 が互いに反対側（$C=C$）

⑥　炭素原子間の**結合の長さは，単結合，二重結合，三重結合の順に短くなる**。（誤り）

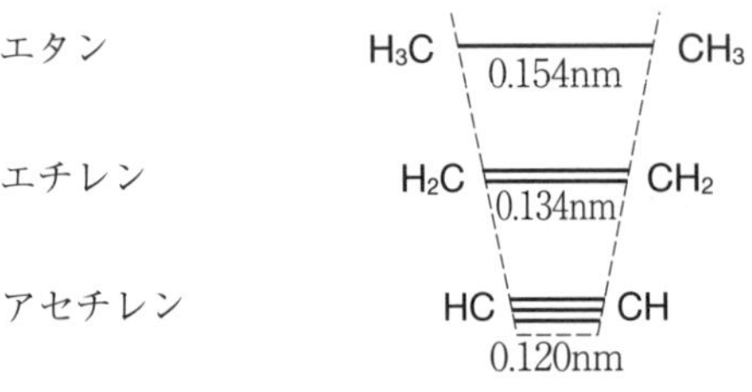

98　②　⑥

①　アルカンの沸点は，炭素原子数が増大する（分子量が大きくなる）につれて，**高くなる**。（誤り）

注意！　常温で，メタン CH_4，エタン C_2H_6，プロパン C_3H_8，ブタン C_4H_{10} は気体であるが，それ以上の炭素原子数のアルカンは液体になる。

②　アルケンは，**二重結合を軸とした分子内の回転ができない**。（誤り）

③　アルケンは，**水には溶けにくく，有機溶媒に溶けやすい**。（誤り）

④　三重結合の結合距離は二重結合の結合距離よりも**短い**。（誤り）

⑤　アルキンには，**シス-トランス異性体は存在しない**。シス-トランス異性体は，二重結合を含むアルケンで見られる。（誤り）

⑥　分子式 C_nH_{2n} で表される炭化水素には，二重結合をもつ鎖式炭化水素のアルケンと，環式炭化水素のシクロアルカンがある。炭素数の同じものは，互いに**構造異性体の関係にある**。（正しい）

注意！　例えば，C_3H_6 の構造異性体には次の2つがある。

$CH_2=CH-CH_3$　プロペン

CH_2（環）CH_2-CH_2　シクロプロパン

アルケンとシクロアルカンは，構造異性体としてよく問題になる。

99　③　④

▶攻略のPoint　飽和炭化水素のうち鎖式のアルカンは，一般式 C_nH_{2n+2} で表される。

環式飽和炭化水素は，単結合だけで環状に結合しており，シクロアルカンと呼ばれる。

アルカンが環をつくったとき，水素原子は2個減る。

例えば，プロパンからシクロプロパンの形にしようとすると，次に示すように，両端の水素原子が1個ずつ，つまり，2個減るわけである。

$H-CH_2-CH_2-CH_2-H$（プロパン）→ 両端のHがとれて環状に結合（シクロプロパン）

したがって，シクロアルカンの一般式は C_nH_{2n} ($n \geqq 3$) と表される。

①　鎖式でも環式でも，炭化水素であるから，**C原子とH原子だけからできている**。両方に当てはまる。

②　鎖式の一般式は C_nH_{2n+2}，環式の一般式は C_nH_{2n} で表される。構成している**H原子の数は両方とも偶数である**。両方とも当てはまらない。

③　鎖式でも環式でも，炭素数が1つ増えると，C原子1個とH原子2個，つまり（CH_2）分が増えるので，分子量は，$12 \times 1 + 1.0 \times 2 =$ **14増加する**。両方とも当てはまらない。

④　**鎖式の飽和炭化水素は，一般式が C_nH_{2n+2}** であるから当てはまる。しかし，**環式の飽和炭化水素の一般式は C_nH_{2n}** なので当てはまらない。どちらか一方のみに当てはまる記述に該当する。

⑤　飽和炭化水素なので，炭素原子間には**二重結合はない**。両方に当てはまる。

100　④　④

①　メタンは飽和炭化水素。メタンと塩素の混合気体に光を当てると，置換反応が起こり，クロロメタンが生成する。

$$CH_4 + Cl-Cl \xrightarrow{光} CH_3Cl + H-Cl$$

（塩素）

さらに，**メタンの水素原子が1つずつ順に塩素原子に置き換わっていく**。（正しい）

$$CH_4 \xrightarrow[\text{光}]{+Cl_2} CH_3Cl \xrightarrow[\text{光}]{+Cl_2} CH_2Cl_2 \xrightarrow[\text{光}]{+Cl_2} CHCl_3 \xrightarrow[\text{光}]{+Cl_2} CCl_4$$

メタン　クロロメタン　ジクロロメタン　トリクロロメタン　テトラクロロメタン

> 炭化水素の反応原則(1)
> アルカンは，単結合をもつ ➡ 置換反応が起こる。

② ブタン C_4H_{10} には，次の**2つの構造異性体がある**。(正しい)

$CH_3-CH_2-CH_2-CH_3$（ブタン）　$CH_3-CH(CH_3)-CH_3$（2-メチルプロパン）

③ プロペン C_3H_6 は，アルケンであり不飽和結合をもつので，**臭素と付加反応する**。(正しい)

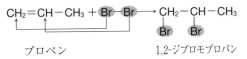

$$CH_2=CH-CH_3 + Br-Br \longrightarrow CH_2Br-CHBr-CH_3$$

プロペン　1,2-ジブロモプロパン

> 炭化水素の反応原則(2)
> アルケンは二重結合
> アルキンは三重結合 }をもつ ➡ 付加反応が起こりやすい。

④ 2-メチルプロペンは，次のように C=C 結合に着目して構造式を書くことができる。

$CH_2=C(CH_3)-CH_3$ ➡ $(H)(H)C=C(CH_3)(CH_3)$

2-メチルプロペン

C=C の両方の炭素原子には同じ原子（$-H$）あるいは原子団（$-CH_3$）が結合しているので，**シス-トランス異性体はない**。(誤り)

⑤ 工業的には，エチレンを酸化して，アセトアルデヒドを合成している。

塩化パラジウム(Ⅱ)$PdCl_2$ および塩化銅(Ⅱ)$CuCl_2$ を触媒として，エチレンを空気酸化すると次のように**アセトアルデヒドを得ることができる**。(正しい)

$$2CH_2=CH_2 + O_2 \longrightarrow 2CH_3CHO$$

⑥ アセチレンを赤熱した鉄管に通すと，**ベンゼンが生成する**。アセチレンの3分子重合である。(正しい)

$$3CH\equiv CH \xrightarrow{(Fe)} C_6H_6$$

アセチレン　ベンゼン

⑤ ④

a｜ アルケンを適当な条件のもとで反応させると，同じ分子どうしが連続的に付加反応をして，高分子化合物になる。

付加反応による重合なので，縮合重合ではなく，**付加重合である**。(誤り)

エチレンを例にあげると

$$n\,CH_2=CH_2 \longrightarrow \left[-CH_2-CH_2-\right]_n$$

エチレン　ポリエチレン

b｜ アルケンは二重結合をもつため，単結合のみのアルカンに比べて，**大きな反応性を示す**。(正しい)

c｜ フェーリング液の還元が起こるのは，還元性をもつ物質である。アルケンには還元性はなく，**フェーリング液の還元は起こらない**。(誤り)

d｜ 例えば，エチレンの場合は，次のように水の付加反応が起こる。

$$CH_2=CH_2 + H-OH \longrightarrow H-CH_2-CH_2-OH$$

エチレン　エタノール

エチレンと同じ炭素数のエタノールが生成する。

このように，アルケンに水を付加させると，もとのアルケンと**同じ炭素数のアルコールが生じる**。(正しい)

e｜ アルケンに，塩化水素や臭化水素を作用させると，**付加反応が起こる**。(誤り)

例えば，エチレンに塩化水素が付加するとクロロエタンが生じる。

$$CH_2=CH_2 + H-Cl \longrightarrow H-CH_2-CH_2-Cl$$

a〜eのうち，正しい記述は，b・dである。

102 ⑥ ⑥

① エチレンは，**「エタノール」と濃硫酸の混合物を160℃〜170℃で加熱して得る**。メタノールではない。(誤り)

エタノールの脱水反応が，次のように起こる。

$$CH_3-CH_2-OH \longrightarrow CH_2=CH_2 + H_2O$$

② エチレンは**水に溶けにくく，引火性がある**。一般に，炭化水素は水に溶けない。(誤り)

③ エチレンが付加重合すると，**ポリエチレンが生成する**。(誤り)

$$nCH_2=CH_2 \longrightarrow \left[CH_2-CH_2\right]_n$$

エチレン　ポリエチレン

④ エチレンに塩素を付加させると

$$CH_2=CH_2 + Cl_2 \longrightarrow CH_2ClCH_2Cl$$

と反応して，**1,2-ジクロロエタンが生じる**。1,1-ジ

クロロエタンではない。(誤り)

注意!

1,2-ジクロロエタン　$H-CH(Cl)-CH(Cl)-H$　　1,1-ジクロロエタン　$Cl-CH(Cl)-CH_2-H$

2つの物質の違いを確認しておくこと。

⑤　エチレンに水を付加させると，**エタノールが生成する**。エチレングリコールではない。(誤り)

$$CH_2=CH_2 + H_2O \longrightarrow CH_3CH_2OH$$

⑥　エチレンに臭素を通じると，次の付加反応が起こり，**臭素の赤褐色が消える**。(正しい)

$$CH_2=CH_2 + Br_2 \longrightarrow CH_2BrCH_2Br$$

臭素の付加反応は，不飽和結合をもっているかどうかを調べるのに，よく使われる。

> 臭素の赤褐色が脱色する
> ➡ C=C　あるいは　C≡C をもつ物質

103　7　⑥

①　アセチレンは三重結合をもち，右　H−C≡C−H　のような**直線構造**をしている。(誤り)

②　アセチレンは，**無色・無臭の気体**である。(誤り)

③　実験室で，アセチレンを得るときは，**炭化カルシウム** CaC_2 に水を作用させる。

$$CaC_2 + 2H_2O \longrightarrow Ca(OH)_2 + CH\equiv CH$$

炭酸カルシウム $CaCO_3$ ではない。(誤り)

④　アセチレンに水を付加させると，ビニルアルコールを経て，**アセトアルデヒドが生成する**。

$$H-C\equiv C-H + H-OH \longrightarrow CH_2=CH-OH \longrightarrow CH_3-CHO$$

アセチレン　　ビニルアルコール(不安定)　　アセトアルデヒド

生成したのはホルムアルデヒド HCHO ではない。(誤り)

⑤　アセチレンに水素を付加すると，**エチレンを経てエタンが生成する**。(誤り)

$$CH\equiv CH \xrightarrow{+H_2} CH_2=CH_2 \xrightarrow{+H_2} CH_3-CH_3$$

アセチレン　　エチレン　　エタン

⑥　アセチレンに酢酸を付加させると，**酢酸ビニルが生成する**。(正しい)

$$CH\equiv CH + CH_3COOH \longrightarrow CH_2=CHOCOCH_3$$

104　8　③

生成する酢酸ビニルの構造式が問題となる。

酢酸の構造式を左右反対の形で表現しておくと，間違えなくてすむ。

$$H-C\equiv C-H + H-O-CO-CH_3 \longrightarrow CH_2=CH-O-CO-CH_3$$

4-3 脂肪族化合物

105　1　①

①　工業的には，**メタノールは触媒を用いて，一酸化炭素と水素を高温・高圧下で反応させて得る**。(正しい)

$$CO + 2H_2 \longrightarrow CH_3OH$$

②　エタノールは，ナトリウムと反応して**水素**を発生し，ナトリウムエトキシドを生じる。(誤り)

$$2C_2H_5OH + 2Na \longrightarrow 2C_2H_5ONa + H_2$$

注意!　この反応は−OH 基（ヒドロキシ基）の検出によく用いられる。

③　エチレングリコールは，$HO-CH_2-CH_2-OH$ と表される。炭素原子に直接結合する−OH 基を2個もつので**2価アルコール**である。(誤り)

④　2-プロパノールは，$CH_3-CH(OH)-CH_3$ である。

−OH 基のついた炭素原子に，炭素原子が2個結合しているので，**第二級アルコール**である。(誤り)

⑤　2-メチル-2-ブタノールは次のように表される。

$$CH_3-C(CH_3)(OH)-CH_2-CH_3 \Leftarrow CH_3-CH(OH)-CH_2-CH_3$$

2-メチル-2-ブタノール　　2-ブタノール

(この2番目のCにメチル基がつく)

第三級アルコールに分類される。第三級アルコールは**酸化されにくい**。(誤り)

106　2　①

▶攻略のPoint　エタノールをめぐる反応は，脂肪族化合物の反応を理解するときに，ポイントになる。

①　エタノールは，**エチレンに水を付加して得る**。

$$CH_2=CH_2 + H_2O \longrightarrow C_2H_5OH$$

エチレン　　エタノール

アセチレンに水が付加したときの生成物は，アセト

アルデヒドである。（誤り）

② エタノールは，**糖やデンプンを発酵させても得られる**。（アルコール発酵）

例えば，グルコースからエタノールを生成する反応は，次のようになる。（正しい）

$$C_6H_{12}O_6 \longrightarrow 2C_2H_5OH + 2CO_2$$

③ エタノールは塩基性溶液中でヨウ素 I_2 と反応して，ヨードホルム CHI_3 の**黄色沈殿を生じる**。これが，ヨードホルム反応である。（正しい）

注意！ **エタノールは，第一級アルコールの中で唯一ヨードホルム反応が起こる。**

④ エタノールに金属ナトリウムを加えると次のように**水素が発生する**。（正しい）

$$2C_2H_5OH + 2Na \longrightarrow 2C_2H_5ONa + H_2$$

⑤ 酢酸とエタノールを，硫酸の存在下で反応させると**酢酸エチルが得られる**。「エステル化」の反応である。（正しい）

> エステル化
>
> [カルボン酸]＋[アルコール] → [エステル] ＋[水]
>
> $CH_3-C(=O)-OH + C_2H_5OH \rightarrow CH_3-C(=O)-OC_2H_5 + H_2O$
>
> 酢酸　エタノール　酢酸エチル

7 3 ⑤

▶攻略のPoint **アルコールの酸化反応は，第一級アルコール，第二級アルコール，第三級アルコールで違う。この点を理解しておくことが重要。**

> アルコールの酸化
>
> 第一級アルコール ⇄ アルデヒド ⇄ カルボン酸
>
> 第二級アルコール ⇄ ケトン
>
> 第三級アルコール……酸化されにくい

第一級アルコール ⇄ **アルデヒド** ⇄ カルボン酸

アルコールは，**ア**と**ウ**。酸化するとホルムアルデヒドを生成するのは，メタノールである。

$$H-\underset{H}{\overset{H}{C}}-OH \underset{還元+2H}{\overset{酸化-2H}{\rightleftarrows}} H-C(=O)-H$$

ウ メタノール　　ホルムアルデヒド

第二級アルコール ⇄ **ケトン**

ケトンは**イ**と**エ**。還元すると 2-ブタノールを生成するのは，エチルメチルケトンである。

$$CH_3-CH_2-\underset{CH_3}{\overset{H}{C}}-OH \underset{還元+2H}{\overset{酸化-2H}{\rightleftarrows}} CH_3-CH_2-\underset{CH_3}{C}=O$$

2-ブタノール　　**エ** エチルメチルケトン

c | 第一級アルコール ⇄ **アルデヒド** ⇄ **カルボン酸**

カルボン酸は**オ**と**カ**。アセトアルデヒドを酸化すると生成するのは，酢酸である。

$$CH_3-C(=O)-H \underset{還元-O}{\overset{酸化+O}{\rightleftarrows}} CH_3-C(=O)-O-H$$

アセトアルデヒド　　**カ** 酢酸

108 4 ⑤

メタノールは，官能基として**ア ヒドロキシ基**をもつので，ナトリウムと反応して水素を発生する。

$$2CH_3OH + 2Na \longrightarrow 2CH_3ONa + H_2$$

アセトンは**イ カルボニル基**をもつ。$CH_3-C(=O)-CH_3$

安息香酸は**ウ カルボキシ基**をもつ。$C_6H_5-C(=O)-OH$
次のように電離して，弱酸性を示す。

$$C_6H_5COOH \rightleftarrows C_6H_5COO^- + H^+$$

注意！ **＞C=O をカルボニル基といい，この基をもつ化合物をカルボニル化合物という。このうち，カルボニル基に水素が 1 個結合したのがアルデヒドであり，2 個の炭化水素基が結合したのがケトンになる。**

つまり，ホルミル基とケトン基の＞C=O をまとめてカルボニル基という。

なお，カルボキシ基（−COOH）の＞C=O はカルボニル基ではないので注意する。

109 5 ②

① アセトアルデヒドを酸化すると，**酢酸が生じる**。ギ酸は，ホルムアルデヒドを酸化すると生成する。（誤り）

注意！

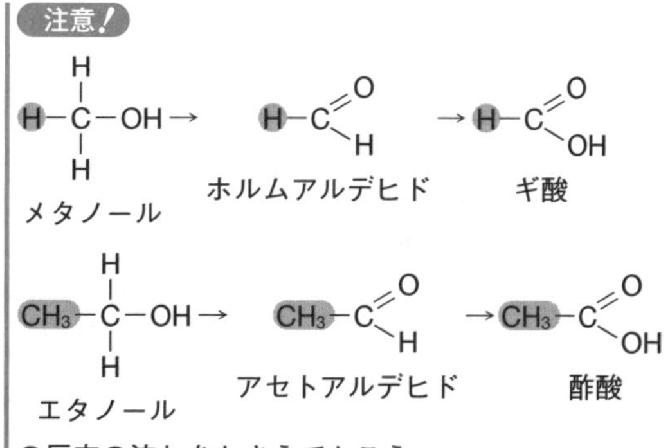

の反応の流れをおさえておこう。

② ギ酸は，カルボキシ基とともに，**ホルミル基をも**

つ。(正しい)

ギ酸
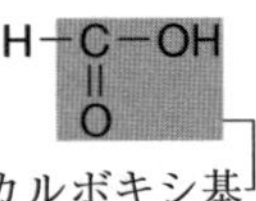

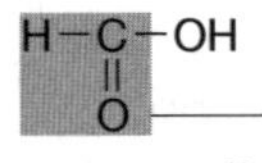

注意! **したがって，ギ酸はカルボン酸であるが，還元性を示すことになる。**

③　ギ酸はカルボン酸であり，炭酸水より**強い酸性を示す**。(誤り)

④　アセトアルデヒドは，プロペンではなく，**エチレンを酸化**して製造している。(誤り)

$$2CH_2{=}CH_2 + O_2 \longrightarrow 2CH_3CHO$$

⑤　アセトン$CH_3-\underset{\underset{O}{\|}}{C}-CH_3$は，ホルミル基をもたないので還元性がない。したがって，**銀鏡反応を示さない**。(誤り)

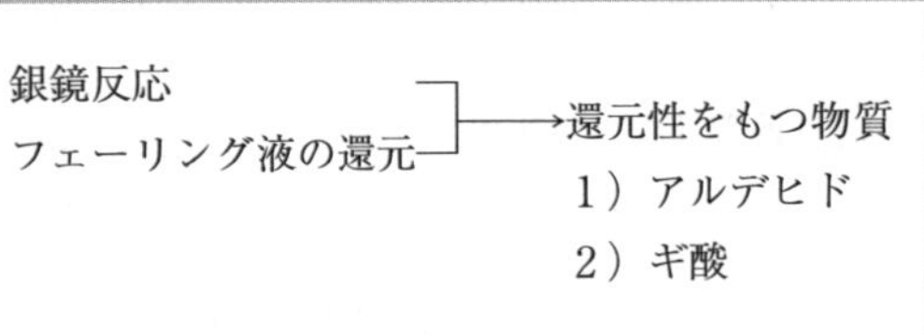
銀鏡反応
フェーリング液の還元 ⟶ 還元性をもつ物質
1）アルデヒド
2）ギ酸

110　6　②

a｜ホルミル基，ケトン基の$>C{=}O$をまとめて**カルボニル基という**。(正)

b｜アルデヒドには還元性があるが，**ケトンには還元性はない**。(誤)

c｜第二級アルコールを酸化すると**ケトンが生成する**。第二級アルコールの例として，2-プロパノールの場合をあげると，アセトンが生成する。(正)

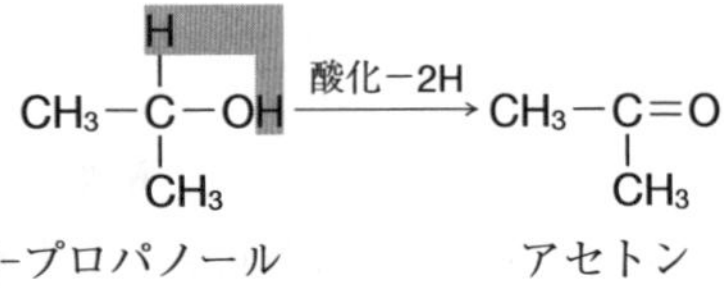

d｜アルデヒドを還元すると，**第一級アルコールが生成する**。例えば，アセトアルデヒドを還元すると，第一級アルコールのエタノールが生成する。(誤)

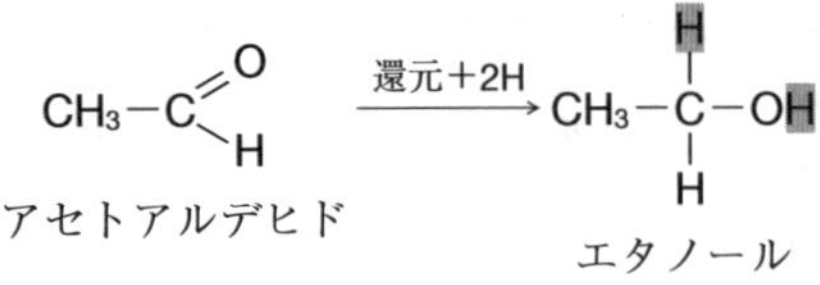

アセトアルデヒドとアセトンの比較

反応	銀鏡反応	フェーリング液の還元	ヨードホルム反応
アセトアルデヒド CH_3CHO	○	○	○
アセトン CH_3COCH_3	×	×	○

111　7　⑤

①　シュウ酸 $(COOH)_2$ は**還元剤である**。(正しい)

②　酢酸分子2個から，次のように水分子がとれて**無水酢酸ができる**。(正しい)

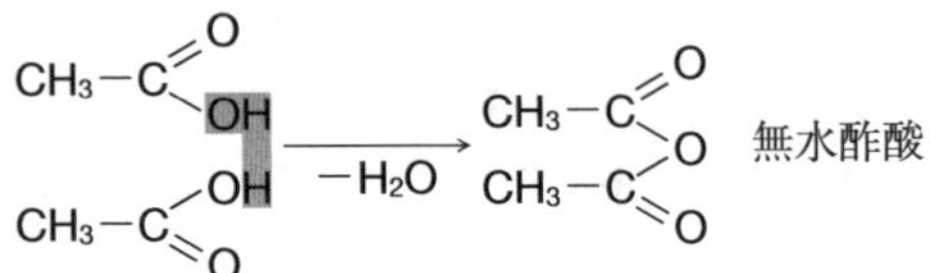

注意! **このようにカルボン酸2分子から水1分子がとれた形の化合物が「酸無水物」で，カルボン酸の名称の前に「無水」をつけて呼ぶ。**

③　セッケンをCa^{2+}やMg^{2+}を含む水（硬水）に溶かすと，**水に溶けにくい塩をつくるため洗浄力が低下する**。(正しい)

④　ナイロン66（6,6-ナイロン）は，アジピン酸とヘキサメチレンジアミンの**縮合重合により合成される**。(正しい)

$$n\mathrm{HOOC-(CH_2)_4-COOH} + n\mathrm{H_2N-(CH_2)_6-NH_2}$$

アジピン酸　　ヘキサメチレンジアミン

$$\longrightarrow \left[\underset{\underset{O}{\|}}{C}-(CH_2)_4-\underset{\underset{O}{\|}}{C}-\underset{\underset{H}{|}}{N}-(CH_2)_6-\underset{\underset{H}{|}}{N}\right]_n + 2nH_2O$$

ナイロン66

⑤　酢酸はアセトアルデヒドの**酸化により得られる**。加水分解ではない。(誤り)

$$CH_3CHO \xrightarrow{\text{酸化}} CH_3COOH$$

112　8　②

a｜ギ酸は，還元性を示すホルミル基と酸性を示すカルボキシ基をもつ。

したがって，還元性を示し，水溶液が酸性であるのはギ酸である。

b｜「水酸化ナトリウム水溶液と加熱する」の反応が，「けん化反応」であることに気づくこと。

> エステルの加水分解
> [エステル]＋[水] ⇄ [カルボン酸]＋[アルコール]
> $R-COOR' + H_2O \rightleftarrows R-COOH + R'-OH$
> このとき NaOH のような塩基により加水分解を行う。 →けん化
> $R-COOR' + NaOH \longrightarrow R-COONa + R'-OH$

ア〜カのうちエステルは，酢酸エチル $CH_3COOC_2H_5$ である。

エステルは水に溶けにくい。エステルの酢酸エチルを NaOH でけん化すると

$$CH_3COOC_2H_5 + NaOH \longrightarrow \underset{酢酸ナトリウム}{CH_3COONa} + \underset{エタノール}{C_2H_5OH}$$

生成物はどちらも水に溶けるので，均一な溶液となる。

c｜ シス-トランス異性体が存在するのは，二重結合をもつマレイン酸である。マレイン酸はフマル酸とシス-トランス異性体の関係にある。

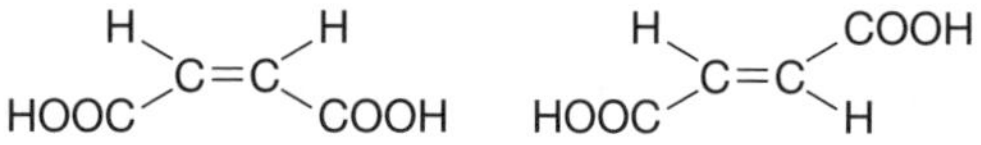

マレイン酸：(H)(HOOC)C=C(H)(COOH)　　フマル酸：(H)(HOOC)C=C(COOH)(H)

マレイン酸はシス形なので，加熱すると分子内脱水により酸無水物の無水マレイン酸が生じる。

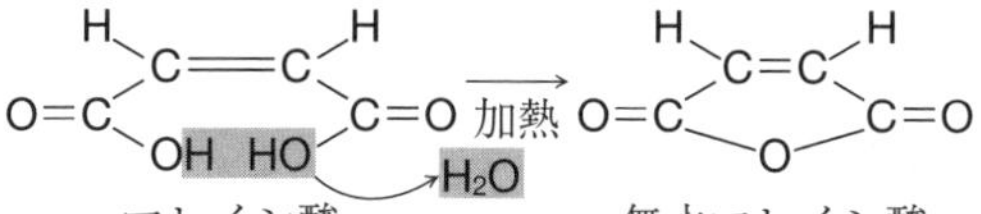

マレイン酸 →(加熱) 無水マレイン酸 ＋ H_2O

以上より，a は「ウ　ギ酸」，b は「カ　酢酸エチル」，c は「オ　マレイン酸」が当てはまる。

3 a－⑨　②　⑩　④　b－⑪　②

a｜ $C_4H_6O_2$ のエステルAの加水分解を行う。加水分解生成物のCが異性化してDとなり，これを酸化するともう一つの加水分解生成物Bとなった過程から，Aの構造式を決定する。

エステルの加水分解なので，BとCはカルボン酸とアルコールのいずれかである。さらに，Cの異性体がDであり，Dを酸化するとBになることから，Bがカルボン酸で，Cがアルコールであると推測でき，各々の化合物の炭素数は2で，Aは炭素数4のエステルであるとわかる。

$$\underset{A}{CH_3-C(=O)-O-CH=CH_2} + H_2O \longrightarrow \underset{B}{CH_3-C(=O)-OH} + \underset{C}{CH_2=CH(OH)}$$

生成したCの**ビニルアルコールは不安定ですぐに異性体のアセトアルデヒドに変化する**。これがDである。

したがって，次のように反応の流れをとらえることができる。

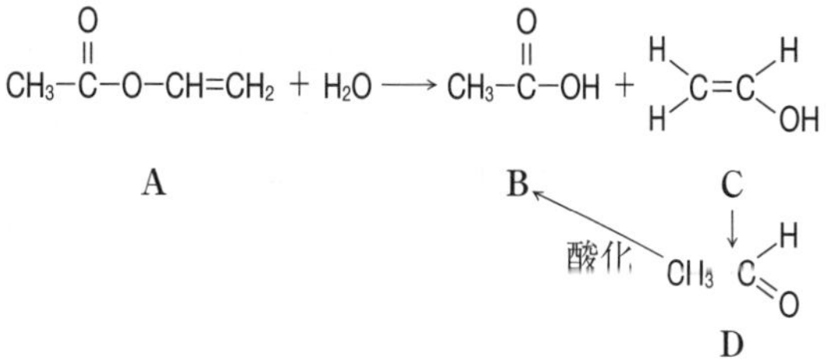

$$\underset{A}{CH_3-C(=O)-O-CH=CH_2} + H_2O \longrightarrow \underset{B}{CH_3-C(=O)-OH} + \underset{C}{(H)_2C=C(H)(OH)}$$

C → $\underset{D}{CH_3-CHO}$ →(酸化) B

⑨にメチル基②，⑩にビニル基④を入れた構造をもつ物質がエステルAになる。

b｜ Cが不安定で，異性体のDになる変化は，②**アセチレンに水を付加させる反応**でも起こる。

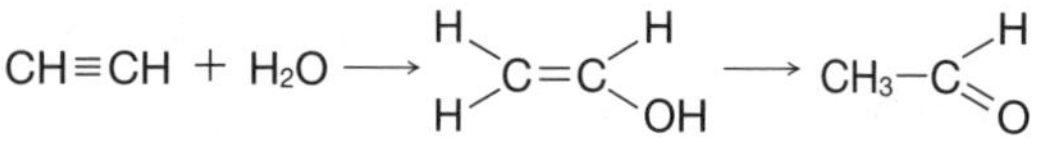

$$\underset{アセチレン}{CH\equiv CH} + H_2O \longrightarrow \underset{ビニルアルコール}{(H)_2C=C(H)(OH)} \longrightarrow \underset{アセトアルデヒド}{CH_3-CHO}$$

114 ⑫　③

① 構成脂肪酸として不飽和脂肪酸を多く含む油脂は液体のものが多い。これに触媒を用いて水素を付加すると，飽和脂肪酸で構成される固体の油脂に変わる。(正しい)

② 油脂に水酸化ナトリウム水溶液を加えて加熱すると，油脂はけん化される。グリセリンと脂肪酸ナトリウム（セッケン）が生成する。(正しい)

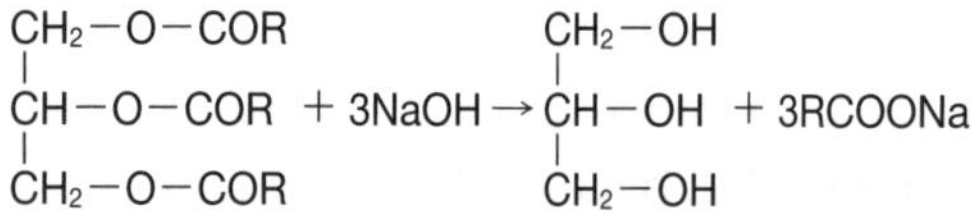

$$\begin{matrix} CH_2-O-COR \\ | \\ CH-O-COR \\ | \\ CH_2-O-COR \end{matrix} + 3NaOH \rightarrow \begin{matrix} CH_2-OH \\ | \\ CH-OH \\ | \\ CH_2-OH \end{matrix} + 3RCOONa$$

③ セッケンは，弱酸と強塩基の塩であるので，水に溶かすと**加水分解して，弱塩基性を示す**。(誤り)

$$R-COO^- + H_2O \rightleftarrows R-COOH + OH^-$$

④ セッケン分子は，疎水性の部分と親水性の部分とからできている。油をセッケン水に入れると，セッケン分子は油滴のまわりをとり囲み，油は小滴となって分散する。この現象を乳化という。(正しい)

⑤ セッケンは Ca^{2+} と水に不溶な塩をつくる。(正しい)

4-4 芳香族化合物

115 [1] ⑤

①，② ベンゼンの構造式は単結合と二重結合を交互に書いて表されるが，実際には炭素原子間の結合の長さは，**単結合と二重結合の中間の長さで，すべて等しい。また，すべての原子は同一平面上に正六角形の構造をもつ。**（どちらも正しい）

③ ベンゼンは無色の液体で，**揮発性があり，引火しやすい。**（正しい）

④ ベンゼン中の炭素原子間の結合は，単結合と二重結合の中間的な状態にあり安定化している。そのため，二重結合への付加反応は起こりにくく，ベンゼン環についている水素原子が他の原子や原子団で置き換わる**置換反応が起こりやすい。**（正しい）

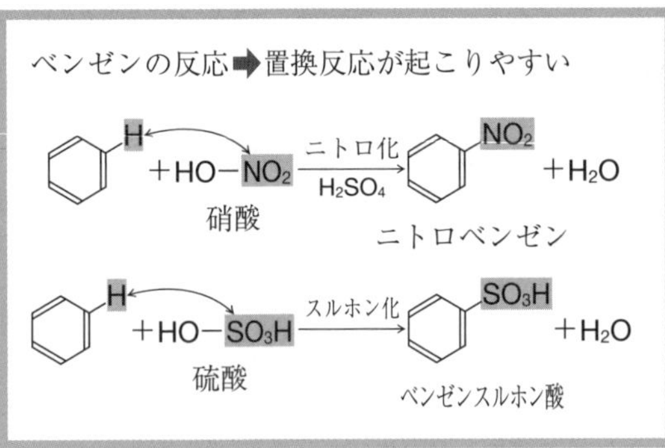

⑤ ベンゼン環は安定なため，ベンゼンは酸化されにくい。したがって，過マンガン酸カリウムによって**酸化されることはない。**（誤り）

注意！ ただし，ベンゼン環に炭化水素基の側鎖があるときは，その側鎖が酸化されやすく，カルボキシ基になる。

116 [2] ②

① メタン CH_4 と塩素の混合物に光を照射すると，水素原子が一つずつ順に塩素に置き換わっていき，テトラクロロメタンが生成する。これは**置換反応である。**

$$CH_4 + 4Cl_2 \xrightarrow{\text{光}} CCl_4 + 4HCl$$

テトラクロロメタン(四塩化炭素)

② ベンゼンは付加反応を起こしにくい。しかし，光を照射して塩素と反応させると，**付加反応を起こす。**

$$C_6H_6 + 3Cl_2 \xrightarrow{\text{光}} C_6H_6Cl_6$$

ヘキサクロロシクロヘキサン

③ ベンゼンに鉄触媒を用いて塩素を作用させると，ハロゲン化によりクロロベンゼンを生じる。**置換反応である。**

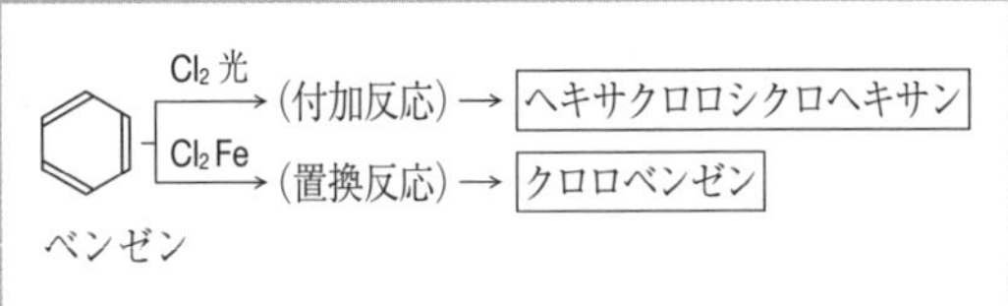

注意！ 反応条件により，付加反応と置換反応が起こることになる。きちんと区別しておこう。

ベンゼン ─ Cl_2 光 →（付加反応）→ ヘキサクロロシクロヘキサン
ベンゼン ─ Cl_2 Fe →（置換反応）→ クロロベンゼン

④ ベンゼンに濃硫酸を作用させると，スルホン化によりベンゼンスルホン酸が生じる。**置換反応である。**

$$C_6H_6 + H_2SO_4 \longrightarrow C_6H_5SO_3H + H_2O$$

ベンゼンスルホン酸

⑤ 過マンガン酸カリウムにより酸化されて，ベンゼンの側鎖のメチル基がカルボキシ基に変わる。**酸化が起こっている。**

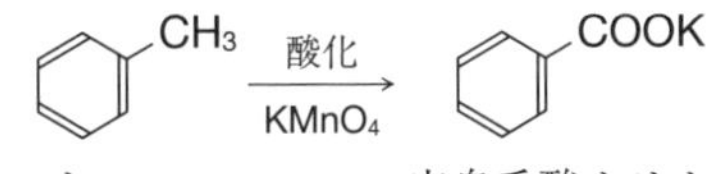

トルエン　　安息香酸カリウム

以上より，付加反応は②になる。

117 [3] ①　[4] ③

▶攻略のPoint フェノールの製法である。フェノールは工業的にはほとんどクメン法で合成されている。

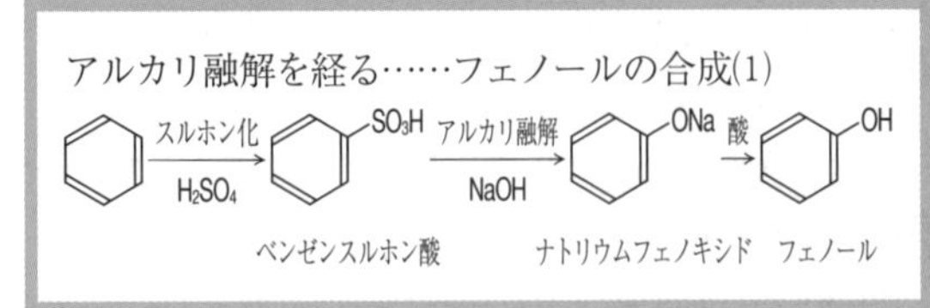

したがって，**ア**は①ベンゼンスルホン酸である。

クメン法……フェノールの合成(2)

プロペン $CH_2=CH-CH_3$ ＋ ベンゼン → $CH_3-CH-CH_3$（ベンゼン環）クメン → $CH_3-C(OOH)-CH_3$（ベンゼン環）クメンヒドロペルオキシド → $CH_3-CO-CH_3$ アセトン ＋ フェノール

したがって，**イ**は③クメンである。

注意！　フェノールの合成法としてはもう一つ，以下の反応の流れをおさえておこう。

クロロベンゼンの加水分解を経る……フェノールの合成(3)

ベンゼン $\xrightarrow[Cl_2(Fe)]{ハロゲン化}$ クロロベンゼン $\xrightarrow[NaOH\ aq]{加水分解}$ ナトリウムフェノキシド $\xrightarrow{酸}$ フェノール

8 ⑤　④

①　ベンゼンのスルホン化。**ベンゼンスルホン酸**が生成する。(誤り)

$$C_6H_6 + H_2SO_4 \longrightarrow C_6H_5SO_3H + H_2O$$

②　ベンゼンのハロゲン化。鉄を触媒にして，塩素を反応させると，**クロロベンゼン**が生成する。(誤り)

$$C_6H_6 + Cl_2 \longrightarrow C_6H_5Cl + HCl$$

③　ベンゼンにプロペンを反応させると，**クメン**が生成する。(誤り)

$$C_6H_6 + CH_2=CH-CH_3 \longrightarrow C_6H_5-CH(CH_3)_2$$

④　フェノールに濃硝酸と濃硫酸を作用させるとニトロ化が起こり，**ピクリン酸**（2,4,6-トリニトロフェノール）が生成する。(正しい)

$$C_6H_5OH + 3HNO_3 \longrightarrow C_6H_2(OH)(NO_2)_3 + 3H_2O$$

⑤　フェノールに臭素水を加えると，**2,4,6-トリブロモフェノール**（白色沈殿）が生成する。(誤り)

$$C_6H_5OH + 3Br_2 \longrightarrow C_6H_2(OH)Br_3 + 3HBr$$

⑥　フェノールに無水酢酸を作用させるとアセチル化が起こり，**酢酸フェニル**が生成する。(誤り)

$$C_6H_5OH + (CH_3CO)_2O \longrightarrow C_6H_5OCOCH_3 + CH_3COOH$$

119 ⑥　⑤

ア　ベンゼンスルホン酸をアルカリ融解すると，**b**のナトリウムフェノキシドが得られる。

$$C_6H_5SO_3H \xrightarrow[290\sim340\ ℃]{NaOH（固）} C_6H_5ONa$$

ナトリウムフェノキシド

イ　ナトリウムフェノキシドに，高温・高圧下でCO_2を作用させるとサリチル酸ナトリウムが生じる。次いで，カルボン酸よりも強い酸の硫酸を加えると，サリチル酸が遊離する。

したがって，**イ**は**d**のサリチル酸である。

ナトリウムフェノキシドからサリチル酸を合成する流れは，次のようにまとめることができる。

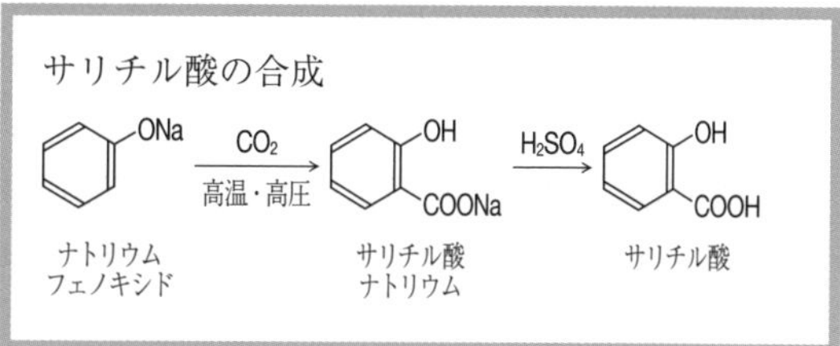

120 ⑦　⑤

ア　アニリンに，亜硝酸ナトリウム $NaNO_2$ と塩酸を加えているので，ジアゾ化である。**b**の塩化ベンゼンジアゾニウムが生成する。

イ　塩化ベンゼンジアゾニウム水溶液を熱すると，窒素を発生し，フェノールが生成する。(加水分解)

イは**d**のフェノールになる。

$$C_6H_5N_2^+Cl^- + H_2O \longrightarrow C_6H_5OH + N_2 + HCl$$

フェノール　窒素

注意！　塩化ベンゼンジアゾニウムは，低温の水溶液中では安定であるが，加熱すると上のような反応で分解してしまう。したがって，氷で冷やしておく必要がある。

フェノールに水酸化ナトリウム水溶液を加えて，塩化ベンゼンジアゾニウムを作用させると，*p*-ヒドロキシアゾベンゼンが生成する。(ジアゾカップリング)

$C_6H_5-N_2^+Cl^- + H-C_6H_4-OH + NaOH$

$\longrightarrow C_6H_5-N=N-C_6H_4-OH + NaCl + H_2O$

p-ヒドロキシアゾベンゼン
(*p*-フェニルアゾフェノール)

121　[8]　①

① サリチル酸を無水酢酸と反応させると，サリチル酸メチルではなく，**アセチルサリチル酸が生じる。**(誤り)

$C_6H_4(OH)COOH + (CH_3CO)_2O \longrightarrow C_6H_4(OCOCH_3)COOH + CH_3COOH$

サリチル酸　無水酢酸　アセチルサリチル酸

注意！ **サリチル酸メチルは，メタノールとのエステル化で得られる。**

$C_6H_4(OH)COOH + CH_3OH \longrightarrow C_6H_4(OH)COOCH_3 + H_2O$

サリチル酸　メタノール　サリチル酸メチル

② 酢酸とエタノールのエステル化が起こり，**酢酸エチルが生じる。**(正しい)

$CH_3COOH + C_2H_5OH \longrightarrow CH_3COOC_2H_5 + H_2O$

③ 酢酸は炭酸より強い酸なので，次のように反応して**二酸化炭素が発生する。**(正しい)

$CH_3COOH + NaHCO_3 \longrightarrow CH_3COONa + H_2O + CO_2$

[強酸]＋[弱酸の塩]⟶[強酸の塩]＋[弱酸]

なお[強酸]，[弱酸の塩]…という場合，強・弱は，「比較して」という意味である。正確にいえば[弱酸の塩]に[それよりも強い酸]を加えることで反応が起こる。酢酸と炭酸は，一般的には弱酸に分類される。

④ ベンゼン環に結合している側鎖の炭化水素基は，酸化されるとカルボキシ基になる。よって*p*-キシレンの場合は，次のように**テレフタル酸が生じる。**(正しい)

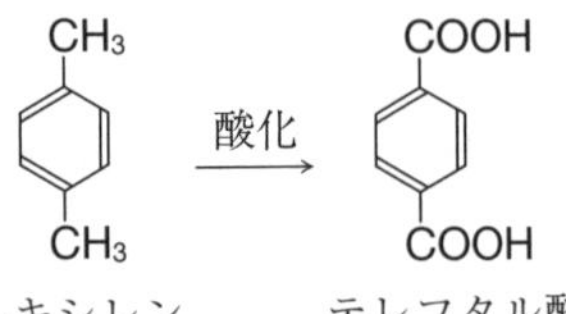

p-キシレン　テレフタル酸

⑤ シス形のマレイン酸は，カルボキシ基が分子内で隣接した位置にある。そのため加熱すると，分子内で脱水反応が起こり，**酸無水物である無水マレイン酸が生じる。**(正しい)

$H-C-COOH=H-C-COOH \xrightarrow{加熱}$ 無水マレイン酸 $+ H_2O$

マレイン酸　無水マレイン酸

注意！ **酸無水物をつくるものとしては，フタル酸も覚えておこう。ベンゼン環の隣り合った位置にカルボキシ基をもつので，加熱により容易に脱水する。**

$C_6H_4(COOH)_2 \xrightarrow{加熱}$ 無水フタル酸 $+ H_2O$

フタル酸　無水フタル酸

122　[9]　⑥

▶攻略のPoint トルエンとフェノールの違いと共通点について問われている。

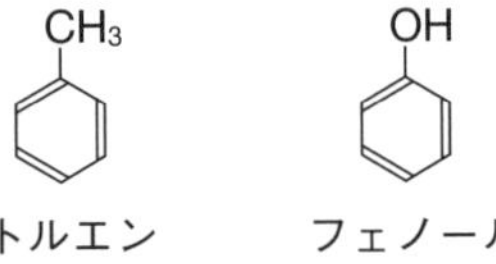

a｜ トルエンを過マンガン酸カリウムを用いて酸化すると，**安息香酸が生じる。**これはベンゼンの側鎖のアルキル基が酸化されやすく，カルボキシ基になるからである。(誤り)

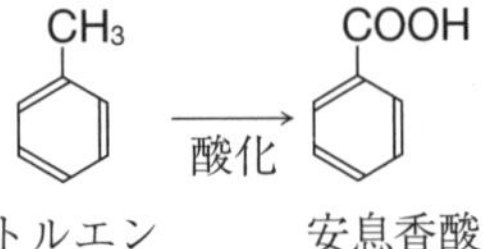

b｜ フェノールを臭素水と反応させると，置換反応が起こって，**2,4,6-トリブロモフェノールが生じる。**(誤り)

$C_6H_5OH + 3Br_2 \longrightarrow C_6H_2Br_3OH + 3HBr$

フェノール　2,4,6-トリブロモフェノール(白色沈殿)

c｜ トルエンのベンゼン環に直接結合している水素原子1個をメチル基にかえると，次の*o*-，*m*-，*p*- キシレンの**3つの異性体ができる。**

o-キシレン m-キシレン p-キシレン

一方，フェノールの場合も，o-，m-，p- クレゾールの **3 つの異性体ができる**。(正しい)

o-クレゾール m-クレゾール p-クレゾール

d｜ 塩化鉄(Ⅲ)水溶液で呈色反応するのは，フェノール性ヒドロキシ基をもつものである。

したがって，フェノールに塩化鉄(Ⅲ)水溶液を加えると青紫色を呈するが，**トルエンでは呈色しない**。(誤り)

e｜ トルエンとフェノールを，それぞれ濃硝酸と濃硫酸の混合物とともに加熱すると，どちらも o-，p- 位で**ニトロ化が起こる**。(正しい)

$$C_6H_5CH_3 + 3HNO_3 \xrightarrow{\text{ニトロ化}} C_6H_2(CH_3)(NO_2)_3 + 3H_2O$$

2,4,6-トリニトロトルエン(TNT)

$$C_6H_5OH + 3HNO_3 \xrightarrow{\text{ニトロ化}} C_6H_2(OH)(NO_2)_3 + 3H_2O$$

2,4,6-トリニトロフェノール
(ピクリン酸)

123 ⑽ ③

▶攻略のPoint 最初に，選択肢にある 3 つの化合物について検討しておこう。アニリンは塩基性物質，サリチル酸は酸性物質，ニトロベンゼンは中性物質である。

したがって，c で酸にも塩基にも反応せず溶けなかった化合物ウは，ニトロベンゼンとわかる。

a，b の記述から，ア，イがアニリンかサリチル酸かを判断すればよい。

a｜ 無水酢酸との反応なので，アセチル化と考えられる。

$$C_6H_5NH_2 + (CH_3CO)_2O \longrightarrow C_6H_5NHCOCH_3 + CH_3COOH$$

アニリン　アセトアニリド

$$C_6H_4(OH)COOH + (CH_3CO)_2O \rightarrow C_6H_4(OCOCH_3)COOH + CH_3COOH$$

サリチル酸　アセチルサリチル酸

この反応により得られた化合物は，$NaHCO_3$ 水溶液を加えると気体が発生したことから，カルボキシ基をもつアセチルサリチル酸とわかる。

$$C_6H_4(OCOCH_3)COOH + NaHCO_3 \rightarrow C_6H_4(OCOCH_3)COONa + H_2O + CO_2$$

アセチルサリチル酸

よって，**化合物アはサリチル酸**である。

b｜ **化合物イは塩酸に溶けたことから，アニリンである**ことが確認できる。

$$C_6H_5NH_2 + HCl \longrightarrow C_6H_5NH_3Cl$$

アニリン　アニリン塩酸塩
(水に溶ける)

c｜ 以上より，**化合物ウはニトロベンゼンである**。ニトロベンゼンは中性物質であるため，酸，塩基に溶けない。

124 ⑾ ③

▶攻略のPoint 高分子合成は，次の 2 つに分類できる。

1）付加重合（重合で何も放出されない）［ポリエチレン，ポリ塩化ビニル，ポリ酢酸ビニル］

2）縮合重合（重合で水などが放出される）［ポリエチレンテレフタラート，ナイロン 66］

① **ポリエチレンテレフタラートは，テレフタル酸とエチレングリコールの縮合重合により合成される**。(正しい)

$$nHO-CO-C_6H_4-CO-OH + nHO-CH_2-CH_2-OH$$

テレフタル酸　エチレングリコール

$$\longrightarrow \left[CO-C_6H_4-CO-O-CH_2-CH_2-O\right]_n + 2nH_2O$$

ポリエチレンテレフタラート

② **ヘキサメチレンジアミンとアジピン酸の縮合重合によりナイロン 66 が得られる**。(正しい)

$$nH_2N-(CH_2)_6-NH_2 + nHO-CO-(CH_2)_4-CO-OH$$

ヘキサメチレンジアミン　アジピン酸

$$\longrightarrow \left[NH-(CH_2)_6-NH-CO-(CH_2)_4-CO\right]_n + 2nH_2O$$

ナイロン 66

③　ポリエチレンは**エチレンの付加重合**で得られる。エチレングリコールからは合成できない。（誤り）

$$n\,\mathrm{CH_2{=}CH_2} \longrightarrow \mathrm{\left[CH_2{-}CH_2\right]_{\mathit{n}}}$$

エチレン　　ポリエチレン

④　**酢酸ビニルは，アセチレンに酢酸を付加させて得られる。**（正しい）

$$\mathrm{CH{\equiv}CH + CH_3COOH \longrightarrow CH_2{=}CH{-}OCOCH_3}$$

酢酸ビニル

この酢酸ビニルを付加重合させると，ポリ酢酸ビニルが得られる。

$$n\,\mathrm{CH_2{=}CH(OCOCH_3)} \longrightarrow \mathrm{\left[CH_2{-}CH(OCOCH_3)\right]_{\mathit{n}}}$$

ポリ酢酸ビニル

⑤　**塩化ビニルを付加重合させると，ポリ塩化ビニルが得られる。**（正しい）

$$n\,\mathrm{CH_2{=}CHCl} \longrightarrow \mathrm{\left[CH_2{-}CHCl\right]_{\mathit{n}}}$$

ポリ塩化ビニル

第5章 高分子化合物

5-1 合成高分子化合物

25 1 ③

① 合成高分子化合物には，ポリエチレンのような鎖状構造をもつものや，フェノール樹脂のような立体網目状構造をもつものがある。(正しい)

② 合成高分子化合物では，同じ種類の分子であっても重合度 n にばらつきがある。そこで，分子量には個々の分子の分子量を平均して求めた平均分子量を用いる。(正しい)

③ 高分子化合物では，**分子鎖が規則正しく配列した結晶部分と，分子鎖が不規則に配列した非結晶部分が入り混じっている**。(誤り)

④ 高分子化合物は，明確な融点は示さない。加熱していくと，ある温度で軟化し，やがて粘性の大きな液体となるものが多い。軟化しはじめる温度を軟化点という。(正しい)

⑤ 熱可塑性樹脂は，加熱するとやわらかくなるので，成形加工しやすい。(正しい)

6 2 ②

① アクリロニトリルを付加重合させると，ポリアクリロニトリルが得られる。

$$n\,CH_2{=}CH(CN) \longrightarrow \left[\,CH_2{-}CH(CN)\,\right]_n$$

アクリロニトリル　ポリアクリロニトリル

ポリアクリロニトリルを主成分とする繊維をアクリル繊維という。(正しい)

② 綿は，天然に得られる天然繊維のひとつで，**セルロースを主成分とする**。セルロースは，β-グルコースの縮合重合でできる。一方，アミロースは，α-グルコースが1位と4位のヒドロキシ基間で縮合してできた直鎖状のデンプンである。(誤り)

③ プロピレン(プロペン)を付加重合させると，ポリプロピレンが得られる。

$$n\,CH_2{=}CH(CH_3) \longrightarrow \left[\,CH_2{-}CH(CH_3)\,\right]_n$$

プロピレン　ポリプロピレン

ポリエチレンと同様，容器などに用いられるが，合成繊維として敷物やふとん綿にも用いられる。(正しい)

④ セルロースからなるパルプを一度溶媒に溶かして，凝固させて繊維に再生したものをレーヨンという。ビスコースレーヨンや銅アンモニアレーヨンなどがある。(正しい)

127 3 ④

① アジピン酸とヘキサメチレンジアミンが縮合重合すると，ナイロン66が生成する。(正しい)

② ε-カプロラクタムの開環重合で，ポリアミド系繊維のナイロン6が生成する。(正しい)

③ テレフタル酸とエチレングリコールが縮合重合すると，ポリエステルのポリエチレンテレフタラートが生成する。(正しい)

④ ビニルアルコールは，不安定ですぐにアセトアルデヒドに変化してしまう。

$$CH_2{=}CH{-}OH \longrightarrow CH_3{-}CHO$$

ビニルアルコール　アセトアルデヒド

そのため，ビニルアルコールを付加重合することはできない。**ポリビニルアルコールは，酢酸ビニルを付加重合させた後，これを加水分解（けん化）してつくられる**。(誤り)

$$CH_2{=}CH{-}OCOCH_3 \xrightarrow{\text{付加重合}} \left[\,CH_2{-}CH(OCOCH_3)\,\right]_n \xrightarrow[\text{NaOH}]{\text{加水分解(けん化)}} \left[\,CH_2{-}CH(OH)\,\right]_n$$

酢酸ビニル　ポリ酢酸ビニル　ポリビニルアルコール

得られたポリビニルアルコールをホルムアルデヒド水溶液で処理（アセタール化）したものが，ビニロンになる。ロープ，テント，漁網などに用いられている。

ちなみに，ビニロンは最初の国産合成繊維でもある。

⑤ 2種類以上の単量体を付加重合させて合成することを共重合という。合成ゴムには，共重合により合成され，優れた性質をもつものが多い。

スチレンと1,3-ブタジエンを共重合させて合成したスチレン-ブタジエンゴムもそのひとつで，耐摩耗性に優れ，タイヤとして使われる。(正しい)

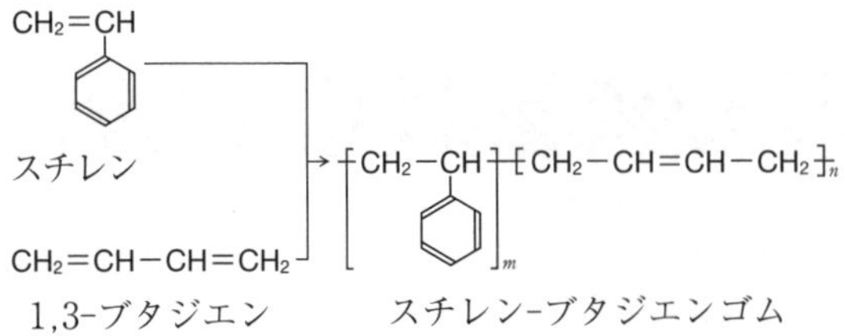

128　④　④

フェノール樹脂の合成は次のように行われる。

フェノールとホルムアルデヒドを反応させると，まず$_{ア}$**付加**反応が進行する。

$$C_6H_5OH + H-\underset{\|}{C}(=O)-H \xrightarrow{付加} C_6H_4(OH)CH_2OH$$

A($C_7H_8O_2$)

Aは，さらにもう1分子のフェノールと$_{イ}$**縮合**反応を起こす。

$$C_6H_4(OH)CH_2OH + C_6H_5OH \xrightarrow{縮合} HOC_6H_4-CH_2-C_6H_4OH + H_2O$$

ウ

この反応を繰り返してフェノール樹脂が生成する。**この重合を付加縮合という。**

最も適当な組合せは④になる。

129　⑤　①

▶攻略のPoint　**合成樹脂(プラスチック)は，熱に対する性質の違いから，2つに分類される。**

(1)　**熱可塑性樹脂…鎖状構造の高分子**
　加熱すると軟化し，冷やすと再び硬くなる性質をもつ。

(2)　**熱硬化性樹脂…立体網目状構造の高分子**
　加熱しても軟化しない性質をもつ。

①　尿素樹脂は，尿素とホルムアルデヒドの付加縮合によって得られる。

$$n\,(H_2N)_2C=O + nH-\underset{\|}{C}(=O)-H$$

尿素　　ホルムアルデヒド

$$\longrightarrow \begin{array}{c} \cdots-CH_2-N-CH_2-N-\cdots \\ \quad\quad\; | \quad\quad\quad\; | \\ \quad\quad C=O \quad\;\; CH_2 \\ \quad\quad\; | \quad\quad\quad\; | \\ \cdots-CH_2-N-CH_2-N-\cdots \end{array}$$

尿素樹脂

網目状の高分子で，熱硬化性樹脂である。

②〜⑤　それぞれの単量体が付加重合して得られる。

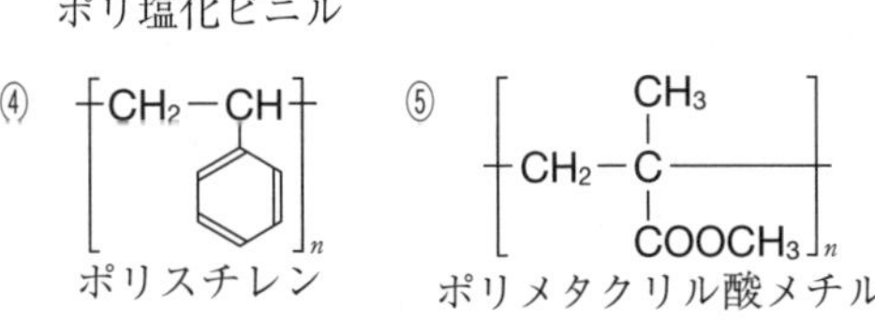

鎖状の高分子で，熱可塑性樹脂である。

130　⑥　②

①　ゴムの木の樹皮に傷をつけると，ラテックス(乳液)とよばれる白い粘性のある樹液が流れ出てくる。これを集めて酸を加えると，凝固して生ゴムになる。(正しい)

②　生ゴムの主成分はポリイソプレンである。イソプレンが付加重合すると，ポリイソプレンが生成する。このとき，C=C結合の位置がかわり，繰り返し単位内に二重結合1個をもつ形になる。

$$n\,CH_2=C(CH_3)-CH=CH_2 \xrightarrow{付加重合} [CH_2-C(CH_3)=CH-CH_2]_n$$

繰り返し単位は $-CH_2-C(CH_3)=CH-CH_2-$ になる。(誤り)

③　ゴムを空気中に放置すると，二重結合の部分が酸素やオゾンによって酸化されてゴム弾性が失われる。(正しい)

④　生ゴムに5〜8％の硫黄を加えて加熱してやると，ポリイソプレンの鎖と鎖との間にS原子が橋をかけたようになり(架橋構造)，弾性を増す。この操作は加硫とよばれる。(正しい)

⑤　生ゴムに30〜40％の硫黄を加えて長時間加熱すると，エボナイト(硬い黒色の樹脂)ができる。(正しい)

131　⑦　②

カラムにつめてあるイオン交換樹脂は，多数のスルホ基($-SO_3H$)をもっている。スチレンとp-ジビニルベンゼンの共重合体に$-SO_3H$を導入した**陽イオン交換樹脂**である。NaCl水溶液を通すと，樹脂中のH^+と水溶液中のNa^+が交換されるが，Cl^-は交換されないため，そのまま水溶液中に残る。

$-CH_2-CH-CH_2-$（ベンゼン環）$-SO_3H$ ＋ Na^+ ＋ Cl^-

→ $-CH_2-CH-CH_2-$（ベンゼン環）$-SO_3Na$ ＋ H^+ ＋ Cl^-

イオン交換された水溶液Aは，**酸性を示し，Cl^-が含まれる**ことになる。

5-2 天然高分子化合物

32 ① ③

① グルコースとフルクトースはともに還元性を示し，その鎖状構造中にグルコースはホルミル基をもつが，**フルクトースはホルミル基をもたない**。（誤り）

グルコースは，水溶液中では六員環構造が開いて鎖状構造となり，下の3つの異性体が平衡状態になる。

α-グルコース ⇄ 鎖状構造 ⇄ β-グルコース

鎖状構造にホルミル基があり，還元性を示す。

フルクトースは，水溶液中では下図のように，おもに3種類の異性体が平衡状態になっている。

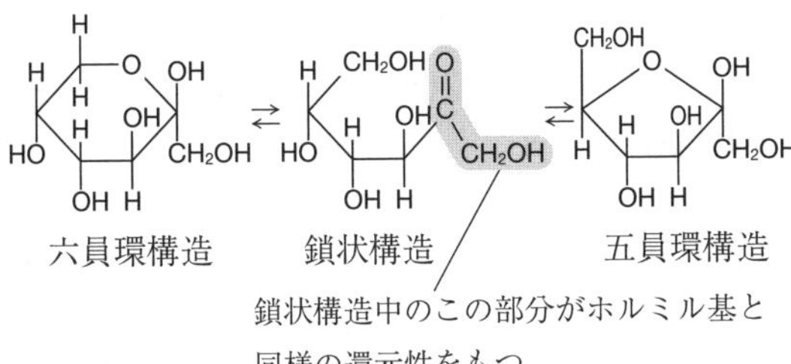
六員環構造
鎖状構造
五員環構造
鎖状構造中のこの部分がホルミル基と同様の還元性をもつ。

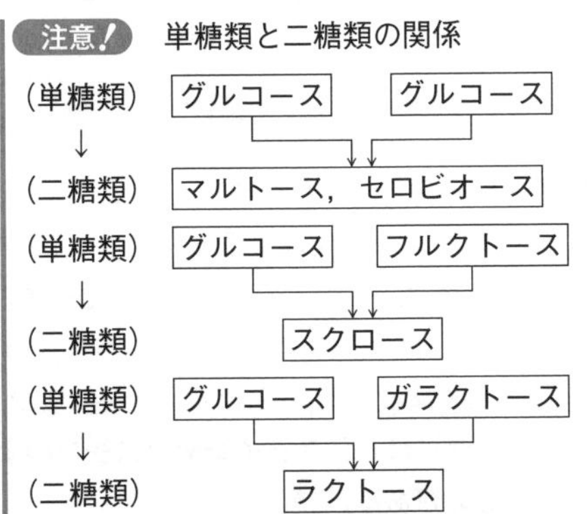

注意! 単糖類と二糖類の関係

（単糖類） グルコース　グルコース
↓
（二糖類） マルトース，セロビオース

（単糖類） グルコース　フルクトース
↓
（二糖類） スクロース

（単糖類） グルコース　ガラクトース
↓
（二糖類） ラクトース

② スクロースは，グルコースとフルクトースが次に示すように脱水縮合したものである。

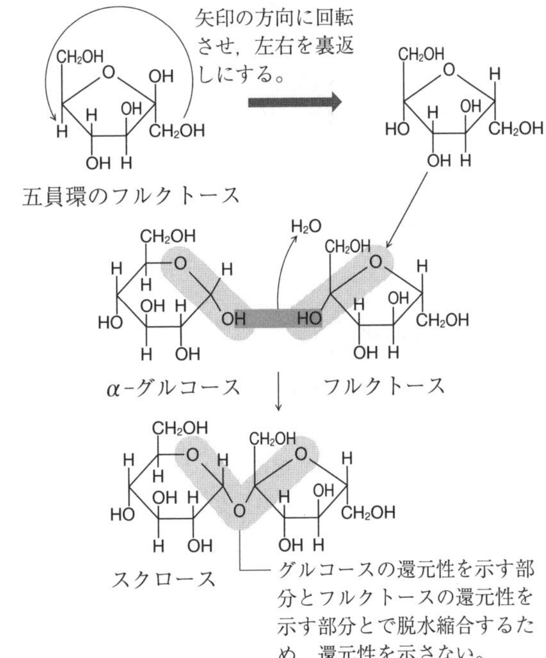
矢印の方向に回転させ，左右を裏返しにする。
五員環のフルクトース
H_2O
α-グルコース
フルクトース
スクロース
グルコースの還元性を示す部分とフルクトースの還元性を示す部分とで脱水縮合するため，還元性を示さない。

グルコースとフルクトースは還元性を示すが，この2つが脱水縮合してできた**スクロースは還元性を示さない**ことになる。（誤り）

③ グルコースは環状構造でも鎖状構造でも，**5個のヒドロキシ基をもつ**。（正しい）

（①に示した構造を参照すること）

④ グルコースをアルコール発酵させると

$$C_6H_{12}O_6 \longrightarrow 2C_2H_5OH + 2CO_2$$

と反応して，**2分子のエタノール**が生じる。（誤り）

注意! 糖類で還元性を示すもの

（フェーリング液の還元／銀鏡反応を示す） → 単糖類／スクロースを除く二糖類

⑤ セルロースを希硫酸で加水分解すると，**セロビオース**を経て，グルコースになる。

セルロースではなく，デンプンを希硫酸で加水分解した場合に，マルトースを経て，グルコースを生じる。（誤り）

まとめ

糖の種類	加水分解生成物	還元性
単糖類		
グルコース	――	あり
フルクトース	――	あり
ガラクトース	――	あり
二糖類		
マルトース	グルコース＋グルコース	あり
スクロース	グルコース＋フルクトース	なし
ラクトース	グルコース＋ガラクトース	あり
多糖類*		
デンプン	多数のグルコース	なし
セルロース	多数のグルコース	なし

*デンプンはα-グルコース
　セルロースはβ-グルコース ｝の縮合重合体

133　2　③　3　④

問1　α-グルコースを水に溶かすと，その一部が鎖状構造を経て，β-グルコースに変化する。これらの変化はいずれも可逆的に起こるので，図1に示されるようにα型・鎖状構造・β型のグルコースが一定の割合で混じり合った平衡状態となる。

鎖状構造中にはホルミル基があるので，還元性を示す。したがって，グルコースの一部が鎖状構造をとっていることは，③の**銀鏡反応によりホルミル基の存在を確認すればよい。**

問2　図1のような平衡状態は，グルコースが同一の炭素原子にヒドロキシ基とエーテル結合を1個ずつ含んだ構造（ヘミアセタール構造）をもっているために起こる。

平衡状態で変化している部分に着目すると

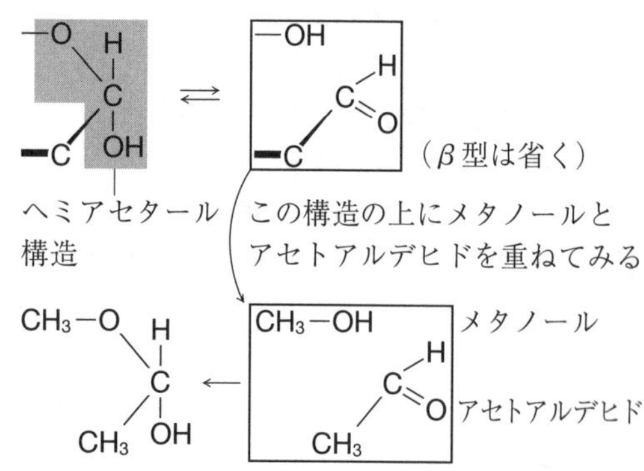

メタノールとアセトアルデヒドの混合物中には④の分子が存在すると考えられる。

134　4　③

①，②　アミロース，アミロペクチンはともに**α-グルコースが縮合重合したものである。**（誤り）

③　アミロースは，α-グルコースが直鎖状につながっているが，アミロペクチンはα-グルコースが直鎖状だけでなく，ところどころで枝分かれした構造をもっている。（正しい）

次に示したアミロースとアミロペクチンの構造を見るとわかるように，アミロースはα-グルコースの炭素原子のうちC_1とC_4が結合している。

一方，アミロペクチンはC_1とC_4が結合している以外に，C_1とC_6の間にも結合をもつ構造になる。

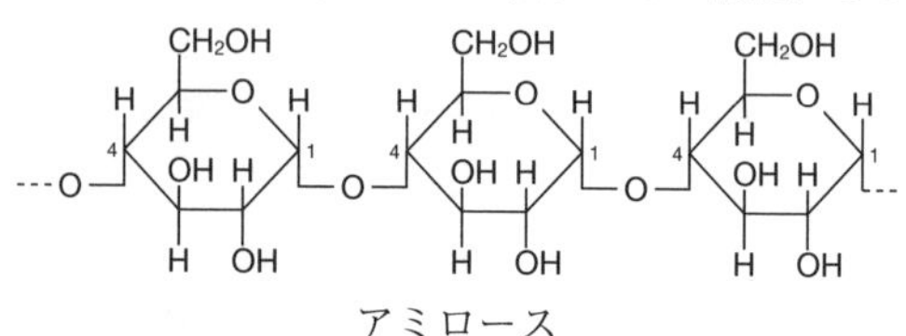

アミロース

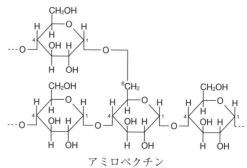

アミロペクチン

④　**アミロースは直鎖状構造，アミロペクチンは枝分かれ構造**の高分子である。（誤り）

⑤　アミロースとアミロペクチンの成分からできている**デンプンは，植物の種子・根・地下茎などに存在している。**

一方，**動物の肝臓や筋肉に含まれている多糖類がグリコーゲン**で，動物デンプンともよばれる。（誤り）

135　5　④

①　天然のタンパク質を構成するアミノ酸は，アミノ基とカルボキシ基が同一の炭素原子に結合したα-アミノ酸である。しかし，**すべてのアミノ酸がα-アミノ酸ではない。**（誤り）

②　アミノ酸の主要な成分元素は水素，炭素，窒素，酸素であるが，なかには，**システインやシスチンのように硫黄を含むものがある。**（誤り）

$$HS-CH_2-\underset{\displaystyle NH_2}{\underset{|}{CH}}-COOH$$

システイン

③ アミノ酸分子内のアミノ基の示す塩基性と，カルボキシ基の示す酸性は等しくないので，**アミノ酸の水溶液は中性にはならない**。例えば，グリシンの水溶液は弱酸性を示す。

また，リシンやグルタミン酸は次のように2つのアミノ基やカルボキシ基をもち，比較的強い塩基性や酸性を示す。(誤り)

$H_2N-(CH_2)_4-CH(NH_2)-COOH$ リシン → 水溶液は塩基性

$HOOC-CH_2-CH_2-CH(NH_2)-COOH$ グルタミン酸 → 水溶液は酸性

④ 結晶中ではアミノ酸は双性イオンの状態で存在している。塩基性のアミノ基と，酸性のカルボキシ基をもっているので，酸とも塩基とも中和反応する。(正しい)

⑤ アミノ酸には(RがHとなるグリシンを除けば)不斉炭素原子があるので，鏡像異性体がある。「**グリシンを除いて鏡像異性体あり**」と覚える。(誤り)

$R-C^*H(NH_2)-COOH$

136 6 ⑤

① タンパク質のポリペプチド鎖がつくるらせん構造(α-ヘリックス構造)は，ペプチド結合の部分で，$>C=O \cdots\cdots H-N<$ のように水素結合が形成されることで安定化している。(正しい)

② ポリペプチド鎖にある2つのシステイン部分は，側鎖にある$-SH$基が酸化されると，ジスルフィド結合をつくる。(正しい)

$$-SH + HS- \xrightarrow{\text{酸化}} -S-S- + 2H$$

ジスルフィド結合

③ 加水分解するとアミノ酸だけを生じるタンパク質を単純タンパク質という。一方，アミノ酸の他に，糖類，色素，リン酸，脂質，核酸などを生じるタンパク質を，複合タンパク質という。(正しい)

④ 繊維状タンパク質は，何本かのポリペプチド鎖が束になったタンパク質である。水に溶けず丈夫で，動物の組織をつくる。(正しい)

⑤ 加熱などにより，タンパク質は凝固，沈殿する。この現象を，タンパク質の変性という。**変性により水素結合などが切れて立体構造が変化するので，もとの状態に戻らないことが多い。**(誤り)

137 7 ③

① 核酸の単量体に相当する分子をヌクレオチドという。窒素を含む環状構造の塩基と五炭糖の化合物にリン酸が結合した構造をもつ。(正しい)

② ヌクレオチドどうしが，糖の$-OH$とリン酸の$-OH$の部分とで縮合してできた鎖状の高分子が核酸(ポリヌクレオチド)になる。(正しい)

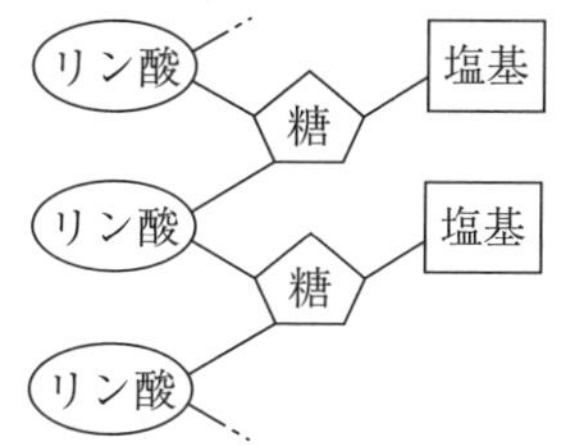

③ RNAは，**アデニン，グアニン，シトシン，ウラシルの4種類の塩基をもつ。**(誤り)

④ DNAは，アデニン，グアニン，シトシン，チミンの4種類の塩基をもつ。(正しい)

⑤ DNAは，らせん状の2本のポリヌクレオチドが，グアニンとシトシンの間，およびチミンとアデニンの間で水素結合をつくっている。(正しい)

注意! DNAとRNAはともに4種類の塩基をもっているが，アデニンと水素結合するのは，DNAではチミンであり，RNAではウラシルである。

第6章　日常生活の化学・化学製品

6-1 日常生活の化学

138 [1] ②

① 高純度のケイ素は，わずかに電気を通し，半導体の性質をもつ。太陽電池やコンピュータの部品などに用いられる。(正しい)

② **鋼は電気分解による精錬はできない**。鉄鉱石を溶鉱炉でコークスや一酸化炭素で還元して銑鉄を製造し，この銑鉄に酸素を吹き込んで，炭素の含有量を減らしてやると鋼ができる。(誤り)

③ ハーバー法により窒素と水素からアンモニアを合成し，このアンモニアを酸で中和することで，硫酸アンモニウムや硝酸アンモニウムが生産されるようになった。これらは「硫安」「硝安」と呼ばれ，窒素肥料として用いられている。(正しい)

④ 塩化ナトリウムと二酸化炭素およびアンモニアから炭酸ナトリウムをつくる工業的製法が，アンモニアソーダ法（ソルベー法）である。

炭酸ナトリウムは，ガラスの原料となる。(正しい)

⑤ リチウムイオン電池は充電が可能な二次電池。小型で軽量，また，高い電圧（約4V）が得られるため，ノートパソコンや携帯電話などに使われている。(正しい)

139 [2] ②

① エチレン $CH_2{=}CH_2$ を付加重合させるとポリエチレンが得られる。ポリエチレンは容器や買物袋に用いられている。(正しい)

$$n\mathrm{CH_2{=}CH_2} \longrightarrow \mathrm{\{CH_2-CH_2\}_n}$$

エチレン　　ポリエチレン

② アセトアニリドは，右のような化合物である。かつて**医薬品として解熱鎮痛剤に用いられていた**ことがあるが，水に溶けにくく，**洗剤とは無関係である**。(誤り)

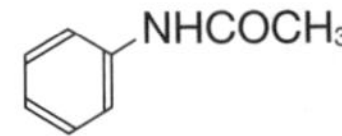

アセトアニリド

③ 純度の高いケイ素は，半導体として用いられている。(正しい)

④ 塩化カルシウムは，吸水性があり，ほとんどの気体の乾燥剤に使うことができる。(正しい)

⑤ 炭酸水素ナトリウムは加熱により分解して二酸化炭素を発生する。

$$2NaHCO_3 \longrightarrow Na_2CO_3 + H_2O + CO_2$$

ケーキなどをふくらませるためのベーキングパウダーとして用いられる。(正しい)

140 [3] ①

① 塩化ナトリウムの飽和水溶液に，二酸化炭素とアンモニアを吹き込むと，**炭酸水素ナトリウムが沈殿する**。(誤り)

$$NaCl + CO_2 + NH_3 + H_2O \longrightarrow NaHCO_3 + NH_4Cl \quad \cdots\cdots(1)$$

炭酸水素ナトリウムの溶解度が比較的小さいことを利用したのが，アンモニアソーダ法といえる。

② 炭酸カルシウムを加熱すると，次のように二酸化炭素と酸化カルシウムが生成する。

$$CaCO_3 \longrightarrow CaO + CO_2 \quad \cdots\cdots(2)$$

CO_2 は酸性酸化物の気体，CaO は塩基性酸化物の固体である。(正しい)

③ 塩化アンモニウムと水酸化カルシウムを反応させるとアンモニアが発生し，塩化カルシウムと水が生成する。これは，弱塩基の遊離反応である。(正しい)

$$2NH_4Cl + Ca(OH)_2 \longrightarrow CaCl_2 + 2H_2O + 2NH_3 \quad \cdots\cdots(3)$$

④ (3)で得られた NH_3 はアンモニアソーダ法の中で再利用される。(正しい)

⑤ (1)で得られた $NaHCO_3$ を熱分解すると Na_2CO_3 が得られる。

$$2NaHCO_3 \longrightarrow Na_2CO_3 + H_2O + CO_2 \quad \cdots\cdots(4)$$

(2)で得られた CaO を水と反応させて，$Ca(OH)_2$ をつくる。

$$CaO + H_2O \longrightarrow Ca(OH)_2 \quad \cdots\cdots(5)$$

(1)×2＋(2)＋(3)＋(4)＋(5)より

$$2NaCl + CaCO_3 \longrightarrow Na_2CO_3 + CaCl_2$$

のように，炭酸カルシウムから炭酸ナトリウムが生じる1つの反応式にまとめることができる。この反応式より，必要な炭酸カルシウムの物質量は，塩化ナトリウムの物質量の $\frac{1}{2}$ であることがわかる。(正しい)

141 [4] ⑤

▶攻略のPoint　反応式を書き，酸化数の変化に着目すればよい。酸化数が変化しないものが，「酸化還元反応を含まない」ことになる。

① 硫酸は，工業的には次に示す接触法で製造される。

硫黄を燃焼する。$S + O_2 \longrightarrow SO_2 \quad \cdots\cdots(1)$

酸化バナジウム(V)V_2O_5 を触媒として，SO_2 を SO_3 に酸化する。

$2\underline{S}O_2 + O_2 \longrightarrow 2\underline{S}O_3$ ……(2)
　+4　　　　　+6

SO_3 を，濃硫酸に吸収させて発煙硫酸とし，これを希硫酸で薄めて濃硫酸にする。

$SO_3 + H_2O \longrightarrow H_2SO_4$ ……(3)

(2)の工程は**酸化還元反応である**。

② アンモニアの工業的製法は，ハーバー法と呼ばれる。四酸化三鉄 Fe_3O_4 を主成分とする触媒を用いて，窒素と水素を高温・高圧で反応させる。

$\underline{N}_2 + 3\underline{H}_2 \rightleftarrows 2\underline{N}\underline{H}_3$
0　　0　　−3+1

酸化還元反応である。

③，④ 硝酸の工業的製法は，オストワルト法と呼ばれる。白金触媒を用いて，アンモニアを 800～900 ℃ の温度で空気酸化する。

$4\underline{N}H_3 + 5O_2 \longrightarrow 4\underline{N}O + 6H_2O$ ……(1)
−3　　　　　+2

生成した一酸化窒素を冷やして，さらに酸化し二酸化窒素とする。

$2\underline{N}O + O_2 \longrightarrow 2\underline{N}O_2$ ……(2)
+2　　　　+4

この二酸化窒素を温水と反応させると硝酸と一酸化窒素が得られる。

$3\underline{N}O_2 + H_2O \longrightarrow 2H\underline{N}O_3 + \underline{N}O$ ……(3)
+4　　　　　　+5　　+2

(1)～(3)の工程は**酸化還元反応である**。

注意！ (3)の工程も酸化還元反応であり，オストワルト法は

$\underline{N}H_3 \rightarrow \underline{N}O \rightarrow \underline{N}O_2 \rightarrow H\underline{N}O_3$
−3　+2　+4　+5

と，アンモニアを酸化していく製法といえる。

⑤ 炭酸ナトリウムは，アンモニアソーダ法で製造される。主反応の次の工程では各原子の酸化数の変化はないので**酸化還元反応ではない**。

$$NaCl + NH_3 + CO_2 + H_2O \longrightarrow NaHCO_3 + NH_4Cl$$

142 [5] ③

▶攻略のPoint 化学反応が関係しているものは，「現象の記述」を反応式で表すことができるものになる。

① 塩素を含む洗剤の主成分である次亜塩素酸ナトリウムが，塩酸を含む洗剤と混ざった場合を考えると

$NaClO + 2HCl \longrightarrow NaCl + H_2O + Cl_2$

の反応が起こり，塩素が発生する。

② 閉めきった室内で，炭（つまり炭素 C）を燃やすと，次のような不完全燃焼により有毒な一酸化炭素 CO が発生することがあり，危険である。

$2C + O_2 \longrightarrow 2CO$

③ 高温のてんぷら油に水滴を落とすと，水が一気に沸騰して，油とともに飛び散る。これは，**水の状態変化（液体 → 気体）が起こったのであり，化学反応が起こったわけではない**。

④ スイッチを入れた際の火花により可燃性のガスが急激に燃焼して爆発が起こる。例えば，プロパンガス C_3H_8 の場合，次の反応が起こる。

$C_3H_8 + 5O_2 \longrightarrow 3CO_2 + 4H_2O$

⑤ 乾燥剤として入っている酸化カルシウムは水と次のように反応する。

$CaO + H_2O \longrightarrow Ca(OH)_2$

この反応は発熱反応である。したがって，酸化カルシウムを水でぬらしたとき，反応して高温となることがある。

以上より，化学反応が関係していないのは③である。

143 [6] ⑤

① 漂白剤は，洗濯物中の有色物質との**酸化還元反応**により，有色物質を分解する働きをする。(適当)

塩素系の漂白剤は次亜塩素酸ナトリウム NaClO が主成分であり，**酸化作用**を利用する。

また，二酸化硫黄 SO_2 は**還元作用**を利用する。

② ぬれた衣服からは水が蒸発する。水が**蒸発する**際には，蒸発熱を奪う。

$H_2O(液) \longrightarrow H_2O(気)\quad \Delta H = 44\,\mathrm{kJ}$

したがって，ぬれた衣服を着ていると体温を奪われ，体が冷える。(適当)

③ 花火には，アルカリ金属やアルカリ土類金属，銅などの塩が用いられており，**炎色反応**によりさまざまな色を示す。(適当)

④ シリカゲル $SiO_2 \cdot nH_2O$ は，多孔質の固体で表面に**水を吸着する**。そのため，食品が湿らない。(適当)

⑤ ナフタレンは**昇華**して気体となり，衣装ケースに充満して防虫剤として働く。**昇華**によって，固体から気体に直接変化するので，防虫剤は小さくなっていく。(適当でない)

注意！ 風解は，水和水をもつ結晶が，水和水を失って粉末になる現象で，炭酸ナトリウム十水和物 $Na_2CO_3 \cdot 10H_2O$ などで起こる。

1 中和反応と pH

144 ① ①

水酸化ナトリウム水溶液と硫酸の中和反応は次のようになる。

$2NaOH + H_2SO_4 \longrightarrow Na_2SO_4 + 2H_2O$

$NaOH$ と H_2SO_4 は物質量比 2：1 で反応している。

$NaOH$ 水溶液の濃度を x〔mol/L〕とすると，

$(x〔mol/L〕\times V_1〔L〕):(C〔mol/L〕\times V_2〔L〕) = 2:1$

$$x = \frac{2CV_2}{V_1}〔mol/L〕$$

(別解)

▶攻略のPoint 中和点では，反応する H^+ の物質量と OH^- の物質量が等しくなる。

> 酸からの H^+ の物質量 ＝ 塩基からの OH^- の物質量
>
> $a \times c \times V = b \times c' \times V'$
>
>  
>
> c〔mol/L〕の a 価の酸 V〔L〕　c'〔mol/L〕の b 価の塩基 V'〔L〕

$NaOH$ 水溶液の濃度を x〔mol/L〕として，上の式に代入すると，

$2 \times C \times V_2 = 1 \times x \times V_1$（□は価数）

$$x = \frac{2CV_2}{V_1}〔mol/L〕$$

145 ② ④

塩酸と水酸化ナトリウム水溶液の中和反応は次のようになる。

$HCl + NaOH \longrightarrow NaCl + H_2O$

HCl と $NaOH$ は物質量比 1：1 で反応している。

薄める前の希塩酸の濃度を x〔mol/L〕とすると，10 倍に薄めたので，滴定に用いた希塩酸の濃度は $\frac{1}{10}x$〔mol/L〕になる。

したがって，

$$\left(\frac{1}{10}x〔mol/L〕\times \frac{10}{1000}L\right):\left(0.10\,mol/L \times \frac{8.0}{1000}L\right) = 1:1$$

$$x = 0.80\,mol/L$$

(別解)

(酸からの H^+ の物質量) ＝ (塩基からの OH^- の物質量)

$$1 \times \frac{1}{10}x \times \frac{10}{1000} = 1 \times 0.10 \times \frac{8.0}{1000}$$

よって，$x = 0.80$ が求まる。

146 ③ ⑤

6.30 g のシュウ酸二水和物は，

$(COOH)_2 \cdot 2H_2O = 126$ より，$\frac{6.30}{126} = 0.0500\,mol$ に相当する。この結晶を水に溶かすと，

$$\underset{0.0500\,mol}{(COOH)_2 \cdot 2H_2O} \longrightarrow \underset{0.0500\,mol}{(COOH)_2} + \underset{0.100\,mol}{2H_2O}$$

となり，溶質の $(COOH)_2$ は同じく 0.0500 mol となる。

よって，シュウ酸水溶液の濃度は 0.0500 mol/L である。

ビュレットの目盛りは上から下についているので，中和点での読みは 24.8 mL である。

中和するまでに要したシュウ酸の体積は

$24.8 - 8.80 = 16.0$ mL になる。

$NaOH$ 水溶液の濃度を x〔mol/L〕とすると，

$(COOH)_2 + 2NaOH \longrightarrow (COONa)_2 + 2H_2O$

$(COOH)_2$ と $NaOH$ は物質量比 1：2 で中和反応するので，

$$\underset{(COOH)_2}{\left(0.0500\,mol/L \times \frac{16.0}{1000}L\right)}:\underset{NaOH}{\left(x〔mol/L〕\times \frac{20.0}{1000}L\right)} = 1:2$$

$$x = 0.0800\,mol/L$$

(別解)

$(COOH)_2$ は 2 価の酸，$NaOH$ は 1 価の塩基なので，

(酸からの H^+ の物質量) ＝ (塩基からの OH^- の物質量)

$$2 \times 0.0500 \times \frac{16.0}{1000} = 1 \times x \times \frac{20.0}{1000}$$

$$x = 0.0800\,mol/L$$

147 ④ ⑤

$NaOH$ 水溶液の濃度を x〔mol/L〕，求める HCl の濃度を y〔mol/L〕とする。

$(COOH)_2 + 2NaOH \longrightarrow (COONa)_2 + 2H_2O$

$(COOH)_2$ と $NaOH$ は物質量比 1：2 で反応している。

0.10 mol/L の $(COOH)_2$ 水溶液 10 mL を中和するのに必要な $NaOH$ 水溶液の体積が 7.5 mL であったことから，

$$\left(0.10\,\text{mol/L}\times\frac{10}{1000}\,\text{L}\right):\left(x\,[\text{mol/L}]\times\frac{7.5}{1000}\,\text{L}\right)=1:2$$

$$x=\frac{2}{7.5}\,\text{mol/L}$$

$HCl + NaOH \longrightarrow NaCl + H_2O$

HCl と NaOH は物質量比 1：1 で反応している。

濃度未知の HCl 10 mL を中和するのに必要な $\frac{2}{7.5}$ mol/L の NaOH 水溶液の体積が 15 mL なので

$$\left(y\times\frac{10}{1000}\right):\left(\frac{2}{7.5}\times\frac{15}{1000}\right)=1:1$$

$$y=0.40\,\text{mol/L}$$

(別解)

(酸からの H^+ の物質量) = (塩基からの OH^- の物質量)

$(COOH)_2$ と NaOH の量的関係より ⟵ $(COOH)_2$ は 2 価の酸

$$2\times0.10\times\frac{10}{1000}=1\times x\times\frac{7.5}{1000}\quad\cdots\cdots(1)$$

HCl と NaOH の量的関係より，

$$1\times y\times\frac{10}{1000}=1\times x\times\frac{15}{1000}\quad\cdots\cdots(2)$$

(2) ÷ (1)を計算して $\frac{y}{2\times0.10}=\frac{15}{7.5}$

$y=0.40\,\text{mol/L}$

8 [5] ③

塩酸と水酸化ナトリウム水溶液の中和反応が過不足なく起こると，中性の塩化ナトリウム水溶液となる。

$HCl + NaOH \longrightarrow NaCl + H_2O$

塩酸の濃度を x〔mol/L〕とすると，

塩化水素の物質量は $x\times\frac{500}{1000}=0.50x$〔mol〕

水酸化ナトリウムの物質量は，

$$0.010\times\frac{500}{1000}=5.0\times10^{-3}\,\text{mol}$$

混合後の水溶液は酸性(pH 2.0)であるから，塩化水素が残っているとわかる。

混合前後の量的関係は次のようになる。

	HCl	+ NaOH	⟶	NaCl	+ H_2O
反応前	$0.50x$	5.0×10^{-3}		0	0
反応量	-5.0×10^{-3}	-5.0×10^{-3}	⟶	$+5.0\times10^{-3}$	$+5.0\times10^{-3}$
反応後	$0.50x-5.0\times10^{-3}$	0		5.0×10^{-3}	5.0×10^{-3}

(単位 mol)

塩酸は強酸で電離度は 1 だから，混合後の水溶液に含まれる H^+ の物質量は，残った塩化水素の物質量 $(0.50x-5.0\times10^{-3})$ mol に等しい。

一方，pH 2.0 から，$[H^+]=1.0\times10^{-2}$ mol/L

混合後の水溶液の体積は，

$500+500=1000$ mL $=1$ L だから，H^+ の物質量は，1.0×10^{-2} mol である。

したがって，残った塩化水素(H^+)に着目して，

$$0.50x-5.0\times10^{-3}=1.0\times10^{-2}$$

$$x=0.030\,\text{mol/L}$$

149 a−[6] ② b−[7] ③

a｜ 酢酸水溶液と水酸化ナトリウム水溶液の中和反応は次のようになる。

$CH_3COOH + NaOH \longrightarrow CH_3COONa + H_2O$

CH_3COOH と NaOH は物質量比 1：1 で反応しているので，水酸化ナトリウム水溶液の濃度を x〔mol/L〕とすると，

$$\left(0.036\times\frac{10.0}{1000}\right):\left(x\times\frac{18.0}{1000}\right)=1:1$$

$$x=0.020\,\text{mol/L}$$

b

> c〔mol/L〕の 1 価の酸の電離度が α のとき，その水溶液の水素イオン濃度 $[H^+]$ は，
> $[H^+]=c\alpha$

0.036 mol/L の酢酸の電離度を α とする。

pH 3.0 より，$[H^+]=10^{-3}$ mol/L であるから，上の式に代入すると，

$$[H^+]=0.036\alpha=10^{-3}$$

$$\alpha=\frac{10^{-3}}{0.036}=2.77\times10^{-2}$$

$$\fallingdotseq2.8\times10^{-2}$$

150 [8] ③

混合気体中の CO_2 を $Ba(OH)_2$ 水溶液に通じて反応させ，吸収する。次に，この反応で残った $Ba(OH)_2$ の一部を取り出して，硫酸で中和する。

はじめにあった $Ba(OH)_2$ の物質量は

$$1.00\times10^{-2}\,\text{mol/L}\times1.00\,\text{L}=1.00\times10^{-2}\,\text{mol}$$

CO_2 を x〔mol〕とすると，$Ba(OH)_2$ 水溶液に通じたときの量的関係は次のようになる。

	$Ba(OH)_2$	+ CO_2	⟶	$BaCO_3$	+ H_2O
反応前	1.00×10^{-2}	x		0	0
反応量	$-x$	$-x$	⟶	$+x$	$+x$
反応後	$1.00\times10^{-2}-x$	0		x	x

(単位 mol)

反応後の水溶液から $BaCO_3$ の沈殿を取り除く。残りの水溶液 1.00 L（= 1000 mL）から，100 mL を取ったので，その中に含まれる $Ba(OH)_2$ の物質量は

$$(1.00 \times 10^{-2} - x) \times \frac{100}{1000}〔mol〕$$

この $Ba(OH)_2$ を中和するのに硫酸 20.0 mL を必要とした。

$$Ba(OH)_2 + H_2SO_4 \longrightarrow BaSO_4 + 2H_2O$$

$Ba(OH)_2$ と H_2SO_4 は物質量比 1：1 で反応することから，

$$\left\{(1.00 \times 10^{-2} - x) \times \frac{100}{1000}〔mol〕\right\} : \left(1.00 \times 10^{-2}\ mol/L \times \frac{20.0}{1000}\ L\right) = 1 : 1$$

$x = 8.00 \times 10^{-3}$ mol

CO_2 の標準状態での体積は

$22.4 \times 10^3 \times 8.00 \times 10^{-3} = 179.2 \fallingdotseq 180$ mL

2 酸化還元反応

151 [1] ④

$KMnO_4$ と H_2O_2 の化学反応式を書く。

$H_2O_2 \longrightarrow O_2 + 2H^+ + 2e^-$ ……(1)

$MnO_4^- + 8H^+ + 5e^- \longrightarrow Mn^{2+} + 4H_2O$ ……(2)

酸化還元反応では，電子 e^- の授受は過不足なく行われるので，(1)，(2)式より e^- を消去してイオン反応式をつくると

(1)式 × 5 + (2)式 × 2 より

$2MnO_4^- + 5H_2O_2 + 6H^+$
$\longrightarrow 2Mn^{2+} + 5O_2 + 8H_2O$ ……(3)

硫酸で酸性溶液にしていることに注意して，両辺に $2K^+ + 3SO_4^{2-}$ を加える。

$2KMnO_4 + 5H_2O_2 + 3H_2SO_4$
$\longrightarrow K_2SO_4 + 2MnSO_4 + 5O_2 + 8H_2O$
……(4)

(4)式より $KMnO_4$ と H_2O_2 は物質量比 2：5 で反応している。または，(3)のイオン反応式より物質量比を推量してもよい。

H_2O_2 水のモル濃度を x〔mol/L〕とすると

$$\overset{KMnO_4}{\left(0.0500\ mol/L \times \frac{20.0}{1000}\ L\right)} : \overset{H_2O_2}{\left(x〔mol/L〕 \times \frac{10.0}{1000}\ L\right)} = 2 : 5$$

$x = 0.250$ mol/L

(別解)

$KMnO_4$ と H_2O_2 の酸化還元反応では，電子の授受が過不足なく行われるので

(1)，(2)の反応式から

還元剤 H_2O_2 の出した e^- の物質量

$\underline{H_2O_2} \longrightarrow O_2 + 2H^+ + 2e^-$

$$\left(x〔mol/L〕 \times \frac{10.0}{1000}\ L\right) \longrightarrow x \times \frac{10.0}{1000} \times 2\ mol$$

酸化剤 $KMnO_4$ の受け取った e^- の物質量

$\underline{MnO_4^-} + 8H^+ + 5e^- \longrightarrow Mn^{2+} + 4H_2O$

$$\left(0.0500\ mol/L \times \frac{20.0}{1000}\ L\right) \longrightarrow 0.0500 \times \frac{20.0}{1000} \times 5\ mol$$

e^- の物質量は等しくなるので，

$$x \times \frac{10.0}{1000} \times 2 = 0.0500 \times \frac{20.0}{1000} \times 5$$

$x = 0.250$ mol/L

152 [2] ②

$K_2Cr_2O_7$ と $(COOH)_2$ の反応で，CO_2 が発生する。$(COOH)_2$ 水溶液を 10.0 mL 滴下するまでは，滴下量と比例して CO_2 が発生していることがグラフからわかる。

10.0 mL 以上になると CO_2 の発生量は一定となるので，ちょうど 10.0 mL の時点で，$K_2Cr_2O_7$ と $(COOH)_2$ が過不足なく反応していることになる。

$K_2Cr_2O_7$ と $(COOH)_2$ の反応式を書くと

$Cr_2O_7^{2-} + 14H^+ + 6e^-$
$\longrightarrow 2Cr^{3+} + 7H_2O$ ……(1)

$(COOH)_2 \longrightarrow 2CO_2 + 2H^+ + 2e^-$ ……(2)

(1)式 + (2)式 × 3 より

$Cr_2O_7^{2-} + 3(COOH)_2 + 8H^+$
$\longrightarrow 2Cr^{3+} + 6CO_2 + 7H_2O$ ……(3)

このイオン反応式の両辺に $2K^+ + 4SO_4^{2-}$ を加えると

$K_2Cr_2O_7 + 3(COOH)_2 + 4H_2SO_4$
$\longrightarrow K_2SO_4 + Cr_2(SO_4)_3 + 6CO_2 + 7H_2O$
……(4)

(4)式より $K_2Cr_2O_7$ と $(COOH)_2$ は物質量比 1：3 で反応しているので，$K_2Cr_2O_7$ 水溶液の濃度を x〔mol/L〕とすると

$$\overset{K_2Cr_2O_7}{\left(x〔mol/L〕 \times \frac{5.00}{1000}\ L\right)} : \overset{(COOH)_2}{\left(0.150\ mol/L \times \frac{10.0}{1000}\ L\right)} = 1 : 3$$

$x = 0.100$ mol/L

(別解)

(1)の反応式から，

酸化剤 $K_2Cr_2O_7$ の受け取った e^- の物質量は

x〔mol/L〕× $\dfrac{5.00}{1000}$ L × 6

(2)の反応式から，

還元剤 $(COOH)_2$ の出した e^- の物質量は

$$0.150\ \text{mol/L} \times \frac{10.0}{1000}\ \text{L} \times 2$$

e^- の物質量が等しくなるので，

$$x \times \frac{5.00}{1000} \times 6 = 0.150 \times \frac{10.0}{1000} \times 2$$

$$x = 0.100\ \text{mol/L}$$

注意！ グラフの形から，$(COOH)_2$ をちょうど 10.0 mL 滴下したときに，$K_2Cr_2O_7$ と $(COOH)_2$ が過不足なく反応したことをおさえる。

このとき，$K_2Cr_2O_7$：$(COOH)_2$ の物質量比が 1：3 となる。

53　③　③

MnO_4^- が酸化剤として作用するときの反応式は

$$MnO_4^- + 8H^+ + 5e^- \longrightarrow Mn^{2+} + 4H_2O$$

Sn^{2+} が還元剤として作用するときの反応式は

$$Sn^{2+} \longrightarrow Sn^{4+} + 2e^-$$

> 酸化還元反応では，
> （酸化剤が受け取った e^- の物質量）
> ＝（還元剤が出した e^- の物質量）
> の関係が成立する。

MnO_4^- は 1 mol あたり e^- を 5 mol 受け取る。また，Sn^{2+} は 1 mol あたり e^- を 2 mol 出す。

$SnCl_2$ 水溶液 100 mL 中の $SnCl_2$ の物質量を x〔mol〕とすると，

$$0.10 \times \frac{30}{1000} \times 5 = x \times 2$$

$$x = 7.5 \times 10^{-3}\ \text{mol}$$

$Cr_2O_7^{2-}$ が酸化剤として作用するときの反応式は，

$$Cr_2O_7^{2-} + 14H^+ + 6e^- \longrightarrow 2Cr^{3+} + 7H_2O$$

$K_2Cr_2O_7$ と $SnCl_2$ の反応では，$Cr_2O_7^{2-}$ は 1 mol あたり e^- を 6 mol 受け取る。また，Sn^{2+} は 1 mol あたり e^- を 2 mol 出す。

必要な $K_2Cr_2O_7$ 水溶液の体積を v〔L〕とすると，

$$0.10 \times v \times 6 = \underline{7.5 \times 10^{-3}} \times 2$$

（↑ $SnCl_2$ の物質量）

これを解いて，$v = 0.025$ L　よって，25 mL

▶攻略のPoint　同じ物質量の還元剤 $SnCl_2$ を酸化することになるので，「MnO_4^- が得た e^- の物質量と $Cr_2O_7^{2-}$ が得た e^- の物質量が等しくなる」ことに着目して解くと簡単である。

$$\begin{pmatrix} MnO_4^-\text{が得た} \\ e^-\text{の物質量} \end{pmatrix} = \begin{pmatrix} Cr_2O_7^{2-}\text{が得た} \\ e^-\text{の物質量} \end{pmatrix}$$

$$0.10 \times \frac{30}{1000} \times 5 = 0.10 \times v \times 6$$

これを解いて，$v = 0.025$ L　よって，25 mL

154　④　③

窒素 N_2 と硫化水素 H_2S からなる気体試料 A に含まれていた H_2S を酸化還元滴定で求める。この実験では，I_2 が酸化剤，H_2S と $Na_2S_2O_3$ が還元剤になる。滴定の流れを追っておこう。

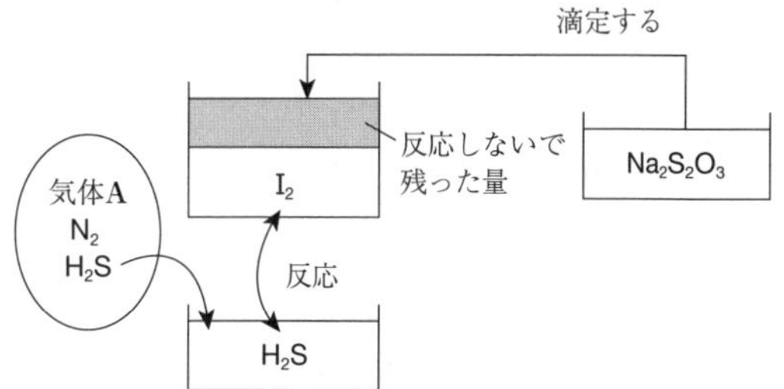

気体試料 A に，ヨウ素 I_2 を含むヨウ化カリウム KI 水溶液を加えると，次の反応が起こる。

$H_2S \longrightarrow 2H^+ + S + 2e^-$……(1)

$I_2 + 2e^- \longrightarrow 2I^-$……(2)

(1)＋(2)より

$H_2S + I_2 \longrightarrow 2HI + S$……(Ⅰ)

ここで生じた硫黄 S の沈殿を取り除き，ろ液にチオ硫酸ナトリウム $Na_2S_2O_3$ 水溶液を滴下していくと次の反応が起こる。

$I_2 + 2e^- \longrightarrow 2I^-$……(2)

$2S_2O_3^{2-} \longrightarrow S_4O_6^{2-} + 2e^-$……(3)

(2)＋(3)より

$I_2 + 2S_2O_3^{2-} \longrightarrow 2I^- + S_4O_6^{2-}$……(Ⅱ)

反応せずに残った I_2 を(Ⅱ)の反応で $Na_2S_2O_3$ を用いて滴定する。

注意！ $Na_2S_2O_3$ 水溶液による滴定では，途中でデンプンの水溶液を加え，ヨウ素デンプン反応による青色を呈色させる。水溶液の青色が消えて無色になったとき，I_2 がすべて反応したことになるので，滴定の終点になる。

この実験では，加えた I_2 を，式(Ⅰ)の反応により H_2S と反応させ，反応しないで残った I_2 を $Na_2S_2O_3$ で滴定することで計算することができる。

試料 A に含まれていた H_2S の物質量を x〔mol〕とする。

加えた I_2(＝254)0.127 g の物質量は

$$\frac{0.127}{254} = 5.00 \times 10^{-4}\,\text{mol}$$

式(Ⅰ)より，H_2S と反応した I_2 の物質量も x〔mol〕であり，

	H_2S	+ I_2	⟶	$2HI$	+ S
反応前	x	5.00×10^{-4}		0	0
反応量	$-x$	$-x$	⟶	$+2x$	$+x$
反応後	0	$5.00 \times 10^{-4} - x$		$2x$	x

(単位は mol)

反応せずに残った I_2 を $Na_2S_2O_3$ で滴定する。

式(Ⅱ)より

$$I_2 + 2S_2O_3^{2-} \longrightarrow 2I^- + S_4O_6^{2-}$$

$$(5.00 \times 10^{-4} - x\text{〔mol〕}) : \left(5.00 \times 10^{-2}\,\text{mol/L} \times \frac{5.00}{1000}\,\text{L}\right) = 1 : 2$$

$$x = 3.75 \times 10^{-4}\,\text{mol}$$

よって，試料 **A** に含まれていた H_2S の体積を V〔mL〕とすると，気体の状態方程式より

$$1.013 \times 10^5 \times V \times 10^{-3} = 3.75 \times 10^{-4} \times 8.31 \times 10^3 \times 273$$

$$V = 8.398 \fallingdotseq 8.40\,\text{mL}$$

3 気体の法則

155 ① ②

▶攻略のPoint 気体の状態方程式から気体分子の分子量を求めることから始めよう。

17℃，1.0×10^5 Pa で，1.0 g が 0.415 L を占める気体の分子量を M とすると，$pV = \frac{w}{M}RT$ より

$$M = \frac{wRT}{pV} = \frac{1.0 \times 8.3 \times 10^3 \times (273 + 17)}{1.0 \times 10^5 \times 0.415} = 58$$

この気体分子は炭素原子と水素原子だけからなるので，C_xH_y とおいてみる。

つまり，$C_xH_y = 58$ となる炭化水素を見つければよい。

$58 \div 12 \fallingdotseq 4.8$ より，炭素数 4 前後の炭化水素で，分子量が 58 となるものを具体的に推測していく方法をとる。

$x = 3$ のとき　$C_3H_y = 58$ となる y は 22
　炭化水素は C_3H_{22}，このような分子はありえない。
$x = 4$ のとき　$C_4H_y = 58$ となる y は 10
　炭化水素は C_4H_{10}
$x = 5$ のとき　$C_5H_y = 58$ となる y は -2 で
　存在しない。

したがって，該当する分子は C_4H_{10} と考えられる。この気体分子が燃焼するときの反応式は次のようになる。

$$C_4H_{10} + \frac{13}{2}O_2 \longrightarrow 4CO_2 + 5H_2O$$

よって，C_4H_{10} の 1.0 mol を完全燃焼したときに発生する CO_2 の物質量は 4.0 mol である。

まとめ

気体分子の分子量 M を求める式は

$$M = \frac{wRT}{pV} \quad \left(\begin{array}{ll} w：質量〔g〕 & T：絶対温度〔K〕 \\ p：圧力〔Pa〕 & V：体積〔L〕\end{array}\right)$$

156 ② ②

▶攻略のPoint 加熱して 0.050 mol の CO_2 がフラスコから追い出される前後の状態を問題文の内容からとらえる。

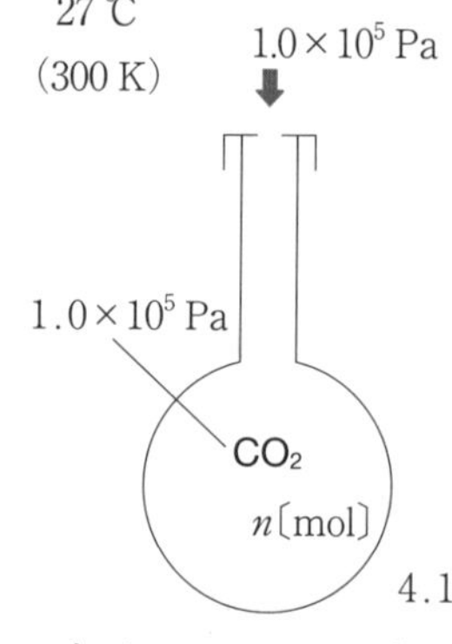

穴のあいたアルミニウム箔(はく)でふたがされていることから，フラスコ内の気体の圧力は外圧の 1.0×10^5 Pa と同じである。

初めにフラスコに満たした CO_2 を n〔mol〕とすると，気体の状態方程式 $pV = nRT$ より

$$1.0 \times 10^5 \times 4.15 = n \times 8.3 \times 10^3 \times 300$$

$$n = \frac{1}{6}\,\text{mol}$$

温度を T〔K〕としたときに，フラスコの中から 0.050 mol の CO_2 が追い出されたとすると，次のようになる。

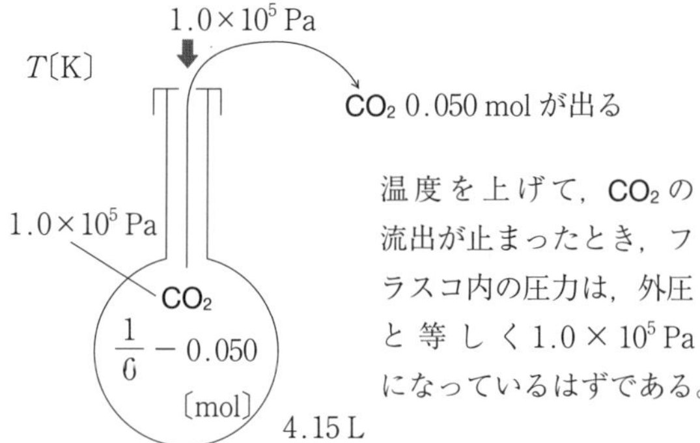

この状態の各数値を気体の状態方程式に代入すると

$$1.0\times10^5\times4.15=\left(\frac{1}{6}-0.050\right)\times8.3\times10^3\times T$$

$$T=428.5\fallingdotseq429$$

セルシウス温度で示すと

$$t=429-273=156\ ℃$$

注意! 穴のあいたアルミニウム箔でふたをしたとき，容器内の圧力は外圧と等しいことに着目する。

7 ③　②

ドライアイスの質量を x〔g〕とする。これが CO_2 の気体となり，エタノールと混合気体をつくることになる。この混合気体の全物質量 n は $CO_2=44$ より

$$n=\frac{x}{44}+\frac{9.2}{46}=\frac{x}{44}+0.2\text{〔mol〕}$$

気体の状態方程式 $pV=nRT$ に各数値を代入すると

$$2.0\times10^5\times4.15=\left(\frac{x}{44}+0.2\right)\times8.3\times10^3\times(273+127)$$

$$x=2.2\ \text{g}$$

まとめ

気体A，Bが一つの容器に入っているとき

全物質量 n　　$n=n_A+n_B$

全圧 p　　$p=p_A+p_B$（分圧の法則）

$$\text{分圧}=\text{全圧}\times\frac{\text{成分気体の物質量}}{\text{混合気体全体の物質量}}$$

$$=\text{全圧}\times\text{モル分率}$$

④　⑥

▶攻略のPoint 水上置換で捕集された気体は水蒸気との混合気体になっている。

c の操作で，メスシリンダー内の水面と水槽の水面を一致させるのは，メスシリンダー内の気体の圧力を大気圧 p〔Pa〕と一致させるためである。

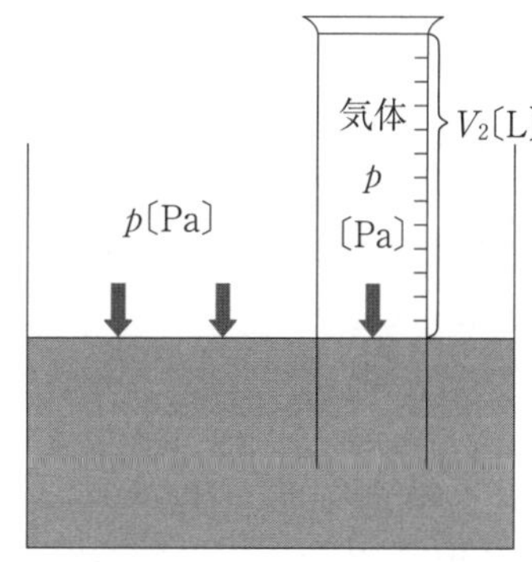

したがって，気体の体積としては V_2〔L〕を用いることになる。

メスシリンダー内の気体の圧力は p〔Pa〕になる。

メスシリンダー内に捕集された気体は，耐圧容器につまっていた気体に，水蒸気が飽和している混合気体である。水蒸気圧が p'〔Pa〕なので

求める気体の圧力　$p-p'$〔Pa〕　……(1)

気体の体積　V_2〔L〕　……(2)

気体の質量は，耐圧容器の軽くなった分に相当する。

W_1-W_2〔g〕　……(3)

この気体の分子量を M とすると，$pV=\frac{w}{M}RT$ に(1)〜(3)を代入して

$$(p-p')V_2=\frac{W_1-W_2}{M}RT$$

$$M=\frac{RT(W_1-W_2)}{(p-p')V_2}$$

⑥の式になる。

まとめ

水上置換で捕集された気体の圧力 p_A〔Pa〕は

大気圧 p

$=$ 気体の圧力 p_A $+$ 水蒸気圧 p'　なので

$p_A=p-p'$ である。

159 ⑤　①

▶攻略のPoint 水がすべて気体であると仮定したときの圧力 p〔Pa〕と，その温度の水の蒸気圧を比較する。水（気体）の圧力 p が，蒸気圧よりも高くなることはないので，その場合は，水の一部が凝縮していると考える。

27 ℃のとき，水がすべて気体になったとすると，その圧力 p_1〔Pa〕は，気体の状態方程式 $pV=nRT$ より

$$p_1\times20=\frac{1.8}{18}\times8.3\times10^3\times(273+27)$$

$$p_1=0.1245\times10^5\fallingdotseq0.125\times10^5\ \text{Pa}$$

27 ℃における水の蒸気圧は 0.035×10^5 Pa なので，

水（気体）の圧力がこれを超えることはない。水は一部が凝縮し液体として存在している。そして，そのときの水（気体）の圧力は 0.035×10^5 Pa になる。

$x = 0.035 \times 10^5$ Pa

また，57℃で水がすべて気体となったとすると，その圧力 p_2〔Pa〕は同様にして

$$p_2 \times 20 = \frac{1.8}{18} \times 8.3 \times 10^3 \times (273 + 57)$$

$$p_2 = 0.1369 \times 10^5 \fallingdotseq 0.137 \times 10^5 \text{ Pa}$$

57℃における水の蒸気圧は 0.171×10^5 Pa なので，水はすべて気体として存在しており，その圧力は 0.137×10^5 Pa である。

$y = 0.137 \times 10^5$ Pa

まとめ

水がすべて気体と仮定したときの圧力 p〔Pa〕が

1) $p >$ 水の蒸気圧…水は一部が凝縮して液体になる。
水の分圧 → 蒸気圧になる。

2) $p \leqq$ 水の蒸気圧…水はすべて気体
水の分圧 → p〔Pa〕になる。

160 ⑥ ③

窒素の物質量は $\dfrac{1.12}{22.4} = 0.050$ mol

0.10 mol のエタノールがすべて気体となったと仮定すると，その圧力 p〔Pa〕は，$pV = nRT$ より

$$p \times 2.46 = 0.10 \times 8.3 \times 10^3 \times (273 + 57)$$

$$p = 1.11 \times 10^5 \fallingdotseq 1.1 \times 10^5 \text{ Pa}$$

これは，57℃におけるエタノールの飽和蒸気圧 0.40×10^5 Pa よりも大きいので，エタノールは一部液体として存在している。そしてエタノール（気体）の分圧は蒸気圧 0.40×10^5 Pa になる。

このときのエタノール（気体）の物質量 n〔mol〕を求める。

$$0.40 \times 10^5 \times 2.46 = n \times 8.3 \times 10^3 \times (273 + 57)$$

$$n \fallingdotseq 0.036 \text{ mol}$$

したがって，$\dfrac{\text{エタノール} \cdots 0.036 \text{ mol}}{N_2 \cdots\cdots 0.050 \text{ mol}} = 0.72$ 倍になる。

(別解)

エタノールの一部が凝縮し，エタノール（気体）の分圧が蒸気圧 0.40×10^5 Pa になることがわかったのちに，窒素の圧力を求める。

N_2 の圧力 p'〔Pa〕は，$pV = nRT$ より

$$p' \times 2.46 = 0.050 \times 8.3 \times 10^3 \times (273 + 57)$$

$$p' \fallingdotseq 0.556 \times 10^5 \text{ Pa}$$

窒素の分圧は，0.556×10^5 Pa となるので，圧力比 = 物質量比より

$$\frac{\text{エタノール} \cdots 0.40 \times 10^5 \text{ Pa}}{N_2 \cdots\cdots 0.556 \times 10^5 \text{ Pa}} = 0.719 \fallingdotseq 0.72 \text{ 倍}$$

これが物質量の比になる。

161 ⑦ ③ ⑧ ⑥

▶攻略のPoint　エチレンと酸素の２つの反応は同時に起こるが，反応が順に起こるとして，各々，反応前後の物質量の変化をみていく。

次の(1)，(2)の順で反応が起こったとして考える。CH_3CHO と CO_2 の物質量の比が 2 : 1 になるように，CH_3CHO が $2x$〔mol〕，CO_2 が x〔mol〕生成したとする。

(1)

	$2C_2H_4$	+	O_2	⟶	$2CH_3CHO$
反応前	1.00		0.50		0
反応量	$-2x$		$-x$	⟶	$+2x$
反応後	$1.00 - 2x$		$0.50 - x$		$\boxed{2x}$

↑ CH_3CHO が $2x$〔mol〕生成

(2)

	C_2H_4	+	$3O_2$	⟶	$2CO_2$	+	$2H_2O$
反応前	$1.00 - 2x$		$0.50 - x$		0		0
反応量	$-\frac{1}{2}x$		$-\frac{3}{2}x$	⟶	$+x$		$+x$
反応後	$1.00 - \frac{5}{2}x$		$\underline{0.50 - \frac{5}{2}x}$		$\boxed{x}$		x

↑ CO_2 が x〔mol〕生成

酸素がすべて消費されたので

$$0.50 - \frac{5}{2}x = 0$$

$$x = 0.20 \text{ mol}$$

反応後の容器内に存在している気体とその物質量は次のようになる。

C_2H_4 ：$1.00 - \frac{5}{2}x = 1.00 - \frac{5}{2} \times 0.20 = 0.50$ mol

CH_3CHO ：$2x = 2 \times 0.20 = 0.40$ mol

CO_2 ：$x = 0.20$ mol

H_2O ：$x = 0.20$ mol

したがって，反応後，400 K の容器内の気体の全物質量 n は

$$n = 0.50 + 0.40 + 0.20 + 0.20 = 1.3 \text{ mol}$$

反応後の混合気体の全圧 P〔Pa〕は，気体の状態方程式 $pV = nRT$ より

$$P \times 12 = 1.3 \times 8.3 \times 10^3 \times 400$$

$$P = 3.59 \times 10^5 \fallingdotseq 3.6 \times 10^5 \text{ Pa}$$

また，生成した0.40 molのCH_3CHO（分子量44）の質量は

$$44 \times 0.40 = 17.6 \fallingdotseq 18\,\mathrm{g}$$

(別解)

なお，前半の反応における各物質の変化量を求める際には，次のように化学反応式で処理することもできる。

CH_3CHOとCO_2の物質量比を2：1にするため，係数比が2：1となるように，化学反応式を

(1)＋(2)×$\frac{1}{2}$として求めてみる。

$$\frac{5}{2}C_2H_4 + \frac{5}{2}O_2 \longrightarrow \underline{2CH_3CHO + CO_2} + H_2O$$

この両辺を2倍して

$$5C_2H_4 + 5O_2 \longrightarrow 4CH_3CHO + 2CO_2 + 2H_2O$$

の化学反応式をつくる。

そのうえで，反応が起こったときの各物質の物質量の変化を調べる。O_2がすべて消費されているので，反応は0.50 molのO_2を基準として起こる。

	$5C_2H_4$ ＋	$5O_2$	⟶ $4CH_3CHO$	＋$2CO_2$	＋$2H_2O$
反応前	1.00	0.50	0	0	0
反応量	−0.50	−0.50 ⟶	＋0.40	＋0.20	＋0.20
反応後	0.50	0	0.40	0.20	0.20

（単位 mol）

これから，反応後の各物質の物質量を求めることができる。

4 結晶格子

2 a−① ⑤　b−② ④

▶攻略のPoint 体心立方格子における単位格子に含まれる原子の数　2
単位格子の1辺の長さをa，原子半径をrとしたときの関係　$4r = \sqrt{3}a$
を用いる。また，密度は単位格子を基準にして計算する。

a｜ 体心立方格子では$4r = \sqrt{3}a$の関係が成り立つので

$$r = \frac{\sqrt{3}}{4}a = \frac{1.7}{4} \times 4.28 \times 10^{-8} \fallingdotseq 1.8 \times 10^{-8}\,\mathrm{cm}$$

b｜ Na原子1個の質量は　$\frac{23}{6.0 \times 10^{23}}$ gになる。

体心立方格子では，単位格子中にNa原子は2個含まれることになるので

単位格子の質量は　$\frac{23}{6.0 \times 10^{23}} \times 2$ g

単位格子の体積は　$(4.28 \times 10^{-8})^3$ cm^3

よって

$$密度 = \frac{質量}{体積} = \frac{\frac{23}{6.0 \times 10^{23}} \times 2}{(4.28 \times 10^{-8})^3}$$

$$= \frac{23 \times 2}{6.0 \times 10^{23} \times 78.3 \times 10^{-24}}$$

$$\fallingdotseq 0.98\,\mathrm{g/cm^3}$$

ナトリウムの結晶の密度は1 g/cm^{3}よりもやや小さい。

163 ③ ④

a｜ 面心立方格子は**イ**である。（正）

アは体心立方格子，**ウ**は六方最密構造の結晶格子である。

b｜ 六方最密構造の単位格子に含まれる原子の数を求める場合，まず，図の六角柱に含まれる原子の数から計算する。

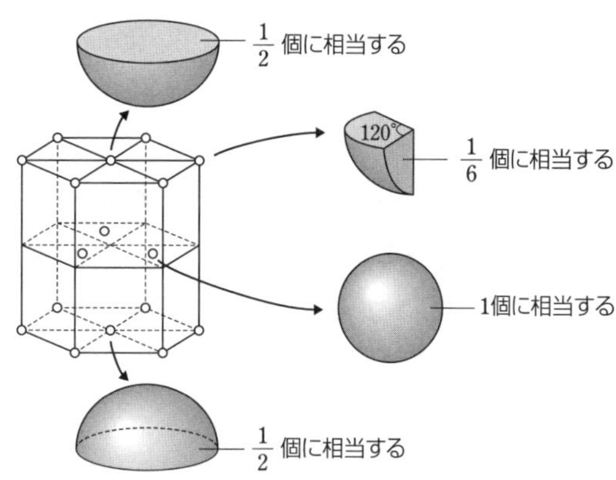

頂点の位置にある原子$\left(\frac{1}{6}個に相当\right)$…12個

上下の六角形の中心にある原子$\left(\frac{1}{2}個に相当\right)$…2個

内部に含まれる原子（1個に相当）…3個

であるから

$$\frac{1}{6} \times 12 + \frac{1}{2} \times 2 + 3 = 6\,個$$

六方最密構造の単位格子は，ちょうどこの六角柱の$\frac{1}{3}$にあたるので

$6個 \times \frac{1}{3} = 2個$　になる。（誤）

c｜ 六方最密構造の充塡率は約 74 % であり，体心立方格子の充塡率は約 68 % で異なる。（誤）

なお，面心立方格子の充塡率は六方最密構造と同じ約 74 % であり，この 2 つが，空間的に最も密に詰め込まれた最密構造になる。

164 ④ ①

塩化セシウム CsCl の結晶では，単位格子に含まれるイオンの数は

単位格子の中心にある Cs^+ が 1 個

8 つの頂点に位置する Cl^- $\left(\frac{1}{8}\text{個分に相当}\right)$ が 8 個なので Cl^- は　$\frac{1}{8} \times 8 = 1個$　である。

つまり，単位格子には CsCl が 1 個分あるととらえることができる。

CsCl = 168.5 より単位格子の質量（= CsCl 1 個分の質量）は

$$\frac{168.5}{N_A}〔g〕$$

結晶の密度 d は

$$d = \frac{質量}{体積} = \frac{\frac{168.5}{N_A}}{a^3} = \frac{168.5}{N_A \times a^3}〔g/cm^3〕$$

165 a－⑤ ①　b－⑥ ②

a｜

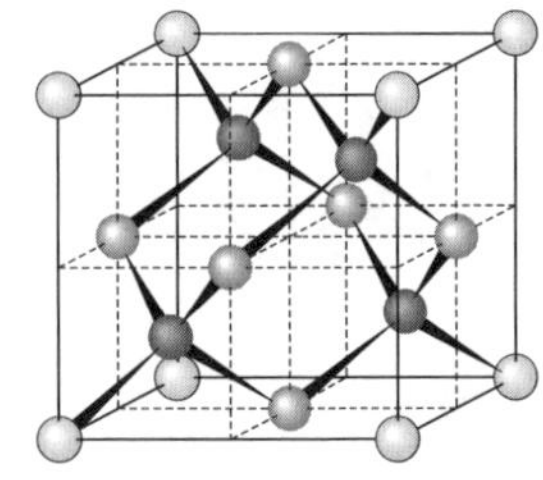

左図の ○ の原子は $\frac{1}{8}$ 個，◎ の原子は $\frac{1}{2}$ 個，● の原子は 1 個に相当する。

したがって，単位格子に含まれる原子の個数は

$$\frac{1}{8} \times 8 + \frac{1}{2} \times 6 + 1 \times 4 = 8個$$　になる。

求める原子量を M とすると，この原子 1 個の質量は $\frac{M}{N_A}$〔g〕になる。

単位格子に原子 8 個が含まれるので，単位格子の質量は

$$\frac{M}{N_A} \times 8〔g〕$$

単位格子の体積は a^3〔cm³〕なので，密度 d は次のように表される。

$$d = \frac{質量}{体積} = \frac{\frac{M}{N_A} \times 8}{a^3} = \frac{8M}{N_A a^3}$$

これを M について解くと　$M = \frac{a^3 d N_A}{8}$

b｜

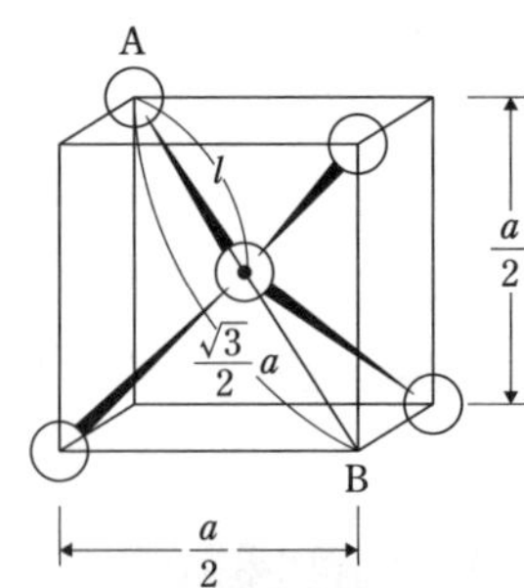

問題に与えられた単位格子を 8 つの立方体に分割した図で考える。

この立方体の一辺の長さは，$\frac{a}{2}$〔cm〕になる。

この立方体の対角線の長さ AB は $\frac{\sqrt{3}}{2}a$〔cm〕である。原子間の結合の長さ l〔cm〕は AB の半分なので

$$l = \frac{\sqrt{3}}{2}a \times \frac{1}{2} = \frac{\sqrt{3}\,a}{4}〔cm〕$$

になる。

166 a－⑦ ③　b－⑧ ②

▶攻略のPoint　分子結晶の結晶格子は，金属結晶との類推で計算していけばよい。

つまり，「金属原子」の代わりに，その位置に「分子」があるとして考えてみる。

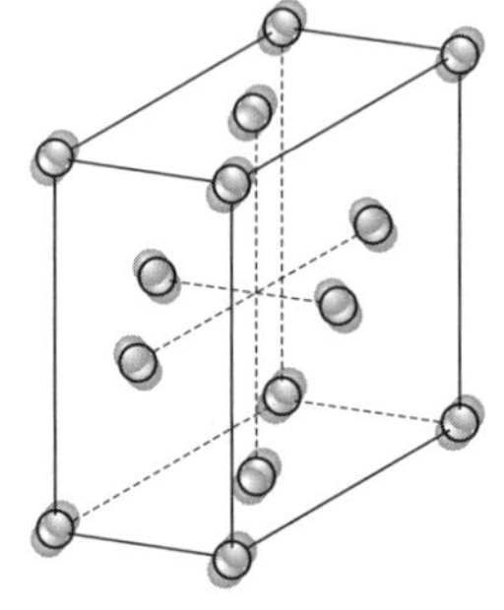

○の位置に $I_2 = 254$ が入った結晶格子ととらえる。

⬇

単位格子は直方体であるが，面心立方格子との比較で考えられる。

a｜ 面心立方格子なので

$$\frac{1}{8} \times 8 + \frac{1}{2} \times 6 = 4個$$

が単位格子中に含まれる I_2 の個数である。

b｜ I_2 分子 1 個の質量は　$\frac{254}{6.0 \times 10^{23}}$ g　になる。

単位格子には，I_2 が 4 個含まれるので，その質量は

$$\frac{254}{6.0 \times 10^{23}} \times 4\,g$$

よって，結晶の密度は

$$密度 = \frac{質量}{体積} = \frac{\dfrac{254}{6.0 \times 10^{23}} \times 4}{3.4 \times 10^{-22}}$$

$$= 4.98 \fallingdotseq 5.0\ \mathrm{g/cm^3}$$

5　希薄溶液

167 a－1 ②　b－2 ⑤　c－3 ③

▶攻略のPoint　固体の溶解度は，下のように図示してみると考えやすい。以下に示した図では，左の図が溶解度のデータの溶液，右の図が求める溶液の量的関係（溶液，溶質，溶媒の質量）を示している。

a｜ 60 ℃において

KNO$_3$ 109 g	KNO$_3$ x〔g〕
水 100 g	水
飽和溶液 209 g	飽和溶液 400 g

KNO$_3$ が x〔g〕溶けているとすると

$$\frac{溶質の量}{溶液の量} \cdots\cdots \frac{109}{209} = \frac{x}{400}$$

$$x = 400 \times \frac{109}{209} \fallingdotseq 208.6\ \mathrm{g}$$

b｜ 60 ℃の飽和溶液 400 g を 20 ℃まで冷却したときに水溶液中に溶けている KNO$_3$ を y〔g〕とする。

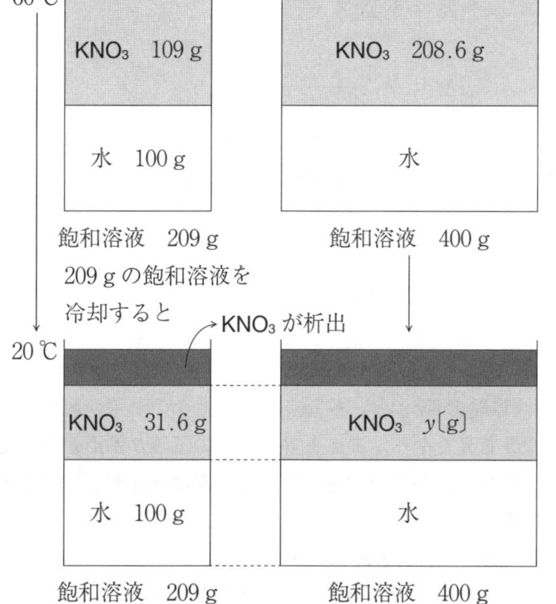

したがって

$$\frac{溶質の量}{溶液の量} \cdots\cdots \frac{31.6}{209} = \frac{y}{400}$$

$$y = 400 \times \frac{31.6}{209} \fallingdotseq 60.5\ \mathrm{g}$$

c｜ 20 ℃に冷却したときに析出する KNO$_3$ を z〔g〕とする。KNO$_3$ 208.6 g のうち 60.5 g が溶けているので，残りの部分が析出したと考えると

$$z = 208.6 - 60.5 = 148.1\ \mathrm{g}$$

になる。

なお，b の設問がないのならば，次のように直接，析出量 z〔g〕を計算する方が得策。

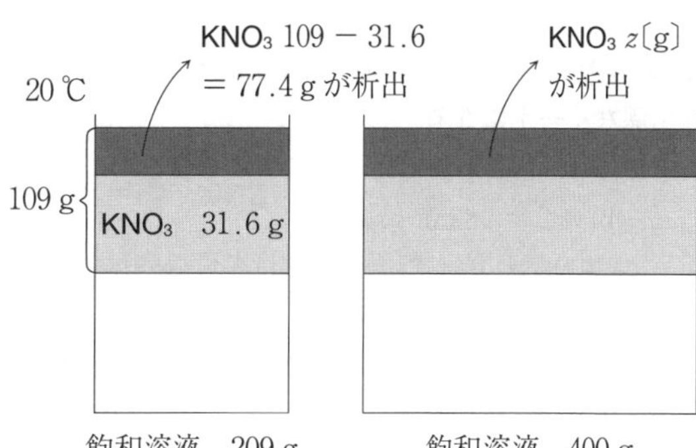

209 g の飽和溶液を 20 ℃に冷却した場合，KNO$_3$ は 31.6 g が溶解しており，KNO$_3$ の 109 − 31.6 = 77.4 g が析出する。

$$\frac{析出量}{溶液の量} \cdots\cdots \frac{77.4}{209} = \frac{z}{400}$$

$$z = 400 \times \frac{77.4}{209} \fallingdotseq 148.1\ \mathrm{g}$$

168 a－4 ⑤　b－5 ④　c－6 ③

▶攻略のPoint　水に溶解している気体の量はヘンリーの法則を用いて計算するが，そのとき，求める量が，物質量，質量，体積のどれなのかを確認して始める必要がある。

a｜ 溶解する H$_2$ の体積が標準状態に換算して与えられているので，22.4 L で割って物質量にする。

$$\frac{0.018}{22.4} \fallingdotseq 8.0 \times 10^{-4}\ \mathrm{mol}$$

3.03×10^5 Pa の条件なので，圧力の比は，

$\dfrac{3.03 \times 10^5\,\text{Pa}}{1.01 \times 10^5\,\text{Pa}} = 3$ 倍になる。

ヘンリーの法則より，質量(物質量)は3倍となるので，$H_2 = 2.0$ より，

$2.0 \times 8.0 \times 10^{-4} \times 3 = 4.8 \times 10^{-3}\,\text{g}$

よって，4.8 mg

b｜ 溶解する気体の体積を求めるときには，注意がいる。圧力を $5.0 \times 10^5\,\text{Pa}$ としたので，圧力の比は，

$\dfrac{5.0 \times 10^5\,\text{Pa}}{1.0 \times 10^5\,\text{Pa}} = 5$ 倍になる。

よって，$1.0 \times 10^5\,\text{Pa}$ の酸素は $49 \times 5\,\text{mL}$ の体積分が溶解する。

しかし，設問では「その圧力のもとで」と指示されているので，$5.0 \times 10^5\,\text{Pa}$ のもとでの体積は，ボイルの法則より $\dfrac{1}{5}$ となるため，

$49 \times 5 \times \dfrac{1}{5} = 49\,\text{mL}$ になる。

注意! 「その圧力のもとで」の気体の体積は圧力に関係なく一定になる。

ただし，水 2.0 L に対して溶解する量なので，

$49 \times 2 = 98\,\text{mL}$ になる。

c｜ 「気体の圧力」は，混合気体では各成分気体の「分圧」になる。

体積比 = 分圧比となるので，$1.0 \times 10^5\,\text{Pa}$ の空気中の各成分気体の分圧は

窒素の分圧　$0.80 \times 10^5\,\text{Pa}$
酸素の分圧　$0.20 \times 10^5\,\text{Pa}$ ｝である。

窒素：酸素の物質量の比を求めればよいので，水 1.0 L あたりに溶解する量で考える。

溶解している窒素の物質量

$6.8 \times 10^{-4} \times \dfrac{0.80 \times 10^5}{1.0 \times 10^5} = 5.44 \times 10^{-4}\,\text{mol}$

溶解している酸素の物質量

$1.4 \times 10^{-3} \times \dfrac{0.20 \times 10^5}{1.0 \times 10^5} = 2.8 \times 10^{-4}\,\text{mol}$

窒素：酸素 $= 5.44 \times 10^{-4} : 2.8 \times 10^{-4}$

$\fallingdotseq 2 : 1$

注意! 混合気体では，ヘンリーの法則の「圧力」は，各気体の「分圧」になる。全圧が与えられている場合は，それから「分圧」を計算する。

169 ｜ 7 ②

溶媒の密度が d〔g/cm³〕なので，溶媒 10 mL の質量は d〔g/cm³〕$\times 10\,\text{cm}^3 = 10d$〔g〕になる。また，溶質の物質量は $\dfrac{x}{M}$〔mol〕である。

非電解質の化合物の質量モル濃度を m〔mol/kg〕とすると，凝固点降下度 Δt〔K〕はモル凝固点降下 K_f を用いて，次のように表せる。

$\Delta t = K_f m$

この式に各々の値を代入すると

$$\Delta t = K_f \times \dfrac{\dfrac{x}{M}\text{〔mol〕}}{\dfrac{10d}{1000}\text{〔kg〕}} = K_f \times \dfrac{100x}{dM}$$

よって，$d = \dfrac{100xK_f}{M\Delta t}$〔g/cm³〕

170 ｜ 8 ②

▶攻略のPoint 凝固点降下の式 $\Delta t = K_f m$ に，各々の数値を代入していく。

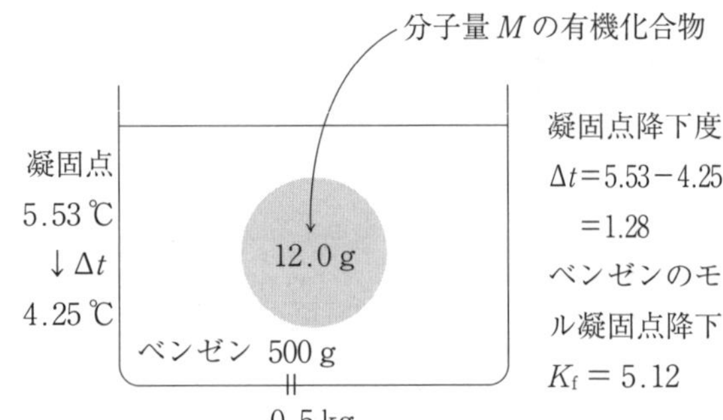

$\Delta t = K_f m$ に代入して

$$1.28 = 5.12 \times \dfrac{\dfrac{12.0}{M}}{0.5}$$

$$M = \dfrac{5.12 \times 12.0}{1.28 \times 0.5} = 96.0$$

注意! 凝固点降下度の温度の単位については

$5.53\,℃ \longrightarrow 278.53\,\text{K}$
$-4.25\,℃ \longrightarrow -277.25\,\text{K}$
$1.28\,℃ \qquad 1.28\,\text{K}$

であるから，℃単位でもK単位でも同じになる。

171 ｜ 9 ⑤　10 ③

▶攻略のPoint 凝固点降下度最小の溶液が凝固点が最も高くなり，沸点上昇度最大の溶液が沸点が最も高くなる。各々の溶液の質量モル濃度を比較して判断する。

$\Delta t = Km$ で K は

沸点上昇の場合は，モル沸点上昇 K_b
凝固点降下の場合は，モル凝固点降下 K_f ｝を

使うが，各溶液の比較なので，各々の質量モル濃度 m を計算して比べればよい。

また，①～⑤はすべて水 1.0kg に溶かしているので物質量がそのまま質量モル濃度になる。

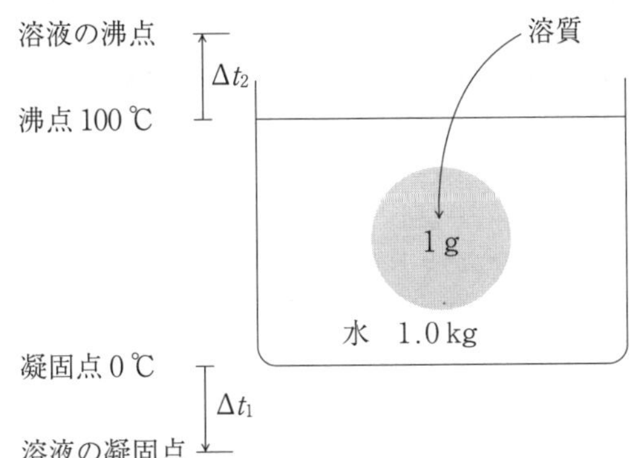

① $KNO_3 \longrightarrow \frac{1}{101}$ mol/kg

KNO_3 は次のように完全電離するので，溶質の質量モル濃度はこの 2 倍になる。

$$KNO_3 \longrightarrow \underbrace{K^+ + NO_3^-}$$

$$m = \frac{1}{101} \times 2 = \frac{1}{50.5}\ \text{mol/kg}$$

② $(NH_2)_2CO \longrightarrow \frac{1}{60}$ mol/kg

③ $CaCl_2 \longrightarrow \frac{1}{111}$ mol/kg

$CaCl_2$ は次のように完全電離するので，溶質の質量モル濃度はこの 3 倍になる。

$$CaCl_2 \longrightarrow \underbrace{Ca^{2+} + 2Cl^-}$$

$$m = \frac{1}{111} \times 3 = \frac{1}{37}\ \text{mol/kg}$$

④ グルコース $C_6H_{12}O_6 \longrightarrow \frac{1}{180}$ mol/kg

⑤ スクロース $C_{12}H_{22}O_{11} \longrightarrow \frac{1}{342}$ mol/kg

分母の数値が最大である⑤スクロースが m の値が最も小さくなる。

→ Δt_1 が最も小さくなるため，凝固点の最も高い溶液になる。

また，分母の数値が最小である③ $CaCl_2$ が m の値が最も大きくなる。

→ Δt_2 が最も大きくなるため，沸点の最も高い溶液になる。

172 11 ③

▶攻略のPoint 浸透圧の式 $\Pi V = \frac{w}{M}RT$ を用いて，タンパク質の分子量を計算する。

$n = \frac{w}{M}$ なので，$\Pi V = \frac{w}{M}RT$ になる。これを変形して，各々の数値を代入し分子量 M を求める。

$$M = \frac{wRT}{\Pi V}$$

$$= \frac{0.060 \times 8.3 \times 10^3 \times (273 + 27)}{2.1 \times 10^2 \times 0.010}$$

$$= 7.1 \times 10^4 \fallingdotseq 7 \times 10^4$$

6 化学反応式とエンタルピー

173 1 ④

アセトアルデヒド CH_3CHO，メタン CH_4，一酸化炭素 CO の生成エンタルピーを示す化学反応式は

$$2C + 2H_2 + \frac{1}{2}O_2 \longrightarrow \underline{CH_3CHO} \quad \Delta H = -166\ \text{kJ} \cdots\cdots(1)$$

$$C + 2H_2 \longrightarrow \underline{CH_4} \quad \Delta H = -75\ \text{kJ} \cdots\cdots(2)$$

$$C + \frac{1}{2}O_2 \longrightarrow \underline{CO} \quad \Delta H = -110\ \text{kJ} \cdots\cdots(3)$$

下線をつけた物質に着目して

アセトアルデヒドがメタンと一酸化炭素になる反応

$$CH_3CHO \longrightarrow CH_4 + CO \quad \Delta H = Q\ \text{kJ}$$

をつくる。

(1)式 × (−1) + (2)式 + (3)式を計算して

$$Q = -166 \times (-1) - 75 - 110 = -19\ \text{kJ}$$

(別解) (1)～(3)式が，生成エンタルピーを示しているので

> 反応エンタルピー
> ＝(生成物の生成エンタルピーの和)
> －(反応物の生成エンタルピーの和)

を用いると，$Q = (-75 - 110) - (-166)$

$= -19$ kJ と計算できる。

174 2 ④

▶攻略のPoint 問題文中の水には，H_2O(気) と H_2O(液) の 2 つの状態があることに注意する。そのため，最初に H_2O(液) の生成エンタルピーを求める。

$$\underline{C_2H_2} + \frac{5}{2}O_2 \longrightarrow 2CO_2 + H_2O(液) \quad \Delta H = -1309\,\mathrm{kJ} \cdots\cdots(1)$$

与えられた反応エンタルピーを化学反応式で表すと

CO_2 の生成エンタルピー $-394\,\mathrm{kJ/mol}$

➡ $\underline{C} + O_2 \longrightarrow CO_2 \quad \Delta H = -394\,\mathrm{kJ} \cdots\cdots(2)$

H_2O(気)の生成エンタルピー $-242\,\mathrm{kJ/mol}$

➡ $H_2 + \frac{1}{2}O_2 \longrightarrow H_2O(気) \quad \Delta H = -242\,\mathrm{kJ} \cdots\cdots(3)$

水の蒸発エンタルピー$44\,\mathrm{kJ/mol}$

➡ $H_2O(液) \longrightarrow H_2O(気) \quad \Delta H = 44\,\mathrm{kJ} \cdots\cdots(4)$

まず，H_2O(液)の生成エンタルピーを

(3)式 ＋ (4)式 × (−1)より計算して求めると

$$\underline{H_2} + \frac{1}{2}O_2 \longrightarrow H_2O(液) \quad \Delta H = -286\,\mathrm{kJ} \cdots\cdots(5)$$

求めるアセチレンの生成エンタルピーを Q〔kJ/mol〕とすると，次のように表すことができる。

$2C + H_2 \longrightarrow C_2H_2 \quad \Delta H = Q\,\mathrm{kJ}$

この式を，(1)，(2)，(5)式を用いてつくる。

下線の物質に着目すると

(1)式 × (−1) ＋ (2)式 × 2 ＋ (5)式より

$2C + H_2 \longrightarrow C_2H_2 \quad \Delta H = 235\,\mathrm{kJ}$

アセチレンの生成エンタルピーは $235\,\mathrm{kJ/mol}$ である。

175 ③ ③

▶攻略のPoint 次の関係を理解すれば，解きやすい。

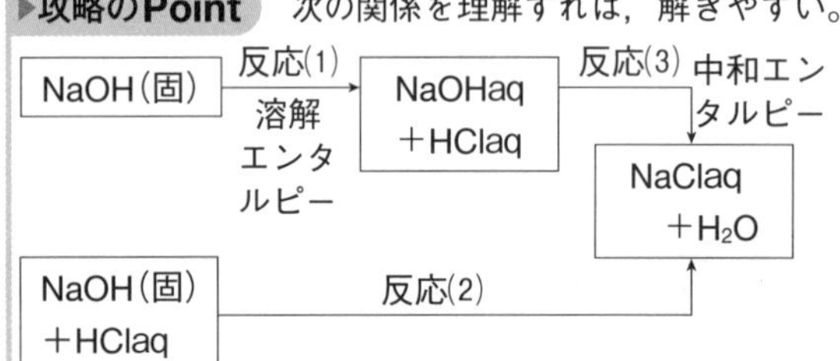

$NaOH(固) + aq \longrightarrow NaOHaq \quad \Delta H = -45\,\mathrm{kJ} \quad \cdots\cdots(1)$

これは$NaOH$(固)の溶解エンタルピーが $-45\,\mathrm{kJ/mol}$ であることを示している。

中和エンタルピーQ〔kJ/mol〕に関する化学反応式

$H^+aq + OH^-aq \longrightarrow H_2O(液) \quad \Delta H = Q\,\mathrm{kJ} \quad \cdots\cdots(3)$

は，NaOH と HCl の中和反応では，次のように表すことができる。

$NaOHaq + HClaq$

$\longrightarrow NaClaq + H_2O(液) \quad \Delta H = Q\,\mathrm{kJ} \quad \cdots\cdots(3)'$

(1)式 ＋ (3)′式を計算すると

$NaOH(固) + HClaq$

$\longrightarrow NaClaq + H_2O(液) \quad \Delta H = (-45 + Q)\,\mathrm{kJ}$

これが次の(2)式と等しい。

$NaOH(固) + HClaq$

$\longrightarrow NaClaq + H_2O(液) \quad \Delta H = -101\,\mathrm{kJ} \quad \cdots\cdots(2)$

したがって，$-45 + Q = -101$

$Q = -56\,\mathrm{kJ}$

176 a－④ ③　b－⑤ ④

▶攻略のPoint 生成エンタルピーの定義はしっかりと理解しておく。結合エネルギーの計算は

1)「式の計算」

2)「エネルギー図」

を使った２つのやり方がある。

a｜ 生成エンタルピーは，「物質1 molがその成分元素の単体から生成するときの反応エンタルピー」と定義されているので，H_2O（液）の生成エンタルピー Q〔kJ/mol〕は

$$H_2(気) + \frac{1}{2}O_2(気) \longrightarrow H_2O(液) \quad \Delta H = Q\,\mathrm{kJ} \cdots\cdots(1)$$

と表すことができる。

与えられた化学反応式

$2H_2(気) + O_2(気) \longrightarrow 2H_2O(気) \quad \Delta H = -484\,\mathrm{kJ} \cdots\cdots(2)$

$H_2O(液) \longrightarrow H_2O(気) \quad \Delta H = 44\,\mathrm{kJ} \quad \cdots\cdots(3)$

から(1)式をつくればよい。

まず，(2)式の水が H_2O（気）となっているので，これを(3)式を用いて H_2O（液）に直す。

注意! H_2O（気）と H_2O（液）は，別のものとしてきちんと区別する。

$$\begin{array}{lrl} (2)\times\frac{1}{2} & H_2(気) + \frac{1}{2}O_2(気) \longrightarrow \cancel{H_2O(気)} & \Delta H = -242\,\mathrm{kJ} \\ (3)\times(-1)^* & \cancel{H_2O(気)} \longrightarrow H_2O(液) & \Delta H = -\ \ 44\,\mathrm{kJ} \\ \hline & H_2(気) + \frac{1}{2}O_2(気) \longrightarrow H_2O(液) & \Delta H = -286\,\mathrm{kJ} \end{array}$$

＊ H_2O（液）は右辺にもってくる必要があるので，(3)式の両辺を入れ換える。熱量の符号が変わるので，この計算を ×（−1）と表すとわかりやすい。

b｜ 1)「式の計算」を使う結合エネルギーの計算は次のようになる。

H−H と Cl−Cl の結合エネルギーは

$H_2(気) \longrightarrow 2H(気) \quad \Delta H = 432\,\mathrm{kJ} \quad \cdots\cdots(4)$

$Cl_2(気) \longrightarrow 2Cl(気) \quad \Delta H = 239\,\mathrm{kJ} \quad \cdots\cdots(5)$

と表すことができる。

H−Cl の結合エネルギーを x〔kJ/mol〕とすると

$HCl(気) \longrightarrow H(気) + Cl(気) \quad \Delta H = x\,\mathrm{kJ} \quad \cdots\cdots(6)$

となる。

与えられた反応エンタルピーの化学反応式は

$H_2(気) + Cl_2(気) \longrightarrow 2HCl(気) \quad \Delta H = -185\,\mathrm{kJ} \cdots[\mathrm{A}]$

(4)式 ＋ (5)式 ＋ (6)式 ×（− 2）を計算して[A]式をつくると

$-185 = 432 + 239 - 2 \times x$…［B］

$x = 428$

［B］は「反応エンタルピー ＝（反応物*の結合エネルギーの総和）－（生成物*の結合エネルギーの総和）」になっている。

共有結合を切断するためにはエネルギーを必ず吸収する。そのため，結合エネルギーは，吸収するエネルギーと定義されている。上の式で反応物*と生成物*が逆になっているのはそのためである。

2)「エネルギー図」を使うやり方による計算は次のようになる。

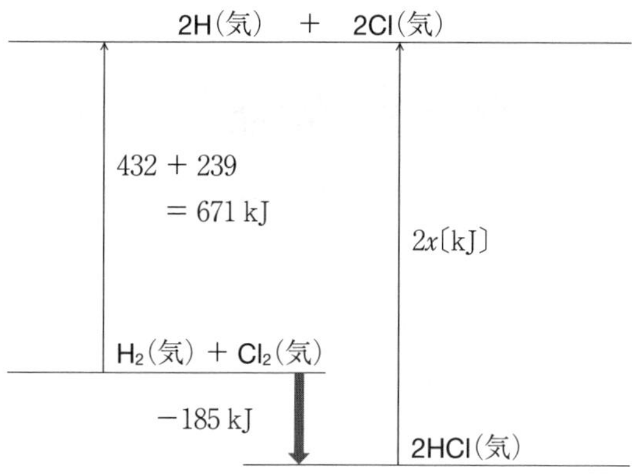

図より　$671 + 185 = 2x$

$x = 428$ kJ

7 ⑥　③

1)「式の計算」を使う方法は次のようになる。

まず，結合エネルギーは，「**気体**分子内にある共有結合 1 mol を切断するのに必要なエネルギー」であることを確認しよう。

$H_2 + \frac{1}{2}O_2 \longrightarrow H_2O$(液)　$\Delta H = -286$ kJ　……(1)

H_2O(気)の O−H 結合を切断するエネルギーが問われているので，H_2O(液)を H_2O(気) に直すことから始める。

H_2O(液) $\longrightarrow$ H_2O(気)　$\Delta H = 44$ kJ　……(2)

を用いて，(1)＋(2)より

$H_2 + \frac{1}{2}O_2 \longrightarrow H_2O$(気)　$\Delta H = -242$ kJ　……(3)

と計算する。この式において

H−H の結合エネルギー　432 kJ/mol

O=O の結合エネルギー　494 kJ/mol

H_2O(気)1 mol 中の O−H 結合をすべて切断するのに必要なエネルギー(つまり O−H 結合の結合エネルギーの2倍に相当する)を x〔kJ〕として

> 反応エンタルピー
> ＝（反応物の結合エネルギーの総和）
> －（生成物の結合エネルギーの総和）

の式を用いると

$$-242\text{ kJ} = \underbrace{432\text{ kJ} + \frac{1}{2} \times 494\text{ kJ}}_{\text{(反応物)}} - \underbrace{x\text{ kJ}}_{\text{(生成物)}}$$

$x = 921$ kJ

2)「エネルギー図」を使ってみると

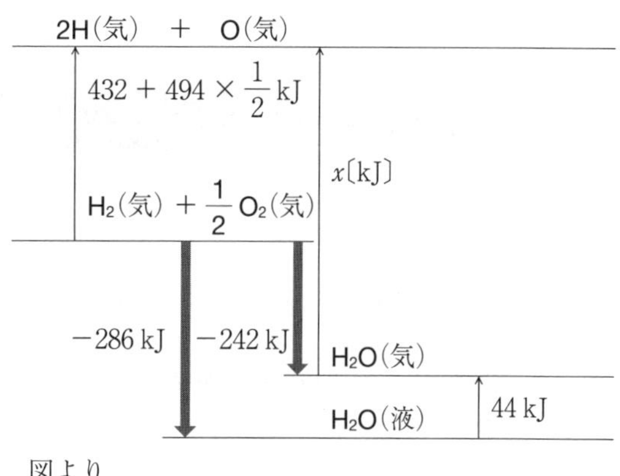

図より

$$432 + 494 \times \frac{1}{2} + 286 = x + 44$$

$x = 921$ kJ

178 ⑦　②

与えられた化学反応式は次の3つである。

C(黒鉛)＋O_2(気) $\longrightarrow$ CO_2(気)　$\Delta H = -394$ kJ　……(1)

O_2(気) $\longrightarrow$ 2O(気)　$\Delta H = 498$ kJ　……(2)

CO_2(気) $\longrightarrow$ C(気)＋2O(気)　$\Delta H = 1608$ kJ　……(3)

これらの式から

C(黒鉛) $\longrightarrow$ C(気)　$\Delta H = Q$ kJ　……(4)

の Q を求める。

(1)式は CO_2(気)の生成エンタルピーの化学反応式である。

(2)式は O=O の結合エネルギーが 498 kJ/mol，(3)式は C=O 2 mol 分の結合エネルギーが 1608 kJ に相当することを示している。

(4)式の Q は C(黒鉛)の昇華エンタルピーを表す。

「エネルギー図」を使ってみると

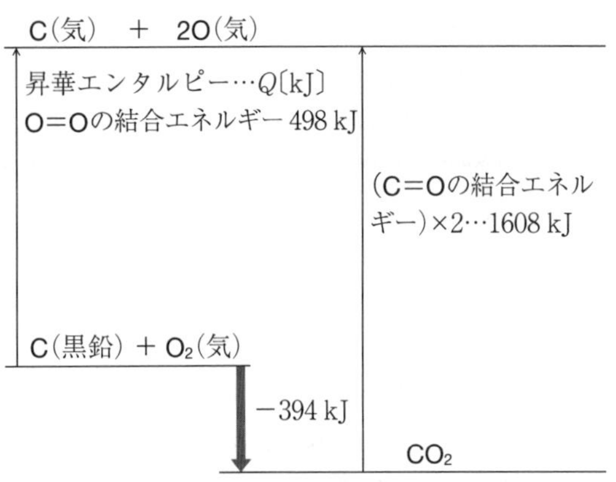

図より　$Q + 498 + 394 = 1608$

$$Q = 716\ \mathrm{kJ}$$

7　電池・電気分解

179　a−1　⑥　　b−2　①

a｜　3種類の金属の Cu，Pt，Zn のイオン化傾向は Zn ＞ Cu ＞ Pt である。

ア　電気分解において陽極で気体が発生することから，イオン化傾向の小さい Pt が金属 A である。

陽極は Zn や Cu を用いた場合は，電極が溶け出し，気体は発生しない。

イ　Cu と Zn を希硫酸に浸した電池は，ボルタ電池と呼ばれる。

> 電池では
> イオン化傾向の大きい金属➡負極になる。

イオン化傾向の大きい Zn が酸化され，Zn^{2+} となって溶け出すので，負極の金属 C が Zn，正極の金属 B が Cu になる。

負極(Zn)　$Zn \longrightarrow Zn^{2+} + 2e^-$

そして，正極の Cu 板上で，H^+ が還元されて，水素が発生する。

正極(Cu)　$2H^+ + 2e^- \longrightarrow H_2$

次の図で，電池の仕組みを確認しておいてほしい。

電流の流れ（電子の流れと逆向きになる。）
負極　$2e^-$　正極
$2e^-$　H_2　$2e^-$
Zn　Zn^{2+}
電池は「負極の反応」から始める。
$H_2SO_4 \longrightarrow 2H^+ + SO_4^{2-}$

b｜　白金電極板を用いた $CuSO_4$ 水溶液の電気分解になる。陽極，陰極で起こる反応は次のようになる。

《2−2 電池と電気分解 5》を参照

（陽極）　$2H_2O \rightarrow O_2 + 4H^+ + 4e^-$……(1)　陽極の順番[3]

（陰極）　$Cu^{2+} + 2e^- \rightarrow Cu$……(2)　陰極の順番[1]

陰極で析出した銅の 0.32 g は　Cu = 64 より

$\dfrac{0.32}{64} = 0.0050$ mol である。

(2)より Cu と e^- の物質量比は 1：2 なので，流れた電子 e^- の物質量は $0.0050 \times 2 = 0.010$ mol になる。

陽極で発生した気体は酸素 O_2 である。(1)より e^- と O_2 は 4：1 の物質量比なので，0.010 mol の電子が流れたときに，発生する酸素は

$0.010 \times \dfrac{1}{4} = 0.0025$ mol になる。

180　3　④

▶攻略のPoint　電池の問題では「電池式」と「負極と正極で起こる反応式」が書けるようにしておこう。

ダニエル電池を電池式で表すと

(−)Zn|$ZnSO_4$aq|$CuSO_4$aq|Cu(+)

となる。

両極で起こる反応は次のようになる。

負極(Zn)　$Zn \longrightarrow Zn^{2+} + 2e^-$　……(1)

正極(Cu)　$Cu^{2+} + 2e^- \longrightarrow Cu$　……(2)

a｜　電池の**正極では還元反応**，負極では酸化反応が起きる。（正）

b｜　例えば電子 e^- が 2 mol 流れたとすると

(1)より負極では，Zn が 1 mol，つまり 65.4 g 溶け出し

(2)より正極では，Cu が 1 mol，つまり 63.5 g 析出する

このように，**Zn と Cu の原子量は異なるので，「正極と負極の質量の和」は一定に保たれない**。（誤）

c (1)より，Zn と電子 e^- は 1 : 2 の物質量比である。したがって，0.020 mol の Zn が反応したとき，流れた電子の物質量は

$0.020 \times 2 = 0.040$ mol である。

これを電気量（クーロン）で表すと

$96500 \times 0.040 =$ **3860 C** になる。（誤）

> 電子 e^- が a〔mol〕流れる
> ➡$9.65 \times 10^4 \times a$〔C〕の電気量

181 ④ ②

▶攻略のPoint 鉛蓄電池を電池式で表すと

$(-)Pb|H_2SO_4aq|PbO_2(+)$

両極で起こる反応は次のようになる。

負極(Pb) $Pb + SO_4^{2-} \longrightarrow PbSO_4 + 2e^-$ ……(1)

正極(PbO_2) $PbO_2 + 4H^+ + SO_4^{2-} + 2e^- \longrightarrow PbSO_4 + 2H_2O$ ……(2)

(1)，(2)から e^- を消去して 1 つにまとめると

$Pb + PbO_2 + 2H_2SO_4 \longrightarrow 2PbSO_4 + 2H_2O$ ……(3)

両極で生成した $PbSO_4$ は不溶性であり，電極板の表面に付着する。つまり，放電にともなって

負極では $Pb \rightarrow PbSO_4$ に

正極では $PbO_2 \rightarrow PbSO_4$ に変化していくと考えられる。

また，電解液では，H_2SO_4 が H_2O に変化する。

(3)の反応には，(1)，(2)のように $2e^-$ が関わっていることに注意すると

> 鉛蓄電池においては，2 mol の電子 e^- で
> 負極……1 mol の Pb が 1 mol の $PbSO_4$ に変化する。そのとき（SO_4 分の）96 g 増加する。
> 正極……1 mol の PbO_2 が 1 mol の $PbSO_4$ に変化する。そのとき（$SO_4 - O_2 = SO_2$ 分の）64 g 増加する。
> 電解液……2 mol の H_2SO_4 が減少し，2 mol の H_2O が生成する。そのとき $(98 - 18) \times 2 = 160$ g 減少する。

電気量は，電子 e^- の物質量に直して計算していく。

> i〔A〕の電流が t 秒間流れる➡it〔C〕の電気量
> ➡ 電子 e^- が $\dfrac{it}{9.65 \times 10^4}$〔mol〕流れる。

1.0 A の電流で 965 秒間放電したときに流れる電子 e^- の物質量は $\dfrac{1.0 \times 965}{96500} = 0.010$ mol

鉛蓄電池においては，2 mol の電子 e^- で負極の質量は 96 g 増加する。したがって，0.010 mol の電子では負極の質量は $96 \times \dfrac{0.010}{2} = 0.48$ g 増加する。

182 ⑤ ⑥

▶攻略のPoint 《2-2 電池と電気分解 5》の電気分解で起こりやすい順番をたどって，陽極，陰極の反応式を書く。あとは，「反応式の係数比 = 物質量比」で計算していけばよい。

電気分解の計算では，両極において流れた電子 e^- の物質量が等しくなることを用いて，反応の量をとらえることが多い。

塩化ナトリウム水溶液の電気分解

$NaCl \longrightarrow Na^+ + Cl^-$　　$H_2O \rightleftarrows H^+ + OH^-$

両極で起こる反応は，次のようになる。

（陽極） $2Cl^- \rightarrow Cl_2 + 2e^-$……(1)　陽極の順番[2]

（陰極） $2H_2O + 2e^- \rightarrow H_2 + 2OH^-$……(2)陰極の順番[2]

① 電気分解で発生する気体は，陽極からは塩素，**陰極からは水素になる。**（誤り）

② (1)，(2)において，e^- の係数が等しいことに着目して，Cl_2 と H_2 の係数を比較すればよい。

等しい物質量の電子が流れたとき，Cl_2 と H_2 は物質量比 1 : 1 であるから，**陽極と陰極で発生する気体の体積は等しい。**（誤り）

③ 陰極では，水素の発生のみが起こり，**金属ナトリウムの析出はない。**（誤り）

④ e^- が 0.01 mol 流れたとき，陽極では

$2Cl^- \longrightarrow Cl_2 + 2e^-$

Cl_2: $\dfrac{0.01}{2}$ mol　　$2e^-$: 0.01 mol

Cl_2 は $\dfrac{0.01}{2}$ mol，つまり標準状態の体積は

$22.4 \times 10^3 \times \dfrac{0.01}{2} =$ **112 mL である。**（誤り）

⑤ (2)の反応式を見ればわかるように，陰極では電気分解により OH^- が生じる。したがって，**陰極付近の水溶液は塩基性になる。**（正しい）

183 ⑥ ③

白金電極を用いた硝酸銀 $AgNO_3$ 水溶液の電気分解である。

$AgNO_3 \longrightarrow Ag^+ + NO_3^-$　　$H_2O \rightleftarrows H^+ + OH^-$

陰極での反応は，次のようになる。

陰極　Ag^+ ＋ e^- ⟶ Ag

3.60×10^{-3} mol　3.60×10^{-3} mol

Ag と e^- は物質量比 1：1 であるから，銀を 3.60×10^{-3} mol 析出させるためには，e^- が 3.60×10^{-3} mol 流れればよい。

9.65×10^{-2} A の電流を t〔分〕流したとすると

$$\frac{9.65 \times 10^{-2} \times (t \times 60)}{9.65 \times 10^4} = 3.60 \times 10^{-3}$$

$$t = 60〔分〕$$

184　a－7　②　　b－8　③

▶攻略のPoint　電解槽Ⅰと電解槽Ⅱは直列なので，同じ電気量，つまり，同じ物質量の電子 e^- が流れていくことがポイントになる。

電極Aで析出した銀は，$Ag = 108$ より

$\frac{43.2}{108} = 0.40$ mol に相当する。したがって，下の(1)より電子 e^- は 0.40 mol 流れる。

各電極で起こる反応と，物質の反応量は

電解槽Ⅰ　A(陰極)　$Ag^+ + e^- \longrightarrow Ag$　…(1)

　　e^-：0.40 mol　Ag：0.40 mol

　　B(陽極)　$2H_2O \longrightarrow O_2 + 4H^+ + 4e^-$　…(2)

　　e^-：0.40 mol

電解槽Ⅱ　C(陰極)　$2H_2O + 2e^- \longrightarrow H_2 + 2OH^-$　…(3)

　　e^-：0.40 mol　H_2：$\frac{0.40}{2}$ mol

　　D(陽極)　$2H_2O \longrightarrow O_2 + 4H^+ + 4e^-$　…(4)

　　O_2：$\frac{0.40}{4}$ mol　e^-：0.40 mol

a｜　電極Cで，H_2 が $\frac{0.40}{2} = 0.20$ mol 発生し，電極Dで O_2 が $\frac{0.40}{4} = 0.10$ mol 発生する。

発生した気体の物質量の合計は 0.30 mol である。

b｜　(3)の反応により，電極Cでは OH^- が生成するので pH は大きくなる。また，(4)の反応により電極Dでは H^+ が生成するので，pH は小さくなる。

185　a－9　②　　b－10　⑥

a｜　電解槽Ⅰ，Ⅱの各電極では，それぞれ次の反応が起こる。

電解槽Ⅰ（Cu 電極）

（陽極）　$Cu \longrightarrow Cu^{2+} + 2e^-$　……(1)

（陰極）　$Cu^{2+} + 2e^- \longrightarrow Cu$　……(2)

電解槽Ⅱ（Pt 電極）

（陽極）　$2H_2O \longrightarrow O_2 + 4H^+ + 4e^-$　……(3)

（陰極）　$2H^+ + 2e^- \longrightarrow H_2$　……(4)

電解槽Ⅰの陰極で 0.32 g の銅が析出したことから

Cu は $\frac{0.32}{64} = 0.0050$ mol

(2)式より　$Cu^{2+} + 2e^- \longrightarrow Cu$

　　0.0050×2 mol　0.0050 mol

流れた e^- の物質量は $0.0050 \times 2 = 0.010$ mol である。一定の電流 x〔A〕を 1930 秒間流したとすると

$$\frac{x \times 1930}{9.65 \times 10^4} = 0.010$$

$$x = 0.50 \text{ A}$$

i〔A〕の電流が t 秒間流れる	流れる電気量は it〔C〕 $\frac{it}{9.65 \times 10^4}$〔mol〕 の電子 e^- が流れる。

b｜　(1)式，(3)式より，電解槽Ⅰの陽極では銅が溶解し，電解槽Ⅱの陽極では酸素が発生する。

8　化学平衡

186　1　④

▶攻略のPoint　反応前後における量的関係をつかんで，平衡時における各物質の物質量を求める。

42 g の窒素は $N_2 = 28$ より $\frac{42}{28} = 1.5$ mol に相当し，48 g の酸素は $O_2 = 32$ より $\frac{48}{32} = 1.5$ mol に相当する。この 2 つが反応して，一酸化窒素が生成し平衡状態となる。平衡時において，体積が 1.0 L なので，NO は 0.12 mol 生成したとわかる。反応前後における物質量の変化は

	N_2	＋	O_2	⇄	$2NO$
反応前	1.5 mol		1.5 mol		0 mol
反応量	－0.06 mol		－0.06 mol	⟶	＋0.12 mol
平衡時	1.44 mol		1.44 mol		0.12 mol

平衡時におけるモル濃度は

$[N_2] = 1.44$ mol/L

$[O_2] = 1.44$ mol/L

$[NO] = 0.12$ mol/L

この平衡定数は

$$K=\frac{[NO]^2}{[N_2][O_2]}$$
$$=\frac{(0.12)^2}{1.44\times1.44}=\frac{0.0144}{1.44\times1.44}$$
$$=6.94\times10^{-3}\fallingdotseq6.9\times10^{-3}$$

まとめ

$aA+bB \rightleftarrows cC+dD$ の平衡において

$$K=\frac{[C]^c[D]^d}{[A]^a[B]^b}$$

187 a－2 ④ b－3 ⑤

▶攻略のPoint 平衡定数 K を求める。さらに平衡状態に，N_2O_4 を追加したために起こる平衡移動の量変化を，K の値から計算することになる。

a 1.0 mol の N_2O_4 のうち，0.50 mol が分解して平衡状態となったので

	N_2O_4	$\rightleftarrows$	$2NO_2$
反応前	1.0 mol		0 mol
反応量	−0.50 mol	$\longrightarrow$	+1.0 mol
平衡時	0.50 mol		1.0 mol

体積は 5.0 L なので

$$K=\frac{[NO_2]^2}{[N_2O_4]}=\frac{\left(\frac{1.0}{5.0}\right)^2}{\frac{0.50}{5.0}}=0.40\ \mathrm{mol/L}$$

b はじめに，N_2O_4 を 1.0＋5.0＝6.0 mol 入れたと考える。このとき分解する N_2O_4 を x〔mol〕とすると

	N_2O_4	$\rightleftarrows$	$2NO_2$
反応前	6.0		0
反応量	$-x$	$\longrightarrow$	$+2x$
平衡時	$6.0-x$〔mol〕		$2x$〔mol〕

新しい平衡状態においても温度は同じなので平衡定数は一定となり，0.40 mol/L である。

$$K=\frac{[NO_2]^2}{[N_2O_4]}$$

$$0.40=\frac{\left(\frac{2x}{5.0}\right)^2}{\frac{6.0-x}{5.0}}$$

$$0.40\left(\frac{6.0-x}{5.0}\right)=\left(\frac{2x}{5.0}\right)^2$$

$$2x^2+x-6=0$$
$$(2x-3)(x+2)=0$$

$0<x<6$ なので $x=1.5$

よって，N_2O_4 の物質量は

$6.0-x=6.0-1.5=4.5$ mol になる。

（別解） 平衡時に N_2O_4 を 5.0 mol 加えたとして式をたてることもできる。

分解する N_2O_4 を y〔mol〕とすると

	N_2O_4	$\rightleftarrows$	$2NO_2$
反応前	0.50＋5.0		1.0
反応量	$-y$	$\longrightarrow$	$+2y$
平衡時	$5.5-y$〔mol〕		$1.0+2y$〔mol〕

$K=\frac{[NO_2]^2}{[N_2O_4]}$ に代入して

$$0.40=\frac{\left(\frac{1.0+2y}{5.0}\right)^2}{\frac{5.5-y}{5.0}}$$

$$2y^2+3y-5=0$$
$$(y-1)(2y+5)=0$$

$0<y<5.5$ なので $y=1.0$

N_2O_4 は $5.5-y=5.5-1.0=4.5$ mol になる。

188 a－4 ⑥ b－5 ④

▶攻略のPoint pH＝a のとき $[H^+]=10^{-a}$ mol/L また，C〔mol/L〕の酢酸の電離度を α とすると，$[H^+]=C\alpha$〔mol/L〕になる。

a 0.050 mol/L の酢酸の電離度を α とすると

pH＝3 より $[H^+]=1\times10^{-3}$ mol/L

また，$[H^+]=C\alpha$ より $[H^+]=0.050\alpha$

よって，$0.050\alpha=1\times10^{-3}$

$$\alpha=\frac{1\times10^{-3}}{0.050}=2.0\times10^{-2}$$

b C〔mol/L〕の酢酸が電離度 α で電離し，平衡状態になったとすると，そのときの各々のモル濃度は

CH_3COOH	$\rightleftarrows$	CH_3COO^-	＋ H^+
$C(1-\alpha)$〔mol/L〕		$C\alpha$〔mol/L〕	$C\alpha$〔mol/L〕

電離定数 K_a は $K_a=\frac{C\alpha\times C\alpha}{C(1-\alpha)}=\frac{C\alpha^2}{1-\alpha}$ …(1)

$1-\alpha\fallingdotseq1$ とみなせるとすると

$K_a=C\alpha^2$ …(2)

この(2)式に数値を代入すると

$K_a=0.050\times(2.0\times10^{-2})^2$

$=2.0\times10^{-5}$ mol/L

なお(1)式に代入しても

$$K_a=\frac{0.050\times(2.0\times10^{-2})^2}{1-2.0\times10^{-2}}$$

$=2.04\times10^{-5}\fallingdotseq2.0\times10^{-5}$ mol/L

となり，(2)式のように近似できることがわかる。

189 [6] ②

▶攻略のPoint 酢酸と塩酸の混合水溶液では
$[H^+]$ ≒ 塩酸由来の水素イオン濃度
$[CH_3COOH]$ ≒ 電離前の酢酸濃度
と近似できる。

酢酸水溶液と塩酸を混合した溶液(50 mL ＋ 50 mL ＝ 100 mL ＝ 0.10 L)中において，HCl はほとんど完全に電離して H^+ と Cl^- となり，CH_3COOH は一部が電離して平衡状態になっている。

$HCl \longrightarrow H^+ + Cl^-$ ……(1)

$CH_3COOH \rightleftarrows H^+ + CH_3COO^-$ ……(2)

(2)の電離においては，塩酸が加えられたことで，$[H^+]$が増加し，電離平衡はルシャトリエの原理より左へ移動する。そのため，酢酸の電離度は酢酸のみの水溶液よりも小さくなる。したがって，混合溶液中の水素イオン濃度$[H^+]$は，塩酸から生じた H^+ の物質量と体積 0.10 L より

$$[H^+] = \frac{0.020\ \text{mol/L} \times \frac{50}{1000}\ \text{L}}{0.10\ \text{L}} = 0.010\ \text{mol/L}$$

と近似することができる。

混合溶液中の未電離の CH_3COOH のモル濃度も同様に，酢酸の電離度が 1 より十分に小さいため，溶けている酢酸の全物質量と体積 0.10 L より

$$[CH_3COOH] = \frac{0.016\ \text{mol/L} \times \frac{50}{1000}\ \text{L}}{0.10\ \text{L}}$$

$$= 0.0080\ \text{mol/L}$$

と近似することができる。

電離平衡の状態にある酢酸について，電離定数 K_a の式に値を代入すると

$$K_a = \frac{[CH_3COO^-][H^+]}{[CH_3COOH]}$$

$$2.5 \times 10^{-5} = \frac{[CH_3COO^-] \times 0.010}{0.0080}$$

$$[CH_3COO^-] = 2.0 \times 10^{-5}\ \text{mol/L}$$

190 a－[7] ③　[8] ⑧　[9] ⑨　[10] ①
b－[11] ④　c－[12] ③

▶攻略のPoint 酢酸の電離平衡で，$[H^+] = \sqrt{cK_a}$ の式までの導出ができるようにしたい。

a｜ 酢酸の濃度を c〔mol/L〕，電離度を α とすると

	CH_3COOH	$\rightleftarrows$	CH_3COO^-	$+H^+$
電離前	c		0	0
電離した量	$-c\alpha$	$\longrightarrow$	$+c\alpha$	$+c\alpha$
平衡時	$c(1-\alpha)$ ア		$c\alpha$ イ	$c\alpha$ イ

(単位 mol/L)

電離定数 K_a は

$$K_a = \frac{[CH_3COO^-][H^+]}{[CH_3COOH]}$$

$$= \frac{c\alpha \times c\alpha}{c(1-\alpha)} = \frac{c\alpha^2}{1-\alpha}\ \text{ウ・エ}$$

αが十分に小さいときは $1-\alpha \fallingdotseq 1$ とみなせるから

$K_a = c\alpha^2$ ウ ……(1) となる。

b｜ 0.02 mol/L 塩酸は，電離度 $\alpha = 1$ であり，
$HCl \longrightarrow H^+ + Cl^-$ と完全電離するので

$$[H^+] = 0.02 \times 1 = 0.02 = 2 \times 10^{-2}\ \text{mol/L}$$

$$pH = -\log_{10}(2 \times 10^{-2}) = 2 - \log_{10}2 = 2 - 0.30 = 1.7$$

c｜ 酢酸については弱酸の電離平衡の式を導入する。**a** で行ってきた式変形の続きを行うと

$K_a = c\alpha^2$ ……(1)より　$\alpha^2 = \dfrac{K_a}{c}$

$\alpha > 0$ であるから

$\alpha = \sqrt{\dfrac{K_a}{c}}$ ……(2)

$[H^+] = c\alpha$　←(2)を代入

$= c\sqrt{\dfrac{K_a}{c}}$

$= \sqrt{c^2 \times \dfrac{K_a}{c}}$　← c を 2 乗して根号内に入れる

$= \sqrt{cK_a}$

ここで，$c = 0.01$，$K_a = 2.5 \times 10^{-5}$ を代入すると

$$[H^+] = \sqrt{0.01 \times 2.5 \times 10^{-5}} = \sqrt{10^{-2} \times 25 \times 10^{-6}} = 5 \times 10^{-4}\ \text{mol/L}$$

よって

$$pH = -\log_{10}(5 \times 10^{-4}) = 4 - \log_{10}5^* = 4 - 0.70 = 3.3$$

$*\ \log_{10}5 = \log_{10}\dfrac{10}{2} = \log_{10}10 - \log_{10}2$

$= 1 - 0.30 = 0.70$ と計算する。

191 a－[13] ④　b－[14] ⑤

a｜ AgCl の沈殿を含む溶液において，AgCl(固) の一

部 x〔mol/L〕が溶けて，溶解平衡が成り立っていると考える。

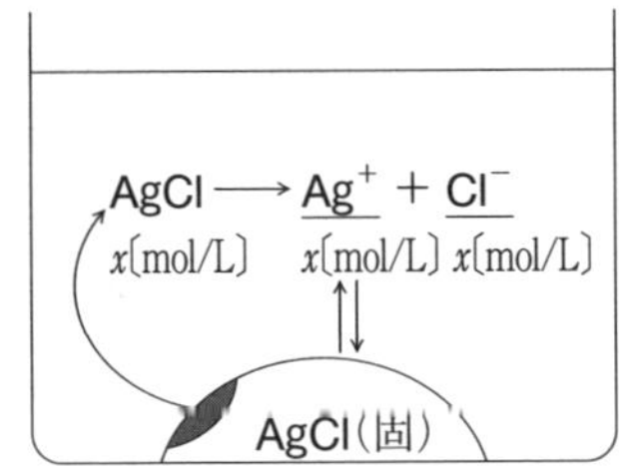

このとき　$K_{sp} = [Ag^+][Cl^-]$

$= x \times x = x^2$　……(1)

AgCl の $K_{sp} = 1.0 \times 10^{-10}$　……(2)なので

(1) = (2)より

$x^2 = 1.0 \times 10^{-10}$

$x > 0$ より　$x = 1.0 \times 10^{-5}$

$[Ag^+] = 1.0 \times 10^{-5}$ mol/L になる。

b | $AgNO_3$　$0.01\ \text{mol/L} \times \dfrac{10}{1000}\ \text{L} = 1 \times 10^{-4}\ \text{mol}$

NaCl　$0.03\ \text{mol/L} \times \dfrac{10}{1000}\ \text{L} = 3 \times 10^{-4}\ \text{mol}$

$AgNO_3$ 水溶液に NaCl 水溶液を加えたときに AgCl の沈殿が生成するが，その量的関係は

	Ag^+	+ Cl^-	⟶	AgCl
反応前	1×10^{-4}	3×10^{-4}		0
反応量	-1×10^{-4}	-1×10^{-4}	⟶	$+1 \times 10^{-4}$
反応後	0*	2×10^{-4} mol		1×10^{-4} mol

＊ Ag^+ は 0 mol となっているが，ごく微少な量は溶液中に溶けており，その濃度を溶解度積を用いて計算することになる。

溶液は 10 + 10 = 20 mL であり，反応後溶液中に残っている Cl^- のモル濃度は

$$[Cl^-] = 2 \times 10^{-4}\ \text{mol} \div \frac{20}{1000}\ \text{L} = 1.0 \times 10^{-2}\ \text{mol/L}$$

とみなしてよい。

AgCl(固) $\rightleftarrows$ $Ag^+ + Cl^-$ の溶解平衡が成立するので，$[Ag^+][Cl^-] = K_{sp}$ となっていることから銀イオン濃度は

$$[Ag^+] = \frac{K_{sp}}{[Cl^-]} = \frac{1.0 \times 10^{-10}}{1.0 \times 10^{-2}}$$

$$= 1.0 \times 10^{-8}\ \text{mol/L}$$

9　有機化学(高分子を含む)

2 | ① ②

▶攻略のPoint　**元素分析の結果から，化合物の構造を決定する問題である。本問では分子量が与えられていないので，組成式がわかった時点で，今度は選択肢にある①～⑥の示性式から求める化合物を判断することになる。**

化合物 29 mg 中の炭素，水素，酸素の質量は

炭素　$66 \times \dfrac{12}{44} = 18$ mg　⬅ $CO_2 = 44$　C = 12

水素　$27 \times \dfrac{2.0}{18} = 3.0$ mg　⬅ $H_2O = 18$　2H = 2.0

酸素　$29 - (18 + 3.0) = 8.0$ mg

化合物の組成式を $C_xH_yO_z$ とすると

$$x : y : z = \frac{18}{12} : \frac{3.0}{1.0} : \frac{8.0}{16}$$

$= 1.5 : 3 : 0.5$

$= 3 : 6 : 1$

組成式は C_3H_6O になる。したがって，分子式は $(C_3H_6O)_n$ で表される。選択肢①～⑥の示性式を分子式に直すと

①　C_3H_6O　②　C_3H_6O　③　$C_3H_6O_2$　④　C_4H_8O

⑤　C_4H_8O　⑥　$C_4H_8O_2$

該当するものは①または②である。

①は $CH_3-C(=O)-CH_3$ でケトン，②は $CH_3-CH_2-C(=O)-H$ でアルデヒドである。

また，この化合物はフェーリング液を還元して，酸化銅(Ⅰ) Cu_2O の赤色沈殿を生じる。したがってアルデヒドとわかる。求める化合物は②である。

193 | ② ①，②

▶攻略のPoint　**有機化合物の完全燃焼の反応式から，分子式を求めて，有機化合物として考えられる化合物を類推する。**

この有機化合物 $C_xH_yO_z$ が完全燃焼した反応式は

$$C_xH_yO_z + \frac{4x + y - 2z}{4} O_2 \longrightarrow xCO_2 + \frac{y}{2} H_2O$$

生成した二酸化炭素と水が 0.60 mol と 0.80 mol であったことから，反応式の係数比 $x : \dfrac{y}{2}$ は

$$x : \frac{y}{2} = 0.60 : 0.80 = 3 : 4$$

よって，$x : y = 3 : 8$ になる。

組成式は $(C_3H_8O_z)_n$ となるが，炭素と水素の部分が飽和炭化水素となるので，n が 2 以上になることは考

えられない。したがって，分子式は $C_3H_8O_z$ である。

CO_2，H_2O の物質量が 0.60 mol，0.80 mol であることと，完全燃焼の反応式の係数を比較して，有機化合物の物質量は 0.20 mol とわかる。

$$C_3H_8O_z + \left(5 - \frac{z}{2}\right)O_2 \longrightarrow 3CO_2 + 4H_2O$$

0.20 mol　　　　　　　0.60 mol　0.80 mol

$C_3H_8O_z$ の分子量を M とすると，モル質量は M〔g/mol〕であり，12 g の物質量は

$$\frac{12}{M} = 0.20 \qquad M = 60$$

有機化合物は分子量が 60 となり，C_3H_8O とわかる。

分子式が C_3H_8O となるのは，与えられた選択肢の中では①アルコールと②エーテルである。

異性体の関係を見ていくと，①～⑥は，3つに分類できることをおさえておこう。

(1)　アルコールとエーテル
（例）　C_3H_8O
$CH_3-CH_2-CH_2-OH$　　$CH_3-CH_2-O-CH_3$
1-プロパノール　　エチルメチルエーテル

(2)　アルデヒドとケトン
（例）　C_3H_6O
CH_3-CH_2-CHO　　$CH_3-CO-CH_3$
プロピオンアルデヒド　　アセトン

(3)　カルボン酸とエステル
（例）　$C_2H_4O_2$
$CH_3-CO-OH$　　$H-CO-O-CH_3$
酢酸　　ギ酸メチル

194　③　⑤

攻略のPoint　鎖式飽和炭化水素（アルカン）の一般式を基準にして，a～c の条件から分子式を決定する。

次の炭化水素の一般式の関連は理解しておこう。

炭化水素の一般式
アルカン　C_nH_{2n+2}
アルケン　C_nH_{2n}　C=C を１つもつ
➡アルカンより H 原子が 2 個減る
シクロアルカン　C_nH_{2n}　環を１つもつ
➡アルカンより H 原子が 2 個減る
アルキン　C_nH_{2n-2}　C≡C を１つもつ
➡アルカンより H 原子が 4 個減る

a｜　環を１つもつので，水素原子はアルカンよりも 2 個少ない。

b｜　二重結合を１つもつと，水素原子はアルカンよりも 2 個少なくなる。この炭化水素は二重結合を２つもつので，水素原子は 4 個少なくなる。

a，**b** の条件を合わせると，この炭化水素はアルカンの一般式 C_nH_{2n+2} よりも水素原子が 6 個少ないとわかる。分子式は $C_nH_{(2n+2)-6} = C_nH_{2n-4}$ になる。

c｜　C_nH_{2n-4} で，水素原子の数（$2n-4$）個が炭素原子の数 n 個より 4 個多いので，

$2n - 4 = n + 4$　が成り立つ。

この式を解いて $n = 8$。したがって，炭化水素の分子式は，C_8H_{12} となる。

この炭化水素 C_8H_{12} を完全燃焼させると，次のようになる。

$$C_8H_{12} + 11O_2 \longrightarrow 8CO_2 + 6H_2O$$

C_8H_{12} と O_2 は物質量比 1：11 で反応している。よって，C_8H_{12} の 1.0 mol を完全燃焼させたときに，消費される酸素は 11 mol である。

195　④　②

攻略のPoint　アセチレンを発生させる反応式は次のようになる。

$$CaC_2 + 2H_2O \longrightarrow Ca(OH)_2 + C_2H_2$$

このアセチレンを完全燃焼させればよい。モル計算の問題である。

炭化カルシウム $CaC_2 = 64$ より，3.2 g の物質量は

$$\frac{3.2}{64} = 0.050\ \text{mol}$$

0.050 mol の CaC_2 に水を作用させ，発生したアセチレンを完全燃焼させる過程の物質量の変化をたどると

$$\underline{CaC_2} + 2H_2O \longrightarrow Ca(OH)_2 + \underline{C_2H_2}$$

0.050 mol ──→ 0.050 mol

$$\underline{2C_2H_2} + \underline{5O_2} \longrightarrow 4CO_2 + 2H_2O$$

0.050 mol ──→ $\frac{5}{2} \times 0.050$ mol

消費される酸素の物質量は $\frac{5}{2} \times 0.050$ mol になる。

したがって，標準状態での体積を求めると

$$22.4 \times \left(\frac{5}{2} \times 0.050\right) = 2.8\,\text{L}$$

6　5　②

炭素数 4 の鎖式不飽和炭化水素を C_4H_x とすると，元素分析の結果より

炭素　$88 \times \frac{12}{44} = 24$ mg　⬅ $CO_2 = 44$，$C = 12$

水素　$27 \times \frac{2.0}{18} = 3.0$ mg　⬅ $H_2O = 18$，$2H = 2.0$

したがって

$4 : x = \frac{24}{12} : \frac{3.0}{1.0}$　これを解いて，$x = 6$ になる。

この化合物は，C_4H_6 の分子式である。

炭素数 4 の飽和炭化水素（アルカン）は C_4H_{10} であり，C_4H_6 は次の水素との付加反応が起こる。

$$C_4H_6 + 2H_2 \longrightarrow C_4H_{10}$$

C_4H_6（分子量 54）の 8.1 g は $\frac{8.1}{54} = 0.15$ mol に相当するので，付加した H_2 は $0.15 \times 2 = 0.30$ mol である。

7　6　③

▶攻略のPoint　高分子化合物の計算では，単量体と重合体の関連をつかむことが重要になる。

付加重合では，n(単量体) → 重合体と反応が進むので，n を重合度とすると

（繰り返し単位の式量）× n ＝（高分子の分子量）

となる点が重要。

プロピレン $CH_2{=}CH{-}CH_3$ は，分子式 C_3H_6 で分子量は 42 である。

プロピレンが付加重合してポリプロピレンとなる反応は

$$n\,\mathrm{CH(H)}{=}\mathrm{C(H)(CH_3)} \longrightarrow \left[\mathrm{-CH_2-CH(CH_3)-}\right]_n$$

重合度を n とすると，ポリプロピレンの分子量は $42n$ になる。分子量が 9.7×10^4 のポリプロピレンが得られたことから

$$42n = 9.7 \times 10^4$$

$$n = 0.230 \times 10^4 \fallingdotseq 2.3 \times 10^3$$

注意！　高分子化合物では，合成反応の際に生成物に多少のバラツキがでるため，「平均」分子量，「平均」重合度といった表示になることがある。

計算するときには，分子量，重合度と考えて差しつかえない。

198　7　②

▶攻略のPoint　エステル結合の個数を求める場合も，まず繰り返し単位を基本にして，重合度を計算することから始める。

ポリエチレンテレフタラートの繰り返し単位は次のように表すことができる。

$$\left[\mathrm{-C(=O)-C_6H_4-C(=O)-O-CH_2-CH_2-O-}\right]_n$$

繰り返し単位の式量は 192 であり，重合度を n とすると分子量は $192n$ になる。

これが 2.0×10^5 と測定されたので

$$192n = 2.0 \times 10^5$$

$$n = 1.04 \times 10^3 \fallingdotseq 1.0 \times 10^3$$

ポリエチレンテレフタラートの繰り返し単位には，▒▒で示されるようにエステル結合が 2 個ある。

よって，ポリエチレンテレフタラートの 1 分子に含まれるエステル結合は

$1.0 \times 10^3 \times 2 = 2.0 \times 10^3$ 個である。

199　8　③

▶攻略のPoint　二糖類を加水分解すると単糖類が 2 分子生じる。

マルトースの場合，反応は次のようになる。

$$C_{12}H_{22}O_{11} + H_2O \longrightarrow 2C_6H_{12}O_6$$

マルトース　　　α-グルコース

このときの物質量は

（二糖類）→ 2 ×（単糖類）の量的関係になる。

酸性水溶液中で加水分解を行っているので，生じた α-グルコースは 3 種の異性体の平衡状態となり，単糖 A はグルコースとしてよい。

グルコースには還元性があり，フェーリング液を還元して，酸化銅（Ⅰ）Cu_2O の赤色沈殿を生成する。このとき，単糖 A つまりグルコースとフェーリング液の反応は，「単糖 A 1 mol あたり Cu_2O 1 mol の赤色沈殿が生じるものとする」とあるので，グルコースと

Cu_2O の物質量は等しくなる。

$Cu_2O = 144$ より，14.4 g の酸化銅(Ⅰ)は $\dfrac{14.4}{144} =$ 0.10 mol に相当する。

したがって，加水分解で生じたグルコースは 0.10 mol になる。

$$C_{12}H_{22}O_{11} + H_2O \longrightarrow 2C_6H_{12}O_6$$

0.050 mol ← 0.10 mol

もとのマルトース(分子量 342)は 0.050 mol とわかる。その質量は

$342 \times 0.050 = 17.1$ g

200 9 ⑦

▶攻略のPoint 共重合による合成ゴム

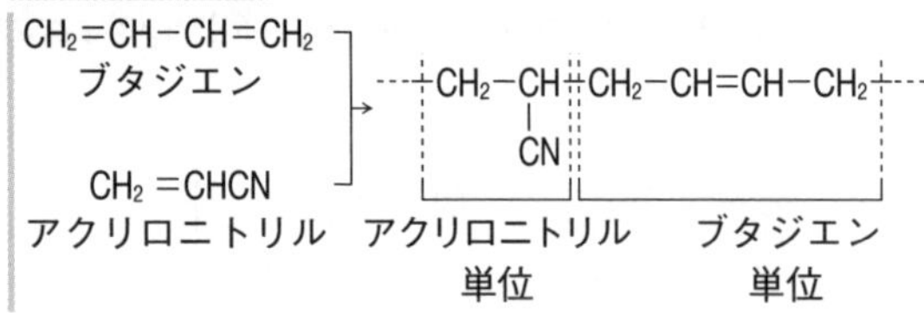

アクリロニトリル x〔個〕とブタジエン y〔個〕をまず別々に付加重合させたとすると

$$x\ \mathrm{CH_2{=}CH(CN)} \longrightarrow \mathrm{\left[CH_2-CH(CN) \right]_{\mathit{x}}}$$

$$y\,CH_2{=}CH{-}CH{=}CH_2 \longrightarrow \left[CH_2{-}CH{=}CH{-}CH_2 \right]_y$$

のように反応する。

したがって，このアクリロニトリルとブタジエンを共重合させた場合，次のように表されるアクリロニトリル-ブタジエンゴム 1 分子が生成すると考えられる。

$$\mathrm{\left[CH_2-CH(CN) \right]_{\mathit{x}} \left[CH_2-CH{=}CH-CH_2 \right]_{\mathit{y}}}$$

1 分子のゴムのなかには，C 原子 $(3x + 4y)$ 個，N 原子 x 個が含まれている。

つまり，アクリロニトリル x〔mol〕，ブタジエン y〔mol〕を付加重合させると，C 原子 $3x + 4y$〔mol〕，N 原子 x〔mol〕が含まれることになる。

C 原子と N 原子の物質量の比が 19：1 であることから

$(3x + 4y) : x = 19 : 1$

これを解いて　$y = 4x$

$x : y = 1 : 4$ となり ⑦が答えである。

……第3編　**実験・グラフ問題**対策

1　気体の発生

01　1　④

▶攻略のPoint　気体の捕集法は，その気体の性質から次のように決められる。

- 水に溶けにくい気体 ——→ 水上置換
- 水に溶けやすい気体
  - 空気より軽い → 上方置換
  - 空気より重い → 下方置換

まず，a～e の反応により発生する気体を知る必要がある。

a｜ $Fe + H_2SO_4 \longrightarrow FeSO_4 + H_2$

b｜ $NaCl + H_2SO_4 \longrightarrow NaHSO_4 + HCl$

c｜ $2H_2O_2 \longrightarrow 2H_2O + O_2$
（酸化マンガン(Ⅳ) MnO_2 は触媒）

d｜ $NaHSO_3 + H_2SO_4 \longrightarrow NaHSO_4 + H_2O + SO_2$

e｜ $2Al + 2NaOH + 6H_2O \longrightarrow 2Na[Al(OH)_4] + 3H_2$

a と e から発生した H_2，c から発生した O_2 は水に溶けにくいので，水上置換により捕集することは適当である。

b から発生した HCl，d から発生した SO_2 は水に溶けやすく，空気より重い気体である。よって，b と d は水上置換ではなく，下方置換を用いる。

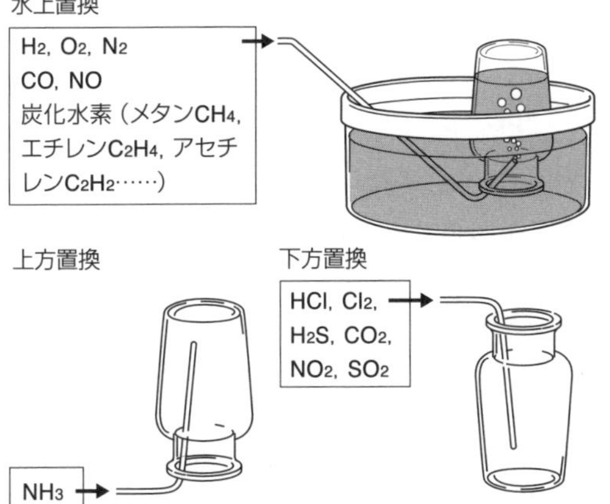

▶攻略のPoint　水上置換と上方置換を用いる気体を覚え，下方置換を用いる気体はそれ以外とすればよい。

2　2　④

▶攻略のPoint　「できるだけ B 欄の気体を含まない A 欄の気体を得る」ためには，B 欄の気体を吸収するだけでなく，A 欄の気体と反応しないことが条件になる。

①　CO_2 は $NaHCO_3$ と反応しないので吸収されない。HCl は強酸なので，弱酸の塩である $NaHCO_3$ とは，次のように反応して吸収される。

$$HCl + NaHCO_3 \longrightarrow NaCl + H_2O + CO_2$$

よって，$NaHCO_3$ 水溶液を通すと，A 欄の CO_2 のみを得ることができる。（適当）

②　H_2 は中性の気体なので希硫酸には吸収されない。NH_3 は塩基性の気体なので，次のように希硫酸と塩をつくり吸収される。（適当）

$$2NH_3 + H_2SO_4 \longrightarrow (NH_4)_2SO_4$$

③　過マンガン酸カリウム $KMnO_4$ は酸化剤なので，O_2 とは反応しない。SO_2 は $KMnO_4$ に対しては還元剤として作用するので，次のように酸化され $SO_4{}^{2-}$ となって吸収される。（適当）

$$5SO_2 + 2KMnO_4 + 2H_2O \rightarrow 2MnSO_4 + K_2SO_4 + 2H_2SO_4$$

④　HCl と H_2S はともに硝酸銀 $AgNO_3$ と反応して沈殿を生成する。

$$HCl + AgNO_3 \longrightarrow AgCl + HNO_3$$

$$H_2S + 2AgNO_3 \longrightarrow Ag_2S + 2HNO_3$$

よって，**A 欄と B 欄の気体が両方吸収されてしまう**。（不適当）

⑤　N_2 は中性の気体なので石灰水（$Ca(OH)_2$ 水溶液）と反応しない。CO_2 は酸性酸化物であり，塩基である石灰水とは中和反応して，吸収される。（適当）

$$CO_2 + Ca(OH)_2 \longrightarrow CaCO_3 + H_2O$$

203　3　③

▶攻略のPoint　アンモニアの発生実験である。
気体の発生装置は，次の 2 つがポイントになる。
(1)　試薬の状態 → 固体か or 液体か
(2)　加熱　　　 → するのか or しないのか

実験で用いる塩化アンモニウムと水酸化カルシウムは，ともに固体であり，加熱する。つまり「固体＋固体の加熱」の発生装置となる。

また，NH_3 は水によく溶け，空気より軽い気体なので，捕集装置は上方置換になる。

$$2NH_4Cl + Ca(OH)_2 \longrightarrow CaCl_2 + 2H_2O + 2NH_3 \uparrow$$

（固）　（固）　加熱　　↑ 水に溶ける 空気より軽い気体

①　**アンモニアは塩基性の気体**なので，湿らせた赤色リトマス紙が青色になる。（正しい）

②　**濃塩酸をつけたガラス棒を近づけると塩化アンモニウムが生じる。**

$NH_3 + HCl \longrightarrow NH_4Cl$

NH_4Cl は白色の微粒子（固体）で，これが空気中にちらばって，白煙に見える。（正しい）

③　このアンモニア発生は，弱塩基の遊離反応である。「弱塩基の塩 ＋ 強塩基 ⟶ 強塩基の塩 ＋ 弱塩基」の反応である。したがって，強塩基の $Ca(OH)_2$ の代わりに $CaSO_4$ を用いても**アンモニアが発生することはない**。（誤り）

④　アンモニアは塩基性の気体であり，乾燥剤としてソーダ石灰（CaO と NaOH の混合物）がよく使われる。塩基性の乾燥剤を用いると，NH_3 とは反応せずに**水分だけを吸収することができる**。（正しい）

注意！　**乾燥剤を使うときは，発生した気体と乾燥剤が「酸と塩基」の組合せになることを避ける。**

⑤　反応式からわかるように，**塩化カルシウム $CaCl_2$ の固体が試験管中に残る**。（正しい）

注意！　**本問の発生装置で，試験管の口がやや下向きになっていることに注意してほしい。それは，次の図のように同時に生じる水蒸気が凝縮して加熱部に戻らないようにするためである。**

〈試験管の口を上向きにしてしまった場合〉

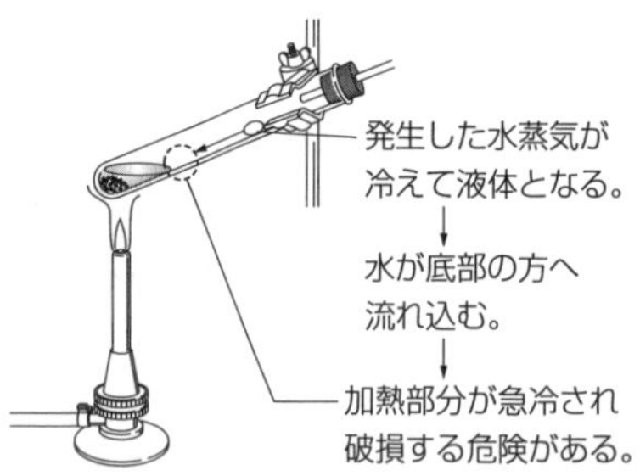

発生した水蒸気が
冷えて液体となる。
↓
水が底部の方へ
流れ込む。
↓
加熱部分が急冷され
破損する危険がある。

204　④　⑤

▶攻略のPoint　塩化ナトリウムに硫酸を加えて加熱すると塩化水素が発生する。

塩化水素の性質がわかっているかどうかがポイントになる。

$NaCl + H_2SO_4 \longrightarrow NaHSO_4 + \underline{HCl} \uparrow$
（固）　（液）　加熱
↑
水に溶ける
空気より重い気体

①　塩化水素は，**無色・刺激臭の気体**である。（誤り）

②　塩化水素はヨウ化物イオンを酸化してヨウ素にすることはない。よって，**ヨウ素デンプン反応は起こらない**。（誤り）

③　塩化水素は酸性の気体。湿らせた青色リトマス紙を赤色にする。しかし，**赤色リトマス紙を青色にはしない**。（誤り）

④　塩化水素は漂白作用がないので，**赤色リトマス紙が漂白されることはない**。（誤り）

⑤　塩化ナトリウムと硫酸の反応は，
「揮発性の酸の塩 ＋ 不揮発性の酸 ⟶ 不揮発性の酸の塩 ＋ 揮発性の酸」の反応である。

塩化カリウムも「揮発性の酸の塩」であるから**同じように反応して塩化水素が発生する**。

反応式は次のようになる。（正しい）

$KCl + H_2SO_4 \longrightarrow KHSO_4 + HCl$

注意！　**①，②，④から，HCl と Cl_2 の違いをきちんと区別しておこう。**

(1)塩素 Cl_2 は，黄緑色・刺激臭の気体。
(2)塩素は酸化力のある気体。ヨウ化物イオンを酸化してヨウ素にするので，ヨウ素デンプン反応が起こる。
→湿らせたヨウ化カリウムデンプン紙が，青変する。
(3)塩素が水に溶けて生じる次亜塩素酸 HClO は漂白作用を示すので，リトマス紙が漂白される。

205　⑤　⑥

▶攻略のPoint　硫化鉄（Ⅱ）に希硫酸を加えると硫化水素 H_2S が発生する。

$FeS + H_2SO_4 \longrightarrow FeSO_4 + \underline{H_2S} \uparrow$
（固）　（液）
↑
水に溶ける
空気より重い気体

「固体 ＋ 液体で加熱なし」の気体の発生実験である。発生させる気体が少量でよい場合は，このように「ふたまた試験管」を用いる。

①　硫化水素は**無色の気体である**。（誤り）

②　反応は「弱酸の塩 ＋ 強酸 ⟶ 強酸の塩 ＋ 弱酸」であるから，希硫酸と同じ強酸の**希塩酸を加えても硫化水素が発生する**。

$FeS + 2HCl \longrightarrow FeCl_2 + H_2S$

したがって，**同じ気体が発生する**。（誤り）

③　硫化鉄（Ⅱ）は塩基の水酸化ナトリウムとは**反応しない**。（誤り）

④　発生した硫化水素を水に溶かすと，電離して**溶液は弱酸性を示す**。

$H_2S \rightleftarrows 2H^+ + S^{2-}$

硫化水素水は弱酸である。（誤り）

⑤　集気びんに硫酸銅（Ⅱ）水溶液を入れておくと

$CuSO_4 + H_2S \longrightarrow CuS + H_2SO_4$

硫化銅(Ⅱ)の黒色沈殿が生じる。(正しい)

06 ア－6 ② イ－7 ④

▶攻略のPoint **亜鉛と希硫酸の反応で水素を発生させる実験である。**

$Zn + H_2SO_4 \longrightarrow ZnSO_4 + H_2$

この反応では，イオン化傾向が水素よりも大きい金属を用いても起こるはずである。

気体の発生装置として，「キップの装置」を用いている。コックDを開くと，希硫酸はAの部分から，管を通ってCに落ちていく。Cの部分に希硫酸が増えていくと，やがてBにも希硫酸が到達し，そこでZnと反応してH_2を発生する仕組みになっている。

ア 亜鉛の代わりに，イオン化傾向が水素よりも大きい金属の鉄Feを用いてもH_2は発生する。

$Fe + H_2SO_4 \longrightarrow FeSO_4 + H_2$

ただし，鉛Pbはイオン化傾向が水素よりも大きいが避ける。その理由は次の点である。

$Pb + H_2SO_4 \longrightarrow PbSO_4 + H_2$

反応で生成した$PbSO_4$が水に難溶なので，鉛Pbの表面に膜ができてしまい，反応が進行しなくなるためである。

イ 水素の発生中に，コックDを閉じると，B中に水素がたまり，その圧力で希硫酸がCに押し下げられる。ここで，亜鉛と希硫酸の接触が断たれることになるので，水素の発生が止まる。

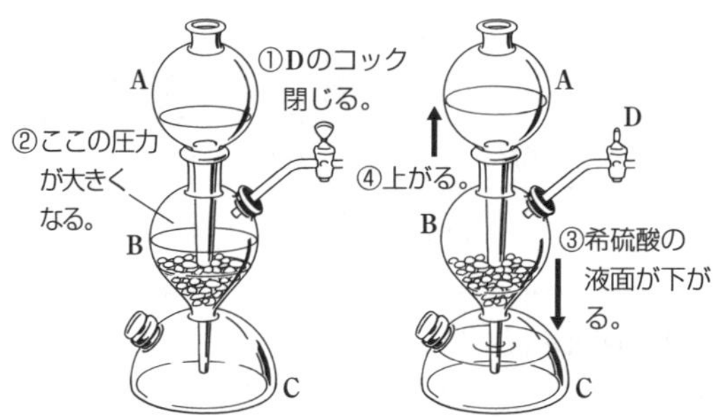

コックDを閉じると，希硫酸は水素に押されて，B → C → Aと移動する。

8 ⑧

▶攻略のPoint **塩素の発生実験において，(発生部)→(精製部)→(捕集部)からなる装置の組合せをどのようにつくるかの問題である。**

実験室で気体を発生させる際，目的とする気体に他の気体が混ざり込むことがある。混ざり込む気体は，

(1) 試薬から揮発したもの

(2) 反応によって，目的の気体とともに生じたもの

(3) 溶媒が蒸発したもの

などがある。

この実験で，混ざり込む気体が何かをとらえることがポイントになる。

塩素は，酸化マンガン(Ⅳ)と，濃塩酸の反応で発生させることができる。

$$\underset{(固)}{MnO_2} + \underset{(液)}{4HCl} \xrightarrow{加熱} MnCl_2 + 2H_2O + \underline{Cl_2}\uparrow$$

↑ 水に溶ける 空気より重い気体

これは，MnO_2の酸化作用により，HClが酸化されて，Cl_2が生成する反応である。

a(発生部)は**エ**とわかる。

この実験では，揮発性の濃塩酸を加熱しているので，Cl_2とともにHClが混ざり込む。また，水蒸気も含まれることになる。

下図においてまず，HClを取り除くため，水を入れた洗気びん(1)を用いる。HClは水に非常によく溶けるので，洗気びん(1)の水に吸収される。この際，Cl_2もいくらか水に溶けてしまう。しかし，HClに比べると溶解度が小さいのでCl_2はすぐに水に飽和してしまう。つまり，少しはCl_2が溶けてもよいとして，HClを除去している。

洗気びん(1)を通した気体は水分を含むので，濃硫酸を入れた洗気びん(2)で，水分を取り除く。濃硫酸は，酸性の気体の乾燥に適している。

b(精製部)は**カ**になる。

Cl_2は水に溶け，空気より重い気体なので，下方置換を選ぶ。

c(捕集部)は**コ**になる。

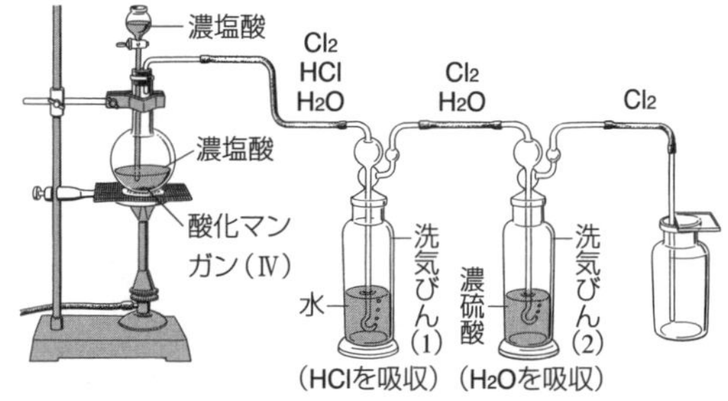

2 金属イオンの分離と確認

208 ① ②

a　Al^{3+}とFe^{3+}は，いずれもNH_3水を加えると沈殿する。

$Al^{3+} + 3OH^- \longrightarrow Al(OH)_3\downarrow$　（白色）

$Fe^{3+} + 3OH^- \longrightarrow$ 水酸化鉄(Ⅲ)$\downarrow$　（赤褐色）

両方の沈殿はNH_3水をさらに過剰に加えても溶けないので，**一方のみを沈殿させることはできない。**

b　Ba^{2+}は希硫酸を加えると次のように反応して硫酸バリウム$BaSO_4$の白色沈殿を生成する。

$Ba^{2+} + SO_4^{2-} \longrightarrow BaSO_4$

Cu^{2+}は溶けたままなので，この場合は，**一方のみを沈殿させることができる。**

> H_2SO_4で沈殿が生じるイオン
> Ba^{2+}　Ca^{2+}　Pb^{2+}
> ＊「バ　カ　な　硫酸塩」と覚えよう。

c　硫化物の沈殿は，金属のイオン化傾向と関連する。Zn～Agのイオン化傾向の小さな金属のイオンは硫化物が沈殿する。

Ag^+とPb^{2+}はともに，H_2Sを吹き込むと硫化物の沈殿が生成するため，**一方のみを沈殿させることはできない。**

$2Ag^+ + S^{2-} \longrightarrow Ag_2S\downarrow$　（黒色）

$Pb^{2+} + S^{2-} \longrightarrow PbS\downarrow$　（黒色）

注意！ **硫化物の沈殿は，水溶液が酸性か，塩基性・中性かで，沈殿するイオンが異なる。Ag^+とPb^{2+}は液性によらず沈殿する。**

> H_2Sで沈殿が生じるイオン
> K^+　Ca^{2+}　Na^+　Mg^{2+}　Al^{3+}　Zn^{2+}　Fe^{2+}　Ni^{2+}
> （Zn^{2+}～Ni^{2+}：塩基性・中性で沈殿）
> Sn^{2+}　Pb^{2+}　(H_2)　Cu^{2+}　Hg^{2+}　Ag^+
> （液性に関係なく，酸性～塩基性で沈殿する）

したがって，一方のみを沈殿させることのできる操作はbのみである。

209 a－② ④　b－③ ③

ア～エの化学式は

ア　$Cu(NO_3)_2$　イ　$Zn(NO_3)_2$　ウ　$Al(NO_3)_3$
エ　$AgNO_3$

硝酸塩はすべて水に溶けるので，各水溶液には次のイオンが存在する。

ア　Cu^{2+}　イ　Zn^{2+}　ウ　Al^{3+}　エ　Ag^+

▶攻略のPoint　**金属イオンとNaOH水溶液・NH_3水の反応では，次の2つのグループを区別することが重要である。**

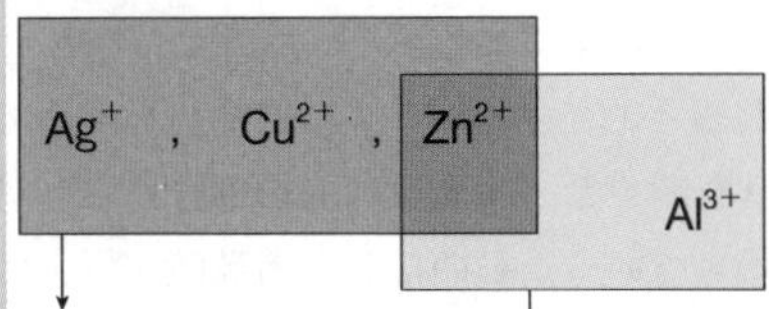

Ⅰ．生成した沈殿が，過剰のNH_3水で溶ける　**Ⅱ．生成した沈殿が，過剰のNaOHaqで溶ける**

Ⅱには他にSn^{2+}，Pb^{2+}が含まれるので「両性元素のイオン」と覚えればよい。

Zn^{2+}はⅠ，Ⅱの両方に含まれる。

反応は，次のようになる。

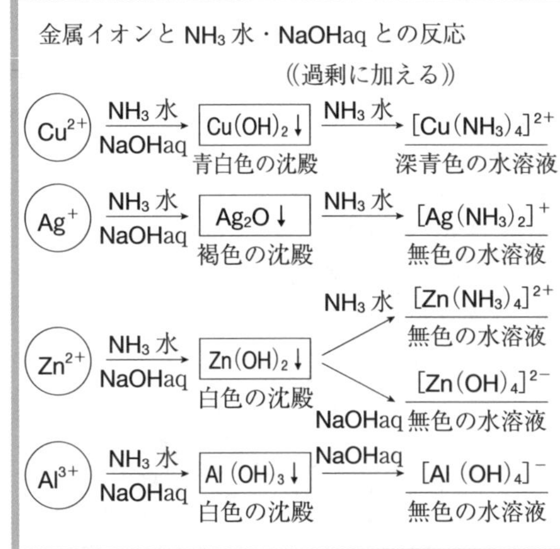

a　NaOH水溶液を加えていくと沈殿が生じ，さらに過剰にNaOH水溶液を加えると沈殿が溶解するのはⅡであるから，**ア～エのうち，イの$Zn(NO_3)_2$とウの$Al(NO_3)_3$になる。**

b　**ア～エにNH_3水を加えていくと，NaOH水溶液を加えたときと同様にすべて沈殿を生じる。そこで，さらにNH_3水を加えていったときに，その沈殿が溶解するのはⅠで，Ag^+，Cu^{2+}，Zn^{2+}を含む水溶液である。**

したがって，**「過剰なNH_3水を加えても沈殿が溶解しないもの」は，Al^{3+}を含む水溶液になる。**

ウ　$Al(NO_3)_3$水溶液が該当する。

注意！　**なお，過剰のNaOH水溶液にも，NH_3水にも溶けない水酸化物(このようなものの方が多い)の代表的なものとして，$Fe(OH)_2$と水酸化鉄(Ⅲ)がよ**

く例にあげられる。

[4] ④

▶攻略のPoint 選択肢を確認してから解くこと。アはPb^{2+}とNa^+，イはCa^{2+}とFe^{3+}，ウはZn^{2+}とCu^{2+}から選べばよい。

a クロム酸イオンCrO_4^{2-}と反応し，**Pb^{2+}は水に不溶な黄色の沈殿のクロム酸鉛(Ⅱ)を生じる。**

Na^+では沈殿は生じない。

b 水酸化物は，沈殿するものが多い。**Fe^{3+}は赤褐色の沈殿の水酸化鉄(Ⅲ)を生じる。**

逆に，水酸化物が溶けるのは，アルカリ金属，アルカリ土類金属のイオンである。したがって，Ca^{2+}を含む水溶液からは沈殿が生じない。

c 酸性水溶液中でH_2Sと反応して硫化物の沈殿を生成するのは，イオン化傾向でSn～Agの金属のイオンである。したがって，Zn^{2+}とCu^{2+}のうち，**Cu^{2+}が該当し，CuSの黒色沈殿を生成する。**

注意！ Zn^{2+}は，水溶液の液性を塩基性～中性にすると硫化物の沈殿が生成する。このように，液性を変化させることで，金属イオンを別々に沈殿させ分離することができる。

したがって，a．Pb^{2+}，b．Fe^{3+}，c．Cu^{2+}を含む水溶液からの沈殿になる。

[5] ⑤

① $Al(NO_3)_3$水溶液にNaOH水溶液を加えると，水酸化アルミニウム$Al(OH)_3$の白色沈殿が生じる。

$$Al^{3+} + 3OH^- \longrightarrow Al(OH)_3$$

さらに過剰にNaOH水溶液を加えると，沈殿は次のように**反応して溶解する。**(正しい)

$$Al(OH)_3 + OH^- \longrightarrow [Al(OH)_4]^-$$

② $MgCl_2$水溶液に含まれる**Mg^{2+}は炎色反応を示さない。**(正しい)

注意！ Mgは，周期表の2族に属している。2族の元素のうち，Ca，Sr，Ba，Raは炎色反応を示すが，Be，Mgは炎色反応を示さない。

Be，MgとCa，Sr，Ba，Raを区別する方法の一つが，炎色反応である。

③ 硫化物の沈殿が生じるのは，イオン化傾向でZn～Agの金属のイオンである。

酢酸鉛(Ⅱ)水溶液に硫化水素を吹き込むと，**硫化鉛(Ⅱ)の黒色沈殿が生じる。**

$$Pb^{2+} + S^{2-} \longrightarrow PbS\downarrow$$

Pb^{2+}の場合は，液性に関係なく硫化物が沈殿する。(正しい)

④ イオン化傾向は$Mg > Al > Pb > Cu$となっている。Mg，Al，Pbは3つとも銅よりもイオン化傾向が大きいので，**a～cの水溶液に銅板を浸したとき，金属は析出しない。**(正しい)

⑤ a～cのうち，$(NH_4)_2SO_4$を加えたとき，a，bからは沈殿が生じないが，**cの水溶液からは硫酸鉛(Ⅱ)の白色沈殿が生じる。**(誤り)

$$Pb^{2+} + SO_4^{2-} \longrightarrow PbSO_4\downarrow$$

212 [6] ③

① 塩化鉄(Ⅲ)$FeCl_3$水溶液にヘキサシアニド鉄(Ⅱ)酸カリウム$K_4[Fe(CN)_6]$水溶液を加えると，**濃青色の沈殿が生じる。さらに加えても沈殿は溶けない。**

注意！ 2つの試薬の鉄の酸化数に着目しよう。

$$\underset{+3}{\underline{Fe}Cl_3} \leftrightarrow K_4[\underset{+2}{\underline{Fe}}(CN)_6]$$

一方，塩化鉄(Ⅱ)$FeCl_2$水溶液に対しては，ヘキサシアニド鉄(Ⅲ)酸カリウム$K_3[Fe(CN)_6]$水溶液を加えたときに，濃青色の沈殿が生じる。このときの2つの試薬の鉄の酸化数は，

$$\underset{+2}{\underline{Fe}Cl_2} \leftrightarrow K_3[\underset{+3}{\underline{Fe}}(CN)_6]$$

このような関係が成り立っている。

② 硝酸銀$AgNO_3$水溶液に，硫化水素H_2Sを通じると硫化銀Ag_2Sの黒色沈殿が生じる。

$$2Ag^+ + S^{2-} \longrightarrow Ag_2S\downarrow$$

さらにH_2Sを通じても，**この沈殿は溶けない。**

③ 水酸化カルシウム$Ca(OH)_2$水溶液に，CO_2を通じると，炭酸カルシウム$CaCO_3$の白色沈殿が生じる。

$$Ca(OH)_2 + CO_2 \longrightarrow CaCO_3\downarrow + H_2O$$

さらにCO_2を通じると，**この沈殿は水に可溶な炭酸水素カルシウム$Ca(HCO_3)_2$となるので，溶けてしまう。**

$$CaCO_3 + CO_2 + H_2O \rightleftarrows Ca(HCO_3)_2$$

いったん生じた沈殿が，さらに操作を続けると溶けるものに該当する。

④ ミョウバン(硫酸カリウムアルミニウム十二水和物)$AlK(SO_4)_2 \cdot 12H_2O$は，水に溶かすと，その成分イオンに電離する。

$$AlK(SO_4)_2 \cdot 12H_2O \longrightarrow Al^{3+} + K^+ + 2SO_4^{2-} + 12H_2O$$

したがって，塩化バリウム$BaCl_2$水溶液に加えたとき，Ba^{2+}とミョウバン中のSO_4^{2-}が反応して硫酸バリウム$BaSO_4$の白色沈殿を生じる。

$$Ba^{2+} + SO_4^{2-} \longrightarrow BaSO_4\downarrow$$

さらにミョウバンの水溶液を加えても，**この沈殿は**

溶けない。

⑤　塩化マグネシウム $MgCl_2$ 水溶液に，NaOH 水溶液を加えると，水酸化マグネシウム $Mg(OH)_2$ の白色沈殿が生じる。

$$Mg^{2+} + 2OH^- \longrightarrow Mg(OH)_2 \downarrow$$

さらに NaOH 水溶液を加えても，**この沈殿は溶けない。**

注意！　いったん生じた沈殿がその操作を続けると溶けてしまう反応として注意しなくてはならないのは，「錯イオン生成反応」と，「$Ca(OH)_2 + CO_2$」の反応の２つである。

213　7　②

▶攻略のPoint　鉄イオンには，ここで問題となっている Fe^{2+} と Fe^{3+} があり，両者を区別して沈殿反応を覚える必要がある。

	NaOH 水溶液	ヘキサシアニド鉄(Ⅱ)酸カリウム水溶液 $K_4[Fe(CN)_6]$	ヘキサシアニド鉄(Ⅲ)酸カリウム水溶液 $K_3[Fe(CN)_6]$	チオシアン酸カリウム水溶液 KSCN
Fe^{3+}	水酸化鉄(Ⅲ) 赤褐色沈殿	濃青色沈殿	—*	血赤色溶液
Fe^{2+}	$Fe(OH)_2$ 緑白色沈殿	—*	濃青色沈殿	反応しない

上の表を参考にして見ていけばよい。（＊の部分は特に覚える必要はない）

②$FeSO_4$ 水溶液に KSCN 水溶液を加えても，何の変化も見られない。KSCN 水溶液を加えると，**血赤色の溶液になるのは，Fe^{3+} の方である。**（誤り）

他の選択肢は，すべて正しい。

214　8　①

▶攻略のPoint　選択肢にあげられている２つの元素のうち，どちらが該当するかを判断していく。

a｜　炎色反応の色は，**リチウムが赤色**，銅が青緑色である。

> おもな炎色反応の色
> リアカーなき K村
> Li　赤　Na黄　K赤紫
> 動　力　借ろうとするも　くれない　馬　力
> Cu 青緑　Ca 橙赤　Sr　紅(深赤)　Ba 黄緑

b｜　硝酸銀の電離により生じた**銀イオンと塩化物イオンが反応して塩化銀の白色沈殿が生じる。**

$$Ag^+ + Cl^- \longrightarrow AgCl$$

カルシウムイオンと硝酸銀水溶液では白色沈殿は生じない。

c｜　酸化銅(Ⅱ)とともに加熱することで，試料が完全燃焼する。試料の成分元素に水素あるいは炭素があれば，それぞれ水，二酸化炭素が生成する。

生じた液体を硫酸銅(Ⅱ)無水塩の白色粉末に加えたとき，青色の硫酸銅(Ⅱ)五水和物に変化したと考えられる。

したがって，この液体は水であり，試料に水素が含まれていたことが確認される。

$$\underset{\text{白色粉末}}{CuSO_4} + 5H_2O \longrightarrow \underset{\text{青色の結晶}}{CuSO_4 \cdot 5H_2O}$$

以上の結果から，a は Li，b は Cl，c は H とわかるので，正しい組合せは①である。

215　9　②

各イオンの分離は次のようになる。

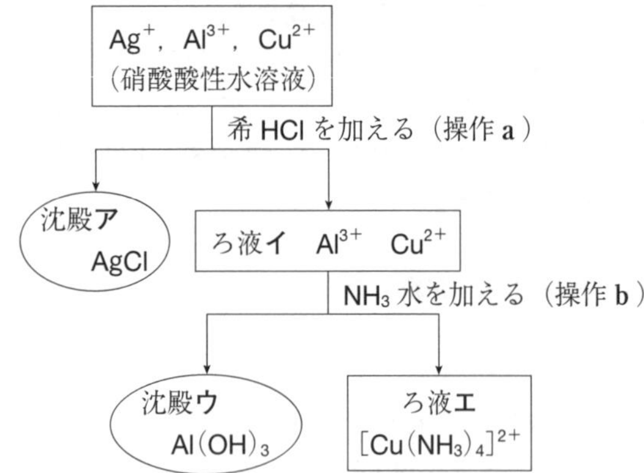

①　ろ液イは Cu^{2+} を含むので**青色である**。また，ろ液エは，$[Cu(NH_3)_4]^{2+}$ を含むので**深青色である。** 2つとも無色ではない。（誤り）

②　操作 a で，希塩酸を加えると，Ag^+ が次のように反応する。

$$Ag^+ + Cl^- \longrightarrow AgCl \downarrow$$

沈殿アは AgCl の白色沈殿である。この AgCl は過剰の NH_3 水を加えると

$$AgCl + 2NH_3 \longrightarrow [Ag(NH_3)_2]^+ + Cl^-$$

と**反応して溶ける。**（正しい）

③　操作 a で，希塩酸の代わりに硫化水素水を加えると Ag^+ と Cu^{2+} が**ともに硫化物沈殿を生成する。**

$$2Ag^+ + S^{2-} \longrightarrow Ag_2S \downarrow \quad （黒色）$$

$$Cu^{2+} + S^{2-} \longrightarrow CuS \downarrow \quad （黒色）$$

そのため，Ag^+ と Cu^{2+} を分離することはできない。（誤り）

④　操作 b で，NH_3 水の代わりに NaOH 水溶液を過剰に加えると，次のようになる。

ろ液イ　Al^{3+}，Cu^{2+}
NaOH 水溶液を加える。
沈殿ウ　$Cu(OH)_2$
ろ液エ　$[Al(OH)_4]^-$

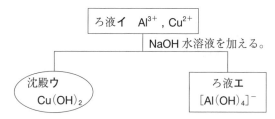

今度は，Cu^{2+} が $Cu(OH)_2$ の沈殿を生じ，Al^{3+} は $[Al(OH)_4]^-$ となって溶けてしまう。

したがって，**沈殿ウには $Al(OH)_3$ ではなく $Cu(OH)_2$ が含まれることになる。**（誤り）

6 | 10　②

▶攻略のPoint 硫化水素を通じたときに生成する沈殿がポイントになる。硫化物の沈殿は，溶液の液性によって沈殿が生じる場合と，生じない場合がある。

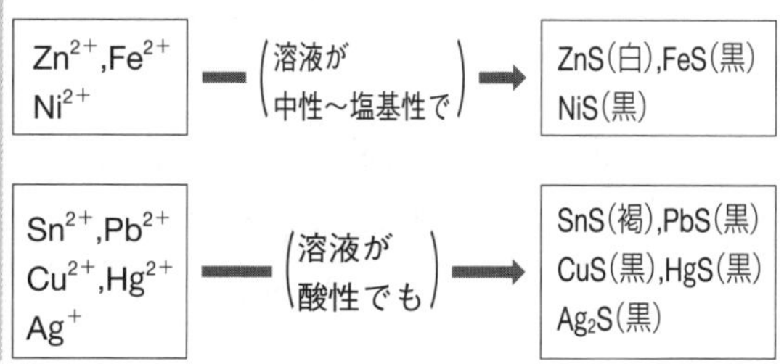

試薬 a としてあげられているのは，NH_3 水と H_2S である。このとき，溶液は酸性なので，H_2S を通じたとき，Al^{3+}，Zn^{2+}，Ba^{2+} のどれからも硫化物沈殿は生じない。

NH_3 水の場合は，Al^{3+} だけが水酸化物の沈殿を生じる。

$$Al^{3+} + 3OH^- \longrightarrow Al(OH)_3\downarrow \quad (\text{白色})$$

このとき，Zn^{2+} は $Zn(OH)_2$ の白色沈殿を生成するが，NH_3 水が過剰にあると溶けてしまう。また，Ba^{2+} は最初から沈殿反応を示さない。

したがって，試薬 a はアンモニア水であり，沈殿をろ過したあとのろ液は，塩基性になっている。

この状態で，試薬 b として，H_2S を通じると，今度は Zn^{2+} が硫化物の沈殿を生じることになる。

$$Zn^{2+} + S^{2-} \longrightarrow ZnS\downarrow \quad (\text{白色})$$

残りの Ba^{2+} を沈殿させるためには，試薬 c で炭酸アンモニウム $(NH_4)_2CO_3$ 水溶液を用いれば，炭酸バリウムの沈殿が生じる。

$$Ba^{2+} + CO_3^{2-} \longrightarrow BaCO_3\downarrow \quad (\text{白色})$$

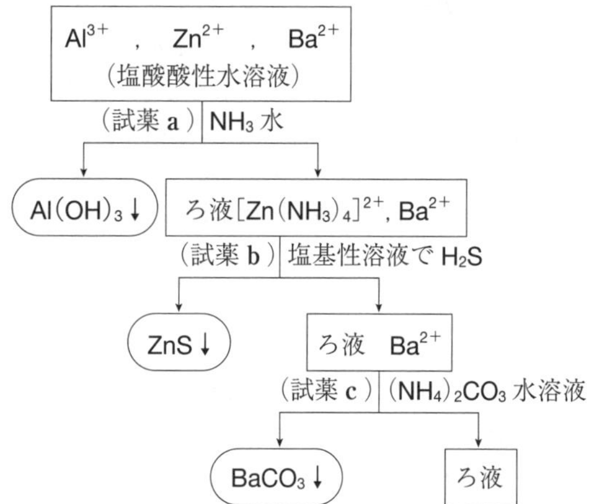

3　有機化合物の合成と分離

1　⑤

エタノールに硫酸酸性の二クロム酸カリウム水溶液を加えて，水浴でおだやかに加熱すると，酸化されてアセトアルデヒドが生成する。

$$\underset{\text{エタノール}}{C_2H_5OH} \xrightarrow[-2H]{\text{酸化}} \underset{\text{アセトアルデヒド}}{CH_3CHO}$$

アセトアルデヒドの沸点は 20℃であり，揮発しやすいので生成するとすぐに気体となって右の試験管に移動する。そのため，さらに酸化されて酢酸となることを免れる。そして試験管は氷水で冷やされているので，液体のアセトアルデヒドが捕集できる。

A はアセトアルデヒドである。

アセトアルデヒドは水によく溶ける**中性の化合物である**。したがって，フェノールフタレインは無色のまま変化しない。（誤り）

b | アセトアルデヒドは還元性をもつため，フェーリング液を還元し，酸化銅（Ⅰ）Cu_2O の**赤色沈殿が生じる**。（正しい）

c | 次の物質に，水酸化ナトリウム水溶液とヨウ素を加えて加熱すると，**ヨードホルム CHI_3 の黄色沈殿が生じる**。これが，ヨードホルム反応である。

ヨードホルム反応を示す構造

$$R-\underset{\underset{OH}{|}}{CH}-CH_3 \qquad R-\underset{\underset{O}{\|}}{C}-CH_3$$

R は炭化水素基
または水素原子

右の構造の R に H を入れると CH_3CHO，つまりアセトアルデヒドになるので，**ヨードホルム反応を示す**。

(正しい)

218 a－2 ⑥　b－3 ④

▶攻略のPoint　サリチル酸とメタノールのエステル化反応である。反応後の溶液には未反応のサリチル酸が含まれているため，これをどのように除くかが，この実験のポイントになる。

a　濃硫酸の存在下で，サリチル酸にメタノールを作用させると，エステル化が起こり，サリチル酸メチルを得ることができる。

$C_6H_4(OH)COOH$ ＋ CH_3OH ⟶ $C_6H_4(OH)COOCH_3$ ＋ H_2O

サリチル酸　　　　　サリチル酸メチル

よって，**ア**－$COOCH_3$，**イ**－OH である。

この反応は，図の装置を用い，熱水の入ったビーカー中で水浴により加熱する。このとき，加熱でメタノールが蒸気となって外部に出ていかないように，試験管には細長いガラス管がつけられている。蒸気になったメタノールが，ガラス管を通っていく際に空気によって冷やされ，再び試験管の中に戻ってくるように工夫されている。

反応物質の量が少ない場合には，この装置を用いる。

反応後の溶液を，**ウ　飽和炭酸水素ナトリウム水溶液**に加えると，未反応のサリチル酸が塩となり，水溶液に溶解する。

$C_6H_4(OH)COOH$ ＋ $NaHCO_3$ ⟶ $C_6H_4(OH)COONa$ ＋ H_2O ＋ CO_2

一方，サリチル酸メチルには，カルボキシ基がなくなっているので，$NaHCO_3$ とは反応せず油滴として存在する。

この反応は，酸の強さが，カルボン酸 ＞ 炭酸 ＞ フェノールの順であり，サリチル酸のもつカルボキシ基だけが，炭酸塩を入れたときに「強酸 ＋ 弱酸の塩 ⟶ 強酸の塩 ＋ 弱酸」の反応を起こすことによる。

注意！　なお，選択肢にある NaOH 水溶液を用いると，サリチル酸，サリチル酸メチルともに次のように中和反応が起こり，ナトリウム塩となって水溶液に溶解してしまうので分離できない。

$C_6H_4(OH)COOH$ ＋ $2NaOH$ ⟶ $C_6H_4(ONa)COONa$ ＋ $2H_2O$

$C_6H_4(OH)COOCH_3$ ＋ $NaOH$ ⟶ $C_6H_4(ONa)COOCH_3$ ＋ H_2O

b　ビーカーの内容物を分液ろうとに移し，エーテルを加えて振り混ぜると，サリチル酸メチルだけが，エーテルに移動する。このとき，エーテル（ジエチルエーテル）は密度が水より小さいので，上層にくる。

静置後，上層を取り出し，エーテルを蒸発させるとサリチル酸メチルが得られる。

以上より，適当な操作の手順は④である。

219 4 ②

▶攻略のPoint　芳香族化合物の分離は，「塩をつくる」と水に溶けるようになるので水層に移動することを利用する。

アニリン，サリチル酸，フェノールは，次のように分離される。(1)，(2)，(3)の操作を見ていく。

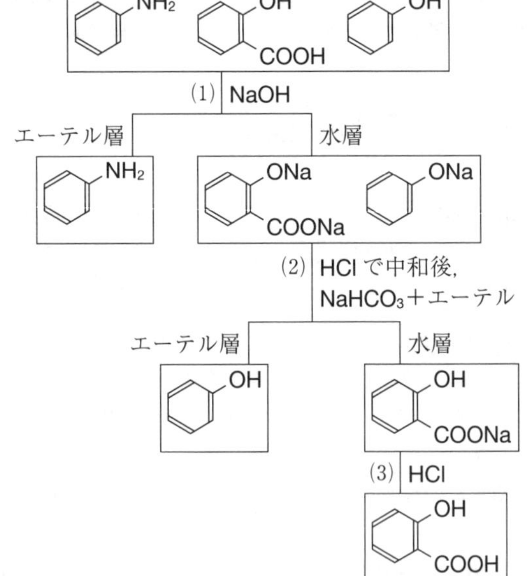

(1)　混合物のエーテル溶液に NaOH 水溶液を加えると，酸性物質であるサリチル酸とフェノールは中和反応により塩となり，水層に移る。

$C_6H_4(OH)COOH$ ＋ $2NaOH$ ⟶ $C_6H_4(ONa)COONa$ ＋ $2H_2O$

C_6H_5OH ＋ $NaOH$ ⟶ C_6H_5ONa ＋ H_2O

塩基性物質であるアニリンはエーテル層に残る。

(2)　次に，この水層に HCl を加えると，残った NaOH が中和され，さらに HCl よりも弱い酸であるサリチル酸とフェノールの塩が，それぞれ酸に戻る。

ここで $NaHCO_3$ 水溶液とエーテルを加えると，炭酸よりも強い酸であるサリチル酸は塩となって水層に溶ける。

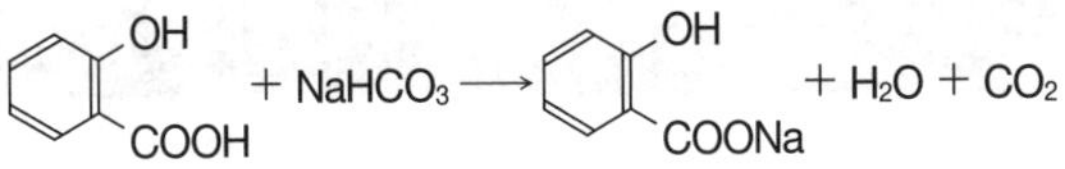

$$C_6H_4(OH)COOH + NaHCO_3 \longrightarrow C_6H_4(OH)COONa + H_2O + CO_2$$

一方，炭酸よりも弱い酸であるフェノールは反応しないのでエーテル層に移る。

(3)　HCl で酸性にすると，サリチル酸の固体が析出する。

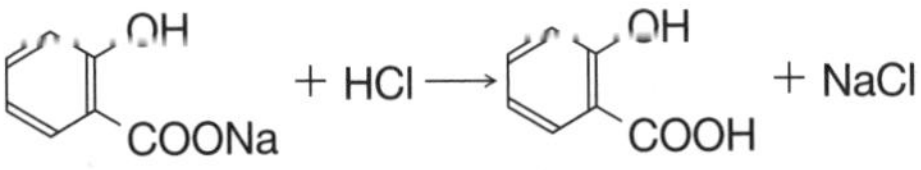

$$C_6H_4(OH)COONa + HCl \longrightarrow C_6H_4(OH)COOH + NaCl$$

5　④

▶攻略のPoint　有機化合物の識別反応である。呈色反応と，反応を起こす化合物の関係をしっかりと覚えておこう。

①　アセトアルデヒド CH_3CHO にヨウ素ヨウ化カリウム水溶液と水酸化ナトリウム水溶液を加えて温めると，ヨードホルム CHI_3 の**黄色沈殿が生成する**(ヨードホルム反応)。(正しい)

②　アニリンにさらし粉水溶液を加えると，**赤紫色を呈する**。(正しい)

③　フェノールに臭素水を加えると，置換反応が起こり，2,4,6-トリブロモフェノールの**白色沈殿が生成する**。(正しい)

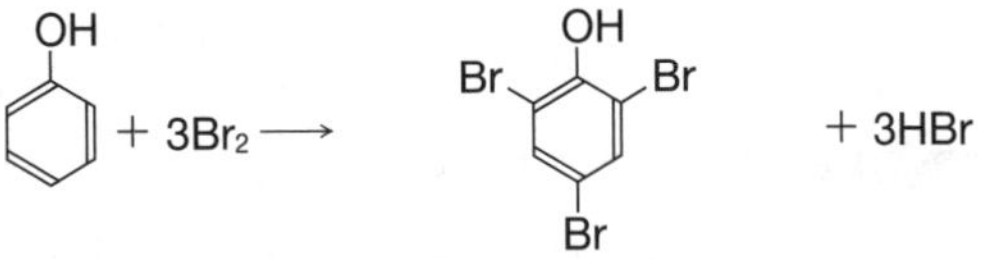

$$C_6H_5OH + 3Br_2 \longrightarrow C_6H_2Br_3OH + 3HBr$$

2,4,6-トリブロモフェノール

④　酢酸 CH_3COOH には還元性がないので，**フェーリング液を加えても，沈殿は生じない**。(誤り)

注意!　カルボン酸の中で，ギ酸だけは右のように分子内にホルミル基をもつので，還元性を示す。

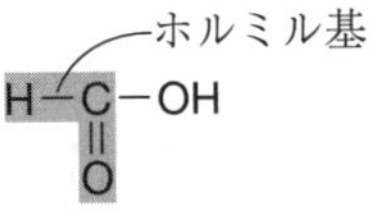

$$H-C(=O)-OH$$

ホルミル基

したがって，ギ酸にフェーリング液を加えて加熱すると，酸化銅(Ⅰ)Cu_2O の赤色沈殿が生成する。

⑤　フェノール類の2-ナフトールに塩化鉄(Ⅲ)$FeCl_3$ 水溶液を加えると，**呈色する**。(正しい)

注意!　ナフトールには，次の２つの異性体がある。

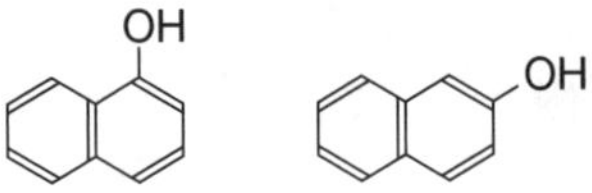

1-ナフトール　　2-ナフトール

4 グラフ問題の解法

221 ① ①

▶攻略のPoint グラフをいくつかのグループに分けることから始めよう。各々のグループはどんな傾向を示しているだろうか。次にその理由を考察する。

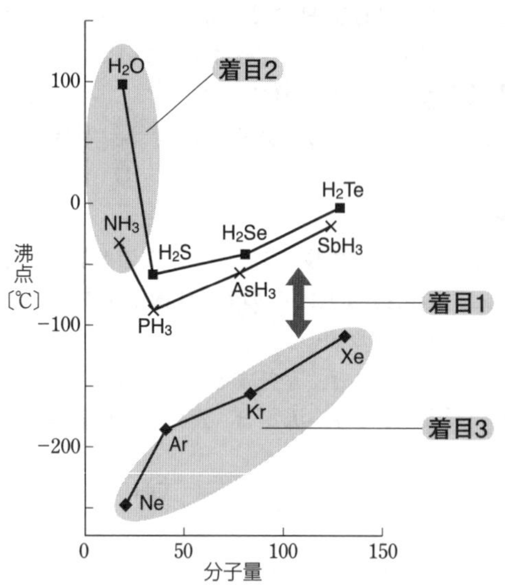

a｜ **着目1** 水素化合物の沸点をほぼ分子量が等しい貴ガスと比較すると，沸点は高い。

これは，水素化合物のような極性分子では，分子間に静電気的な引力が加わるため，ファンデルワールス力が大きくなるからである。(正)

b｜ **着目2** NH_3 と H_2O は，他の水素化合物の沸点や分子量から予想される値よりも沸点が高い。これは，NH_3 や H_2O では分子間に水素結合が形成されるためである。水素結合は分子間に働く力の中では非常に強い引力なので，沸点が PH_3 や H_2S よりも高くなってしまう。(正)

c｜ **着目3** 貴ガスのような分子構造の似た無極性分子では，一般に分子量の大きいものほどファンデルワールス力は大きくなる。そのため，Ar に比べて Xe の方が沸点が高くなる。(正)

222 a−② ③ b−③ ④

▶攻略のPoint 縦軸の量が，a「物質量」と b「(そのときの圧力における)体積」となっていることに注意する。

a｜ 一定温度においては，「一定量の溶媒に溶解する気体の物質量は，その気体の圧力に比例する」というヘンリーの法則が成立する。

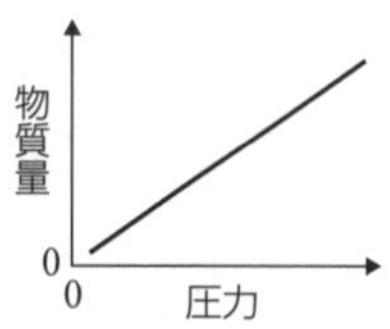

グラフは③の比例の関係になる。

b｜ 圧力 P のもとで水に溶解する窒素の体積を V とする。圧力を n 倍にすると，溶解する窒素の物質量は n 倍になる。そして，溶解する気体の体積は，同じ圧力のもとで測ったとすると nV になる。しかし，「そのときの圧力」とあるので，加圧後の圧力のもとでの体積を考える。ボイルの法則により，加圧する前の体積の $\frac{1}{n}$ になるので $nV \times \frac{1}{n} = V$ になる。

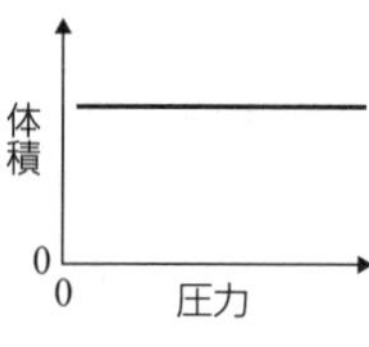

つまり，溶解する気体の体積は圧力に関係なく一定となるので，グラフは④である。

注意! 溶解する気体の体積は
1） 一定の圧力のもとでの体積は「比例」する。
2） 加圧したその圧力のもとでの体積は「一定」になる。

223 ④ ②

▶攻略のPoint 溶解度のグラフの問題では，数値の読み取りがポイントになる。

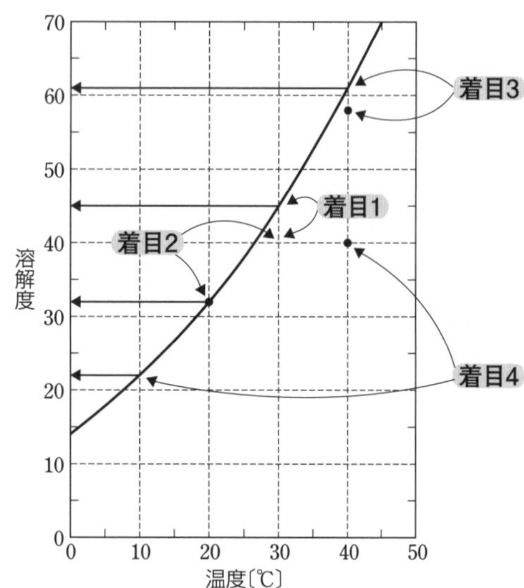

① **着目1** 30 ℃での溶解度は 45 である。水 100 g に加えた 40 g の硝酸カリウムは 30 ℃では全部溶解する。その水溶液の質量パーセント濃度は

$$\frac{40}{100+40} \times 100 \fallingdotseq 28.6\ \%$$ （正しい）

② **着目2** 20 ℃での溶解度は 32 である。加えた 40 g の硝酸カリウムのうち 8 g は溶けずに残る。

したがって，20℃の溶液には32 gの硝酸カリウムが，30℃の溶液には40 gの硝酸カリウムが溶けていることになる。

沸点上昇度は，一定質量の溶媒に溶けている溶質粒子の数に比例するので，30℃でつくった溶液の沸点の方が高くなる。(沸点上昇の現象を考慮する)(誤り)

③　**着目3**　40℃での溶解度は61である。硝酸カリウム18 gを加えた合計は40 + 18 = 58 gなので，すべて溶ける。(正しい)

④　**着目4**　10℃での溶解度は22である。40 gの硝酸カリウムを溶かした溶液の温度を10℃に冷やすと，40 − 22 = 18 gの結晶が析出することになる。(正しい)

4　[5]　⑥

▶攻略のPoint　気体の「温度」と「圧力」の関係を示したグラフである。気体の状態方程式$pV = nRT$において，Vとnが一定であれば，pとTは比例することになる。70℃以上において，a～dのグラフがすべて直線となっているので，この部分で比較する。

$pV = nRT$より　$p = \frac{nR}{V}T$……(1)が導かれる。

一定量n〔mol〕の気体の体積をV〔L〕に保つとき，その圧力p〔Pa〕は，絶対温度T〔K〕に比例する。容器内に気体のみが存在しているときは，温度〔℃〕と圧力〔$\times 10^5$Pa〕のグラフは直線となる。

(a～dのグラフにおいて70℃以上では全部が気体であるとわかる。)

(1)式で比例定数は$\frac{nR}{V}$であり，$V = 1$ Lの容器に密閉しているので，この値は各気体の物質量n〔mol〕が大きいものほど大きい。

したがって，直線の傾きの大きい方から並べると

a が0.04 molの窒素
b が0.03 molのジエチルエーテル
c が0.02 molの酸素
d が0.01 molの水

となる。

注意！　bのジエチルエーテルとdの水のグラフの形が異なっているのは，途中まで容器内に液体が存在し，気液平衡の状態にあるためである。

(補足)ジエチルエーテルと水のグラフを検討する。

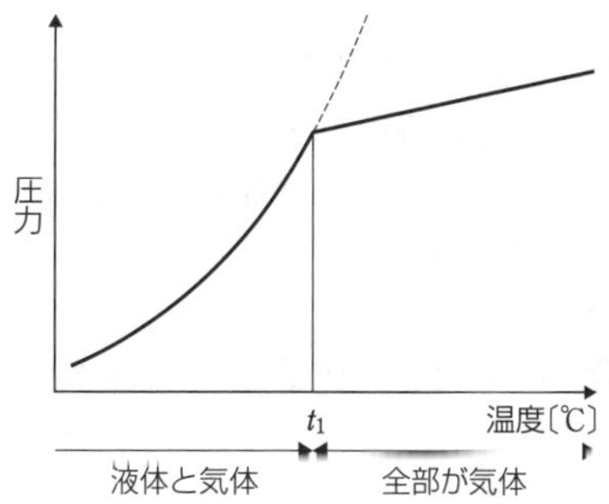

上図でt_1〔℃〕までは，気体の圧力は蒸気圧曲線と一致し，t_1〔℃〕を超える温度で，すべての物質が気体となる。それ以降は，グラフは直線になることをつかんでほしい。

225　a－[6]　④　　b－[7]　⑤

▶攻略のPoint　曲線A，Bでは過冷却の現象が現れているためわかりにくい。最初はこの部分を除いて考える。

注意！　液体を冷却していくと，凝固点に達したときに凝固が始まるはずであるが，凝固せずにさらに温度が下がり続けることがある。この現象を過冷却という。

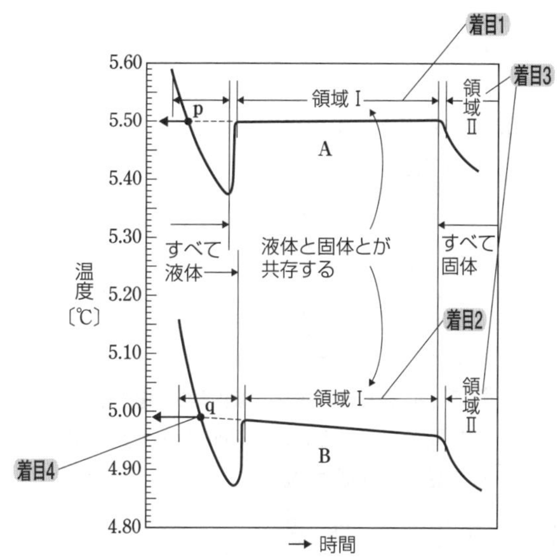

a　①　**着目1**　曲線Aの領域Ⅰは，ベンゼンが凝固しはじめて完結するまでの間で，液体と固体のベンゼンが共存している。(正しい)

②　**着目1**　曲線Aの領域Ⅰの温度はベンゼンの凝固点であり，ベンゼンの量には無関係である。(正しい)

③　**着目2**　曲線Bの領域Ⅰでは，ベンゼンが凝固しつつあり，ベンゼンが部分的に固体となっている。

つまり，凝固した「固体のベンゼン」と「化合物Xのベンゼン溶液」とが共存している状態と考えること

ができる。(正しい)

④ **着目2** ベンゼンに化合物Xを溶かした溶液を冷却していくとき，凝固するベンゼンには化合物Xが取り込まれない。よって，溶媒のベンゼンが少なくなっていくため，「化合物Xのベンゼン溶液」の濃度は大きくなっていく。

凝固点降下度は，溶液の質量モル濃度に比例するので，**Xの濃度が増加するにつれ，凝固点降下が大きくなり，凝固点が下がることになる。**(誤り)

⑤ **着目3** 領域Ⅱでは，ベンゼンおよびベンゼン溶液は完全に凝固しており，固体のみである。したがって，温度が下がっていく。(正しい)

b｜ 注意しなくてはいけないのは，2つのグラフの凝固点である。

「過冷却」が起こらなかったとすれば，純ベンゼンは，p点から凝固しはじめ，温度が一定となる。この温度が，ベンゼンの凝固点になるので，5.50℃である。

「過冷却」が起こらなかった場合，化合物Xが溶けているベンゼン溶液では，q点から凝固しはじめて，温度が徐々に下がっていくはずである。この溶液の凝固点は，**着目4**よりq点の温度を読み取り，4.99℃である。

したがって，凝固点降下度Δtは

$$\Delta t = 5.50 - 4.99$$
$$= 0.51\ \mathrm{K}$$ になる。

化合物Xの分子量をMとすると

$$\Delta t = Km$$

$$0.51 = 5.1 \times \frac{\frac{1.22}{M}}{\frac{50.0}{1000}}$$

これを解いて　$M = 244$

注意! **曲線Bから溶液の凝固点の値を読み取るには，この問題における領域Ⅰの直線を延長して，交点(q点)を見つければよい。**

226 a－8 ⑤　b－9 ③

▶攻略のPoint まず2つの与えられたグラフの内容を読み取る必要がある。過酸化水素の分解反応により発生した酸素の物質量を測定したものである。図2は，0〜2000秒のグラフであり，図1は，そのうちの0〜100秒の酸素の物質量の変化を拡大したグラフであることを捉えよう。

a｜ 過酸化水素H_2O_2からO_2が発生する反応は次のように表される。

$$2H_2O_2 \longrightarrow 2H_2O + O_2$$

反応式より，分解したH_2O_2の物質量の$\frac{1}{2}$の酸素が発生することがわかる。

混合する前のH_2O_2の濃度を求めるには，図2のグラフに着目する。H_2O_2が完全に分解するまでに発生した酸素は0.05 molである。したがって，最初にあったH_2O_2は$0.05 \times 2 = 0.10$ molになる。混合する前の水溶液100 mL中にH_2O_2が0.10 mol含まれていたことになるので，過酸化水素水の濃度をx〔mol/L〕とすると

$$x\text{〔mol/L〕} \times \frac{100}{1000}\ \mathrm{L} = 0.10\ \mathrm{mol}$$
$$x = 1.0\ \mathrm{mol/L}$$

b｜ 平均分解速度は次の式で表される。

$$\text{平均分解速度} = \frac{\text{反応物の濃度の減少量}}{\text{反応時間}} \quad \cdots\cdots(1)$$

20秒間の分解反応速度なので，図1を見る。グラフから，20秒間に発生したO_2は0.004 molなので，最初の20秒間で分解したH_2O_2は$0.004 \times 2 = 0.0080$ molである。混合物の水溶液の体積200 mL＝0.20 Lに注意して，(1)式に値を代入する。

$$\text{平均分解速度} = \frac{\frac{0.0080}{0.20}\ \mathrm{mol/L}}{20\ \mathrm{s} - 0\ \mathrm{s}}$$
$$= 2.0 \times 10^{-3}\ \mathrm{mol/(L \cdot s)}$$

227 10 ②

溶解平衡$AgCl$(固)$\rightleftarrows Ag^+ + Cl^-$において溶解度積は

$K_{sp} = [Ag^+][Cl^-]$　と表される。

溶液中のイオン濃度の積$[Ag^+][Cl^-]$の値がK_{sp}の値より大きいと，$AgCl$の沈殿が生じる。

つまり，

$[Ag^+][Cl^-] > K_{sp}$ のとき　→　沈殿を生じる

$[Ag^+][Cl^-] \leqq K_{sp}$ のとき　→　沈殿を生じない

グラフ上で考えてみる。

下図のように横軸に$[Ag^+]$，縦軸に$[Cl^-]$を取ったグラフで考えると，曲線より上側にある部分(　　の領域)が$[Ag^+][Cl^-] > K_{sp}$の条件に当てはまる範囲になるので，$AgCl$が沈殿することになる。

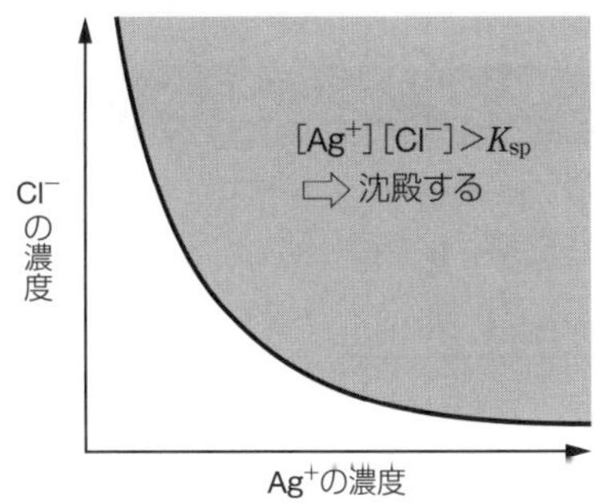

与えられた図1の縦軸$\frac{K_{sp}}{[Ag^+]}$は[Cl⁻]に相当するので，図1のグラフは，[Ag⁺]と[Cl⁻]が反比例することを示している。つまり，$[Ag^+][Cl^-]=K_{sp}$で，K_{sp}がそのときの比例定数を示す。

$AgNO_3$水溶液とNaCl水溶液を同体積ずつ混合したとき，体積が2倍になるので，それぞれの濃度は$\frac{1}{2}$となることに注意しよう。

ア～**オ**について，[Ag⁺]と[Cl⁻]の値は次のようになる。

	$[Ag^+]$	$[Cl^-]$	$\longrightarrow ([Ag^+],\ [Cl^-])$
ア	$\frac{1.0}{2}=0.5$	$\frac{1.0}{2}=0.5$	$\longrightarrow$ (0.5, 0.5)
イ	$\frac{2.0}{2}=1.0$	$\frac{2.0}{2}=1.0$	$\longrightarrow$ (1.0, 1.0)
ウ	$\frac{3.0}{2}=1.5$	$\frac{3.0}{2}=1.5$	$\longrightarrow$ (1.5, 1.5)
エ	$\frac{4.0}{2}=2.0$	$\frac{2.0}{2}=1.0$	$\longrightarrow$ (2.0, 1.0)
オ	$\frac{5.0}{2}=2.5$	$\frac{1.0}{2}=0.5$	$\longrightarrow$ (2.5, 0.5)

［単位（$\times 10^{-5}$ mol/L）］

ア～**オ**の濃度を図1に書き込むと，$[Ag^+][Cl^-]=K_{sp}$の曲線の上側にある▒▒の部分には，**ウ**と**エ**が含まれている。

AgClが沈殿する条件に該当するのは，**ウ**と**エ**である。

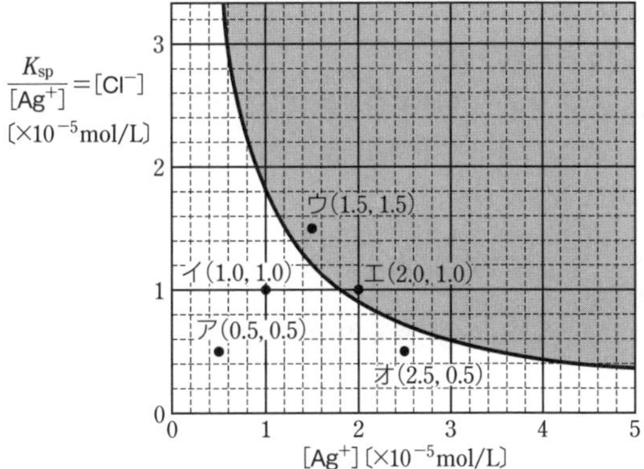

1 思考問題の解法

228 a−1 ④　2 ②　b−3 ①

▶攻略のPoint 容器内のエタノールがすべて気体なのか，一部が凝縮して液体のエタノールが存在するのかを判断する。

エタノールがすべて気体と仮定したときの圧力をpとすると

1) p ＞蒸気圧のとき
エタノールは一部液体で，気体の圧力 ＝ 蒸気圧になる。

2) p ≦蒸気圧のとき
エタノールはすべて気体で，その圧力 ＝ pになる。

a　90℃のまま体積を5倍にすると，エタノールの圧力はボイルの法則にしたがって

$$1.0 \times 10^5\ \text{Pa} \times \frac{1}{5} = 0.20 \times 10^5\ \text{Pa}\text{ になる。}$$

次に圧力を0.20×10^5 Paに保ちながら，温度をt〔℃〕まで下げたとき凝縮が始まったとする。

凝縮が始まったときのエタノールの圧力はt〔℃〕における蒸気圧となっているはずである。

エタノールの蒸気圧曲線から0.20×10^5 Paを示す温度を読み取ると42℃である。温度を42℃まで下げたときに，エタノールの凝縮が始まる。

b　0.024 molのエタノールが全部気体であると仮定したときの圧力を，0℃と100℃の温度で求める。

気体の状態方程式$pV = nRT$に条件を代入して，圧力を計算すると

1)　0℃のとき

$$p_1 \times 1.0 = 0.024 \times 8.3 \times 10^3 \times 273$$
$$p_1 \fallingdotseq 0.54 \times 10^5\ \text{Pa}$$

2)　100℃のとき

$$p_2 \times 1.0 = 0.024 \times 8.3 \times 10^3 \times 373$$
$$p_2 \fallingdotseq 0.74 \times 10^5\ \text{Pa}$$

p_1はF点，p_2はG点に相当する。

エタノールがすべて気体であるとして求めたFGの直線に対して，蒸気圧曲線がそれよりも下にある場合，蒸気は過飽和であり，凝縮が起こる。

A→B→Cとエタノールは気液平衡状態となり，気体の圧力はその温度における飽和蒸気圧になる。

つまり，A点から加熱していくとC点までは容器内には液体のエタノールが存在し，圧力は蒸気圧曲線上を移動していく経路をとる。その後C点でエタノールは全部気体となり，圧力はボイル・シャルルの法則にしたがって直線C→Gと変化していく。

経路は① A→B→C→Gとなる。

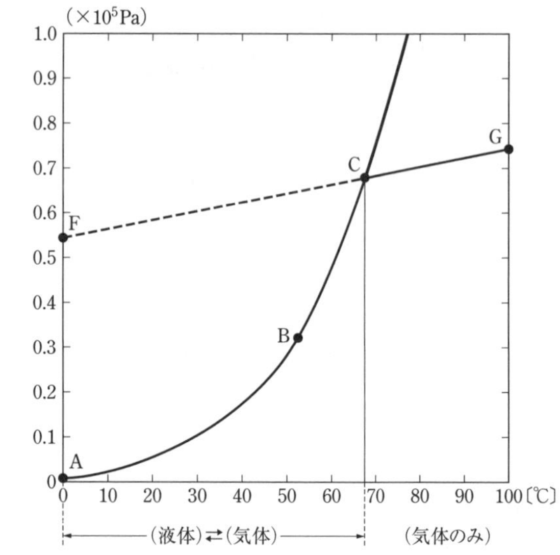

229 a−4 ③　b−5 ②　6 ⓪　7 ①

▶攻略のPoint 凝固点降下の現象について，実験と得られたデータの分析がポイントになる。データをグラフ化して，方眼紙に冷却曲線をかく。

a　シクロヘキサンが溶媒，ナフタレンが溶質である。純物質のシクロヘキサンは融点(凝固点)が6.52℃である。表1のデータをもとに，方眼紙に1分ごとに測定した温度をプロットしていくと，下記のようになる。

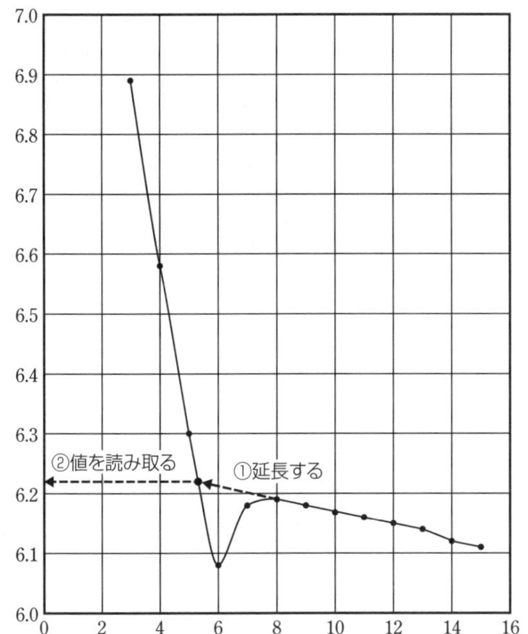

溶液は冷却過程で過冷却が起こることを踏まえて，グラフから凝固点を読み取る必要がある。過冷却のあといったん温度は上昇し，また徐々に下がっていく。

1)　この下がっていく曲線を，左に延長する。

2)　延長した線と冷却曲線との交点の温度を読み取る。

この交点の温度が，過冷却が起こらなかったときに溶液が凝固し始める温度，つまり凝固点になる。

凝固点は6.22℃とわかる。方眼紙にデータをプロットするときは，冷却曲線ができるだけはっきりとした形になるようにする。

なお，表1のデータが，時間は3～15分，温度が6.11～6.89℃の間にあることから，上図のように，目盛りをつけることが望ましい。

凝固点降下度Δt〔K〕は，溶媒のモル凝固点降下K_f〔K・kg/mol〕と溶液の質量モル濃度m〔mol/kg〕を用いて，

$$\Delta t = K_f m$$

と表される。

純溶媒の凝固点は6.52℃，溶液の凝固点は6.22℃であることから，凝固点降下度は，

$$\Delta t = 6.52 - 6.22 = 0.30\,\mathrm{K}$$

溶液の質量モル濃度m〔mol/kg〕は

$$m = \frac{\dfrac{30.0 \times 10^{-3}}{128}\,\mathrm{mol}}{15.80 \times 10^{-3}\,\mathrm{kg}} = \frac{30}{128 \times 15.8}\,\mathrm{mol/kg}$$

である。それぞれの値を凝固点降下の式に代入して，モル凝固点降下K_fを求めると

$$K_f = \frac{\Delta t}{m} = \frac{0.30}{\dfrac{30}{128 \times 15.8}} = 20.2$$

$$\fallingdotseq 2.0 \times 10^1\,\mathrm{K \cdot kg/mol}$$

230　8　④

▶攻略のPoint　NO_2とN_2O_4の間の化学平衡の問題は，いずれも気体でありながら色が異なるため，平衡の移動がわかりやすく，実験問題としてよくとりあげられる。

$$2NO_2(\text{赤褐色の気体}) \rightleftarrows N_2O_4(\text{無色の気体})$$

この問題では，平衡の移動が起こる外的な条件変化だけでなく，試験管がゴム栓で密封されたことから起こる気体の状態(温度，体積，圧力)の変化にも注意する必要がある。

実験結果をまとめると，**温水に入れたことによって，気体の色が濃くなった，つまりNO_2が増加したことになる。**

これは，温度を上げるという条件変化によって，平衡が移動してNO_2が増加したことを意味する。つまり，次の(1)の平衡が左に移動している。

$$2NO_2(\text{気}) \rightleftarrows N_2O_4(\text{気})\quad \Delta H = Q\,[\mathrm{kJ}] \cdots\cdots(1)$$

温度だけを考察するのであれば，ルシャトリエの原理より，

温める→平衡が左に移動→左向きに進む反応が吸熱反応→右向きに進む反応は発熱反応→ $Q < 0$

となる。

しかし，**「密封した試験管」を用いていることから，温度上昇にともなう圧力増加も考える必要がある。**温度が上がるとボイル・シャルルの法則により，密封した試験管内の気体の圧力は高くなる。

(1)式においては，反応により気体の物質量が変化する。圧力が増加すると，ルシャトリエの原理から，平衡は気体の分子数を減らす方向，つまり右に移動する。

つまり，温度と圧力の要因により，(1)の平衡移動は，

温度上昇に着目すると→平衡は左に移動

圧力上昇に着目すると→平衡は右に移動

となる。

温度と圧力の変化で，平衡は反対の方向に移動する。したがって，どちらの要因の影響が強いかを検討する必要がある。

実際には平衡が左に移動していることから，「圧力増加」よりも，「温度上昇」の方が，(1)の平衡に与える影響が大きいことがわかる。

よって，答えは④となる。

231 問1 9 ④
問2 a−10 ③ 11 ② b−12 ⑤

▶攻略のPoint 二酸化炭素を題材にした，ヘンリーの法則と電離平衡を組み合わせた問題。

ヘンリーの法則によれば，「温度が一定のとき，一定量の溶媒に溶ける気体の物質量は溶媒に接している気体の圧力に比例する」ので，1.0 L の水に溶ける CO_2 の物質量は，それに接する CO_2 の分圧に比例することになる。

問1 25 ℃，1.0×10^5 Pa の大気中における CO_2 の分圧 p は，大気中の CO_2 の体積分率 0.040 % より，

$$p = 1.0 \times 10^5 \times \frac{0.040}{100}\ \text{Pa}$$

CO_2 の水 1.0 L への溶解は 25 ℃，1.0×10^5 Pa で 0.033 mol なので，大気と接している水 1.0 L に溶ける CO_2 の物質量 x〔mol〕は，ヘンリーの法則より，

$$x = \frac{1.0 \times 10^5 \times \frac{0.040}{100}}{1.0 \times 10^5} \times 0.033$$

$$= 1.32 \times 10^{-5}$$

$$\fallingdotseq 1.3 \times 10^{-5}\ \text{mol}$$

問2

a｜ $HCO_3^- \rightleftarrows H^+ + CO_3^{2-}$ ……(2)

における電離定数 K_2 は

$$K_2 = \frac{[H^+][CO_3^{2-}]}{[HCO_3^-]} = [H^+] \times \frac{[CO_3^{2-}]}{[HCO_3^-]} \cdots\cdots(3)$$

で表される。

b｜ (3)式の対数をとると

$$\log_{10}K_2 = \log_{10}\left([H^+] \times \frac{[CO_3^{2-}]}{[HCO_3^-]}\right)$$

$$\log_{10}K_2 = \log_{10}[H^+] + \log_{10}\frac{[CO_3^{2-}]}{[HCO_3^-]}$$

よって，両辺に −1 をかけて

$$-\log_{10}K_2 = -\log_{10}[H^+] - \log_{10}\frac{[CO_3^{2-}]}{[HCO_3^-]} \cdots\cdots(4)$$

これを pH，pK_2 に置き換えると

$$\text{p}K_2 = \text{pH} - \log_{10}\frac{[CO_3^{2-}]}{[HCO_3^-]} \cdots\cdots(5)$$

pK_2 は，pH の値と $\frac{[CO_3^{2-}]}{[HCO_3^-]}$ の値がわかれば(5)式より求めることができる。

そこで，図1においてこの2つの値がはっきりしている点に着目する。

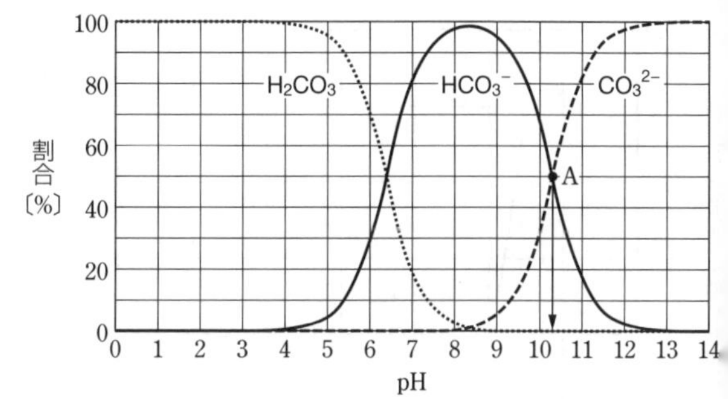

図1の点 A では，$[HCO_3^-]$ と $[CO_3^{2-}]$ が等しい。この点では，

$$\frac{[CO_3^{2-}]}{[HCO_3^-]} = 1$$

であり，(5)式は pK_2 = pH − $\log_{10}1$ = pH となる。

つまり，この点では pH と pK_2 が等しい。この点における pH を読み取ると，約 10.3 とわかる。

したがって，pK_2 = 10.3 である。

232 13 ⑤ 14 ③ 15 ⑥

▶攻略のPoint 扱われている目新しい内容を，説明文を読んで理解し，問題を解く必要がある。ここで扱う内容は，「ベンゼン環の配向性」である。

ベンゼン環に２つの官能基を置換させる場合，はじめについている官能基の種類によって，２番目に置換する官能基が置換しやすい位置が変わってくる。これが配向性と呼ばれる性質で，目的の物質を生成するために広く用いられている。

最初に結合している官能基によって，次に置換する位置が２種類あることを問題文から読み取る必要がある。

m-クロロアニリンを合成する。ベンゼン環に２つの官能基，つまりアミノ基とクロロ基を結合させる。

これら２つの官能基のベンゼン環に結合する順序を考えると，以下の２通りがまず考えられる。

a） アミノ基が結合した後，クロロ基が結合する
→ *o*- や *p*- の位置で置換反応が起こりやすい。

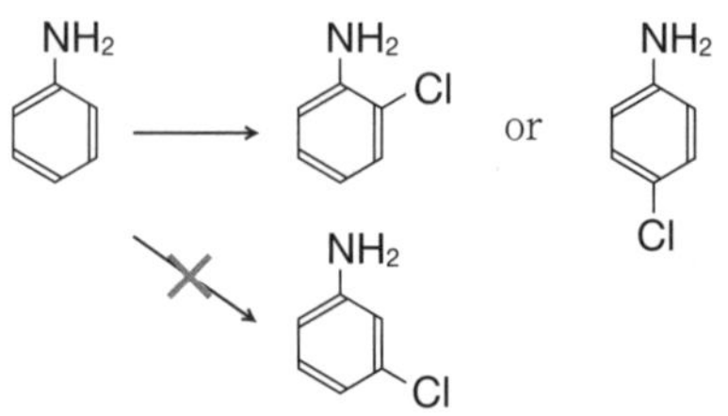

b） クロロ基が結合した後，アミノ基が結合する
→ *o*- や *p*- の位置で置換反応が起こりやすい。

アミノ基，クロロ基のどちらも，o-やp-の位置で置換反応が起こりやすいため，m-の位置に置換させることは難しい。

そこで，次のような方法で行う。

(1) m-の位置で置換反応を起こしやすい官能基をはじめに結合させ，m-の位置に目的の官能基を置換させる。

(2) はじめの官能基を変化させる。

c）(1) m-の位置で置換反応を起こしやすいニトロ基を結合させたのち，m-の位置にクロロ基を置換させる。

(2) ニトロ基をアミノ基に還元させる反応を行う。

この方法であれば目的のm-クロロアニリンを合成することができる。

化合物Aと化合物Bは次のようになると推定できる。

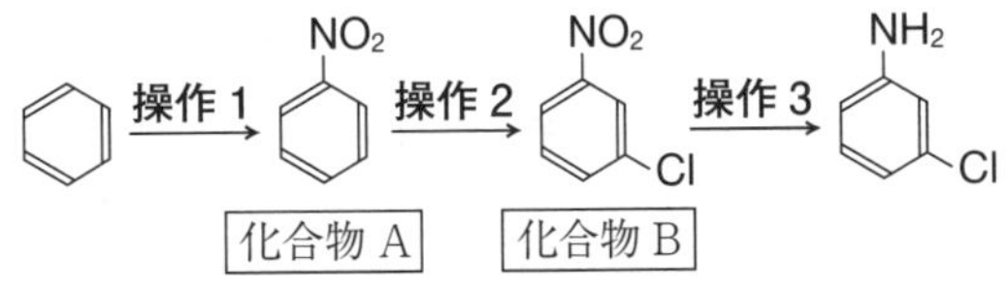

操作1はベンゼンにニトロ基を置換する操作が入ればよいので，⑤ニトロ化の操作を行う。

操作2は，ニトロベンゼンのm-の位置にクロロ基を置換させる操作なので，③クロロ化の操作を行う。

操作3は，ニトロ基をアミノ基に変化させる反応を行う。⑥の「スズと塩酸を加えて反応させた後，水酸化ナトリウム水溶液を加える」は，ニトロベンゼンからアニリンを合成する際に行う操作である。

16 ⑤　17 ③　18 ⑥

▶攻略のPoint 有機化合物の呈色反応から，ベンゼン環に結合している官能基を判断する。そのために，生徒の「研究の経過」の文章から必要な情報を正しく読み取る必要がある。

問1 この「研究の経過」には，

① 塩酸に溶ける

② 塩化鉄(Ⅲ)水溶液で呈色する

③ さらし粉水溶液で呈色する

という3つの点が示されている。

①～③それぞれが，化合物のどのような性質を表しているかを整理しておこう。

① 塩酸に溶けることは，化合物が塩基性で，中和反応を起こしたことを示している。つまり，塩基性の官能基である$-NH_2$(アミノ基)をもつ。

② 塩化鉄(Ⅲ)水溶液で呈色する反応は，フェノール類であること，つまりベンゼン環に直接結合した$-OH$(ヒドロキシ基)をもつことを示す。

③ さらし粉水溶液で呈色する反応は，化合物が$-NH_2$をもつことを示す。

以上のことから，目的の物質であるアセトアミノフェンは，アミノ基をもたないが，ヒドロキシ基をもつので，「塩酸に不溶，塩化鉄(Ⅲ)水溶液で呈色，さらし粉水溶液で呈色しない」という結果が得られなければならない。

(1) 塩酸に不溶なYは呈色反応の結果から，アセトアミノフェンが得られたと考えた。

塩化鉄(Ⅲ)水溶液 ○　さらし粉水溶液 ×

という観察結果だったと推測できる。

(2) Xは塩酸に不溶で，さらし粉水溶液にも呈色しない。Xは呈色反応の結果からアセトアミノフェンでないと考えた。

塩化鉄(Ⅲ)水溶液 ×　さらし粉水溶液 ×

という観察結果だったと推測できる。

よって，答えは⑤である。

なお，化合物Xは，p-アミノフェノールに無水酢酸を作用させたときに，アミノ基とヒドロキシ基の両方が無水酢酸と次のように反応した生成物である。

化合物X

よって，目的物質であるアセトアミノフェンとは別の物質になったと考えられる。

問2 反応式から，p-アミノフェノール1 molから，アセトアミノフェン1 molが得られる。反応式から計算して求めたアセトアミノフェンの物質量は，はじめにあったp-アミノフェノールの物質量と等しい。

この反応の収率〔%〕は次のように計算できる。

$$収率〔\%〕=\frac{実際に得られたアセトアミノフェン〔mol〕}{反応に用いた p\text{-}アミノフェノール〔mol〕}\times 100$$

$$= \frac{\dfrac{1.51}{151}}{\dfrac{2.18}{109}} \times 100 = 50\%$$

問 3　下線部(c)は再結晶の操作を表している。白色固体 Y に不純物が含まれているために凝固点降下が起きたと考えられる。

234　**a**－19　⓪　20　②　21　⓪　**b**－22　③　**c**－23　④

a｜　1 個の C=C 結合に対して水素 H_2 は 1 分子付加する。1 分子のトリグリセリド X は 4 個の C=C 結合があるので，X に付加できる水素 H_2 の物質量は，X の物質量の 4 倍になる。

したがって，44.1 g の X(分子量 882)に付加するときに消費される H_2 の物質量は

$$\frac{44.1}{882}\,\text{mol} \times 4 = 0.20\,\text{mol}$$

b｜　C=C 結合は，$KMnO_4$ によって酸化されやすい。脂肪酸 A，脂肪酸 B はともに，$KMnO_4$ 水溶液を加えると反応したことから，いずれも C=C 結合をもつ。X を完全に加水分解して得られた A と B の物質量比は 1：2 であり，X には全部で 4 個の C=C 結合があるので，この条件にあう組合せは次のようになる。

X 1 分子を構成する脂肪酸 ｛ A(C=C 結合 2 個)／B(C=C 結合 1 個)／B(C=C 結合 1 個)

全部で X 1 分子中　4 個

A は，炭素数が 18 で，C=C 結合を 2 個もつことから③が該当する。示性式は $C_{17}H_{31}COOH$ になる。

また，B の示性式は $C_{17}H_{33}COOH$ である。

c｜　X を構成する脂肪酸は，A 1 分子，B 2 分子なので，次の 2 つの構造が考えられる。

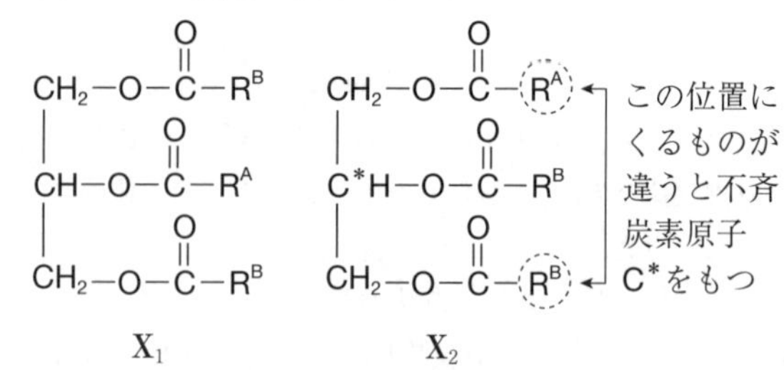

X には鏡像異性体(光学異性体)が存在するので，X は X_2 の構造と決まる。

X を部分的に加水分解すると，A，B，化合物 Y のみが 1：1：1 の物質量比で得られた。

さらに Y には鏡像異性体が存在しなかったことから，次のような加水分解の反応式になる。

CH₂−O−C(=O)−R^A
CH−O−C(=O)−R^B
CH₂−O−C(=O)−R^B
トリグリセリド X

⟶ R^A−C(=O)−OH ＋ R^B−C(=O)−OH ＋ CH₂−O−H〔ア：H〕 / CH−O−C(=O)−R^B〔イ：C(=O)−R^B〕 / CH₂−O−H

脂肪酸 A　　脂肪酸 B　　化合物 Y

答えは④である。

第5編 **模擬問題**

第1回

●解答・配点一覧

（100点満点）

問題番号(配点)	解答番号	正解	配点	問題番号(配点)	解答番号	正解	配点
第1問(20)	1	①	3	第3問(20)	14	⑤	4
	2	②	3		15	⑤	3
	3	④	4		16	④	3
	4	⑤	4		17	⑦	3
	5	③	3		18	⑤	4
	6	⑥	3		19	④	3
第2問(20)	7	②	3	第4問(20)	20	④	3
	8	④	4		21	②	2
	9	②	2		22	③	4
	10	④	2		23	②	4
	11	④	3		24	⑤	3
	12	②-⑤	3*		25	③	4
	13	④	3	第5問(20)	26	③	4
					27	②	4*
					28	⓪	
					29	②	
					30	③	4
					31	④	4
					32	③	4

＊は，全部正解している場合のみ点数を与える。
-（ハイフン）でつながれた正解は，順序を問わない。

●解説

第1問

■ **問1**　問題文から，どのような気体を作動流体として用いるのが適当なのかを読み取る必要がある。

適切な圧力に調節したうえで，深層海水温付近で液体，表層海水温付近で気体に状態変化を起こすような気体を選ぶことになる。

つまり，圧力を加えて液体と気体の間の状態変化を起こすようにするには，この場合「沸点が高い」気体が有利である。表1から条件に当てはまりそうなものは，沸点 -33.4 ℃のアンモニアである。

■ **問2**　塩化ナトリウム水溶液は電解質で

$$NaCl \longrightarrow Na^{+} + Cl^{-}$$

のように電離するので，浸透圧に影響を与えるモル濃度は，塩化ナトリウムのモル濃度 0.50 mol/L の2倍である。よって，浸透圧は

$$\Pi = cRT = 0.50 \times 2 \times 8.3 \times 10^{3} \times 300$$
$$= 2.49 \times 10^{6}$$
$$\fallingdotseq 2.5 \times 10^{6}\ \mathrm{Pa}$$

よって，②が答えである。

■ **問3**　燃料電池に関する問題である。

各極での反応を一つの反応式で示すため，負極の反応式を2倍して足し，各物質の量的関係を考える。電子 e^{-} が 4 mol 流れたときの量的関係は次のようになる。

（負極）　$2H_2 \longrightarrow 4H^{+} + \underline{4e^{-}}$（4 mol）

（正極）　$O_2 + 4H^{+} + 4e^{-} \longrightarrow 2H_2O$

$\underline{2H_2}$（2 mol）$+ \underline{O_2}$（1 mol）$\longrightarrow \underline{2H_2O}$（2 mol）

e^{-} が 4 mol 流れて H_2O が 2 mol 生じるという関係なので，水 18 g，つまり 1 mol が生じる際に電子は 2 mol 流れることになる。

したがって，電気量は，$96500 \times 2 = 193000$ C

よって，答えは④である。

■ **問4**　硫酸銅（Ⅱ）水溶液の電気分解は

陽極　$2H_2O \longrightarrow \underline{O_2} + 4H^{+} + 4e^{-}$

陰極　$Cu^{2+} + 2e^{-} \longrightarrow \underline{Cu}$

Cu が $\dfrac{12.7}{63.5} = 0.20$ mol 析出し，O_2 が $\dfrac{2.24}{22.4} = 0.10$ mol 発生したことから，e^{-} が 0.40 mol 流れたとわかる。

燃料電池の正極の反応式から，e^{-} を 0.40 mol 流すには酸素は 0.10 mol 必要である。

空気の $\dfrac{1}{5}$ が酸素であることを考慮すると，空気の体積は酸素の5倍となるので，必要な空気の体積は

$$22.4 \times 0.10 \times 5 = 11.2\ \mathrm{L}$$

よって，答えは⑤である。

B｜　まず，No.1～No.5の試料ビンの中身を考える。

No.1は，中性で硝酸銀水溶液により白色沈殿を生じるので，すぐに $BaCl_2$ とわかる。No.3は塩基性を示すので，Na_2CO_3 とわかる。

次に，

(1)　過剰な水酸化ナトリウム水溶液に対して沈殿が溶解するNo.2とNo.4には，両性金属のイオン（Al^{3+}，Zn^{2+}，Sn^{2+}，Pb^{2+}）のいずれかが含まれている。

(2)　過剰なアンモニア水に対して沈殿が溶解するNo.4には，Zn^{2+}，Ag^{+}，Cu^{2+} のいずれかが含まれている。

この2点から，No.4は$Zn(NO_3)_2$，No.2は$Al(NO_3)_3$であるとわかる。したがって，No.5は$(NH_4)_2SO_4$である。

■ **問5**　Na_2CO_3の水溶液に$BaCl_2$を加えたのでBa^{2+}とCO_3^{2-}が次のように沈殿を生成する。

$$Na_2CO_3 + BaCl_2 \longrightarrow BaCO_3 + 2NaCl$$

したがって，白色の沈殿$BaCO_3$が生じる。

■ **問6**　上記のイオンの確認から

No.1は$BaCl_2$　　No.2は$Al(NO_3)_3$

No.3はNa_2CO_3　　No.4は$Zn(NO_3)_2$

No.5は$(NH_4)_2SO_4$　よって，答えは⑥である。

第2問

A ■ **問1**　(2)式の両辺の常用対数をとると

$$\log_{10}K_{HIn} = \log_{10}\frac{[In^-][H^+]}{[HIn]}$$

$$= \log_{10}[H^+] + \log_{10}\frac{[In^-]}{[HIn]}$$

$$-\log_{10}[H^+] = -\log_{10}K_{HIn} + \log_{10}\frac{[In^-]}{[HIn]}$$

よって，$pH = pK_{HIn} + \log_{10}\frac{[In^-]}{[HIn]}$ ……(3)

■ **問2**　指示薬の変色域は

$$0.1 \leqq \frac{[In^-]}{[HIn]} \leqq 10$$

と表されることが読み取れる。各辺の常用対数をとると

$$\log_{10}0.1 \leqq \log_{10}\frac{[In^-]}{[HIn]} \leqq \log_{10}10$$

よって，$-1 \leqq \log_{10}\frac{[In^-]}{[HIn]} \leqq 1$

(3)式に代入すると

$pH = pK_{HIn} \pm 1$ ……(4)

の範囲が変色域であることがわかる。

■ **問3**　(4)式で，$pK_{HIn} = 3.9$を代入すれば，ブロモフェノールブルーの変色域は，$pH = 3.9 \pm 1$の範囲で2.9〜4.9である。

よって，答えは**イ**は②，**ウ**は④である。

B ■ **問4**　弱酸である酢酸を，強塩基である水酸化ナトリウム水溶液で滴定する中和滴定なので，滴定曲線は次図のようになり，中和点のpHはやや塩基性寄りとなる。

この場合，中和点ではフェノールフタレインの変色域を一気に通過するため，色が急激に無色から赤色に変化する。メチルオレンジの変色域を通過するときは徐々にpHが変化しているため，赤色から黄色に徐々に変化する。

よって，適当な組合せは④である。

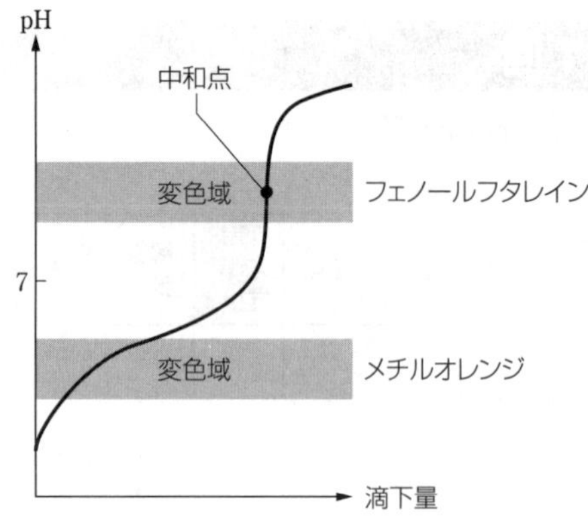

■ **問5**　「酢酸水溶液の濃度が正しい値よりも大きくなってしまった原因」とあるので，

(1)　濃度が大きくなってしまう器具の使い方をした

(2)　滴下量が多く計測されてしまう使い方をした

場合を選べばよい。

①　ホールピペットは使用する溶液で共洗いしてから使うのが正しい。純水で洗うと実際の濃度より小さくなる。

②　酢酸を希釈する場合は，メスフラスコは水で洗い，そのまま用いるのが正しい使い方である。内部を酢酸水溶液で洗ったため，メスフラスコ内に酢酸が混入してしまい，実際の濃度より大きくなる。

③　コニカルビーカーの内部に水滴が残っていても中和滴定に影響しないので，そのまま用いてもよい。酢酸水溶液の濃度は正しい値になる。

④　ビュレットは，使用する溶液で共洗いしてから用いる。適切な使用方法である。酢酸水溶液の濃度は正しい値になる。

⑤　ビュレットの先端部分まで溶液が満たされていないと，滴下をはじめてしばらくの間は空気を押し出しているため，ビュレットの溶液の量を示す目盛りは変化するが，溶液は滴下されていない。したがって，実際に滴下した量よりも多く滴下したような実験結果が得られてしまう。

よって，答えは②，⑤である。

C ■ **問6**　ルシャトリエの原理より，温度を上げると吸熱反応の方向に平衡が移動する。右に平衡が移動する反応としては，吸熱反応となっている①，④，⑤が該当する。

また，圧力を小さくすると，気体全体の物質量が増加する方向に平衡が移動する。右に平衡が移動する反応は，「左辺と右辺の気体物質の係数の和」に着目して見つける。

①では，左辺と右辺の係数の和が等しいので，圧力

の変化で平衡は移動しない。

④では，C(黒鉛)は気体ではないので除くと，係数の和が，左辺で1，右辺で1＋1＝2となるので，圧力を小さくすると，右に平衡が移動し，気体分子の総数が増加する。

⑤では，右に平衡が移動すると気体分子の総数は減少するので当てはまらない。

したがって，④が答えになる。

第3問

■ 問1 Fischer投影式の規則で立体的な位置をとらえ，立体配置の同じ分子を選べばよい。

次に示す規則を使うとうまくいく。

Fischer投影式では，「4つの置換基のうち任意の2つを入れ替えてできる化合物は，はじめの化合物の鏡像異性体となる。もう一度，置換基の2つを入れ替えてできる化合物は，はじめと同じ化合物になる。」

したがって，偶数回の置換基の入れ替えではじめの配置と同じになるものは同じ化合物であり，奇数回の入れ替えではじめの配置と同じになるものは，鏡像異性体である。

入れ替えの回数は，①，②，④，⑥は1回，⑤は2回，③は3回となるので，図2と同じ立体配置をもつ化合物は⑤である。

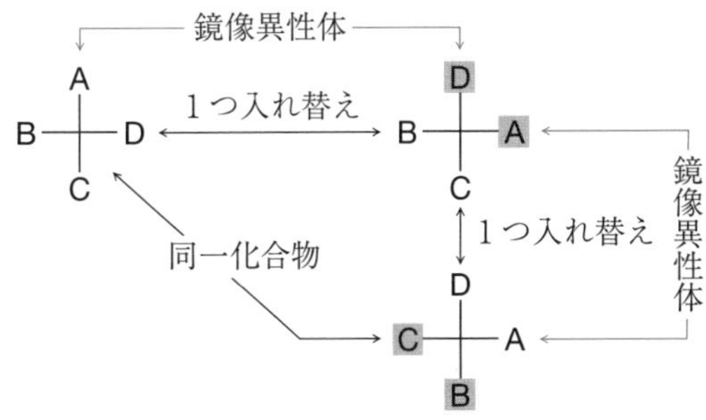

■ 問2 図に表されたFischer投影式を見ると，一番上のホルミル基の炭素原子を1番炭素として下に向かって順に番号をつけると，2番，3番，4番，5番の炭素原子が不斉炭素原子である。4つの不斉炭素原子をもつので，$2^4 = 16$個の立体異性体がある。

1 CHO
H—*2—OH
HO—*3—H
H—*4—OH
H—*5—OH
6 CH_2OH

■ 問3 置換する場所としては，次の①～④の4通りが考えられる(同じ番号では，どこを置換しても同じ化合物が生じる)。

(ベンゼン環の各位置に①，②，②，③，③，側鎖の C に④，④，④)

よって，答えは④である。

■ 問4 1つの炭素原子に，異なる4つの原子(または原子団)が結合している場合，その炭素原子を不斉炭素原子という。臭素 Br_2 を付加させると，それぞれ次のようになる。

a　$CH_2Br-C(Br)(CH_3)-CH_3$　　不斉炭素原子をもたない。

b　$CH_2Br-C^*(Br)(H)-CH_2-CH_3$

不斉炭素原子(C^*で示した原子)を1個もつ。

c　$CH_3-C^*(Br)(H)-C^*(Br)(H)-CH_3$

不斉炭素原子(C^*で示した原子)を2個もつ。

d　$CH_3-C^*(Br)(H)-C^*(Br)(H)-CH_3$

不斉炭素原子(C^*で示した原子)を2個もつ。

よって，答えは⑦である。

■ 問5

a　C，H，Oからなる物質を完全燃焼させると，その物質中に含まれていた炭素はすべて二酸化炭素 CO_2 となり，水素はすべて水 H_2O となる。3.48 mgのエステルBの完全燃焼により，CO_2(分子量44)が7.92 mg，H_2O(分子量18)が3.24 mg生じたことより，

$$\text{炭素原子の質量} = \text{生成した}CO_2\text{中のC原子の質量} = 7.92 \times \frac{12}{44} = 2.16\ \text{mg}$$

$$\text{水素原子の質量} = \text{生成した}H_2O\text{中のH原子の質量} = 3.24 \times \frac{2.0}{18} = 0.36\ \text{mg}$$

BはC，H，Oのみからなる物質なので，これらの質量より，B 3.48 mg中の酸素原子の質量は

$$3.48 - (2.16 + 0.36) = 0.96\ \text{mg}$$

ここで，エステルBの組成式を $C_xH_yO_z$ とおくと

$$x : y : z = \frac{2.16}{12} : \frac{0.36}{1.0} : \frac{0.96}{16} = 3 : 6 : 1$$

分子式は$(C_3H_6O)_n$となる。これに該当するのは②と⑤であるが，BがエステルR−COO−R′であることより，B 1分子中にO原子は2個以上存在するので，答えは⑤となる。

b | エステルBは酢酸エステルなので $CH_3-COO-R'$ と表される。エステルBは分子式が $C_6H_{12}O_2$ であることから，$CH_3-COO-C_4H_9$ である。

このエステルをつくったアルコールA C_4H_9-OH には，次の4種の構造異性体がある。

$CH_3-CH_2-CH_2-CH_2-OH$　　$CH_3-CH(CH_3)-CH_2-OH$

$CH_3-CH_2-CH(CH_3)-OH$　　$CH_3-C(CH_3)_2-OH$

第4問

■ 問1

① アミノ酸のカルボキシ基とアミノ基で生じる $-CONH-$ 結合を，特にペプチド結合という。(正しい)

② タンパク質は構成成分で分類される。タンパク質を加水分解したときにアミノ酸のみを生じるものを単純タンパク質といい，アミノ酸以外に糖，リン酸，色素，核酸などを生じるものを複合タンパク質という。(正しい)

③ ペプチド結合の $>N-H$ と別のペプチド結合の $>C=O$ が分子内で水素結合することにより，ポリペプチド鎖はらせん構造をとる。また，隣り合ったポリペプチド鎖どうしが水素結合することにより，シート構造になる。このような立体構造が，タンパク質の二次構造である。(正しい)

④ 酸性アミノ酸では，等電点は酸性側にかたよっている。そのため，pH7は等電点よりも大きいことになる。等電点よりもpHが大きいとアミノ酸は陰イオンになり，電気泳動で**陽極**側に移動する。(誤り)

⑤ ベンゼン環を分子内にもつタンパク質で起こる呈色反応で，キサントプロテイン反応という。ベンゼン環がニトロ化されるために呈色する。(正しい)

■ 問2 デンプンは，α-グルコースが縮合重合した多糖類である。アミラーゼで加水分解するとマルトースに，さらにマルターゼでグルコースになる。

グルコースは，3種類の異性体が平衡状態にある。そのうちの鎖状構造のものは，ホルミル基をもつため，還元性を示し，銀鏡反応が陽性である。

よって，適当な組合せは②になる。

■ 問3 酵素はアミラーゼならばデンプンに，マルターゼならばマルトースにというように特定の物質のみに働く性質をもっており，これを酵素の基質特異性と呼んでいる。

ご飯から水あめができるのは，ご飯に含まれるデンプンがアミラーゼにより分解され，マルトースに変化するためである。

また，酵素には最もよく働く温度があり，この最適温度以外の温度では本来の触媒の能力を発揮できない。アミラーゼが分泌されるのは唾液からなので，口内の温度(約36～37℃)が最適温度と考えられる。

したがって，40℃で水あめの量が最も多いグラフ③が正解である。

■ 問4 DNAの2本鎖は，アデニンとチミン，グアニンとシトシンの部分で水素結合をつくり，二重らせん構造を形成している。

そのため，DNA中の塩基の物質量については，アデニン＝チミン，グアニン＝シトシンの関係が成り立つ。アデニンの塩基組成を x〔%〕とすると，グアニンが35%であるから，各々の塩基の組成は，

アデニン x〔%〕　　グアニン35%

シトシン35%　　チミン x〔%〕

となる。

したがって，$2x + 35 \times 2 = 100$

$$x = 15\ \%$$

アデニンは15%を占めている。答えは②である。

■ 問5 合成高分子には，加熱すると硬くなり，再び軟化しない性質をもつものがある。尿素樹脂は熱硬化性樹脂で，立体網目状構造をもつ。

よって，答えは⑤である。

■ 問6 1.3gのアセチレンから得られるポリ塩化ビニルの質量を x〔g〕とすると，$C_2H_2 = 26$，$-[CH_2CHCl]_n- = 62.5n$ より

$$CH{\equiv}CH + HCl \longrightarrow CH_2{=}CHCl$$

$$\frac{1.3}{26} = 0.050\ \text{mol} \longrightarrow 0.050\ \text{mol}$$

$$n\ CH_2{=}CHCl \longrightarrow -[CH_2-CHCl]_n-$$

$$0.050\ \text{mol} \longrightarrow \frac{1}{n} \times 0.050\ \text{mol}$$

$$x = 62.5n \times \left(\frac{1}{n} \times 0.050\right)$$

$$= 3.125 \fallingdotseq 3.1\ \text{g}$$

第5問

A | **■ 問1** 表の空欄(**ア**)～(**ウ**)を埋める。

H_2O_2 の平均濃度は，30分後の濃度と40分後の濃度の平均を取ればよく，これが $\bar{c}$〔mol/L〕である。

$$(\text{ア}) = \frac{0.162 + 0.134}{2} = 1.48 \times 10^{-1}\ \text{mol/L}$$

30分後から40分後までの平均の反応速度は，10分間で濃度が$(0.134 - 0.162)$mol/Lだけ変化したので，

$$\frac{0.134 - 0.162}{10} = -2.8 \times 10^{-3}\,\text{mol/(L·min)}$$

反応はH_2O_2の分解(減少していく反応)なので，速度は負の値で出てくるが，化学では反応速度を正の値で表現することが多く，(**イ**) $= 2.8 \times 10^{-3}$ mol/(L·min) となり，これが $\bar{v}$〔mol/(L·min)〕である。

したがって，

$$(\text{ウ}) = \frac{(\text{イ})}{(\text{ア})} = \frac{2.8 \times 10^{-3}}{1.48 \times 10^{-1}} = 1.89 \times 10^{-2}$$

$$\fallingdotseq 1.9 \times 10^{-2}〔/\text{min}〕$$

■ 問2　グラフ用紙を用いて，縦軸に $\bar{v}$，横軸に $\bar{c}$ をとり，0〜10分，10〜20分，20〜30分，30〜40分のそれぞれの値をプロットしていくと，傾きが k の直線となる。

比例関数 $\bar{v} = k\bar{c}$ であることが確認できる。

答えを出すだけであれば，反応速度定数の値は

$k = \dfrac{\bar{v}}{\bar{c}}$ の平均をとればよい。

$$\left(\frac{\bar{v}}{\bar{c}}\text{の平均}\right) = \frac{2.10 + 1.89 + 2.14 + 1.89}{4} \times 10^{-2}$$

$$\fallingdotseq 2.0 \times 10^{-2}〔/\text{min}〕$$

■ 問3　圧力を 1.0×10^5 Pa に保った容器と 2.0×10^5 Pa に保った容器それぞれに 1 mol の気体を封入した状態を考えてみる。温度 t はセルシウス温度なので，気体の状態方程式では $T = t + 273$〔K〕になることに注意すれば，各々の容器内での状態方程式が次のように書ける。

1)　$p = 1.0 \times 10^5$ Pa に保った容器について，$pV = nRT$ より

$$(1.0 \times 10^5)\,V = 1 \times R \times (t + 273)$$

$$V = \underbrace{\frac{R}{1.0 \times 10^5}}_{a_1} t + \underbrace{\frac{273R}{1.0 \times 10^5}}_{b_1} \quad \cdots\cdots(1)$$

2)　$p = 2.0 \times 10^5$ Pa に保った容器について，$pV = nRT$ より

$$(2.0 \times 10^5)\,V = 1 \times R \times (t + 273)$$

$$V = \underbrace{\frac{R}{2.0 \times 10^5}}_{a_2} t + \underbrace{\frac{273R}{2.0 \times 10^5}}_{b_2} \quad \cdots\cdots(2)$$

(1)式と $V = a_1t + b_1$，(2)式と $V = a_2t + b_2$ で，それぞれ係数を比較すると

$$a_1 = \frac{R}{1.0 \times 10^5} \qquad a_2 = \frac{R}{2.0 \times 10^5}$$

$$b_1 = \frac{273R}{1.0 \times 10^5} \qquad b_2 = \frac{273R}{2.0 \times 10^5}$$

となるので，各々の関係式は

$a_1 = 2a_2$，$b_1 = 2b_2$

であることがわかる。

■ 問4　液体を入れた 1.0 L のフラスコを，100 ℃ の水に入れたとき，物質はすべて気体となっている。そのとき，気体の一部は外部に流出して，フラスコ内の気体の圧力はちょうど外圧(大気圧)と等しく，1.0×10^5 Pa となっている。このフラスコ内の蒸気の質量は 3.0 g で，これが冷やされて液体となったと考えられる。

温度 100 ℃における気体について，気体の状態方程式を適用する。気体の分子量を M とし，

$PV = \dfrac{w}{M}RT$ に各数値を代入する。

$$1.0 \times 10^5 \times 1.0 = \frac{3.0}{M} \times 8.3 \times 10^3 \times 373$$

$$M = \frac{3.0 \times 8.3 \times 10^3 \times 373}{1.0 \times 10^5 \times 1.0}$$

$$= 92.8$$

$$\fallingdotseq 93$$

よって，答えは④である。

■ 問5　最初の容器内の窒素とエタノールの分圧をそれぞれ x〔Pa〕，y〔Pa〕とする。

エタノールは，一部が液体として存在しているので，体積を変えても，分圧は飽和蒸気圧 y〔Pa〕のままで変化しない。

一方，窒素の方は，ボイルの法則にしたがって体積変化とともに分圧は変化する。

最初の容器内の全圧が 1.0×10^5 Pa であるから

$$x + y = 1.0 \times 10^5 \quad \cdots\cdots(1)$$

容器の体積を 50 %にすると，窒素の分圧は 2 倍となるが，エタノールの分圧は変わらない。このときの全圧が 1.8×10^5 Pa となるので

$$2x + y = 1.8 \times 10^5 \quad \cdots\cdots(2)$$

(1)，(2)の連立方程式を解いて

$x = 0.8 \times 10^5$

$y = 0.2 \times 10^5$　である。

体積をはじめの 40 %にしたとき，窒素の分圧は $\dfrac{10}{4}$ 倍になる。エタノールの分圧は変わらない。

したがって，全圧は

窒素の分圧 + エタノールの分圧

$$= \frac{10}{4} \times 0.8 \times 10^5 + 0.2 \times 10^5$$

$$= 2.2 \times 10^5\,\text{Pa}$$

第2回

●解答・配点一覧

(100点満点)

問題番号(配点)	解答番号	正解	配点	問題番号(配点)	解答番号	正解	配点
第1問 (20)	1	⑤	4	第3問 (20)	11	②	4
	2	⑤	4		12	①	4
	3	⑥	4		13	④	4
	4	⑥	4		14	③	4
	5	②	4		15	⑤	4
第2問 (20)	6	④	4	第4問 (20)	16	④	4
	7	②	4		17	①	4
	8	④	4		18	⑥	4
	9	③	4		19	③	4
	10	⓪	4		20	②	4
				第5問 (20)	21	④	3
					22	③	5
					23	④	5
					24	④	4
					25	④	3

●解説

第1問

■ 問1

1)　密度の大きいものの方が下に沈む。

2)　ナトリウムは石油とは反応しない(ナトリウムは石油中に保存する)。

3)　ナトリウムは水と反応して

$$2Na + 2H_2O \longrightarrow 2NaOH + H_2$$

となり，水素を発生する。

以上の3条件から，「どのような現象が観察されるか」を考察する。

水の密度は1.00 g/cm^3，石油の密度は0.92 g/cm^3，ナトリウムの密度は0.97 g/cm^{3}である。

密度は，水＞ナトリウム＞石油となる。

1)と2)より，ナトリウムは石油中を反応せずに沈んでいく。そして，水と石油の界面で，ナトリウムと水が触れた部分から水素の気泡が発生し，浮力が生じてナトリウムは石油の層まで浮いてくる。その後，また沈んでいき，同じことを繰り返し，ナトリウムがなくなるまで続くことになる。

よって，⑤の記述が答えになる。

■ 問2

a｜　ミョウバン $AlK(SO_4)_2 \cdot nH_2O$ を水に溶かすと，それぞれの成分イオンに電離する。

$$AlK(SO_4)_2 \cdot nH_2O \rightarrow Al^{3+} + K^+ + 2SO_4^{2-} + nH_2O$$

ミョウバン水溶液中には Al^{3+}，K^+，SO_4^{2-} のイオンが存在することになる。したがって，アンモニア水を加えて生じた白色沈殿は $Al(OH)_3$ であり，ろ液に含まれるイオンは K^+，SO_4^{2-} になる。

以上をふまえて，それぞれの実験結果を見ていく。

①　白色沈殿 $Al(OH)_3$ に水酸化ナトリウム NaOH 水溶液を加えると，次のように $[Al(OH)_4]^-$ となり溶解する。(正しい)

$$Al(OH)_3 + NaOH \longrightarrow Na^+ + [Al(OH)_4]^-$$

②　$Al(OH)_3$ に塩酸を加えると，Al^{3+} となり溶解する。(正しい)

③　ろ液に含まれる SO_4^{2-} と $Ba(NO_3)_2$ 水溶液中の Ba^{2+} とが反応し，$BaSO_4$ の白色沈殿が生じる。(正しい)

④　ろ液には K^+ が含まれているので，炎色反応は赤紫色を示す。(正しい)

⑤　ろ液中に，**黄色の炎色反応を示すイオン Na^+ は存在しない**。(誤り)

②では，塩酸を加えると溶液は酸性となるので，$Al(OH)_3$ は Al^{3+} と変化することに気をつけよう。

不適当なものは，⑤のみである。

b｜　焼ミョウバンの化学式は $AlK(SO_4)_2$ で，式量は258である。ミョウバンの結晶 $AlK(SO_4)_2 \cdot nH_2O$ の式量は $258 + 18n$ なので

$$\frac{AlK(SO_4)_2}{AlK(SO_4)_2 \cdot nH_2O} = \frac{258}{258 + 18n} = \frac{25.8}{47.4}$$

よって，$n = 12$

c｜　300 g の水に，ミョウバンの結晶 $AlK(SO_4)_2 \cdot 12H_2O$ x〔g〕が溶解したとする。

ミョウバンの式量が $258 + 18 \times 12 = 474$ であることから，この結晶中の $AlK(SO_4)_2$ の質量は $x \times \frac{258}{474}$ $= \frac{43}{79}x$〔g〕，H_2O の質量は，$x - \frac{43}{79}x = \frac{36}{79}x$〔g〕である。

無水物のミョウバン(焼ミョウバン)50 g を，水100 g に溶かすと飽和溶液となり，また同じ温度で水300 g にミョウバンの結晶 x〔g〕を溶かすとやはり飽和溶液となることから，次のような図が書ける。

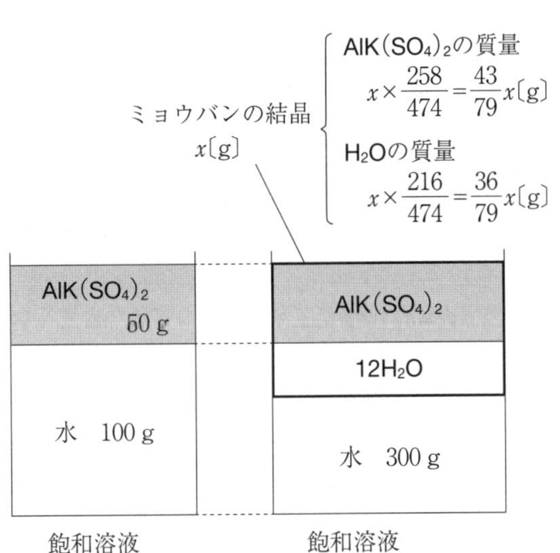

$$50:100=\frac{43}{79}x:\left(300+\frac{36}{79}x\right)$$

これを計算して，$x=474$

よって，正解は⑥になる。

■ **問3**　金属結晶中の金属原子は規則的に配列しているが，その位置で静止しているのではなく，その周囲で振動している。この振動は温度が上昇するにつれて激しくなるため，格子定数もそれにともなって大きくなる傾向を示すはずである。したがって，全体として減少傾向にある④，⑤，⑥は間違いである。

問題文にあるように，体心立方格子→面心立方格子，面心立方格子→体心立方格子と結晶構造が変化するため，その前後で格子定数が大きく変化すると考えられる。

一般に，原子半径が r の結晶格子において，体心立方格子の格子定数 d_B は $d_B=\frac{4}{\sqrt{3}}r$，面心立方格子の格子定数 d_F は，$d_F=\frac{4}{\sqrt{2}}r$ だから，$d_F>d_B$ である。（面心立方格子の方が格子定数が大きい）

〈体心立方格子〉

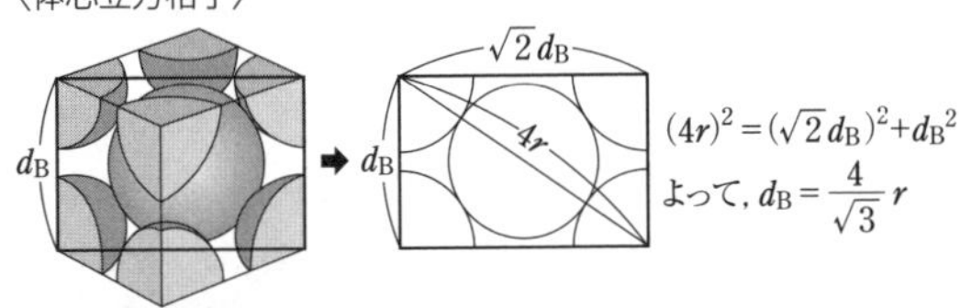

〈面心立方格子〉

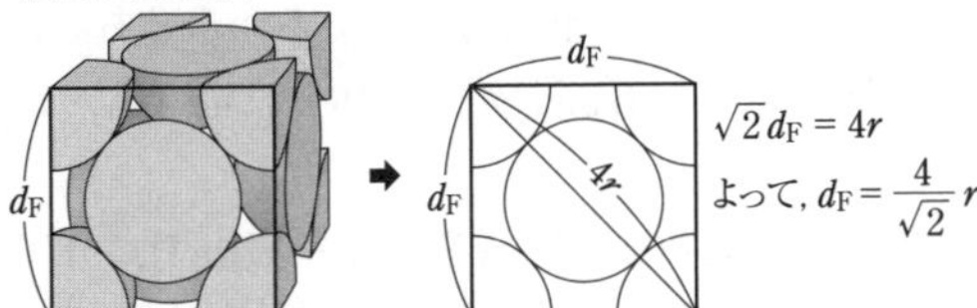

したがって，

・全体的に増加傾向にある

・912 ℃で大きく増加する

・1394 ℃で大きく減少する

の条件を満たす②が正解となる。

第2問

■ 問1

①　平衡状態における H_2 と I_2 は，いずれも HI の分解によって生成されたものである。HI 2 mol あたり 1 mol の H_2 と 1 mol の I_2 が生成するので，常に H_2 と I_2 の物質量は等しい。（正しい）

②　温度を高くすると，気体の分子運動が活発になり，反応速度は大きくなる。このとき，正反応速度も逆反応速度も速くなり，早く平衡状態に達する。（正しい）

③　水素を加えると，ルシャトリエの原理より，水素の濃度を小さくする方向（左）に平衡が移動する。（正しい）

④　ヨウ化水素の分解反応は吸熱反応である。温度を上げると，ルシャトリエの原理より，**吸熱方向（右）に平衡が移動する**。（誤り）

⑤　温度一定で圧力を加えると，気体全体の物質量が減少する方向に平衡が移動する。しかし，この反応では，反応による気体の物質量の変化がないため，平衡は移動しない。（正しい）

■ 問2

ア　活性化エネルギーとは，反応物が遷移状態になるときに必要な最小のエネルギーのことである。図の E_3 が遷移状態のエネルギーだから，$2SO_2+O_2 \longrightarrow 2SO_3$ の反応における活性化エネルギーは E_3-E_2 になる。

イ　反応エンタルピーとは，生成物と反応物のエネルギー差のことである。よって，反応エンタルピーは E_2-E_1 になる。

ウ　反応物と生成物のエネルギーを比べると反応物の方が高いエネルギー状態であることがわかる。これは，反応によって系の外にエネルギーが放出されることを意味している。反応エンタルピー E_2-E_1 は負の値になり発熱反応になる。

■ **問3**　酢酸エチルの合成反応で，1.00 mol の酢酸と 1.00 mol のエタノールを混合し，平衡時において酢酸エチルが 0.60 mol 生成している。この反応前後における各物質の量変化は次のようになる。

	CH_3COOH +	C_2H_5OH ⇄	$CH_3COOC_2H_5$ +	H_2O
反応前	1.00	1.00	0	0
反応量	−0.60	−0.60 ⟶	+0.60	+0.60
平衡時	0.40	0.40	0.60	0.60

(単位 mol)

体積を V〔L〕とすると，この平衡定数 K は

$$K = \frac{[CH_3COOC_2H_5][H_2O]}{[CH_3COOH][C_2H_5OH]}$$

$$= \frac{\dfrac{0.60}{V} \times \dfrac{0.60}{V}}{\dfrac{0.40}{V} \times \dfrac{0.40}{V}} = 2.25 \fallingdotseq 2.3$$

と計算できる。

■ **問4**　C〔mol/L〕のアンモニア水の電離度をαとすると

	$NH_3 + H_2O$ ⇄	NH_4^+ +	OH^-
電離前	C	0	0
電離した量	$-C\alpha$	$+C\alpha$	$+C\alpha$
平衡時	$C(1-\alpha)$	$C\alpha$	$C\alpha$

(単位 mol/L)

電離定数 K_b は　$K_b = \dfrac{[NH_4^+][OH^-]}{[NH_3]}$ で表されるので，各々の濃度を代入すると

$$K_b = \frac{C\alpha \times C\alpha}{C(1-\alpha)} = \frac{C\alpha^2}{1-\alpha}$$

電離度αは1に比べて非常に小さいので，$1-\alpha \fallingdotseq 1$ と近似できる。

よって　$K_b = C\alpha^2$ となる。

この式を変形して　$\alpha = \sqrt{\dfrac{K_b}{C}}$

$$[OH^-] = C\alpha = C\sqrt{\frac{K_b}{C}} = \sqrt{C^2 \cdot \frac{K_b}{C}}$$

$$= \sqrt{CK_b} \quad \cdots\cdots \textbf{ア}$$

$$pOH = -\log_{10}[OH^-] = -\log_{10}\sqrt{CK_b}$$

$$= -\frac{1}{2}(\log_{10}C + \log_{10}K_b)$$

pH + pOH = 14 の関係が成り立つので

$$pH = 14 - pOH$$

$$= 14 + \frac{1}{2}(\log_{10}C + \log_{10}K_b) \quad \cdots\cdots \textbf{イ}$$

第3問

■ **問1**　水の沸点は100℃であることから，100℃における飽和水蒸気圧は 1.0×10^5 Pa であるとわかる。

温度を100℃に保った10Lの容器中に含むことができる水蒸気の質量を x〔g〕とすると，$H_2O = 18$，気体の状態方程式 $pV = nRT$ より

$$1.0 \times 10^5 \times 10 = \frac{x}{18} \times 8.3 \times 10^3 \times (273 + 100)$$

$$x \fallingdotseq 5.8\,g$$

入れる水の質量が0〜5.8gでは，水の質量に比例して圧力が大きくなる。そして，5.8gで圧力は 1.0×10^5 Pa になる。

5.8〜10gの範囲では入れる水の質量が大きくなっても，圧力は100℃の飽和水蒸気圧の 1.0×10^5 Pa で一定となる。

正しいグラフは②になる。

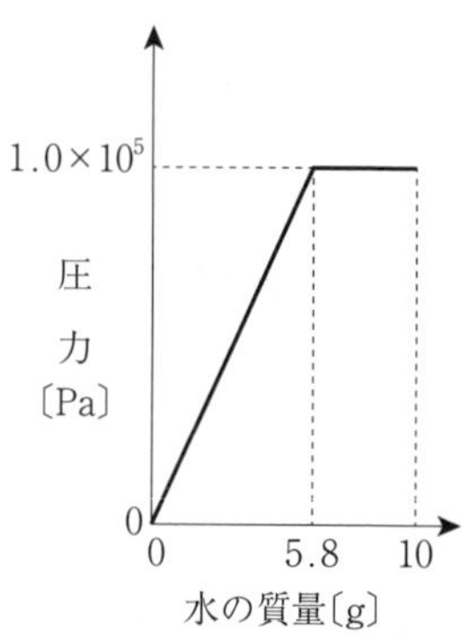

■ **問2**

a｜　絶対温度 $T = 273$ K として考える。

図中の「気体」を気体 **a**，「液体」を液体 **b** と示す。図のように物質量 n〔mol〕の気体 **a** を容器に入れた状態Ⅰから，隔壁を取り除いた後の状態を状態Ⅱとする。

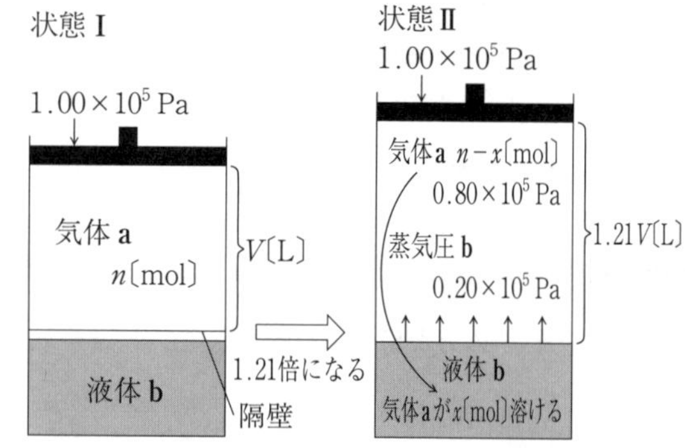

状態Ⅰの気体 **a** の体積を V〔L〕とすると，隔壁を取り除いた後の状態Ⅱでは，$1.21V$〔L〕になっている。それは，液体 **b** と気体 **a** が接しているので，液体 **b** から飽和蒸気圧 0.20×10^5 Pa に相当する蒸気が気体 **a** のなかに蒸発し，混合気体となっているからである。さらに，気体 **a** から x〔mol〕が，液体 **b** に溶け込んだとする。

混合気体中の気体 **a** の物質量は $n - x$〔mol〕，分圧は $1.00 \times 10^5 - 0.20 \times 10^5 = 0.80 \times 10^5$ Pa である。

状態Ⅰと状態Ⅱにおける気体 **a** の状態方程式を立て

ると

状態Ⅰについて　$1.00 \times 10^5 \times V = nRT$

$$V = \frac{nRT}{1.00 \times 10^5} \quad \cdots\cdots①$$

状態Ⅱについて

$$0.80 \times 10^5 \times 1.21V = (n - x)RT \quad \cdots\cdots②$$

①を②に代入すると

$$0.80 \times 10^5 \times 1.21 \times \left(\frac{nRT}{1.00 \times 10^5}\right) = (n - x)RT$$

$$0.80 \times 1.21n = n - x$$

$$x = 0.032n〔mol〕$$

溶けている気体aの物質量は，$0.032n$〔mol〕であり，n〔mol〕の気体aの約3％が溶けていることになる。

状態Ⅱから，ピストンを動かして全圧を 2.00×10^5 Pa とした状態を状態Ⅲとする。

状態Ⅲ

2.00×10^5 Pa

気体a　$2.00 \times 10^5 - 0.200 \times 10^5 = 1.8 \times 10^5$ Pa

bの蒸気圧

0.20×10^5 Pa

液体b

気体aが溶ける

温度が一定なので，液体bの飽和蒸気圧 0.20×10^5 Pa は変わらない。したがって，気体aの分圧は $2.00 \times 10^5 - 0.20 \times 10^5 = 1.80 \times 10^5$ Pa になる。

ヘンリーの法則により，液体bに溶ける気体aの物質量は気体aの分圧に比例するので

	気体aの分圧	液体bに溶けている気体aの物質量
状態Ⅱ	0.80×10^5 Pa	$0.032n$〔mol〕
状態Ⅲ	1.80×10^5 Pa	$0.032n \times \dfrac{1.80 \times 10^5}{0.80 \times 10^5} = 0.072n$〔mol〕

となり，気体aは n〔mol〕のうち約7％が溶ける。

■ 問3

NaOH(固体)0.10 mol を水に溶かしたときに発生した熱により，水溶液500 mL(密度が1.0 g/cm^3 なので，質量は500 g)の温度が2.0℃上昇した。水溶液1.0 gの温度を1.0℃上げるのに必要な熱量が4.2 J なので，このときに発生した熱量は

$$4.2 \times 500 \times 2.0 = 4.2 \times 10^3 \text{ J} = 4.2 \text{ kJ}$$

つまり，NaOH(固体)0.10 mol を水に溶解すると4.2 kJの熱量が発生する。NaOH(固体)1.0 mol を水に溶かすと，この10倍の熱量42 kJ が発生することになる。溶解エンタルピーは，物質1 mol が多量の溶媒に溶解するときの熱量なので，NaOH(固体)の水に対する溶解エンタルピーは，−42 kJ/mol である。

b｜ 2.0 mol/L 塩酸500 mL 中の HCl の物質量は1.0 mol である。したがって，1.0 mol の NaOH と1.0 mol の HCl が過不足なく中和反応したことになる。

$$NaOH + HCl \longrightarrow NaCl + H_2O$$

反応にともなって発生した熱により，水溶液の温度は急激に上昇する。その後，時間の経過とともに少しずつ熱が失われ，温度が徐々に下がっていく。このときのグラフは次のようになる。(実線で示す。)

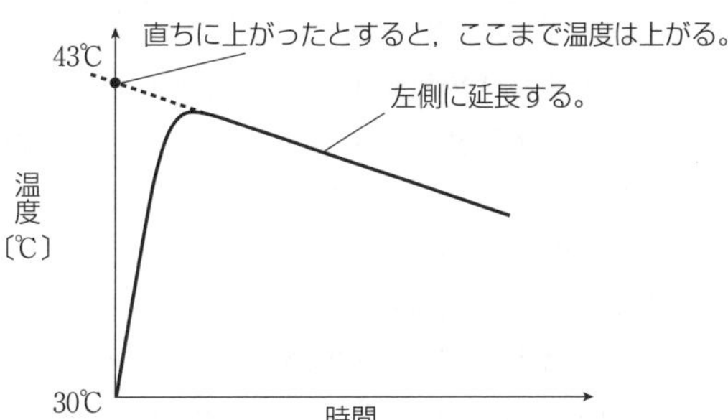

温度上昇による中和直後の水溶液の正確な温度は，左側にグラフを延長して時間0のときの温度を読み取る。

逃げた熱の補正をすると，溶液の温度は30℃から43℃まで上昇しているので，この中和反応により発生した熱量は

$$4.2 \times \underbrace{(500 + 500)}_{\text{溶液の質量}} \times \underbrace{(43 - 30)}_{\text{上昇温度}} = 54.6 \times 10^3 \text{ J} = 54.6 \text{ kJ}$$

よって，NaOH 水溶液と HCl 水溶液(塩酸)との中和では，54.6 kJ/mol の熱量が発生することがわかる。これを化学反応式とΔHで表すと，次のようになる。

NaOHaq + HClaq ⟶ NaClaq + H_2O　$\Delta H = -54.6$ kJ……(1)

一方，aで求めた値より，NaOH(固体)の溶解を表す化学反応式とΔHは

NaOH(固) + aq ⟶ NaOHaq　$\Delta H = -42$ kJ……(2)

ここで，求めたい反応エンタルピーは，塩酸(HClaq)に固体の NaOH を加えたときの反応エンタルピーなので，(1)+(2)より，

HClaq + NaOH(固) ⟶ NaClaq + H_2O　$\Delta H = -96.6$ kJ

したがって，塩酸に固体の水酸化ナトリウムを加えたときの反応エンタルピーは −97 kJ である。

第4問

■ 問1

a｜① 不斉炭素原子は存在しないが，C=C 二重結合があるので，シス-トランス異性体が存在する。(正しい)

② C=C 二重結合があれば，臭素水を脱色する。(正しい)

③ ベンゼン環を含み，エステル結合(−COO−)をもつ化合物である。(正しい)

④ 以下のように加水分解が進むので，**メタノール**が生じる。(誤り)

$$C_6H_5-CH=CH-COOCH_3 + H_2O \longrightarrow C_6H_5-CH=CH-COOH + CH_3OH$$

b｜ 元素分析のデータから

$$C:H:O = \frac{74.9}{12}:\frac{12.6}{1.0}:\frac{12.5}{16} \fallingdotseq 8:16:1$$

となり，化合物**A**の組成式が $C_8H_{16}O$ とわかる。

そこで，分子式を$(C_8H_{16}O)_n$と表す。化合物**A** 2 mol を完全燃焼するのに O_2 が 23 mol 必要だったので，燃焼の化学反応式は以下のようになる。

$$2(C_8H_{16}O)_n + 23O_2 \longrightarrow 16nCO_2 + 16nH_2O$$

両辺の酸素原子の数を比較すると，$2n + 46 = 16n \times 2 + 16n$ と立式できる。これを解いて，$n = 1$ となる。よって，分子式は $C_8H_{16}O$ である。

c｜ 酸化してケトンが得られることから，化合物**A**は第二級アルコールである。

また，シス-トランス異性体の存在しない位置に二重結合をもつことから，二重結合は直鎖状炭素の一番端の部分に位置することがわかる。

$$H-CH_2-CH_2-CH_2-CH_2-CH_2-CH_2-CH=CH_2$$

(左から2番目〜6番目の炭素にそれぞれ ① ② ③ ④ ⑤ の矢印)

化合物**A**としては，この①〜⑤にヒドロキシ基がつく構造が考えられる。

確認のため，5つの構造を示すと

$$CH_3-C^*H(OH)-(CH_2)_4-CH=CH_2$$

$$CH_3-CH_2-C^*H(OH)-(CH_2)_3-CH=CH_2$$

$$CH_3-(CH_2)_2-C^*H(OH)-(CH_2)_2-CH=CH_2$$

$$CH_3-(CH_2)_3-C^*H(OH)-CH_2-CH=CH_2$$

$$CH_3-(CH_2)_4-C^*H(OH)-CH=CH_2$$

各々の構造式中にある＊印の炭素は不斉炭素原子となる。不斉炭素原子が1個あると鏡像異性体は2つできる。したがって，全体の異性体の数は，$5 \times 2 = 10$ 個になる。よって，正解は⑥である。

■ 問2

① メタンと塩素の混合物に光を当て反応させると，メタンの水素原子が塩素原子に置換されていき，最終的にテトラクロロメタンになる。(正しい)

② アセチレンは，酢酸亜鉛触媒のもとで，酢酸が付加して酢酸ビニルを生成する。(正しい)

③ 2-プロパノールは第二級アルコール。酸化すると第二級アルコール ⟶ ケトンとなる。具体的には，次のように**アセトン**が生成する。(誤り)

$$\underset{\text{2-プロパノール}}{CH_3CH(OH)CH_3} \xrightarrow[\text{加熱}]{\text{硫酸酸性 }K_2Cr_2O_7\text{ 水溶液}} \underset{\text{アセトン}}{CH_3COCH_3}$$

④ 第一級アルコールの酸化反応は，

第一級アルコール ⟶ アルデヒド ⟶ カルボン酸と変化する。

エタノールは酸化すると，アセトアルデヒドに変化する。(正しい)

⑤ エタノールと酢酸によるエステル化反応では酢酸エチルが生成する。(正しい)

■ 問3 フェノールは，工業的には，ベンゼンと**プロペン $CH_2=CH-CH_3$** からクメンを経て合成されている。(クメン法)

このとき，副生成物としてアセトンが生じる。アセトンは，**ヨードホルム反応**を示すが，フェーリング液は還元しない。

フェノールを水酸化ナトリウムで中和して生成した

ナトリウムフェノキシドに，CO_2 を高温・高圧条件下で反応させると，**サリチル酸ナトリウム**が生成する。

$$\text{C}_6\text{H}_5\text{ONa} \xrightarrow[\text{高温・高圧}]{CO_2} \text{C}_6\text{H}_4(\text{OH})\text{COONa}$$

ナトリウムフェノキシド　　サリチル酸ナトリウム

答えは②になる。

第5問

■ 問1

① ビウレット反応は，2個以上のペプチド結合で起こるので，ジペプチドでは起こらず，トリペプチド以上で起こることになる。(正しい)

② 卵のタンパク質に熱を加えると凝固する。これがタンパク質の変性であり，一度変性したものをもとの状態に戻すことはできない。(正しい)

③ 大豆のタンパク質は親水コロイドであり，その水溶液にニガリなどの塩類を加えると，塩析して凝固する。この性質を利用してつくられた食品が，豆腐である。(正しい)

④ 一般に温度が高くなると，反応速度は大きくなるが，**酵素では最もよく働く温度が決まっている**。これを最適温度という。(誤り)

⑤ 硫黄を含むタンパク質では，硫黄から生成した硫化物イオン S^{2-} が酢酸鉛(Ⅱ)と反応して

$$Pb^{2+} + S^{2-} \longrightarrow PbS \downarrow$$

と，黒色沈殿が生じる。(正しい)

■ 問2

アスパラギン酸はカルボキシ基を2つもつ酸性アミノ酸であり，構造式は以下のようになっている(選択肢の④がアスパラギン酸に当てはまる)。

$$\overset{b}{\text{HOOC}}-CH_2-\underset{|\atop NH_2}{CH}-\overset{a}{\text{COOH}}$$

アスパラギン酸

実験Ⅰで，アスパラギン酸を少量の濃硫酸を含むエタノール中で煮沸させると，カルボキシ基がエステル化される。選択肢①～④にあげられている4つの化合物を見ていく。

アスパラギン酸のもつ2つのカルボキシ基(カルボキシ基aとカルボキシ基b)のうち，①はaのみがエステル化したもの，②はbのみがエステル化したもの，③はaとbがいずれもエステル化したもの，そして④はaもbもエステル化していないものに相当する。

次に①～④の物質がpH 6.0の緩衝液中でどのようなイオンになっているかを考えれば，**実験Ⅱ**の電気泳動によって移動するスポットを推測することができる。

①と②はカルボキシ基とアミノ基がそれぞれ一つずつあるので中性アミノ酸であり，等電点付近のpH 6.0の緩衝液中ではほとんどが双性イオンになっているため，電気泳動でスポットが移動することはない(Bの位置から動かない)。

③にはアミノ基が一つあるため，pH 6.0の緩衝液中では $-NH_2$ は $-NH_3^+$ となっている。したがって陰極側にスポットが移動する。

④のアスパラギン酸は酸性アミノ酸であるから，等電点よりもpHが大きいpH 6.0の緩衝液中では陰イオンとなり，陽極側にスポットが移動する。

以上のことより，Aにスポットが現れるのは正電荷をもつ③，Cにスポットが現れるのは負電荷をもつ④となる。

■ 問3

スルホ基($-SO_3H$)をもつ樹脂は陽イオン交換樹脂である。これをカラムに詰めて，$CaCl_2$ 水溶液を通すと，Ca^{2+} が H^+ に交換され，塩酸HClが流出してくる。

Ca^{2+} の1 molと H^+ の2 molが交換されるので，流出した塩酸中の H^+ の物質量は

$$2 \times 0.10\ \text{mol/L} \times \frac{50}{1000}\ \text{L} = 0.010\ \text{mol}\ \text{になる。}$$

HClを中和するのに必要な水溶液は水酸化ナトリウム水溶液である。OH^- の物質量が0.010 molになったとき，ちょうど中和することになるので，必要な0.10 mol/L NaOH水溶液を V〔L〕とすると

$$1 \times 0.10\ \text{mol/L} \times V\text{〔L〕} = 0.010$$

$$V = 0.10\ \text{L}\quad \text{よって，}100\ \text{mL}$$

中和するのに適当な水溶液は④になる。

■ 問4

① 合成高分子には重合度の違いにより分子量の異なるものが混在し，また規則的な配列をとっていないので，加熱しても**明確な融点を示さない**。(誤り)

② 化学繊維は，再生繊維，半合成繊維，合成繊維などに区分される。ポリエステルは合成繊維であるが，レーヨンは半合成繊維ではなく**再生繊維**である。(誤り)

③ ポリスチレンスルホン酸を用いると，水溶液中で放出した H^+ で Na^+ などの陽イオンを交換することができる。この性質を利用して**陽イオン交換樹脂**として使われている。陰イオン交換樹脂ではない。(誤り)

④ ナイロン6とナイロン66は以下のような構造の合成繊維である。

ナイロン6

$$\left[\begin{array}{l}C-(CH_2)_5-N\\ \| \qquad\qquad\quad | \\ O \qquad\qquad\quad H\end{array}\right]_n$$

ナイロン66

$$\left[\begin{array}{l}C-(CH_2)_4-C-N-(CH_2)_6-N\\ \| \qquad\qquad\quad \| \quad | \qquad\qquad | \\ O \qquad\qquad\quad O \; H \qquad\qquad H\end{array}\right]_n$$

⬇ ⬇

繰り返し単位　$(CH_2)_5CONH \rightarrow C_6H_{11}ON$　　$(CH_2)_{10}(CO)_2(NH)_2 \rightarrow C_{12}H_{22}O_2N_2$

ナイロン6の繰り返し単位は$(CH_2)_5CONH$と表され，ナイロン66の繰り返し単位は$(CH_2)_{10}(CO)_2(NH)_2$と表されるので，**元素の組成比はC：H：O：N＝6：11：1：1で等しい。**（正しい）

⑤　生ゴムは，硫黄を加えて加熱（加硫）すると，生ゴムの鎖状構造に硫黄原子が橋を架けたような形（架橋構造）をとるようになり，**弾性と強度が増し，耐久性も良くなる。**（誤り）

演 習 問 題

62 物質の種類 5分

次の a ～ d に当てはまるものを，それぞれの解答群の①～⑤のうちから一つずつ選べ。

a 同族元素の組合せ [1]

① Li と Mg　② B と Al　③ C と P　④ O と Si　⑤ H と He

b 1 価の陰イオンに最もなりやすい原子 [2]

① Na　② Mg　③ O　④ Cl　⑤ Ne

c アルカリ金属元素とハロゲンからなる物質 [3]

① CaF_2　② Na_2O　③ KBr　④ AgCl　⑤ $AlCl_3$

d 大気圧下，室温で液体であるもの [4]

① 酸素　② 塩素　③ 窒素　④ リチウム　⑤ 臭素

63 元素の性質 3分

元素の性質に関する記述として正しいものを，次の①～⑤のうちから一つ選べ。[5]

① 同じ周期に属する元素の化学的性質はよく似ている。
② 典型元素の単体は，常温・常圧で気体か固体のどちらかである。
③ 金属元素の単体は，すべて常温・常圧で固体である。
④ 1 族元素の単体は，すべて常温・常圧で固体である。
⑤ 18 族元素の単体は，すべて常温・常圧で気体である。

64 元素の性質 3分

元素に関する記述として正しいものを，次の①～⑤のうちから一つ選べ。[6]

① 典型元素はすべて非金属元素である。
② アルカリ土類金属は遷移元素である。
③ アルカリ金属は 2 価の陽イオンになりやすい。
④ 17 族の元素は 1 価の陽イオンになりやすい。
⑤ 遷移元素には，同じ元素でもいろいろな酸化数をとるものが多い。

65 元素の性質 3分

次の記述①～⑤のうちから，**誤りを含むもの**を一つ選べ。[7]

① 貴ガスは，原子の電子配置が安定であるため，他の物質と反応しにくい。
② 遷移元素には，二つ以上の酸化数をとるものが多い。
③ ハロゲンの単体は，いずれも二原子分子である。
④ アルカリ金属の酸化物は，いずれも水に溶けて塩基性を示す。
⑤ Ca，Sr，Ba の硫酸塩は，いずれも水に溶けやすい。

66 第３周期に属する元素の酸化物 5分

周期表の第３周期に属する元素の酸化物に関する記述として**誤りを含むもの**を，次の①～⑦のうちから二つ選べ。ただし，解答の順序は問わない。［8］［9］

① １族元素の酸化物を水に溶かすと，水溶液は塩基性を示す。
② ２族元素の単体を空気中で熱すると，燃えて酸化物を生じる。
③ 13族元素の酸化物は，両性酸化物である。
④ 14族元素の酸化物は，共有結合でできている固体である。
⑤ 15族元素の単体を空気中で燃焼させると，強い吸湿性を示す酸化物を生じる。
⑥ 16族元素の酸化物を水に溶かすと，水溶液は中性を示す。
⑦ 17族元素の酸化物には，その元素の酸化数が＋Ⅷ(＋8)のものがある。

67 酸性酸化物，両性酸化物，塩基性酸化物 3分

酸化物 Al_2O_3，CaO，NO_2，Na_2O，SO_2 を，酸性酸化物，両性酸化物，塩基性酸化物に分類した。その分類として正しいものを，次の①～⑥のうちから一つ選べ。［10］

	酸性酸化物	両性酸化物	塩基性酸化物
①	Na_2O	CaO	NO_2，SO_2，Al_2O_3
②	Na_2O，CaO	Al_2O_3	NO_2，SO_2
③	Na_2O	CaO，Al_2O_3	NO_2，SO_2
④	SO_2	NO_2，Al_2O_3	Na_2O，CaO
⑤	NO_2，SO_2	Al_2O_3	Na_2O，CaO
⑥	NO_2，SO_2	CaO，Al_2O_3	Na_2O

68 元素の性質 3分

次の記述 **a** ～ **c** に当てはまる元素の組合せとして最も適当なものを，右の①～⑥のうちから一つ選べ。［11］

a 非金属元素である。
b 単体は濃硝酸中で不動態になり，酸化物中では酸化数＋3の状態をとる。
c 両性金属であり，酸化物の粉末は白色である。

	a	b	c
①	Ca	Zn	Al
②	Ca	Al	Zn
③	S	Fe	Ca
④	S	Zn	Al
⑤	P	Al	Zn
⑥	P	Fe	Ca

69 酸化物の反応 4分

酸化物に関する記述として正しいものを，次の①～⑤のうちから一つ選べ。［12］

① 酸化ナトリウムが水と反応すると，水素が発生する。
② 酸化亜鉛が塩酸と反応すると，水素が発生する。
③ 酸化銅(Ⅱ)が希硫酸と反応すると，水素が発生する。
④ 二酸化硫黄を水に溶かすと，その溶液は酸性を示す。
⑤ 二酸化ケイ素は，塩酸によく溶ける。

3-2　非金属元素とその化合物

1 ●—水素と貴ガス

point!

水素 H_2	無色，無臭の気体。すべての気体のうちで最も軽い。水に溶けにくい。 還元剤として作用する。 酸素と混合して点火すると，爆鳴する。 水の電気分解，金属(Zn や Fe)に酸を加え発生させて得る。
貴ガス	18族に属する。ヘリウム He，ネオン Ne，アルゴン Ar，クリプトン Kr，キセノン Xe，ラドン Rn。 価電子0とみなされ，化合物をつくりにくく，きわめて安定。 単原子分子の気体として，空気中にわずかに存在する。融点や沸点が非常に低い。

水素と酸素の混合気体に点火すると，①＿＿＿＿＿＿と反応する。

貴ガスは，周期表で②＿＿＿＿族であり，安定で，単体は③＿＿＿＿分子として存在する。

2 ●—ハロゲン(17族)

point!

	状態と色(常温・常圧)	酸化力	水素との反応	水との反応
フッ素 F_2	気体(淡黄色)	強	冷暗所でも爆発的に反応。 $H_2 + F_2 \longrightarrow 2HF$	激しく反応して O_2 を発生。 $2F_2 + 2H_2O \longrightarrow 4HF + O_2$
塩素 Cl_2	気体(黄緑色)	↑	光により爆発的に反応。 $H_2 + Cl_2 \longrightarrow 2HCl$	水に溶けて一部が反応。 $Cl_2 + H_2O \rightleftarrows HCl + HClO$
臭素 Br_2	液体(赤褐色)	↑	加熱により反応。 $H_2 + Br_2 \longrightarrow 2HBr$	水に溶けて一部が反応。(塩素より反応は弱い。)
ヨウ素 I_2	固体(黒紫色)	弱	触媒と加熱により一部反応。 $H_2 + I_2 \rightleftarrows 2HI$	水に難溶。

ハロゲン化水素の水溶液	HF(フッ化水素酸)(弱酸)	HCl(塩酸)(強酸)	HBr(臭化水素酸)(強酸)	HI(ヨウ化水素酸)(強酸)
ハロゲン化銀	AgF(水に可溶)	AgCl(白色の沈殿)	AgBr(淡黄色の沈殿)	AgI(黄色の沈殿)

ハロゲンの単体は二原子分子で，1価の④＿＿＿＿イオンになりやすい。

酸化力の強さの順は⑤＿＿＿＞＿＿＿＞＿＿＿＞＿＿＿である。そのため

$2KBr + Cl_2 \longrightarrow$ ⑥＿＿＿＿＿＿等の反応が起こる。

塩素は水に溶けて一部反応し，塩酸と強い酸化力をもつ⑦＿＿＿＿＿を生成する。このため，塩素水は殺菌や⑧＿＿＿＿に用いられる。　$Cl_2 + H_2O \rightleftarrows$ ⑨＿＿＿＿＿＿

ヨウ素は水に溶けないが，ヨウ化カリウム水溶液には溶け，⑩＿＿＿＿色になる。この溶液は⑪＿＿＿＿水溶液と反応して青紫色になる。この反応を⑫＿＿＿＿＿＿という。

塩化水素とアンモニアの気体を接触させると白煙が生じる。　$HCl + NH_3 \longrightarrow$ ⑬＿＿＿＿＿

ハロゲン化水素のうち HCl，HBr，HI は強酸であるが，⑭＿＿＿＿＿だけは弱酸である。また⑭は，ガラスの主成分である二酸化ケイ素と反応して溶かす。

答 ① $2H_2 + O_2 \longrightarrow 2H_2O$　② 18　③単原子　④陰　⑤ $F_2 > Cl_2 > Br_2 > I_2$　⑥ $2KCl + Br_2$　⑦次亜塩素酸　⑧漂白　⑨ $HCl + HClO$　⑩褐　⑪デンプン　⑫ヨウ素デンプン反応　⑬ NH_4Cl　⑭ HF

3 —酸素・硫黄(16族)

point!

酸素 O_2	地殻中に最も多く含まれる元素(重量比46.6%)。金，白金以外の金属と酸化物をつくる。 単体には，O_2 のほか，酸化力の強いオゾン O_3 がある。 オゾン O_3 は水で湿らせたヨウ化カリウムデンプン紙を青変する。 オゾン O_3 は，酸素中で放電を行うか，紫外線を当てることで生成する。 $3O_2 \longrightarrow 2O_3$
硫黄 S	同素体として，斜方硫黄，単斜硫黄，ゴム状硫黄などが存在する。 多くの物質と化合して硫化物をつくる。
硫化水素 H_2S	無色，腐卵臭の有毒な気体。 水に溶けて弱酸性を示す。 $H_2S \rightleftarrows H^+ + HS^-$ $HS^- \rightleftarrows H^+ + S^{2-}$ 強い還元性がある。 多くの金属イオンと反応して，硫化物の沈殿を生成するので，金属イオンの分離や検出に使われる。
二酸化硫黄 SO_2	無色，刺激臭の有毒な気体。腐食性がある。 水に溶けて亜硫酸を生じ弱酸性を示す。 $SO_2 + H_2O \rightleftarrows H^+ + HSO_3^-$ 還元剤。ただし，強い還元剤に対しては酸化剤として反応する。 還元力を利用して，紙や繊維の漂白に利用される。
硫酸 H_2SO_4	濃硫酸は無色で粘り気のある不揮発性の酸。 {吸湿性がある。(乾燥剤として用いる。) 脱水作用…有機物から水素と酸素を水の形で奪う働きがある。 熱濃硫酸には強い酸化作用があり，Cu，Hg，Ag を溶かす。 希硫酸は強酸性を示す。

H_2S も SO_2 も還元剤である。この両方を反応させると，$2H_2S + SO_2 \longrightarrow$ ①＿＿＿＿ と反応する。このとき，酸化剤として反応しているのは②＿＿＿＿である。

濃硫酸は脱水作用がきわめて強い。グルコース $C_6H_{12}O_6$ に濃硫酸を加えると炭化する。その反応は $C_6H_{12}O_6 \longrightarrow$ ③＿＿＿＿ である。

4 —窒素・リン(15族)

point!

窒素 N_2	常温で安定な無色・無臭の気体。 空気中に体積で78%を占める。−196℃で液化し，液体窒素は冷却剤として用いられる。
アンモニア NH_3	無色，刺激臭のある気体。 水によく溶け，水溶液は弱塩基性を示す。 $NH_3 + H_2O \rightleftarrows NH_4^+ + OH^-$
硝酸 HNO_3	揮発性の強酸。 光により分解するので褐色のびんに入れて保存する。 酸化力が強く，Cu，Hg，Ag を溶かす。 Al，Fe，Ni を濃硝酸に入れると，表面にち密な酸化被膜が生じ，内部を保護する。 ➡不動態

答 ① $3S + 2H_2O$ ② SO_2 ③ $6C + 6H_2O$

一酸化窒素 NO	無色の気体	水に溶けにくい。	空気中で容易に酸化されて，NO_2 となる。 $2NO + O_2 \longrightarrow 2NO_2$
二酸化窒素 NO_2	赤褐色の気体	水に溶けて，酸性を示す。	常温で一部が N_2O_4 になる。 $2NO_2 \rightleftarrows N_2O_4$ （赤褐色）　（無色）
リン P	単体には，黄リンや赤リンなどの同素体がある。 黄リン P_4 は，空気中で自然発火するので，水中に保存する。猛毒。 赤リンは，反応性がとぼしく，毒性も弱い。		
十酸化四リン P_4O_{10}	白色の吸湿性の強い粉末。乾燥剤として用いられる。 リンを空気中で燃焼させるとできる。　$4P + 5O_2 \longrightarrow P_4O_{10}$ P_4O_{10} を水に溶かして加熱すると，リン酸が得られる。　$P_4O_{10} + 6H_2O \longrightarrow 4H_3PO_4$		

硝酸は強い①＿＿＿＿力をもつので，イオン化傾向が水素よりも小さい Cu，Hg，Ag を溶かす。

NO が発生するのは，銅と②＿＿＿＿の反応であり，NO_2 が発生するのは，銅と③＿＿＿＿の反応である。

Al，Fe，Ni は濃硝酸で④＿＿＿＿になるので，溶けない。

5 ●―炭素・ケイ素（14 族）

point!

炭素 C	同素体として，ダイヤモンド（非常に硬い，電気伝導性なし），黒鉛（電気伝導性あり），フラーレン，カーボンナノチューブなどがある。		
一酸化炭素 CO	無色，無臭，有毒 燃焼する。	水に溶けない。	石灰水に吸収されない。
二酸化炭素 CO_2	無色，無臭 燃焼しない。	水に溶け（炭酸），弱酸性を示す。	石灰水に通すと白濁する。 $Ca(OH)_2 + CO_2 \longrightarrow CaCO_3 + H_2O$
ケイ素 Si	ダイヤモンド型の共有結合の結晶。 半導体であり，わずかに電気を通す。コンピュータ部品や太陽電池に用いられる。		
二酸化ケイ素 SiO_2	天然には石英，ケイ砂などとして産出し，結晶化したものが水晶。共有結合の結晶。 SiO_2 —NaOH→ Na_2SiO_3（ケイ酸ナトリウム） —水を加えて加熱→ 水ガラス —HCl→ $SiO_2 \cdot nH_2O$（ケイ酸*） —脱水→ シリカゲル（乾燥剤）		

＊ H_2SiO_3，H_4SiO_4 などがあり，組成が一定しないため形式的に $SiO_2 \cdot nH_2O$ と表す。

ダイヤモンドは，C 原子が次々と共有結合してできた⑤＿＿＿＿形の立体構造になっている。硬い。

一方，黒鉛は C 原子の 4 個の価電子のうち 3 個で共有結合して⑥＿＿＿＿構造をつくる。⑥構造は積み重なっており，相互にずれやすくやわらかい。

残る 1 個の価電子が平面内を自由に動くことができるため，黒鉛は⑦＿＿＿＿を通す。

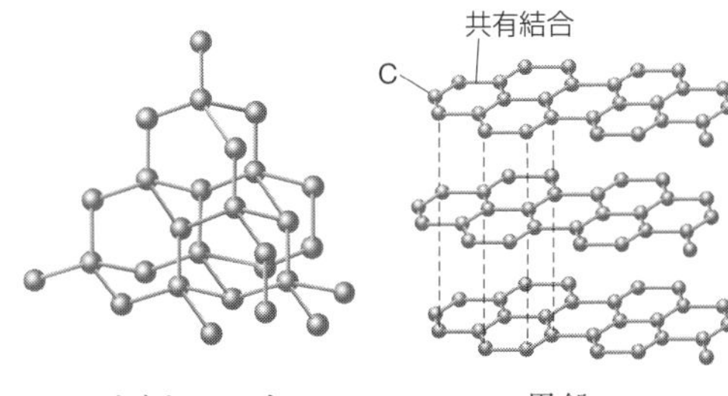

ダイヤモンド　　黒鉛

答 ①酸化　②希硝酸　③濃硝酸　④不動態　⑤正四面体　⑥平面　⑦電気

例題 1 単体の性質

単体に関する記述として**誤りを含むもの**を，次の①～⑤のうちから一つ選べ。

① フッ素は，水と激しく反応して酸素を発生する。
② 塩素は，赤熱した銅と激しく反応する。
③ ヘリウムは，二原子からなる分子である。
④ 水銀は常温で液体であり，金属と合金をつくる。
⑤ 銅は，空気中で加熱すると，黒色の酸化銅(Ⅱ)になる。

解法のコツ

ヘリウムは貴ガス。貴ガスは単原子分子。あるいは逆に，二原子分子は「ほん(HON)とハロゲン」から，③が誤りとわかる。

〈決断型〉の問題。

① ハロゲンのうちでフッ素 F_2 は最も(ア　　　)力が強く，H_2O を酸化して O_2 を発生する。反応式は次のようになる。

$2F_2 + 2H_2O \longrightarrow$ (イ　　　　　)

② 塩素もハロゲン。塩素は銅と直接化合する。

$Cu + Cl_2 \longrightarrow$ (ウ　　　　　)

③ ヘリウムは(エ　　　)に属する。非常に安定で(オ　　　)分子である。ヘリウムの融点，沸点は物質のうちで最も低い。誤り。

④ 水銀は金属のうちで唯一，常温で液体である。

⑤ 銅は空気中で加熱すると，次のように反応して，黒色の酸化銅(Ⅱ)になる。 $2Cu + O_2 \longrightarrow$ (カ　　　　　)

答 ア 酸化　イ $4HF + O_2$　ウ $CuCl_2$　エ 貴ガス　オ 単原子　カ $2CuO$

例題①の解答
③

例題 2 ハロゲン

次の記述①～⑤のうちから，正しいものを一つ選べ。

① ハロゲンの単体は，いずれも常温・常圧で気体である。
② 臭素は，ガラスを侵す。
③ 銀のハロゲン化物は，いずれも水に溶けやすい。
④ ハロゲンの単体の酸化力は，原子番号が大きいほど弱くなる。
⑤ 塩素を得るには，アルミニウムに塩酸を加えて加熱する。

解法のコツ

ハロゲンの性質を，F_2，Cl_2，Br_2，I_2 を比較しながら整理しておくこと。

ハロゲンは陰イオンになりやすいので，酸化力が強い。

ハロゲンのうちでも強弱があって，

$F_2 > Cl_2 > Br_2 > I_2$

の順である。

① ハロゲンのうち，常温・常圧で F_2，Cl_2 は気体であるが，Br_2 は(ア　　　)，I_2 は(イ　　　)である。誤り。

② 臭素はガラスを侵さない。ガラスを侵すのは(ウ　　　　)である。 $SiO_2 + 6HF \longrightarrow H_2SiF_6 + 2H_2O$ 誤り。

③ 銀のハロゲン化物のうち，AgF だけが水に溶けやすい。(エ　　　)，(オ　　　)，(カ　　　)は，水に溶けにくい。誤り。

④ ハロゲンの単体の酸化力は，強い順に(キ　　　　　　　　)である。原子番号が大きいほど弱くなる。正しい。

⑤ 塩素を得るには，酸化マンガン(Ⅳ) MnO_2 に濃塩酸を加えて加熱する。 $MnO_2 + 4HCl \longrightarrow$ (ク　　　　　　　　) 誤り。

答 ア 液体　イ 固体　ウ フッ化水素酸(HF)　エ・オ・カ AgCl，AgBr，AgI
キ $F_2 > Cl_2 > Br_2 > I_2$　ク $MnCl_2 + 2H_2O + Cl_2$

例題②の解答
④

演習問題

第1編 知識の確認
第2編 計算問題対策
第3編 実験・グラフ問題対策
第4編 思考問題対策
第5編 模擬問題

70 ハロゲン 3分

ハロゲンの単体および化合物に関する記述として**誤りを含むもの**を，次の①～⑤のうちから一つ選べ。[1]

① 単体の融点および沸点は，$Cl_2 < Br_2 < I_2$ の順に高い。
② 単体の酸化力は，$Cl_2 < Br_2 < I_2$ の順に強い。
③ AgCl，AgBr，AgI は，いずれも水に溶けにくい。
④ AgCl，AgBr，AgI は，いずれも光によって分解して銀を析出する。
⑤ HCl，HBr，HI の水溶液は，いずれも強酸である。

71 ハロゲン 3分

ハロゲンの単体および化合物に関する記述として**誤りを含むもの**を，次の①～⑤のうちから一つ選べ。[2]

① フッ素が水と反応すると，酸素が発生する。
② フッ化水素は，フッ化カルシウム(ホタル石)を濃硫酸とともに加熱すると得られる。
③ 次亜塩素酸は，強い還元作用を示す。
④ 臭化水素酸(臭化水素の水溶液)は，強酸である。
⑤ ヨウ素は，水には溶けにくいが，ヨウ化カリウム水溶液にはよく溶ける。

72 ヨウ素 2分

ヨウ素に関する記述として**誤りを含むもの**を，次の①～⑤のうちから一つ選べ。[3]

① ヨウ化カリウム水溶液に溶ける。
② 検出には，デンプン水溶液を用いる。
③ ヨウ化物イオンを含む水溶液に塩素を作用させると生成する。
④ 昇華性の固体である。
⑤ ハロゲンの単体のうちで最も激しく水素と反応する。

73 オゾン 4分

オゾンに関する次の問い(a・b)に答えよ。

a 次の記述中の空欄 [ア]・[イ] に当てはまる語の組合せとして正しいものを，右の①～④のうちから一つ選べ。[4]

オゾンは酸素 O_2 の [ア] であり，O_2 に [イ] を当てると生成する。

	ア	イ
①	同位体	赤外線
②	同位体	紫外線
③	同素体	赤外線
④	同素体	紫外線

b 次の記述中の空欄 [ウ]・[エ] に当てはまる化学反応式の一部と語の組合せとして正しいものを，右の①～⑥のうちから一つ選べ。[5]

オゾンは強い酸化作用を示す。ヨウ化カリウムの水溶液にオゾンを通じると，次の反応が起こる。

$$2KI + O_3 + H_2O \longrightarrow \text{[ウ]}$$

このため，水でぬらしたヨウ化カリウムデンプン紙をオゾンにさらすと，紙が [エ] に変色する。

	ウ	エ
①	$2K + 2HI + 2O_2$	緑 色
②	$2K + 2HI + 2O_2$	赤 色
③	$2K + 2HI + 2O_2$	青紫色
④	$I_2 + 2KOH + O_2$	緑 色
⑤	$I_2 + 2KOH + O_2$	赤 色
⑥	$I_2 + 2KOH + O_2$	青紫色

74 硫黄の化合物 3分

硫黄の化合物に関する記述として，下線部に**誤りを含むもの**を，次の①～⑤のうちから一つ選べ。 6

① 硫化水素は，還元作用をもち，二酸化硫黄と反応して硫黄を生じる。
② 二酸化硫黄は，還元作用をもち，繊維などの漂白に用いられる。
③ 二酸化硫黄が水に溶けると，その溶液は強酸性を示す。
④ 硫化水素が水に溶けると，その溶液は弱酸性を示す。
⑤ 熱せられた濃硫酸には，強い酸化作用がある。

75 硫化水素 3分

硫化水素に関する記述として**誤りを含むもの**を，次の①～⑤のうちから一つ選べ。 7

① 火山ガスや火山地帯の温泉水に含まれている。
② 硫化鉄(Ⅱ)に希硫酸を加えると発生する。
③ 水に少し溶け，その水溶液は中性である。
④ 無色の有毒な気体で，悪臭をもつ。
⑤ 湿った空気中では，銀と反応して銀の表面を黒くする。

76 無機化合物 2分

次の記述a～dにおける気体**ア**～**エ**の化学式として正しい組合せを，右の①～⑤のうちから一つ選べ。 8

a 気体**ア**と**ウ**を混合すると，白煙が生じる。
b 気体**イ**の同素体は，大気上層で紫外線を吸収する。
c 気体**ウ**と**エ**は，水に溶けると酸性を示す。
d 気体**エ**は腐卵臭があり，水溶液中で還元性を示す。

	ア	イ	ウ	エ
①	H_2S	N_2	HCl	NH_3
②	HCl	O_2	NH_3	H_2S
③	NH_3	N_2	HCl	H_2S
④	NH_3	O_2	HCl	H_2S
⑤	H_2S	O_2	HCl	NH_3

77 炭素とケイ素 3分

炭素とケイ素に関する記述として**誤りを含むもの**を，次の①～⑤のうちから一つ選べ。 9

① 炭素の単体の黒鉛は，電気の良導体である。
② ケイ素の単体は，天然には存在しない。
③ 炭素の酸化物は，いずれも常温・常圧で気体である。
④ スクロース(ショ糖)に濃硫酸を加えると，濃硫酸の脱水作用により炭素が残り黒く変色する。
⑤ 二酸化ケイ素をフッ化水素酸に溶かすと，水ガラスができる。

3-3 金属元素とその化合物

1 ●—アルカリ金属とアルカリ土類金属

point!

	イオン	炎色反応	水との反応	水酸化物	炭酸塩	硫酸塩
アルカリ金属 (Li, Na, K)	1価の陽イオン	示す Li 赤, Na 黄, K 赤紫	常温で反応。水素を発生。	強塩基性を示す。	水に溶ける。	水に溶ける。
アルカリ土類金属(Ca, Sr, Ba)	2価の陽イオン	示す Ca 橙赤, Sr 深赤, Ba 黄緑			沈殿する。$CaCO_3$↓ $BaCO_3$↓など	沈殿する。$CaSO_4$↓ $BaSO_4$↓など

ナトリウム Na	Na —H_2O→ NaOH NaOH —CO_2→ Na_2CO_3 NaOH —HCl→ NaCl NaCl —電気分解→ NaOH Na —Cl_2→ NaCl NaCl —$CO_2+NH_3+H_2O$→ $NaHCO_3$ $NaHCO_3$ —HCl→ NaCl $NaHCO_3$ —加熱→ Na_2CO_3 Na_2CO_3 —HCl→ NaCl
カルシウム Ca	Ca —H_2O→ $Ca(OH)_2$ $Ca(OH)_2$ —HCl→ $CaCl_2$ $Ca(OH)_2$ —Cl_2→ $CaCl(ClO)\cdot H_2O$ (さらし粉) $Ca(OH)_2$ —CO_2→ $CaCO_3$ $Ca(OH)_2$ —H_2SO_4→ $CaSO_4$ $CaCO_3$ —CO_2+H_2O→ $Ca(HCO_3)_2$ (無色の溶液) $Ca(HCO_3)_2$ —加熱→ $CaCO_3$ $CaCO_3$ —加熱→ CaO CaO —H_2O→ $Ca(OH)_2$

1族元素の金属は①＿＿＿＿金属と呼ばれ，1個の価電子をもち，この電子を放出して②＿＿＿＿価の陽イオンになりやすい。この族のイオン化エネルギーは，同一周期の他の元素と比べて③＿＿＿＿い。

また，水と激しく反応して水素を発生する。 $2Na + 2H_2O \longrightarrow$ ④＿＿＿＿

2族元素は，いずれも⑤＿＿＿＿価の陽イオンになりやすい。2族元素を⑥＿＿＿＿金属といい，Ca，Sr，Ba の単体は水と反応して，水素を発生し水酸化物となる。

$Ca + 2H_2O \longrightarrow$ ⑦＿＿＿＿

Be，Mg は，性質が大きく違っている。例えば，常温では水と反応しないし，水酸化物は水に溶けない。

CaO は生石灰，$Ca(OH)_2$ は⑧＿＿＿＿，$Ca(OH)_2$ の水溶液は石灰水と呼ばれる。

CaO に水を加えると，発熱しながら反応する。 $CaO + H_2O \longrightarrow$ ⑨＿＿＿＿

石灰水に CO_2 を吹き込むと，炭酸カルシウムの白色沈殿を生じる。

$Ca(OH)_2 + CO_2 \longrightarrow$ ⑩＿＿＿＿

さらに過剰に CO_2 を吹き込むと，炭酸水素カルシウムとなって沈殿が溶解する。

$CaCO_3 + CO_2 + H_2O \rightleftarrows$ ⑪＿＿＿＿

答 ①アルカリ ②1 ③小さ ④$2NaOH + H_2$ ⑤2 ⑥アルカリ土類 ⑦$Ca(OH)_2 + H_2$ ⑧消石灰 ⑨$Ca(OH)_2$ ⑩$CaCO_3 + H_2O$ ⑪$Ca(HCO_3)_2$

2 ●—アルミニウム・亜鉛（両性金属）

point!

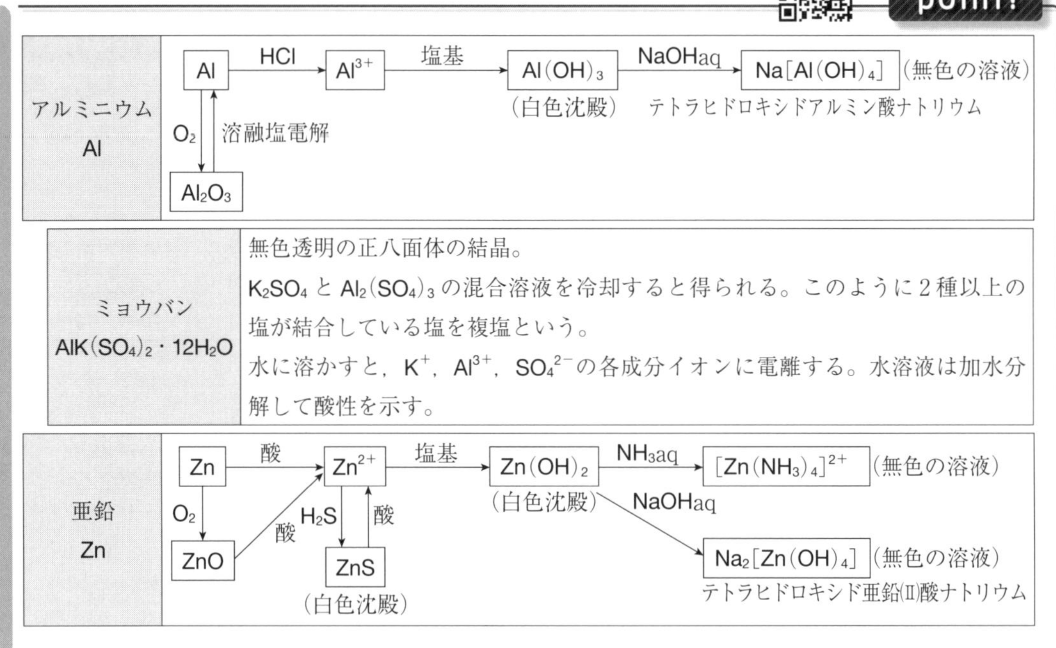

アルミニウムや亜鉛は，酸にも塩基にも水素を発生しながら溶ける①＿＿＿＿金属である。また，その酸化物は②＿＿＿＿，水酸化物は③＿＿＿＿と呼ばれ，ともに酸とも塩基とも反応する。

（Al と酸の反応）　$2Al + 6HCl \longrightarrow$ ④＿＿＿＿

（Al と塩基の反応）　$2Al + 2NaOH + 6H_2O \longrightarrow$ ⑤＿＿＿＿

3 ●—遷移元素

point!

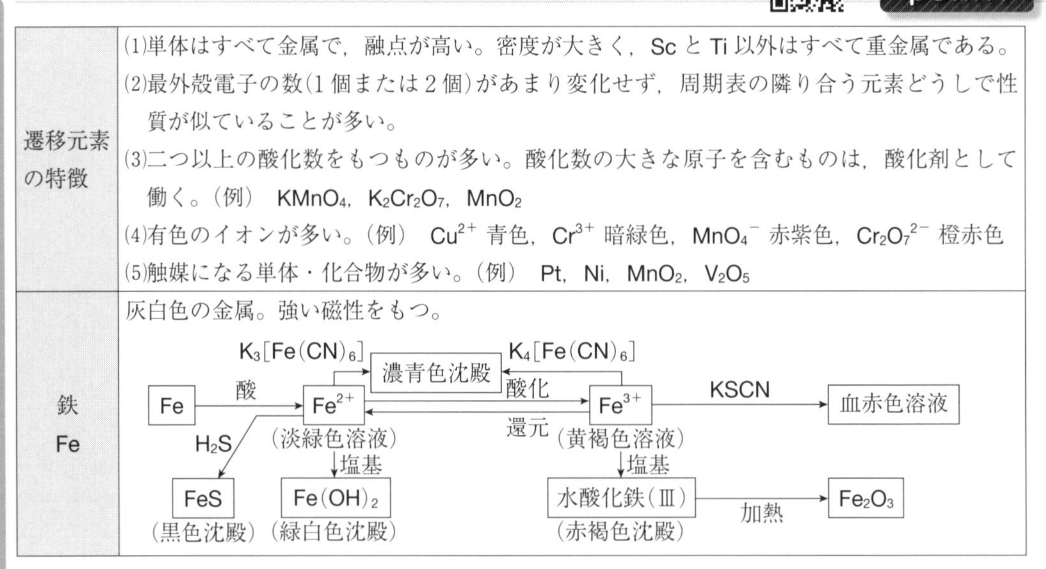

答　①両性　②両性酸化物　③両性水酸化物　④ $2AlCl_3 + 3H_2$　⑤ $2Na[Al(OH)_4] + 3H_2$

point!

銅 Cu	赤色の光沢をもつ。熱や電気をよく導く。湿った空気中で緑色のさび(緑青(ろくしょう))を生じる。 Cu —加熱→ CuO Cu —酸化力の強い酸→ Cu^{2+}(青色の溶液) —塩基→ $Cu(OH)_2$(青白色沈殿) —NH_3aq→ $[Cu(NH_3)_4]^{2+}$(深青色溶液) $Cu(OH)_2$ —加熱→ CuO Cu^{2+} —H_2S→ CuS(黒色沈殿)
銀 Ag	銀白色の光沢をもつ。熱や電気の伝導性は金属のうちで最大。 Ag —酸化力の強い酸→ Ag^+(無色の溶液) Ag^+ —HCl→ AgCl(白色沈殿) —NH_3aq→ $[Ag(NH_3)_2]^+$(無色の溶液) Ag^+ —塩基→ Ag_2O(褐色沈殿) —NH_3aq→ $[Ag(NH_3)_2]^+$ Ag^+ —H_2S→ Ag_2S(黒色沈殿)
クロム Cr	銀白色の金属，合金として用いられる。 クロム酸イオン CrO_4^{2-} と二クロム酸イオン $Cr_2O_7^{2-}$ は，水溶液が酸性～塩基性で，次のように変化する。 酸性溶液中 $Cr_2O_7^{2-}$(橙赤色) ⇄ 塩基性溶液中 CrO_4^{2-}(黄色) 二クロム酸カリウム $K_2Cr_2O_7$ は酸化剤。 クロム酸カリウム K_2CrO_4 は沈殿により金属イオンの確認に用いられる。 $2Ag^+ + CrO_4^{2-} \longrightarrow Ag_2CrO_4$(クロム酸銀，赤褐色) $Pb^{2+} + CrO_4^{2-} \longrightarrow PbCrO_4$(クロム酸鉛(Ⅱ)，黄色)
マンガン Mn	銀白色の金属。 酸化マンガン(Ⅳ)MnO_2 は黒色の粉末で，マンガン乾電池に用いられる。 過マンガン酸カリウム $KMnO_4$ は，強力な酸化剤。

遷移元素は①＿＿＿＿族に属する元素で，すべて②＿＿＿＿元素であり，密度が大きく，融点が高い。同一の元素でもいくつかの③＿＿＿＿をとる。イオンや化合物には④＿＿＿＿のものが多い。

鉄 Fe は，溶鉱炉で，赤鉄鉱(主成分 Fe_2O_3)や磁鉄鉱(主成分⑤＿＿＿＿)などの酸化物を，C や⑥＿＿＿＿によって還元して製造する。溶鉱炉で得られる鉄は⑦＿＿＿＿と呼ばれ，炭素を多く含むため，硬いがもろい。転炉で酸素を吹き込んで炭素の含有量を低くしたものが⑧＿＿＿＿であり，強じんで弾性がある。

{鉄鉱石, コークス(C), 石灰石($CaCO_3$)} ➡ 溶鉱炉 → 銑鉄 ➡ 転炉(脱炭素) → 鋼

硫酸銅(Ⅱ)五水和物 $CuSO_4 \cdot 5H_2O$ は青色の結晶で，加熱すると水和水を失って，白色粉末の無水硫酸銅(Ⅱ)$CuSO_4$ となる。　$CuSO_4 \cdot 5H_2O \longrightarrow$ ⑨＿＿＿＿＿＿

無水硫酸銅(Ⅱ)は，水分を吸収すると青色に戻るので，⑩＿＿＿＿の検出に用いられている。

熱伝導性と電気伝導性が最大の金属は⑪＿＿＿＿であり，次いで大きいのは⑫＿＿＿＿である。

答 ①3～12　②金属　③酸化数　④有色　⑤Fe_3O_4　⑥CO　⑦銑鉄(せんてつ)　⑧鋼(こう)　⑨$CuSO_4 + 5H_2O$　⑩水　⑪Ag　⑫Cu

例題 1　金属元素の化合物

金属元素の化合物に関する記述として**誤りを含むもの**を，次の①～⑤のうちから一つ選べ。

① 酸化マンガン(Ⅳ)はマンガン乾電池の負極に用いられる。
② 塩化鉛(Ⅱ)は冷水に溶けにくい。
③ 硫酸亜鉛の塩基性水溶液に硫化水素を通じると，沈殿が生じる。
④ クロム酸カリウム水溶液に硫酸を加えると，二クロム酸イオンを生じる。
⑤ ハロゲン化銀は光によって分解し，銀が遊離する。

解法のコツ

マンガン乾電池の構成がわからない場合は，他の選択肢に誤りがあるかどうかを調べて，消去していけばよい。
＜消去型＞の問題

$CrO_4^{2-} \rightleftarrows Cr_2O_7^{2-}$
の反応は酸化還元反応ではないことに注意。

① マンガン乾電池の構成は　$(-)Zn|ZnCl_2aq,\ NH_4Claq|MnO_2(+)$
　このマンガン乾電池の負極は(ア　　　)であり，正極が(イ　　　　)になる。誤り。

② 塩化物の沈殿としては，$PbCl_2$ と(ウ　　　)がある。正しい。

③ 亜鉛イオンは，塩基性水溶液であれば，H_2S を通じると白色沈殿の(エ　　　)を生じる。　$Zn^{2+} + S^{2-} \longrightarrow ZnS$　正しい。

④ クロム酸イオン CrO_4^{2-} と二クロム酸イオン $Cr_2O_7^{2-}$ は，Cr の酸化数がともに＋6。水溶液が酸性になると次のように変化する。

$$2CrO_4^{2-} + 2H^+ \longrightarrow Cr_2O_7^{2-} + H_2O$$

　したがって，クロム酸カリウム K_2CrO_4 水溶液に硫酸を加えると，(オ　　　　)水溶液となる。正しい。

⑤ ハロゲン化銀は光によって分解し，銀を析出する。この性質を(カ　　　)といい，写真の感光剤に利用されている。正しい。

答 ア 亜鉛　イ 酸化マンガン(Ⅳ)　ウ AgCl　エ 硫化亜鉛(ZnS)
オ 二クロム酸カリウム　カ 感光性

例題①の解答
①

例題 2　金属元素の性質

A欄には二つの金属元素，B欄にはそれぞれの単体や化合物の性質を示す。A欄とB欄の組合せとして適当なものを，右の①～⑤のうちから一つ選べ。

	A	B
①	Fe と Sn	酸化数＋2の化合物を生成する
②	Mg と Cu	単体は塩酸によく溶ける
③	Zn と Pb	硫化物は白色である
④	Na と Al	酸化物は水によく溶ける
⑤	Ca と Ag	酸化物は白色である

解法のコツ

B欄の性質を示さない金属を見つける方向で検討していく。

① Fe は化合物では酸化数＋2および(ア　　　)の状態をとり，Sn は化合物では酸化数＋2と(イ　　　)の状態をとる。適当。

② イオン化傾向が $Mg > H_2 > Cu$ であるので，水素よりイオン化傾向の小さい(ウ　　　)は，塩酸とは反応しない。不適当。

③ ZnS の色は(エ　　　)，PbS の色は(オ　　　)である。不適当。

④ Na_2O は水と反応してよく溶けるが，Al_2O_3 は水に溶けない。不適当。

$$Na_2O + H_2O \longrightarrow (カ\qquad\qquad)$$

⑤ CaO の色は(キ　　　)，Ag_2O の色は(ク　　　)である。不適当。

答 ア ＋3　イ ＋4　ウ Cu　エ 白色　オ 黒色　カ 2NaOH　キ 白色　ク 褐色

例題②の解答
①

演習問題

第1編 知識の確認
第2編 計算問題対策
第3編 実験・グラフ問題対策
第4編 思考問題対策
第5編 模擬問題

78 ナトリウム 2分

ナトリウムの単体に関する次の記述 a ～ c について，正誤の組合せとして正しいものを，右の①～⑧のうちから一つ選べ。 1

a　融解した塩化ナトリウムを電気分解すると得られる。
b　常温で水と激しく反応して，酸素を発生する。
c　空気中では表面がすみやかに酸化され，金属光沢を失う。

	a	b	c
①	正	正	正
②	正	正	誤
③	正	誤	正
④	正	誤	誤
⑤	誤	正	正
⑥	誤	正	誤
⑦	誤	誤	正
⑧	誤	誤	誤

79 ナトリウムの化合物 3分

炭酸ナトリウム Na_2CO_3 と炭酸水素ナトリウム $NaHCO_3$ に関する記述として**誤りを含むもの**を，次の①～⑤のうちから一つ選べ。 2

① $NaHCO_3$ は，NaCl 飽和水溶液に NH_3 を十分に溶かし，さらに CO_2 を通じると得られる。
② $NaHCO_3$ を加熱すると，Na_2CO_3 が得られる。
③ Na_2CO_3 水溶液に $CaCl_2$ 水溶液を加えると，白色沈殿が生じる。
④ Na_2CO_3 水溶液は塩基性を示すが，$NaHCO_3$ 水溶液は弱酸性を示す。
⑤ いずれも塩酸と反応して気体を発生する。

80 アルカリ土類金属 3分

Ca，Sr，Ba に関する次の記述①～⑤のうちから，**誤りを含むもの**を一つ選べ。 3

① 特有の炎色反応を示す。
② 単体は常温では水と反応しない。
③ 酸化物は水と反応して水酸化物になる。
④ 水酸化物の水溶液は塩基性を示す。
⑤ 炭酸塩は水に溶けにくい。

81 カルシウムの化合物 2分

次の文章中の空欄 ア ～ ウ に当てはまる物質の組合せとして最も適当なものを，下の①～⑧のうちから一つ選べ。 4

石灰石の主成分は ア である。**ア**を 900 ℃に加熱すると， イ になる。**イ**とコークスを混ぜて強熱して得られる化合物に水を加えると， ウ が発生する。

	ア	イ	ウ
①	炭酸カルシウム	酸化カルシウム	二酸化炭素
②	炭酸カルシウム	酸化カルシウム	アセチレン
③	炭酸カルシウム	水酸化カルシウム	二酸化炭素
④	炭酸カルシウム	水酸化カルシウム	アセチレン
⑤	硫酸カルシウム	酸化カルシウム	二酸化炭素
⑥	硫酸カルシウム	酸化カルシウム	アセチレン
⑦	硫酸カルシウム	水酸化カルシウム	二酸化炭素
⑧	硫酸カルシウム	水酸化カルシウム	アセチレン

82 金属の単体 2分

次の記述 **a** ～ **c** に当てはまる金属の単体の組合せとして正しいものを，右の①～⑥のうちから一つ選べ。 5

a 室温で水と反応して塩基性の水溶液を生じる。

b 希塩酸と反応して水素を発生する。

c 熱濃硫酸と反応して二酸化硫黄を発生する。

	a	b	c
①	K	Zn	Cu
②	K	Ag	Hg
③	Ca	Ag	Au
④	Ca	Fe	Au
⑤	Sn	Fe	Hg
⑥	Sn	Zn	Cu

83 不動態 2分

濃硝酸に浸したとき不動態を形成して溶けにくくなる金属を，次の①～⑤のうちから一つ選べ。

6

① 金 ② 銀 ③ 銅 ④ 亜鉛 ⑤ アルミニウム

84 ミョウバン 3分

ミョウバン $AlK(SO_4)_2 \cdot 12H_2O$ の水溶液に関する次の記述 **a** ～ **c** について，正誤の組合せとして正しいものを，右の①～⑧のうちから一つ選べ。 7

a 弱塩基性を示す。

b 酢酸鉛(Ⅱ)水溶液を加えると，黒色沈殿を生じる。

c アンモニア水を加えると，白色ゲル状沈殿を生じる。

	a	b	c
①	正	正	正
②	正	正	誤
③	正	誤	正
④	正	誤	誤
⑤	誤	正	正
⑥	誤	正	誤
⑦	誤	誤	正
⑧	誤	誤	誤

85 スズと鉛 3分

次の記述①～⑤のうちから，**誤りを含むもの**を一つ選べ。 8

① スズ Sn は，塩酸に溶ける。

② 塩化スズ(Ⅱ) $SnCl_2$ は，還元作用を示す。

③ 硫酸鉛(Ⅱ) $PbSO_4$ は，希硫酸に溶けにくい。

④ 塩化鉛(Ⅱ) $PbCl_2$ は，冷水に溶けにくい。

⑤ 酸化鉛(Ⅳ) PbO_2 は，還元剤として使われる。

86 銅と亜鉛 3分

次の記述 a ～ d について，その内容の正誤の組合せとして正しいものを，右の①～⑤のうちから一つ選べ。 9

a 銅はイオン化傾向が亜鉛より大きい。

b 銅に濃硫酸を加えて熱すると，二酸化硫黄が発生する。

c 亜鉛イオンを含む水溶液は，酸性にして硫化水素を吹き込むと，黒色の沈殿を生じる。

d 酸化亜鉛は，濃い水酸化ナトリウム水溶液に溶ける。

	a	b	c	d
①	正	誤	誤	正
②	誤	正	誤	正
③	正	正	誤	誤
④	誤	正	正	誤
⑤	正	誤	正	誤

87 遷移元素 2分

遷移元素に関する記述として正しいものを，次の①～⑤のうちから一つ選べ。 10

① すべての遷移元素は，周期表の 12 族～ 17 族のいずれかに属する。

② 遷移元素の単体は，いずれも金属である。

③ 鉄，鉛，銅は，いずれも遷移元素である。

④ 遷移元素を含む化合物は，いずれも無色である。

⑤ いずれの遷移元素も，化合物中での酸化数は ＋ 4 以上にはならない。

88 遷移元素の化合物 4分

遷移元素の化合物の水溶液に関する記述として下線部に**誤りを含むもの**を，次の①～⑤のうちから一つ選べ。 11

① 過マンガン酸カリウム水溶液は，マンガン(Ⅱ)イオンに基づく赤紫色を示す。

② 硫酸銅(Ⅱ)水溶液に水酸化ナトリウム水溶液を加えて塩基性にすると，水酸化銅(Ⅱ)の青白色沈殿が生じる。

③ 塩化鉄(Ⅲ)水溶液にアンモニア水を加えて塩基性にすると，水酸化鉄(Ⅲ)の赤褐色沈殿が生じる。

④ クロム酸カリウム水溶液に硝酸鉛(Ⅱ)水溶液を加えると，クロム酸鉛(Ⅱ)の黄色沈殿が生じる。

⑤ 硝酸銀水溶液に水酸化ナトリウム水溶液を加えて塩基性にすると，酸化銀の暗褐色沈殿が生じる。

89 銀の単体や化合物 3分

銀の単体や化合物に関する記述として**誤りを含むもの**を，次の①～⑤のうちから一つ選べ。 12

① 単体の熱伝導性は，室温ではすべての金属元素の単体中で最大である。

② 単体は，熱濃硫酸に溶けない。

③ 臭化銀は，水に溶けにくい。

④ 硝酸銀水溶液は，無色である。

⑤ 硝酸銀水溶液に塩化ナトリウム水溶液を加えると，沈殿を生じる。

4—1 有機化合物の分類・異性体

1 ●—有機化合物の特徴

point!

(1) 有機化合物は，一般に融点，沸点は低く，有機溶媒に溶けるものが多い。

(2) 官能基……有機化合物の性質を決める働きをもつ。

おもな官能基の名称	化学式	化合物の一般名	例
ヒドロキシ基	$-OH$	アルコール	メタノール CH_3OH，エタノール C_2H_5OH
		フェノール類	フェノール（ベンゼン環に OH）
ホルミル基(アルデヒド基)	$-CHO$	アルデヒド	ホルムアルデヒド $HCHO$，アセトアルデヒド CH_3CHO
カルボニル基	$-CO-$	ケトン	アセトン CH_3COCH_3
カルボキシ基	$-COOH$	カルボン酸	ギ酸 $HCOOH$，酢酸 CH_3COOH
エーテル結合	$-O-$	エーテル	ジエチルエーテル $C_2H_5OC_2H_5$
エステル結合	$-COO-$	エステル	酢酸エチル $CH_3COOC_2H_5$

炭化水素基には，CH_3- ①_____基，C_2H_5- ②_____基，C_3H_7- ③_____基などがある。

2 ●—異性体……分子式は等しいが，構造が異なるため性質が違う。

point!

異性体
- 構造異性体
- 立体異性体
  - シス-トランス異性体(幾何異性体)……炭素—炭素間の二重結合が平面構造をとり，回転できないことによる。シス形とトランス形。
  - 鏡像異性体(光学異性体)……不斉炭素原子につく4個の原子や原子団の立体配置が異なる。

構造異性体では，次の点に着目する。

(a) 炭素骨格 C_4H_{10} ➡ $CH_3-CH_2-CH_2-CH_3$ 名称④_____　$CH_3-CH(CH_3)-CH_3$ ⑤_____

(b) 官能基 C_2H_6O ➡ CH_3-CH_2-OH 名称⑥_____　CH_3-O-CH_3 ⑦_____

(c) ベンゼン環における置換基の位置 ⑧_____位 ⑨_____位 ⑩_____位

C_8H_{10} ➡ *o*-キシレン　*m*-キシレン　*p*-キシレン

マレイン酸とフマル酸は互いに⑪_____異性体であり，乳酸には1対の⑫_____異性体が存在する。

マレイン酸(シス形)：$HOOC$，H ＞C＝C＜ $COOH$，H

フマル酸(トランス形)：$HOOC$，H ＞C＝C＜ H，$COOH$

乳酸(C^*が不斉炭素原子)：$CH_3-C^*H(OH)-COOH$

答 ①メチル ②エチル ③プロピル ④ブタン ⑤2-メチルプロパン ⑥エタノール ⑦ジメチルエーテル ⑧オルト ⑨メタ ⑩パラ ⑪シス-トランス(幾何) ⑫鏡像(光学)

例題 1　異性体

次の表の a 欄には分子の特徴が，b 欄にはそのような特徴をもつ化合物の例が示してある。b 欄に**不適切な**化合物の例が含まれているものを，次の①～⑤のうちから二つ選べ。ただし，解答の順序は問わない。

	a（分子の特徴）	b（化合物の例）
①	構造が直線状である	二酸化炭素，アセチレン
②	正四面体構造である	メタン，四塩化炭素
③	シス-トランス異性体（幾何異性体）がある	$HOOC-CH=CH-COOH$，$CH_2=C(CH_3)-COOCH_3$
④	不斉炭素原子をもつ	$CH_3-CH(OH)-COOH$，$HOCH_2-CH(OH)-CH_2OH$
⑤	ベンゼン環をもつ	アニリン，フェノール

$\begin{matrix}X\\Y\end{matrix}\!>\!C=C\!<\!\begin{matrix}Z\\W\end{matrix}$ で，

X ≠ Y かつ Z ≠ W のときシス－トランス異性体が存在する。

① 二酸化炭素 $O=C=O$，アセチレン $H-C\equiv C-H$ はともに(ア　　　　)状の構造をしている。

② メタン　四塩化炭素

（メタン CH_4 と四塩化炭素 CCl_4 の構造式）

ともに(イ　　　　)構造をしている。

③ $HOOC-CH=CH-COOH$ には

$\begin{matrix}HOOC\\H\end{matrix}\!>\!C=C\!<\!\begin{matrix}COOH\\H\end{matrix}$，$\begin{matrix}HOOC\\H\end{matrix}\!>\!C=C\!<\!\begin{matrix}H\\COOH\end{matrix}$ のシス-トランス異性

(ウ　　　　)形　　(エ　　　　)形

体があるが，$\begin{matrix}H\\H\end{matrix}\!>\!C=C\!<\!\begin{matrix}CH_3\\COOCH_3\end{matrix}$ にはシス-トランス異性体は存在しない。不適切。

④ $CH_3-C^*H(OH)-COOH$ には C^* で示した(オ　　　　)があり，次のように表される1対の鏡像異性体が存在する。

(カ　　　　)(キ　　　　)

$HO-CH_2-CH(OH)-CH_2-OH$ にはない。不適切。

⑤ アニリン（$C_6H_5-NH_2$），フェノール（C_6H_5-OH）は，どちらもベンゼン環をもつ。

答 ア 直線　イ 正四面体　ウ シス　エ トランス　オ 不斉炭素原子

カ・キ

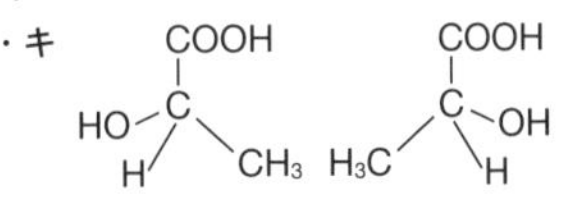

例題①の解答
③，④

演習問題

90 有機化合物の分子式 4分

有機化合物の分子式を一般的に表す記述として**誤りを含むもの**を，次の①～⑤のうちから一つ選べ。 [1]

① シクロアルカンは C_nH_{2n} で表される。

② アルキンは C_nH_{2n-2} で表される。

③ 鎖式で飽和の1価アルコールは $C_nH_{2n+1}O$ で表される。

④ 鎖式で飽和のケトンは $C_nH_{2n}O$ で表される。

⑤ 鎖式で飽和の1価カルボン酸(モノカルボン酸)は $C_nH_{2n}O_2$ で表される。

91 有機化合物の異性体 4分

有機化合物の異性体に関する記述として正しいものを，次の①～⑤のうちから一つ選べ。 [2]

① シス-トランス異性体(幾何異性体)をもつアルケンの中で，最も分子量の小さいものは C_4H_8 である。

② 次の構造式は，CH_3CH_2Cl の二つの立体異性体を示している。

```
      H              Cl
      |              |
CH3 - C - Cl   CH3 - C - H
      |              |
      H              H
```

③ エチルメチルエーテルと 2-メチル-1-プロパノールは，互いに構造異性体の関係にある。

④ 酢酸メチルと乳酸は，互いに構造異性体の関係にある。

⑤ エチルベンゼン $C_6H_5CH_2CH_3$ の水素原子の一つを臭素原子に置き換えた化合物の中には，不斉炭素原子をもつ異性体は存在しない。

92 構造異性体 4分

次の①～④の分子式で表される鎖状の有機化合物のうちで，構造異性体の数が最も多いものを一つ選べ。 [3]

① C_2H_6O　② C_3H_4　③ C_4H_8　④ C_4H_{10}

93 構造異性体 4分

次の記述 a・b に当てはまる異性体の数の組合せとして正しいものを，右の①～⑥のうちから一つ選べ。 [4]

a 分子式 $C_4H_{10}O$ の化合物のうち，第一級アルコールであるもの。

b 分子式 C_4H_8O の化合物のうち，アルデヒドであるもの。

	a	b
①	1	1
②	1	2
③	2	1
④	2	2
⑤	3	1
⑥	3	2

94 有機化合物の異性体 5分

有機化合物の異性体に関する記述として正しいものを，次の①～⑥のうちから二つ選べ。ただし，解答の順序は問わない。[5] [6]

① マレイン酸とフマル酸は，互いに構造異性体である。
② フタル酸とテレフタル酸は，互いにシス-トランス異性体(幾何異性体)である。
③ ブタンと2-メチルプロパンは，互いに鏡像異性体である。
④ エタノールとジメチルエーテルは，互いに構造異性体である。
⑤ 1-ブテンには，シス-トランス異性体(幾何異性体)がある。
⑥ アラニンには，鏡像異性体がある。

95 鏡像異性体 3分

次の文章中の空欄 [a] ～ [c] に入れる語の組合せとして最も適当なものを，下の①～⑥のうちから一つ選べ。[7]

メタン分子は炭素原子を中心とする [a] 構造をしており，各頂点にそれぞれ1個，合計4個の水素原子をもつ。一方，乳酸分子はメタンの3個の水素原子をカルボキシ基，メチル基，[b] 基で置き換えた構造をしており，中心の炭素原子に結合する4個の原子や原子団はすべて異なっている。このような炭素原子(不斉炭素原子)をもつ乳酸分子には，一対の [c] 異性体が存在する。

	a	b	c
①	正方形	アミノ	鏡　像
②	正方形	ヒドロキシ	シス-トランス
③	正方形	アミノ	シス-トランス
④	正四面体	ヒドロキシ	鏡　像
⑤	正四面体	アミノ	鏡　像
⑥	正四面体	ヒドロキシ	シス-トランス

96 不斉炭素原子 4分

次の化合物a～dの炭素原子間の二重結合に臭素(Br_2)が付加したとする。このとき，反応生成物が不斉炭素原子を**1個だけ**もつ化合物はどれか。その組合せとして正しいものを，下の①～⑧のうちから一つ選べ。[8]

a　$(H)(H)C=C(Br)(H)$　　b　$(H)(H)C=C(CH_3)(H)$　　c　$(H)(Cl)C=C(CH_3)(H)$　　d　$(H)(Cl)C=C(Br)(H)$

① a・b　② a・c　③ a・d　④ b・c　⑤ b・d　⑥ a・b・c
⑦ a・c・d　⑧ b・c・d

4―2 炭化水素

1 ●―炭化水素の分類

point!

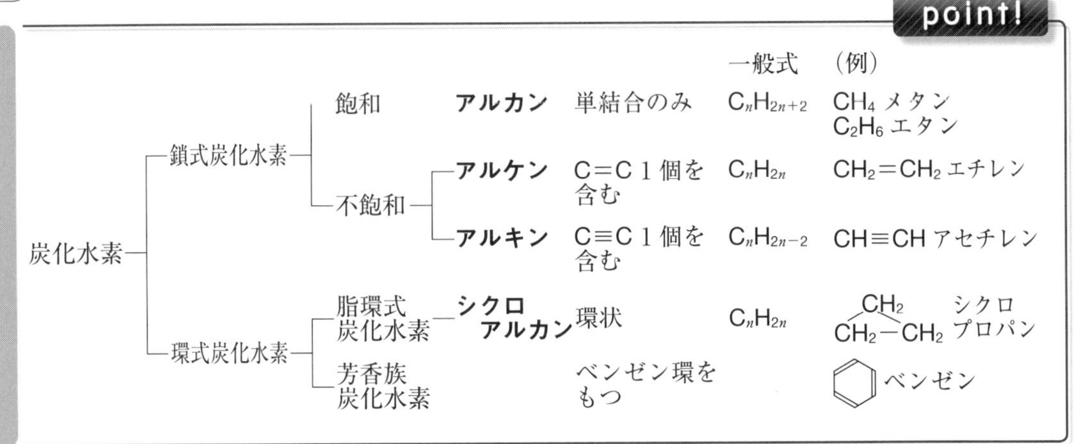

鎖式飽和炭化水素は，アルカンと呼ばれ，一般式は C_nH_{2n+2} で表される。$n=1$ が CH_4 でメタン，$n=2$ が C_2H_6 で①＿＿＿＿，$n=3$ が C_3H_8 で②＿＿＿＿である。

鎖式不飽和炭化水素のうち，エチレン $CH_2=CH_2$ は二重結合を1個もち，③＿＿＿＿に分類される。アルカンに比べるとH原子が2個少なくなるので，一般式は④＿＿＿＿になる。

アセチレン CH≡CH は，三重結合を1個もち，⑤＿＿＿＿に分類される。アルカンに比べると，H原子は4個少なくなるので，C_nH_{2n+2-4} ➡⑥＿＿＿＿の一般式になる。

分子内に環をもつと，H原子が2個少なくなるので，シクロアルカンの一般式は⑦＿＿＿＿になる。シクロアルカンに分類されるシクロヘキサンは分子式が⑧＿＿＿＿である。

2 ●―メタン，エチレン，アセチレン：分子の形と製法

point!

	分子の形	実験室での製法
メタン CH_4	H, C-H, H, H（正四面体）	CH_3COONa（固体） + NaOH（固体） $\xrightarrow{\text{加熱}}$ $Na_2CO_3 + CH_4$
エチレン C_2H_4	H>C=C<H（H, H）	$C_2H_5OH \xrightarrow[\text{160〜170℃に加熱}]{\text{濃硫酸}} H_2O + CH_2=CH_2$ …エタノールの脱水
アセチレン C_2H_2	H−C≡C−H	CaC_2（炭化カルシウム） $+ 2H_2O \longrightarrow Ca(OH)_2 + CH≡CH$　反応後の水溶液は強塩基になる

分子の形は，メタンは⑨＿＿＿＿形であり，エチレンは⑩＿＿＿＿構造をもち，アセチレンは⑪＿＿＿＿形である。

エタン，エチレン，アセチレンの炭素原子間の結合の長さは，しだいに⑫＿＿＿＿くなっていく。

アセチレンは，⑬＿＿＿＿＿＿に水を作用させると発生する。

答 ①エタン　②プロパン　③アルケン　④ C_nH_{2n}　⑤アルキン　⑥ C_nH_{2n-2}　⑦ C_nH_{2n}　⑧ C_6H_{12}　⑨正四面体　⑩平面　⑪直線　⑫短　⑬炭化カルシウム（カーバイド）

3 ●—炭化水素の反応(1)——置換反応

point!

アルカンは単結合をもつので，置換反応が起こりやすい。

$$\underset{\text{メタン}}{CH_4} + \underset{\text{塩素}}{Cl-Cl} \xrightarrow{\text{光}} \underset{\text{クロロメタン}}{CH_3Cl} + \underset{\text{塩化水素}}{H-Cl}$$

$$CH_4 \xrightarrow[\text{光}]{+Cl_2} CH_3Cl \xrightarrow[\text{光}]{+Cl_2} CH_2Cl_2 \xrightarrow[\text{光}]{+Cl_2} CHCl_3 \xrightarrow[\text{光}]{+Cl_2} CCl_4$$

飽和炭化水素では，分子中の原子が他の原子や原子団に置き換わる①________反応が起こる。

メタンと塩素の混合物に紫外線を照射すると，メタンの H 原子が順に Cl 原子に置き換わり，クロロメタン ⟶ ②________ ⟶ ③________ ⟶ ④________（四塩化炭素）と変わっていく。

4 ●—炭化水素の反応(2)——付加反応

point!

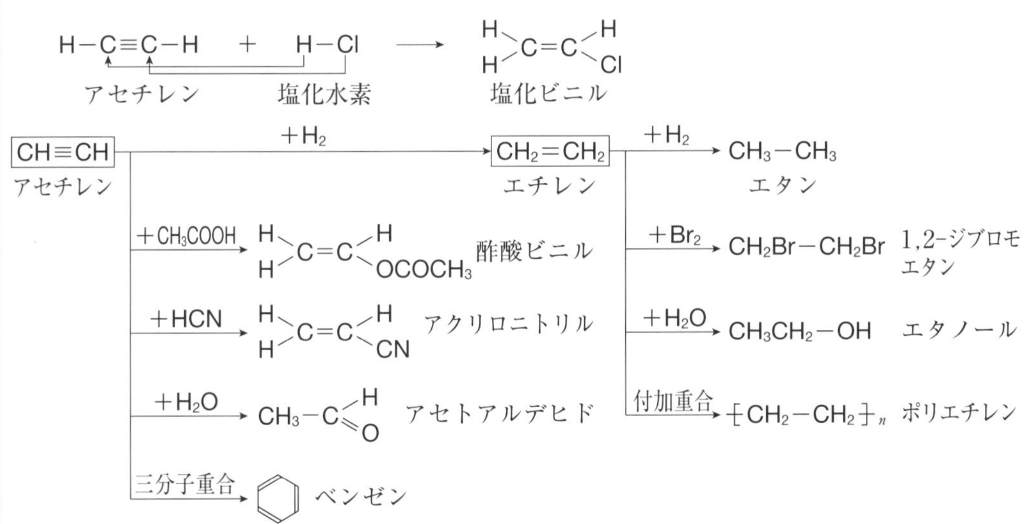

アセチレンに塩化水素を付加すると⑤________，酢酸を付加すると⑥________，シアン化水素を付加すると⑦________が生成する。

アセチレンに，水銀(Ⅱ)塩などを触媒として水を付加すると，次のように反応し不安定な⑧________を経て，異性体の⑨________に変化する。

$$CH{\equiv}CH + H_2O \longrightarrow [CH_2{=}CH{-}OH] \longrightarrow CH_3CHO$$

エチレンに臭素を作用させると付加反応により⑩________が生成し，臭素水の色が⑪________。また，水を作用させると⑫________が生成する。

答 ①置換 ②ジクロロメタン ③トリクロロメタン ④テトラクロロメタン ⑤塩化ビニル ⑥酢酸ビニル ⑦アクリロニトリル ⑧ビニルアルコール ⑨アセトアルデヒド ⑩1,2-ジブロモエタン ⑪消える ⑫エタノール

5 ●―高分子を合成する反応――付加重合

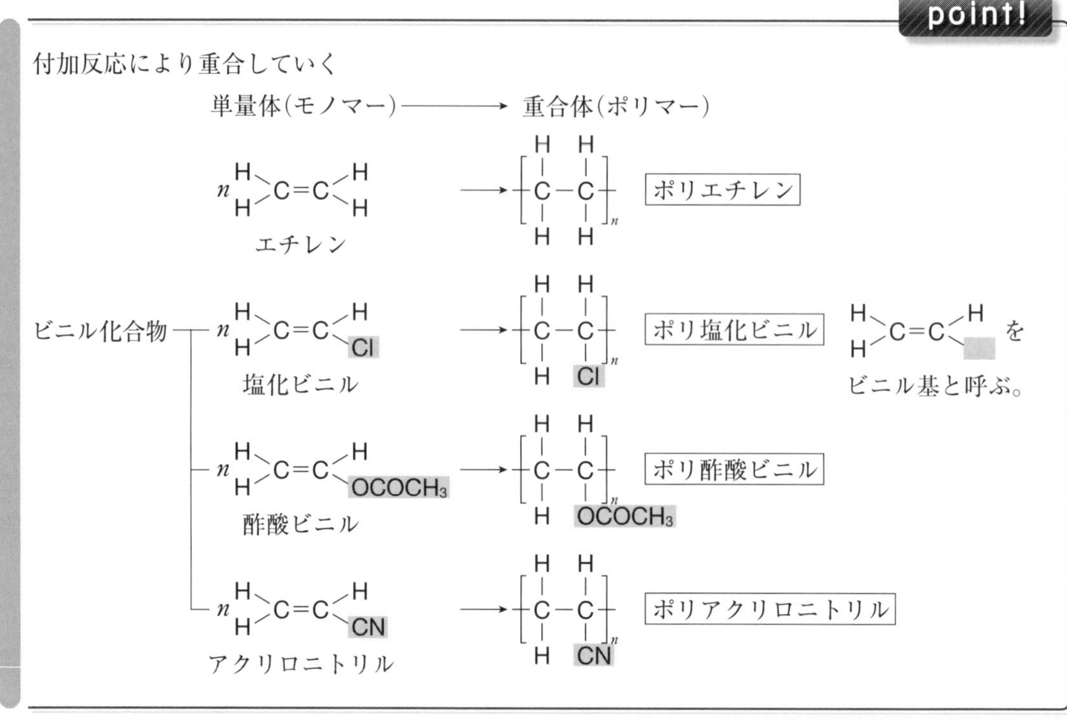

エチレンは，適当な条件下で同じ分子どうしが連続的に付加重合を起こし，分子量の大きい①＿＿＿＿になる。①は包装材や袋などに用いられている。分子量が約1万以上の化合物を②＿＿＿＿という。

多数の分子が次々に結合していく反応を③＿＿＿＿といい，付加反応による重合が④＿＿＿＿である。

分子内に $CH_2{=}CH-$ の基，つまり⑤＿＿＿＿基をもつ化合物は付加重合しやすい。

右図のXが $-Cl$ の重合体が，⑥＿＿＿＿

$-OCOCH_3$ の重合体が，⑦＿＿＿＿

$-CN$ の重合体が，⑧＿＿＿＿である。

単量体(モノマー)　重合体(ポリマー)

$$n\,CH_2{=}CHX \longrightarrow [-CH_2-CHX-]_n$$

6 ●―識別反応

point!

	確認できる化合物	識別する操作
臭素の脱色反応	C=CやC≡Cの不飽和結合をもつ化合物	適当な溶媒に溶かした臭素 Br_2 を加えると，臭素の赤褐色が消える。

エチレンは次のように臭素と⑨＿＿＿＿反応して，赤褐色の脱色が起こる。

$$CH_2{=}CH_2 + Br_2 \longrightarrow CH_2Br-CH_2Br$$（1,2-ジブロモエタン）

答 ①ポリエチレン ②高分子化合物 ③重合 ④付加重合 ⑤ビニル ⑥ポリ塩化ビニル ⑦ポリ酢酸ビニル ⑧ポリアクリロニトリル ⑨付加

例題 1 炭化水素の異性体

炭化水素の異性体に関する記述として正しいものを，次の①～④のうちから一つ選べ。

① プロパンには構造異性体が存在する。
② ブタンにはシス-トランス異性体(幾何異性体)が存在する。
③ ペンタン C_5H_{12} には三つの構造異性体が存在する。
④ トルエンには，*o*-(オルト)，*m*-(メタ)，*p*-(パラ)の三つの構造異性体が存在する。

① メタン，エタン，プロパンの炭素数が(ア　　　)までのアルカンには構造異性体は存在しない。誤り。

② ブタンは C=C 結合をもたない。シス-トランス異性体は存在しない。誤り。

③ C_5H_{12} には，右のように構造異性体が(イ　　　)種存在する。正しい。

④ トルエンには，*o*-, *m*-, *p*-の構造異性体はない。誤り。

トルエン（ベンゼン環に CH_3）

答 ア 3　イ 3

解法のコツ

アルカンは，炭素数4のブタン C_4H_{10} から，構造異性体が存在するようになる。

ブタンの構造異性体は，

$CH_3-CH_2-CH_2-CH_3$ と，

$CH_3-CH(CH_3)-CH_3$ の2つ。

ペンタンの構造異性体は，

$CH_3-CH_2-CH_2-CH_2-CH_3$

$CH_3-CH_2-CH(CH_3)-CH_3$

$CH_3-C(CH_3)_2-CH_3$ の3つ。

例題①の解答　③

例題 2 エチレンとアセチレン

次の記述 a ～ d には，エチレンとアセチレンのいずれにも当てはまるものが二つある。それらの組合せとして最も適当なものを，下の①～⑥のうちから一つ選べ。

a 不飽和炭化水素である。
b 炭化カルシウム(カーバイド)と水の反応で生じる。
c 白金やニッケルなどの触媒を用いると，水素の付加反応が起こる。
d 分子内の二つの水素原子をそれぞれメチル基で置き換えた化合物には，シス-トランス異性体(幾何異性体)が存在するものがある。

① a・b　② a・c　③ a・d
④ b・c　⑤ b・d　⑥ c・d

a エチレンは(ア　　　)結合を一つ，アセチレンは(イ　　　)結合を一つもち，ともに不飽和炭化水素である。

b 炭化カルシウムと水との反応で，次のように生じるのはアセチレンのみである。　$CaC_2 + 2H_2O \longrightarrow$ (ウ　　　　　　)

c エチレンとアセチレンの両方で，水素の付加反応が起こる。

d エチレンの分子内の二つの H 原子を CH_3- で置き換えた右の化合物には，シス-トランス異性体が存在する。アセチレンでは存在しない。

答 ア 二重　イ 三重　ウ $Ca(OH)_2 + CH{\equiv}CH$

解法のコツ

エチレン

$H_2C=CH_2$

アセチレン

$H-C{\equiv}C-H$

アセチレンとエチレンの H 原子を CH_3- で置き換えると，

$CH_3-C{\equiv}C-CH_3$

$(CH_3)HC=CH(CH_3)$（CH_3 が同じ側）

$(CH_3)HC=CH(CH_3)$（CH_3 が反対側）

例題②の解答　②

第1編 知識の確認　第2編 計算問題対策　第3編 実験・グラフ問題対策　第4編 思考問題対策　第5編 模擬問題

演習問題

97 炭化水素の構造 4分

脂肪族炭化水素に関する記述として**誤りを含むもの**を，次の①～⑥のうちから一つ選べ。 [1]

① 鎖状の飽和炭化水素を総称してアルカンという。

② 炭素数が4以上のアルカンには，構造異性体がある。

③ C_nH_{2n}(nは2以上の整数)で表される鎖式炭化水素には，二重結合が一つある。

④ エチレンの2個の炭素原子と4個の水素原子は，すべて同一平面上にある。

⑤ 2-ブテンにはシス-トランス異性体が存在する。

⑥ エタン，エチレン，アセチレンの炭素原子間の結合の長さは同じである。

98 炭化水素の分類 3分

炭化水素に関する記述として正しいものを，次の①～⑥のうちから一つ選べ。 [2]

① アルカンの沸点は，炭素原子数が増大するにつれて低くなる。

② アルケンは，二重結合を軸とした分子内の回転が自由にできる。

③ アルケンは水にはよく溶けるが，有機溶媒には溶けにくい。

④ アルキンの三重結合の結合距離は，アルケンの二重結合の結合距離より長い。

⑤ アルキンには，シス-トランス異性体がある。

⑥ 同じ炭素数のシクロアルカンとアルケンは，互いに構造異性体である。

99 鎖式炭化水素と環式炭化水素 4分 原子量 H = 1.0, C = 12 とする。

脂肪族飽和炭化水素について，鎖式(鎖状)か環式(環状)の**どちらか一方の炭化水素のみ**に当てはまる記述を，次の①～⑤のうちから一つ選べ。 [3]

① 炭素原子と水素原子だけからできている。

② 構成している水素原子の数は奇数である。

③ 炭素数が一つ増えると，分子量は15増える。

④ 分子式は，C_nH_{2n+2} で表される。

⑤ 炭素原子間に二重結合がない。

100 炭化水素の性質 3分

炭化水素に関する記述として**誤りを含むもの**を，次の①～⑥のうちから一つ選べ。 [4]

① メタンと塩素の混合気体に光を当てると反応が起こる。

② ブタンには，二つの構造異性体がある。

③ プロペン(プロピレン)は，臭素と付加反応する。

④ 2-メチルプロペン(イソブテン)には，シス-トランス異性体がある。

⑤ エチレンは，アセトアルデヒド合成の原料の一つである。

⑥ アセチレンは，触媒を用いて反応させるとベンゼンになる。

01 アルケンの性質 4分

アルケンの性質に関する次の記述 a～e について，正しい記述の組合せを，下の①～⑥のうちから一つ選べ。 5

a 縮合重合して高分子化合物をつくる。
b アルカンに比べて一般に反応性に富む。
c フェーリング液を加えて熱すると，赤色沈殿を生じる。
d 触媒の存在下で水を付加させると，もとのアルケンと炭素数の等しいアルコールを生じる。
e 塩化水素や臭化水素とは付加反応を起こさない。

① a・b ② b・c ③ c・d ④ b・d ⑤ c・e ⑥ a・e

02 エチレン 3分

エチレンに関する記述として正しいものを，次の①～⑥のうちから一つ選べ。 6

① メタノールと濃硫酸との混合物を加熱すると生成する。
② 水に溶けやすく，引火性がない。
③ 付加重合してポリエステルになる。
④ 塩素を付加させると，1,1-ジクロロエタンが生成する。
⑤ 水を付加させると，エチレングリコールが生成する。
⑥ 臭素水に通じると，臭素水の色が消える。

03 アセチレン 3分

アセチレンに関する記述として正しいものを，次の①～⑥のうちから一つ選べ。 7

① 分子は正四面体構造をしている。
② 常温・常圧では，褐色・刺激臭の気体である。
③ 炭酸カルシウムに水を作用させてつくられる。
④ 水を付加させると，ホルムアルデヒドが生成する。
⑤ 水素を付加させると，エタンを経てエチレンが生成する。
⑥ 酢酸を付加させると，酢酸ビニルが生成する。

04 アセチレンの反応 2分

酢酸がアセチレンに，物質量の比 1：1 で付加して生じる化合物の構造式として最も適当なものを，次の①～④のうちから一つ選べ。 8

① $(H)(H)C{=}C(H){-}C({=}O){-}OCH_3$
② $(HO)(H)C{=}C(H){-}C({=}O){-}CH_3$
③ $(H)(H)C{=}C(H){-}O{-}C({=}O){-}CH_3$
④ $(CH_3)(H)C{=}C(H){-}C({=}O){-}OH$

第1編 知識の確認 / 第2編 計算問題対策 / 第3編 実験・グラフ問題対策 / 第4編 思考問題対策 / 第5編 模擬問題

4-3 脂肪族化合物

1 ●—アルコールの酸化

第一級アルコール —酸化→ アルデヒド —酸化→ カルボン酸

$H-\underset{H}{\overset{H}{C}}-OH \xrightarrow[-2H]{} H-C(=O)-H \xrightarrow[+O]{} H-C(=O)-OH$

メタノール　ホルムアルデヒド　ギ酸

$CH_3-\underset{H}{\overset{H}{C}}-OH \xrightarrow[-2H]{} CH_3-C(=O)-H \xrightarrow[+O]{} CH_3-C(=O)-OH$

エタノール　アセトアルデヒド　酢酸

第二級アルコール —酸化→ ケトン

$CH_3-\underset{CH_3}{\overset{H}{C}}-OH \xrightarrow[-2H]{} CH_3-\underset{CH_3}{C}=O$

2-プロパノール　アセトン

第三級アルコール —×→ 酸化されにくい

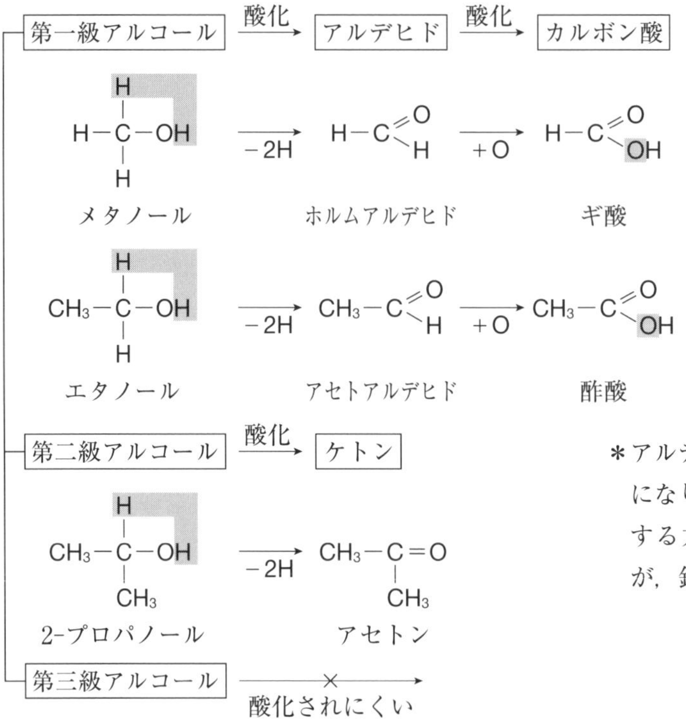

＊アルデヒドは酸化されてカルボン酸になりやすいので，相手物質を還元する力をもつ。これを利用したのが，銀鏡反応とフェーリング液の還

アルコールは，－OH基のついたC原子に結合しているC原子の数が0または1個，2個，3個であるとき，①______アルコール，②______アルコール，③______アルコールと分類する。

これは，アルコールの酸化をとらえるときに重要で，第一級アルコールは酸化されると④______，さらに⑤______になる。第二級アルコールは酸化されると⑥______になる。

2 ●—アルコールの脱水

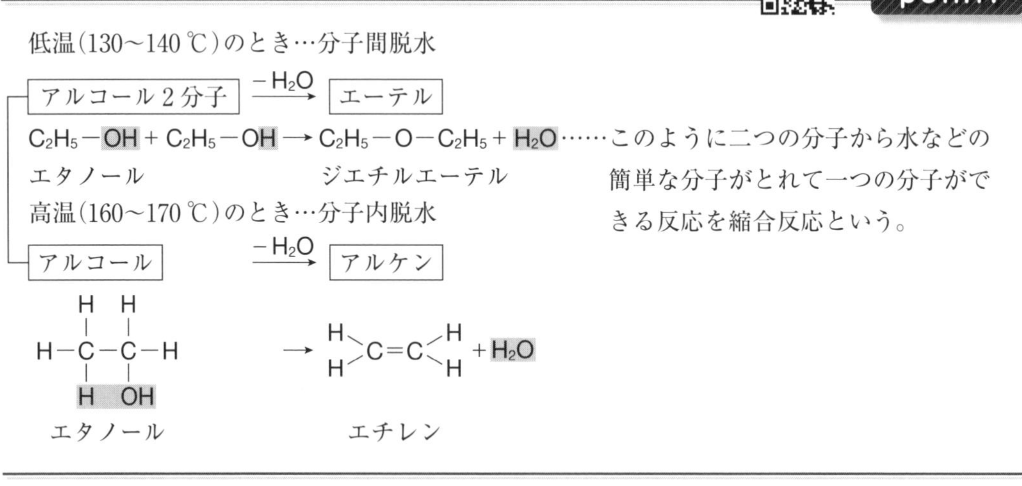

低温(130～140℃)のとき…分子間脱水
アルコール2分子 $\xrightarrow{-H_2O}$ エーテル
$C_2H_5-OH + C_2H_5-OH \rightarrow C_2H_5-O-C_2H_5 + H_2O$ ……このように二つの分子から水などの簡単な分子がとれて一つの分子ができる反応を縮合反応という。
エタノール　ジエチルエーテル
高温(160～170℃)のとき…分子内脱水
アルコール $\xrightarrow{-H_2O}$ アルケン
$H-\underset{H}{\overset{H}{C}}-\underset{OH}{\overset{H}{C}}-H \rightarrow H_2C=CH_2 + H_2O$
エタノール　エチレン

エタノールを濃硫酸とともに加熱して脱水反応させるとき，温度により異なった生成物ができる。130～140℃では⑦______，160～170℃では⑧______が生成する。

答 ①第一級 ②第二級 ③第三級 ④アルデヒド ⑤カルボン酸 ⑥ケトン ⑦ジエチルエーテル ⑧エチレン

3 ●—エステル化

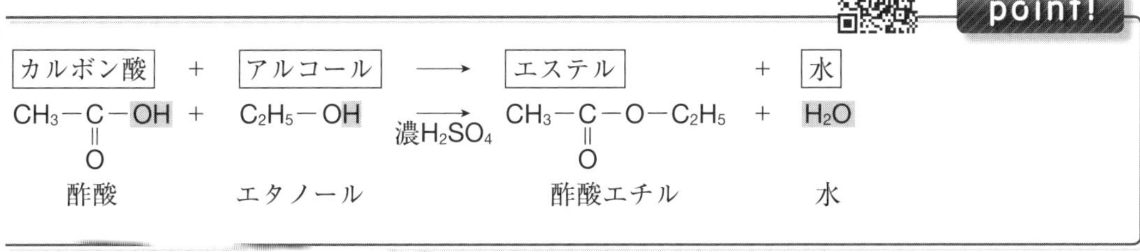

カルボン酸とアルコールが縮合すると次のように①＿＿＿＿が生成する。

$$R-COOH + R'-OH \longrightarrow R-COO-R' + H_2O$$

この反応を②＿＿＿＿という。酢酸とエタノールでは，エステルの③＿＿＿＿が得られる。加える濃硫酸は④＿＿＿＿と⑤＿＿＿＿の作用をする。

逆に，エステルに多量の水を加えると，⑥＿＿＿＿して，カルボン酸とアルコールを生じる。

$$CH_3COOC_2H_5 + H_2O \longrightarrow CH_3COOH + C_2H_5OH$$

このとき，NaOH を加えると，CH_3COOH と中和反応するので反応が起こりやすくなる。

$$CH_3COOC_2H_5 + NaOH \longrightarrow ⑦\text{＿＿＿＿} + C_2H_5OH$$

塩基によるエステルの加水分解を⑧＿＿＿＿という。

4 ●—油脂とセッケン

point!

油脂：高級脂肪酸とグリセリンのエステル。動植物に含まれる。構成脂肪酸の飽和・不飽和により性質が異なる。

$$\begin{array}{lcl} R_1COOH & & CH_2-OH \\ R_2COOH & + & CH-OH \\ R_3COOH & & CH_2-OH \end{array} \longrightarrow \begin{array}{l} R_1-COO-CH_2 \\ R_2-COO-CH \\ R_3-COO-CH_2 \end{array} + 3H_2O$$

高級脂肪酸　　グリセリン　　　油脂

油脂に NaOH 水溶液を加えると，けん化が起こり，セッケン(脂肪酸ナトリウム)ができる。

$$C_3H_5(OCOR)_3 + 3NaOH \longrightarrow C_3H_5(OH)_3 + 3RCOONa$$

油脂　　　　　　グリセリン　セッケン

油脂は，高級脂肪酸と⑨＿＿＿＿からできたエステルである。ステアリン酸 $C_{17}H_{35}COOH$ のような高級飽和脂肪酸を多く含む油脂は室温で⑩＿＿＿＿であり，オレイン酸 $C_{17}H_{33}COOH$ のような高級不飽和脂肪酸を多く含む油脂は室温で⑪＿＿＿＿である。

右図はオレイン酸を構成脂肪酸とする油脂である。オレイン酸には C=C 結合が⑫＿＿＿＿個あるので，右の油脂には全体で C=C 結合が⑬＿＿＿＿個存在することになる。

$$\begin{array}{l} C_{17}H_{33}COO-CH_2 \\ C_{17}H_{33}COO-CH \\ C_{17}H_{33}COO-CH_2 \end{array}$$

セッケン分子は，親水性と疎水性の部分からなる。弱酸と強塩基の塩であるから，水溶液は⑭＿＿＿＿性になる。油があると，セッケン分子は油滴のまわりをとり囲み，油滴は微粒子となって分散する。これが⑮＿＿＿＿である。この作用で，油汚れなどを落とすことができる。

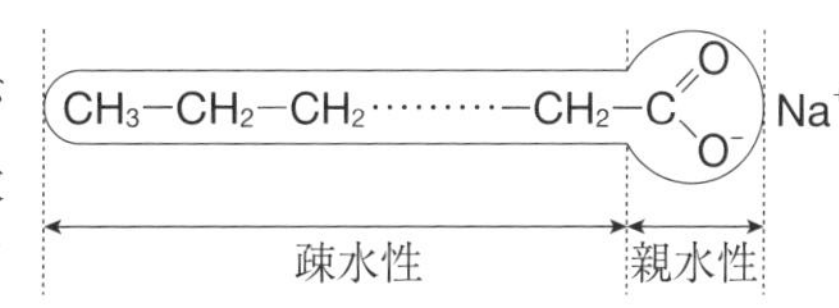

答 ①エステル　②エステル化　③酢酸エチル　④・⑤脱水，触媒　⑥加水分解　⑦ CH_3COONa　⑧けん化　⑨グリセリン　⑩固体　⑪液体　⑫1　⑬3　⑭弱塩基　⑮乳化

5 ●─識別反応

point!

	確認できる化合物	識別する操作
銀鏡反応	還元性のある物質 （ホルミル基 $-C(=O)-H$ をもつ化合物）	アンモニア性硝酸銀水溶液を加えてあたためると，銀 Ag が析出し，銀鏡を生じる。
フェーリング液の還元		フェーリング液を加えてあたためると，酸化銅（Ⅰ）Cu_2O の赤色沈殿が生じる。
ヨードホルム反応	$R-CH(OH)-CH_3$，$R-C(=O)-CH_3$ の構造をもつ化合物	ヨウ素と水酸化ナトリウムとともに加熱すると，特異臭のあるヨードホルム CHI_3 の黄色沈殿が生じる。
金属 Na との反応	アルコール 酸性物質	金属ナトリウム Na を加えると，水素 H_2 が発生する。
$NaHCO_3$ との反応	炭酸よりも強い酸	炭酸水素ナトリウム $NaHCO_3$ を加えると，二酸化炭素 CO_2 が発生する。

アルデヒドは，①＿＿＿＿性を示し，次の二つの反応が起こる。

(1)　アルデヒドを②＿＿＿＿＿＿＿＿水溶液に加えると，銀（Ⅰ）イオンが還元されて銀となって析出し，容器の壁に付着して鏡のようになる。これを③＿＿＿＿＿反応という。

(2)　アルデヒドを④＿＿＿＿＿＿液に加えると，銅（Ⅱ）イオンが還元されて，⑤＿＿＿＿＿色の沈殿である酸化銅（Ⅰ）（化学式⑥＿＿＿＿＿）が生じる。これを⑦＿＿＿＿＿＿液の還元という。

カルボン酸は，カルボキシ基をもち，⑧＿＿＿＿＿性を示す。

$NaHCO_3$ と次のように反応して⑨＿＿＿＿＿が発生する。例えば酢酸の場合は次のように反応が起こる。

$$CH_3COOH + NaHCO_3 \longrightarrow ⑩\text{＿＿＿＿＿＿＿＿＿＿}$$

ギ酸は右に示したように，カルボキシ基とともに⑪＿＿＿＿＿＿＿基をもつので，⑫＿＿＿＿＿性を示す。

$H-C(=O)-OH$　（$-C(=O)-OH$：カルボキシ基，$H-C(=O)-$：ホルミル基）

ヨードホルム反応が陽性となるものをあげてみると

	R➡Hのもの	R➡CH_3のもの	R➡C_2H_5のもの
$R-CH(CH_3)-OH$	CH_3-CH_2-OH 名称⑬＿＿＿＿＿＿	$CH_3-CH(CH_3)-OH$ ⑭＿＿＿＿＿＿	$CH_3-CH_2-CH(CH_3)-OH$ 2-ブタノール
$R-C(CH_3)=O$	$H-C(CH_3)=O$ ⑮＿＿＿＿＿＿	$CH_3-C(CH_3)=O$ ⑯＿＿＿＿＿＿	$C_2H_5-C(CH_3)=O$ エチルメチルケトン

金属 Na は酸と反応する。アルコールは中性であるが Na と反応し，アルコキシドを生成し⑰＿＿＿＿を発生する。　$2C_2H_5OH + 2Na \longrightarrow$ ⑱＿＿＿＿＿＿＿

答 ①還元　②アンモニア性硝酸銀　③銀鏡　④フェーリング　⑤赤　⑥ Cu_2O　⑦フェーリング　⑧弱酸　⑨ CO_2
⑩ $CH_3COONa + CO_2 + H_2O$　⑪ホルミル　⑫還元　⑬エタノール　⑭2-プロパノール　⑮アセトアルデヒド
⑯アセトン　⑰ H_2　⑱ $2C_2H_5ONa + H_2$

例題 1 アルコールの反応

酸素原子を含む有機化合物に関する記述として**誤りを含むもの**を，次の①～⑤のうちから一つ選べ。

① エタノールに濃硫酸を加えて130～140℃に加熱すると，水分子がとれてジエチルエーテルが生じる。
② カルボン酸とアルコールを反応させると，水分子がとれてエステルが生じる。
③ アルデヒドを還元すると，第一級アルコールが生じる。
④ 第二級アルコールを酸化すると，ケトンが生じる。
⑤ 第三級アルコールは，第一級アルコールよりも容易に酸化できる。

解法のコツ

この問題は〈決定型〉の問題。

明らかに誤りである選択肢を見つければよい。

①と②は縮合反応である。

アルコールを中心とした反応は，
(1) 酸化反応
(2) 脱水反応
(3) エステル化
が重要！

① 130～140℃で，エタノールの脱水反応をすると，次のように，分子間脱水が起こり，ジエチルエーテルが生成する。正しい。

$$2C_2H_5OH \longrightarrow (ア \qquad) + H_2O$$

② カルボン酸とアルコールを反応させると，エステル化が起こる。正しい。 $RCOOH + R'OH \longrightarrow \underline{RCOOR'} + H_2O$

③ 第一級アルコール $\underset{還元}{\overset{酸化}{\rightleftarrows}}$ アルデヒド $\underset{還元}{\overset{酸化}{\rightleftarrows}}$ (イ　　　　)

アルデヒドを還元すると，(ウ　　　　)が生じる。正しい。

④ 第二級アルコール $\underset{還元}{\overset{酸化}{\rightleftarrows}}$ ケトン　となる。正しい。

⑤ 第三級アルコールは，酸化され(エ　　　　)。誤り。

答 ア $C_2H_5OC_2H_5$　イ カルボン酸　ウ 第一級アルコール　エ にくい

例題①の解答
⑤

例題 2 脂肪族化合物の性質

有機化合物の性質に関する次の記述a～cについて，正誤の組合せとして最も適当なものを，右の①～⑧のうちから一つ選べ。

a アセトアルデヒドとアンモニア性硝酸銀水溶液が反応すると，銀が析出する。
b アセトンは，水に溶けにくい。
c 酢酸の水溶液は，弱酸性を示す。

	a	b	c
①	正	正	正
②	正	正	誤
③	正	誤	正
④	正	誤	誤
⑤	誤	正	正
⑥	誤	正	誤
⑦	誤	誤	正
⑧	誤	誤	誤

解法のコツ

アセトンが盲点。

有機溶媒として用いられることから，「水に溶けにくい」と決めつけないこと。

a アセトアルデヒドは還元性があるので，アンモニア性硝酸銀水溶液と反応すると，銀が析出する。この反応を(ア　　　　)という。正しい。

b アセトンは，無色の芳香のある液体で，水に溶け(イ　　　　)。また，有機化合物もよく溶かすので，有機溶媒として用いられている。誤り。

c 酢酸は，次のように電離し，弱酸性を示す。正しい。

$$CH_3COOH \rightleftarrows (ウ \qquad)$$

カルボン酸は，炭酸(二酸化炭素の水溶液)よりも酸性が強いことも覚えておく。

答 ア 銀鏡反応　イ やすい　ウ $CH_3COO^- + H^+$

例題②の解答
③

第1編 知識の確認　第2編 計算問題対策　第3編 実験・グラフ問題対策　第4編 思考問題対策　第5編 模擬問題

演 習 問 題

105 アルコール 3分

アルコールに関する記述として正しいものを，次の①～⑤のうちから一つ選べ。 1

① メタノールは，一酸化炭素と水素からつくられる。
② エタノールは，ナトリウムと反応してエタンを発生する。
③ 1,2-エタンジオール(エチレングリコール)は，3価アルコールである。
④ 2-プロパノールは，第三級アルコールである。
⑤ 2-メチル-2-ブタノールは，2-ブタノールより酸化されやすい。

106 エタノール 3分

エタノールに関する記述として**誤りを含むもの**を，次の①～⑤のうちから一つ選べ。 2

① 触媒の存在下でアセチレンと水との反応によって得られる。
② 糖やデンプンを発酵させることによって得られる。
③ 塩基性溶液中でヨウ素と反応してヨードホルムの黄色沈殿を生じる。
④ ナトリウムを加えると水素が発生する。
⑤ 少量の硫酸が存在するもとで，酢酸と反応させると，酢酸エチルが得られる。

107 脂肪族化合物の反応 3分

次の記述 a ～ c に当てはまる化合物を下の**ア**～**カ**から選び，その組合せとして最も適当なものを，右の①～⑥のうちから一つ選べ。 3

a 酸化するとホルムアルデヒドを生成するアルコール
b 還元すると2-ブタノールを生成するケトン
c アセトアルデヒドを酸化すると生成するカルボン酸

ア CH_3CH_2OH **イ** CH_3COCH_3 **ウ** CH_3OH
エ $CH_3COCH_2CH_3$ **オ** CH_3CH_2COOH
カ CH_3COOH

	a	b	c
①	ア	イ	カ
②	ア	イ	オ
③	ア	エ	カ
④	ウ	イ	オ
⑤	ウ	エ	カ
⑥	ウ	エ	オ

108 官能基 2分

官能基に関する次の文章中の空欄 ア ～ ウ に当てはまる語の組合せとして最も適当なものを，下の①～⑥のうちから一つ選べ。 4

メタノールは，ナトリウムと反応して水素を発生する。その理由は，官能基として ア が存在するためである。アセトンは，官能基として イ をもち，水や他の有機溶媒とよく溶け合う。安息香酸は官能基として ウ をもち，このためその水溶液は弱い酸性を示す。

	ア	イ	ウ
①	エーテル結合	カルボニル基	カルボキシ基
②	エーテル結合	ニトロ基	エステル結合
③	エーテル結合	ニトロ基	カルボキシ基
④	ヒドロキシ基	カルボニル基	エステル結合
⑤	ヒドロキシ基	カルボニル基	カルボキシ基
⑥	ヒドロキシ基	ニトロ基	エステル結合

09 脂肪族化合物の性質 3分

カルボニル基をもつ化合物に関する記述として正しいものを，次の①～⑤のうちから一つ選べ。 5

① アセトアルデヒドを酸化すると，ギ酸が得られる。
② ギ酸はホルミル基をもつ。
③ ギ酸は，炭酸水より弱い酸性を示す。
④ アセトアルデヒドの工業的製法の一つに，触媒を用いてプロペン（プロピレン）を酸化する方法がある。
⑤ アンモニア性硝酸銀水溶液にアセトンを加えると，銀鏡反応を示す。

10 アルデヒドとケトン 3分

アルデヒドとケトンに関する次の記述 a～d について，正誤の組合せとして正しいものを，右の①～⑧のうちから一つ選べ。 6

a いずれもカルボニル基をもつ。
b いずれも還元性を示す。
c 第二級アルコールを酸化すると，ケトンが得られる。
d アルデヒドを還元すると，第三級アルコールが得られる。

	a	b	c	d
①	正	正	誤	誤
②	正	誤	正	誤
③	誤	正	正	誤
④	誤	正	誤	正
⑤	正	正	正	誤
⑥	正	正	誤	正
⑦	正	誤	正	正
⑧	誤	正	正	正

11 カルボン酸 3分

カルボン酸に関する記述として**誤りを含むもの**を，次の①～⑤のうちから一つ選べ。 7

① シュウ酸は還元性を示す。
② 酢酸分子 2 個から水分子 1 個が取れて，無水酢酸ができる。
③ 硬水中でセッケンの洗浄力が低下するのは，セッケンが Ca^{2+} や Mg^{2+} と反応して水に溶けにくい塩をつくるためである。
④ アジピン酸とヘキサメチレンジアミンからナイロン 66（6,6-ナイロン）が合成される。
⑤ 酢酸はアセトアルデヒドの加水分解によって得られる。

12 脂肪族化合物の性質 3分

有機化合物の性質に関する次の記述 a～c に当てはまる化合物を下の**ア**～**カ**から選び，その組合せとして最も適当なものを，右の①～⑥のうちから一つ選べ。 8

a 還元性を示し，その水溶液は酸性である。
b 水に溶けにくいが，水酸化ナトリウム水溶液と加熱すると，反応して均一な溶液になる。
c 酸無水物をつくりやすく，また，シス-トランス異性体が存在する。

ア エタノール　**イ** ジエチルエーテル　**ウ** ギ酸
エ 酢酸　**オ** マレイン酸　**カ** 酢酸エチル

	a	b	c
①	**ウ**	**ア**	**エ**
②	**ウ**	**カ**	**オ**
③	**エ**	**イ**	**ウ**
④	**エ**	**カ**	**オ**
⑤	**オ**	**ア**	**エ**
⑥	**オ**	**イ**	**ウ**

113 有機化合物の構造式決定 7分

17試行テスト●

分子式 $C_4H_6O_2$ で表されるエステルAを加水分解したところ，図1のように化合物Bとともに，不安定な化合物Cを経て，Cの異性体である化合物Dが得られた。また，化合物Dを酸化したところ，化合物Bに変化した。下の問い（a・b）に答えよ。

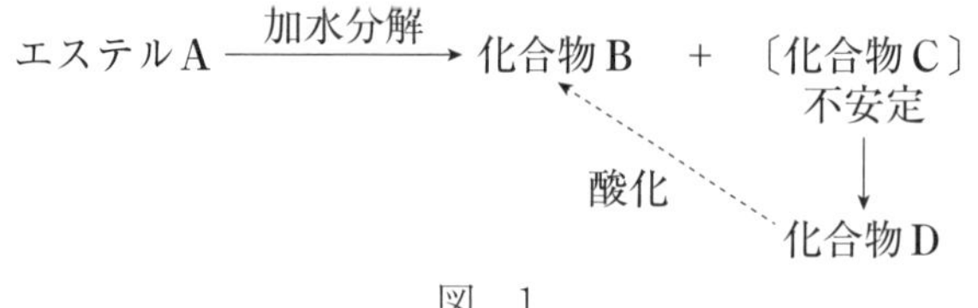

図　1

a　次に示すエステルAの構造式中の [9] ・ [10] に当てはまるものを，下の①～⑦のうちからそれぞれ一つずつ選べ。

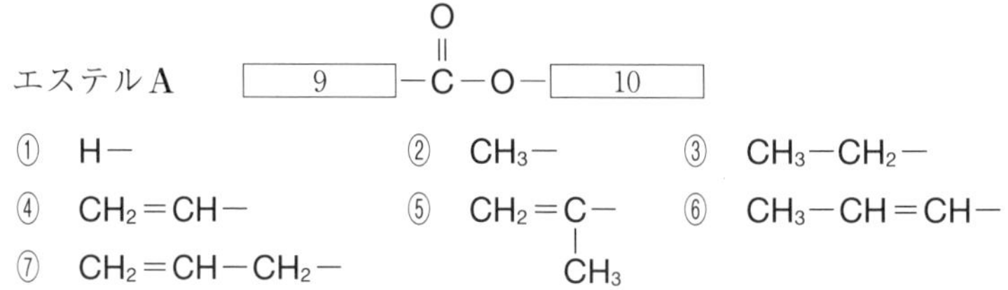

① H−　② CH_3−　③ CH_3−CH_2−

④ CH_2＝CH−　⑤ CH_2＝C(−CH_3)−　⑥ CH_3−CH＝CH−

⑦ CH_2＝CH−CH_2−

b　下線部と同じ変化が起こり，化合物Cを経て化合物Dが得られる反応として最も適当なものを，次の①～⑤のうちから一つ選べ。[11]

① アセトンにヨウ素と水酸化ナトリウム水溶液を加えて温める。
② 触媒の存在下でアセチレンに水を付加させる。
③ 酢酸カルシウムを熱分解（乾留）する。
④ 2-プロパノールに二クロム酸カリウムの硫酸酸性溶液を加えて温める。
⑤ 160～170℃に加熱した濃硫酸にエタノールを滴下する。

114 油脂とセッケン 3分

10●

油脂およびセッケンに関する記述として**誤りを含むもの**を，次の①～⑤のうちから一つ選べ。

[12]

① 構成脂肪酸として不飽和脂肪酸を多く含む常温で液体の油脂は，触媒を用いて水素を付加させると，融点が高くなって常温で固体になる。
② 油脂に十分な量の水酸化ナトリウム水溶液を加えて加熱すると，グリセリンと脂肪酸ナトリウムが生成する。
③ セッケンを水に溶かすと，その水溶液は弱酸性を示す。
④ セッケン水に食用油を加えてよく振り混ぜると，乳化する。
⑤ セッケン水に塩化カルシウム水溶液を加えると，沈殿が生じる。

4—4 芳香族化合物

1 ●—ベンゼンの反応

point!

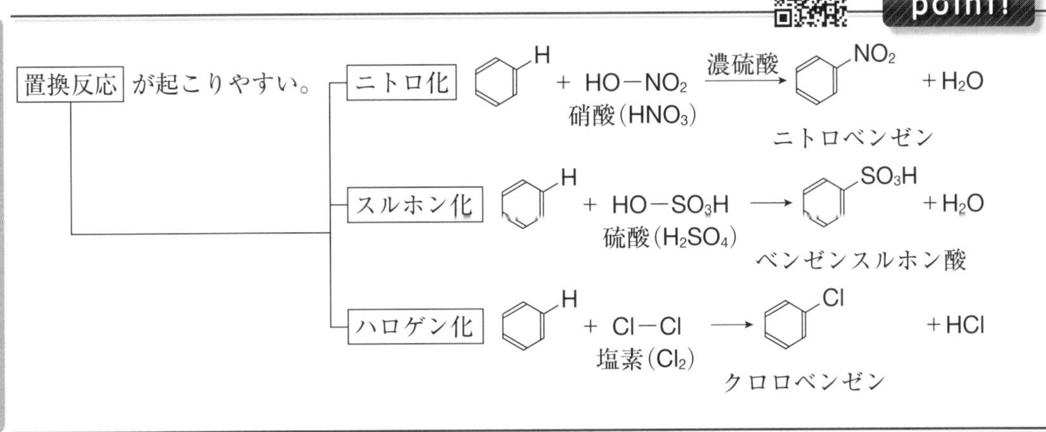

ベンゼン環の不飽和結合は安定化されており，①＿＿＿＿反応は起こるが，付加反応は起こりにくい。しかし，触媒を加えると，付加反応も起こる。例えば，水素を付加させると

$$+ 3H_2 \longrightarrow C_6H_{12}$$（名称②＿＿＿＿＿＿）のように反応する。

ベンゼンに濃硫酸を作用させると①反応により，③＿＿＿＿＿＿＿が生じる。濃硝酸と濃硫酸を作用させた場合は④＿＿＿＿＿＿が生じる。

2 ●—フェノールの製法

point!

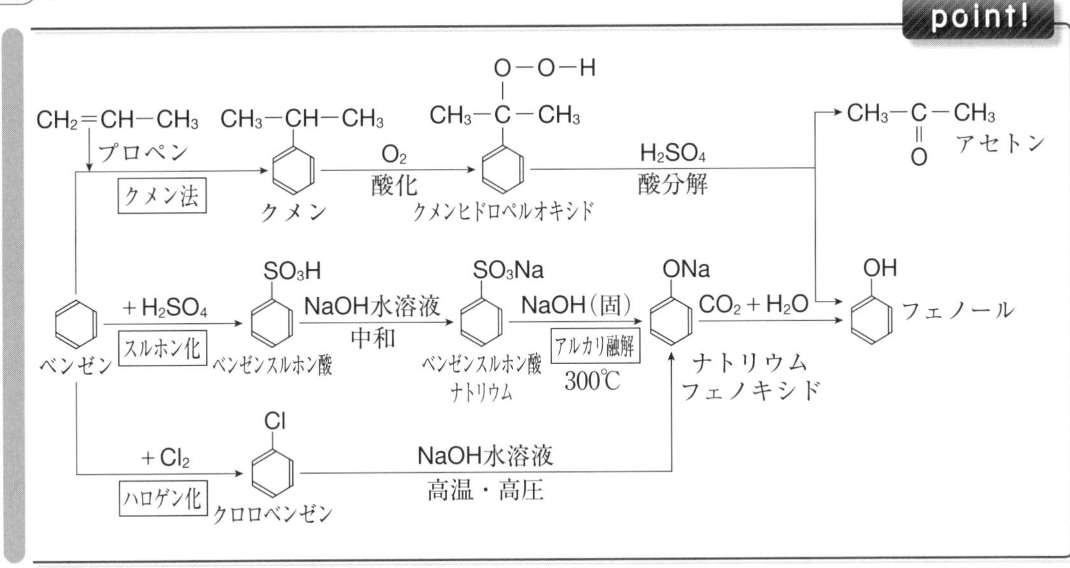

ベンゼンに⑤＿＿＿＿を反応させるとクメンが生じる。クメンを酸化した後，希硫酸を加えて酸分解すると，フェノールと⑥＿＿＿＿が得られる。このフェノールの工業的製法を⑦＿＿＿＿という。

ベンゼンに濃硫酸を作用させると⑧＿＿＿＿＿＿＿が得られる。⑧をアルカリ融解すると⑨＿＿＿＿＿＿＿＿が生じる。フェノールは炭酸より弱い酸なので，⑨に二酸化炭素を通じるとフェノールが遊離してくる。

答 ①置換 ②シクロヘキサン ③ベンゼンスルホン酸 ④ニトロベンゼン ⑤プロペン ⑥アセトン ⑦クメン法 ⑧ベンゼンスルホン酸 ⑨ナトリウムフェノキシド

3 ●—サリチル酸の反応

point!

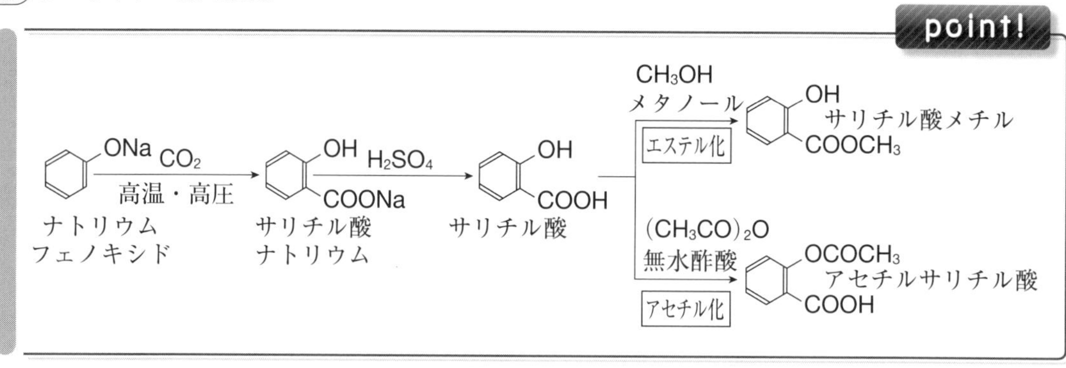

サリチル酸にメタノールと濃硫酸を作用させると，①＿＿＿＿＿の反応により，サリチル酸メチルが生成する。

（OH, COOH をもつベンゼン環）$+ CH_3OH \longrightarrow$ ②＿＿＿＿＿＿＿＿ $+ H_2O$

サリチル酸に③＿＿＿＿＿を作用させると，次のように反応して④＿＿＿＿＿＿＿＿が生成する。

（OH, COOH をもつベンゼン環）$+ \begin{matrix} CH_3CO \\ CH_3CO \end{matrix} \!\!> O \longrightarrow$ ⑤＿＿＿＿＿＿＿＿ $+ CH_3COOH$

CH_3CO-の基をアセチル基といい，この反応は⑥＿＿＿＿＿と呼ぶことが多い。

4 ●—アニリンとアゾ化合物

point!

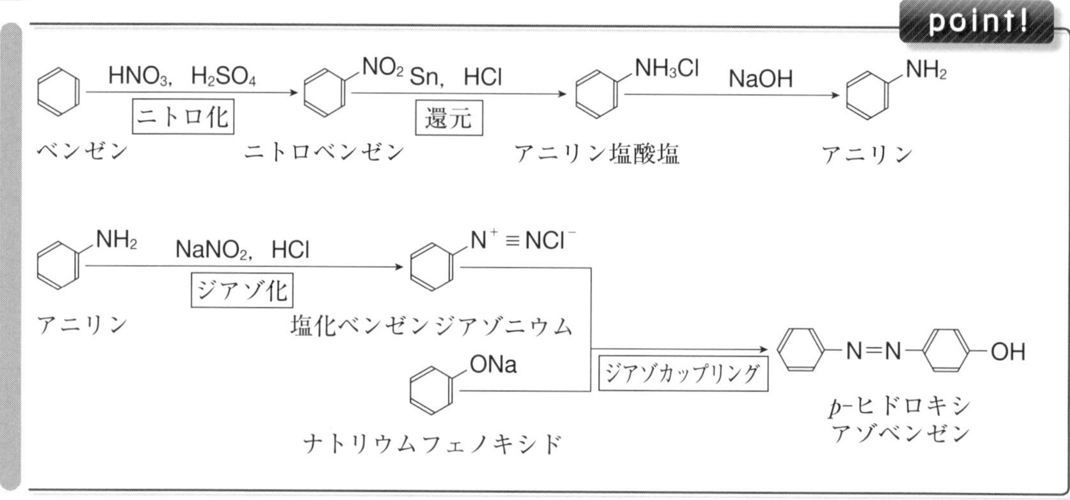

ニトロベンゼンを⑦＿＿＿＿＿と塩酸で還元し，強塩基を加えると，アニリンが遊離する。

アニリンの塩酸溶液を冷やしながら⑧＿＿＿＿＿＿＿の水溶液を加えると，塩化ベンゼンジアゾニウムが生成する。この反応を⑨＿＿＿＿＿という。

塩化ベンゼンジアゾニウムにナトリウムフェノキシドを作用させると⑩＿＿＿＿＿＿＿＿の反応が起こり，赤橙色の沈殿⑪＿＿＿＿＿＿＿＿＿＿＿＿が得られる。⑪は$-N=N-$の⑫＿＿＿＿＿基をもつ⑫化合物で⑬＿＿＿＿＿として広く用いられている。

答　①エステル化　②（OH, $COOCH_3$ をもつベンゼン環）　③無水酢酸　④アセチルサリチル酸　⑤（$OCOCH_3$, COOH をもつベンゼン環）　⑥アセチル化

⑦スズ(または鉄)　⑧亜硝酸ナトリウム　⑨ジアゾ化　⑩ジアゾカップリング(またはカップリング)

⑪ *p*-ヒドロキシアゾベンゼン　⑫アゾ　⑬染料

5 ●―高分子を合成する反応……縮合重合

point!

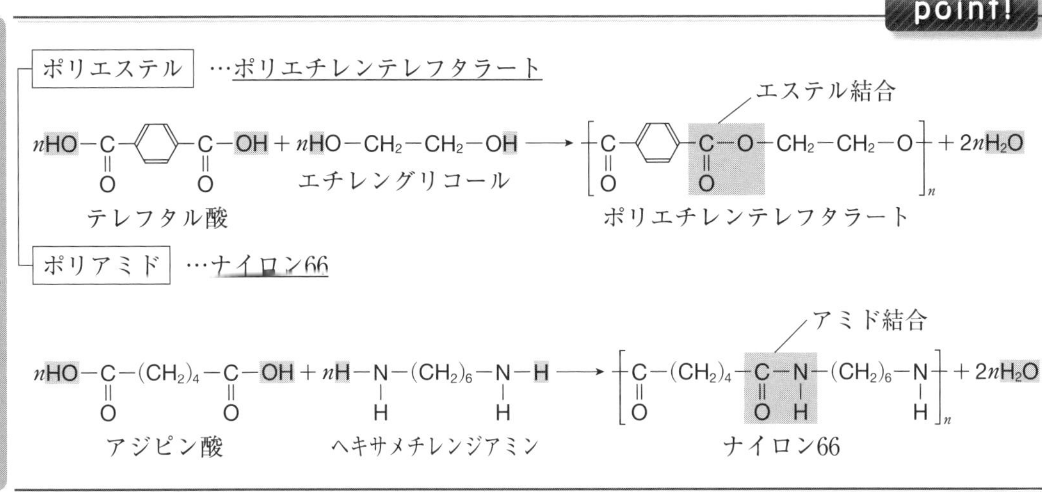

テレフタル酸は，①＿＿＿＿の酸化によって得られる。テレフタル酸とエチレングリコールが縮合しながら重合して得られる高分子が②＿＿＿＿＿＿＿＿である。ポリエステル繊維として衣料品に広く用いられ，また，樹脂として③＿＿＿＿＿の原料になる。

アジピン酸とヘキサメチレンジアミンが，④＿＿＿＿結合をつくりながら，重合して得られたものが⑤＿＿＿＿＿である。

縮合重合が付加重合と比較して異なっているのは，重合する際に⑥＿＿＿＿などの低分子が放出されることである。 ➡付加重合については 4-2 **5** 参照。

6 ●―識別反応

point!

	確認できる化合物	識別する操作
塩化鉄(Ⅲ)呈色反応	(ベンゼン環−OH) フェノール その他のフェノール類	塩化鉄(Ⅲ) $FeCl_3$ 水溶液を加えると，青～赤紫色の呈色反応を示す。 アルコール類は呈色しない。
さらし粉呈色反応	(ベンゼン環−NH_2) アニリン	さらし粉水溶液を加えると赤紫色に呈色する。

$FeCl_3$ 水溶液を加えると，フェノール性⑦＿＿＿＿基をもつ物質は呈色反応を示す。

例えば，次の三つの化合物に $FeCl_3$ 水溶液を加えるとどうなるかを調べてみる。

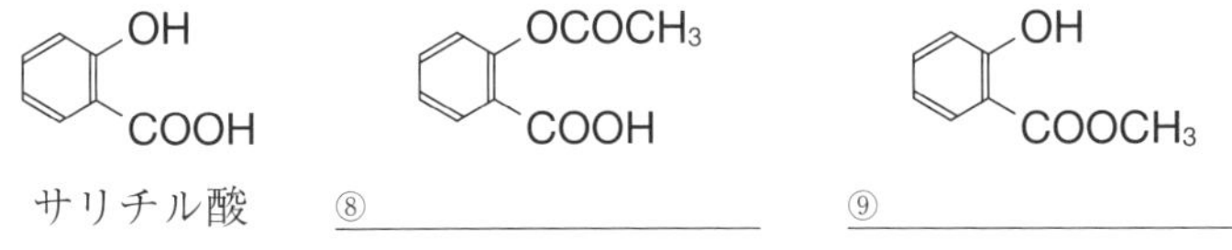

サリチル酸　⑧＿＿＿＿＿＿＿　⑨＿＿＿＿＿＿＿

呈色反応を示すのは，三つのうち⑩＿＿＿＿＿＿＿＿＿＿である。

アニリンにさらし粉の水溶液を加えると⑪＿＿＿＿色に呈色する。この反応はアニリンの識別によく使われる。

答 ①p-キシレン　②ポリエチレンテレフタラート　③ペット(PET)ボトル　④アミド　⑤ナイロン 66(または 6,6-ナイロン)　⑥水　⑦ヒドロキシ　⑧アセチルサリチル酸　⑨サリチル酸メチル　⑩サリチル酸とサリチル酸メチル　⑪赤紫

例題 1 芳香族化合物の反応

芳香族化合物およびその反応に関する記述として正しいものを，次の①～④のうちから一つ選べ。

① ベンゼンに鉄粉の存在下で塩素を作用させると，ヘキサクロロシクロヘキサンがおもに生じる。

② キシレン(ジメチルベンゼン)には二つの異性体しか存在しない。

③ ベンゼンスルホン酸に水酸化ナトリウムの固体を加えて加熱(アルカリ融解)すると，ナトリウムフェノキシドが生じる。

④ トルエンを過マンガン酸カリウム水溶液で酸化すると，サリチル酸が生じる。

解法のコツ

ベンゼンで起こる(付加反応／置換反応)の条件の違いをきちんと整理しておこう。

① ベンゼンに鉄を触媒として塩素を作用させると，(ア　　　)反応が起こり，次のように反応して(イ　　　　　)が生成する。誤り。

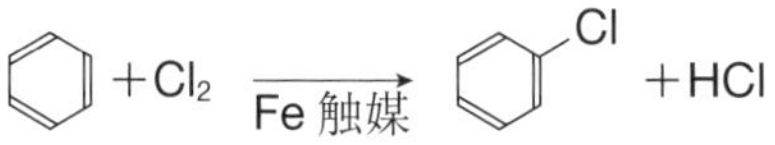

$$C_6H_6 + Cl_2 \xrightarrow{Fe触媒} C_6H_5Cl + HCl$$

光を当てながら，塩素を作用させたときには，(ウ　　　)反応が起こり，ヘキサクロロシクロヘキサンが生じる。

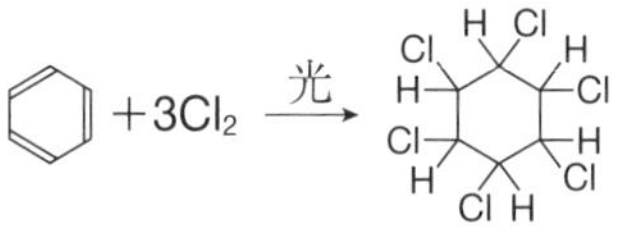

$$C_6H_6 + 3Cl_2 \xrightarrow{光} C_6H_6Cl_6$$

ベンゼンと塩素の反応
- 鉄触媒→置換反応
- 光を当てる→付加反応

② キシレンには次のようにオルト，(エ　　　)，(オ　　　)の三つの構造異性体がある。誤り。

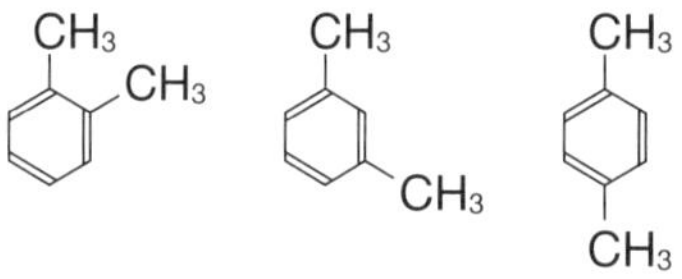

（o-キシレン，m-キシレン，p-キシレンの構造式：CH_3 2個）

③ ベンゼンスルホン酸のアルカリ融解では，ナトリウムフェノキシドが生じる。正しい。

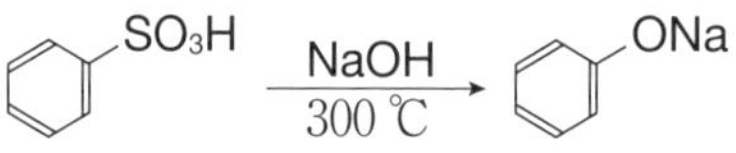

$$C_6H_5SO_3H \xrightarrow[300\ ℃]{NaOH} C_6H_5ONa$$

④ ベンゼン環に炭化水素基の側鎖があるとき，その側鎖は酸化されやすく，カルボキシ基$-COOH$になる。したがってトルエンを過マンガン酸カリウムで酸化すると，(カ　　　)が生成する。誤り。

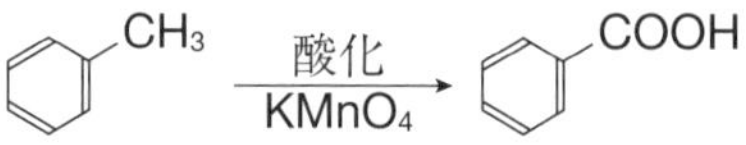

$$C_6H_5CH_3 \xrightarrow[KMnO_4]{酸化} C_6H_5COOH$$

なお，この反応で注意しなくてはならない点がある。上で示した炭素数1の側鎖をもつトルエンでも，次に示す炭素数2の側鎖をもつエチルベンゼンでも，酸化によりどちらも安息香酸が生成することになる。

$$C_6H_5CH_2-CH_3 \xrightarrow[KMnO_4]{酸化} C_6H_5COOH$$

答 ア 置換　イ クロロベンゼン　ウ 付加　エ メタ　オ パラ　カ 安息香酸

例題①の解答　③

演習問題

15 ベンゼンの性質 3分

ベンゼンに関する記述として**誤りを含むもの**を，次の①～⑤のうちから一つ選べ。 1

① 炭素原子間の結合の長さは，すべて等しい。

② すべての原子は，同一平面上にある。

③ 揮発性があり，引火しやすい。

④ 付加反応よりも置換反応を起こしやすい。

⑤ 過マンガン酸カリウムの硫酸酸性溶液によって，容易に酸化される。

16 有機化合物の反応 3分

有機化合物の反応に関する次の記述①～⑤のうちから，付加反応であるものを一つ選べ。

2

① メタンと塩素の混合物に光を照射すると，テトラクロロメタン(四塩化炭素)が生成する。

② ベンゼンと塩素の混合物に光を照射すると，ヘキサクロロシクロヘキサン(ベンゼンヘキサクロリド)が生成する。

③ ベンゼンに塩素と鉄粉を作用させると，クロロベンゼンが生成する。

④ ベンゼンに濃硫酸を作用させると，ベンゼンスルホン酸が生成する。

⑤ トルエンに過マンガン酸カリウム水溶液を作用させると，安息香酸の塩が生成する。

17 フェノールの製法 3分

フェノールは，ベンゼンから図1に示す二つの方法でつくられる。空欄 ア と イ に当てはまる化合物を，下の①～⑤のうちから一つずつ選べ。ただし，同じものを繰り返し選んでもよい。

ア 3 イ 4

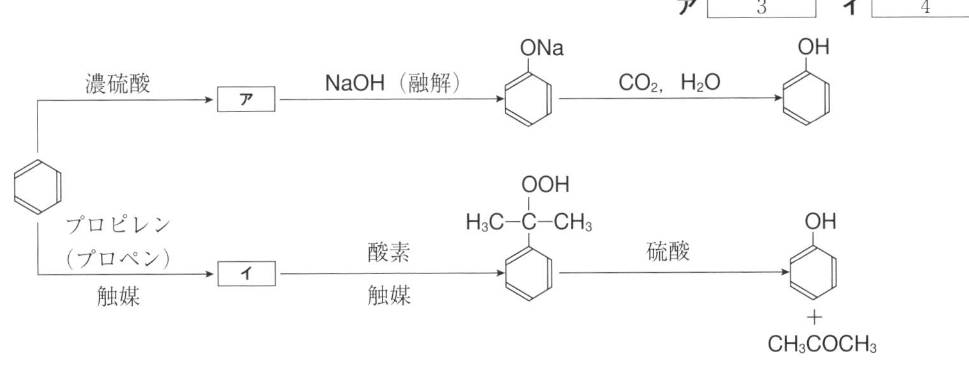

図 1

① ベンゼンスルホン酸　② ニトロベンゼン　③ クメン　④ 安息香酸

⑤ m-キシレン

18 ベンゼン，フェノールの反応 4分

ベンゼンまたはフェノールを原料とする反応として正しいものを，次の①～⑥のうちから一つ選べ。

5

① 

② 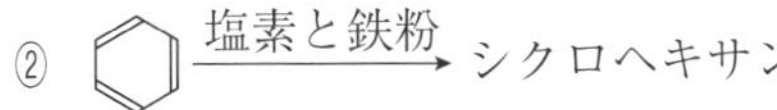

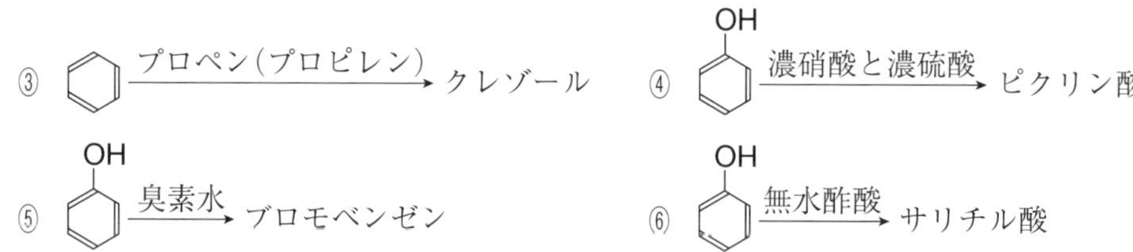

119　ベンゼンの誘導体　3分

ベンゼンを出発物質として製造される化合物について，次の式の空欄 ア ・ イ に当てはまる化合物を下の a ～ e から選び，それらの組合せとして最も適当なものを，下の①～⑥のうちから一つ選べ。 6

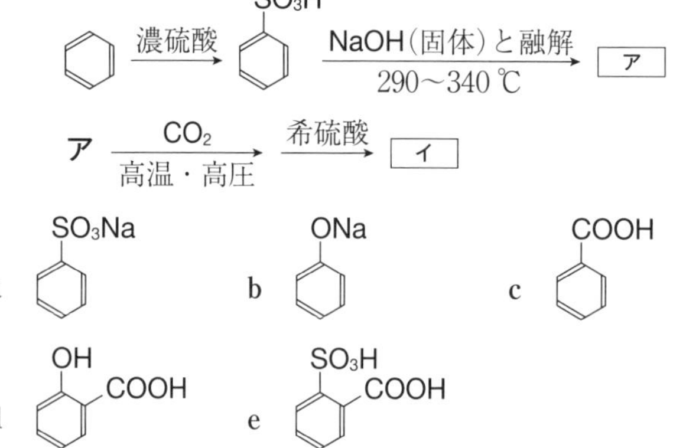

	ア	イ
①	a	c
②	a	d
③	a	e
④	b	c
⑤	b	d
⑥	b	e

120　アゾ化合物　3分

芳香族化合物の反応について，次の式の空欄 ア ・ イ に当てはまる下の化合物 a ～ e の組合せとして最も適当なものを，右の①～⑥のうちから一つ選べ。 7

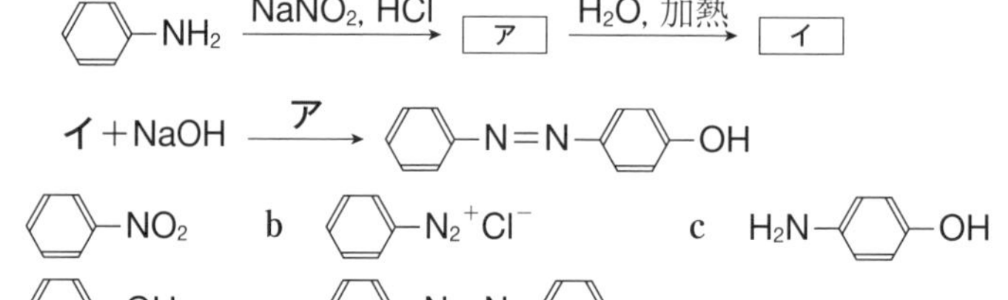

	ア	イ
①	a	c
②	a	d
③	a	e
④	b	c
⑤	b	d
⑥	b	e

121　カルボン酸とエステル　3分

カルボン酸とエステルに関する記述として**誤りを含むもの**を，次の①～⑤のうちから一つ選べ。

8

① サリチル酸を無水酢酸と反応させると，サリチル酸メチルが生じる。

② 酢酸とエタノールの混合物に触媒として硫酸を加えて加熱すると，酢酸エチルが生じる。

③ 酢酸水溶液に炭酸水素ナトリウムを加えると，二酸化炭素が発生する。

④ *p*-キシレンを酸化すると，テレフタル酸が生じる。

⑤ ジカルボン酸(2価のカルボン酸)であるマレイン酸を加熱すると，分子内で脱水して酸無水物が生じる。

22 トルエンとフェノール 4分

トルエンとフェノールに関する次の記述 a ～ e について，正しいものの組合せを，下の①～⑥のうちから一つ選べ。 9

a トルエンを過マンガン酸カリウムを用いて酸化すると，スチレンが生じる。

b フェノールを臭素水と反応させると，ブロモベンゼンが生じる。

c トルエンとフェノールのベンゼン環に直接結合している水素原子 1 個をメチル基にかえると，いずれからも三つの異性体ができる。

d トルエンとフェノールにそれぞれ塩化鉄(Ⅲ)水溶液を加えると，いずれも青紫色を示す。

e トルエンとフェノールを，それぞれ濃硝酸と濃硫酸の混合物とともに加熱すると，いずれもニトロ化される。

① a・c　② a・d　③ b・c　④ b・e　⑤ c・d　⑥ c・e

23 芳香族化合物の推測 4分

次の記述 a ～ c は，芳香族化合物**ア**～**ウ**について行った実験の結果を述べたものである。**ア**～**ウ**の組合せとして最も適当なものを，下の①～⑥のうちから一つ選べ。 10

a 化合物**ア**と無水酢酸との反応により結晶が得られた。この結晶を炭酸水素ナトリウム水溶液に加えると気体が発生した。

b 化合物**イ**と無水酢酸との反応により結晶が得られた。また，化合物**イ**は，塩酸に溶けた。

c 化合物**ウ**は，水酸化ナトリウム水溶液にも塩酸にもほとんど溶けなかった。

	ア	イ	ウ
①	アニリン	サリチル酸	ニトロベンゼン
②	アニリン	ニトロベンゼン	サリチル酸
③	サリチル酸	アニリン	ニトロベンゼン
④	サリチル酸	ニトロベンゼン	アニリン
⑤	ニトロベンゼン	アニリン	サリチル酸
⑥	ニトロベンゼン	サリチル酸	アニリン

24 高分子化合物の合成 4分

高分子化合物に関する記述として**誤りを含むもの**を，次の①～⑤のうちから一つ選べ。 11

① テレフタル酸は，ポリエチレンテレフタラートの原料である。

② ヘキサメチレンジアミンとアジピン酸を反応させると，ナイロン 66(6,6-ナイロン)が得られる。

③ ポリエチレンは，エチレングリコールの縮合重合により得られる。

④ ポリ酢酸ビニルの原料である酢酸ビニルは，アセチレンに酢酸を付加して得られる。

⑤ 塩化ビニルを付加重合させると，ポリ塩化ビニルが得られる。

5—1 合成高分子化合物

1 ●—合成繊維

point!

名称	単量体 ──→	重合体	重合反応
ポリエチレンテレフタラート	テレフタル酸 エチレングリコール	$\left[-CO-C_6H_4-CO-O-CH_2-CH_2-O- \right]_n$	縮合重合
ナイロン66	アジピン酸 ヘキサメチレンジアミン	$\left[-CO-(CH_2)_4-CO-NH-(CH_2)_6-NH- \right]_n$	縮合重合
ナイロン6	ε-カプロラクタム	$\left[-CO-(CH_2)_5-NH- \right]_n$	開環重合
ポリアクリロニトリル	アクリロニトリル	$\left[-CH_2-CH(CN)- \right]_n$	付加重合

高分子を合成する反応

(1)　**付加重合**　単量体（モノマー）──→ 重合体（ポリマー）

$$n\,CH_2=CH(CN) \longrightarrow \left[-CH_2-CH(CN)- \right]_n$$

アクリロニトリル　　　ポリアクリロニトリル

(2)　**縮合重合**

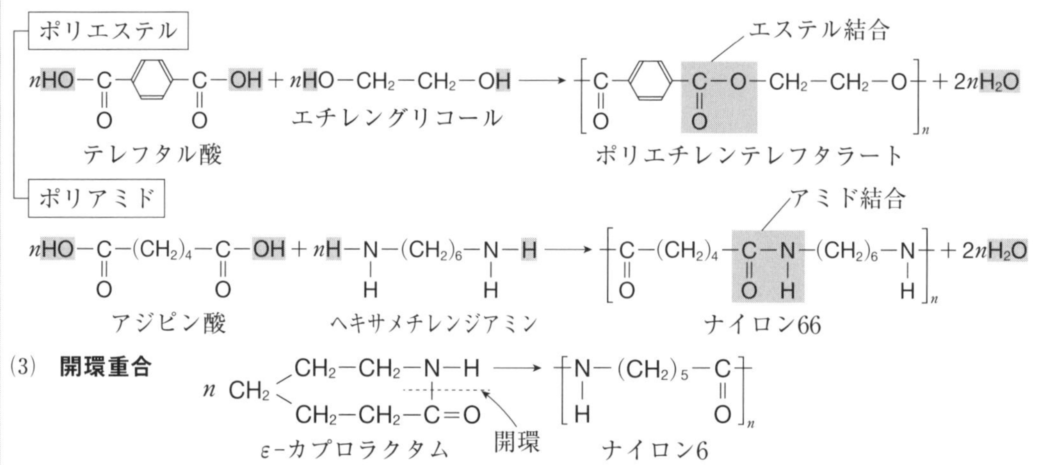

多数の分子が次々に結合していく反応を①＿＿＿＿といい，付加反応による重合が②＿＿＿＿である。

テレフタル酸とエチレングリコールがエステル結合をつくり，縮合重合して得られる高分子が③＿＿＿＿＿＿＿＿である。ポリエステル繊維として衣料品に広く用いられるだけでなく，樹脂として④＿＿＿＿＿の原料に使われる。

アジピン酸とヘキサメチレンジアミンが⑤＿＿＿＿結合をつくりながら，重合して得られたものが⑥＿＿＿＿＿になる。

ε-カプロラクタムに少量の水を加えて加熱すると環状構造が切れて⑦＿＿＿＿結合によりつながっていく。この反応を⑧＿＿＿＿重合といい，ナイロン6が生成する。

答　①重合　②付加重合　③ポリエチレンテレフタラート　④ペット(PET)ボトル　⑤アミド　⑥ナイロン66　⑦アミド　⑧開環

2 ●—合成樹脂(プラスチック)

point!

1)　**熱可塑性樹脂**……加熱すると軟化し，冷やすと再び硬くなる性質をもつ。鎖状構造の高分子。

名称	単量体 ⟶ 重合体	X の化学式	重合反応
ポリエチレン	$n\,\mathrm{CH_2{=}CHX} \longrightarrow \mathrm{-[CH_2{-}CHX]_n-}$	$-\mathrm{H}$	付加重合
ポリ塩化ビニル		$-\mathrm{Cl}$	
ポリプロピレン		$-\mathrm{CH_3}$	
ポリスチレン		$-\mathrm{C_6H_5}$	
ポリ酢酸ビニル		$-\mathrm{OCOCH_3}$	

2)　**熱硬化性樹脂**……加熱すると硬くなり，冷やしても軟化しない性質をもつ。
立体網目状構造の高分子。

名称	単量体	重合反応
フェノール樹脂	フェノール＋ホルムアルデヒド	付加縮合
尿素樹脂	尿素　＋ホルムアルデヒド	
メラミン樹脂	メラミン　＋ホルムアルデヒド	

高分子を合成する反応

(4)　**付加縮合**(付加反応と縮合反応が繰り返される)

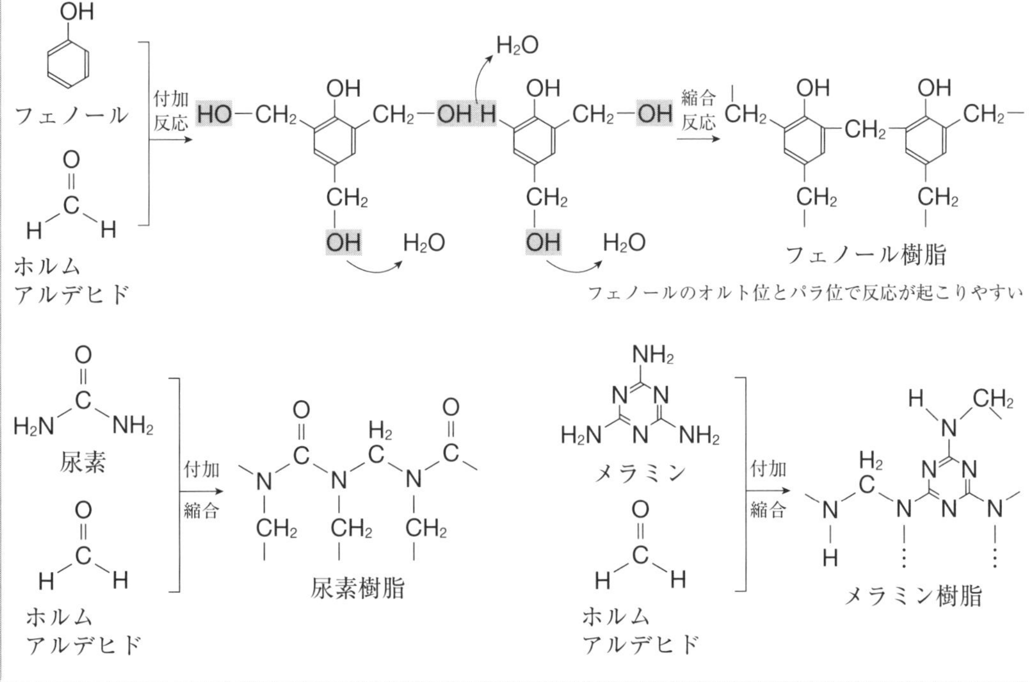

合成樹脂のなかで，加熱するとやわらかくなり，冷やすと硬くなるものを①______樹脂という。高分子の形が鎖状で，②______重合によってできたものが多い。

一方，加熱すると硬くなり，再び軟化しない性質をもつのが③______樹脂で，④______構造の高分子である。⑤______によってできたものが多い。

答　①熱可塑性　②付加　③熱硬化性　④立体網目状　⑤付加縮合

3 ●―ゴム

point!

生ゴム(天然ゴム)……イソプレンの付加重合体(ポリイソプレン)で，シス形の構造をもつ。ゴム特有の弾性を示す。

$$n\,CH_2{=}C(CH_3){-}CH{=}CH_2 \longrightarrow \left[{-}CH_2{-}C(CH_3){=}CH{-}CH_2{-}\right]_n$$

イソプレン　　　　ポリイソプレン

加硫……生ゴムに硫黄を加えて加熱する操作。ゴムの弾性が大きくなり，耐久性も向上したゴム(弾性ゴム)になる。

付加重合による合成ゴム

$$n\,CH_2{=}CH{-}CH{=}CH_2 \longrightarrow \left[{-}CH_2{-}CH{=}CH{-}CH_2{-}\right]_n$$

1,3-ブタジエン　　　　ポリブタジエン(ブタジエンゴム)

$$n\,CH_2{=}CH{-}C(Cl){=}CH_2 \longrightarrow \left[{-}CH_2{-}CH{=}C(Cl){-}CH_2{-}\right]_n$$

クロロプレン　　　　ポリクロロプレン(クロロプレンゴム)

共重合による合成ゴム……2種以上の単量体を付加重合させる。

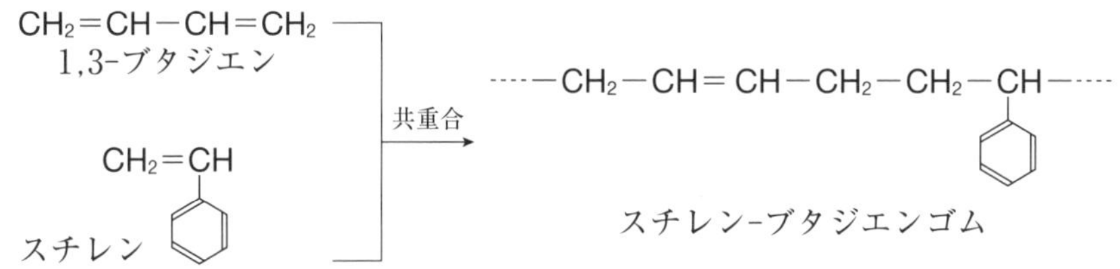

生ゴムの主成分は①＿＿＿＿＿＿で，シス形の構造をもっている。生ゴムに硫黄を加えて加熱すると，鎖状のゴム分子の間を硫黄原子によって橋をかけたような形の②＿＿＿＿構造になって弾性が増す。この操作を③＿＿＿＿という。

4 ●―イオン交換樹脂

point!

陽イオン交換樹脂：H^+と陽イオンが交換する　$R{-}SO_3^-H^+ + NaCl \longrightarrow R{-}SO_3^-Na^+ + HCl$

陰イオン交換樹脂：OH^-と陰イオンが交換する　$R{-}N^+(CH_3)_3OH^- + NaCl \longrightarrow R{-}N^+(CH_3)_3Cl^- + NaOH$

イオン交換樹脂の骨格は，おもに④＿＿＿＿と少量の*p*-ジビニルベンゼンの共重合体でできている。

陽イオン交換樹脂では，樹脂中の⑤＿＿＿＿と溶液中の陽イオンが交換される。

陰イオン交換樹脂では，樹脂中の水酸化物イオンと，溶液中の⑥＿＿＿＿が交換される。

答 ①ポリイソプレン　②架橋　③加硫　④スチレン　⑤水素イオン　⑥陰イオン

例題 1 合成高分子化合物

合成高分子化合物の原料の組合せとして**誤りを含むもの**を，次の①～⑤のうちから一つ選べ。

	合成高分子化合物	原料
①	フェノール樹脂	フェノール，メタノール
②	ナイロン 66	アジピン酸，ヘキサメチレンジアミン
③	ポリエチレンテレフタラート	エチレングリコール，テレフタル酸
④	尿素樹脂	尿素，ホルムアルデヒド
⑤	ポリ塩化ビニル	塩化ビニル

解法のコツ

高分子化合物の合成では

1) どんな原料を使うのか
2) どの重合反応により
単量体 → 重合体
（モノマー） （ポリマー）
と変化させるのかを理解したうえで，覚えていこう。

①のフェノール樹脂の原料は，フェノールと(**ア**　　　　　　)なので，これが誤り。

各々の合成高分子を反応の種類に分けて整理しておこう。

①と④は，それぞれ，フェノールと尿素にホルムアルデヒドを加えて反応させるが，この合成反応では付加反応と縮合反応を繰り返して重合が進むので，(**イ**　　　　)である。

②ナイロン 66 と③ポリエチレンテレフタラートは，単量体どうしの官能基で水分子がとれて重合していくので(**ウ**　　　　)である。

⑤ポリ塩化ビニルは，塩化ビニルの C=C 結合が，二重結合を開いて重合していくので(**エ**　　　　)になる。

答 **ア** ホルムアルデヒド **イ** 付加縮合 **ウ** 縮合重合 **エ** 付加重合

例題①の解答
①

例題 2 高分子化合物の計算

ポリエチレンに関する次の文章中の空欄 A ・ B に当てはまる語または数値として最も適当なものを，下のそれぞれの解答群のうちから一つずつ選べ。ただし，原子量は H = 1.0，C = 12 とする。

ポリエチレンは A 樹脂の一つであり，単量体(モノマー)が付加重合してできているプラスチックである。単量体のエチレン 1000 個が結合してできているポリエチレンの分子量は B である。

A の解答群

①熱可塑性 ②熱硬化性 ③イオン交換 ④生分解性 ⑤電気伝導性

B の解答群

① 1.4×10^3 ② 2.6×10^3 ③ 2.8×10^3 ④ 3.0×10^3
⑤ 1.4×10^4 ⑥ 2.6×10^4 ⑦ 2.8×10^4 ⑧ 3.0×10^4

解法のコツ

ポリエチレンは
$\lbrack CH_2-CH_2 \rbrack_n$ と表される。
このとき n を重合度，
CH_2-CH_2 を繰り返し単位という。
(繰り返し単位の式量) × n
= 分子量
の関係が成り立つ。

ポリエチレンは，エチレンを次のように(**ア**　　　　)重合して合成される。

$$nCH_2=CH_2 \longrightarrow \lbrack CH_2-CH_2 \rbrack_n$$

長い直鎖構造の合成樹脂なので(**イ**　　　　)の性質をもつ。

繰り返し単位は C_2H_4 でその式量は(**ウ**　　　　)。これが 1000 個結合してできるポリエチレンの分子量は**ウ** × 1000 = (**エ**　　　　)となる。

答 **ア** 付加 **イ** 熱可塑性 **ウ** 28 **エ** 2.8×10^4

例題②の解答
A ① B ⑦

第1編 知識の確認
第2編 計算問題対策
第3編 実験・グラフ問題対策
第4編 思考問題対策
第5編 模擬問題

演習問題

125 合成高分子化合物の性質 2分

15(追)●

合成高分子化合物に関する記述として**誤りを含むもの**を，次の①～⑤のうちから一つ選べ。 1

① 鎖状構造だけでなく，網目状構造の高分子もある。

② 重合度の異なる分子が集まってできている。

③ 非結晶部分(無定形部分)をもたない。

④ 明確な融点を示さない。

⑤ 熱可塑性樹脂は，加熱によって成形加工しやすくなる。

126 繊維 2分

17(追)●

繊維に関する記述として**誤りを含むもの**を，次の①～④のうちから一つ選べ。 2

① アクリル繊維の主な原料は，アクリロニトリルである。

② 綿の主成分は，多糖のアミロースである。

③ ポリプロピレンは，合成繊維としても利用される。

④ セルロースの再生繊維は，レーヨンと呼ばれる。

127 高分子化合物 3分

高分子化合物に関する次の記述①～⑤のうちから，下線部に**誤りを含むもの**を一つ選べ。 3

① アジピン酸とヘキサメチレンジアミンが縮合重合したものがナイロン66である。

② ε-カプロラクタムが開環重合して得られたポリアミド系繊維がナイロン6である。

③ テレフタル酸とエチレングリコールが縮合重合すると，ポリエステルが生成する。

④ ビニルアルコールを付加重合させ得られたポリビニルアルコールを，ホルムアルデヒド水溶液で処理して水に不溶にしたものがビニロンである。

⑤ スチレンと1,3-ブタジエンを共重合することにより，スチレン-ブタジエンゴムが生成する。

128 フェノール樹脂 3分

17(追)●

フェノール樹脂に関する次の文章中の空欄 ア ～ ウ に当てはまる語および構造式の組合せとして最も適当なものを，下の①～④のうちから一つ選べ。 4

フェノール樹脂の合成では，酸を触媒としてフェノールとホルムアルデヒドを反応させると，まず ア 反応により化合物A($C_7H_8O_2$)が生成し，化合物Aはさらにもう一分子のフェノールと イ 反応を起こす。このとき生成する化合物のうち，主成分の構造式は ウ である。このような ア 反応と イ 反応を繰り返すことにより，三次元網目状のフェノール樹脂が生成する。

	ア	イ	ウ		ア	イ	ウ
①	縮合	付加	(2-ヒドロキシフェニル)-C(=O)-(2-ヒドロキシフェニル) [OH O OH, C]	③	付加	縮合	(2-ヒドロキシフェニル)-C(=O)-(2-ヒドロキシフェニル) [OH O OH, C]
②	縮合	付加	(2-ヒドロキシフェニル)-CH_2-(2-ヒドロキシフェニル) [OH OH, CH_2]	④	付加	縮合	(2-ヒドロキシフェニル)-CH_2-(2-ヒドロキシフェニル) [OH OH, CH_2]

29 熱硬化性樹脂 2分

18●

熱硬化性樹脂であるものを，次の①～⑤のうちから一つ選べ。 5

① 尿素樹脂　② ポリ塩化ビニル　③ ポリエチレン

④ ポリスチレン　⑤ メタクリル樹脂(ポリメタクリル酸メチル)

30 ゴム 3分

生ゴムに関する記述として**誤りを含むもの**を，次の①～⑤のうちから一つ選べ。 6

① ラテックスとよばれるコロイド溶液に酢酸などの有機酸を加え，凝固させてつくられる。

② イソプレンが付加重合し，分子中に$-CH=C(CH_3)-CH=CH-$の繰り返し単位をもつ。

③ 空気中に長く放置すると，二重結合が酸素やオゾンによって酸化されてゴム弾性を失う。

④ 5～8％の硫黄を加え加熱すると，鎖状分子間で架橋が起こるため有機溶媒に溶けにくくなり軟化点も高くなる。

⑤ 30～40％の硫黄を加え長時間加熱すると，エボナイトと呼ばれる硬い物質になる。

31 イオン交換樹脂 3分

16(追)●

NaCl水溶液を，図1に示すイオン交換樹脂をつめたカラムに通して，イオン交換された水溶液Aを得た。この水溶液Aの性質(液性)と，Aに含まれる，水素イオンと水酸化物イオン以外のイオンの組合せとして最も適当なものを，下の①～⑥のうちから一つ選べ。ただし，イオン交換樹脂は，水溶液に含まれるイオンの量に対して十分な量を用いたものとする。 7

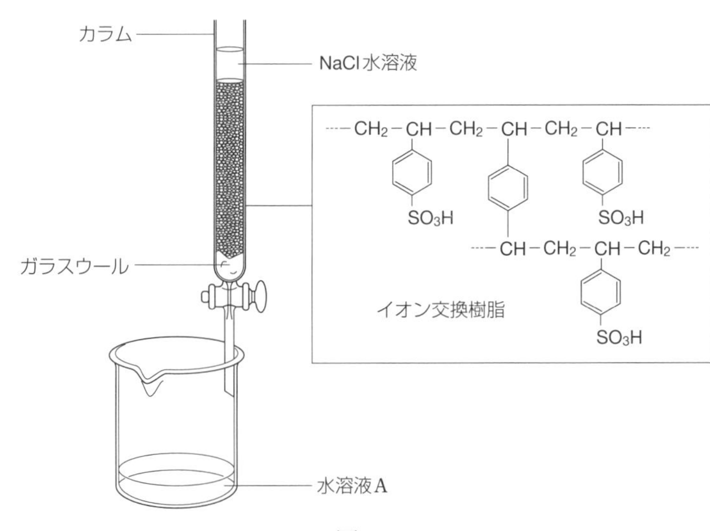

図 1

	Aの性質(液性)	Aに含まれるイオン(水素イオン，水酸化物イオン以外)
①	酸　性	Na^+
②	酸　性	Cl^-
③	中　性	Na^+
④	中　性	Cl^-
⑤	塩基性	Na^+
⑥	塩基性	Cl^-

5-2 天然高分子化合物

1 糖類

point!

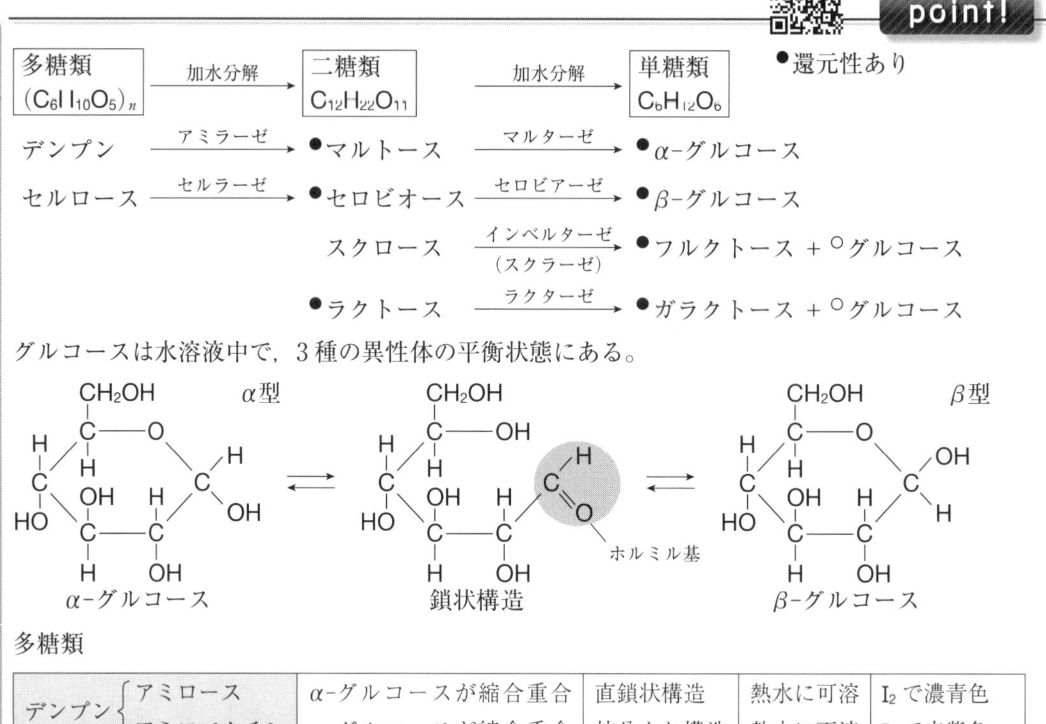

多糖類

デンプン｛アミロース	α-グルコースが縮合重合	直鎖状構造	熱水に可溶	I_2 で濃青色
デンプン｛アミロペクチン	α-グルコースが縮合重合	枝分かれ構造	熱水に不溶	I_2 で赤紫色
セルロース	β-グルコースが縮合重合	直線状構造	熱水に不溶	I_2 で呈色なし

糖類で還元性をもつのは，単糖類と，①______を除く二糖類である。還元性があるので②______反応を示したり③______液を還元したりする。

デンプンは，分子式が④______で表される代表的な多糖類である。多数の⑤______が縮合重合した構造をしており，直鎖状に結合している⑥______と，ところどころで枝分かれをして縮合した構造をもつ⑦______とがある。

デンプンの水溶液に⑧______溶液を加えると青紫～赤紫色に呈色する。この反応が⑨______である。

一方，セルロースは，多数の⑩______が縮合重合した構造をもつ。

二糖類のマルトースは，2分子の⑪______が次のように脱水縮合して⑫______結合でつながった構造をもつ。

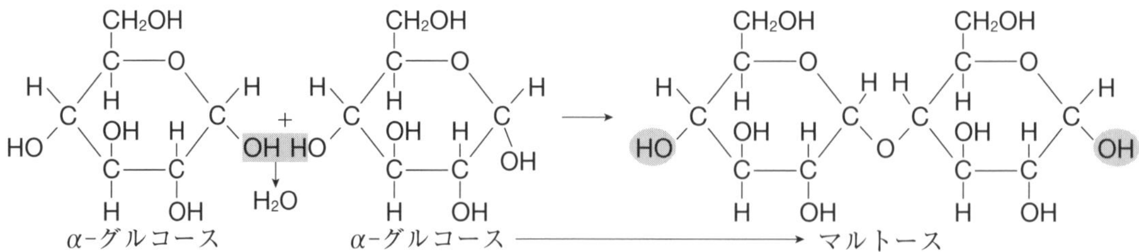

さらにマルトースの両端にあるヒドロキシ基が同じように脱水縮合してつながってできた高分子が⑬______と考えることができる。

答 ①スクロース　②銀鏡　③フェーリング　④$(C_6H_{10}O_5)_n$　⑤α-グルコース　⑥アミロース　⑦アミロペクチン　⑧ヨウ素　⑨ヨウ素デンプン反応　⑩β-グルコース　⑪α-グルコース　⑫グリコシド　⑬デンプン

2 ●—タンパク質

point!

α-アミノ酸の性質

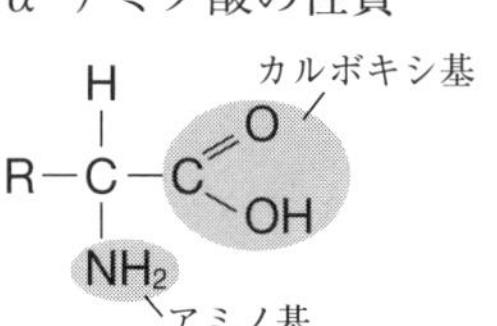

(1) グリシン以外は鏡像異性体をもつ。
(グリシンはRがHのアミノ酸)

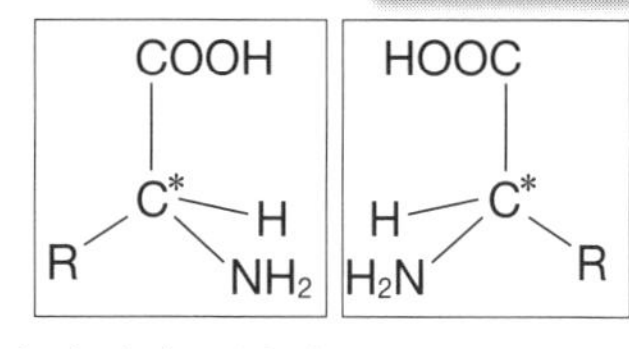

(2) 両性化合物
酸性の$-COOH$と塩基性の$-NH_2$の両方をもつので，酸・塩基のいずれとも中和反応する。

(3) 水溶液中における電離平衡

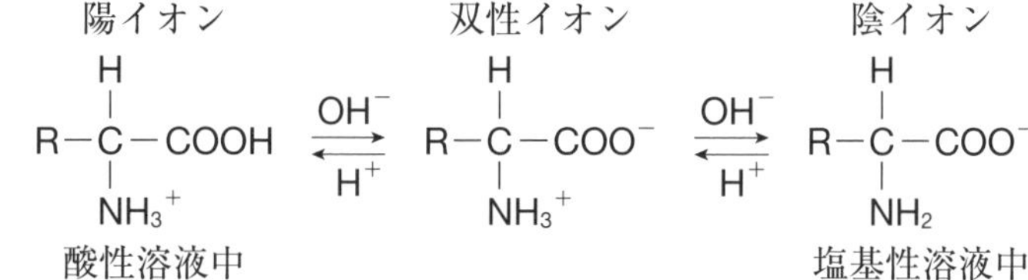

タンパク質……種々のα-アミノ酸が縮合重合したもの。ペプチド結合$-CO-NH-$によりつながっているポリペプチド。

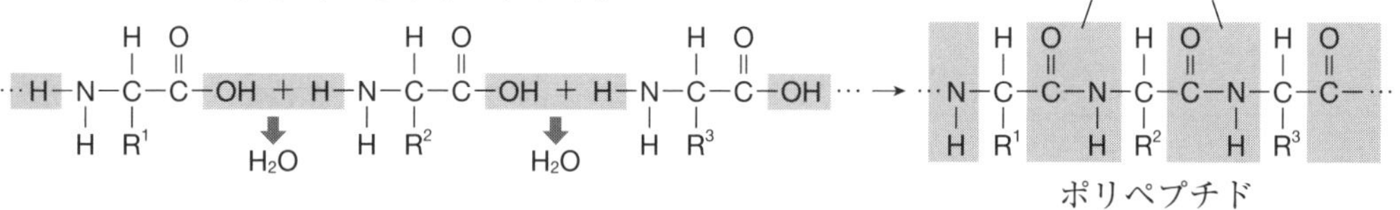

タンパク質の一次構造……アミノ酸の配列順序

二次構造……タンパク質分子は，らせん構造(α-ヘリックス)やシート状構造(β-シート)をとる。

タンパク質の呈色反応

反応	試薬と操作	呈色	検出されたもの
ビウレット反応	NaOH水溶液を加えた後，少量の$CuSO_4$水溶液を加える。	赤紫色	2個以上のペプチド結合をもつ
キサントプロテイン反応	濃HNO_3を加えて，加熱する。 冷却後，NH_3水を加える。	黄色 橙黄色	ベンゼン環を含む
硫黄の検出	濃NaOH水溶液と加熱後，酢酸鉛(Ⅱ)$(CH_3COO)_2Pb$水溶液を加える。	黒色 (PbS)	硫黄Sを含む

アミノ酸は分子内に酸性を示す①____基と塩基性を示す②____基をもつ。これらの基が同一の炭素原子に結合したアミノ酸を特に③____アミノ酸という。

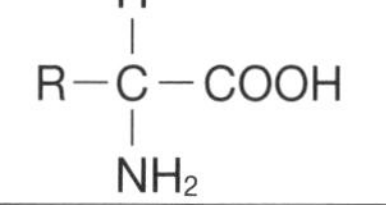

左のRがHのアミノ酸が④____で，これ以外のアミノ酸には⑤____異性体が存在する。

RがCH_3のアミノ酸の⑥____を水に溶かすと，中性水溶液では⑦____のような双性イオンとなっている。溶液を酸性にすると⑧____のような陽イオン，塩基性にすると⑨____のような陰イオンが主になる。pHを調節すると，これらの電荷が全体として0となることがある。このpHがアミノ酸の⑩____である。

アミノ酸どうしの結合を⑪____結合という。タンパク質は多数のアミノ酸が脱水縮合した⑫____である。

答 ①カルボキシ ②アミノ ③α- ④グリシン ⑤鏡像 ⑥アラニン ⑦$CH_3CH(NH_3^+)COO^-$
⑧$CH_3CH(NH_3^+)COOH$ ⑨$CH_3CH(NH_2)COO^-$ ⑩等電点 ⑪ペプチド ⑫ポリペプチド

3 ●─酵素

point!

酵素……タンパク質の一種で，生体内で起こる反応の触媒として働く。
酵素が働く相手物質を基質といい，酵素により基質は決まっていて，それ以外の物質には作用しない ⟶ **基質特異性**
酵素が最も高い触媒作用を示す温度や pH ⟶ **最適温度**，**最適 pH**

酵素の本体は①＿＿＿＿である。酵素は反応を促進する②＿＿＿＿作用を示し，これは特定の基質のみに働く。これを③＿＿＿＿という。おもな酵素を右に示す。

酵素	基質 → 生成物
④＿＿＿＿	デンプン →マルトース
⑤＿＿＿＿	マルトース→グルコース
⑥＿＿＿＿	スクロース→グルコース ＋ フルクトース
チマーゼ	グルコース→⑦＿＿＿＿ ＋ 二酸化炭素
リパーゼ	脂肪 →⑧＿＿＿＿ ＋ モノグリセリド

酵素反応が最も活発に行われる温度を⑨＿＿＿＿という。高温になると酵素はその働きを失ってしまう。それは，熱により，タンパク質が⑩＿＿＿＿するためである。

4 ●─核酸

point!

核酸……すべての生物に存在し，遺伝情報の伝達に重要な役割を果たす高分子

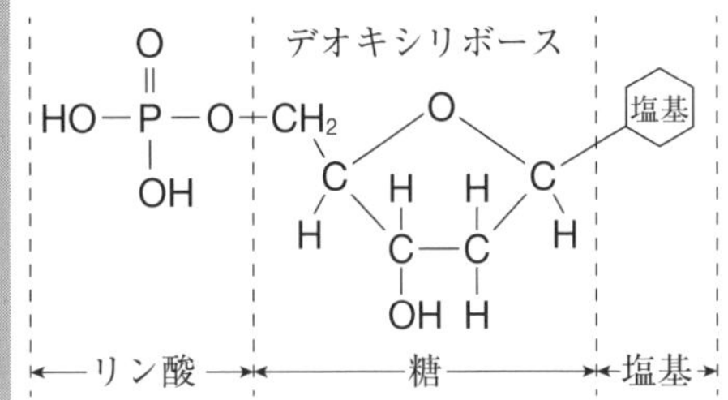

窒素を含む塩基と五炭糖とリン酸が結合した化合物
‖
ヌクレオチド

多数のヌクレオチドが，糖とリン酸の部分でエステル結合する
↓
ポリヌクレオチド ＝ 核酸

核酸はデオキシリボ核酸(DNA)とリボ核酸(RNA)に分けられる。

	DNA	RNA
糖	デオキシリボース $C_5H_{10}O_4$	リボース $C_5H_{10}O_5$
塩基	アデニン，グアニン，シトシン，チミン A G C T	アデニン，グアニン，シトシン，ウラシル A G C U
立体構造	２本の鎖状分子による二重らせん構造	１本の鎖状分子
働き	遺伝子の本体	タンパク質合成の手助け

DNA はおもに細胞の核に存在し，RNA はおもに細胞質に存在している。

窒素を含む塩基と五炭糖とリン酸が結合したものを⑪＿＿＿＿といい，それぞれが多数縮合重合したものが⑫＿＿＿＿である。そのうち，糖が⑬＿＿＿＿であるものが DNA(デオキシリボ核酸)である。

DNA には４種類の塩基があり，⑭＿＿＿＿結合により塩基部分が他の塩基と対をなすため，⑮＿＿＿＿構造をとる。

答 ①タンパク質 ②触媒 ③基質特異性 ④アミラーゼ ⑤マルターゼ ⑥インベルターゼ(スクラーゼ) ⑦エタノール ⑧脂肪酸 ⑨最適温度 ⑩変性 ⑪ヌクレオチド ⑫ポリヌクレオチド ⑬デオキシリボース ⑭水素 ⑮二重らせん

例題 1 糖類

糖類に関する次の記述①～④のうちから，**誤りを含むもの**を一つ選べ。

① グルコースは無色の結晶で，その分子には5個のヒドロキシ基と1個のホルミル基をもつ。

② フルクトースは果糖ともよばれ，無色の結晶で水に溶けやすく，甘味がある。

③ マルトースは麦芽糖ともよばれ，デンプンにアミラーゼという酵素を作用させると生じる。

④ スクロースはショ糖ともよばれ，水に溶けやすく，甘味がある。

① グルコース分子は，結晶中では六員環構造をとっており，次のように$-OH$基を(ア　　　)個もつが，ホルミル基はもたない。(図はα型で表示してある。)

これを水に溶かすと，一部の分子の六員環構造が開いて鎖状構造となる(下図)が，このとき(イ　　　)基ができる。

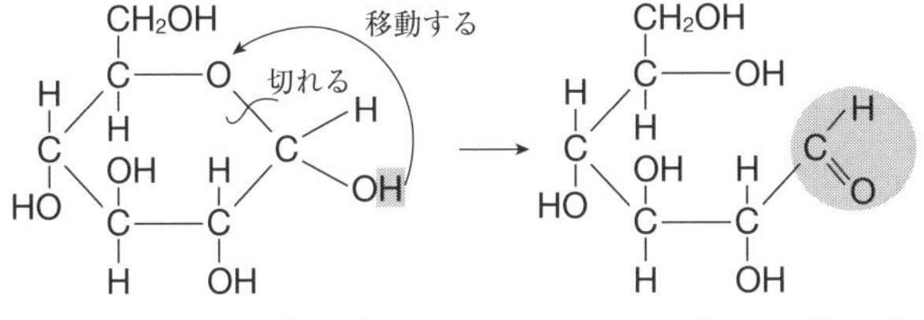

結晶では，ホルミル基をもたないので誤りである。②～④は正しい。

答 ア 5　イ ホルミル

解法のコツ

糖類の物質は，まず「単糖類」「二糖類」「多糖類」に分類する。

① グルコースは単糖類

② フルクトースは単糖類

③ マルトースは二糖類
←グルコース2分子の組合せ

④ スクロースは二糖類
←グルコース＋フルクトースの組合せ

例題①の解答

①

例題 2 タンパク質

タンパク質に関する記述①～⑤のうちから，**誤りを含むもの**を一つ選べ。

① ベンゼン環を含むタンパク質の水溶液に濃塩酸を加えて加熱し，冷却後にアンモニア水を加えると橙黄色になる。

② タンパク質の塩基性水溶液に硫酸銅(Ⅱ)水溶液を加えると青紫～赤紫色になる。

③ タンパク質の水溶液にニンヒドリン水溶液を加えて加熱すると青紫～赤紫色になる。

④ 硫黄を含むタンパク質の塩基性水溶液を加熱した後，酢酸鉛(Ⅱ)水溶液を加えると沈殿が生じる。

⑤ タンパク質水溶液に多量の重金属イオンを加えると沈殿が生じる。

① ベンゼン環を含むタンパク質に濃塩酸ではなく(ア　　　)を加えると，(イ　　　)反応が起こる。誤り。

② この呈色反応を(ウ　　　)反応という。

③ (エ　　　)反応は，非常に鋭敏なものなので，α-アミノ酸の検出だけでなく，タンパク質の末端のアミノ基でも反応が起こる。

④ $Pb^{2+} + S^{2-} \longrightarrow PbS$ の反応で(オ　　　)色の沈殿が生じる。

⑤ Cu^{2+}やPb^{2+}を加えると，タンパク質の(カ　　　)が起こって沈殿が生じる。

答 ア 濃硝酸　イ キサントプロテイン　ウ ビウレット　エ ニンヒドリン　オ 黒　カ 変性

解法のコツ

タンパク質の呈色反応は，

1) 試薬と操作

2) その結果起こる色の変化

3) どのようなタンパク質で起こるのか

を整理しておく。

例題②の解答

①

演習問題

132 糖類 3分

糖類に関する次の記述①～⑤のうちから，正しいものを一つ選べ。[1]

① グルコース（ブドウ糖）とフルクトース（果糖）は，ともに還元性を示し，その鎖状構造はホルミル基をもつ。

② スクロース（ショ糖）は，グルコースとフルクトースが脱水縮合した構造をもち，還元性を示す。

③ グルコースは，環状構造でも鎖状構造でも，同じ数のヒドロキシ基をもつ。

④ グルコースを完全にアルコール発酵させると，1分子のグルコースから3分子のエタノールが生じる。

⑤ セルロースを希硫酸で加水分解すると，マルトース（麦芽糖）を経て，グルコースを生じる。

133 グルコース 5分

17 試行テスト●

グルコースは，水溶液中で図1のような平衡状態にある。

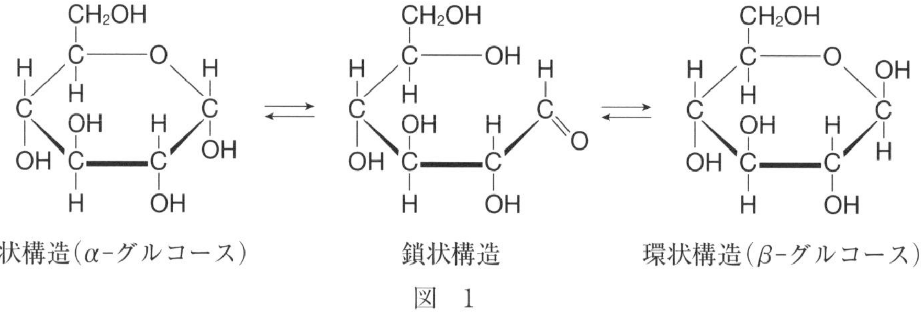

図 1

問1 下線部に関して，グルコースの一部が水溶液中で図1の鎖状構造をとっていることを確認する方法として最も適当なものを，次の①～⑥のうちから一つ選べ。[2]

① 臭素水を加えて，赤褐色の脱色を確認する。

② ヨウ素ヨウ化カリウム水溶液（ヨウ素溶液）を加えて，青紫色の呈色を確認する。

③ アンモニア性硝酸銀水溶液を加えて加熱し，銀の析出を確認する。

④ 酢酸と濃硫酸を加えて加熱し，芳香を確認する。

⑤ ニンヒドリン溶液を加えて加熱し，紫色の呈色を確認する。

⑥ 濃硝酸を加えて加熱し，黄色の呈色を確認する。

問2 下線部に関して，図1のような平衡状態は，グルコース以外でも見られることがわかっている。このことを参考にして，メタノール CH_3OH とアセトアルデヒド CH_3CHO の混合物中に存在すると考えられる分子を，次の①～⑤のうちから一つ選べ。[3]

① CH_3-CH_2-OH

② $HO-CH_2-CH_2-CH_2-OH$

③ $CH_3-CH(CH_3)-O-OH$

④ $CH_3-CH(OH)-O-CH_3$

⑤ $CH_3-C(=O)-O-CH_3$

34 アミロースとアミロペクチン 3分

アミロースとアミロペクチンに関する次の記述①～⑤のうちから，正しいものを一つ選べ。［ 4 ］

① アミロースはグルコースのみからなるが，アミロペクチンはグルコースとフルクトースからなる。

② アミロースは α-グルコースのみからなるが，アミロペクチンは α-グルコースと β-グルコースからなる。

③ アミロースはグルコースが直鎖状に結合した構造であるが，アミロペクチンは枝分かれした構造である。

④ アミロースは長い繊維状，アミロペクチンは折りたたまれた構造をもつが，どちらもグルコースが直鎖状に結合したものである。

⑤ アミロースは主に植物，アミロペクチンは主に動物体内に存在するが，構造上の違いはない。

35 アミノ酸 3分

アミノ酸に関する次の記述①～⑤のうちから，正しいものを一つ選べ。［ 5 ］

① すべてのアミノ酸のアミノ基とカルボキシ基は，同一の炭素原子に結合している。

② タンパク質を構成する天然のアミノ酸に含まれる元素は水素，炭素，窒素，酸素の4種類だけである。

③ アミノ酸の分子内に，塩基性のアミノ基と酸性のカルボキシ基をもつので，アミノ酸の水溶液は，すべて中性である。

④ アミノ酸は，結晶中で双性イオンの状態で存在しており，酸にも塩基にもよく溶ける。

⑤ すべてのアミノ酸には，鏡像異性体が存在する。

36 タンパク質 3分

18●

タンパク質に関する記述として**誤りを含むもの**を，次の①～⑤のうちから一つ選べ。［ 6 ］

① ポリペプチド鎖がつくるらせん構造（α-ヘリックス構造）では，$>C=O\cdots H-N<$ の水素結合が形成されている。

② ポリペプチド鎖にある二つのシステインは，ジスルフィド結合（S－S結合）をつくることができる。

③ 加水分解したとき，アミノ酸のほかに糖類やリン酸などの物質も同時に得られるタンパク質を，複合タンパク質という。

④ 繊維状タンパク質では，複数のポリペプチドの鎖が束（束状）になっている。

⑤ 一般に，加熱によって変性したタンパク質は，冷却するともとの構造に戻る。

37 核酸 3分

15（追）●

天然に存在する核酸に関する記述として**誤りを含むもの**を，次の①～⑤のうちから一つ選べ。

［ 7 ］

① 核酸の単量体に相当する分子をヌクレオチドという。

② 核酸は，それを構成する糖のヒドロキシ基とリン酸が縮合した構造をもつ。

③ RNA は5種類の塩基をもつ。

④ DNA は4種類の塩基をもつ。

⑤ DNA の二重らせん構造では，塩基どうしが水素結合を形成している。

6—1 日常生活の化学

1 ●—無機物質

point!

物質		用途・化学製品	性質等
貴ガス	ネオン Ne	ネオンサインとして広告灯に	低圧で放電すると美しい赤色の光を発する。
	ヘリウム He	気球用ガス，極低温の実験	軽くて，不燃性。 あらゆる物質のうちで最も融点，沸点が低い。
次亜塩素酸 HClO		水道水やプールの殺菌	強い酸化力を示し，漂白・殺菌作用あり。
ハロゲン化銀		写真，フィルムの感光剤	感光性がある。
過酸化水素 H_2O_2		消毒薬	約3％水溶液はオキシドールと呼ばれ，家庭用消毒薬。 $2H_2O_2 \longrightarrow 2H_2O + O_2$
二酸化硫黄 SO_2		漂白剤	還元性がある。
ドライアイス CO_2		冷却剤	二酸化炭素の固体で，－78.5℃で昇華し，まわりの熱を奪う。
ケイ素 Si		コンピュータ部品，太陽電池	電気をわずかに通し，半導体の性質をもつ。
シリカゲル $SiO_2 \cdot nH_2O$		乾燥剤 吸着剤(クロマトグラフィー用)	吸着力が強い。多孔性で，その表面積は1gにつき450 m^2 に及ぶ。
炭酸ナトリウム Na_2CO_3		ガラスなどの原料	アンモニアソーダ法で製造される。
炭酸水素ナトリウム $NaHCO_3$		ベーキングパウダー	加熱すると分解が起こり，CO_2 を発生してふくらませる作用がある。 $2NaHCO_3 \longrightarrow Na_2CO_3 + H_2O + CO_2$
		胃薬などの医薬品	胃液中の HCl を中和する。 $HCl + NaHCO_3 \longrightarrow NaCl + H_2O + CO_2$
酸化カルシウム CaO		乾燥剤 発熱剤(弁当の加温)	生石灰とも呼ばれる。水分を吸収しやすい。 $CaO + H_2O \longrightarrow Ca(OH)_2$ の反応で熱を発生する。
硫酸カルシウム $CaSO_4$		塑像，医療用のギプス 建築材料	焼きセッコウ $CaSO_4 \cdot \frac{1}{2}H_2O$ を水と練って放置すると，少し体積を増やしながら硬くなり，セッコウ $CaSO_4 \cdot 2H_2O$ になる。
硫酸バリウム $BaSO_4$		X線撮影での胃や腸の造影剤	白色の沈殿。X線をさえぎる。胃液にも溶けない。
塩化カルシウム $CaCl_2$		気体の乾燥剤	NH_3 を除くほとんどの気体の乾燥に用いることができる。

ハロゲン化銀のうち，AgCl は①＿＿＿＿色，AgBr は②＿＿＿＿色，AgI は③＿＿＿＿色の沈殿物質。光が当たると，次のように分解して，銀の微粒子を生じるので感光剤として用いられる。

$2AgBr \longrightarrow$ ④＿＿＿＿

繊維の漂白に用いられる気体としては Cl_2 と SO_2 がある。Cl_2 には⑤＿＿＿＿力による漂白作用があり，SO_2 には⑥＿＿＿＿力による漂白作用がある。Cl_2 は作用が強いので，生地が傷んでしまう絹や羊毛などの漂白には SO_2 が用いられている。

答 ①白 ②淡黄 ③黄 ④ $2Ag + Br_2$ ⑤酸化 ⑥還元

2 ● 有機物質

point!

物質	用途，化学製品	性質等
メタノール CH_3OH	燃料，燃料電池の水素の供給源。有機溶媒や化学工業の原料	工業的には触媒を用いて $CO + 2H_2 \longrightarrow CH_3OH$ の反応で製造する。
ホルムアルデヒド $HCHO$	消毒剤，防腐剤 フェノール樹脂などの原料	約 40 %水溶液をホルマリンと呼ぶ。毒性は強い。
酢酸エチル $CH_3COOC_2H_5$	食品に添加する香料	揮発性で，果実のような芳香をもつ。
サリチル酸メチル　OH　COOCH$_3$	医薬品 （筋肉などの消炎鎮痛剤）	強い芳香をもつ油状の液体。塗布の形で用いられる。
アセチルサリチル酸　OCOCH$_3$　COOH	医薬品（解熱鎮痛剤）	白色，針状の結晶。
p-ヒドロキシアゾベンゼン	赤橙色の染料	アゾ基 $-N=N-$ をもつ化合物は染料に多い。
ポリエチレン	包装材，買物袋，容器	付加重合による高分子。
ポリ塩化ビニル	水道パイプ，電気絶縁材料	付加重合による高分子。耐薬品性。
ポリエチレンテレフタラート	ワイシャツなどの衣料品 PET ボトルの原料	縮合重合による高分子。

ポリ塩化ビニルは，高温で燃焼させると①＿＿＿＿のような有毒ガスが発生するので注意を要する。

3 ● 化学工業

point!

アンモニアソーダ法 （ソルベー法） ［Na_2CO_3 の製法］	$NaCl + NH_3 + CO_2 + H_2O \longrightarrow NaHCO_3 + NH_4Cl$ $2NaHCO_3 \longrightarrow Na_2CO_3 + CO_2 + H_2O$ （難溶性の $NaHCO_3$ を取り出し，熱分解する。）
ハーバー・ボッシュ法 （ハーバー法） ［NH_3 の製法］	$N_2 + 3H_2 \rightleftarrows 2NH_3$ （鉄の酸化物を触媒として，500 ℃・高圧で反応させる。）
オストワルト法 ［HNO_3 の製法］	$4NH_3 + 5O_2 \longrightarrow 4NO + 6H_2O$（白金を触媒とする。） $2NO + O_2 \longrightarrow 2NO_2$ $3NO_2 + H_2O \longrightarrow 2HNO_3 + NO$
接触法 ［H_2SO_4 の製法］	$2SO_2 + O_2 \longrightarrow 2SO_3$（酸化バナジウム（V）$V_2O_5$ が触媒。） $SO_3 + H_2O \longrightarrow H_2SO_4$

オストワルト法は②＿＿＿＿から③＿＿＿＿を製造する工業的な方法である。各段階の物質中の N の酸化数を調べると，NH_3（酸化数 − 3）$\longrightarrow$ NO（酸化数④＿＿＿＿）$\longrightarrow$ NO_2（酸化数⑤＿＿＿＿）$\longrightarrow$ HNO_3（酸化数⑥＿＿＿＿）と順次，酸化されていくことがわかる。

答 ① HCl　② NH_3　③ HNO_3　④ ＋2　⑤ ＋4　⑥ ＋5

例題 1　NH_3 からつくられる化学製品

触媒を用いることにより，窒素と水素からアンモニアを工業的に合成することが可能になり，生活水準が向上した。次のa～dに示す化学物質のうち，アンモニアから製造されるものの組合せとして最も適当なものを，下の①～⑥のうちから一つ選べ。

a　硝酸　　　　　　b　硫酸アンモニウム
c　サリチル酸メチル　d　ポリ塩化ビニル

①　a・b　②　a・c　③　a・d
④　b・c　⑤　b・d　⑥　c・d

解法のコツ

まず，化学式を書いてアンモニア NH_3 から製造されているか予想してみよう。

a　HNO_3
b　$(NH_4)_2SO_4$
c　$C_6H_4(OH)COOCH_3$（ベンゼン環に OH と $COOCH_3$）
d　$\mathrm{[CH_2-CH(Cl)]_n}$

a　硝酸の工業的製法は(ア　　　　　)法と呼ばれる。アンモニアを酸化してつくった(イ　　　)を空気中で(ウ　　　)にし，これを水に溶かして硝酸をつくる。

硝酸は，火薬，染料，医薬品の原料になる。

b　硫酸アンモニウムは，(エ　　　　)と(オ　　　　)の中和反応でつくられる。硫安ともいい，窒素肥料となる。

$$H_2SO_4 + 2NH_3 \longrightarrow (NH_4)_2SO_4$$

c　サリチル酸メチルは，サリチル酸とメタノールの(カ　　　　)化により得られる。

(キ　　　　　　　　　)$\longrightarrow$ $C_6H_4(OH)COOCH_3$ $+H_2O$

医薬品で，(ク　　　　)剤として用いられる。

d　ポリ塩化ビニルは，(ケ　　　　　)の付加重合によってつくられ，パイプや，電気絶縁材料，建材に用いられる。

答　ア　オストワルト　イ　NO　ウ　NO_2　エ・オ　硫酸，アンモニア　カ　エステル
キ　$C_6H_4(OH)COOH$ $+CH_3OH$　ク　消炎鎮痛　ケ　塩化ビニル

例題①の解答
①

例題 2　工業原料

単体に関する次の記述a・bに当てはまる第3周期元素の組合せとして最も適当なものを，右の①～④のうちから一つ選べ。

a　結晶はダイヤモンドと同じ構造で，高純度のものは半導体の材料である。
b　燃焼させると有毒な気体となるが，この気体をさらに酸化して得られる物質は重要な工業原料である。

	a	b
①	Si	S
②	Al	S
③	Si	P
④	Al	P

解法のコツ

選択肢にあげられている
a　SiとAl
b　SとP
の性質を比べるとわかりやすい。

a　ケイ素Siは(ア　　　　)族の非金属元素で，同じ族の炭素(ダイヤモンド)と同様，正四面体の(イ　　　　)結合の結晶をつくる。(ウ　　　　)の原料として太陽電池やコンピュータに用いられる。

b　硫黄の酸化物の(エ　　　　)は有毒な気体である。さらに酸化して得られた(オ　　　　)は硫酸製造の原料になる。この工業的製法を(カ　　　　)という。

答　ア　14　イ　共有　ウ　半導体　エ　SO_2　オ　SO_3　カ　接触法

例題②の解答
①

演習問題

38 化学製品 3分

現代社会には化学のさまざまな成果が活用されている。化学の成果とそれによって普及した製品との組合せとして**適当でないもの**を，次の①～⑤のうちから一つ選べ。 1

	化学の成果	普及した製品
①	高純度のケイ素の製造	太陽電池
②	電気分解による金属の精錬	建築材としての鋼
③	空気中の窒素からのアンモニア合成	化学肥料
④	塩化ナトリウムと二酸化炭素からの炭酸ナトリウムの製造	ガラス製品
⑤	リチウムを使う二次電池の開発	携帯用電子機器

39 日常生活における化学物質 3分

日常生活における化学物質の利用に関する記述として**誤りを含むもの**を，次の①～⑤のうちから一つ選べ。 2

① エチレンを重合させて得られる高分子は，容器や袋などに用いられる。
② アセトアニリドは洗剤に用いられる。
③ ケイ素は半導体として，集積回路や太陽電池に用いられる。
④ 塩化カルシウムは乾燥剤に用いられる。
⑤ 炭酸水素ナトリウムは，ベーキングパウダー(ふくらし粉)に用いられる。

40 アンモニアソーダ法 5分

図1はアンモニアソーダ法(ソルベー法)によって炭酸ナトリウムが製造される過程である。アンモニアソーダ法に関する記述として**誤りを含むもの**を，下の①～⑤のうちから一つ選べ。 3

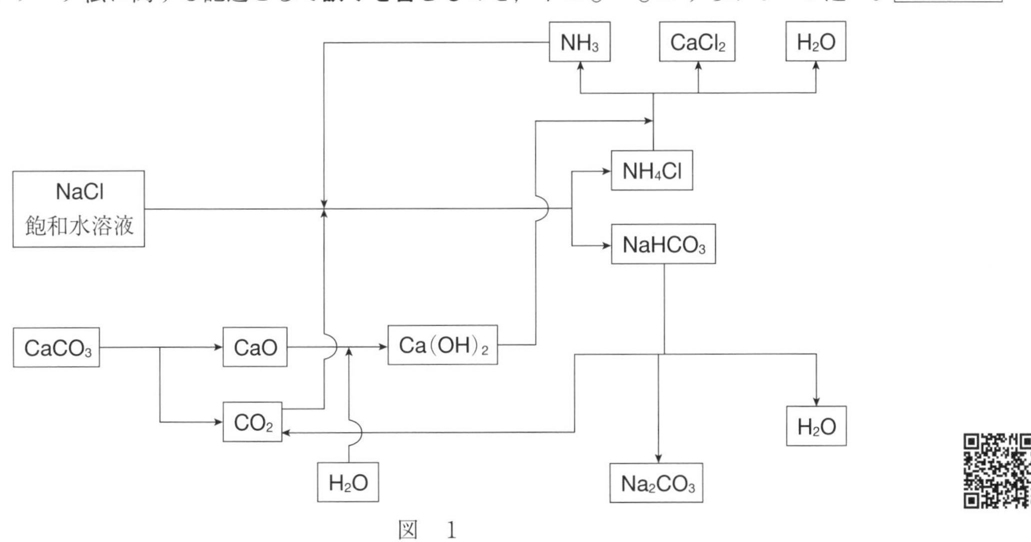

図 1

① 塩化ナトリウム飽和水溶液に二酸化炭素とアンモニアを吹き込んで，塩化アンモニウムを沈殿させる。
② 炭酸カルシウムを加熱すると，酸性酸化物(気体)と塩基性酸化物(固体)が生成する。
③ 塩化アンモニウムと水酸化カルシウムを反応させると，アンモニア，塩化カルシウムおよび水が

生成する。

④　アンモニアは回収してアンモニアソーダ法の中で再利用する。

⑤　発生する二酸化炭素をすべて利用すると，炭酸ナトリウムの製造に必要な炭酸カルシウムの物質量は塩化ナトリウムの$\frac{1}{2}$である。

141　工業的製法　4分

無機化合物の工業的製法に関する記述の中で，下線部に酸化還元反応を**含まないもの**を，次の①～⑤のうちから一つ選べ。［ 4 ］

①　硫酸の製造には，酸化バナジウム(V) V_2O_5 を触媒として二酸化硫黄から三酸化硫黄をつくる工程がある。

②　アンモニアの製造には，鉄を主成分とする触媒を用いて水素と窒素からアンモニアをつくる工程がある。

③　硝酸の製造には，白金を触媒としてアンモニアから一酸化窒素をつくる工程がある。

④　硝酸の製造には，一酸化窒素を空気と反応させて二酸化窒素をつくる工程がある。

⑤　炭酸ナトリウムの製造には，塩化ナトリウム飽和水溶液，アンモニア，および二酸化炭素から炭酸水素ナトリウムをつくる工程がある。

142　化学物質の取り扱い　3分

化学物質は暮らしを豊かにしているが，その取り扱いには注意も必要である。化学物質に関する現象の記述の中で，化学反応が**関係していないもの**を，次の①～⑤のうちから一つ選べ。［ 5 ］

①　トイレや浴室用の塩素を含む洗剤を成分の異なる他の洗剤と混ぜると，有毒な気体が発生することがある。

②　閉めきった室内で炭を燃やし続けると，有毒な気体の濃度が高くなる。

③　高温のてんぷら油に水滴を落とすと，油が激しく飛び散ることがある。

④　ガス漏れに気がついたときに換気扇のスイッチを入れると，爆発を起こすことがある。

⑤　海苔の袋に乾燥剤として入っている酸化カルシウム(生石灰)を水でぬらすと，高温になることがある。

143　身のまわりの化学　3分

身のまわりのさまざまな出来事と，それに関係している反応や変化の組合せとして**適当でないもの**を，次の①～⑤のうちから一つ選べ。［ 6 ］

	身のまわりの出来事	反応や変化
①	漂白剤を使うと洗濯物が白くなった。	酸化・還元
②	水にぬれたままの衣服を着ていて体が冷えた。	蒸発
③	夜空に上がった花火がさまざまな色を示した。	炎色反応
④	包装の中にシリカゲルが入れてあったので，食品が湿らなかった。	吸着
⑤	衣装ケースに入れてあったナフタレンを主成分とする防虫剤が小さくなった。	風解

1 中和反応と pH

1 ●一中和反応の計算では，次の 2 つの解法がある。

例 0.10 mol/L の塩酸 40 mL を中和するには，0.20 mol/L の水酸化バリウム水溶液が何 mL 必要か。

解法 1 化学反応式を書き，「反応式の係数比＝物質量比」で求める。

塩酸は $HCl \longrightarrow H^+ + Cl^-$ ……①

水酸化バリウムは $Ba(OH)_2 \longrightarrow Ba^{2+} + 2OH^-$ ……②

$H^+ + OH^- \longrightarrow H_2O$ となるように，①× 2 ＋②とする。

$$2HCl + Ba(OH)_2 \longrightarrow BaCl_2 + 2H_2O$$

HCl と $Ba(OH)_2$ は物質量比 2：1 で反応している。

$Ba(OH)_2$ 水溶液の体積を x〔L〕とすると，

$$\left(0.10\ \text{mol/L} \times \frac{40}{1000}\ \text{L}\right) : (0.20\ \text{mol/L} \times x[\text{L}]) = 2 : 1$$

これを解いて，$x = 0.010\ \text{L}$　よって，$x = 10\ \text{mL}$

解法 2 (酸からの H^+ の物質量)＝(塩基からの OH^- の物質量)を活用する。

c〔mol/L〕の a 価の酸 V〔L〕と，c'〔mol/L〕の b 価の塩基 V'〔L〕がちょうど中和したとき，

$a \times c \times V = b \times c' \times V'$ が成り立つ。この式に代入すると，

HCl ↓ $HCl \longrightarrow \underline{H^+} + Cl^-$ → H^+

$Ba(OH)_2$ ↓ $Ba(OH)_2 \longrightarrow Ba^{2+} + \underline{2OH^-}$ → $2OH^-$

$$1 \times 0.10\ \text{mol/L} \times \frac{40}{1000}\ \text{L} = 2 \times 0.20\ \text{mol/L} \times x[\text{L}]$$

これを解いて，$x = 0.010\ \text{L}$　よって，$x = 10\ \text{mL}$

2 ●一 pH(水素イオン指数)の計算

$[H^+] = 10^{-n}$ mol/L のとき，pH ＝ n

c〔mol/L〕の 1 価の酸の電離度が α のとき，その水溶液の水素イオン濃度 $[H^+]$ は，

$[H^+] = c\alpha$　　電離度 α は濃度により変化する。

例 0.1 mol/L の塩酸($\alpha = 1$)と酢酸($\alpha = 0.01$)の水溶液の pH を求めよ。

0.1 mol/L の塩酸は $HCl \longrightarrow H^+ + Cl^-$ と完全に電離しているので，

$[H^+] = 0.1 = 10^{-1}$ mol/L　　よって，pH ＝ 1

0.1 mol/L の酢酸は $CH_3COOH \longrightarrow CH_3COO^- + H^+$ で電離度 $\alpha = 0.01$ であるから，

$[H^+] = 0.1 \times 0.01 = 10^{-3}$ mol/L　　よって，pH ＝ 3

例 pH 1 の塩酸 1 mL をとり，薄めて 100 mL としたとき，pH はいくらか。

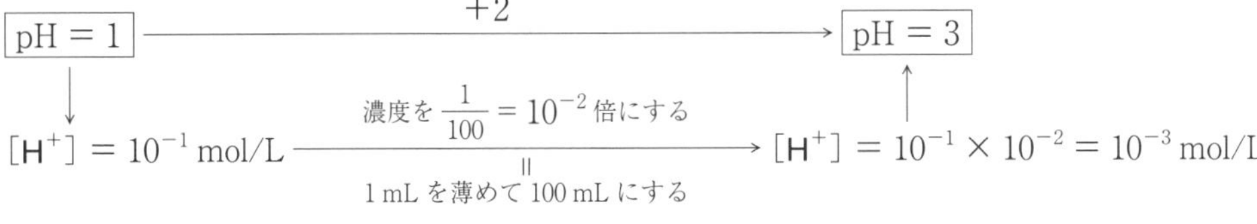

答えの pH ＝ 3 は，ちょうど 1 ＋ 2 ＝ 3 の関係となっている。

演習問題

144 水酸化ナトリウムと硫酸の反応 3分

濃度未知の水酸化ナトリウム水溶液 V_1〔L〕を中和するために，濃度 C〔mol/L〕の希硫酸 V_2〔L〕を要した。この水酸化ナトリウム水溶液の濃度は何 mol/L か。正しいものを，次の①～⑥のうちから一つ選べ。[1] mol/L

① $\dfrac{2CV_2}{V_1}$　② $\dfrac{2CV_1}{V_2}$　③ $\dfrac{CV_2}{2V_1}$　④ $\dfrac{CV_1}{2V_2}$　⑤ $\dfrac{CV_2}{V_1}$　⑥ $\dfrac{CV_1}{V_2}$

145 塩酸と水酸化ナトリウムの反応 3分

10 倍に薄めた希塩酸 10 mL を，0.10 mol/L の水酸化ナトリウム水溶液で滴定したところ，中和までに 8.0 mL を要した。薄める前の希塩酸の濃度は何 mol/L か。次の①～⑤のうちから，最も適当な数値を一つ選べ。[2] mol/L

① 0.080　② 0.16　③ 0.40　④ 0.80　⑤ 1.2

146 シュウ酸による水酸化ナトリウムの滴定 5分　原子量 H = 1.0，C = 12，O = 16 とする。15●

濃度不明の水酸化ナトリウム水溶液の濃度を求めるために次の**実験**を行った。

実験　6.30 g のシュウ酸二水和物 $(COOH)_2 \cdot 2H_2O$ を正確にはかり取り，これを水に溶かして 1000 mL にした。この水溶液をビュレットに入れ，コニカルビーカーに入れた 20.0 mL の水酸化ナトリウム水溶液を滴定した。

滴定を開始したときのビュレットの読みは，8.80 mL であり，中和点でのビュレットの液面の高さは図 1 のようになった。水酸化ナトリウム水溶液の濃度として最も適当な数値を，下の①～⑥のうちから一つ選べ。ただし，ビュレットの数値の単位は mL である。[3] mol/L

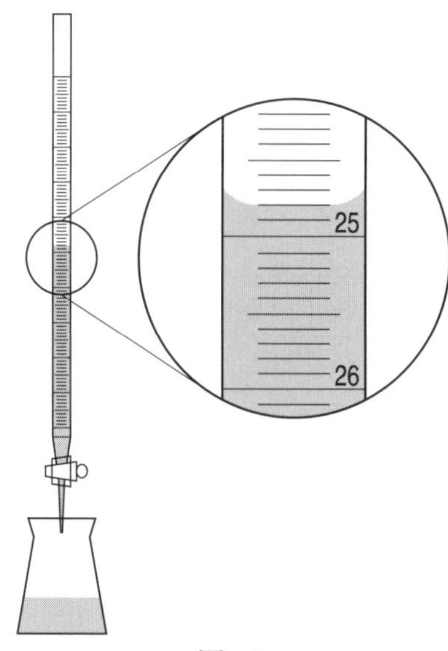

図 1

① 0.0350　② 0.0400　③ 0.0410　④ 0.0700　⑤ 0.0800　⑥ 0.0820

47　シュウ酸，塩酸と水酸化ナトリウムの反応　5分

0.10 mol/L のシュウ酸$(COOH)_2$水溶液と，濃度未知の塩酸がある。それぞれ10 mLを，ある濃度の水酸化ナトリウム水溶液で滴定したところ，中和に要した体積は，それぞれ7.5 mLと15 mLであった。この塩酸の濃度は何mol/Lか。最も適当な数値を，次の①～⑥のうちから一つ選べ。

［ 4 ］mol/L

① 0.025　② 0.050　③ 0.10　④ 0.20　⑤ 0.40　⑥ 0.80

48　中和反応後のpH　8分

濃度不明の塩酸500 mLと0.010 mol/Lの水酸化ナトリウム水溶液500 mLを混合したところ，溶液のpHは2.0であった。

塩酸の濃度〔mol/L〕として最も適当な数値を，次の①～⑤のうちから一つ選べ。ただし，溶液中の塩化水素の電離度を1.0とする。［ 5 ］mol/L

① 0.010　② 0.020　③ 0.030　④ 0.040　⑤ 0.050

49　中和反応，電離度　6分

0.036 mol/Lの酢酸水溶液のpHは3.0であった。次の問い（**a**・**b**）に答えよ。

a　この酢酸水溶液10.0 mLを，水酸化ナトリウム水溶液で中和滴定したところ，18.0 mLを要した。用いた水酸化ナトリウム水溶液の濃度は何mol/Lか。最も適当な数値を，次の①～⑤のうちから一つ選べ。［ 6 ］mol/L

① 0.010　② 0.020　③ 0.040　④ 0.065　⑤ 0.130

b　この酢酸水溶液中の酢酸の電離度として最も適当な数値を，次の①～⑤のうちから一つ選べ。

［ 7 ］

① 1.0×10^{-6}　② 1.0×10^{-3}　③ 2.8×10^{-2}　④ 3.6×10^{-2}　⑤ 3.6×10^{-1}

50　二酸化炭素の定量　8分

14(追)●

二酸化炭素と酸素の混合気体がある。この混合気体中の二酸化炭素の量を求めるために，次の実験を行った。

この混合気体を，1.00×10^{-2} mol/Lの$Ba(OH)_2$水溶液1.00 Lに通じて完全に反応させた。生じた$BaCO_3$の沈殿を取り除き，残った$Ba(OH)_2$水溶液から100 mLをとり，1.00×10^{-2} mol/Lの硫酸で中和したところ20.0 mL必要であった。

この混合気体に含まれていた二酸化炭素は，標準状態で何mLか。最も適当な数値を，次の①～⑤のうちから一つ選べ。［ 8 ］mL

① 45　② 90　③ 180　④ 360　⑤ 720

2 酸化還元反応

1 —酸化剤・還元剤の半反応式のつくり方

酸化剤，還元剤の働きを示し，e^-を含んでいる反応式を半反応式という。この半反応式のつくり方をマスターしよう。

例 酸化剤の過マンガン酸カリウム $KMnO_4$(酸性溶液中)と，還元剤のシュウ酸 $H_2C_2O_4$ の半反応式を書け。

次の順序で考えていく。

＊ $KMnO_4$ は K^+ と MnO_4^- に電離している。

○ $KMnO_4$(酸化剤)　　○ $H_2C_2O_4$(還元剤)

(1) 酸化剤，還元剤を左辺に，反応後の物質(覚えておく)を右辺に書く。酸化数の変化のあった原子に着目して，係数をつけて両辺で合わせておく。

(2) 変化した酸化数に相当する電子 e^- を加える。(酸化剤では左辺に，還元剤では右辺に)

$MnO_4^- + \boxed{5e^-} \longrightarrow Mn^{2+}$　（左辺の電荷の総和は−6になっている／右辺の電荷は＋2）

$H_2C_2O_4 \longrightarrow 2CO_2 + \boxed{2e^-}$　（左辺の電荷は0／右辺の電荷の総和は−2になっている）

(3) 両辺の電荷をそろえるため，水素イオン H^+を加える。(酸性溶液中)

$MnO_4^- + \boxed{8H^+} + 5e^- \longrightarrow Mn^{2+}$

左辺は $-6+8=+2$ の電荷になり，右辺と等しくなる

$H_2C_2O_4 \longrightarrow 2CO_2 + \boxed{2H^+} + 2e^-$

右辺は $-2+2=0$ の電荷になり，左辺と等しくなる

(4) 両辺の H，O の数をそろえるために，H_2O を加える。

$MnO_4^- + 8H^+ + 5e^- \longrightarrow Mn^{2+} + \boxed{4H_2O}$　　($H_2C_2O_4$ の H，O の数はすでに両辺で等しい。)

したがって，$KMnO_4$ は

$MnO_4^- + 8H^+ + 5e^- \longrightarrow Mn^{2+} + 4H_2O$

$H_2C_2O_4$ は

$H_2C_2O_4 \longrightarrow 2CO_2 + 2H^+ + 2e^-$

2 —半反応式からイオン反応式 ⟶ 化学反応式をつくる。

酸化剤，還元剤の半反応式から e^- を消去して，反応式をつくっていく。

例 硫酸酸性の過マンガン酸カリウム水溶液にシュウ酸水溶液を加えたときの化学反応式を書け。

$KMnO_4$ は酸化剤，$H_2C_2O_4$ は還元剤になる。半反応式を示すと，

酸化剤　$KMnO_4$　　$MnO_4^- + 8H^+ + 5e^- \longrightarrow Mn^{2+} + 4H_2O$　　……(1)

還元剤　$H_2C_2O_4$　　$H_2C_2O_4 \longrightarrow 2CO_2 + 2H^+ + 2e^-$　　……(2)

酸化還元反応では，電子の授受は過不足なく行われるので，(1)×2＋(2)×5として e^- を消去する。

$2MnO_4^- + 5H_2C_2O_4 + 6H^+ \longrightarrow 2Mn^{2+} + 10CO_2 + 8H_2O$　　……(3)

H^+ は硫酸($H_2SO_4 \longrightarrow 2H^+ + SO_4^{2-}$)から出たものであることに注意して，(3)のイオン反応式の両辺に$(2K^+ + 3SO_4^{2-})$を加えて，化学反応式にする。

$2KMnO_4 + 5H_2C_2O_4 + 3H_2SO_4 \longrightarrow K_2SO_4 + 2MnSO_4 + 10CO_2 + 8H_2O$

3 ●—酸化還元反応の計算には，次の２つの解法がある。

例 硫酸酸性にした0.1 mol/L の過マンガン酸カリウム水溶液16 mL と，ちょうど反応したシュウ酸水溶液は10 mL であった。このシュウ酸水溶液のモル濃度を求めよ。

解法 1 化学反応式を書き，「反応式の係数比＝物質量比」で求める。

化学反応式は

$$\underline{2KMnO_4} + \underline{5H_2C_2O_4} + 3H_2SO_4 \longrightarrow K_2SO_4 + 2MnSO_4 + 10CO_2 + 8H_2O$$

反応式の係数より，$KMnO_4$ と $H_2C_2O_4$ は物質量比2：5で反応するとわかる(イオン反応式で2：5であることを推量してもよい)。

したがって，$H_2C_2O_4$ のモル濃度を x〔mol/L〕とすると，

$KMnO_4$　　　　$H_2C_2O_4$

$$\left(0.1\ \mathrm{mol/L} \times \frac{16}{1000}\ \mathrm{L}\right) : \left(x\text{〔mol/L〕} \times \frac{10}{1000}\ \mathrm{L}\right) = 2 : 5$$

$$\left(x \times \frac{10}{1000}\right) \times 2 = \left(0.1 \times \frac{16}{1000}\right) \times 5$$

$$x = 0.4\ \mathrm{mol/L}$$

解法 2 電子 e^- の授受が過不足なく行われることから求める。

酸化剤　$KMnO_4$　　$MnO_4^- + 8H^+ + 5e^- \longrightarrow Mn^{2+} + 4H_2O$

(1 mol の MnO_4^- は5 mol の e^- を受け取る。)

還元剤　$H_2C_2O_4$　　$H_2C_2O_4 \longrightarrow 2CO_2 + 2H^+ + 2e^-$

(1 mol の $H_2C_2O_4$ は2 mol の e^- を出す。)

($KMnO_4$ の受け取った e^- の物質量) ＝ ($H_2C_2O_4$ の出した e^- の物質量)

$$\left(0.1\ \mathrm{mol/L} \times \frac{16}{1000}\ \mathrm{L}\right) \times 5 = \left(x\text{〔mol/L〕} \times \frac{10}{1000}\ \mathrm{L}\right) \times 2$$

$$x = 0.4\ \mathrm{mol/L}$$

よって，シュウ酸水溶液のモル濃度は0.4 mol/L である。

なお，酸としては硫酸を用いることが多い。それは以下の理由による。

硝酸を用いると，硝酸は酸化剤としても作用するので，$KMnO_4$ と $H_2C_2O_4$ の反応量に影響を及ぼすことになる。

$H_2C_2O_4$ を酸化してしまう

$$\boxed{2KMnO_4 + 5H_2C_2O_4} + 6HNO_3 \longrightarrow \cdots\cdots$$

また，塩酸を用いると，$KMnO_4$ が HCl を酸化して塩素ガスが発生してしまい，$KMnO_4$ と $H_2C_2O_4$ の反応量に影響を及ぼすことになる。

$2HCl \longrightarrow Cl_2$ と酸化する

$$\boxed{2KMnO_4 + 5H_2C_2O_4} + 6HCl \longrightarrow \cdots\cdots$$

したがって，硝酸，塩酸を使うことができないことになり，その結果，硫酸が用いられることが多い。

演 習 問 題

151 過マンガン酸カリウムと過酸化水素 4分 15●

濃度不明の過酸化水素水 10.0 mL を希硫酸で酸性にし，これに 0.0500 mol/L の過マンガン酸カリウム水溶液を滴下した。滴下量が 20.0 mL のときに赤紫色が消えずにわずかに残った。過酸化水素水の濃度として最も適当な数値を，下の①～⑥のうちから一つ選べ。ただし，過酸化水素および過マンガン酸イオンの反応は，電子を含む次のイオン反応式で表される。 [1] mol/L

$H_2O_2 \longrightarrow O_2 + 2H^+ + 2e^-$

$MnO_4^- + 8H^+ + 5e^- \longrightarrow Mn^{2+} + 4H_2O$

① 0.0250　② 0.0400　③ 0.0500　④ 0.250　⑤ 0.400　⑥ 0.500

152 ニクロム酸カリウムとシュウ酸 5分 15(追)●

濃度不明の $K_2Cr_2O_7$ の硫酸酸性水溶液 5.00 mL に 0.150 mol/L の $(COOH)_2$ 水溶液を加えていった。このとき，発生した CO_2 の物質量と $(COOH)_2$ 水溶液の滴下量の関係は図 1 のようになった。この反応における $K_2Cr_2O_7$ と $(COOH)_2$ の働きは，電子を含む次のイオン反応式で表される。

$Cr_2O_7^{2-} + 14H^+ + 6e^- \longrightarrow 2Cr^{3+} + 7H_2O$

$(COOH)_2 \longrightarrow 2CO_2 + 2H^+ + 2e^-$

$K_2Cr_2O_7$ 水溶液の濃度は何 mol/L か。最も適当な数値を，下の①～⑥のうちから一つ選べ。

[2] mol/L

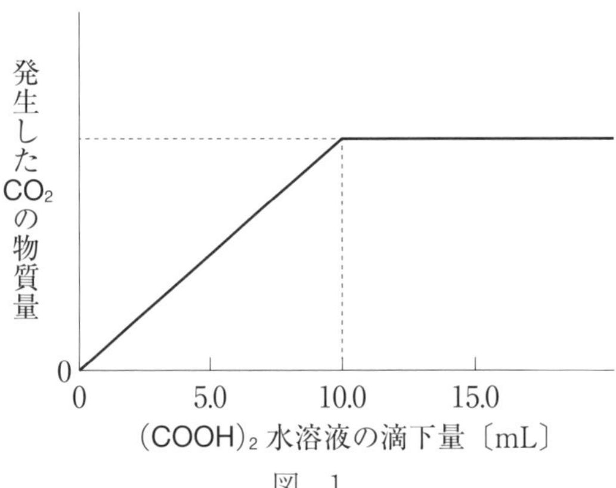

図 1

① 0.0500　② 0.100　③ 0.150　④ 0.200　⑤ 0.300　⑥ 0.900

53 酸化還元滴定 5分

濃度未知の $SnCl_2$ の酸性水溶液 200 mL がある。これを 100 mL ずつに分け，それぞれについて Sn^{2+} を Sn^{4+} に酸化する実験を行った。一方の $SnCl_2$ 水溶液中のすべての Sn^{2+} を Sn^{4+} に酸化するのに，0.10 mol/L の $KMnO_4$ 水溶液が 30 mL 必要であった。もう一方の $SnCl_2$ 水溶液中のすべての Sn^{2+} を Sn^{4+} に酸化するとき，必要な 0.10 mol/L の $K_2Cr_2O_7$ 水溶液の体積は何 mL か。最も適当な数値を，下の①～⑤のうちから一つ選べ。ただし，MnO_4^- と $Cr_2O_7^{2-}$ は酸性水溶液中でそれぞれ次のように酸化剤として働く。[3] mL

$$MnO_4^- + 8H^+ + 5e^- \longrightarrow Mn^{2+} + 4H_2O$$

$$Cr_2O_7^{2-} + 14H^+ + 6e^- \longrightarrow 2Cr^{3+} + 7H_2O$$

① 5　② 18　③ 25　④ 36　⑤ 50

54 酸化還元滴定 8分

23 共通テスト(第 1 日程)●

窒素と H_2S からなる気体試料 A がある。気体試料 A に含まれる H_2S の量を次の式(1)～(3)で表される反応を利用した酸化還元滴定によって求めたいと考え，後の**実験**を行った。

$$H_2S \longrightarrow 2H^+ + S + 2e^- \quad \cdots\cdots(1)$$

$$I_2 + 2e^- \longrightarrow 2I^- \quad \cdots\cdots(2)$$

$$2S_2O_3^{2-} \longrightarrow S_4O_6^{2-} + 2e^- \quad \cdots\cdots(3)$$

実験　ある体積の気体試料 A に含まれていた H_2S を水に完全に溶かした水溶液に，0.127 g のヨウ素 I_2(分子量 254)を含むヨウ化カリウム KI 水溶液を加えた。そこで生じた沈殿を取り除き，ろ液に 5.00×10^{-2} mol/L チオ硫酸ナトリウム $Na_2S_2O_3$ 水溶液を 4.80 mL 滴下したところで少量のデンプンの水溶液を加えた。そして，$Na_2S_2O_3$ 水溶液を全量で 5.00 mL 滴下したときに，水溶液の青色が消えて無色となった。

この**実験**で用いた気体試料 A に含まれていた H_2S は，0℃，1.013×10^5 Pa において何 mL か。最も適当な数値を，次の①～⑤のうちから一つ選べ。ただし，気体定数は $R = 8.31 \times 10^3$ Pa・L/(K・mol) とする。[4] mL

① 2.80　② 5.60　③ 8.40　④ 10.0　⑤ 11.2

3 気体の法則

1 ●―気体の計算では，反応前後における物質の量変化や，蒸気圧を組み合わせたもの等，いろいろなパターンがある。内容を読み取ることが重要。そのうえで，気体についての公式を用いて計算していく。

例 8.8 g のプロパン C_3H_8(気)に 48 g の酸素を加えて，8.3 L の密閉容器で燃焼させた。反応後，27 ℃にしたとき，容器内の気体の圧力は何 Pa になるか。ただし，気体定数は 8.3×10^3 Pa・L/(K・mol)，27 ℃の水の蒸気圧は 4.0×10^3 Pa，原子量は H = 1.0，C = 12，O = 16 とする。

① 反応式は，$C_3H_8 + 5O_2 \longrightarrow 3CO_2 + 4H_2O$

② 8.8 g のプロパン(分子量 44)の物質量は，$\dfrac{8.8}{44} = 0.20$ mol

48 g の酸素の物質量は，$\dfrac{48}{32} = 1.5$ mol

プロパン C_3H_8 を基準にして，反応を見ていく。

C_3H_8	$+ 5O_2$	$\longrightarrow$	$3CO_2$	$+ 4H_2O$
0.20 mol	1.0 mol	$\longrightarrow$	0.60 mol	0.80 mol

O_2 は 1.5 mol あるので，反応に必要な 1.0 mol は十分にあり，反応後 O_2 が残る。したがって，反応は C_3H_8 を基準として起こると確認できる。

③ 反応前後における，各々の物質の物質量の変化を示すと

	C_3H_8	$+ 5O_2$	$\longrightarrow$	$3CO_2$	$+ 4H_2O$
反応前の量	0.20 mol	1.5 mol		0	0
反応量	−0.20 mol	−1.0 mol	$\longrightarrow$	+0.60 mol	+0.80 mol
反応後の量	0	0.50 mol		0.60 mol	0.80 mol

④ 反応後，0.50 mol の O_2 と 0.60 mol の CO_2，それに 0.80 mol の H_2O が生成している。

ここで，水の状態がポイントになる。容器内の水がすべて気体なのか，一部が凝縮して，液体の水が存在するのかを判断する必要がある。

> 水がすべて気体と仮定したときの圧力 p が
> 1) $p >$ 蒸気圧……水は一部液体　　水の分圧 = 蒸気圧になる
> 2) $p \leqq$ 蒸気圧……水はすべて気体　　水の分圧 = p になる

27 ℃において，0.80 mol の水がすべて気体と仮定したとき，その圧力 p_1〔Pa〕は気体の状態方程式 $pV = nRT$ を用いて　$p_1 \times 8.3 = 0.80 \times 8.3 \times 10^3 \times 300$　　$p_1 = 2.4 \times 10^5$ Pa となる。

圧力 p_1 は 27 ℃の蒸気圧 4.0×10^3 Pa を超えている。したがって，水は凝縮して一部は液体である。このとき，水(気体)の分圧は，27 ℃の蒸気圧の 4.0×10^3 Pa となる。つまり，水の示す圧力は $p_1 = 0.040 \times 10^5$ Pa と考える。

⑤ 水を除いた，0.50 mol の O_2 と 0.60 mol の CO_2 は理想気体として扱ってよいので，$pV = nRT$ よりその圧力 p_2〔Pa〕は，$p_2 \times 8.3 = (0.50 + 0.60) \times 8.3 \times 10^3 \times 300$　　$p_2 = 3.3 \times 10^5$ Pa

⑥ 全圧 p は，　$p = p_1 + p_2 = (0.040 + 3.3) \times 10^5 = 3.34 \times 10^5$　になる。

答 3.34×10^5 Pa

以上のように，理想気体の$(O_2 + CO_2)$の圧力と，水(蒸気圧)を分けて計算していくのが，このタイプの問題解法のコツ。

演　習　問　題

55　気体の状態方程式と分子量　4分　原子量　H = 1.0，C = 12 とする。

炭素原子と水素原子だけからなる分子がある。この分子は，17℃，1.0×10^5 Pa で気体であり，その 1.0 g の気体は 0.415 L を占めた。この気体 1.0 mol を完全燃焼したときに発生する二酸化炭素の物質量〔mol〕として最も適当な数値を，次の①～⑥のうちから一つ選べ。ただし，気体はすべて理想気体とし，気体定数は $R = 8.3 \times 10^3$ Pa・L/(K・mol) である。［　1　］mol

①　3.0　　②　4.0　　③　5.0　　④　6.0　　⑤　7.0　　⑥　8.0

56　気体の状態方程式　5分

容積 4.15 L のフラスコに，27℃で 1.0×10^5 Pa の二酸化炭素を満たし，小さな穴をあけたアルミニウム箔(はく)でふたをした。これを，ある温度まで加熱したところ，フラスコの中から 0.050 mol の二酸化炭素が追い出された。フラスコは熱膨張しないとすれば，この温度は何度〔℃〕か。次の①～⑤のうちから，最も適当な数値を一つ選べ。ただし，気体定数は 8.3×10^3 Pa・L/(K・mol) とする。

［　2　］℃

①　102　　②　156　　③　375　　④　429　　⑤　477

57　気体の状態方程式と混合気圧　4分　原子量　C = 12，O = 16 とする。

ドライアイスの小片と 9.2 g のエタノール(分子量 46)を，容積 4.15 L の密閉容器中で，加熱して完全に気化させた。さらに温度を上げて 127℃にすると，この 2 種類の気体の分圧は，あわせて 2.0×10^5 Pa になった。ドライアイスの質量〔g〕として最も適当な数値を，次の①～⑤のうちから一つ選べ。ただし，気体定数は $R = 8.3 \times 10^3$ Pa・L/(K・mol) とする。［　3　］g

①　0.6　　②　2.2　　③　4.4　　④　11　　⑤　26

58　気体の状態方程式と水蒸気圧　3分

水への溶解度が無視できる気体の分子量を求めるため，図 1 に示す装置を使って，次の a ～ d の順序で実験した。

a　気体がつまった耐圧容器の質量を測定したところ，W_1〔g〕であった。

b　耐圧容器から，ポリエチレン管を通じて気体をメスシリンダーにゆっくりと導き，内部の水面が水槽の水面より少し上まで下がったとき，気体の導入をやめた。メスシリンダーの目盛りを読んだところ，気体の体積は V_1〔L〕であった。

c　メスシリンダーを下に動かし，内部の水面を水槽の水面と一致させて目盛りを読んだところ，気体の体積は V_2〔L〕であった。

d　ポリエチレン管を外して耐圧容器の質量を測定したところ，W_2〔g〕であった。

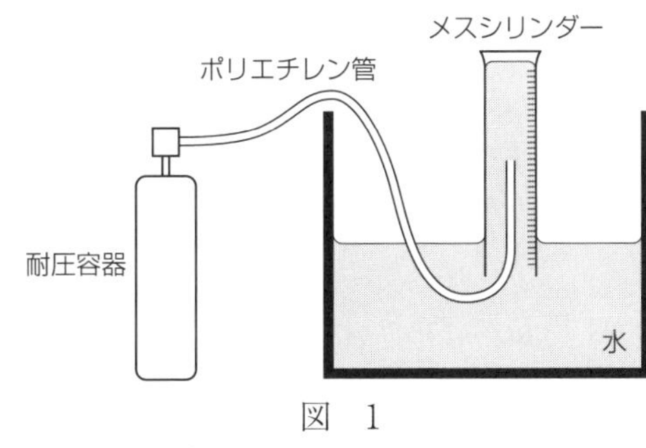

図　1

実験中，大気圧は p〔Pa〕，気温と水温は常に T〔K〕であった。水の蒸気圧を p'〔Pa〕，気体定数を R〔Pa・L/(K・mol)〕とするとき，気体の分子量はどのように表されるか。最も適当なものを，次の①～⑥のうちから一つ選べ。ただし，ポリエチレン管の内容積は無視できるものとする。［ 4 ］

① $\dfrac{RT(W_1 - W_2)}{(p + p')V_1}$　② $\dfrac{RT(W_1 - W_2)}{pV_1}$　③ $\dfrac{RT(W_1 - W_2)}{(p - p')V_1}$

④ $\dfrac{RT(W_1 - W_2)}{(p + p')V_2}$　⑤ $\dfrac{RT(W_1 - W_2)}{pV_2}$　⑥ $\dfrac{RT(W_1 - W_2)}{(p - p')V_2}$

159 蒸気圧 5分 原子量 H = 1.0，O = 16 とする。

容積 20 L の真空容器に 1.8 g の水を入れ，温度を 27 ℃にした。このとき容器内の圧力は x〔Pa〕であった。次に容器の温度を 57 ℃に上げると，圧力が y〔Pa〕になった。x，y に当てはまる数値の組合せとして最も適当なものを，次の①～⑥のうちから一つ選べ。ただし，27 ℃，57 ℃における水の蒸気圧は，それぞれ 0.035×10^5 Pa，0.171×10^5 Pa である。また，気体は理想気体とみなし，気体定数は $R = 8.3 \times 10^3$ Pa・L/(K・mol)とする。［ 5 ］

	x	y
①	0.035×10^5	0.137×10^5
②	0.035×10^5	0.171×10^5
③	0.125×10^5	0.137×10^5
④	0.125×10^5	0.171×10^5
⑤	0.160×10^5	0.137×10^5
⑥	0.160×10^5	0.171×10^5

160 蒸気圧 4分

標準状態で，体積 1.12 L の窒素と 0.10 mol のエタノールをピストンのついた容器に入れ，57 ℃で容積を 2.46 L にした。このとき，気体として存在するエタノールの物質量〔mol〕は，窒素の物質量〔mol〕の何倍になるか。最も適当な数値を，次の①～⑥のうちから一つ選べ。ただし，57 ℃におけるエタノールの飽和蒸気圧は 0.40×10^5 Pa とし，気体定数は $R = 8.3 \times 10^3$ Pa・L/(K・mol)とする。

［ 6 ］倍

① 0.20　② 0.50　③ 0.72　④ 1.1　⑤ 1.4　⑥ 2.0

161 気体の反応とモル計算 5分 原子量 H = 1.0，C = 12，O = 16 とする。

触媒の入った 12 L の反応容器に，400 K でエチレン 1.00 mol と酸素 0.50 mol の混合気体を封入したところ，次の二つの反応が同時に進行した。

$$2C_2H_4 + O_2 \longrightarrow 2CH_3CHO$$

$$C_2H_4 + 3O_2 \longrightarrow 2CO_2 + 2H_2O$$

酸素がすべて消費されたとき，生成したアセトアルデヒドと二酸化炭素の物質量比は 2：1 であった。このとき，反応容器内の全圧は 400 K で何 Pa か。また，生成したアセトアルデヒドの質量は何 g か。次の①～⑧のうちから，最も適当な数値を一つずつ選べ。ただし，気体定数は 8.3×10^3 Pa・L/(K・mol) とする。全圧［ 7 ］$\times 10^5$ Pa，アセトアルデヒドの質量［ 8 ］g

① 1.3　② 2.2　③ 3.6　④ 4.1　⑤ 14　⑥ 18　⑦ 26　⑧ 32

4 結晶格子

1 ●―結晶格子では，空間図形のイメージをもつことが大切になる。さらに，密度の3つの関係，

$$密度=\frac{質量〔g〕}{体積〔cm^3〕}\qquad 質量=密度〔g/cm^3〕\times 体積〔cm^3〕\qquad 体積=\frac{質量〔g〕}{密度〔g/cm^3〕}$$

を使いこなせるようにしたい。単位格子を基準にして，計算していく。

例 ある金属の結晶をX線で調べたところ，一辺が3.6×10^{-8}cmの立方体の単位格子に4個の割合で原子が含まれていた。また，結晶の密度は$9.0\,g/cm^3$であった。次のa～cに答えよ。ただし，アボガドロ定数は6.0×10^{23}/mol，$(3.6)^3=46.6$，$\sqrt{2}=1.4$，$\sqrt{3}=1.7$とする。

a　この単位格子の質量は何gか。

b　この金属の原子量を求めよ。

c　結晶内では原子が密着しているとして，最も短い原子間距離〔cm〕を求めよ。

金属の結晶格子は，体心立方格子，面心立方格子，六方最密構造のいずれかになることが多い。このうち，単位格子に4個の割合で原子が含まれているのは，面心立方格子である。(左図)

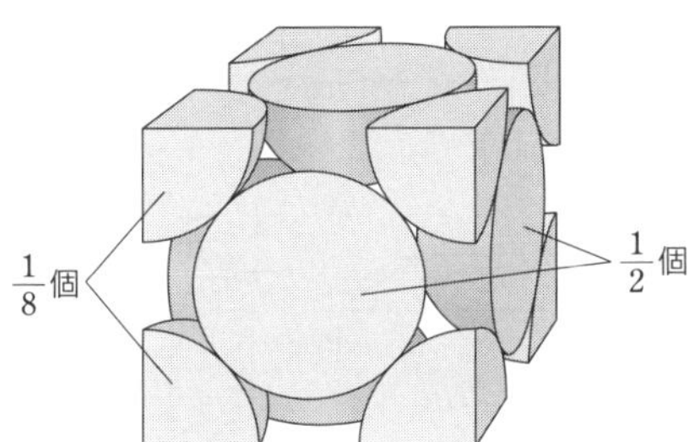

立方体の各頂点にある原子を$\frac{1}{8}$個分，各面の中心にある原子を$\frac{1}{2}$個分として，単位格子に含まれる原子の数は，$\frac{1}{8}\times8+\frac{1}{2}\times6=4$個と計算できる。

a　質量 ＝ 密度 × 体積

単位格子の質量 $=9.0\,g/cm^3\times(3.6\times10^{-8}\,cm)^3$

$=9.0\times46.6\times10^{-24}$

$=4.19\times10^{-22}\fallingdotseq4.2\times10^{-22}\,g$

b　金属原子1個の質量を求めて，それをアボガドロ定数倍しよう。4個の質量が4.19×10^{-22}gなので，$\frac{4.19\times10^{-22}}{4}\times6.0\times10^{23}=62.8\fallingdotseq63$

c

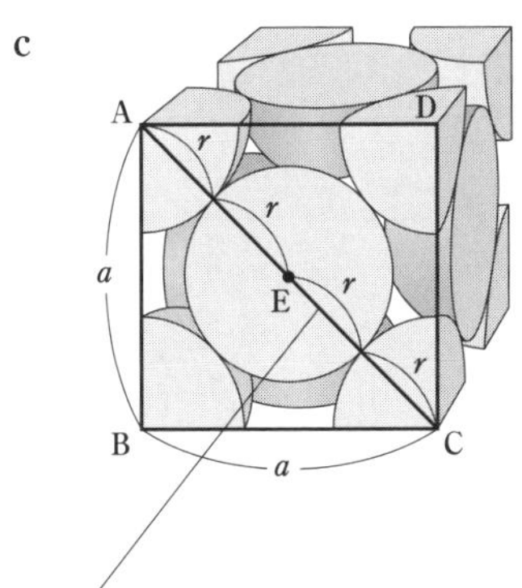

ACの長さは$4r$になる。
△ABCで三平方の定理を使うと
$(4r)^2=a^2+a^2$
$4r=\sqrt{2}a\quad r=\frac{\sqrt{2}}{4}a$

単位格子の一つの面ABCDに着目してみよう。この正方形で半径r(原子半径r)の球が接している。単位格子1辺の長さをaとすると

$AC=\sqrt{2}a=4r$

$r=\frac{\sqrt{2}}{4}a$の関係がある。

また，最も近い位置にあり接している原子間の距離はAEに相当するので

$AE=2r=\frac{\sqrt{2}}{2}a$になる。

したがって，最近接な原子間の距離は，$a=3.6\times10^{-8}$より

$\frac{1.4\times(3.6\times10^{-8})}{2}=2.52\times10^{-8}\fallingdotseq2.5\times10^{-8}\,cm$

演 習 問 題

162 体心立方格子 5分 原子量 Na = 23 とする。

X 線を用いてナトリウムの結晶を調べたところ，単位格子の 1 辺が 4.28×10^{-8} cm の体心立方格子であることがわかった。次の問い（**a**・**b**）に答えよ。ただし，$\sqrt{2} = 1.4$，$\sqrt{3} = 1.7$，$(4.28)^3 = 78.3$，アボガドロ定数は 6.0×10^{23}/mol とする。

a ナトリウム原子の半径〔cm〕として最も適当な数値を，次の①〜⑧のうちから一つ選べ。

[1] cm

① 0.7×10^{-8}　② 1.0×10^{-8}　③ 1.3×10^{-8}　④ 1.6×10^{-8}
⑤ 1.8×10^{-8}　⑥ 2.2×10^{-8}　⑦ 2.5×10^{-8}　⑧ 2.8×10^{-8}

b この結晶の密度〔g/cm^3〕として最も適当な数値を，次の①〜⑧のうちから一つ選べ。

[2] g/cm^3

① 0.14　② 0.21　③ 0.51　④ 0.98　⑤ 1.4　⑥ 2.1　⑦ 2.7　⑧ 4.9

163 金属結晶の結晶格子 3分

金属結晶の多くは，面心立方格子，体心立方格子，六方最密構造のいずれかの構造をとる。金属結晶に関する次の **a** 〜 **c** の記述の正誤について，最も適当な組合せを，下の①〜⑧のうちから一つ選べ。ただし，充塡率とは原子が結晶中の空間に占める体積の割合のことである。[3]

ア

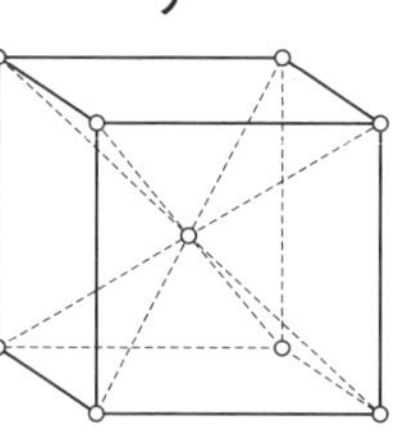

イ

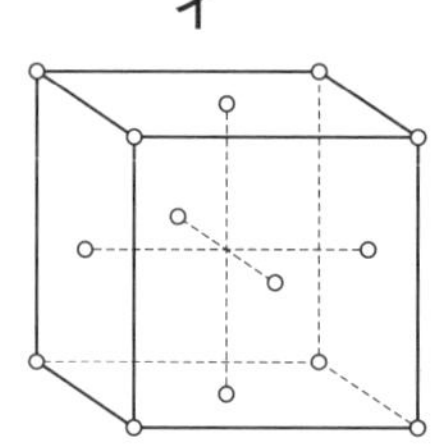

ウ

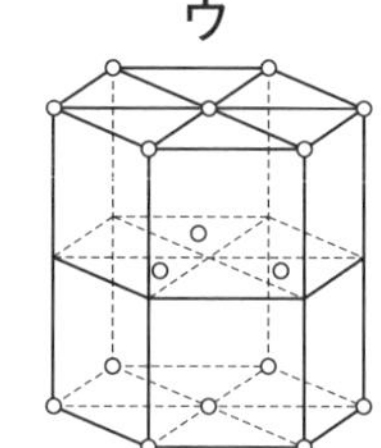

図 1 （図中の○は原子の中心を表す）

a 図 1 の**ア**〜**ウ**の中で，面心立方格子の単位格子は**イ**である。
b 六方最密構造の単位格子に含まれる原子の数は 4 個である。
c 六方最密構造の充塡率と体心立方格子の充塡率は同じである。

	a	b	c
①	正	正	正
②	正	正	誤
③	正	誤	正
④	正	誤	誤
⑤	誤	正	正
⑥	誤	正	誤
⑦	誤	誤	正
⑧	誤	誤	誤

164 イオン結晶と結晶格子 3分 原子量 Cl = 35.5，Cs = 133 とする。

塩化セシウムの結晶は図 1 に示すように，セシウムイオン Cs^+ が立方体の中心にあり，塩化物イオン Cl^- が 8 つの頂点に位置する単位格子からできている。この単位格子の一辺の長さを a〔cm〕，アボガドロ定数を N_A〔/mol〕とすると，結晶の密度 d〔g/cm^3〕はどのように表されるか。最も適当な式を，次の①〜⑥のうちから一つ選べ。[4] g/cm^3

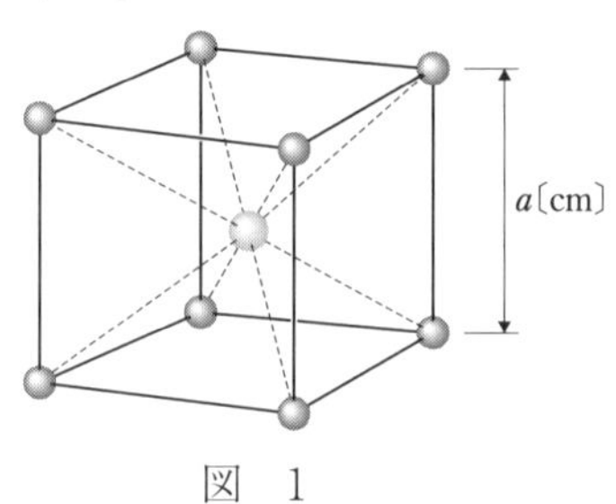

図 1

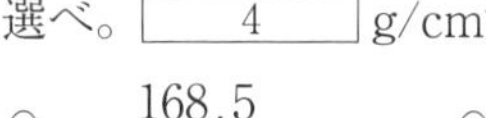

① $\dfrac{168.5}{N_A \times a^3}$　② $\dfrac{275}{N_A \times a^3}$　③ $\dfrac{417}{N_A \times a^3}$

④ $\dfrac{168.5 \times a^3}{N_A}$　⑤ $\dfrac{275 \times a^3}{N_A}$　⑥ $\dfrac{417 \times a^3}{N_A}$

65　ダイヤモンド型の単位格子　5分

99●

ある元素の原子だけからなる共有結合の結晶がある。結晶の単位格子(立方体)と，その一部を拡大したものを図1に示す。単位格子の一辺の長さを a〔cm〕，結晶の密度を d〔g/cm^3〕，アボガドロ定数を N_A〔/mol〕とするとき，下の問い(**a**・**b**)に答えよ。

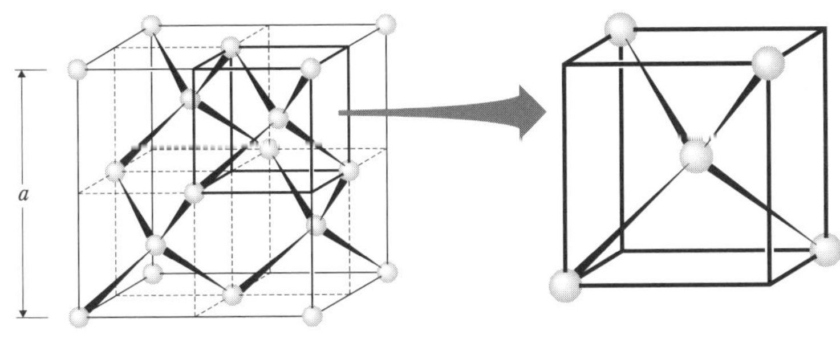

図　1

a　この元素の原子量はどのように表されるか。最も適当な式を，次の①～④のうちから一つ選べ。　5

① $\dfrac{a^3dN_A}{8}$　② $\dfrac{a^3dN_A}{9}$　③ $\dfrac{a^3dN_A}{10}$　④ $\dfrac{a^3dN_A}{12}$

b　原子間結合の長さ〔cm〕はどのように表されるか。最も適当な式を，次の①～④のうちから一つ選べ。　6　cm

① $\dfrac{\sqrt{2}\,a}{4}$　② $\dfrac{\sqrt{3}\,a}{4}$　③ $\dfrac{\sqrt{2}\,a}{2}$　④ $\dfrac{\sqrt{3}\,a}{2}$

66　分子結晶　5分　原子量　I = 127 とする。

図1にヨウ素 I_2 の結晶の単位格子(直方体)を示す。I_2 は単位格子のすべての頂点とすべての面の中心に位置する面心立方格子をとる。下の問い(**a**・**b**)に答えよ。

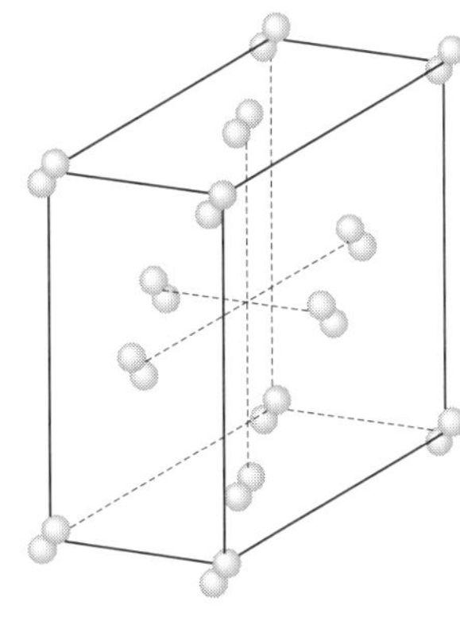

図　1

a　単位格子中には I_2 は何個あるか。最も適当な数値を，次の①～⑤のうちから一つ選べ。　7　個

①　2　②　3　③　4　④　6　⑤　8

b　結晶の密度〔g/cm^3〕はいくらか。最も適当な数値を，次の①～⑤のうちから一つ選べ。ただし，単位格子の体積は 3.4×10^{-22} cm^3，アボガドロ定数 $N_A = 6.0\times10^{23}$/mol とする。　8　g/cm^3

①　3.6　②　5.0　③　5.7　④　7.2　⑤　8.3

5 希薄溶液

1 ●—沸点上昇・凝固点降下の計算は $\Delta t = Km$ の公式を用いる。また，浸透圧の計算においては $\Pi = CRT$　あるいは　$\Pi V = nRT$ の公式を用いる。問題文から，適切な数値を導き出し，代入していけばよい。沸点上昇，凝固点降下では，質量モル濃度 m〔mol/kg〕が使われ，浸透圧では，モル濃度 C〔mol/L〕が使われていることに注意。

例 希薄溶液について，次のa・bに答えよ。ただし，水のモル沸点上昇 $K_b = 0.52$ K・kg/mol，原子量は Na = 23.0，Cl = 35.5 とする。

a　ショ糖水溶液の沸点を測定したところ，1.01×10^5 Pa の下で 100.26 ℃であった。このショ糖水溶液の質量モル濃度を求めよ。

b　11.7 g の NaCl を水 400 g に溶かした水溶液は 1.01×10^5 Pa の下で何 ℃で沸騰するか。

a　ショ糖 $C_{12}H_{22}O_{11}$……非電解質

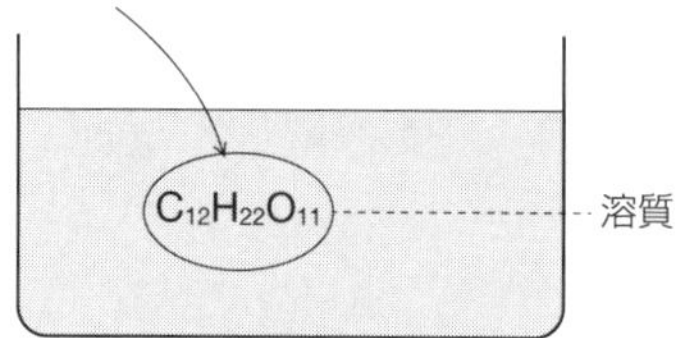

ショ糖水溶液の質量モル濃度を m〔mol/kg〕とすると，沸点上昇 Δt は

$\Delta t = 100.26 - 100 = 0.26$ K なので

$\boxed{\Delta t = K_b m}$　より

$0.26 = 0.52 \times m$

$$m = \frac{0.26}{0.52} = 0.50 \text{ mol/kg}$$

b　NaCl……電解質

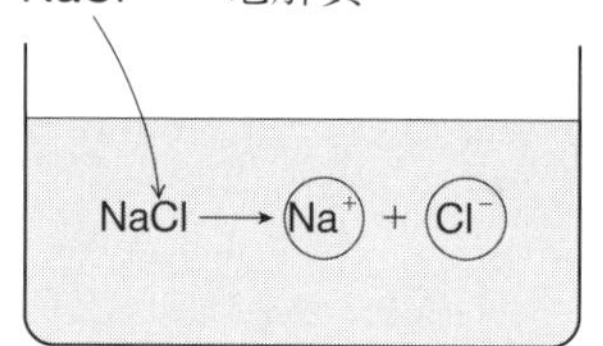

11.7g の NaCl は $\frac{11.7}{58.5} = 0.20$ mol である。

水中では次のように電離して，イオンの物質量は2倍になる。

$$NaCl \longrightarrow \underbrace{Na^+ + Cl^-}_{0.20 \times 2\ \text{mol}}$$

0.20 mol

＊水 400 g ＝ 0.40 kg

$\boxed{\Delta t = K_b m}$　に代入して

$$\Delta t = 0.52 \times \frac{0.20 \times 2}{0.40} = 0.52$$

沸点は，100 + 0.52 = 100.52 ℃

例 希薄な水溶液の体積を V〔L〕，温度を T〔K〕，溶質の物質量を n〔mol〕，浸透圧を Π〔Pa〕とすると次式が成り立つ。

$\Pi V = nRT$

ここで，R は気体定数 8.3×10^3 Pa・L/(K・mol) である。

ヒトの血液の浸透圧は 37.0 ℃で 7.50×10^5 Pa である。注射剤製造用の水にキシリトール $C_5H_{12}O_5$(分子量 152)を溶かして，ヒトの血液と同じ浸透圧の注射液 400 mL(37.0 ℃)を調製するためには，キシリトール何 g が必要か。

キシリトールが x〔g〕必要とすると，$\boxed{\Pi V = nRT}$ に代入して

$$7.50 \times 10^5 \times \frac{400}{1000} = \frac{x}{152} \times 8.3 \times 10^3 \times (273 + 37)$$

$$x = 17.72 \fallingdotseq 17.7 \text{ g}$$

演習問題

67 固体の溶解度 9分

水に対する硝酸カリウムの溶解度は20℃では31.6，60℃では109である。いま，60℃の硝酸カリウム飽和水溶液400gを20℃まで冷却する。以下の問い（a～c）に答えよ。

a　60℃の飽和水溶液400g中に含まれる硝酸カリウムは何gか。次の①～⑤のうちから，最も適当な数値を一つ選べ。［1］g

①　104.0　②　208.6　③　291.0　④　312.6　⑤　509.0

b　前問の飽和水溶液を20℃まで冷却した。この硝酸カリウム水溶液には何gの硝酸カリウムが溶解しているか。次の①～⑤のうちから，最も適当な数値を一つ選べ。［2］g

①　12.5　②　23.4　③　31.6　④　34.5　⑤　60.5

c　60℃の硝酸カリウム飽和水溶液を，20℃まで冷却すると何gの硝酸カリウムが析出するか。次の①～⑤のうちから，最も適当な数値を一つ選べ。［3］g

①　131.6　②　140.6　③　148.1　④　201.1　⑤　336.8

68 気体の溶解度（ヘンリーの法則） 6分

気体の溶解度は，溶媒に接している気体の圧力が1.01×10^5 Paのとき，溶媒（1Lあるいは1mL）に溶解する気体の体積を標準状態に換算して表すことが多い。以下の問い（a～c）に答えよ。ただし，原子量はH＝1.0，気体は理想気体とし，水の蒸気圧は無視できるものとする。

a　20℃における水素の溶解度の値が，水1.0Lに対して0.018Lであるとする。20℃で水素の圧力が3.03×10^5 Paのとき，水1.0Lに溶解できる水素の質量は何mgか。次の①～⑥のうちから，最も適当な数値を一つ選べ。［4］mg

①　0.80　②　1.6　③　2.4　④　3.2　⑤　4.8　⑥　8.0

b　0℃，1.0×10^5 Paにおいて，酸素は水1.0Lに49mL溶解する。圧力を5.0×10^5 Paにしたとき，水2.0Lに溶解する酸素の体積はその圧力のもとで何mLか。次の①～⑥のうちから，最も適当な数値を一つ選べ。［5］mL

①　39　②　49　③　61　④　98　⑤　245　⑥　490

c　20℃，1.0×10^5 Paにおいて，水1.0Lに窒素は6.8×10^{-4} mol，酸素は1.4×10^{-3} mol溶解する。20℃で1.0×10^5 Paの空気が水に接しているとき，水に溶解している窒素と酸素の物質量の比（窒素：酸素）はいくらになるか。次の①～⑥のうちから，最も適当なものを一つ選べ。ただし，空気は窒素と酸素が体積比で4：1の混合物とする。［6］

①　1：1　②　1：2　③　2：1　④　2：3　⑤　3：2　⑥　4：1

169 凝固点降下 3分

17●

モル質量M〔g/mol〕の非電解質の化合物x〔g〕を溶媒10 mLに溶かした希薄溶液の凝固点は，純溶媒の凝固点よりΔt〔K〕低下した。この溶媒のモル凝固点降下がK_f〔K･kg/mol〕のとき，溶媒の密度d〔g/cm^3〕を表す式として最も適当なものを，次の①～⑥のうちから一つ選べ。 7 g/cm^3

① $\dfrac{M\Delta t}{100xK_f}$　② $\dfrac{100xK_f}{M\Delta t}$　③ $\dfrac{100K_fM}{x\Delta t}$　④ $\dfrac{x\Delta t}{100K_fM}$

⑤ $\dfrac{10000xK_f}{M\Delta t}$　⑥ $\dfrac{M\Delta t}{10000xK_f}$

170 凝固点降下 4分

ある非電解質の有機化合物12.0 gをベンゼン500 gに完全に溶解させ，その溶液の凝固点を測定したところ4.25 ℃であった。ベンゼンの凝固点は5.53 ℃，モル凝固点降下は5.12 K・kg/molである。この有機化合物の分子量はいくらか。最も適当な数値を，次の①～⑧のうちから一つ選べ。

8

① 82.0　② 96.0　③ 108　④ 116　⑤ 128　⑥ 144　⑦ 166　⑧ 180

171 凝固点降下と沸点上昇 3分

次の各物質1 gを水1.0 kgに溶かした溶液について，同圧のもとで最も凝固点の高い溶液および同圧のもとで最も沸点の高い溶液を，次の①～⑤のうちからそれぞれ一つずつ選べ。なお，(　　)内は分子量・式量を表す。凝固点の最も高い溶液 9 ，沸点の最も高い溶液 10

① 硝酸カリウム　KNO_3(101)　② 尿素　$(NH_2)_2CO$(60)　③ 塩化カルシウム　$CaCl_2$(111)
④ グルコース　$C_6H_{12}O_6$(180)　⑤ スクロース　$C_{12}H_{22}O_{11}$(342)

172 浸透圧 3分

91●

あるタンパク質0.060 gを溶かした水溶液10 mLがある。この溶液の浸透圧を測定したところ，27 ℃で2.1×10^2 Paであった。このタンパク質のおよその分子量はいくらか。次の①～⑤のうちから，最も適当なものを一つ選べ。ただし，気体定数は8.3×10^3 Pa・L/(K・mol)とする。

11

① 2×10^3　② 6×10^3　③ 7×10^4　④ 7×10^5　⑤ 2×10^7

6 化学反応式とエンタルピー

1 ●―問題の内容を化学反応式とΔHで表し，ヘスの法則を活用して解いていく。

ヘスの法則｜反応エンタルピーは反応前後の状態で決まり，反応の経路には無関係である。

この法則に基づき，反応エンタルピーは化学反応式と ΔH を加減乗除して求めることができる。連立方程式を解くのと同様に，〈加減法〉，〈代入法〉などのやり方がある。

例 二酸化炭素，水(液体)，およびプロパン C_3H_8(気体)の生成エンタルピーは，それぞれ－394 kJ/mol，－286 kJ/mol，－106 kJ/mol である。プロパンの燃焼エンタルピーを求めよ。

各々の物質の生成エンタルピーを化学反応式と ΔH で表す。着目している物質の係数を1にすることに注意する。

$$C(黒鉛) + O_2(気) \longrightarrow \underline{CO_2(気)} \quad \Delta H = -394\ \mathrm{kJ} \cdots\cdots (1)$$

$$H_2(気) + \frac{1}{2}O_2(気) \longrightarrow \underline{H_2O(液)} \quad \Delta H = -286\ \mathrm{kJ} \cdots\cdots (2)$$

$$3C(黒鉛) + 4H_2(気) \longrightarrow \underline{C_3H_8(気)} \quad \Delta H = -106\ \mathrm{kJ} \cdots\cdots (3)$$

解法 1 加減法

プロパンの燃焼エンタルピーを Q〔kJ/mol〕とすると

$$C_3H_8 + 5O_2 \longrightarrow 3CO_2 + 4H_2O \quad \Delta H = Q\ \mathrm{kJ}$$

(1)～(3)式のポイントになる物質の係数を合わせるように変形する。

(1)×3	$3C + 3O_2$	$\longrightarrow$	$\boxed{3CO_2}$	-394×3 kJ
(2)×4	$4H_2 + 2O_2$	$\longrightarrow$	$\boxed{4H_2O}$	-286×4 kJ
(3)×(－1) ＋	$\boxed{C_3H_8}$	$\longrightarrow$	$3C + 4H_2$	106 kJ
	$C_3H_8 + 5O_2$	$\longrightarrow$	$3CO_2 + 4H_2O$	-2220 kJ

……C_3H_8 は左辺にもってくる。そのため，(3)式の両辺を入れ換える。熱量の符号が変わるので，この計算を×(－1)で示す。

また，この計算過程がわかれば，

$Q = -394 \times 3 - 286 \times 4 - 106 \times (-1) = -2220$ kJ とできる。

解法 2 代入法

(1)～(3)式を変形する。

$$CO_2 \longrightarrow C + O_2 \quad \Delta H = 394\ \mathrm{kJ} \cdots\cdots (1)'$$

$$H_2O \longrightarrow H_2 + \frac{1}{2}O_2 \quad \Delta H = 286\ \mathrm{kJ} \cdots\cdots (2)'$$

$$C_3H_8 \longrightarrow 3C + 4H_2 \quad \Delta H = 106\ \mathrm{kJ} \cdots\cdots (3)'$$

(1)′～(3)′を $C_3H_8 + 5O_2 \longrightarrow 3CO_2 + 4H_2O \quad \Delta H = Q$ kJ に代入する。

$$\cancel{3C} + \cancel{4H_2} + \cancel{5O_2} \longrightarrow 3(\cancel{C} + \cancel{O_2}) + 4\left(\cancel{H_2} + \frac{1}{2}\cancel{O_2}\right)$$

$$106\ \mathrm{kJ} = 3 \times 394\ \mathrm{kJ} + 4 \times 286\ \mathrm{kJ} + Q\ \mathrm{kJ}$$

$$Q = -(3 \times 394 + 4 \times 286) + 106 = -2220\ \mathrm{kJ} \cdots\cdots (4)$$

(4)式より，Q ＝(生成物の生成エンタルピーの和)－(反応物の生成エンタルピーの和)となっている。

2 ●―状態変化にともなう熱　融解エンタルピー，蒸発エンタルピー，昇華エンタルピーなど

➡反応エンタルピーの符号(プラス，マイナス)は，状態変化に応じて判断してつける。

例 水の蒸発エンタルピーは 44 kJ/mol である。これを化学反応式と ΔH で示せ。

蒸発エンタルピーは，液体が蒸発して気体となるときに吸収する熱量だから，

H_2O(液) ⟶ H_2O(気)　$\Delta H = 44$kJ と表される。

演習問題

173 生成エンタルピーと化学反応式 4分

アセトアルデヒド，メタンおよび一酸化炭素の生成反応は，それぞれ次の化学反応式と ΔH で表される。

$$2C(黒鉛) + 2H_2(気) + \frac{1}{2}O_2(気) \longrightarrow CH_3CHO(気) \quad \Delta H = -166\,kJ$$

$$C(黒鉛) + 2H_2(気) \longrightarrow CH_4(気) \quad \Delta H = -75\,kJ$$

$$C(黒鉛) + \frac{1}{2}O_2(気) \longrightarrow CO(気) \quad \Delta H = -110\,kJ$$

アセトアルデヒドがメタンと一酸化炭素に熱分解する反応の化学反応式と ΔH を

$$CH_3CHO(気) \longrightarrow CH_4(気) + CO(気) \quad \Delta H = \boxed{1}\,kJ$$

とするとき，空欄 [1] に入れる数値として最も適当なものを，次の①～⑥のうちから一つ選べ。

[1]

① 351　② 190　③ 19　④ −19　⑤ −190　⑥ −351

174 アセチレンの生成エンタルピー 4分

アセチレンの燃焼反応は，次の化学反応式と ΔH で表される。

$$C_2H_2 + \frac{5}{2}O_2 \longrightarrow 2CO_2 + H_2O(液) \quad \Delta H = -1309\,kJ$$

CO_2 および H_2O(気)の生成エンタルピーは，それぞれ −394 kJ/mol および −242 kJ/mol，また水の蒸発エンタルピーは 44 kJ/mol である。以上から，アセチレンの生成エンタルピーを計算するといくらになるか。次の①～⑥のうちから，最も適当な数値を一つ選べ。 [2] kJ/mol

① −323　② −279　③ −235　④ 235　⑤ 279　⑥ 323

175 水酸化ナトリウムと塩酸の中和エンタルピー 5分

固体の水酸化ナトリウムが水に溶解するときの変化，および，固体の水酸化ナトリウムが希塩酸と反応するときの変化は，それぞれ次の化学反応式(1)，(2)で表すことができる。これらの式を用いて中和に関する化学反応式を(3)で表すとき，Q として最も適当な数値を，下の①～④のうちから一つ選べ。

[3] kJ

$$NaOH(固) + aq \longrightarrow NaOH(aq) \quad \Delta H = -45\,kJ \cdots\cdots(1)$$

$$NaOH(固) + HCl(aq) \longrightarrow NaCl(aq) + H_2O(液) \quad \Delta H = -101\,kJ \cdots\cdots(2)$$

$$H^+(aq) + OH^-(aq) \longrightarrow H_2O(液) \quad \Delta H = Q\,kJ \cdots\cdots(3)$$

① 146　② 56　③ −56　④ −146

76　生成エンタルピーと結合エネルギー　5分

次の化学反応式とΔHを用い，下の問い(a・b)に答えよ。

$2H_2$(気) + O_2(気) ⟶ $2H_2O$(気)　$\Delta H = -484$ kJ

H_2O(液) ⟶ H_2O(気)　$\Delta H = 44$ kJ

H_2(気) + Cl_2(気) ⟶ 2HCl(気)　$\Delta H = -185$ kJ

a　H_2O(液)の生成エンタルピーとして最も適当な数値を，次の①～⑥のうちから一つ選べ。 [4] kJ/mol

①　−194　②　−261　③　−286　④　−434　⑤　−513　⑥　−571

b　H−H と Cl−Cl の結合エネルギーは，それぞれ 432 kJ/mol と 239 kJ/mol である。H−Cl の結合エネルギーとして最も適当な数値を，次の①～⑥のうちから一つ選べ。 [5] kJ/mol

①　167　②　247　③　339　④　428　⑤　493　⑥　856

77　結合エネルギー　3分

H_2O(気)1 mol 中の O−H 結合を，すべて切断するのに必要なエネルギーは何 kJ か。最も適当な数値を，下の①～⑤のうちから一つ選べ。ただし，H−H および O=O の結合エネルギーは，それぞれ 432 kJ/mol，494 kJ/mol とする。また，H_2O(液)の生成エンタルピー〔kJ/mol〕および蒸発エンタルピー〔kJ/mol〕は，それぞれ次の化学反応式(1)，(2)で表されるものとする。 [6] kJ

$H_2 + \frac{1}{2}O_2$ ⟶ H_2O(液)　$\Delta H = -286$ kJ　(1)

H_2O(液) ⟶ H_2O(気)　$\Delta H = 44$ kJ　(2)

①　437　②　692　③　921　④　965　⑤　1168

78　結合エネルギー　3分　18●

C(黒鉛)が C(気)に変化するときの化学反応式と ΔH を次に示す。

C(黒鉛) ⟶ C(気)　$\Delta H = Q$ kJ

次の三つの化学反応式とΔHを用いて Q を求めると，何 kJ になるか。最も適当な数値を，下の①～⑥のうちから一つ選べ。 [7] kJ

C(黒鉛) + O_2(気) ⟶ CO_2(気)　$\Delta H = -394$ kJ

O_2(気) ⟶ 2O(気)　$\Delta H = 498$ kJ

CO_2(気) ⟶ C(気) + 2O(気)　$\Delta H = 1608$ kJ

①　1712　②　716　③　218　④　−218　⑤　−716　⑥　−1712

7 電池・電気分解

1 電気量と物質量

1 mol の電子がもつ電気量の絶対値は，9.65×10^4 C(クーロン)

1 C は，1 A(アンペア)の電流が 1 秒間流れたときの電気量である。

電気量〔C〕＝電流〔A〕× 時間〔秒〕

電気量は，電子 e^- の物質量に直して計算していくことが多い。

> i〔A〕の電流が t 秒間流れた ➡ 流れた電子の物質量 $= \dfrac{it}{9.65\times10^4}$〔mol〕

例 0.50 A の電流で 16 分 5 秒間電気分解を行った。電気量〔C〕と流れた電子の物質量をそれぞれ求めよ。ファラデー定数 $F = 9.65\times10^4$ C/mol とする。

電気量は，$0.50\ \text{A}\times(60\times16+5)$〔秒〕$= 0.50\times965 = 482.5$ C

流れた電子の物質量は，$\dfrac{0.50\times965}{9.65\times10^4} = 0.0050$ mol

2 電池・電気分解における量変化の計算

電池・電気分解の各極で起こる反応の反応式を書くことが第一歩である。

次に，流れた電子 e^- の物質量を求めることがポイントになる。同一回路では，電子 e^- の物質量は等しくなる。

あとは「反応式の係数比＝物質量比」で計算していけばよい。

例 白金電極を用い，希硫酸水溶液の電気分解を行った。965 C の電気量を流したとき，陽極および陰極で発生する気体の質量〔g〕および標準状態における体積〔mL〕をそれぞれ求めよ。
ただし，ファラデー定数は 96500 C/mol，原子量は H＝1.0，O＝16 とする。

流れた電子 e^- の物質量は，$\dfrac{965}{96500} = 0.010$ mol

陽極と陰極で起こる反応は，次のようになる。(2-2 の **5** を参照)

陽極　$2H_2O \longrightarrow \underline{O_2} + 4H^+ + \underline{4e^-}$

$\dfrac{0.010}{4}$ mol ⬅ 0.010 mol

陰極　$2H^+ + \underline{2e^-} \longrightarrow \underline{H_2}$

0.010 mol ➡ $\dfrac{0.010}{2}$ mol

したがって，陽極で発生する O_2 の質量は $32\times\dfrac{0.010}{4} = 0.080$ g

標準状態における体積は $22.4\times10^3\times\dfrac{0.010}{4} = 56$ mL

陰極で発生する H_2 の質量は $2.0\times\dfrac{0.010}{2} = 0.010$ g

標準状態における体積は $22.4\times10^3\times\dfrac{0.010}{2} = 112$ mL

演習問題

79 電気分解と電池 5分 原子量 Cu = 64 とする。

次の記述ア・イのような電気分解と電池に関する実験を，3種類の金属A～Cとして Cu，Pt，Zn を用いて行った。下の問い(a・b)に答えよ。

ア 金属Aを陰極および陽極に用いて $CuSO_4$ 水溶液を電気分解したところ，陽極で気体が発生した。

イ 金属Bおよび金属Cを希硫酸に浸して電池をつくったところ，金属Bが正極となった。

a 金属A～Cとして最も適当な組合せを，右の①～⑥のうちから一つ選べ。［ 1 ］

	A	B	C
①	Cu	Zn	Pt
②	Cu	Pt	Zn
③	Zn	Cu	Pt
④	Zn	Pt	Cu
⑤	Pt	Zn	Cu
⑥	Pt	Cu	Zn

b アの電気分解では陰極に 0.32 g の銅が析出した。このとき陽極で発生した気体の物質量は何 mol か。最も適当な数値を，次の①～⑥のうちから一つ選べ。［ 2 ］mol

① 0.0025 ② 0.0050 ③ 0.010 ④ 0.025
⑤ 0.050 ⑥ 0.10

80 ダニエル電池 4分 原子量 Cu = 63.5，Zn = 65.4 とする。

図1に示すダニエル電池に関する次の記述 a ～ c について，正誤の組合せとして正しいものを，下の①～⑧のうちから一つ選べ。ただし，ファラデー定数は 96500 C/mol とする。［ 3 ］

a 正極では銅(Ⅱ)イオンが還元される。

b 正極と負極の質量の和は常に一定である。

c 0.020 mol の亜鉛が反応したとき，発生する電気量の最大値は 1930 C である。

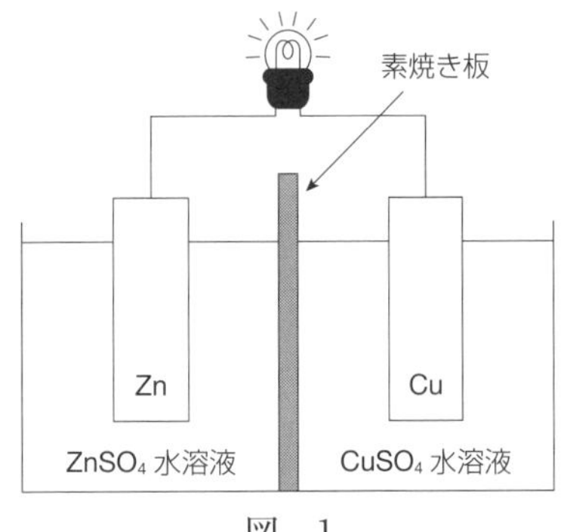

図 1

	a	b	c
①	正	正	正
②	正	正	誤
③	正	誤	正
④	正	誤	誤
⑤	誤	正	正
⑥	誤	正	誤
⑦	誤	誤	正
⑧	誤	誤	誤

81 鉛蓄電池 4分 原子量 O = 16，S = 32，Pb = 207 とする。

鉛蓄電池の構成は，次のように表される。

$Pb|H_2SO_4\ aq|PbO_2$

この電池の両極を外部回路に接続し，1.0 A の一定電流で 965 秒間放電させたとき，この放電による負極の質量の変化として最も適当なものを，次の①～⑥のうちから一つ選べ。ただし，ファラデー定数は 96500 C/mol とする。［ 4 ］

① 0.96 g 増加 ② 0.48 g 増加 ③ 0.32 g 増加 ④ 0.32 g 減少
⑤ 1.0 g 減少 ⑥ 2.1 g 減少

182 塩化ナトリウム水溶液の電気分解 5分

陽極に炭素棒，陰極に鉄板を用い，両極間に隔膜をおいた装置で，塩化ナトリウム水溶液の電気分解を行った。この実験に関する記述として正しいものを，次の①～⑤のうちから一つ選べ。 5

① 陽極から塩素が，陰極から酸素が発生した。
② 陽極から発生した気体の体積は，陰極から発生した気体の体積の 2 倍であった。
③ 陰極では，気体の発生とともに金属ナトリウムが析出した。
④ 0.01 mol の電子が流れたとき，標準状態で 224 mL の気体が陽極で発生した。
⑤ 陰極付近の水溶液は塩基性になった。

183 硝酸銀水溶液の電気分解 4分

2 枚の白金板を電極とし，一定の電流 9.65×10^{-2} A で硝酸銀水溶液を電気分解した。陰極に 3.60×10^{-3} mol の銀を析出させるには，どれだけの時間〔分〕が必要か。最も適当な数値を，次の①～⑥のうちから一つ選べ。ただし，ファラデー定数は 9.65×10^{4} C/mol である。 6 分

① 15　② 30　③ 60　④ 90　⑤ 120　⑥ 180

184 硝酸銀，硫酸ナトリウム水溶液の電気分解 6分　原子量 Ag = 108 とする。

図に示すように電解槽Ⅰに硝酸銀水溶液を，電解槽Ⅱに硫酸ナトリウム水溶液を入れ，電気分解を行ったところ，白金電極Aに銀 43.2 g を析出した。次の問い(**a**・**b**)に答えよ。

a 電気分解によって，白金電極C，Dで発生した気体の物質量〔mol〕を合計すると，いくらになるか。最も適当な数値を，次の①～⑥のうちから一つ選べ。 7 mol

① 0.20　② 0.30　③ 0.40　④ 0.60　⑤ 0.80　⑥ 0.90

b 白金電極C，D付近の溶液の pH は，電気分解によって，それぞれどのように変化するか。正しい組合せを，右の①～⑥のうちから一つ選べ。 8

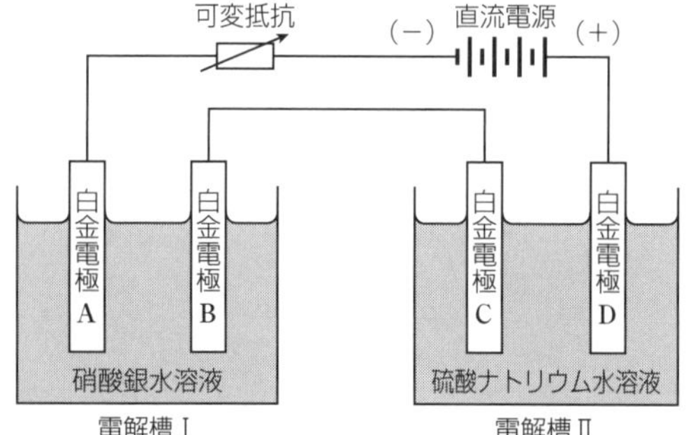

	白金電極C付近	白金電極D付近
①	小さくなる	変化しない
②	変化しない	大きくなる
③	大きくなる	小さくなる
④	変化しない	小さくなる
⑤	小さくなる	大きくなる
⑥	大きくなる	変化しない

85 電気分解 6分 原子量 Cu = 64 とする。 15●

電解槽Ⅰに硫酸銅(Ⅱ)水溶液，電解槽Ⅱに希硫酸を入れた。さらに，銅電極，白金電極を用いて，図1のような装置を組み立てた。一定の電流を1930秒間流して電気分解を行ったところ，電解槽Ⅰの陰極で0.32 gの銅が析出した。下の問い(**a**・**b**)に答えよ。ただし，ファラデー定数は9.65×10^4 C/molとする。

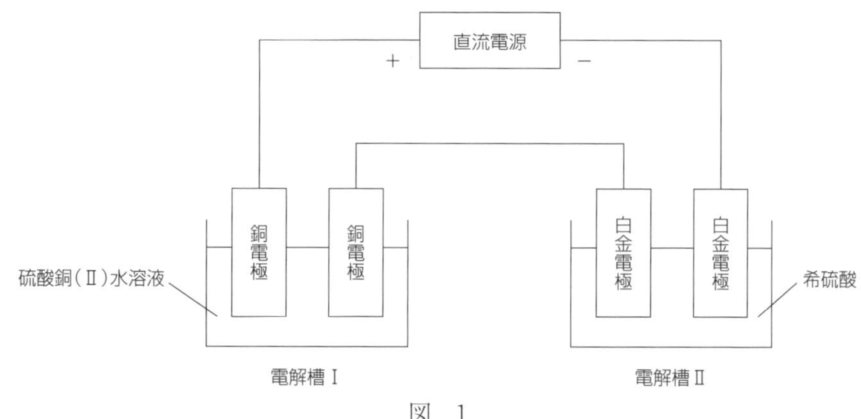

図 1

a 流した電流は何Aであったか。最も適当な数値を，次の①～⑤のうちから一つ選べ。 [9] A

① 0.25 ② 0.50 ③ 1.0 ④ 2.5 ⑤ 5.0

b 電解槽Ⅰの陽極と電解槽Ⅱの陽極で起きた現象の組合せとして最も適当なものを，次の①～⑥のうちから一つ選べ。 [10]

	電解槽Ⅰの陽極で起きた現象	電解槽Ⅱの陽極で起きた現象
①	酸素が発生した	二酸化硫黄が発生した
②	酸素が発生した	水素が発生した
③	酸素が発生した	酸素が発生した
④	銅が溶解した	二酸化硫黄が発生した
⑤	銅が溶解した	水素が発生した
⑥	銅が溶解した	酸素が発生した

8 化学平衡

1 ●―化学平衡の計算では，平衡定数 K を用いるものが中心になる。この際，反応前後における物質の物質量の変化をおさえることが大切である。

例 容積一定の容器中，一定温度の下で，次式(1)で表される可逆反応が平衡状態に達している。

$$H_2(\text{気}) + I_2(\text{気}) \rightleftarrows 2HI(\text{気}) \cdots\cdots(1)$$

(1)の反応で，正反応の反応速度を v_1，逆反応の反応速度を v_2 とすると，反応速度式は

$v_1 = k_1[H_2][I_2]$ $v_2 = k_2[HI]^2$ （k_1，k_2 は反応速度定数） となる。

H_2 と I_2 の初期濃度がいずれも 0.50 mol/L のとき，(1)式の正反応開始直後における HI の生成速度 v_1 は 8.0×10^{-2} mol/(L・min)であった。一方，HI の初期濃度が 1.0 mol/L のとき，(1)式の逆反応開始直後における逆反応の反応速度 v_2 は 5.0×10^{-3} mol/(L・min)であった。

問 1 正反応と逆反応の速度が等しいとき平衡状態になることを利用して，(1)式の平衡定数 K を求めよ。

問 2 H_2 と I_2 の初期濃度をいずれも 0.20 mol/L とし，平衡状態に達したときの HI の濃度を求めよ。

問 1 反応速度式に与えられた条件を代入して，k_1，k_2 を求める。

$$k_1 = \frac{v_1}{[H_2][I_2]} = \frac{8.0 \times 10^{-2}}{0.50 \times 0.50} = 3.2 \times 10^{-1}$$

$$k_2 = \frac{v_2}{[HI]^2} = \frac{5.0 \times 10^{-3}}{(1.0)^2} = 5.0 \times 10^{-3}$$

平衡時においては $v_1 = v_2$ となるので，次式が成り立つ。

$$k_1[H_2][I_2] = k_2[HI]^2 \quad \longleftarrow \text{この両辺に} \frac{1}{k_2[H_2][I_2]} \text{をかける}$$

$$\frac{k_1}{k_2} = \frac{[HI]^2}{[H_2][I_2]} = K$$

よって，平衡定数 K は $K = \dfrac{k_1}{k_2} = \dfrac{3.2 \times 10^{-1}}{5.0 \times 10^{-3}} = 64$ と求めることができる。

答 64

問 2 H_2，I_2 がそれぞれ x〔mol〕ずつ反応して平衡状態に達したとする。

平衡時における各物質の物質量は

	H_2	+	I_2	$\rightleftarrows$	2HI
反応前の量	0.20		0.20		0
反応量	$-x$		$-x$	$\longrightarrow$	$+2x$
平衡時の量	$0.20-x$〔mol/L〕		$0.20-x$〔mol/L〕		$2x$〔mol/L〕

＊体積 1 L とする。

$K = \dfrac{[HI]^2}{[H_2][I_2]}$ に代入すると $64 = \dfrac{(2x)^2}{(0.20-x)^2}$

$(2x)^2 = 8^2(0.20-x)^2 \longleftarrow$ 両辺が 2 乗の形なので平方根をとる

$2x = 8(0.20-x)$ $2x = -8(0.20-x)$

$x = 0.16$ $x = 0.266$ （$x \leqq 0.20$ なので不適）

よって，HI の濃度は $2x$ なので 0.32 mol/L

答 0.32 mol/L

演習問題

86 平衡定数 5分 原子量 N = 14, O = 16 とする。

一酸化窒素は自動車の排出ガスなどに含まれ，大気汚染で問題となる窒素酸化物の一種である。一酸化窒素は，空気中の窒素と酸素から次の反応のように生じる。

N_2(気) + O_2(気) ⇄ 2NO(気)

1.0 L の容器に窒素 42 g と酸素 48 g を入れて反応させた。2300 K で平衡に達したときの一酸化窒素のモル濃度は，0.12 mol/L であった。2300 K での平衡定数 K の値はいくらか。次の①～⑥のうちから，最も適当な数値を一つ選べ。［ 1 ］

① 3.5×10^{-5}　② 6.9×10^{-4}　③ 3.5×10^{-4}
④ 6.9×10^{-3}　⑤ 3.5×10^{-3}　⑥ 6.9×10^{-2}

87 平衡定数 8分

容積 5.0 L の容器に 1.0 mol の四酸化二窒素 N_2O_4 を封入し，温度を t〔℃〕に保ったところ，0.50 mol の N_2O_4 が分解して，(1)で表される平衡状態となった。次の問い（**a**・**b**）に答えよ。

N_2O_4 ⇄ $2NO_2$　(1)

a　t〔℃〕における(1)の平衡定数 K〔mol/L〕はいくらか。次の①～⑥のうちから，最も適当な数値を一つ選べ。［ 2 ］mol/L

① 0.10　② 0.20　③ 0.30　④ 0.40　⑤ 0.50　⑥ 0.60

b　容器に N_2O_4 を 5.0 mol 追加し，温度を t〔℃〕に保ったところ，再び(1)で表される平衡状態となった。このとき，容器中に存在する N_2O_4 の物質量は何 mol か。次の①～⑥のうちから，最も適当な数値を一つ選べ。［ 3 ］mol

① 2.5　② 3.0　③ 3.5　④ 4.0　⑤ 4.5　⑥ 5.0

88 電離定数 6分

25 ℃で 0.050 mol/L 酢酸水溶液の pH は 3 であった。次の問い（**a**・**b**）に答えよ。

a　酢酸の電離度はいくらか。次の①～⑥のうちから，最も適当な数値を一つ選べ。［ 4 ］

① 1.0×10^{-4}　② 2.0×10^{-4}　③ 1.0×10^{-3}
④ 2.0×10^{-3}　⑤ 1.0×10^{-2}　⑥ 2.0×10^{-2}

b　電離定数はいくらか。次の①～⑥のうちから，最も適当な数値を一つ選べ。［ 5 ］mol/L

① 1.0×10^{-6}　② 2.0×10^{-6}　③ 1.0×10^{-5}
④ 2.0×10^{-5}　⑤ 1.0×10^{-4}　⑥ 2.0×10^{-4}

89 電離平衡 5分　16●

0.016 mol/L の酢酸水溶液 50 mL と 0.020 mol/L の塩酸 50 mL を混合した溶液中の，酢酸イオンのモル濃度は何 mol/L か。最も適当な数値を，次の①～⑥のうちから一つ選べ。ただし，酢酸の電離度は 1 より十分小さく，電離定数は 2.5×10^{-5} mol/L とする。［ 6 ］mol/L

① 1.0×10^{-5}　② 2.0×10^{-5}　③ 5.0×10^{-5}
④ 1.0×10^{-4}　⑤ 2.0×10^{-4}　⑥ 5.0×10^{-4}

190 電離平衡 8分

次の文章を読み，問い（a ～ c）に答えよ。ただし，$\log_{10}2 = 0.30$ とする。

塩酸は水中ですべて電離していると考えてよいが，酢酸の水溶液では一部が電離し，次のような電離平衡が成立する。

$$CH_3COOH \rightleftarrows CH_3COO^- + H^+ \cdots\cdots (1)$$

ここで酢酸の濃度を c〔mol/L〕，酢酸の電離度を α とすると，電離していない酢酸の濃度は（ **ア** ）mol/L，酢酸イオンおよび水素イオンの濃度は（ **イ** ）mol/L と表される。これより，式(1)の平衡定数 K_a は $K_a = \dfrac{(\ \textbf{ウ}\ )}{(\ \textbf{エ}\ )}$ mol/L となり，電離度 α が十分に小さい場合は，K_a =（ **ウ** ）mol/L と近似できる。

a （**ア**）～（**エ**）に当てはまる最も適当な式を，次の①～⓪のうちからそれぞれ一つずつ選べ。

ア [7] **イ** [8] **ウ** [9] **エ** [10]

① $1 - \alpha$　② $1 - c\alpha$　③ $c(1 - \alpha)$　④ $c^2(1 - \alpha)$　⑤ $c(1 - \alpha)^2$
⑥ $1 - c\alpha^2$　⑦ $1 - c^2\alpha$　⑧ $c\alpha$　⑨ $c\alpha^2$　⓪ $c^2\alpha$

b 0.02 mol/L の塩酸の pH はいくらか。次の①～⑥のうちから，最も適当な数値を一つ選べ。

[11]

① 0.7　② 1.0　③ 1.3　④ 1.7　⑤ 2.0　⑥ 2.3

c 0.01 mol/L の酢酸水溶液の pH はいくらか。次の①～⑥のうちから，最も適当な数値を一つ選べ。ただし，酢酸の電離定数を 2.5×10^{-5} mol/L とし，電離度は十分に小さいものとする。

[12]

① 2.7　② 3.0　③ 3.3　④ 3.7　⑤ 4.0　⑥ 4.3

191 溶解度積 6分

物質には限られた溶解度があり，これを超えると溶解成分のイオンと不溶成分の間には平衡が成立する。不溶性とされる化合物でも実際にはまったく溶解しないのではなく，ごくわずかに溶解している。例えば，AgCl は水を加えると，次のようにほんの一部が溶解する。

$$AgCl(固) \rightleftarrows Ag^+ + Cl^-$$

この溶解平衡については，下に示すように，溶解度積（K_{sp}）と呼ばれる平衡定数を定義する。

$$K_{sp} = [Ag^+][Cl^-]$$

次の問い（a・b）に答えよ。

a AgCl の 25 ℃での溶解度積（K_{sp}）は 1.0×10^{-10} mol²/L² である。AgCl の沈殿を含む溶液中の銀イオンの濃度は何 mol/L か。次の①～⑥のうちから，最も適当な数値を一つ選べ。[13] mol/L

① 1.0×10^{-2}　② 1.0×10^{-3}　③ 1.0×10^{-4}
④ 1.0×10^{-5}　⑤ 1.0×10^{-6}　⑥ 1.0×10^{-7}

b 0.01 mol/L $AgNO_3$ 水溶液 10 mL を 0.03 mol/L NaCl 水溶液 10 mL に加えた溶液中の，銀イオンの濃度は何 mol/L か。次の①～⑥のうちから，最も適当な数値を一つ選べ。[14] mol/L

① 1.0×10^{-4}　② 1.0×10^{-5}　③ 1.0×10^{-6}
④ 1.0×10^{-7}　⑤ 1.0×10^{-8}　⑥ 1.0×10^{-9}

9 有機化学(高分子を含む)

1 ●―有機化学の分野では，計算は「元素分析」と「モル計算」の二つのうちどちらかであると考えてよい。ここでは，有機化学に特有の「元素分析」の計算の方法をマスターしよう。(「モル計算」は反応の内容さえ把握できていれば，今まで やってきた方法と同じである。)

2 ●―構造式決定への流れ

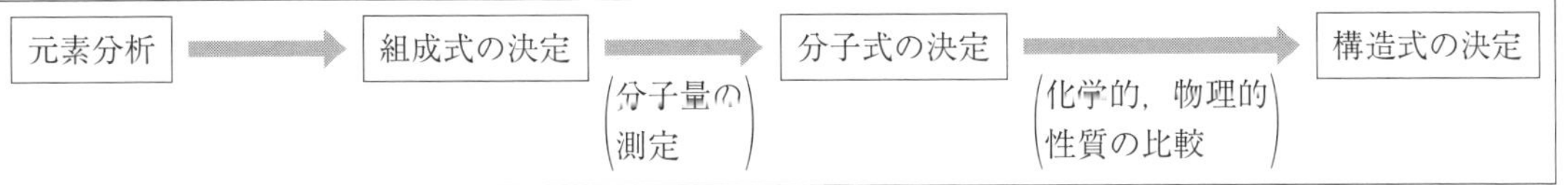

例 次の文章中の [1] ～ [5] に入れるのに最も適当なものを，それぞれの解答群のうちから一つずつ選べ。ただし，同じものを繰り返し選んでもよい。

炭素，水素，酸素からなる有機化合物AおよびBをそれぞれ18.0 mgずつとり，別々に完全燃焼させたところ，どちらの化合物も二酸化炭素26.4 mgと水10.8 mgとを生じ，これら以外のものは生じなかった。したがって，AおよびBにはいずれも，質量百分率にして炭素 [1] %，水素 [2] %が含まれ，組成式は [3] で表される。

フェーリング液にAを加えて温めたところ，赤色の沈殿が生じたが，Bの場合には沈殿が生じなかった。したがって，下の解答群に示された化合物のうちでは，Aは [4] ，Bは [5] と考えられる。ただし，原子量はH＝1.0，C＝12，O＝16とする。

1，2 の解答群

① 4.3　② 6.7　③ 8.1　④ 9.1　⑤ 10.3
⑥ 11.1　⑦ 13.0　⑧ 26.1　⑨ 38.7　⓪ 40.0
ⓐ 49.3　ⓑ 54.5　ⓒ 62.1　ⓓ 85.7

3 の解答群

① CH_2　② CH_2O　③ CH_2O_2　④ CH_3O　⑤ C_2H_4O
⑥ C_2H_5O　⑦ C_2H_6O　⑧ $C_3H_5O_2$　⑨ C_3H_6O　⓪ $C_3H_6O_2$

4，5 の解答群

① ギ酸　② アセトアルデヒド　③ アセトン　④ エタノール
⑤ 酢酸　⑥ 酢酸エチル　⑦ ホルムアルデヒド

定量的な元素分析の装置は次のようになる。

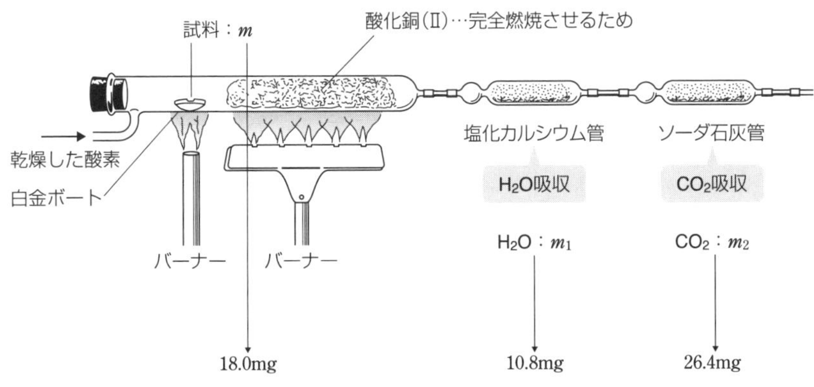

試料 $m = 18.0\,\mathrm{mg}$ を酸素中で完全に燃焼させて，水と二酸化炭素にする。水は塩化カルシウム管に，二酸化炭素はソーダ石灰管に吸収される。吸収により増加した質量から，水の質量 $m_1 = 10.8\,\mathrm{mg}$，二酸化炭素の質量 $m_2 = 26.4\,\mathrm{mg}$ を求めた。

この化合物 18.0 mg 中の各元素の質量は，

炭素　$26.4 \times \dfrac{12}{44} = 7.2\,\mathrm{mg}$　⬅ $CO_2 = 44$（C = 12）　炭素は二酸化炭素の質量の $\dfrac{12}{44}$ になる。

水素　$10.8 \times \dfrac{2}{18} = 1.2\,\mathrm{mg}$　⬅ $H_2O = 18$（H_2 = 2）　水素は水の質量の $\dfrac{2}{18}$ になる。

酸素　$18.0 - (7.2 + 1.2) = 9.6\,\mathrm{mg}$　⬅ 酸素は，試料の中の炭素，水素以外の質量になる。

化合物の組成式を $C_xH_yO_z$ とすると，

$$x : y : z = \frac{7.2}{12} : \frac{1.2}{1} : \frac{9.6}{16}$$ ⬅ 各元素の質量を各々の原子量で割る。

$$= 0.6 : 1.2 : 0.6$$

$$= 1 : 2 : 1$$

1 : 2 : 1 が，最も簡単な整数比であるから，CH_2O が組成式になる。

化合物A，Bの分子式はその整数倍，つまり $(CH_2O)_n$ と表すことができる。

この形の分子式で表されるおもな化合物をあげてみると

$n = 1$ のとき　CH_2O　⟶　HCHO　ホルムアルデヒド

$n = 2$ のとき　$C_2H_4O_2$　⟶　CH_3COOH　酢酸，$HCOOCH_3$　ギ酸メチル

$n = 3$ のとき　$C_3H_6O_3$　⟶　$CH_3-CH(OH)-COOH$（$CH_3-C(H)(OH)-COOH$）　乳酸

⋮

$n = 6$ のとき　$C_6H_{12}O_6$　⟶　単糖類（グルコースなど）

選択肢にあげられた物質と比べながら検討していく。①〜⑦のうち，
化合物Aはフェーリング反応陽性なので，⑦のホルムアルデヒド，
化合物Bはフェーリング反応が起こらないので，⑤の酢酸とわかる。

順序が逆になったが，［1］，［2］を解くと，
炭素の質量百分率は，試料 18.0 mg 中 7.2 mg を占めるので，

$$\frac{7.2}{18.0} \times 100 = 40.0〔\%〕$$

水素の質量百分率は，試料 18.0 mg 中 1.2 mg を占めるので，

$$\frac{1.2}{18.0} \times 100 = 6.66 \fallingdotseq 6.7〔\%〕$$

なお，酸素の質量百分率は，$100 - (40.0 + 6.7) = 53.3$〔%〕となる。

したがって，元素分析の結果，炭素，水素，酸素の質量百分率が 40.0 %，6.7 %，53.3 % となるので，組成式はこの値を用いても求めることができる。つまり，

$$x : y : z = \frac{40.0}{12} : \frac{6.7}{1} : \frac{53.3}{16} \fallingdotseq 1 : 2 : 1$$ と計算すればよい。

したがって，答えは **1** ⓪，**2** ②，**3** ②，**4** ⑦，**5** ⑤である。

演習問題

92 元素分析 5分 原子量 H = 1.0, C = 12, O = 16 とする。

炭素，水素，酸素のみからなり，フェーリング液と反応して赤色沈殿を生じる化合物がある。その 29 mg を完全燃焼させると，二酸化炭素 66 mg と水 27 mg が生じた。この化合物として最も適当なものを，次の①～⑥のうちから一つ選べ。［ 1 ］

① CH_3COCH_3　② CH_3CH_2CHO　③ CH_3CH_2COOH
④ $CH_3CH_2COCH_3$　⑤ $CH_3(CH_2)_2CHO$　⑥ $CH_3(CH_2)_2COOH$

93 元素分析 5分 原子量 H = 1.0, C = 12, O = 16 とする。 17 試行テスト●

炭素，水素，酸素からなる，ある有機化合物 12 g を完全燃焼させたところ，二酸化炭素 0.60 mol と水 0.80 mol が生成した。この有機化合物として考えられるものを，次の①～⑥のうちから**すべて**選べ。［ 2 ］

① アルコール　② エーテル　③ アルデヒド
④ ケトン　⑤ カルボン酸　⑥ エステル

94 炭化水素の推定 6分

次の条件 **a** ～ **c** を満たす炭化水素がある。この炭化水素 1.0 mol を完全燃焼させたとき，消費される酸素は何 mol か。最も適当な数値を，下の①～⑥のうちから一つ選べ。［ 3 ］mol

a 一つの環からなる脂環式炭化水素である。
b 二重結合を二つもち，残りはすべて単結合である。
c 水素原子の数は炭素原子の数より 4 個多い。

① 3.0　② 5.5　③ 6.0　④ 8.5　⑤ 11　⑥ 14

95 アセチレンの生成と燃焼反応 4分 原子量 C = 12, Ca = 40 とする。

炭化カルシウム(CaC_2)3.2 g を水と完全に反応させて，アセチレンを得た。このアセチレンを完全燃焼させるとき，消費される酸素は標準状態で何 L か。最も適当な数値を，次の①～⑥のうちから一つ選べ。［ 4 ］L

① 1.4　② 2.8　③ 5.6　④ 11　⑤ 17　⑥ 22

96 炭化水素の付加反応 5分 原子量 H = 1.0, C = 12 とする。

炭素数 4 の鎖式不飽和炭化水素を完全燃焼させたところ，二酸化炭素 88 mg と水 27 mg が生成した。この炭化水素 8.1 g に，触媒を用いて水素を付加させたところ，すべてが飽和炭化水素に変化した。このとき消費された水素分子の物質量は何 mol か。最も適当な数値を，次の①～⑥のうちから一つ選べ。［ 5 ］mol

① 0.15　② 0.30　③ 0.47　④ 0.56　⑤ 0.60　⑥ 0.65

197 重合度 3分 原子量 H = 1.0, C = 12 とする。

プロピレン($CH_2=CH-CH_3$)を重合すると平均分子量 9.7×10^4 の化合物が得られた。この化合物の平均重合度はいくらか。最も適当な数値を，次の①～⑥のうちから一つ選べ。ただし，分子量が十分に大きいので，化合物の両末端の構造は影響しないと考える。[6]

① 2.3×10^2　② 4.6×10^2　③ 2.3×10^3
④ 4.6×10^3　⑤ 2.3×10^4　⑥ 4.6×10^4

198 ポリエチレンテレフタラートのエステル結合 3分 原子量 H = 1.0, C = 12, O = 16 とする。

ポリエチレンテレフタラートはポリエステルの一種であり，エチレングリコール($HOCH_2CH_2OH$)とテレフタル酸(HOOC-C_6H_4-COOH)との縮合重合によって合成される。あるポリエチレンテレフタラートの分子量を測定したところ 2.0×10^5 であった。このポリエチレンテレフタラート分子には，およそ何個のエステル結合が含まれるか。最も適当な数値を，次の①～⑥のうちから一つ選べ。

[7]個

① 1.0×10^3　② 2.0×10^3　③ 1.0×10^4
④ 2.0×10^4　⑤ 1.0×10^5　⑥ 2.0×10^5

199 マルトースの加水分解 4分 原子量 O = 16, Cu = 64 とする。 17●

ある量のマルトース(分子量 342)を酸性水溶液中で加熱し，すべてを単糖Aに分解した。冷却後，炭酸ナトリウムを加えて中和した溶液に，十分な量のフェーリング液を加えて加熱したところ Cu_2O の赤色沈殿 14.4 g が得られた。もとのマルトースの質量として最も適当な数値を，次の①～⑤のうちから一つ選べ。ただし，単糖Aとフェーリング液との反応では，単糖A 1 mol あたり Cu_2O 1 mol の赤色沈殿が生じるものとする。[8] g

① 4.28　② 8.55　③ 17.1　④ 34.2　⑤ 51.3

200 合成ゴム 5分 16●

アクリロニトリル(C_3H_3N)とブタジエン(C_4H_6)を共重合させてアクリロニトリル-ブタジエンゴムをつくった。このゴム中の炭素原子と窒素原子の物質量の比を調べたところ，19：1であった。共重合したアクリロニトリルとブタジエンの物質量の比(アクリロニトリルの物質量：ブタジエンの物質量)として最も適当なものを，次の①～⑦のうちから一つ選べ。[9]

① 4：1　② 3：1　③ 2：1　④ 1：1
⑤ 1：2　⑥ 1：3　⑦ 1：4

1　気体の発生

1 ●―気体の発生装置…試薬が(固体／液体)，加熱の(有／無)で判断する。

(1)　固体 ＋ 液体(加熱なし)の場合

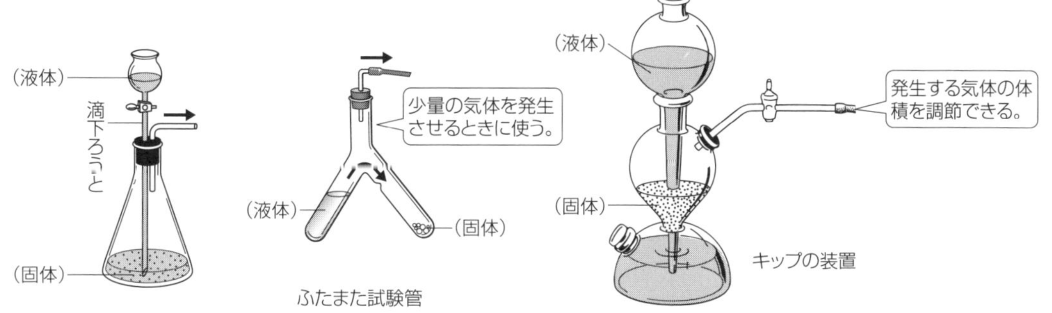

(2)　固体 ＋ 液体(加熱あり)の場合

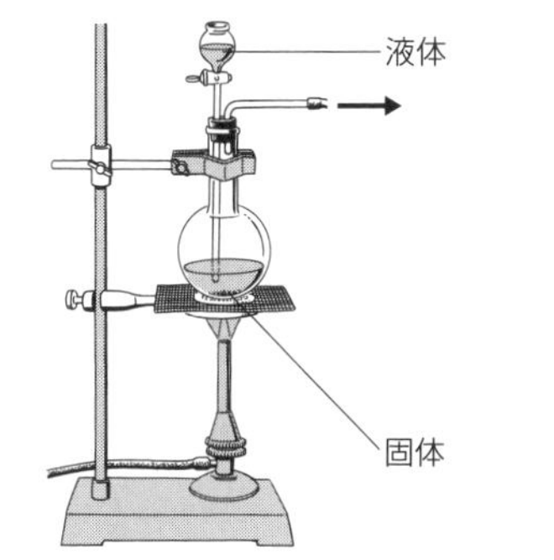

(3)　固体 ＋ 固体(加熱あり)の場合

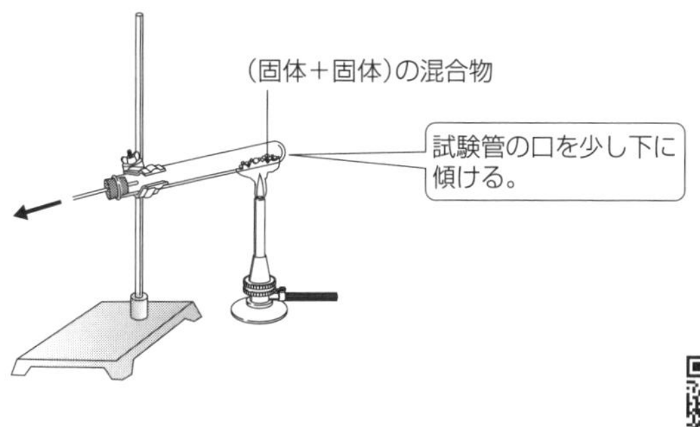

2 ●―捕集法…発生した気体が(水に溶ける／溶けない)，(空気より重い／軽い)で判断する。

	水上置換	下方置換	上方置換
捕集法			
条件	水に溶けにくい気体	水に溶けやすく，空気より重い気体	水に溶けやすく，空気より軽い気体
例	H_2，O_2，N_2，CO，NO，炭化水素(CH_4，C_2H_4，C_2H_2)など	HCl，H_2S，Cl_2，CO_2，SO_2，NO_2 など	NH_3

3 ●―気体の乾燥…乾燥させたい気体と反応しない乾燥剤を用いる。

		乾燥できる気体	乾燥できない気体
中性の乾燥剤	塩化カルシウム　$CaCl_2$	ほとんどの気体	NH_3(反応してしまう)
	シリカゲル　$SiO_2 \cdot nH_2O$		―
酸性の乾燥剤	濃硫酸　H_2SO_4	中性・酸性の気体(H_2，O_2，CO_2 など)	塩基性の気体(NH_3) 還元性の強い気体(H_2S)
	十酸化四リン　P_4O_{10}		塩基性の気体(NH_3)
塩基性の乾燥剤	酸化カルシウム　CaO	中性・塩基性の気体(H_2，O_2，NH_3 など)	酸性の気体
	ソーダ石灰　(NaOH ＋ CaO)		

4 ●—気体の精製…洗気びんを用いる。

(例)　塩素の製法(酸化マンガン(Ⅳ)と濃塩酸を加熱して発生させる。)

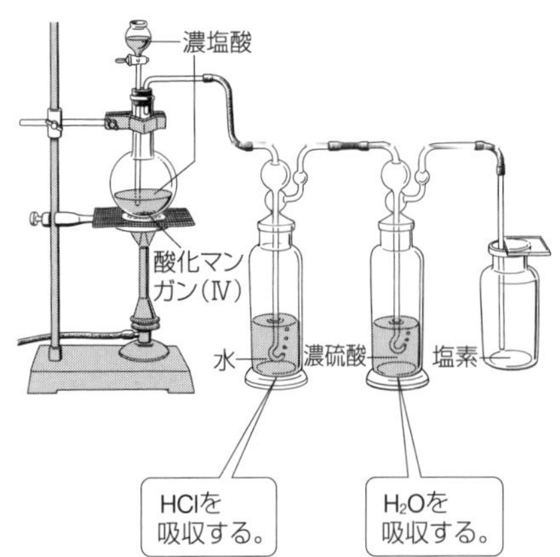

$$MnO_2 + 4HCl \longrightarrow MnCl_2 + 2H_2O + Cl_2$$

発生した塩素に混入している塩化水素と水を除くため，水と濃硫酸の入った洗気びんを使う。

5 ●—代表的な気体の性質と実験室での製法

気体	色	におい	水への溶解	試薬	反応
水素 H_2			×	亜鉛 希硫酸	$Zn + H_2SO_4 \longrightarrow ZnSO_4 + H_2\uparrow$ (固)　(液)
塩素 Cl_2	黄緑色	刺激臭	○	酸化マンガン(Ⅳ) 濃塩酸	$MnO_2 + 4HCl \longrightarrow MnCl_2 + 2H_2O + Cl_2\uparrow$ (固)　(液)(加熱)
				さらし粉 濃塩酸	$CaCl(ClO)\cdot H_2O + 2HCl \longrightarrow CaCl_2 + 2H_2O + Cl_2\uparrow$ (固)　(液)
塩化水素 HCl		刺激臭	◎	塩化ナトリウム 濃硫酸	$NaCl + H_2SO_4 \longrightarrow NaHSO_4 + HCl\uparrow$ (固)　(液)(加熱)
酸素 O_2			×	過酸化水素水 酸化マンガン(Ⅳ)	$2H_2O_2 \longrightarrow 2H_2O + O_2\uparrow$ (液)　MnO_2(固)は触媒
アンモニア NH_3		刺激臭	◎	塩化アンモニウム 水酸化カルシウム	$2NH_4Cl + Ca(OH)_2 \longrightarrow CaCl_2 + 2H_2O + 2NH_3\uparrow$ (固)　(固)　(加熱)
硫化水素 H_2S		腐卵臭	○	硫化鉄(Ⅱ) 希硫酸	$FeS + H_2SO_4 \longrightarrow FeSO_4 + H_2S\uparrow$ (固)　(液)
二酸化炭素 CO_2			○	炭酸カルシウム 希塩酸	$CaCO_3 + 2HCl \longrightarrow CaCl_2 + H_2O + CO_2\uparrow$ (固)　(液)
二酸化硫黄 SO_2		刺激臭	○	銅 濃硫酸	$Cu + 2H_2SO_4 \longrightarrow CuSO_4 + 2H_2O + SO_2\uparrow$ (固)　(液)(加熱)
一酸化窒素 NO			×	銅 希硝酸	$3Cu + 8HNO_3 \longrightarrow 3Cu(NO_3)_2 + 4H_2O + 2NO\uparrow$ (固)　(液)
二酸化窒素 NO_2	赤褐色	刺激臭	○	銅 濃硝酸	$Cu + 4HNO_3 \longrightarrow Cu(NO_3)_2 + 2H_2O + 2NO_2\uparrow$ (固)　(液)

演　習　問　題

01　気体の捕集法　3分

次の実験ａ～ｅにおいて，発生する気体を水上置換によって捕集することが**適当でないもの**の組合せを，下の①～⑥のうちから一つ選べ。［1］

ａ　鉄に希硫酸を加える。

ｂ　塩化ナトリウムに濃硫酸を加えて加熱する。

ｃ　過酸化水素水に酸化マンガン(Ⅳ)を加える。

ｄ　亜硫酸水素ナトリウムに希硫酸を加える。

ｅ　アルミニウムに水酸化ナトリウム水溶液を加えて加熱する。

①　ａ・ｂ　②　ａ・ｃ　③　ａ・ｅ　④　ｂ・ｄ　⑤　ｃ・ｄ　⑥　ｄ・ｅ

02　気体の精製　5分

次のＡ欄に示した気体に，Ｂ欄の気体が少量含まれている混合気体がある。この混合気体をＣ欄に示す水溶液に通して，できるだけＢ欄の気体を含まないＡ欄の気体を得たい。Ｃ欄の水溶液として**適当でないもの**を，次の①～⑤のうちから一つ選べ。［2］

	A	B	C
①	二酸化炭素	塩化水素	炭酸水素ナトリウム水溶液
②	水　素	アンモニア	希硫酸
③	酸　素	二酸化硫黄	硫酸酸性の過マンガン酸カリウム水溶液
④	塩化水素	硫化水素	硝酸銀水溶液
⑤	窒　素	二酸化炭素	石灰水

03　アンモニアの発生実験　3分

図１は，アンモニアの発生装置および上方置換による捕集装置を示している。

この実験に関する記述として**誤りを含むもの**を，次の①～⑤のうちから一つ選べ。［3］

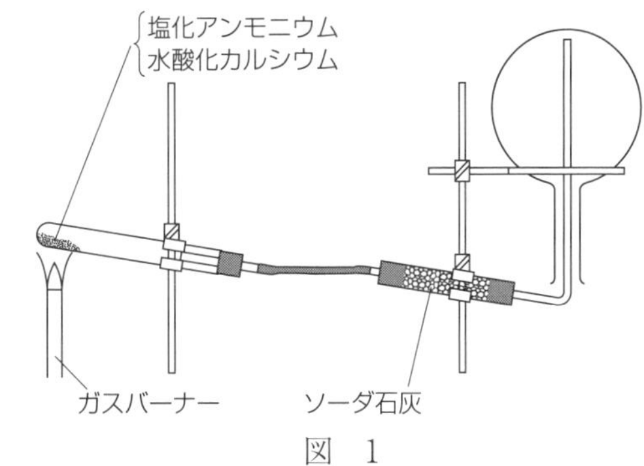

図　1

①　アンモニアを集めた丸底フラスコ内に，湿らせた赤色リトマス紙を入れると，リトマス紙は青色になった。

②　アンモニアを集めた丸底フラスコの口に，濃塩酸をつけたガラス棒を近づけると，白煙が生じた。

③　水酸化カルシウムの代わりに硫酸カルシウムを用いると，アンモニアがより激しく発生した。

④　ソーダ石灰は，発生した気体から水分を除くために用いている。

⑤　アンモニア発生の反応が終了した後，試験管内には固体が残った。

204 塩化水素の発生実験 3分

図1の装置を用いて，塩化ナトリウムに硫酸を加えて加熱し，発生した気体を集気びんに集めた。この実験に関する記述として正しいものを，次の①～⑤のうちから一つ選べ。[4]

① 集気びんに集められた気体は，無色・無臭である。

② 湿らせたヨウ化カリウムデンプン紙を集気びんに入れると，紙は青紫色になる。

③ 湿らせた赤色リトマス紙を集気びんに入れると，紙は青色になる。

④ 湿らせた赤色リトマス紙を集気びんに入れると，紙は漂白される。

⑤ 塩化ナトリウムの代わりに塩化カリウムを用いても，同じ気体が発生する。

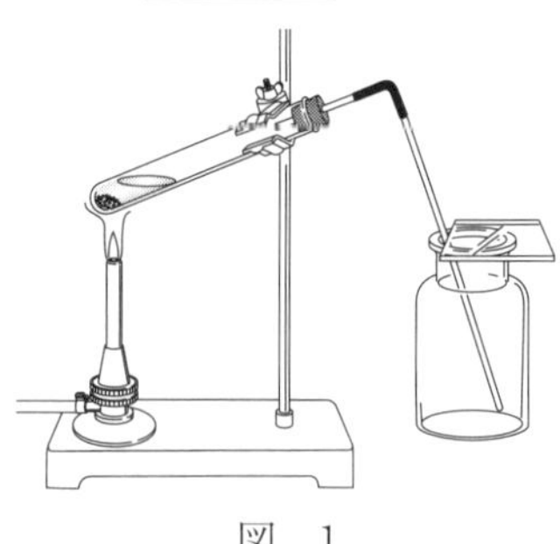

図 1

205 硫化水素の発生実験 3分

図1の装置を用いて，硫化鉄(Ⅱ)に希硫酸を加えて気体を発生させた。この実験に関する記述として正しいものを，次の①～⑤のうちから一つ選べ。[5]

① 黄色の気体が発生する。

② 希硫酸の代わりに希塩酸を用いると，同じ気体は発生しない。

③ 希硫酸の代わりに水酸化ナトリウム水溶液を用いても，同じ気体が発生する。

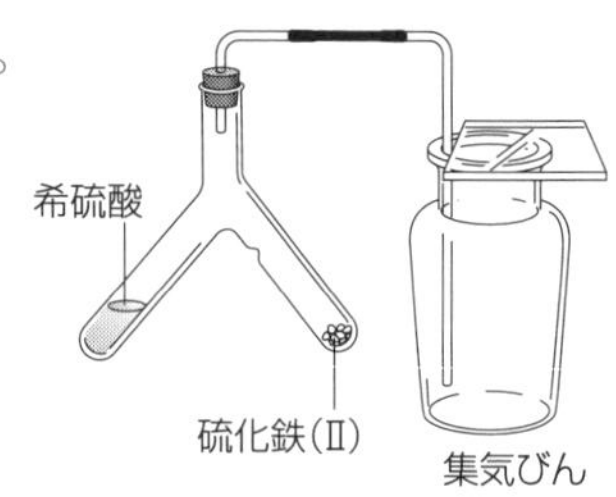

図 1

④ 集気びんに水を入れておくと，発生した気体が溶解して，その水溶液は塩基性を示す。

⑤ 集気びんに硫酸銅(Ⅱ)水溶液を入れておくと，発生した気体と反応して沈殿を生じる。

206 キップの装置 5分

図1は固体と液体の反応を利用して気体を発生させる装置である。AとBの接合部Eの気密は保たれている。

Bに亜鉛粒を入れ，Aに希硫酸を入れる。コック(活栓)Dを開くと水素が発生する。コックDを閉じると，希硫酸が移動して亜鉛との接触が断たれ，水素の発生が止まる。この実験を行うとき，次の**ア**・**イ**について最も適当なものを，それぞれの解答群の①～⑤のうちから一つずつ選べ。

ア 亜鉛の代わりに用いることができる物質 [6]

イ 水素発生中に，コックDを閉じるとき，希硫酸の移動する方向 [7]

アの解答群

① CaC_2　② Fe　③ Pb　④ Cu　⑤ SiO_2

イの解答群

① A→C　② C→B　③ B→D

④ B→C→A　⑤ A→C→B

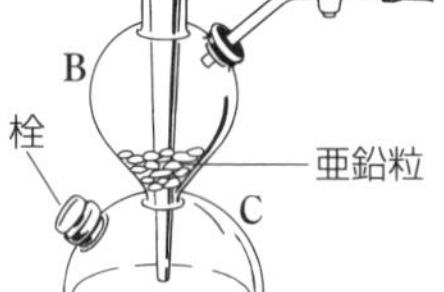

図 1

207 塩素の発生実験 4分

乾燥した塩素を得るために，図1に示した a（発生部），b（精製部），c（捕集部）の中から必要な装置を一つずつ選び，連結した。その装置の組合せとして正しいものを，次の①～⑧のうちから一つ選べ。[8]

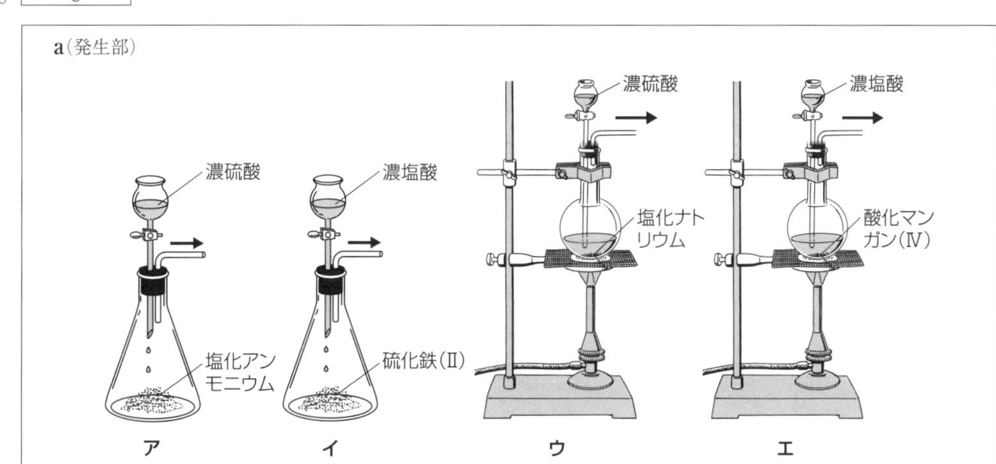

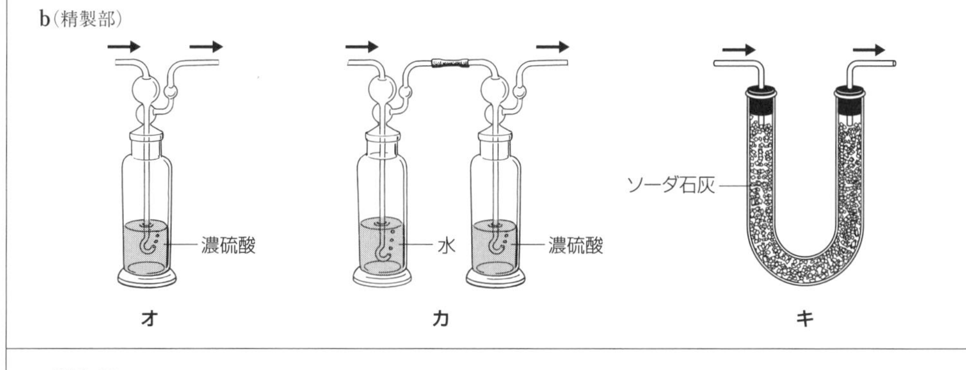

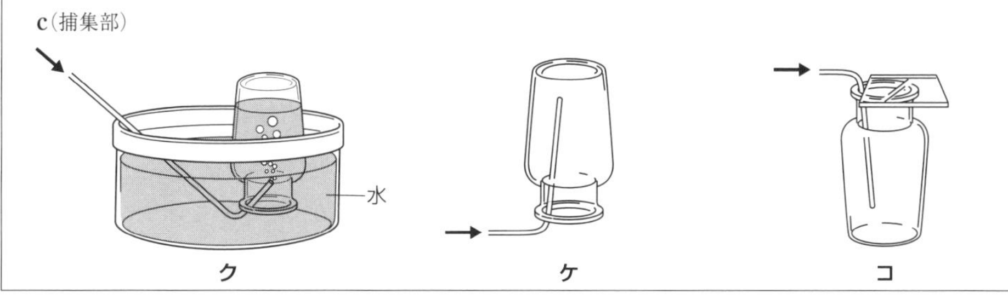

図 1

	a	b	c		a	b	c
①	ア	オ	ケ	⑤	ウ	カ	ク
②	ア	キ	コ	⑥	ウ	キ	ケ
③	イ	オ	ク	⑦	エ	オ	ケ
④	イ	カ	コ	⑧	エ	カ	コ

2 金属イオンの分離と確認

1 ●—金属イオンの沈殿反応

Cl^-との反応	Ag^+ $AgCl$(白)	Pb^{2+} $PbCl_2$(白)	AgClはアンモニア水で溶ける。 $PbCl_2$は熱水で溶ける。	
SO_4^{2-}との反応	Ca^{2+} $CaSO_4$(白)	Ba^{2+} $BaSO_4$(白)	Pb^{2+} $PbSO_4$(白)	
S^{2-}との反応	水溶液が酸性〜塩基性で沈殿するイオンが異なる。			
	$K^+Ca^{2+}Na^+Mg^{2+}Al^{3+}$	$Zn^{2+}Fe^{2+}Ni^{2+}$	$Sn^{2+}Pb^{2+}(H_2)Cu^{2+}Hg^{2+}Ag^+$	Pt Au
		塩基性・中性で沈殿	液性によらず沈殿	
		ZnS　FeS　NiS (白)　(黒)　(黒)	SnS　PbS　CuS　HgS　Ag_2S (褐)(黒)(黒)(黒)(黒)	
		他にMnS(淡桃)	他にCdS(黄)	

硫化物の沈殿は，イオン化傾向と関連づけて覚える。イオン化傾向の小さい金属(Sn 〜 Ag)のイオンは硫化物の沈殿が生じやすく，液性に関係なく沈殿する。しかし，イオン化傾向が中程度の金属イオン(Zn^{2+}，Fe^{2+}，Ni^{2+})では，水溶液が酸性では沈殿は生じない。

2 ●—アンモニア水，水酸化ナトリウム水溶液との反応

		Ag^+	Cu^{2+}	Zn^{2+}	Al^{3+}	Fe^{3+}
NH_3水との反応		Ag_2O 褐色沈殿	$Cu(OH)_2$ 青白色沈殿	$Zn(OH)_2$ 白色沈殿	$Al(OH)_3$ 白色沈殿	水酸化鉄(Ⅲ) 赤褐色沈殿
	過剰	⇓ $[Ag(NH_3)_2]^+$ 溶ける(無色)	⇓ $[Cu(NH_3)_4]^{2+}$ 溶ける(深青色)	⇓ $[Zn(NH_3)_4]^{2+}$ 溶ける(無色)	溶けない	溶けない
		Ag^+	Cu^{2+}	Zn^{2+}	Al^{3+}	Fe^{3+}
NaOH水溶液との反応		Ag_2O 褐色沈殿	$Cu(OH)_2$ 青白色沈殿	$Zn(OH)_2$ 白色沈殿	$Al(OH)_3$ 白色沈殿	水酸化鉄(Ⅲ) 赤褐色沈殿
	過剰	溶けない	溶けない	⇓ $[Zn(OH)_4]^{2-}$ 溶ける(無色)	⇓ $[Al(OH)_4]^-$ 溶ける(無色)	溶けない

Ag^+やCu^{2+}を含む水溶液にNH_3水を加えるとAg_2O，$Cu(OH)_2$の沈殿が生じるが，さらに過剰にNH_3水を加えていくと，沈殿は溶ける。

Zn^{2+}を含む水溶液では，NH_3水でもNaOH水溶液でも，最初に$Zn(OH)_2$の沈殿が生じるが，さらに過剰に加えていくと，両方の場合で沈殿が溶ける。

Al^{3+}を含む水溶液では，NaOH水溶液を加えると$Al(OH)_3$の沈殿が生じるが，さらに過剰にNaOH水溶液を加えていくと，沈殿は溶ける。

他の両性元素のイオンSn^{2+}，Pb^{2+}でも同様に，少量のNaOH水溶液で水酸化物の沈殿が生じ，さらに過剰にNaOH水溶液を加えると溶ける。

3 ●―鉄(Ⅱ)イオンと鉄(Ⅲ)イオンの沈殿反応

	Fe^{2+}(淡緑色)	Fe^{3+}(黄褐色)
NH_3 水，NaOH 水溶液	$Fe(OH)_2$(緑白色沈殿)	水酸化鉄(Ⅲ)(赤褐色沈殿)
ヘキサシアニド鉄(Ⅲ)酸カリウム $K_3[Fe(CN)_6]$水溶液	濃青色沈殿	―
ヘキサシアニド鉄(Ⅱ)酸カリウム $K_4[Fe(CN)_6]$水溶液	―	濃青色沈殿

Fe^{2+}とFe^{3+}は，次の呈色反応により区別される。

1　鉄イオンに塩基を加えると，Fe^{2+}からは緑白色の$Fe(OH)_2$，Fe^{3+}からは赤褐色の水酸化鉄(Ⅲ)の沈殿が生成する。

2　$K_3[Fe(CN)_6]$水溶液にFe^{2+}を含む水溶液を加えると，濃青色の沈殿が生成する。
　$K_4[Fe(CN)_6]$水溶液にFe^{3+}を含む水溶液を加えると，濃青色の沈殿が生成する。

4 ●―金属イオンの分離……系統分離の原理を理解すること。

代表的な金属イオンの分離　　沈殿生成に必要な試薬を加えていく順序に注意する。

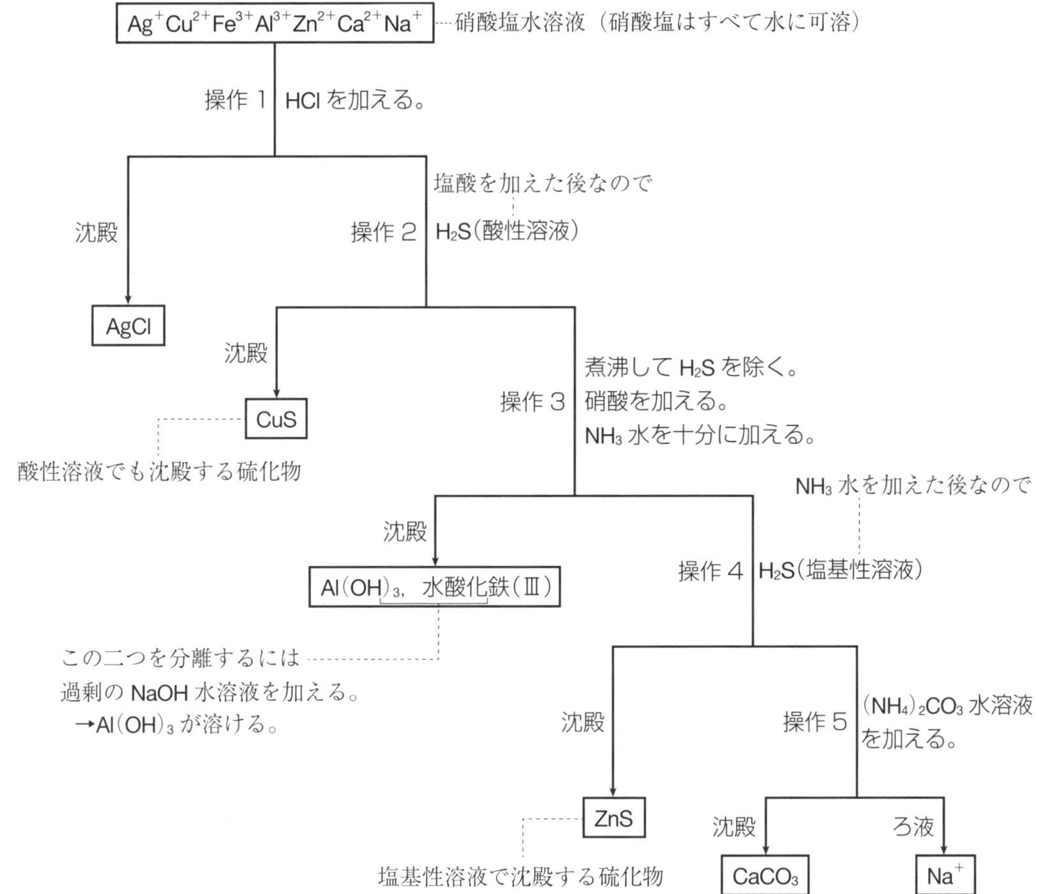

操作１で生じるのは塩化物の沈殿。Pb^{2+}が含まれている場合は$PbCl_2$の沈殿が生成する。

操作２では，酸性溶液中でも沈殿する硫化物が分離される。なお，H_2SによりFe^{3+}が還元されて，Fe^{2+}となるので，操作３では酸化剤のHNO_3を加えて，Fe^{3+}に戻す必要がある。

操作３でNH_3水を加えると，赤褐色の水酸化鉄(Ⅲ)と，白色の$Al(OH)_3$の沈殿が生成する。

操作３終了後，溶液は塩基性になっている。操作４でH_2Sを通じると，操作２では沈殿しなかったZnSの沈殿が生成する。

操作５では炭酸塩の沈殿が生じる。残っているCa^{2+}とNa^+のうち$CaCO_3$が白色沈殿として分離される。

例 次の記述①～⑤のうちから，**誤りを含むもの**を一つ選べ。

① 銀イオンと銅(Ⅱ)イオンとを含む水溶液に水酸化ナトリウム水溶液を加えていくと，沈殿が生じるが，さらに加えても沈殿は溶けない。

② 銀イオンと銅(Ⅱ)イオンとを含む水溶液にアンモニア水を加えていくと，沈殿が生じるが，さらに加えると沈殿は完全に溶ける。

③ 亜鉛イオンと鉄(Ⅲ)イオンとを含む水溶液に濃い水酸化ナトリウム水溶液を加えていくと，沈殿が生じるが，さらに加えると沈殿は完全に溶ける。

④ バリウムイオンを含む水溶液に硫酸ナトリウム水溶液を加えると，沈殿が生じる。

⑤ 鉛(Ⅱ)イオンを含む水溶液に塩酸を加えると，沈殿が生じる。

①～③については，Cu^{2+}，Ag^{+}，Zn^{2+}と NH_3 水，NaOH 水溶液の反応をまとめておく。

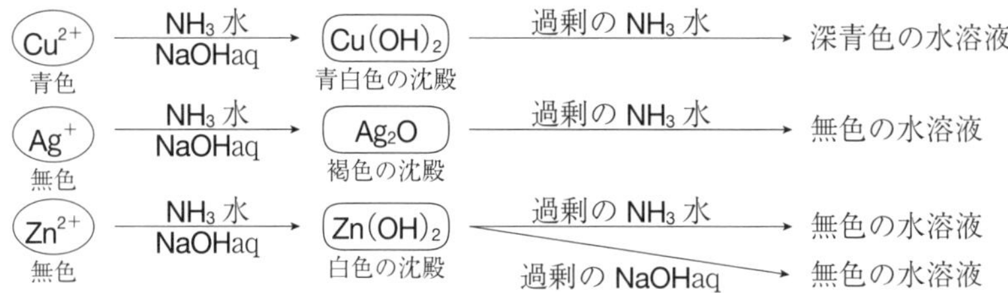

① Ag^{+}と Cu^{2+}のイオンを含む水溶液に NaOH 水溶液を加えていくと，次の反応により沈殿が生じる。生じた沈殿は NaOH 水溶液を過剰に加えても溶けない。正しい。

$$2Ag^{+} + 2OH^{-} \longrightarrow Ag_2O + H_2O$$
$$Cu^{2+} + 2OH^{-} \longrightarrow Cu(OH)_2$$

＊ $Ag^{+} + OH^{-} \longrightarrow AgOH$ と反応するが，AgOH は不安定なので，すぐに酸化物に変化してしまう。

② Ag^{+}と Cu^{2+}に対して，NH_3 水を加えた場合は，まず①と同様に沈殿が生じるが，さらに NH_3 水を加えていくと，どちらの沈殿も溶ける。正しい。

$$Ag_2O + 4NH_3 + H_2O \longrightarrow 2[Ag(NH_3)_2]^{+} + 2OH^{-}$$
$$Cu(OH)_2 + 4NH_3 \longrightarrow [Cu(NH_3)_4]^{2+} + 2OH^{-}$$

③ Zn^{2+}を含む水溶液に濃い NaOH 水溶液を加えていくと，沈殿が生成し，さらに濃い NaOH 水溶液を加えると，その沈殿が溶ける。

$$Zn^{2+} + 2OH^{-} \longrightarrow Zn(OH)_2$$
$$Zn(OH)_2 + 2OH^{-} \longrightarrow [Zn(OH)_4]^{2-}$$

しかし，Fe^{3+}は水酸化物の沈殿を生じるが，さらに濃い NaOH 水溶液を加えても溶けない。これが誤り。

④ 硫酸バリウム $BaSO_4$ が沈殿する。正しい。

$$Ba^{2+} + SO_4^{2-} \longrightarrow BaSO_4$$

⑤ 塩化鉛(Ⅱ)$PbCl_2$ が沈殿する。正しい。

$$Pb^{2+} + 2Cl^{-} \longrightarrow PbCl_2$$

答 ③

演　習　問　題

208　金属イオンの分離　3分

2種類の金属イオンを含む水溶液について，次の操作a〜cを行った。どちらか一方の金属イオンのみを沈殿させることのできる操作はどれか。正しく選択しているものを，下の①〜⑦のうちから一つ選べ。［1］

a　Al^{3+}とFe^{3+}を含む水溶液に，過剰のアンモニア水を加えた。

b　Cu^{2+}とBa^{2+}を含む水溶液に，希硫酸を加えた。

c　Ag^{+}とPb^{2+}を含む水溶液に，硫化水素を吹き込んだ。

①　a　②　b　③　c　④　a・b　⑤　a・c　⑥　b・c　⑦　a・b・c

209　金属イオンと水酸化ナトリウム水溶液・アンモニア水の反応　5分

次の水溶液**ア**〜**エ**に関する実験について，下の問い(a・b)に答えよ。

ア　硝酸銅(Ⅱ)水溶液　**イ**　硝酸亜鉛水溶液　**ウ**　硝酸アルミニウム水溶液

エ　硝酸銀水溶液

a　水溶液**ア**〜**エ**に水酸化ナトリウム水溶液を加えていくと沈殿を生じる。そこにさらに水酸化ナトリウム水溶液を加えると，その沈殿が完全に溶解する水溶液の組合せとして最も適当なものを，次の①〜⑥のうちから一つ選べ。［2］

①　**ア・イ**　②　**ア・ウ**　③　**ア・エ**　④　**イ・ウ**　⑤　**イ・エ**　⑥　**ウ・エ**

b　水溶液**ア**〜**エ**にアンモニア水を加えていくと沈殿を生じる。そこにさらにアンモニア水を加えてもその沈殿が**溶解しない水溶液**として最も適当なものを，次の①〜④のうちから一つ選べ。

［3］

①　**ア**　②　**イ**　③　**ウ**　④　**エ**

210　金属イオンの沈殿　4分

次の記述a〜c中の空欄［ア］〜［ウ］に当てはまる陽イオンの組合せとして最も適当なものを，右の①〜⑧のうちから一つ選べ。［4］

a　陽イオン［ア］を含む水溶液にクロム酸カリウム水溶液を加えると，黄色の沈殿が生じた。

b　陽イオン［イ］を含む水溶液に水酸化ナトリウム水溶液を加えると，赤褐色の沈殿が生じた。

c　陽イオン［ウ］を含む酸性水溶液に硫化水素を通じると，黒色の沈殿が生じた。

	ア	イ	ウ
①	Pb^{2+}	Ca^{2+}	Zn^{2+}
②	Pb^{2+}	Ca^{2+}	Cu^{2+}
③	Pb^{2+}	Fe^{3+}	Zn^{2+}
④	Pb^{2+}	Fe^{3+}	Cu^{2+}
⑤	Na^{+}	Ca^{2+}	Zn^{2+}
⑥	Na^{+}	Ca^{2+}	Cu^{2+}
⑦	Na^{+}	Fe^{3+}	Zn^{2+}
⑧	Na^{+}	Fe^{3+}	Cu^{2+}

211　金属イオンの確認　4分

次の水溶液a〜cに関する記述として**誤りを含むもの**を，下の①〜⑤のうちから一つ選べ。

［5］

a　硝酸アルミニウム水溶液　b　塩化マグネシウム水溶液　c　酢酸鉛(Ⅱ)水溶液

①　aに水酸化ナトリウム水溶液を加えると白色沈殿が生じるが，さらに過剰に加えると沈殿は溶ける。

②　bは炎色反応を示さない。

③　c に硫化水素を吹き込むと沈殿が生じる。

④　いずれの水溶液も，銅板を浸したとき金属が析出しない。

⑤　いずれの水溶液も，硫酸アンモニウムを加えたとき沈殿が生じない。

212 沈殿の溶解する反応 4分

次の実験①～⑤のうちで，下線部の操作によりいったん生じた沈殿が，さらにその操作を続けると溶けるものを一つ選べ。［ 6 ］

① 塩化鉄(Ⅲ)水溶液に，ヘキサシアニド鉄(Ⅱ)酸カリウム $K_4[Fe(CN)_6]$ の水溶液を加える。

② 硝酸銀水溶液に，硫化水素を通じる。

③ 水酸化カルシウム水溶液に，二酸化炭素を通じる。

④ 塩化バリウム水溶液に，ミョウバン $AlK(SO_4)_2 \cdot 12H_2O$ の水溶液を加える。

⑤ 塩化マグネシウム水溶液に，水酸化ナトリウム水溶液を加える。

213 鉄イオンの反応 3分

次の記述①～⑤のうちから，**誤りを含むもの**を一つ選べ。［ 7 ］

① 塩化鉄(Ⅲ)水溶液に，水酸化ナトリウム水溶液を加えると，沈殿が生じる。

② 硫酸鉄(Ⅱ)水溶液に，KSCN 水溶液を加えると，血赤色の溶液になる。

③ 塩化鉄(Ⅲ)水溶液に，$K_4[Fe(CN)_6]$ 水溶液を加えると，濃青色の沈殿が生じる。

④ 硫酸鉄(Ⅱ)水溶液に，$K_3[Fe(CN)_6]$ 水溶液を加えると，濃青色の沈殿が生じる。

⑤ 硫酸鉄(Ⅱ)水溶液に，アンモニア水を加えると，沈殿が生じる。

214 金属イオン分析 3分

試料に含まれる元素の種類を調べる実験を行い，次の結果 a ～ c を得た。それぞれの実験結果によって確認された元素の組合せとして正しいものを，下の①～⑧のうちから一つ選べ。［ 8 ］

a　試料の水溶液を白金線につけてガスバーナーの外炎に入れると，炎が赤色になった。

b　試料の水溶液に硝酸銀水溶液を加えると，白色の沈殿が生じた。

c　十分に乾燥した試料の粉末を酸化銅(Ⅱ)の粉末とともに試験管の中で加熱すると，管口付近に液体が付着した。この液体を硫酸銅(Ⅱ)無水塩の白色粉末に加えると，粉末が青色に変化した。

	a	b	c
①	リチウム	塩素	水素
②	リチウム	塩素	炭素
③	リチウム	カルシウム	水素
④	リチウム	カルシウム	炭素
⑤	銅	塩素	水素
⑥	銅	塩素	炭素
⑦	銅	カルシウム	水素
⑧	銅	カルシウム	炭素

215　金属イオンの分離　4分

Ag^+，Al^{3+}，Cu^{2+}を含む硝酸酸性水溶液から，図1の操作により各イオンを分離した。この実験に関する記述として正しいものを，次の①～④のうちから一つ選べ。　9

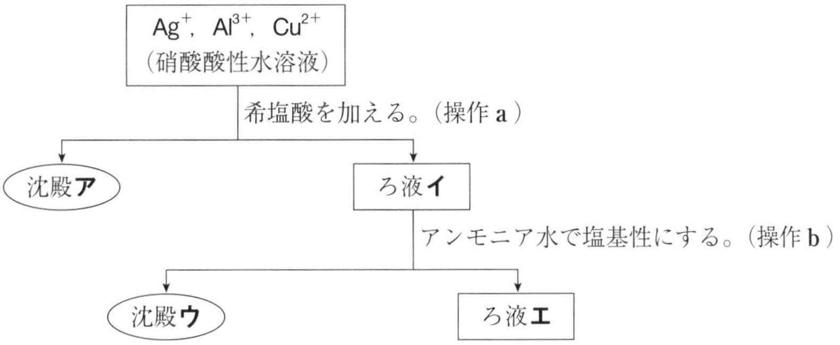

図　1

① ろ液**イ**・**エ**はともに無色である。
② 沈殿**ア**は過剰のアンモニア水に溶ける。
③ 操作aで希塩酸のかわりに硫化水素水を加えると，Ag^+だけが硫化物の沈殿として分離できる。
④ 操作bでアンモニア水のかわりに水酸化ナトリウム水溶液を過剰に加えても，沈殿**ウ**と同じものが分離できる。

216　金属イオンの分離　4分

金属イオンAl^{3+}，Zn^{2+}，Ba^{2+}を含む塩酸酸性の水溶液がある。図1に示した操作に従って，試薬a～cを過剰に加えてAl^{3+}，Zn^{2+}，Ba^{2+}の順序で各イオンを沈殿として分離したい。試薬a～cの組合せとして最も適当なものを，次の①～⑥のうちから一つ選べ。　10

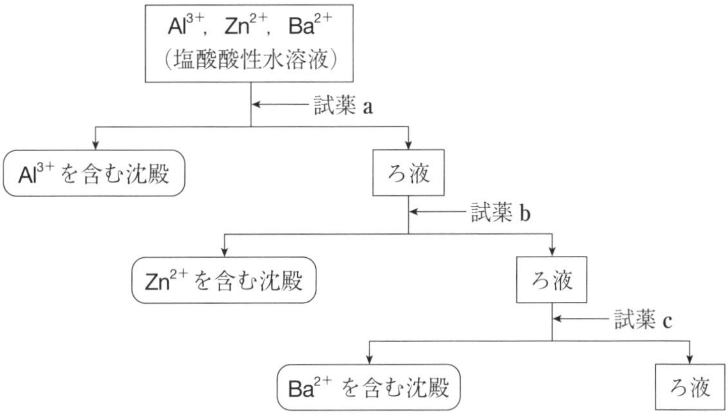

図　1

	試薬a	試薬b	試薬c
①	アンモニア水	硫化水素	水酸化ナトリウム水溶液
②	アンモニア水	硫化水素	炭酸アンモニウム水溶液
③	アンモニア水	炭酸アンモニウム水溶液	水酸化ナトリウム水溶液
④	硫化水素	アンモニア水	炭酸アンモニウム水溶液
⑤	硫化水素	アンモニア水	水酸化ナトリウム水溶液
⑥	硫化水素	炭酸アンモニウム水溶液	水酸化ナトリウム水溶液

3　有機化合物の合成と分離

1 ● 有機化合物の加熱反応

エステル化など加熱する有機実験では，丸底フラスコから蒸発した有機化合物を還流冷却器で冷やして液体にし，フラスコ内に戻す必要がある。

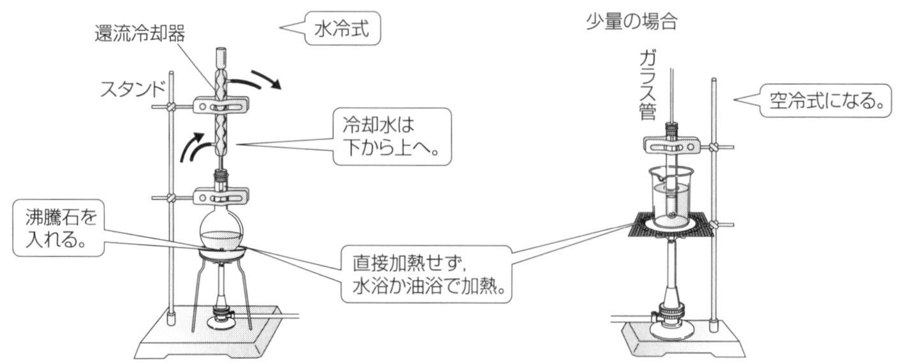

2 ● 有機化合物の分離……分液ろうとを用いて抽出する。

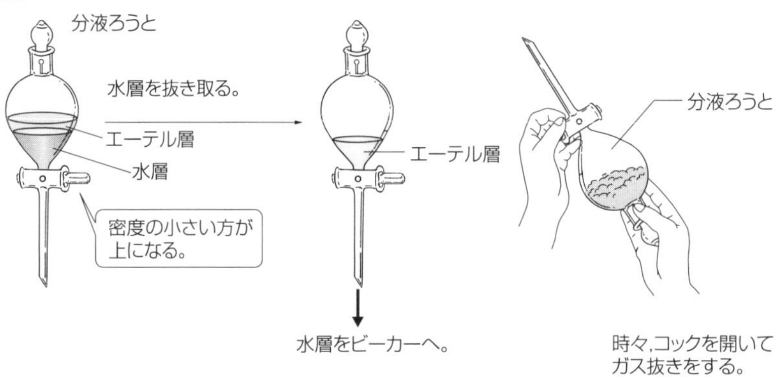

水に溶けにくい有機化合物も，塩になると水に溶解するので，水層へ移動する。したがって，どの試薬を用いて，塩をつくるかがポイントになる。塩をつくる反応は，次の(1)と(2)の二つである。

例　フェノール，安息香酸，アニリンの溶けているジエチルエーテル溶液から各々の物質を分離する。

(1)　中和反応…NaOH 水溶液を加えると，フェノールと安息香酸が水層へ移動する。

$$C_6H_5\text{-}OH + NaOH \longrightarrow C_6H_5\text{-}ONa + H_2O \qquad C_6H_5\text{-}COOH + NaOH \longrightarrow C_6H_5\text{-}COONa + H_2O$$

HCl 水溶液を加えると，アニリンが水層へ移動する。$C_6H_5\text{-}NH_2 + HCl \longrightarrow C_6H_5\text{-}NH_3Cl$

(2)　弱酸の遊離反応…フェノールと安息香酸を分離する場合

酸の強弱は HCl ＞ RCOOH ＞ $CO_2 + H_2O$ ＞ $C_6H_5\text{-}OH$ の順になる。
（RCOOH：カルボン酸，$CO_2 + H_2O$：(H_2CO_3) 炭酸，$C_6H_5\text{-}OH$：フェノール）

$NaHCO_3$ 水溶液を加えると安息香酸が水層に移動する。フェノールは反応しない。

［強酸］＋［弱酸の塩］⟶［強酸の塩］＋［弱酸］

$$C_6H_5\text{-}COOH + NaHCO_3 \longrightarrow C_6H_5\text{-}COONa + H_2O + CO_2$$

カルボン酸である安息香酸に，カルボン酸よりも弱い炭酸の塩を加えると，安息香酸の塩ができる。しかし，フェノールは炭酸よりも弱い酸なのでこの反応は起こらない。

演習問題

17　エタノールの酸化　4分

エタノールに二クロム酸カリウムの硫酸酸性水溶液を加え，図1に示す装置を用いて，生じた化合物Aの気体を少量の水が入った試験管に捕集した。得られたAの水溶液に関する次の記述a～cについて，正誤の組合せとして最も適当なものを，下の①～⑧のうちから一つ選べ。 1

a　Aの水溶液にフェノールフタレイン溶液を加えると赤変した。

b　Aの水溶液をフェーリング液とともに加熱すると赤色沈殿が生じた。

c　Aの水溶液に水酸化ナトリウム水溶液とヨウ素を加え，温めると黄色沈殿が生じた。

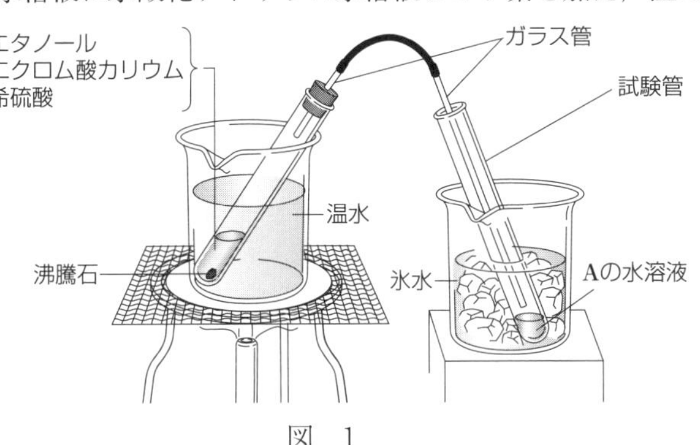

図　1

	a	b	c
①	正	正	正
②	正	正	誤
③	正	誤	正
④	正	誤	誤
⑤	誤	正	正
⑥	誤	正	誤
⑦	誤	誤	正
⑧	誤	誤	誤

18　エステル化の実験　5分

サリチル酸の誘導体Aを合成する実験に関する次の文章を読み，下の問い（a・b）に答えよ。

サリチル酸とメタノールからAを合成する反応は，次のように表される。

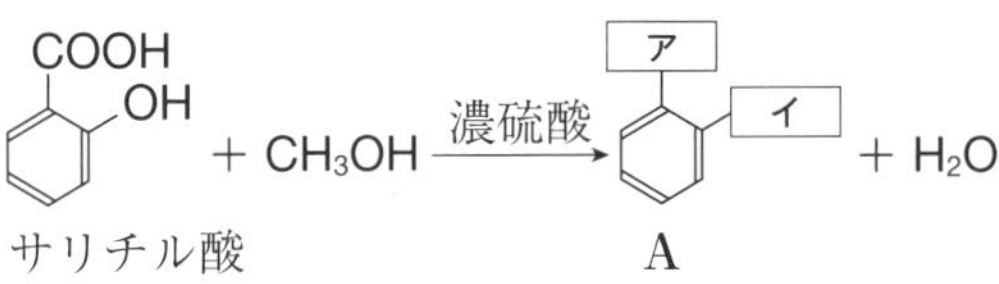

図1に示すように，乾いた太い試験管にサリチル酸0.5g，メタノール5mL，濃硫酸1mLを入れ，沸騰石を加えた。この試験管に十分に長いガラス管を取りつけ，熱水の入ったビーカーの中で30分間熱した。この試験管の内容物を冷やした後，30mLの ウ が入ったビーカーに少しずつ加えたところ，Aが生成した。

ガラス管

図　1

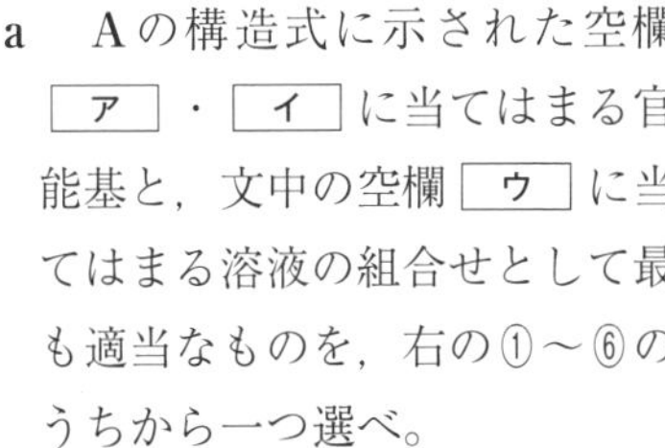

a　Aの構造式に示された空欄 ア ・ イ に当てはまる官能基と，文中の空欄 ウ に当てはまる溶液の組合せとして最も適当なものを，右の①～⑥のうちから一つ選べ。 2

	ア	イ	ウ
①	$-COOH$	$-OCH_3$	6 mol/L 水酸化ナトリウム水溶液
②	$-COOCH_3$	$-OCH_3$	6 mol/L 水酸化ナトリウム水溶液
③	$-COOCH_3$	$-OH$	6 mol/L 水酸化ナトリウム水溶液
④	$-COOH$	$-OCH_3$	飽和炭酸水素ナトリウム水溶液
⑤	$-COOCH_3$	$-OCH_3$	飽和炭酸水素ナトリウム水溶液
⑥	$-COOCH_3$	$-OH$	飽和炭酸水素ナトリウム水溶液

b　この実験では，得られたAは微小な油滴として存在していたので，ピペットを使ってAだけを取り出すことはできなかった。Aを他の内容物から分離し，取り出す方法として最も適当なものを，次ページの①～⑤のうちから一つ選べ。 3

① ビーカーの内容物をろ過して，ろ紙の上に集める。

② ビーカーの内容物をろ過して，ろ液を蒸発皿に入れて溶媒を蒸発させる。

③ ビーカーの内容物にメタノールを加えてかき混ぜた後，溶液を蒸発皿に入れて溶媒を蒸発させる。

④ ビーカーの内容物を分液ろうとに移し，エーテルを加えて振り混ぜた後，静置して上層を取り出す。これを蒸発皿に入れて溶媒を蒸発させる。

⑤ ビーカーの内容物を分液ろうとに移し，エーテルを加えて振り混ぜた後，静置して下層を取り出す。これを蒸発皿に入れて溶媒を蒸発させる。

219 有機化合物の分離操作 4分

アニリン，サリチル酸，フェノールの混合物のエーテル溶液がある。各成分を次の操作により分離した。**a**～**c**に当てはまる化合物の組合せとして最も適当なものを，下の①～⑥のうちから一つ選べ。 4

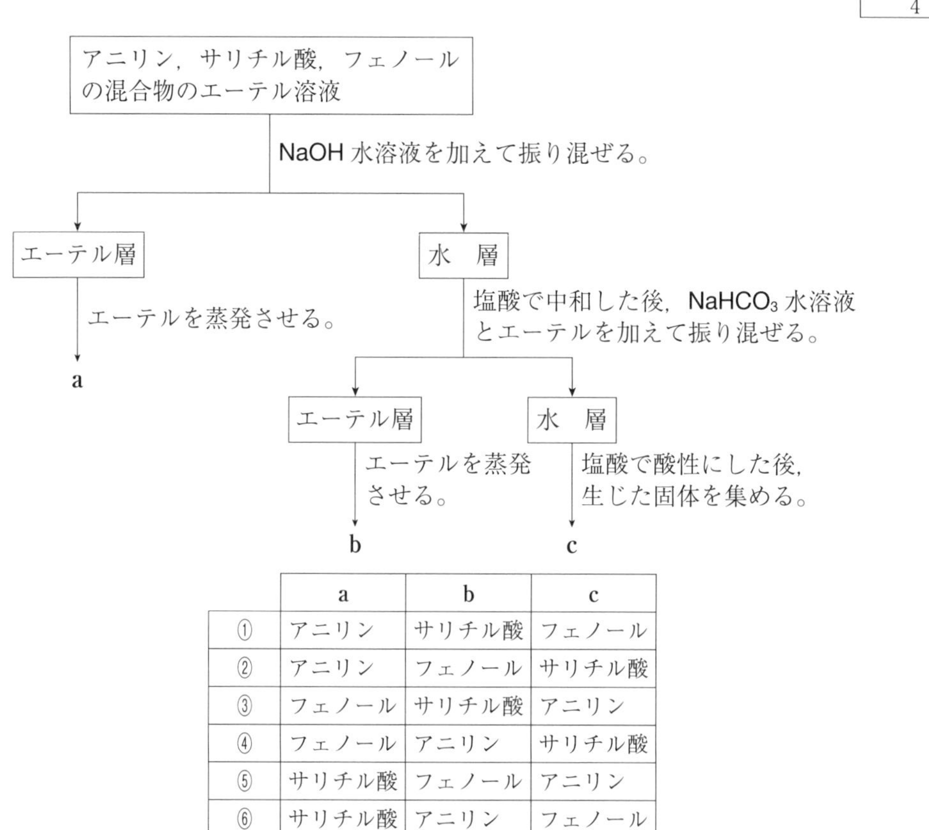

	a	b	c
①	アニリン	サリチル酸	フェノール
②	アニリン	フェノール	サリチル酸
③	フェノール	サリチル酸	アニリン
④	フェノール	アニリン	サリチル酸
⑤	サリチル酸	フェノール	アニリン
⑥	サリチル酸	アニリン	フェノール

220 有機化学実験の観察 3分

実験観察の記述として**誤りを含むもの**を，次の①～⑤のうちから一つ選べ。 5

① アセトアルデヒドに，ヨウ素ヨウ化カリウム水溶液と水酸化ナトリウム水溶液を加えて温めると，沈殿が生じた。

② アニリンにさらし粉水溶液を加えると，呈色した。

③ フェノールの水溶液に臭素水を加えると，沈殿が生じた。

④ 酢酸にフェーリング液を加えて加熱すると，沈殿が生じた。

⑤ 2-ナフトールに塩化鉄(Ⅲ)水溶液を加えると，呈色した。

4　グラフ問題の解法

1 ―〈形の読み取りタイプ〉

グラフ問題では，第一に，横軸(x 軸)と縦軸(y 軸)の示す量が何かをおさえよう。

「2 変数(x, y)の関係を，グラフはどう表しているのか」がポイントになる。

気体の性質のグラフで，具体的に説明していく。

例　理想気体について，次の(1)～(3)における x と y との関係を示しているグラフを，それぞれ下の①～⑧のうちから一つずつ選べ。

(1)　温度と圧力が一定のとき，気体の物質量 x と体積 y [1]

(2)　気体の物質量と温度が一定のとき，圧力 x と体積 y [2]

(3)　気体の物質量と温度が一定のとき，圧力 x と，圧力と体積の積 y [3]

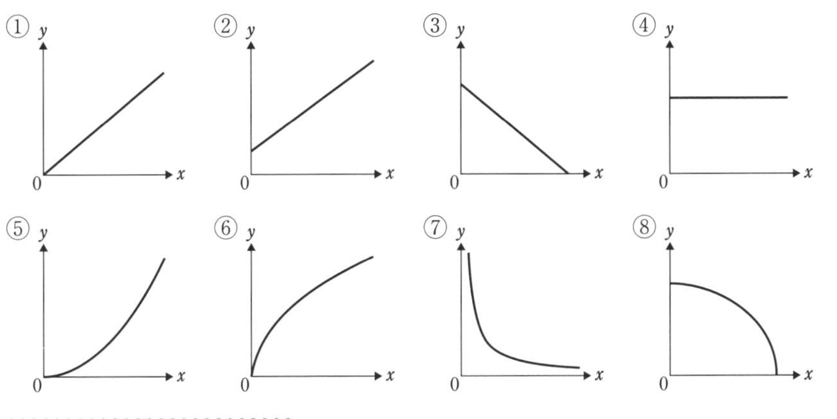

気体の状態方程式 $pV = nRT$ を変形して，(1)～(3)の x と y の関係をとらえる。

(1)　$pV = nRT$ で，T と p が一定である。R は気体定数で常に一定と考えてよいので，

$$pV = nRT \qquad V = \frac{RT}{p}n$$

$\frac{RT}{p}$ は一定なので k とする。

$n \to x$，$V \to y$ と置き換えると　$y = kx$

x と y が比例の関係にあるグラフ　①

(2)　$pV = nRT$ で，n と T が一定である。

$$pV = nRT$$

nRT は一定なので k とする。

$p \to x$，$V \to y$ と置き換えると　$xy = k$　　$y = \frac{k}{x}$

x と y が反比例の関係にあるグラフ　⑦

(3)　$pV = nRT$ で，n と T が一定である。

$$pV = nRT$$

nRT は一定なので k とする。

前問とちがって，圧力と体積の積 pV を y とし，圧力 p を x と置き換えている。

この場合は，常に $y = k$ となり，y は x の値にかかわらず一定値となる。グラフは④になる。

答　(1)　①　　(2)　⑦　　(3)　④

2 ●―〈数値読み取りタイプ〉

このタイプでは，グラフの線(ライン)で読まずに，点(ポイント)で読むのがコツである。

問題を解く際には，グラフの読み取りと，文章に示されている計算の両方を行う必要がある。

例 次の文章中の空欄 [a]・[b] に入る数値を求めよ。

図は水の蒸気圧曲線を示す。ピストン付きの密閉容器に水 0.020 mol と窒素 0.020 mol を入れ，容器内の圧力を 1.0×10^5 Pa に保ちながら 110 ℃まで加熱して，水を完全に気化させた。この圧力を保ちながら温度を下げていったとき，[a] ℃で水が凝縮し始めた。さらに温度を [b] ℃まで下げたとき，容器には 0.025 mol の気体が残った。

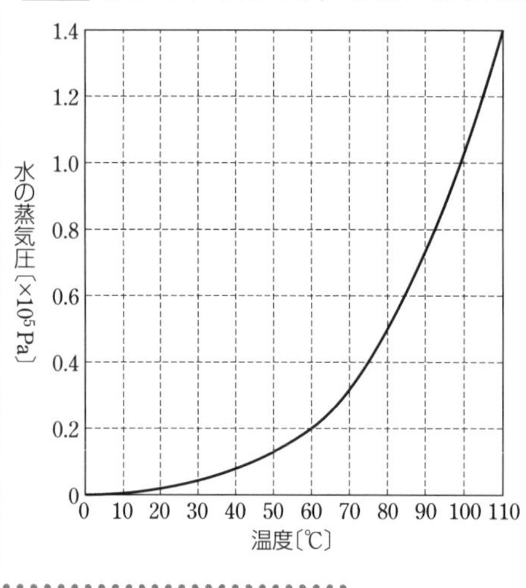

水の蒸気圧曲線の読み取りである。水が凝縮し始める温度が問題になる。

ポイントは「気体の圧力がその温度の(飽和)蒸気圧を超えたとき，気体は凝縮する。」

これをグラフで見ていく。

a 110 ℃まで加熱して水を完全に気化させたとき，容器内には水(気体)0.020 mol と窒素 0.020 mol が存在する。このとき水蒸気の物質量と窒素の物質量が等しく，全圧が 1.0×10^5 Pa であるから，

水蒸気の分圧は $1.0 \times 10^5 \times \dfrac{1}{2} = 0.5 \times 10^5$ Pa

水の蒸気圧が 0.5×10^5 Pa の温度を読むと 80 ℃。

全圧を 1.0×10^5 Pa に保ちながら温度を下げていったとき，80 ℃で水が凝縮し始める。

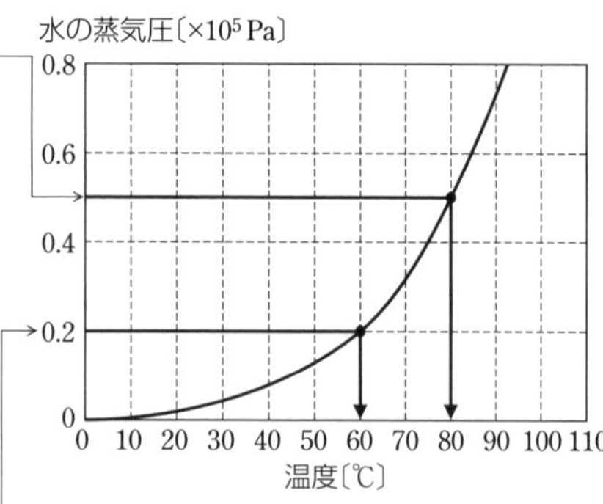

b さらに温度を下げて，容器内の気体の全物質量が 0.025 mol になったときを考える。窒素の物質量は 0.020 mol のままであるから，水蒸気の物質量は

$0.025 - 0.020 = 0.005$ mol

水蒸気の分圧は $1.0 \times 10^5 \times \dfrac{0.005}{0.025} = 0.2 \times 10^5$ Pa

グラフから，水の蒸気圧が 0.2×10^5 Pa になる温度を求めると，60 ℃である。

答 a 80 b 60

演習問題

21 水素結合 2分

図は物質の分子量と沸点の関係を示している。図に関する次の記述 a ～ c について，正誤の組合せとして正しいものを，下の①～⑧のうちから一つ選べ。[1]

a　水素化合物の沸点が同程度の分子量をもつ貴ガスの沸点よりも高いのは，これらの水素化合物が極性をもつからである。

b　NH_3 と H_2O の沸点がそれぞれ PH_3 と H_2S の沸点より高いのは，水素結合の効果である。

c　同種の分子間に働く力は，Ar に比べて Xe の方が大きい。

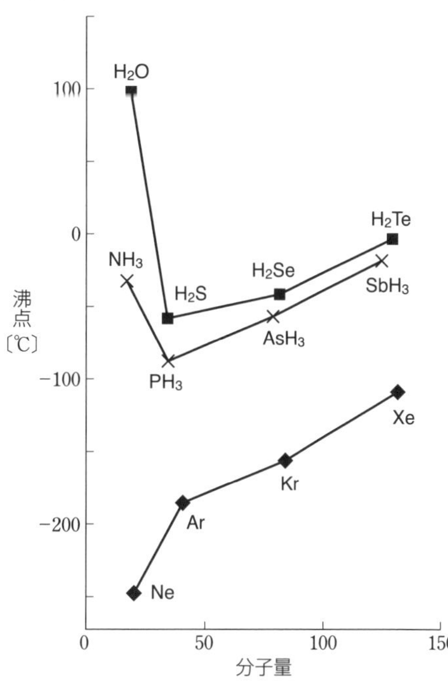

	a	b	c
①	正	正	正
②	正	正	誤
③	正	誤	正
④	正	誤	誤
⑤	誤	正	正
⑥	誤	正	誤
⑦	誤	誤	正
⑧	誤	誤	誤

22 気体の溶解 3分

温度一定で，圧力を変えて，一定量の水に溶解する窒素の量を調べた。次の問い（a・b）に答えよ。それぞれのグラフは，窒素の圧力（横軸）と，溶解した窒素の量（縦軸）の関係を示す。ただし，窒素は理想気体とみなす。

a　溶解した窒素の量を**物質量**で示すグラフとして最も適当なものを，次の①～④のうちから一つ選べ。[2]

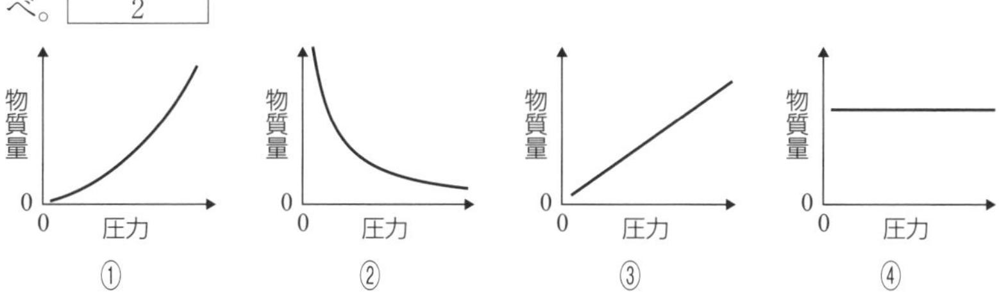

b　溶解した窒素の量を**そのときの圧力における体積**で示すグラフとして最も適当なものを，次の①～④のうちから一つ選べ。[3]

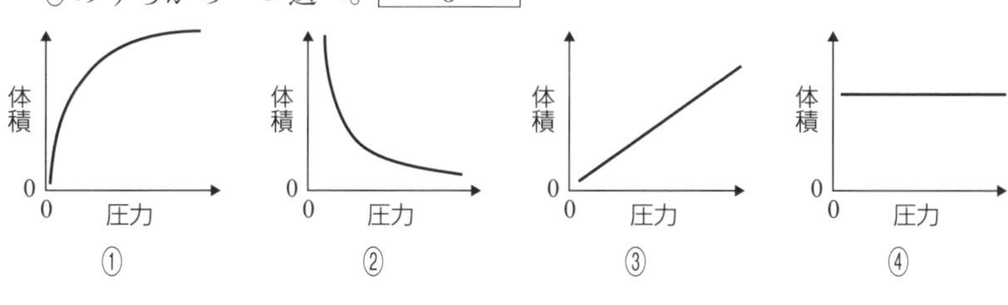

223 固体の溶解度 3分

図1は，硝酸カリウムの溶解度（水 100 g に溶ける質量〔g〕）と温度の関係を示す。さまざまな温度で水 100 g に硝酸カリウム 40 g を加え，十分にかきまぜたのち，それぞれの温度に保ったままろ過して水溶液をつくった。これらの溶液に関する次の記述①～④のうちから，**誤りを含むもの**を一つ選べ。［ 4 ］

① 30 ℃でつくった溶液は，硝酸カリウムの質量パーセント濃度が約 29 % である。

② 30 ℃でつくった溶液の沸点は，20 ℃でつくった溶液の沸点と等しい。

③ 40 ℃でつくった溶液に，同じ温度で硝酸カリウムを 18 g 加えると，すべて溶ける。

④ 40 ℃でつくった溶液を 10 ℃に冷やすと，約 18 g の結晶が析出する。

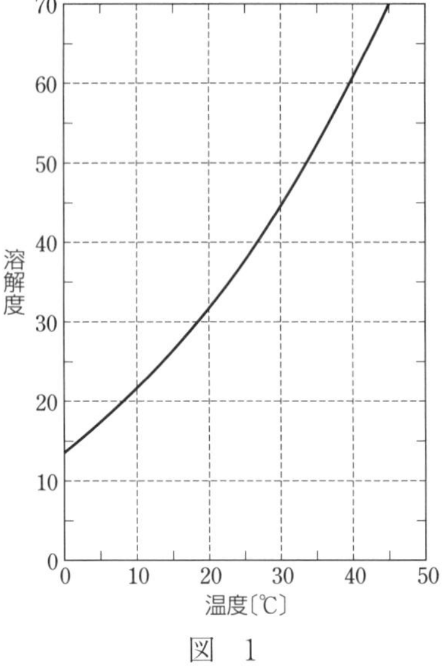

図 1

224 気体 3分

次の物質**ア**～**エ**を，それぞれ容積 1 L の容器に入れて密閉し，0 ～ 100 ℃の範囲で温度を変化させた。そのときの各容器内の圧力変化を図1に示す。直線または曲線 **a** ～ **d** と物質との組合せとして最も適当なものを，下の①～⑥のうちから一つ選べ。［ 5 ］

ア 0.02 mol の酸素　　**イ** 0.04 mol の窒素

ウ 0.01 mol の水　　**エ** 0.03 mol のジエチルエーテル

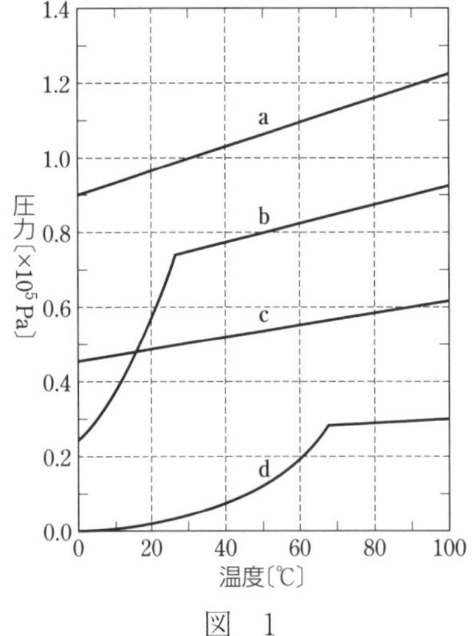

図 1

	a	b	c	d
①	**ア**	**イ**	**ウ**	**エ**
②	**ア**	**ウ**	**エ**	**イ**
③	**ア**	**エ**	**イ**	**ウ**
④	**イ**	**ウ**	**ア**	**エ**
⑤	**イ**	**エ**	**ウ**	**ア**
⑥	**イ**	**エ**	**ア**	**ウ**

25 凝固点降下 4分

次の文章を読んで，問い（a・b）に答えよ。

非電解質の有機化合物Xの分子量を求めるために，凝固点降下度を測定した。純ベンゼンをガラスの容器に入れ，かき混ぜながら，氷で冷却したときの温度変化のようす（冷却曲線）を図1の曲線Aで示す。温度は最初急激に変化し，凝固点以下まで下がった後，少し上昇してから温度一定の状態が続き，再び急激に下がる。また，ベンゼン 50.0 g に，化合物X 1.22 g を溶解した溶液の冷却曲線を図1の曲線Bで示す。曲線Aでは領域Ⅰにおいて温度が一定に保たれるが，曲線Bでは温度が徐々に下がる。

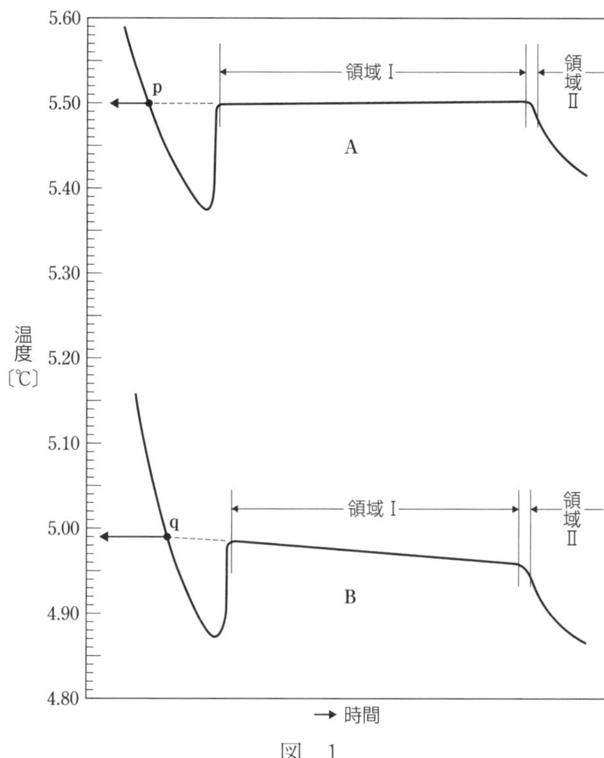

図 1

a 次の記述①～⑤のうちから，**誤りを含むもの**を一つ選べ。［6］

① 曲線Aの領域Ⅰでは，液体と固体のベンゼンが共存している。

② 曲線Aの領域Ⅰにおける温度は，ベンゼンの量に無関係である。

③ 曲線Bの領域Ⅰでは，ベンゼンが部分的に凝固している。

④ 曲線Bの領域Ⅰで温度が徐々に下がるのは，ベンゼン溶液中の化合物Xの濃度が減少するからである。

⑤ 曲線Aの領域Ⅱと曲線Bの領域Ⅱでは，いずれもベンゼンは完全に凝固している。

b 純ベンゼンおよび化合物Xを加えた溶液の凝固点は，図1中の点pおよび点qで示される温度である。図1の冷却曲線から凝固点降下度を読み取り，化合物Xの分子量を計算すると，いくらになるか。次の①～⑤のうちから，最も適当な数値を一つ選べ。ただし，ベンゼンのモル凝固点降下は 5.1 K・kg/mol である。［7］

① 25　② 63　③ 122　④ 207　⑤ 244

226 反応速度 5分

17●

ある濃度の過酸化水素水 100 mL に，触媒としてある濃度の塩化鉄(Ⅲ)水溶液を加え 200 mL とした。発生した酸素の物質量を，時間を追って測定したところ，反応初期と反応全体では，それぞれ，図1と図2のようになり，過酸化水素は完全に分解した。この結果に関する次の問い(**a**・**b**)に答えよ。ただし，混合水溶液の温度と体積は一定に保たれており，発生した酸素は水に溶けないものとする。

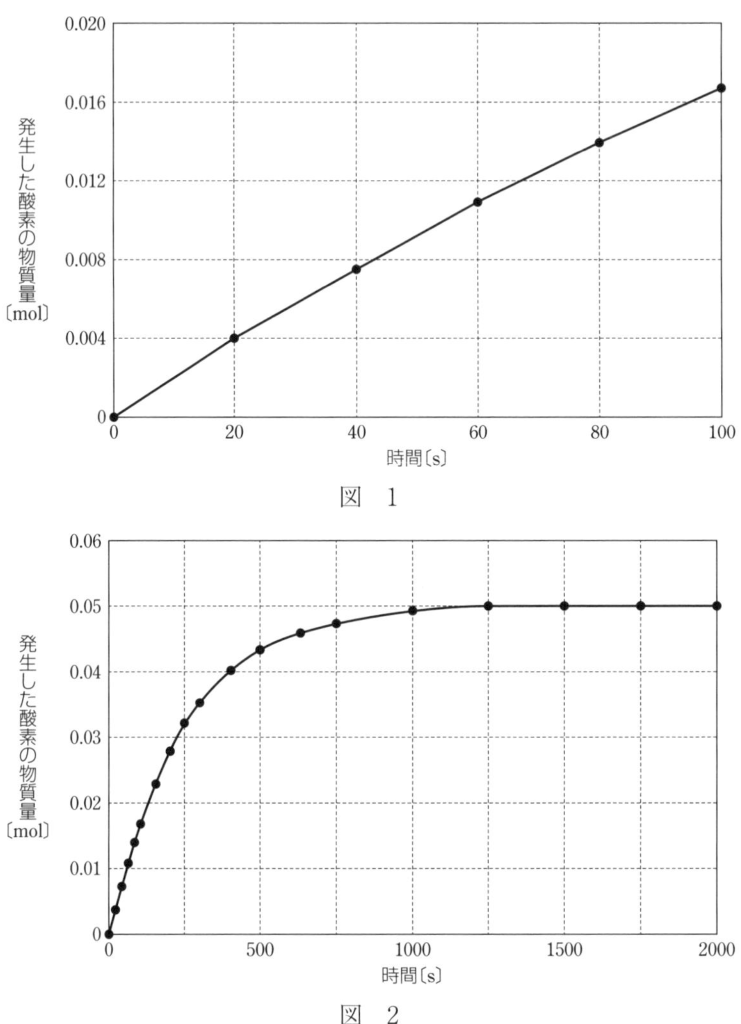

図 1

図 2

a 混合する前の過酸化水素水の濃度は何 mol/L か。最も適当な数値を，次の①～⑥のうちから一つ選べ。[8] mol/L

① 0.050　② 0.10　③ 0.20

④ 0.50　⑤ 1.0　⑥ 2.0

b 最初の 20 秒間において，混合水溶液中の過酸化水素の平均の分解速度は何 mol/(L·s) か。最も適当な数値を，次の①～⑥のうちから一つ選べ。[9] mol/(L·s)

① 4.0×10^{-4}　② 1.0×10^{-3}　③ 2.0×10^{-3}

④ 4.0×10^{-3}　⑤ 1.0×10^{-2}　⑥ 2.0×10^{-2}

227 溶解度積 5分

19●

水溶液中での塩化銀の溶解度積(25 ℃)を K_{sp} とするとき，$[Ag^+]$ と $\dfrac{K_{sp}}{[Ag^+]}$ との関係は図1の曲線で表される。硝酸銀水溶液と塩化ナトリウム水溶液を，表1に示す**ア**～**オ**のモル濃度の組合せで同体積ずつ混合した。25 ℃で十分な時間をおいたとき，塩化銀の沈殿が生成するのはどれか。すべてを正しく選択しているものを，下の①～⑤のうちから一つ選べ。［ 10 ］

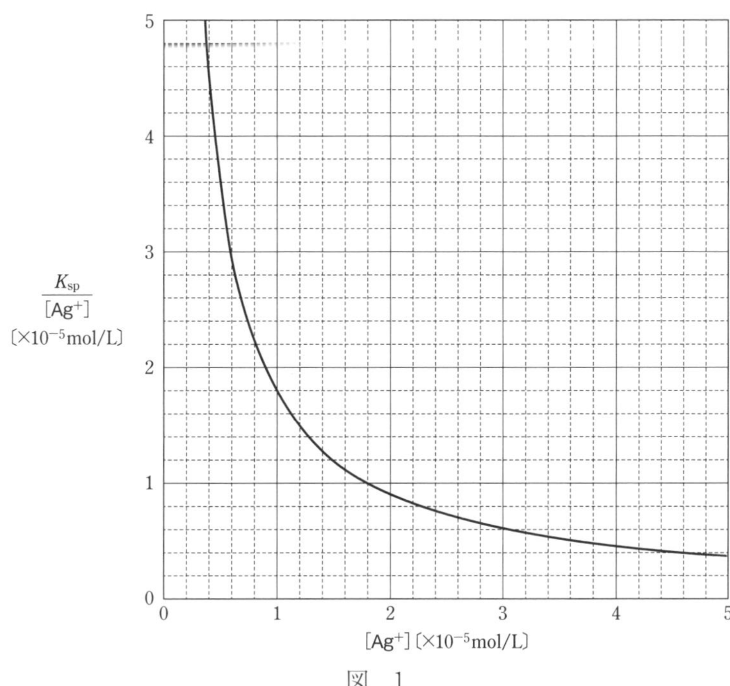

図 1

表 1

	硝酸銀水溶液のモル濃度〔×10⁻⁵ mol/L〕	塩化ナトリウム水溶液のモル濃度〔×10⁻⁵ mol/L〕
ア	1.0	1.0
イ	2.0	2.0
ウ	3.0	3.0
エ	4.0	2.0
オ	5.0	1.0

① **ア**　　② **ウ**，**エ**
③ **ア**，**イ**，**オ**　　④ **イ**，**ウ**，**エ**，**オ**
⑤ **ア**，**イ**，**ウ**，**エ**，**オ**

1 思考問題の解法

1 ●―〈内容把握タイプ〉

思考力を重視した問題に対しては，まず問題の趣旨をきちんと把握することが重要である。特に，目新しい内容や定義がとり上げられたときは，問題文に即して内容を理解していく。

問題文	要点チェック
電気陰性度は，原子が共有電子対を引きつける相対的な強さを数値で表したものである。アメリカの化学者ポーリングの定義によると，表1の値となる。 表1　ポーリングの電気陰性度❶ 原子：H 2.2，C 2.6，O 3.4	❶ 電気陰性度の大小は O > C > H　になる。
共有結合している原子の酸化数は，電気陰性度の大きい方の原子が共有電子対を完全に引きつけたと仮定して定められている。たとえば水分子では，酸素原子が矢印の方向に共有電子対を引きつけるので，酸素原子の酸化数は－2，水素原子の酸化数は＋1となる。❷ 2個の水素原子から電子を1個ずつ引きつけるので，酸素原子の酸化数は－2となる。 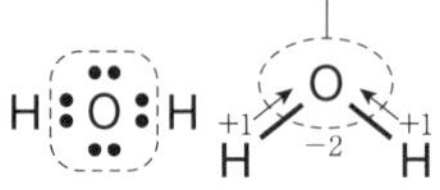 	❷ この定義にしたがって酸化数を計算していく。 H_2O において H_2O ＋1 －2
ところで，過酸化水素分子の酸素原子は，下図のようにO−H結合において共有電子対を引きつけるが，O−O結合においては，どちらの酸素原子も共有電子対を引きつけることができない。したがって，酸素原子の酸化数はいずれも－1となる。❸ H:O:O:H +1 H −1 O — O −1 H +1	❸ H_2O_2 において H_2O_2 ＋1 －1 例外として過酸化水素中のOは酸化数－1とされる。
エタノールは酒類に含まれるアルコールであり，酸化反応により構造が変化して酢酸となる。❹ 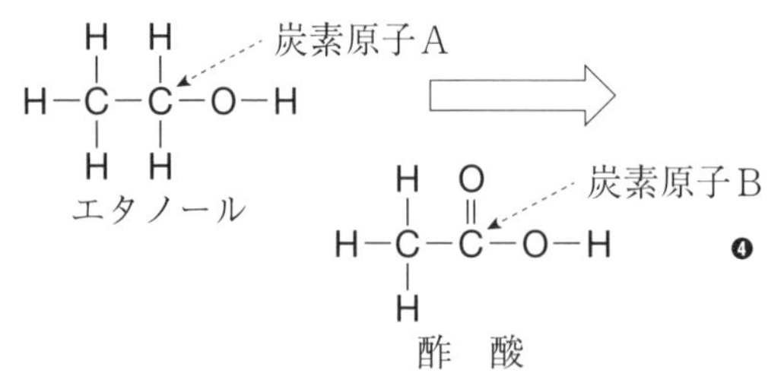 	❹ 電気陰性度の大小で共有電子対をふり分けていくと エタノール H:C:C:O:H 炭素の価電子は4個 ↓ 炭素原子Aは電子を5個もつことになるので酸化数は－1 酢酸 H:C:C:O:H 炭素の価電子は4個 ↓ 炭素原子Bは電子を1個もつことになるので酸化数は＋3

エタノール分子中の炭素原子Aの酸化数と，酢酸分子中の炭素原子Bの酸化数は，それぞれいくつか。❺ 最も適当なものを，次の①～⑨のうちから一つずつ選べ。ただし，同じものを繰り返し選んでもよい。 炭素原子A [1]　炭素原子B [2] ① +1　② +2　③ +3 ④ +4　⑤ 0　⑥ −1 ⑦ −2　⑧ −3　⑨ −4	❺ なお，有機化合物などでは，同じ炭素原子でも違う酸化数になることがあるので，注意。たとえば，このエタノール，酢酸分子中の炭素原子A，B以外の炭素原子の酸化数はどちらも −3である。 答 [1] ⑥　[2] ③

2 ●―〈データ分析タイプ〉

データ分析を行う問題は，与えられたデータの意味を的確につかむ必要がある。また多くのデータが示されることもあるので，「必要なデータ」と「必要でないデータ」を見分けることが重要となる。

問題文	要点チェック
平均分子量が M_A と M_B である合成高分子化合物AとBがある。下図は，AとBの分子量分布であり，どちらも分子量 M の分子の数が最も多い。❶ M_A，M_B，M の関係として最も適当なものを，下の①～⑦のうちから一つ選べ。	M_A，M_B，M の値が何を意味するのかをつかむ。 ❶ M は，分子の数が最も多い分子量を示し，平均分子量ではない。

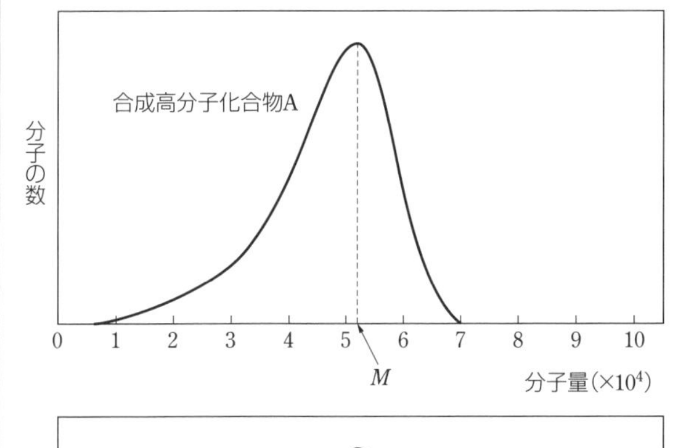

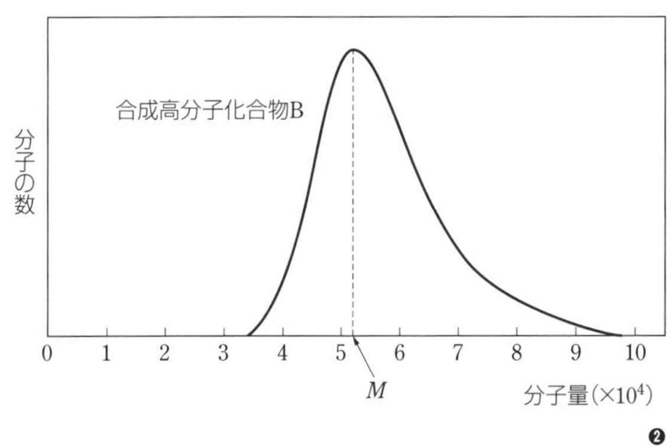

❷

❷ 平均分子量の値でグラフを区分する。
↓
左右の面積が同じになる。

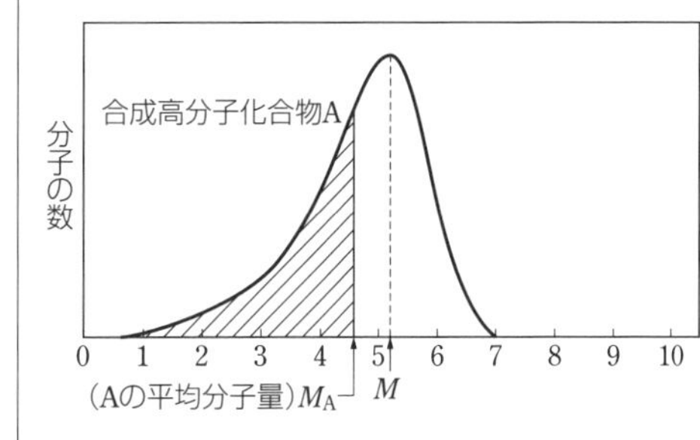

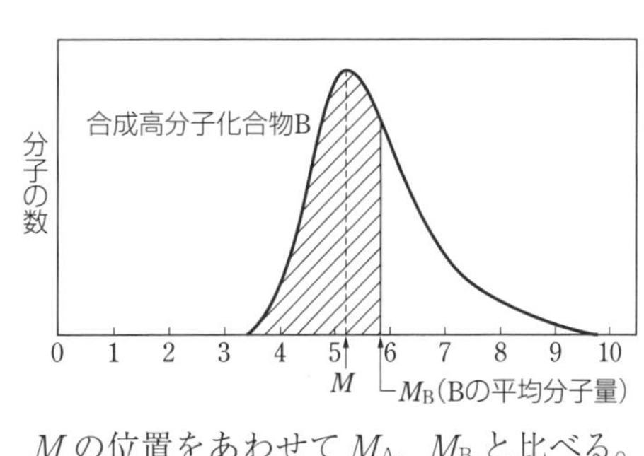

M の位置をあわせて M_A，M_B と比べる。

① $M = M_A = M_B$　② $M < M_A = M_B$ ③ $M_A = M_B < M$　④ $M < M_A < M_B$ ⑤ $M_A < M_B < M$　⑥ $M_A < M < M_B$ ⑦ $M_B < M < M_A$	2つのグラフで，平均分子量 M_A，M_B と，各々のグラフで分子の数が最大になる M を比較すると⑥ $M_A < M < M_B$ の関係になると判断できる。　答 ⑥

演習問題

228 蒸気圧 7分

21 共通テスト（第1日程）●

蒸気圧（飽和蒸気圧）に関する次の問い（a・b）に答えよ。ただし，気体定数は $R = 8.3 \times 10^3$ Pa・L/(K・mol) とする。

a エタノール C_2H_5OH の蒸気圧曲線を図1に示す。ピストン付きの容器に 90 ℃で 1.0×10^5 Pa の C_2H_5OH の気体が入っている。この気体の体積を 90 ℃のままで5倍にした。その状態から圧力を一定に保ったまま温度を下げたときに凝縮が始まる温度を2桁の数値で表すとき，［ 1 ］と［ 2 ］に当てはまる数字を，次の①～⓪のうちから一つずつ選べ。ただし，温度が1桁の場合には，［ 1 ］には⓪を選べ。また，同じものを繰り返し選んでもよい。

［ 1 ］［ 2 ］℃

① 1　② 2　③ 3　④ 4　⑤ 5
⑥ 6　⑦ 7　⑧ 8　⑨ 9　⓪ 0

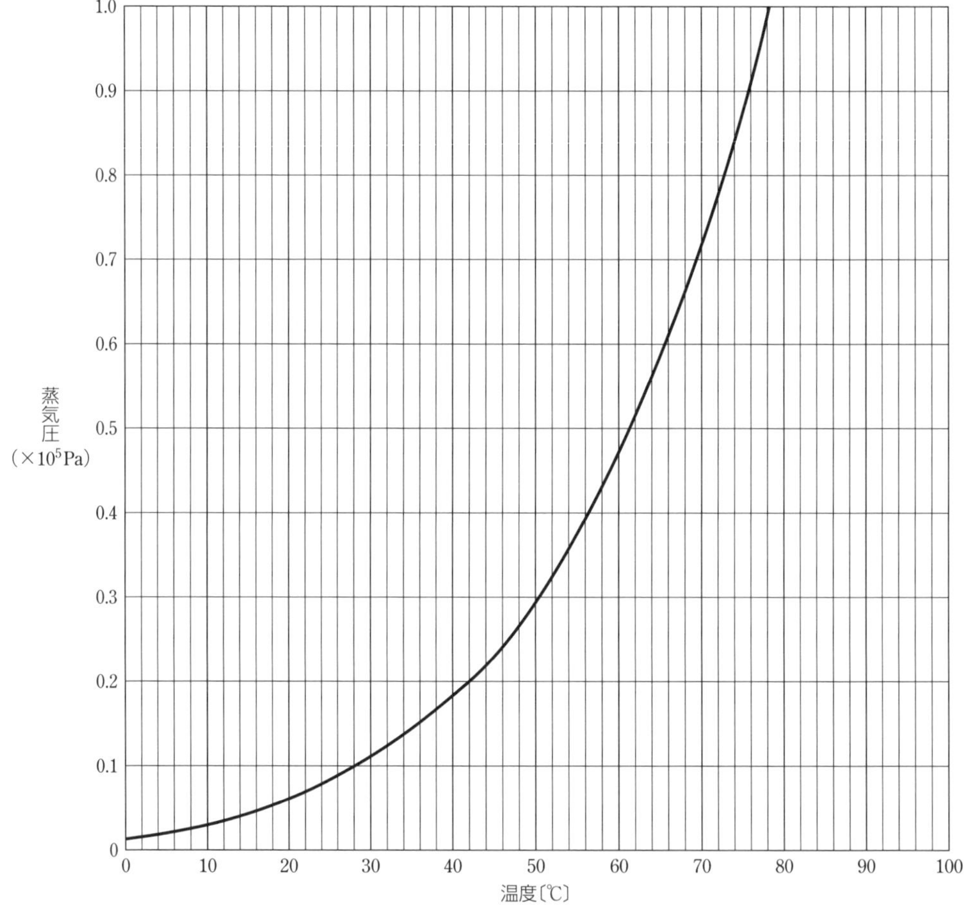

図1 C_2H_5OH の蒸気圧曲線

b 容積一定の1.0 Lの密閉容器に0.024 molの液体のC_2H_5OHのみを入れ，その状態変化を観測した。密閉容器の温度を0℃から徐々に上げると，ある温度でC_2H_5OHがすべて蒸発したが，その後も加熱を続けた。蒸発したC_2H_5OHがすべての圧力領域で理想気体としてふるまうとすると，容器内の気体のC_2H_5OHの温度と圧力は，図2の点A～Gのうち，どの点を通り変化するか。経路として最も適当なものを，下の①～⑤のうちから一つ選べ。ただし，液体状態のC_2H_5OHの体積は無視できるものとする。[3]

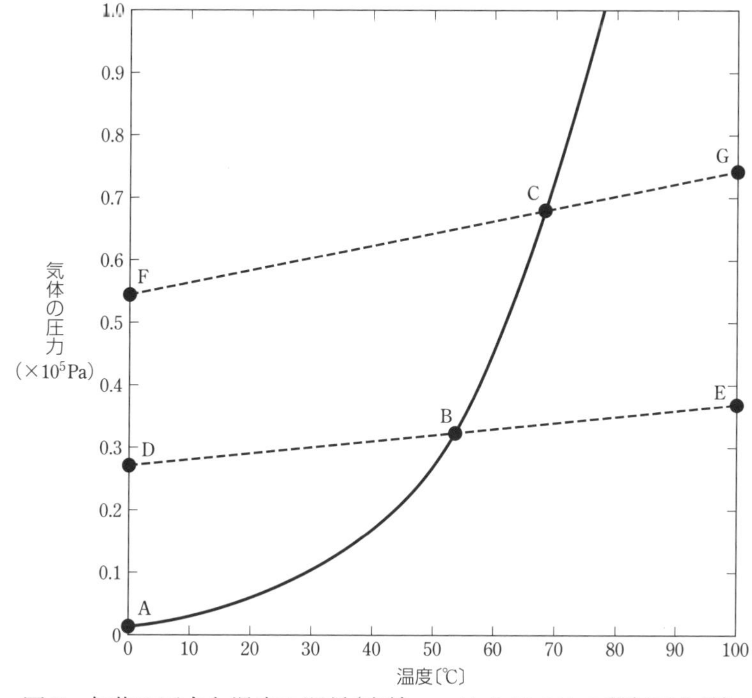

図2 気体の圧力と温度の関係(実線──はC_2H_5OHの蒸気圧曲線)

① A→B→C→G
② A→B→E
③ D→B→C→G
④ D→B→E
⑤ F→C→G

229 凝固点降下 7分

17 共通テスト試行●

シクロヘキサン 15.80 g にナフタレン 30.0 mg を加えて完全に溶かした。その溶液を氷水で冷却し，よくかき混ぜながら溶液の温度を1分ごとに測定したところ，表1のようになった。下の問い(**a**・**b**)に答えよ。必要があれば，表2の数値と下の方眼紙を使うこと。

表 1

時間〔分〕	温度〔℃〕
3	6.89
4	6.58
5	6.30
6	6.08
7	6.18
8	6.19
9	6.18
10	6.17
11	6.16
12	6.15
13	6.14
14	6.12
15	6.11

表 2

	シクロヘキサン	ナフタレン
分子量	84.2	128
融点〔℃〕	6.52	80.5

a この溶液の凝固点を求めると何℃になるか。最も適当な数値を，次の①～④のうちから一つ選べ。［ 4 ］℃

① 6.08　② 6.19　③ 6.22　④ 6.28

b **a**で選んだ溶液の凝固点を用いて，シクロヘキサンのモル凝固点降下を求めると，何 K·kg/mol になるか。有効数字2桁で次の形式で表すとき，［ 5 ］～［ 7 ］に当てはまる数字を，下の①～⓪のうちから一つずつ選べ。ただし，同じものを繰り返し選んでもよい。

［ 5 ］.［ 6 ］$\times 10^{[\ 7\ ]}$ K·kg/mol

① 1　② 2　③ 3　④ 4　⑤ 5
⑥ 6　⑦ 7　⑧ 8　⑨ 9　⓪ 0

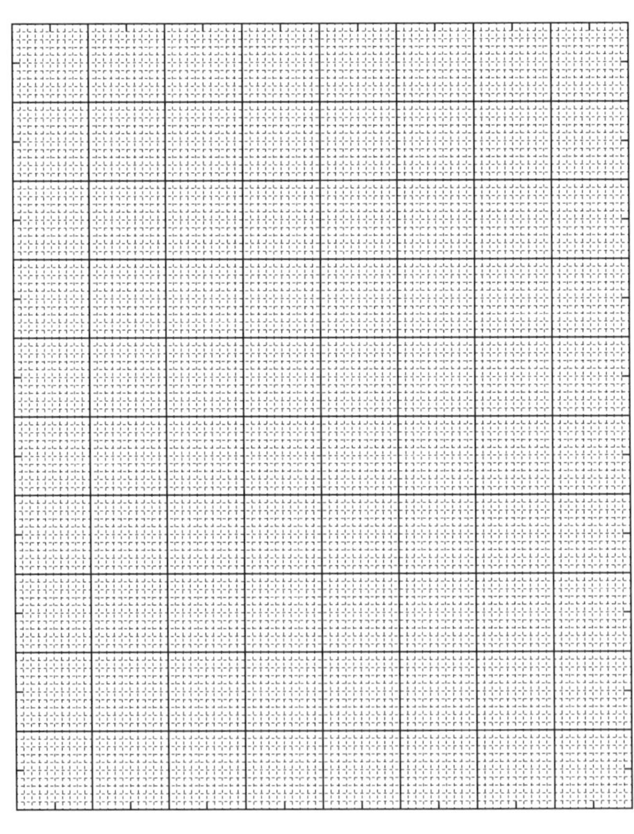

30　平衡の移動　5分　　17 共通テスト試行●

次の化学反応式で表される可逆反応 $2NO_2 \rightleftarrows N_2O_4$ がある。

$$2NO_2(\text{気}) \rightleftarrows N_2O_4(\text{気}) \quad \Delta H = Q\,[\mathrm{kJ}]$$

ただし，NO_2 は赤褐色の気体，N_2O_4 は無色の気体である。

温度変化だけによる平衡の移動方向から Q の正負を確かめるため，次の実験を行った。

操作　NO_2 を乾いた試験管に集め，ゴム栓で密封した。図1のように，この試験管を温水と冷水に交互に浸して，気体の色を比較した。

結果　試験管を温水に浸したときのほうが気体の色は濃かった。

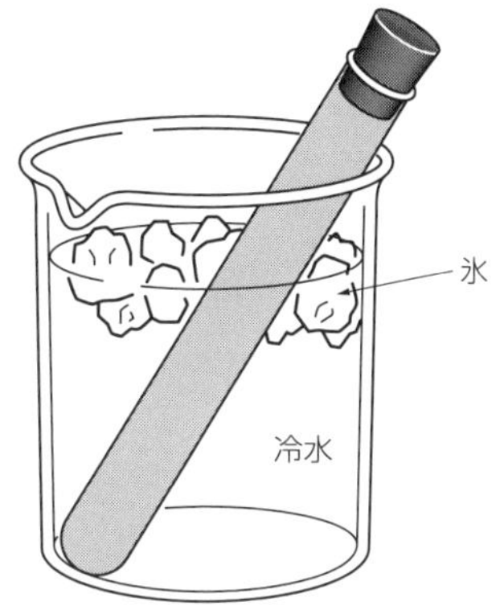

図　1

この実験に関する考察として最も適当なものを，次の①～⑤のうちから一つ選べ。 8

① この実験では温度変化だけによる平衡の移動を見ており，$Q<0$ といえる。

② この実験では温度変化だけによる平衡の移動を見ており，$Q>0$ といえる。

③ 温度が変わると気体の圧力も変化するので，この実験では温度変化だけによる平衡の移動を見てはいない。したがって，Q の正負は判断できない。

④ 温度が変わると気体の圧力も変化するので，この実験では温度変化だけによる平衡の移動を見てはいない。しかし，圧力変化が平衡の移動に与える影響は，温度変化が平衡の移動に与える影響より小さいことが，色の変化からわかるので，$Q<0$ といえる。

⑤ 温度が変わると気体の圧力も変化するので，この実験では温度変化だけによる平衡の移動を見てはいない。しかし，圧力変化が平衡の移動に与える影響は，温度変化が平衡の移動に与える影響より小さいことが，色の変化からわかるので，$Q>0$ といえる。

31　ヘンリーの法則と溶液の化学平衡　10分　　18 共通テスト試行●

私たちが暮らす地球の大気には二酸化炭素 CO_2 が含まれている。(a)CO_2 が水に溶けると，その一部が炭酸 H_2CO_3 になる。

$$CO_2 + H_2O \rightleftarrows H_2CO_3$$

このとき，H_2CO_3，炭酸水素イオン HCO_3^-，炭酸イオン CO_3^{2-} の間に式(1)，(2)のような電離平衡が成り立っている。ここで，式(1)，(2)における電離定数をそれぞれ K_1，K_2 とする。

$$H_2CO_3 \rightleftarrows H^+ + HCO_3^- \qquad (1)$$

$$HCO_3^- \rightleftarrows H^+ + CO_3^{2-} \qquad (2)$$

式(1)，(2)が H^+ を含むことから，水中の H_2CO_3，HCO_3^-，CO_3^{2-} の割合は pH に依存し，pH を変化させると図1のようになる。

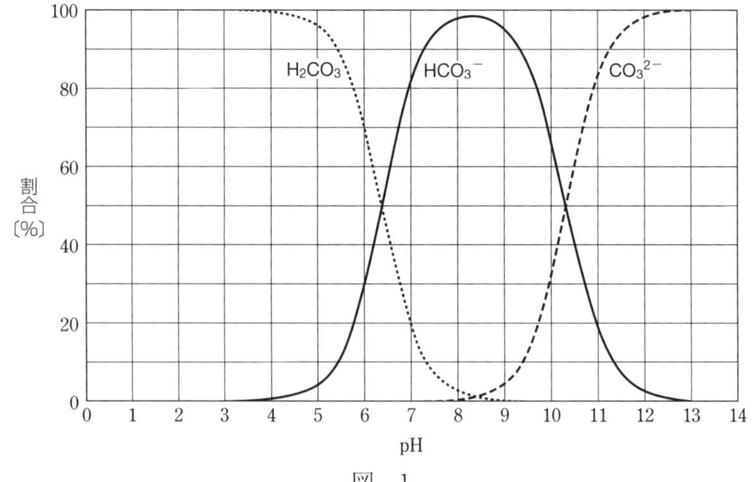

図 1

一方，海水は地殻由来の無機塩が溶けているため，弱塩基性を保っている。しかし，産業革命後は，人口の急増や化石燃料の多用で増加した CO_2 の一部が海水に溶けることによって，海水の pH は徐々に低下しつつある。

宇宙に目を向ければ，ある惑星では大気のほとんどが CO_2 で，大気圧はほぼ 600 Pa，表面温度は最高で 20 ℃，最低で − 140 ℃に達する。

問 1　下線部(a)に関連して，25 ℃，1.0×10^5 Pa の地球の大気と接している水 1.0 L に溶ける CO_2 の物質量は何 mol か。最も適当な数値を，次の①～⑤のうちから一つ選べ。ただし，CO_2 の水への溶解はヘンリーの法則のみに従い，25 ℃，1.0×10^5 Pa の CO_2 は水 1.0 L に 0.033 mol 溶けるものとする。また，地球の大気は CO_2 を体積で 0.040 % 含むものとする。

［ 9 ］mol

① 3.3×10^{-2}　② 1.3×10^{-3}　③ 6.5×10^{-4}　④ 1.3×10^{-5}　⑤ 6.5×10^{-6}

問 2　式(2)における電離定数 K_2 に関する次の問い（**a** ・ **b**）に答えよ。

a　電離定数 K_2 を次の式(3)で表すとき，［ 10 ］と［ 11 ］に当てはまる最も適当なものを，下の①～⑤のうちからそれぞれ一つずつ選べ。

$$K_2 = [H^+] \times \frac{\boxed{10}}{\boxed{11}} \qquad (3)$$

① $[H^+]$　② $[HCO_3^-]$　③ $[CO_3^{2-}]$　④ $[HCO_3^-]^2$　⑤ $[CO_3^{2-}]^2$

b　電離定数の値は数桁にわたるので，K_2 の対数をとって pK_2（$= -\log_{10}K_2$）として表すことがある。式(3)を変形した次の式(4)と図 1 を参考に，pK_2 の値を求めると，およそいくらになるか。最も適当な数値を，下の①～⑤のうちから一つ選べ。［ 12 ］

$$-\log_{10}K_2 = -\log_{10}[H^+] - \log_{10}\frac{\boxed{10}}{\boxed{11}} \qquad (4)$$

① 6.3　② 7.3　③ 8.3　④ 9.3　⑤ 10.3

32　ベンゼン環の配向性　5分

17 共通テスト試行●

ある大学の体験入学で，次のような話を聞いた。

ベンゼン環に官能基を一つもつ物質に置換反応を行うと，オルト(*o*-)，メタ(*m*-)，パラ(*p*-)の位置で反応が起こる可能性がある。どの位置で反応が起こるかは，最初に結合している官能基の影響を強く受ける。たとえば次のように，フェノールをある反応条件でニトロ化すると，おもに *o*-ニトロフェノールと *p*-ニトロフェノールが生成し，*m*-ニトロフェノールは少ししか生成しない。したがって，ベンゼン環に結合したヒドロキシ基は *o*- や *p*- の位置で置換反応を起こしやすい官能基といえる。

OH　―ニトロ化→　OH, NO_2　＋　OH, NO_2　＋　OH, NO_2

o-ニトロフェノール　*p*-ニトロフェノール　*m*-ニトロフェノール（少ししか生成しない）

一般に，*o*- や *p*- の位置で置換反応を起こしやすい官能基をもつ物質には次のものがある。

OH　NH_2　Cl

一方，*m*- の位置で置換反応を起こしやすい官能基をもつ物質には次のものがある。

NO_2　SO_3H　COOH

このことを利用すれば，目的の化合物を効率よくつくることができる。

この情報をもとに，除草剤の原料である *m*-クロロアニリンを，次のようにベンゼンから化合物A，Bを経て効率よく合成する実験を計画した。

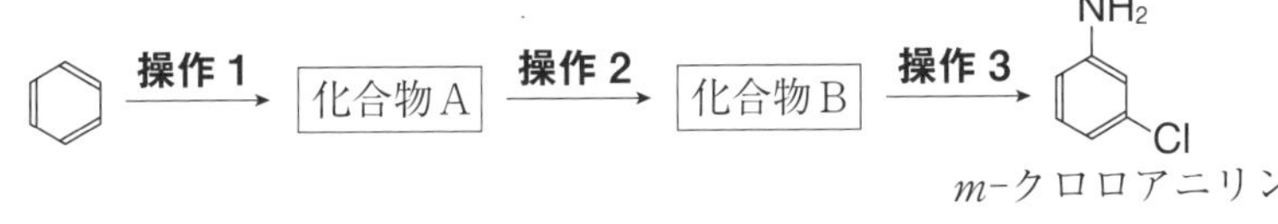

操作 1〜3 として最も適当なものを，次の①〜⑥のうちからそれぞれ一つずつ選べ。

操作 1 [13]　**操作 2** [14]　**操作 3** [15]

① 濃硫酸を加えて加熱する。
② 固体の水酸化ナトリウムと混合して加熱融解する。
③ 鉄を触媒にして塩素を反応させる。
④ 光をあてて塩素を反応させる。
⑤ 濃硫酸と濃硝酸を加えて加熱する。
⑥ スズと塩酸を加えて反応させた後，水酸化ナトリウム水溶液を加える。

233 芳香族化合物の性質 7分

18 共通テスト試行●

学校の授業でアニリンと無水酢酸からアセトアニリドをつくった生徒が，この反応を応用すれば，*p*-アミノフェノールと無水酢酸からかぜ薬の成分であるアセトアミノフェンが合成できるのではないかと考え，理科課題研究のテーマとした。

$$HO-C_6H_4-NH_2 + (CH_3CO)_2O \longrightarrow HO-C_6H_4-NH-CO-CH_3 + CH_3COOH$$

p-アミノフェノール	無水酢酸	アセトアミノフェン	酢酸
分子量 109	分子量 102	分子量 151	分子量 60

以下は，この生徒の研究の経過である。

> *p*-アミノフェノールの性質を調べたところ，次のことがわかった。
>
> ・塩酸に溶ける。
>
> ・塩化鉄(Ⅲ)水溶液，さらし粉水溶液のいずれでも呈色する。
>
> そこで，*p*-アミノフェノール 2.18 g に無水酢酸 5.00 g を加え，加熱後室温に戻したところ，白色固体Xが得られた。(a)<u>Xは塩酸に不溶であったが，呈色反応を調べたところ，アセトアミノフェンではないと気づいた</u>。
>
> 文献を調べると，水を加えて反応させるとよい，との情報が得られた。
>
> そこで，*p*-アミノフェノール 2.18 g に水 20 mL と無水酢酸 5.00 g を加えて加熱後室温に戻したところ，塩酸に不溶の白色固体Yが得られた。(b)<u>Yの呈色反応の結果から，今度はアセトアミノフェンが得られたと考えた</u>。融点を測定すると，文献の値より少し低かった。これはYが不純物を含むためだと考え，Yを精製することにした。(c)<u>Yに水を加えて加熱して完全に溶かし，ゆっくりと室温に戻して析出した固体をろ過，乾燥した</u>。得られた固体Zは 1.51 g であった。Zの融点は文献の値と一致した。以上のことから，Zは純粋なアセトアミノフェンであると結論づけた。

問1 下線部(a)と下線部(b)に関連して，この生徒はどのような呈色反応を観察したか。その観察結果の組合せとして最も適当なものを，次の①～⑥のうちから一つ選べ。ただし，選択肢中の○は呈色したことを，×は呈色しなかったことを表す。 16

	固体Xの呈色反応		固体Yの呈色反応	
	塩化鉄(Ⅲ)	さらし粉	塩化鉄(Ⅲ)	さらし粉
①	○	×	×	×
②	○	×	×	○
③	×	○	×	×
④	×	○	○	×
⑤	×	×	○	×
⑥	×	×	×	○

問2 化学反応では，反応物がすべて目的の生成物になるとは限らない。反応物の物質量と反応式から計算して求めた生成物の物質量に対する，実際に得られた生成物の物質量の割合を収率といい，ここでは次の式で求められる。

$$収率〔\%〕= \frac{実際に得られたアセトアミノフェンの物質量〔mol〕}{反応式から計算して求めたアセトアミノフェンの物質量〔mol〕} \times 100$$

この実験で得られた純粋なアセトアミノフェンの収率は何％か。最も適当な数値を，次の①～⑤のうちから一つ選べ。［17］％

① 34　② 41　③ 50　④ 69　⑤ 72

問3 下線部(c)の操作の名称と，固体Zに比べて固体Yの融点が低かったことに関連する語の組合せとして最も適当なものを，次の①～⑥のうちから一つ選べ。［18］

	操作の名称	関連する語
①	凝析	過冷却
②	凝析	凝固点降下
③	抽出	過冷却
④	抽出	凝固点降下
⑤	再結晶	過冷却
⑥	再結晶	凝固点降下

34 トリグリセリド 12分

23 共通テスト(第1日程)●

グリセリンの三つのヒドロキシ基がすべて脂肪酸によりエステル化された化合物をトリグリセリドと呼び，その構造は図1のように表される。

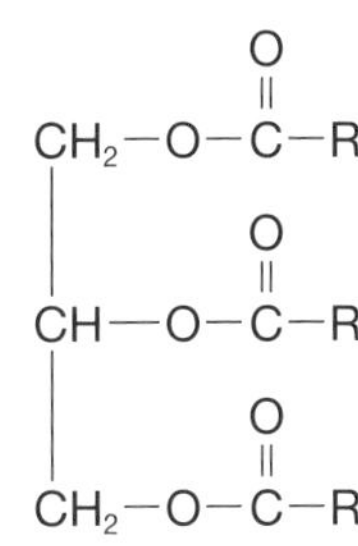

図1 トリグリセリドの構造(R^1, R^2, R^3 は鎖式炭化水素基)

あるトリグリセリドX(分子量 882)の構造を調べることにした。(a)Xを触媒とともに水素と完全に反応させると，消費された水素の量から，1分子のXには4個の C=C 結合があることがわかった。また，Xを完全に加水分解したところ，グリセリンと，脂肪酸A(炭素数 18)と脂肪酸B(炭素数 18)のみが得られ，AとBの物質量比は1：2であった。トリグリセリドXに関する次の問い(a～c)に答えよ。

a　下線部(a)に関して，44.1 g の X を用いると，消費される水素は何 mol か。その数値を小数第2位まで次の形式で表すとき，[19]〜[21]に当てはまる数字を，後の①〜⓪のうちから一つずつ選べ。ただし，同じものを繰り返し選んでもよい。また，X の C=C 結合のみが水素と反応するものとする。[19].[20][21] mol

① 1　② 2　③ 3　④ 4　⑤ 5
⑥ 6　⑦ 7　⑧ 8　⑨ 9　⓪ 0

b　トリグリセリド X を完全に加水分解して得られた脂肪酸 A と脂肪酸 B を，硫酸酸性の希薄な過マンガン酸カリウム水溶液にそれぞれ加えると，いずれも過マンガン酸イオンの赤紫色が消えた。脂肪酸 A（炭素数 18）の示性式として最も適当なものを，次の①〜⑤のうちから一つ選べ。[22]

① $CH_3(CH_2)_{16}COOH$
② $CH_3(CH_2)_7CH{=}CH(CH_2)_7COOH$
③ $CH_3(CH_2)_4CH{=}CHCH_2CH{=}CH(CH_2)_7COOH$
④ $CH_3CH_2CH{=}CHCH_2CH{=}CHCH_2CH{=}CH(CH_2)_7COOH$
⑤ $CH_3CH_2CH{=}CHCH_2CH{=}CHCH_2CH{=}CHCH_2CH{=}CH(CH_2)_4COOH$

c　トリグリセリド X をある酵素で部分的に加水分解すると，図2のように脂肪酸 A，脂肪酸 B，化合物 Y のみが物質量比 1：1：1 で生成した。また，X には鏡像異性体（光学異性体）が存在し，Y には鏡像異性体が存在しなかった。A を R^A-COOH，B を R^B-COOH と表すとき，図2に示す化合物 Y の構造式において，[ア]・[イ]に当てはまる原子と原子団の組合せとして最も適当なものを，後の①〜④のうちから一つ選べ。[23]

図2　ある酵素によるトリグリセリド X の加水分解

	ア	イ
①	$\overset{O}{\overset{\Vert}{C}}-R^A$	H
②	$\overset{O}{\overset{\Vert}{C}}-R^B$	H
③	H	$\overset{O}{\overset{\Vert}{C}}-R^A$
④	H	$\overset{O}{\overset{\Vert}{C}}-R^B$

模擬問題

第1回（60分）

必要があれば，原子量および定数は次の値を使うこと。
　H = 1.0　C = 12　O = 16　Cl = 35.5　Cu = 63.5
　気体は，実在気体とことわりがない限り，理想気体として扱うものとする。
　気体定数　$R = 8.3 \times 10^3$ Pa·L/(K·mol)　ファラデー定数　96500 C/mol

第1問　次の文章（A・B）を読み，問い（問1　6）に答えよ。（配点 20）

A　化石燃料枯渇問題の抜本的な解決に向けて注目されている再生可能エネルギーの一つとして，海洋温度差発電（OTEC）がある。これは深層海水と表層海水の温度差を利用してエネルギーを取り出す発電システムである。表層海水と深層海水の温度差が 20 ℃以上であることが望ましい。

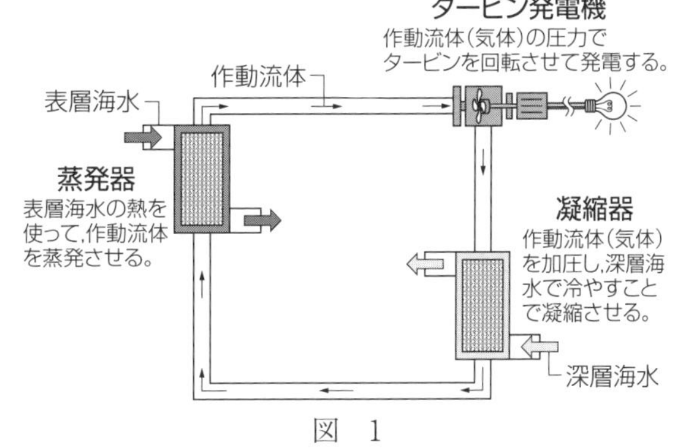

図　1

OTEC の発電システムは蒸気を発生させる方法として，表層海水を真空に近い状態にして沸騰させる方式がある。また，図1に示したような表層海水で作動流体を蒸発させ，深層海水でそれらを再び液体に戻す方式もある。この方式では，作動流体の気体を加圧して沸点を高くし，それを深層海水で凝縮させる（凝縮器）。ついで，この作動流体を蒸発器に送り，表層海水の熱で蒸発させる。ここで発生した蒸気でタービンを回転させて発電するやり方である。作動流体としては［ A ］が用いられている。

OTEC は発電システムのみならず，海水の淡水化システム，水素製造システムのほかリチウムの回収や海産物の養殖も可能にするハイブリッドシステムである。

問1　［ A ］に当てはまる作動流体として最も適当なものを，表1を参考に次の①～④のうちから一つ選べ。［ 1 ］

①　アンモニア　　②　二酸化炭素
③　窒素　　④　水素

表1　気体の融点と沸点

物質	融点〔℃〕	沸点〔℃〕
アンモニア	− 77.7	− 33.4
二酸化炭素	− 57(加圧)	− 79※
窒素	− 209.9	− 195.8
水素	− 259.1	− 252.9

※この場合，昇華が起こる。

OTEC による海水の淡水化は蒸留を利用して行われているが，海水の淡水化には蒸留以外に逆浸透法がある。

図2に示すように，海水に浸透圧 Π〔Pa〕以上の大きさの圧力 Π'〔Pa〕を加えると，通常の浸透とは逆向きに溶媒分子の浸透が進む。この現象を逆浸透という。

これを利用して，海水側に浸透圧よりも大きい圧力を加えることで淡水をつくり出すことができる。

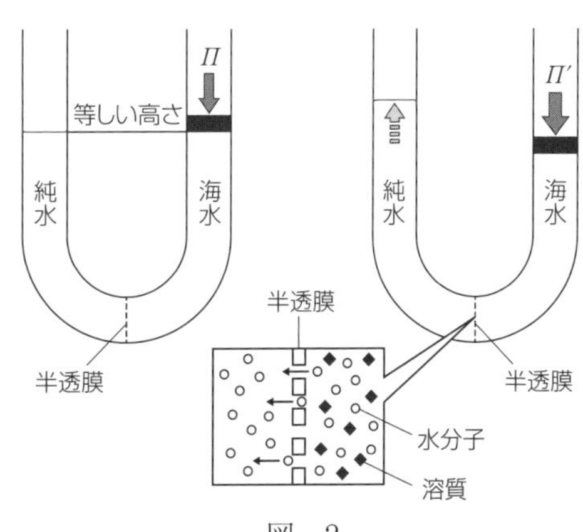

図　2

問2 0.50 mol/L の塩化ナトリウム水溶液は，海水に近い性質を示す。この水溶液の 27 ℃における浸透圧は何 Pa か。最も適当な数値を，次の①～⑤のうちから一つ選べ。［ 2 ］Pa

① 2.0×10^6　② 2.5×10^6　③ 3.0×10^6　④ 3.5×10^6　⑤ 4.0×10^6

OTEC の副産物として得られた水素は次のような燃焼反応をする。

$$H_2(\text{気}) + \frac{1}{2}O_2(\text{気}) \longrightarrow H_2O(\text{液}) \quad \Delta H = -286\,\text{kJ}$$

この燃焼熱を効率よく電気エネルギーとして取り出す装置が水素－酸素燃料電池である。

燃料電池の負極において水素は酸化され，正極において酸素が還元されている（図 3）。

各極での反応は次のようになる。

（負極）　$H_2 \longrightarrow 2H^+ + 2e^-$

（正極）　$O_2 + 4H^+ + 4e^- \longrightarrow 2H_2O$

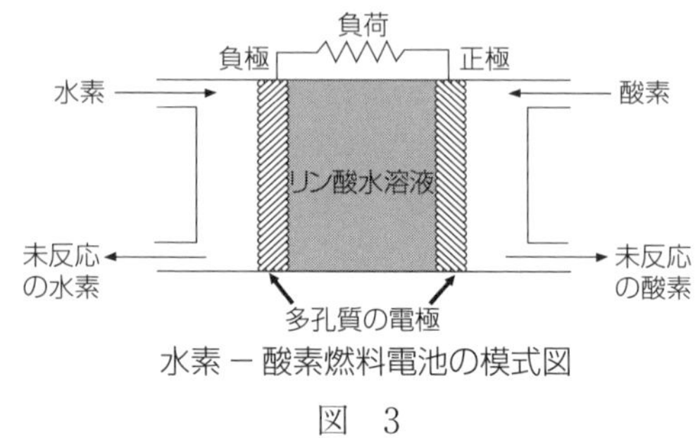

水素－酸素燃料電池の模式図

図　3

問3 この燃料電池における反応で，水 18 g が生じる際に流れる電気量は何 C となるか。最も適当な数値を，次の①～⑤のうちから一つ選べ。［ 3 ］C

① 19300　② 48250　③ 96500　④ 193000　⑤ 482500

問4 この燃料電池に供給する酸素源として空気を使用し，取り出した電流で硫酸銅（Ⅱ）水溶液を電気分解したところ，陰極で銅が 12.7 g 析出し，陽極で酸素が標準状態で 2.24 L 発生した。

このとき供給された空気の体積は標準状態で何 L か。最も適当な数値を，次の①～⑤のうちから一つ選べ。ただし，空気は，窒素と酸素が体積比 4：1 の混合気体であるとする。

［ 4 ］L

① 1.12　② 2.24　③ 4.48　④ 5.60　⑤ 11.2

B　No.1～No.5 と記載された各試料ビンには，次のいずれかの塩が入っている。

硫酸アンモニウム	炭酸ナトリウム	硝酸アルミニウム
硝酸亜鉛	塩化バリウム	

次の実験を行って，No.1～No.5 の試料ビンの中身を推定した。

〔実験１〕 それぞれの１％の水溶液を調製し，酸性，中性，塩基性のいずれであるかを pH 試験紙により調べた。

〔実験２〕 No.1 の試料水溶液を数 mL ずつ５本の試験管（ａ～ｅ）に取り分け，ａには１％硝酸銀水溶液を，ｂには１％塩化バリウム水溶液を，ｃには 1 mol/L 硫酸を，それぞれ数滴ずつ加えた。一方，ｄとｅには，それぞれ濃アンモニア水と 2 mol/L 水酸化ナトリウム水溶液を加え，もし変化があれば，さらにそれぞれの試薬を過剰に加えた。No.2～No.5 の試料水溶液についても同様に，５種類の試薬に対する反応性を調べた。

実験結果をまとめると，次の表のようになった。（空欄は変化が認められなかったことを示している。）

	pH 試験紙	硝酸銀	塩化バリウム	硫酸	アンモニア水	水酸化ナトリウム
No.1	中性	沈殿		沈殿		
No.2	酸性				沈殿	沈殿 ⇒溶解*
No.3	塩基性	沈殿	沈殿**ア**	気体発生		
No.4	酸性				沈殿 ⇒溶解*	沈殿 ⇒溶解*
No.5	酸性		沈殿			気体発生

*試薬を過剰に入れると，生成した沈殿は溶解した。

問５ 沈殿**ア**の色として最も適当なものを，次の①～④のうちから一つ選べ。［ 5 ］

①　黄色　　②　褐色　　③　白色　　④　黒色

問６ No.1～No.4 の試料ビンに入っている塩の組合せとして正しいものを，次の①～⑧のうちから一つ選べ。［ 6 ］

	No.1	No.2	No.3	No.4
①	硫酸アンモニウム	硝酸アルミニウム	硝酸亜鉛	塩化バリウム
②	硝酸アルミニウム	硝酸亜鉛	硫酸アンモニウム	塩化バリウム
③	硫酸アンモニウム	硝酸アルミニウム	炭酸ナトリウム	硝酸亜鉛
④	硝酸アルミニウム	硝酸亜鉛	硫酸アンモニウム	炭酸ナトリウム
⑤	塩化バリウム	硝酸アルミニウム	硝酸亜鉛	炭酸ナトリウム
⑥	塩化バリウム	硝酸アルミニウム	炭酸ナトリウム	硝酸亜鉛
⑦	塩化バリウム	硫酸アンモニウム	炭酸ナトリウム	硝酸亜鉛
⑧	塩化バリウム	硝酸亜鉛	硫酸アンモニウム	炭酸ナトリウム

第２問 次の文章（A～C）を読み，問い（**問１～６**）に答えよ。（配点 20）

A　濃度既知の酸の水溶液を使って，濃度未知の塩基の水溶液の濃度を求める方法に中和滴定がある。この中和滴定で中和が完了したこと（中和の終点）を知るのに pH 指示薬を用いることができる。

pH 指示薬は，酸あるいは塩基の性質をもつ色素（有機化合物）である。例えば，フェノールフタレインでは，分子の状態とイオンの状態で色が異なる。ここで，指示薬の色素を HIn で表すと，水溶液中で(1)式のような平衡状態にあると考えられる。

$$HIn \rightleftarrows In^- + H^+ \qquad (1)$$

ここで，HIn の状態では無色で，電離して In^- の状態で有色になるとすると，HIn は弱酸と見なせるので，酸性の水溶液中では(1)式で HIn が多い状態になっていて水溶液は無色であるが，塩基性の水溶液中では(1)式で In^- が多い状態になるので水溶液は有色になる。

この平衡における電離定数は(2)式になる。

$$K_{HIn} = \frac{[In^-][H^+]}{[HIn]} \qquad (2)$$

(2)式の両辺の逆数の常用対数をとって変形すると，$pK_{HIn} = -\log_{10}K_{HIn}$ として

$$pH = pK_{HIn} + \log_{10} \boxed{\text{A}} \qquad (3)$$

となる。HIn，In^- の両方が異なる色をもつ場合でも色調の変化が観察されるが，双方の濃度比が 10 倍以上になると，全体がほぼ濃い側の色に見えるようになることが多い。すなわち，この場合は，［A］≧ 10 であれば In^- の色（塩基性色）が観察され，［A］≦ 0.1 では HIn の色（酸性色）が観察される。その中間の pH の範囲では酸性色と塩基性色の中間の色調を示す。この pH の範囲を指示薬の変色域という。つまり，pH 指示薬の変色域の pH の値は，指示薬の pK_{HIn} に対して，$pK_{HIn} \pm$［ア］の範囲だとわかる。この考えでいくと，ブロモフェノールブルー（$pK_{HIn} = 3.9$）の変色域は，［イ］（酸性側）～［ウ］（塩基性側）であると予想され，文献値にかなり近い値が求められる。

問１　［A］に当てはまる数式を次の①～⑧のうちから一つ選べ。［7］

① $\dfrac{[HIn]}{[In^-]}$　② $\dfrac{[In^-]}{[HIn]}$　③ $\dfrac{[H^+]}{[HIn]}$　④ $\dfrac{[HIn]}{[H^+]}$

⑤ $\dfrac{[HIn]}{[H^+][In^-]}$　⑥ $\dfrac{[H^+][In^-]}{[HIn]}$　⑦ $\dfrac{[In^-]}{[H^+][HIn]}$　⑧ $\dfrac{[H^+][HIn]}{[In^-]}$

問２　［ア］の値として最も適当なものを，次の①～⑦のうちから一つ選べ。［8］

①　0.1　②　0.2　③　0.5　④　1　⑤　2　⑥　5　⑦　10

問３　［イ］，［ウ］に入る最も適当な数値を，次の①～⑧のうちから一つずつ選べ。

イ［9］　**ウ**［10］

①　1.9　②　2.9　③　3.9　④　4.9

⑤　5.9　⑥　7.9　⑦　8.9　⑧　9.9

B　酢酸水溶液Aの濃度を中和滴定によって求めるために，あらかじめ純水で洗浄した器具を用いて，次の操作1～操作3からなる実験を行った。

〔操作1〕　ホールピペットでAを10.0 mLとり，これを100 mLのメスフラスコに移し純水を加えて100 mLとした。これを水溶液Bとする。

〔操作2〕　別のホールピペットでBを10.0 mLとり，これをコニカルビーカーに移し，指示薬を加えた。これを水溶液Cとする。

〔操作3〕　0.10 mol/L水酸化ナトリウム水溶液Dをビュレットに入れて，Cを滴定した。

問4　まず，指示薬としてフェノールフタレインを加え中和滴定を試みた。次に，指示薬をメチルオレンジに変えて同じ実験を行った。それぞれの実験において，水溶液の色はどのように変化したか。最も適当な組合せを，次の①～④のうちから一つ選べ。 11

	フェノールフタレインを用いたときの色の変化	メチルオレンジを用いたときの色の変化
①	無色から赤色に，徐々に変化した	黄色から赤色に，急激に変化した
②	無色から赤色に，急激に変化した	黄色から赤色に，急激に変化した
③	無色から赤色に，徐々に変化した	赤色から黄色に，徐々に変化した
④	無色から赤色に，急激に変化した	赤色から黄色に，徐々に変化した

問5　操作1～3における実験器具の使い方が原因で，酢酸水溶液Aの濃度が正しい値よりも大きくなってしまった。その原因として考えられるものを，次の①～⑤のうちから**すべて**選べ。 12

① 操作1において，ホールピペットの内部に水滴が残っていたが，そのまま用いた。
② 操作1において，メスフラスコの内部に水滴が残っていたので，内部をAで洗ってから用いた。
③ 操作2において，コニカルビーカーの内部に水滴が残っていたが，そのまま用いた。
④ 操作3において，ビュレットの内部に水滴が残っていたので，内部をDで洗ってから用いた。
⑤ 操作3において，ビュレットの先端部分までDを満たしていなかった。

C　可逆反応が平衡状態にあるとき，濃度，温度，圧力などの条件を変化させると，その変化を緩和する方向へ平衡が移動する。これをルシャトリエの原理という。

問6　次の化学反応式とΔHで表される反応が，化学平衡の状態にある。これらのうち，温度を高くしても，圧力を小さくしても平衡が右に移動するものはどれか。次の①～⑤のうちから一つ選べ。 13

① $2HI$(気) $\rightleftarrows$ H_2(気) + I_2(気)　$\Delta H = 9$ kJ
② N_2(気) + $3H_2$(気) $\rightleftarrows$ $2NH_3$(気)　$\Delta H = -92$ kJ
③ $2SO_2$(気) + O_2(気) $\rightleftarrows$ $2SO_3$(気)　$\Delta H = -197$ kJ
④ C(黒鉛) + H_2O(気) $\rightleftarrows$ CO(気) + H_2(気)　$\Delta H = 134$ kJ
⑤ $3O_2$(気) $\rightleftarrows$ $2O_3$(気)　$\Delta H = 285$ kJ

第3問 次の文章を読み，問い(**問1～5**)に答えよ。(配点 20)

炭水化物は自然界のいたる所に存在し，生命に欠くことのできない化合物である。食物中の砂糖やデンプン，木材や紙の主成分であるセルロースは，ほとんど純粋な炭水化物である。これらの炭水化物は不斉炭素原子をもっている。図1は，不斉炭素原子をもつ例として，グリセルアルデヒドを模式的に表したものである。図1の(a)と(b)の分子は，互いに鏡像の関係にあるので，鏡像異性体と呼ばれる。鏡像異性体を区別して表すために，四面体の中心にある炭素原子からの結合を実線や破線，くさび線を用いて立体的に表すことが多い。このとき，実線は紙面上に，くさび線は紙面より前に，破線は紙面より後ろにある結合を表す。

(a)　(b)

図 1

一方，この立体異性体を示すための表示法として，以下のような平面への投影法を考えてみよう。この投影法はFischer(フィッシャー)投影式と呼ばれ，糖やアミノ酸などの立体配置を表す標準的な手段となっている。Fischer投影式では，四面体の不斉炭素原子は2本の直交する線で表される。左右の水平線は紙面の手前に向いている結合を，また，上下の垂直線は紙面の裏側に向いている結合を表している(図2)。炭水化物において，この立体配置の違いは大変重要な意味をもつ。

平面に投影する

Fischer 投影式

図 2

問1 図2の立体配置と同じ分子を，次の①～⑥のうちから一つ選べ。 14

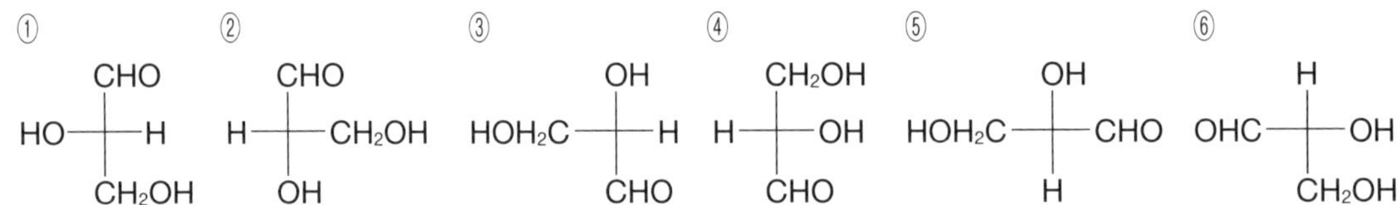

問2 天然に存在する糖では，それぞれの不斉炭素原子に対し2つの立体配置が考えられる。天然に存在するグルコースのFischer投影式を図3に示す。

このグルコースには何個の立体異性体があるか。次の①～⑥のうちから一つ選べ。 15 個

① 2　② 4　③ 8　④ 9　⑤ 16　⑥ 32

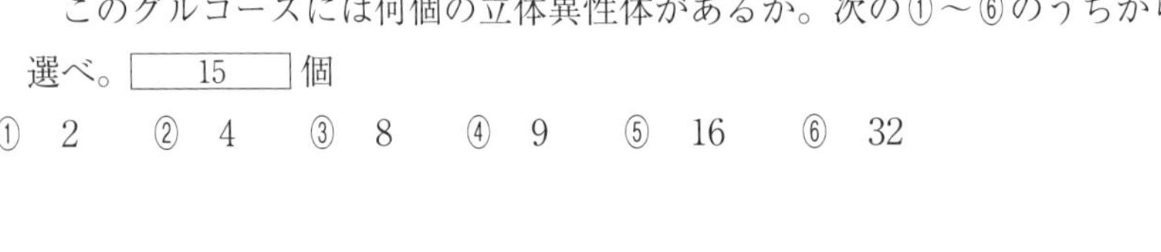

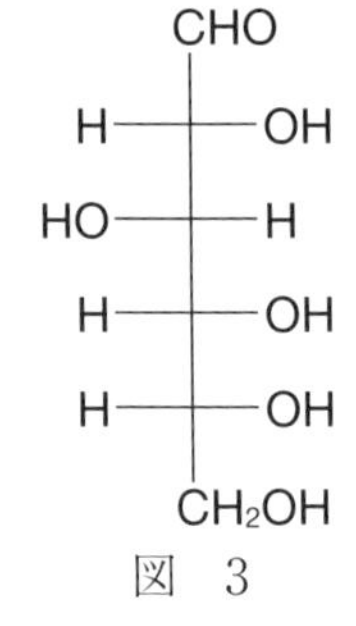

図 3

問3 トルエン $C_6H_5CH_3$ の水素原子の一つを臭素原子で置換した化合物には，全部で何個の異性体があるか。次の①～⑥のうちから一つ選べ。 16 個

① 1　② 2　③ 3　④ 4　⑤ 5　⑥ 6

問4　分子式C_4H_8をもつ不飽和化合物には，a～dの4つの化合物がある。炭素原子間の二重結合に臭素(Br_2)が付加したとき，反応生成物が不斉炭素原子を2個もつ化合物はどれか。正しいものを，下の①～⑧のうちから一つ選べ。［17］

a　$CH_2=C(CH_3)_2$　　b　$CH_2=CH-CH_2-CH_3$

c　$CH_3(H)C=C(CH_3)(H)$（2つのCH_3が同じ側）　　d　$CH_3(H)C=C(H)(CH_3)$（2つのCH_3が反対側）

①　a　　②　b　　③　c　　④　d
⑤　a・b　　⑥　b・d　　⑦　c・d　　⑧　b・c・d

問5　次の記述に関連して，下の問い(a・b)に答えよ。

炭素，水素，酸素からなるアルコールAに酢酸を作用させるとエステルBが生成した。エステルBの3.48 mgを完全に燃焼させたとき，二酸化炭素が7.92 mg，水が3.24 mg得られた。

a　エステルBの分子式として最も適当なものを，次の①～⑥のうちから一つ選べ。［18］

①　C_3H_4O　　②　C_3H_6O　　③　$C_4H_6O_2$
④　$C_4H_8O_2$　　⑤　$C_6H_{12}O_2$　　⑥　$C_6H_{14}O_2$

b　アルコールAには構造異性体がいくつあるか。最も適当なものを，次の①～⑥のうちから一つ選べ。［19］

①　1　　②　2　　③　3　　④　4　　⑤　5　　⑥　6

第4問　次の文章を読み，問い(**問1～6**)に答えよ。(配点20)

問1　タンパク質に関する記述として**誤りを含むもの**を，次の①～⑤のうちから一つ選べ。［20］

①　アミノ酸分子のカルボキシ基と別のアミノ酸分子のアミノ基の間で生じたアミド結合を，ペプチド結合という。
②　単純タンパク質を加水分解すると，アミノ酸だけが得られる。一方，複合タンパク質では，加水分解するとアミノ酸以外に糖やリン酸なども得られる。
③　タンパク質は水素結合を形成して，同一分子内にらせん構造をつくったり，シート状の構造をつくったりする。
④　酸性アミノ酸は，その水溶液のpHを7に調整してやると，電気泳動により陰極に移動する。
⑤　ベンゼン環を含むタンパク質は濃硝酸を加えて加熱すると黄色に変色し，冷却後にアンモニア水を加えて塩基性にすると橙黄色になる。

問2　次の文章中の空欄 ア ～ ウ に当てはまる語句の組合せとして最も適当なものを，下の①～⑧のうちから一つ選べ。 21

デンプンは ア -グルコースが縮合重合した多糖類であり，体内で酵素の働きによって イ すると，二糖類，単糖類と変化していく。グルコースの検出には ウ 反応が用いられる。

	ア	イ	ウ
①	α	加水分解	ヨウ素デンプン
②	α	加水分解	銀鏡
③	α	酸化分解	ヨウ素デンプン
④	α	酸化分解	銀鏡
⑤	β	加水分解	ヨウ素デンプン
⑥	β	加水分解	銀鏡
⑦	β	酸化分解	ヨウ素デンプン
⑧	β	酸化分解	銀鏡

問3　ヒトの唾液などに含まれるアミラーゼも有機物の一種である。アミラーゼは，デンプンを分解して，マルトースなどの糖を生成するので，水あめづくりに用いることができる。アミラーゼは生体内のような条件下で最も効率よく働くことが知られている。

ご飯をよくすりつぶして水を加え，のり状にした(a)。また，アミラーゼの入った消化薬の粉末を水に溶かした(b)。aとbをよく混ぜ合わせて5等分し，それぞれ，10℃，20℃，30℃，40℃，50℃の温度で一定に保った。これらを一晩放置したときにできた水あめの量(マルトースなどの糖の量)と温度との関係を表した図として最も適当なものを，次の①～④のうちから一つ選べ。 22

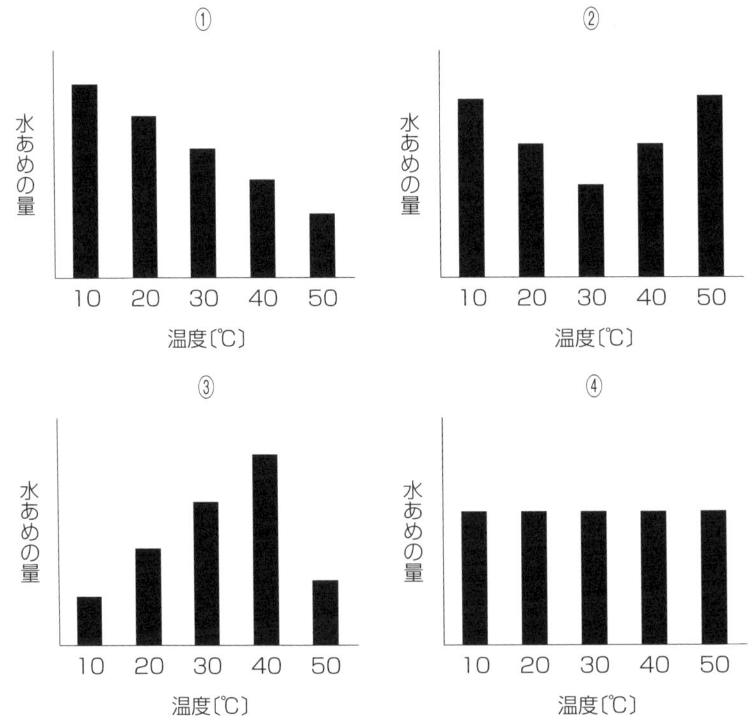

問4　DNA(デオキシリボ核酸)の塩基はアデニン(A)，グアニン(G)，シトシン(C)，チミン(T)の4種類である。これらの塩基は水素結合によって決まった組合せの対をつくっている。

ある2本鎖のDNAの塩基組成(モル％)を調べたところグアニンが35％を占めていた。アデニンの塩基組成は何％か。最も適当な数値を，次の①～⑥のうちから一つ選べ。［23］％

①　7.5　　②　15　　③　17.5　　④　30　　⑤　35　　⑥　45

問5　熱硬化性を示す合成高分子を，次の①～⑥のうちから一つ選べ。［24］

①　ポリブタジエン　　②　ナイロン6　　③　メタクリル樹脂

④　ポリスチレン　　⑤　尿素樹脂　　⑥　ナイロン66

問6　1.3gのアセチレンから塩化ビニルをつくり，それを付加重合してポリ塩化ビニルを合成した。反応が完全に進行したとすると，ポリ塩化ビニルを何g得ることができるか。最も適当な数値を，次の①～⑥のうちから一つ選べ。［25］g

①　1.1　　②　2.6　　③　3.1　　④　4.5　　⑤　6.2　　⑥　9.0

第5問　次の文章(A・B)を読み，問い(問1～5)に答えよ。(配点20)

A　過酸化水素は，触媒として作用する鉄(Ⅲ)イオンが存在すると，分解して水と酸素になる。この化学反応式は，

$$2H_2O_2 \longrightarrow 2H_2O + O_2$$

で表される。100mLの過酸化水素水に硫酸鉄(Ⅲ)アンモニウムを加えた後，10分ごとに10.0mLの溶液を取り出し，溶液の過酸化水素水の濃度c〔mol/L〕を測定したところ，表に示す結果が得られた。ただし測定中，温度は一定であったとする。

<table>
<tr><td>時間〔min〕</td><td colspan="2">0</td><td colspan="2">10</td><td colspan="2">20</td><td colspan="2">30</td><td colspan="2">40</td></tr>
<tr><td>H_2O_2の濃度c〔mol/L〕</td><td colspan="2">0.300</td><td colspan="2">0.243</td><td colspan="2">0.201</td><td colspan="2">0.162</td><td colspan="2">0.134</td></tr>
<tr><td>H_2O_2の平均濃度
$\bar{c}$〔mol/L〕</td><td></td><td colspan="2">2.72×10^{-1}</td><td colspan="2">2.22×10^{-1}</td><td colspan="2">1.82×10^{-1}</td><td colspan="2">(　ア　)</td><td></td></tr>
<tr><td>平均の反応速度
$\bar{v}$〔mol/(L・min)〕</td><td></td><td colspan="2">5.7×10^{-3}</td><td colspan="2">4.2×10^{-3}</td><td colspan="2">3.9×10^{-3}</td><td colspan="2">(　イ　)</td><td></td></tr>
<tr><td>$\dfrac{\bar{v}}{\bar{c}}$〔/min〕</td><td></td><td colspan="2">2.10×10^{-2}</td><td colspan="2">1.89×10^{-2}</td><td colspan="2">2.14×10^{-2}</td><td colspan="2">(　ウ　)</td><td></td></tr>
</table>

問1　反応開始後30～40分間の$\dfrac{\bar{v}}{\bar{c}}$の値(　**ウ**　)として最も適当なものを，次の①～⑥のうちから一つ選べ。なお，表には0分から30分までのデータの分析結果も加えてある。［26］〔/min〕

①　3.2×10^{-2}　　②　2.8×10^{-2}　　③　1.9×10^{-2}

④　3.2×10^{-3}　　⑤　2.8×10^{-3}　　⑥　1.9×10^{-3}

問2 平均濃度 $\bar{c}$ と平均の反応速度 $\bar{v}$ との間には，次の関係があることがわかった。

$$\bar{v} = k\bar{c}$$

このことは，$\dfrac{\bar{v}}{\bar{c}}$ の値がほぼ一定であることからわかる。k を反応速度定数(速度定数)という。k の値を有効数字2桁で次の形式で表すとき，［27］～［29］に当てはまるものを，次の①～⓪のうちから一つずつ選べ。ただし，同じものを繰り返し選んでもよい。なお，必要があれば，下の方眼紙を使うこと。［27］.［28］× 10⁻［29］〔/min〕

① 1　② 2　③ 3　④ 4　⑤ 5

⑥ 6　⑦ 7　⑧ 8　⑨ 9　⓪ 0

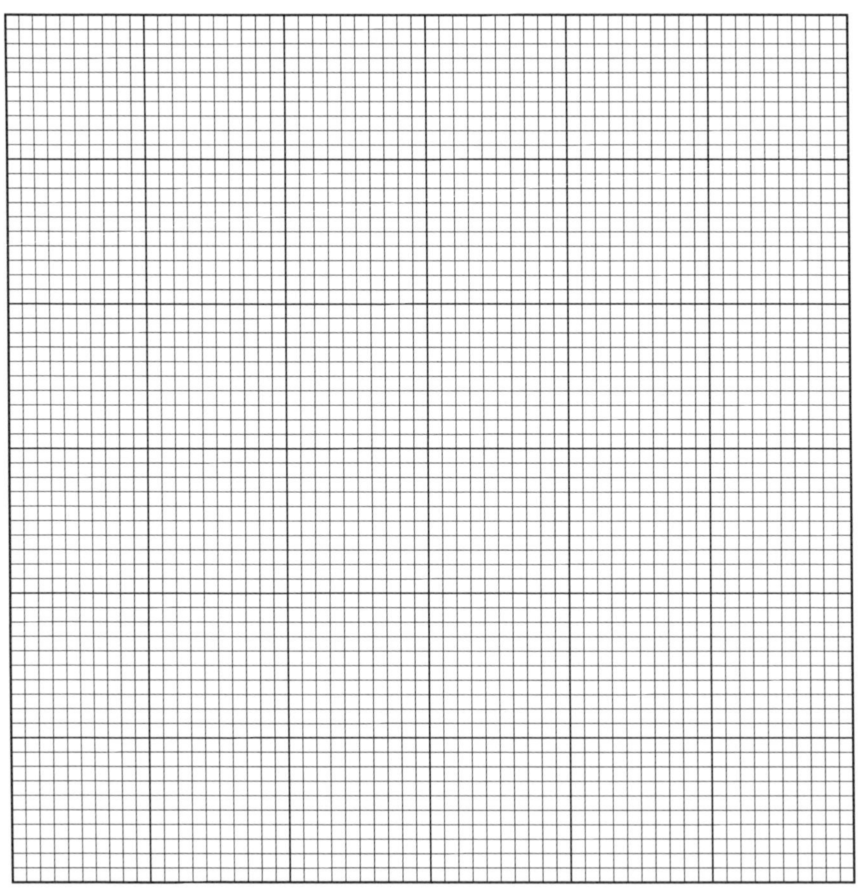

B　ボイルの法則とシャルルの法則を組合せたボイル・シャルルの法則は,「一定物質量の気体の体積は, 圧力に反比例し, 絶対温度に比例する」と定義される。

そして, ボイル・シャルルの法則や気体の状態方程式に厳密にしたがう気体を理想気体という。

問 3　圧力を 1.0×10^5 Pa, 2.0×10^5 Pa に保ったまま, 1 mol の理想気体の温度 t〔℃〕を変えていったとき, 気体の体積 V〔L〕は, それぞれ次の式にしたがって変化する。

$V = a_1 t + b_1$　(圧力 1.0×10^5 Pa のとき)

$V = a_2 t + b_2$　(圧力 2.0×10^5 Pa のとき)

この 2 つの式の a_1, a_2, b_1, b_2 に関する次の関係式①～⑥のうちから, 正しいものを一つ選べ。 30

① $a_1 = 2a_2$, $b_1 = b_2$　② $2a_1 = a_2$, $b_1 = b_2$　③ $a_1 = 2a_2$, $b_1 = 2b_2$

④ $2a_1 = a_2$, $b_1 = 2b_2$　⑤ $a_1 = 2a_2$, $2b_1 = b_2$　⑥ $2a_1 = a_2$, $2b_1 = b_2$

問 4　ある物質の分子量を求めるため, 次の実験を行った。この物質は 27 ℃では液体状態なので, 4.0 g をとり内容量 1.0 L のフラスコに入れ, 小さな穴をあけたアルミニウム箔でふたをした。これを右の図 1 のように 100 ℃の水につけて液体を完全に蒸発させた。

その後, 温度を 27 ℃に戻したところ液体となったので, その質量を測定すると 3.0 g であった。

この物質の分子量として最も適当な数値を, 次の①～⑤のうちから一つ選べ。ただし, 大気圧を 1.0×10^5 Pa とする。 31

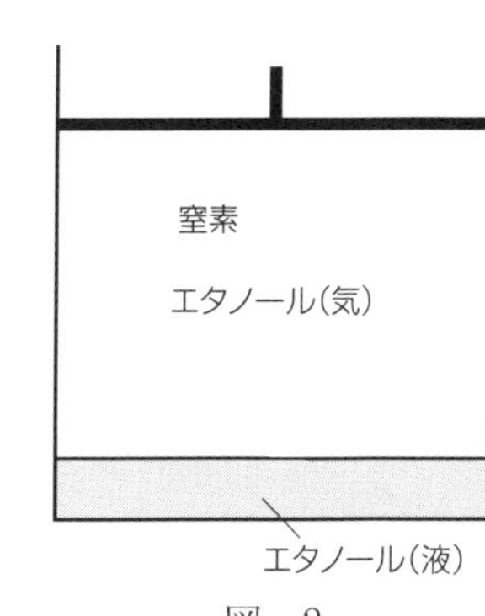

図 1

① 37　② 46　③ 75　④ 93　⑤ 124

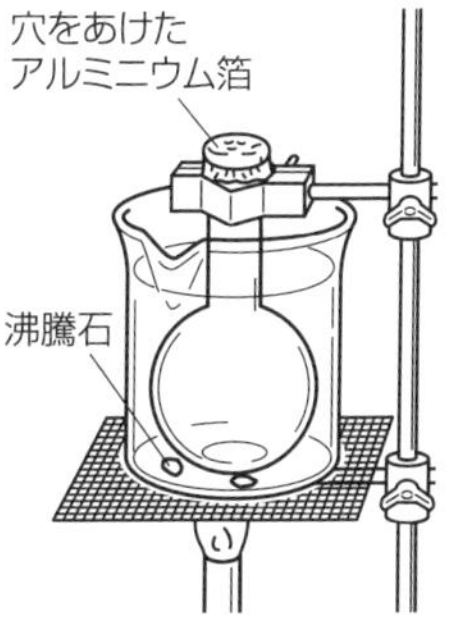

問 5　図 2 のような体積を変えることのできる容器に, 窒素と気液平衡の状態にある少量のエタノールが入っている。

40 ℃において, 容器の体積を 50 %にしたところ, 容器内の圧力は 1.0×10^5 Pa から 1.8×10^5 Pa になった。体積をはじめの 40 %にすると, 容器内の圧力は何 Pa となるか。最も適当な数値を, 次の①～⑥のうちから一つ選べ。 32 Pa

① 1.9×10^5　② 2.0×10^5　③ 2.2×10^5

④ 2.3×10^5　⑤ 2.4×10^5　⑥ 2.5×10^5

窒素
エタノール(気)
エタノール(液)

図 2

模擬問題

必要があれば，原子量は次の値を使うこと。
H = 1.0　C = 12　O = 16　Al = 27　S = 32　K = 39
気体は，実在気体とことわりがない限り，理想気体として扱うものとする。
気体定数　$R = 8.3 \times 10^3$ Pa·L/(K·mol)である。

第1問　次の問い(**問1～3**)に答えよ。(配点 20)

問1　ナトリウムを用いて以下の実験を行った。

十分に注意して，1Lのビーカーに水300mLを入れ，その上に石油300mLを静かに加えて，上下2層とした。続いて，約0.5gの金属ナトリウムの小片をピンセットでつまんで静かに石油層の表面においた。この後，どのような現象が観察されるかを，次の記述①～⑥のうちから一つ選べ。ただし，水の密度は1.00 g/cm³，ナトリウムの密度は0.97 g/cm³，石油の密度は0.92 g/cm³である。［ 1 ］

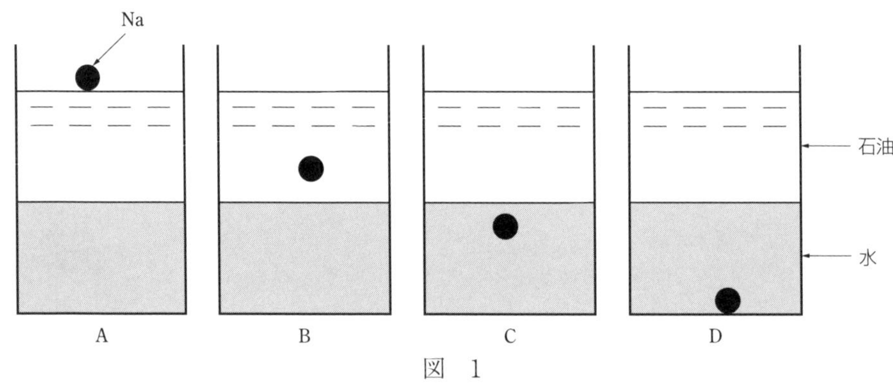

図　1

① 図1に示されたAの状態となり，ナトリウムは表面から次第に酸化物や水酸化物に変化した。
② 図1に示されたAの状態となり，ナトリウムは自然発火し石油に引火して燃焼し始めた。
③ 図1に示されたBの状態となり，ナトリウムはそのままで変化は認められなかった。
④ 図1に示されたCの状態となり，ナトリウムは自然発火し石油に引火して燃焼し始めた。
⑤ 図1に示されたCの状態となり，ナトリウムは石油層に浮上して上下運動を反復し，やがて溶けてなくなった。
⑥ 図1に示されたDの状態となり，ナトリウムはビーカーの底で止まった。

問2　ミョウバンは，硫酸アルミニウムと硫酸カリウムの混合水溶液を冷却すると得られる無色透明の正八面体結晶である。混合水溶液中の硫酸アルミニウムと硫酸カリウムの物質量の比が1：1でなくても，析出したミョウバン結晶中の硫酸アルミニウムと硫酸カリウムの物質量の比は1：1になる。

a　ミョウバン水溶液にアンモニア水を加えたところ，白色の沈殿が生じた。この溶液をろ過し，次の図のように，白色沈殿とろ液を得た。

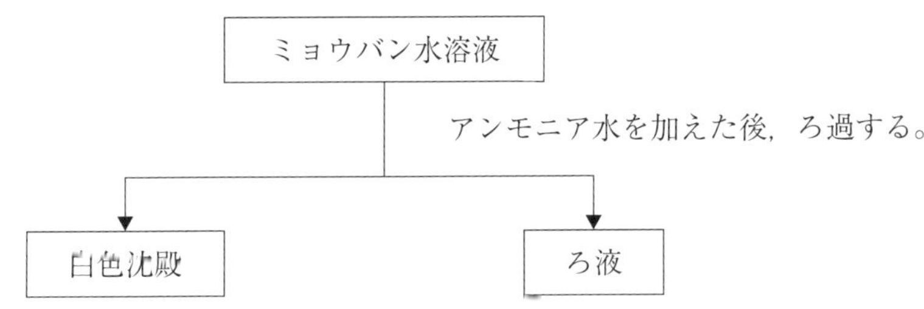

この白色沈殿とろ液について，実験を行った。実験の結果を観察した記述として**不適当なもの**を，次の①～⑤のうちから**すべて**選べ。［2］

① 白色沈殿に水酸化ナトリウム水溶液を加えたところ，沈殿は溶解した。

② 白色沈殿に塩酸を加えたところ，沈殿は溶解した。

③ ろ液に $Ba(NO_3)_2$ 水溶液を加えたところ，白色沈殿が生じた。

④ ろ液を白金線につけてバーナーの外炎の中に入れたところ，赤紫色の炎色を示した。

⑤ ろ液を白金線につけてバーナーの外炎の中に入れたところ，黄色の炎色を示した。

b　硫酸アルミニウムと硫酸カリウムの混合水溶液を冷却して，析出したミョウバンの結晶 47.4 g を強熱したところ，水和水をすべて失い，焼ミョウバン 25.8 g が得られた。

析出したミョウバンの組成式を $AlK(SO_4)_2 \cdot nH_2O$ と表したとき，n の値として最も適当な数値を，次の①～⑥のうちから一つ選べ。［3］

① 1　② 3　③ 5　④ 6　⑤ 7　⑥ 12

c　ある温度の水 100 g に焼ミョウバンが 50 g まで溶解した。同じ温度の水 300 g にミョウバンの結晶(水和水を含む)は何 g まで溶解するか。最も適当な数値を，次の①～⑥のうちから一つ選べ。

［4］g

① 68　② 82　③ 150　④ 194　⑤ 276　⑥ 474

問3　鉄は不活性ガス中で加熱すると，912 ℃で体心立方格子から面心立方格子へと変化し，1394 ℃で再び体心立方格子へと変化する。温度と鉄の格子定数(結晶単位格子の1辺の長さ)との関係を表したグラフとして最も適当なものを，次の①～⑥のうちから一つ選べ。［5］

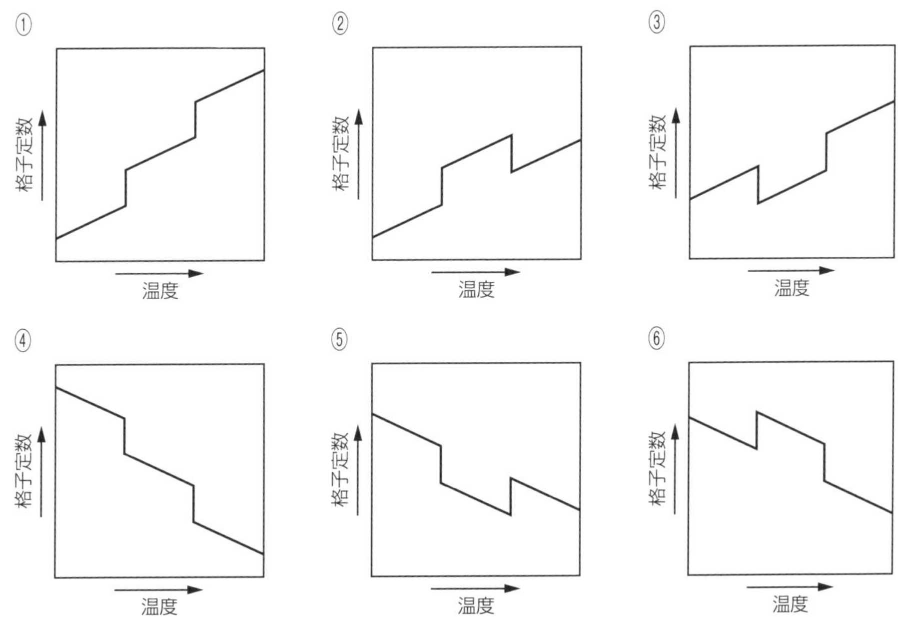

第２問　次の問い(問１～４)に答えよ。(配点 20)

問１　ヨウ化水素を密閉した容器に入れて加熱すると，次の化学反応式と ΔH で表される反応が起こり，平衡状態に達する。

$$2HI(気) \rightleftarrows H_2(気) + I_2(気)\quad \Delta H = 9\,kJ$$

この反応に関する次の記述①～⑤のうちから，**誤りを含むもの**を一つ選べ。［6］

① 温度，圧力に関係なく H_2 と I_2 の濃度〔mol/L〕は等しい。
② 温度を高くすると，正反応と逆反応はともに速くなり，早く平衡状態に達する。
③ 容器に水素を加えると，平衡は左へ移動する。
④ 圧力を一定にして温度を上げると，平衡は左へ移動する。
⑤ 温度を一定にして圧力を加えても，平衡は移動しない。

問２　次の文章中の空欄［ア］～［ウ］に当てはまる式および語句の組合せとして最も適当なものを，下の①～⑥のうちから一つ選べ。［7］

図は，$2SO_2 + O_2 \longrightarrow 2SO_3$ の反応が進むときのエネルギーの変化を示したグラフである。この反応の活性化エネルギーは図中の［ア］に相当し，これが大きいと反応速度は小さくなる。また，反応エンタルピーは図中の［イ］に相当し，この反応は［ウ］反応であることがわかる。

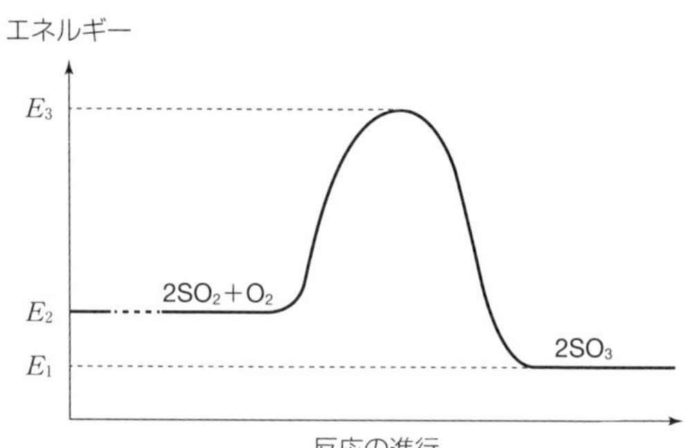

	ア	イ	ウ
①	$E_3 - E_2$	$E_2 - E_1$	吸熱
②	$E_3 - E_2$	$E_2 - E_1$	発熱
③	$E_1 + E_3$	$E_2 - E_1$	吸熱
④	$E_1 + E_3$	$E_1 + E_2$	発熱
⑤	$E_3 - E_1$	$E_1 + E_2$	吸熱
⑥	$E_3 - E_1$	$E_1 + E_2$	発熱

問３　酢酸とエタノールから酢酸エチルを合成する反応は次のように表される。

$$CH_3COOH + C_2H_5OH \rightleftarrows CH_3COOC_2H_5 + H_2O$$

1.00 mol の酢酸と 1.00 mol のエタノールを混合し，触媒として濃硫酸を少量加えた。

酢酸エチルが 0.60 mol 生成した時点で反応が平衡に達した。この酢酸エチル生成反応の平衡定数として最も適当な数値を，次の①～⑥のうちから一つ選べ。［8］

① 0.11　② 0.25　③ 0.44　④ 2.3　⑤ 4.0　⑥ 9.0

問４　次の文章中の空欄［ア］・［イ］に当てはまる最も適当な式を，下の①～⓪のうちからそれぞれ一つずつ選べ。ただし，水のイオン積は $K_w = 1.0 \times 10^{-14}\,mol^2/L^2$ とする。

ア［9］　イ［10］

アンモニアを水に溶解すると，次のような電離平衡が成立する。

$$NH_3 + H_2O \rightleftarrows NH_4^+ + OH^- \quad \cdots\cdots(1)$$

この電離平衡の平衡定数 K は　$K = \dfrac{[NH_4^+][OH^-]}{[NH_3][H_2O]}$　となる。

ここで水の濃度が一定とみなせることから，アンモニアの電離定数 K_b は式(2)のように表される。

$$K_b = K[H_2O] = \frac{[NH_4^+][OH^-]}{[NH_3]} \quad \cdots\cdots(2)$$

電離前のアンモニアの濃度を C〔mol/L〕とすると，アンモニアの電離度が1に比べて非常に小さいため，水酸化物イオン濃度と溶液の pH は，C，K_b を用いて表すと次のようになる。

$[OH^-] =$ ［　ア　］

pH = ［　イ　］

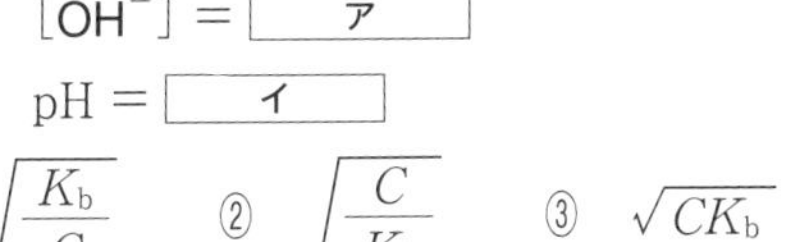

① $\sqrt{\dfrac{K_b}{C}}$　② $\sqrt{\dfrac{C}{K_b}}$　③ $\sqrt{CK_b}$　④ CK_b　⑤ $\dfrac{K_b}{C}$

⑥ $\dfrac{1}{2}(\log_{10}C + \log_{10}K_b)$　⑦ $\dfrac{1}{2}(\log_{10}C - \log_{10}K_b)$　⑧ $-\dfrac{1}{2}(\log_{10}C + \log_{10}K_b)$

⑨ $14 - \dfrac{1}{2}(\log_{10}C + \log_{10}K_b)$　⓪ $14 + \dfrac{1}{2}(\log_{10}C + \log_{10}K_b)$

第3問　次の問い(問1～3)に答えよ。(配点 20)

問1　温度を100℃に保って10Lの真空の容器に少量ずつ水を入れ，内部の圧力を測定した。次のグラフは，水を0～10gの範囲で入れていったときの圧力変化を示したものである。容器内の圧力がどのように変わるのかを示した最も適当なグラフを，①～④のうちから一つ選べ。

［　11　］

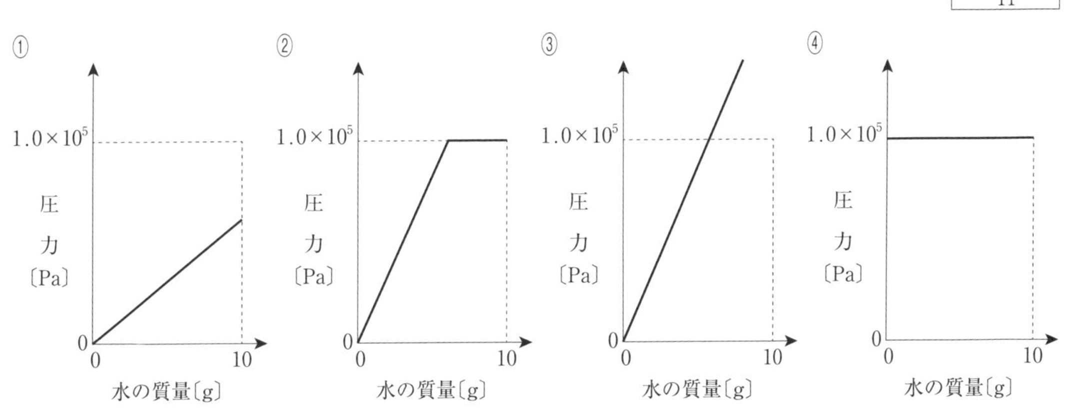

問2　右の図のように，ピストン付きの容器の内部を，厚さが無視できる隔壁で仕切り，隔壁の下部には0℃において飽和蒸気圧が 0.20×10^5 Pa の液体を入れ，上部には下部の液体と反応しない 1.00×10^5 Pa の気体を入れた。

この隔壁を取り除いて十分に時間をおいた後では，1.00×10^5 Pa のもとで容器内の気体の体積が21％増加していた。

なお，ヘンリーの法則が成り立ち，温度は0℃に保たれているものとする。

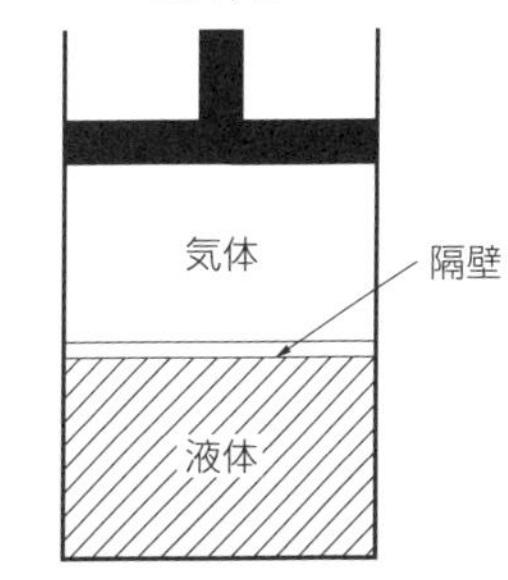

a　はじめに入れた気体の約何％が液体に溶けているか。最も適当な数値を，次の①～④のうちから一つ選べ。［　12　］％

①　3　　②　4　　③　6　　④　7

b　ここでピストンを動かして容器の圧力を 2.00×10^5 Pa に上げ十分に時間をおくと，はじめに入れた気体の約何 %が液体に溶けているか。最も適当な数値を，次の①～④のうちから一つ選べ。 [13] %

①　3　　②　5　　③　6　　④　7

問３　次の問い（a・b）に答えよ。

a　ある容器に水 500 mL を入れ，そこに固体の水酸化ナトリウム 0.10 mol を加え，すばやく溶解させたところ，溶液の温度は 2.0℃上昇した。

水酸化ナトリウム（固体）の水に対する溶解エンタルピーは何 kJ/mol か。最も適当な数値を，次の①～⑤のうちから一つ選べ。ただし，固体の水酸化ナトリウムの溶解による溶液の体積変化はないものとし，この水溶液 1.0 g の温度を 1.0℃上げるのに必要な熱量は 4.2 J，溶液の密度は $1.0\ g/cm^3$ とする。 [14] kJ/mol

①　－4.2　　②　－6.2　　③　－42　　④　－62　　⑤　－120

b　次に，固体の水酸化ナトリウム 1.0 mol に水を加えて全量を 500 mL とし，溶液の温度が 30℃で一定になったとき，同じ温度の 2.0 mol/L の塩酸 500 mL をすばやく加えたところ，図 1 のような温度上昇を示した。グラフから温度上昇を読み取り，

$$\mathrm{HClaq} + \mathrm{NaOH}(固) \longrightarrow \mathrm{NaClaq} + \mathrm{H_2O}(液) \quad \Delta H = Q〔\mathrm{kJ}〕$$

の反応エンタルピー Q として最も適当な数値を，次の①～⑤のうちから一つ選べ。 [15] kJ

①　－78　　②　－85　　③　－89

④　－93　　⑤　－97

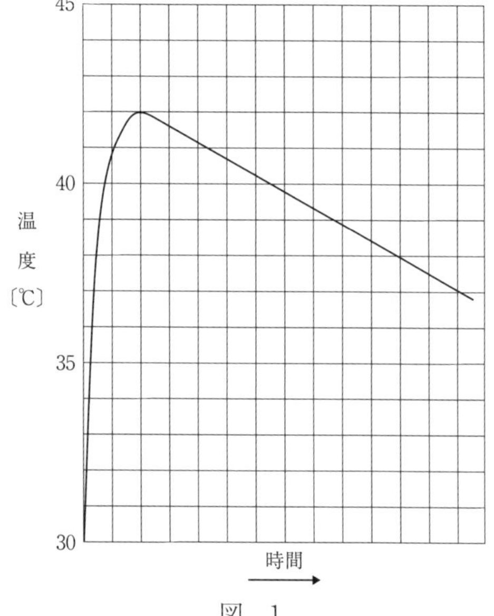

図　1

第４問　次の問い（問１～３）に答えよ。（配点 20）

問１　マツタケは，秋のキノコの一つであり，「香りマツタケ，味シメジ」とよく言われる。このマツタケの香りの成分は化学的な分析により明らかにされている。マツタケの香りを特徴づけている成分は，下に示すケイ皮酸メチルと化合物Aの２つであり，その他さまざまなアルコール，アルデヒド，エステルなどの香り成分が彩りを添えている。

a　ケイ皮酸メチルに関する記述として**誤りを含むもの**を，次の①～④のうちから一つ選べ。　16

① 不斉炭素原子は存在しないが，異性体が存在する。
② 臭素水を脱色させる。
③ 芳香族化合物に属するエステルである。
④ 加水分解すると酢酸が生じる。

b　化合物Aを元素分析したところ，炭素 74.9 %，水素 12.6 %，酸素 12.5 % であった。また，この化合物Aの 2 mol を完全燃焼させるには，酸素 23 mol が必要であった。化合物Aの分子式を，次の①～⑥のうちから一つ選べ。　17

① $C_8H_{16}O$　② $C_8H_{16}O_2$　③ $C_8H_{16}O_4$　④ $C_6H_{12}O$　⑤ $C_6H_{12}O_2$　⑥ $C_6H_{12}O_4$

c　化合物Aは適当な酸化剤を用いて酸化するとケトンになった。別の分析により，化合物Aは炭素原子が直鎖状に結合していること，シス－トランス異性体が存在しない位置に二重結合が一つあることがわかった。化合物Aには鏡像異性体(光学異性体)を含めて何種の異性体があるか。正しい数値を次の①～⑥のうちから一つ選べ。　18　種

① 4　② 6　③ 7　④ 8　⑤ 9　⑥ 10

問２　生成する有機化合物が**誤っている反応**を，次の①～⑤のうちから一つ選べ。　19

① $CH_4 \xrightarrow{Cl_2,\ 光} CCl_4$

② $H-C\equiv C-H \xrightarrow{CH_3COOH,\ 酢酸亜鉛(触媒)} CH_2=CH(OCOCH_3)$（CH に OCOCH₃ が結合）

③ $CH_3CH(OH)CH_3 \xrightarrow[加熱]{硫酸酸性\ K_2Cr_2O_7\ 水溶液} CH_3CH_2CHO$

④ $CH_3CH_2OH \xrightarrow[加熱]{硫酸酸性\ K_2Cr_2O_7\ 水溶液} CH_3CHO$

⑤ $CH_3CH_2OH \xrightarrow[H_2SO_4,\ 加熱]{CH_3COOH} CH_3COOCH_2CH_3$

問３　次の文章中の空欄　ア　～　ウ　に当てはまる構造式および物質の組合せとして最も適当なものを，次ページの①～⑥のうちから一つ選べ。　20

クメン法はフェノールの工業的製法である。この合成の方法は，まずベンゼンに　ア　を反応させてクメンをつくる。クメンを空気中で酸化し，酸で分解するとアセトンとフェノールができる。アセトンは　イ　反応に対して陽性である。また，フェノールを水酸化ナトリウムと反応させたのちに，高圧高温条件下で二酸化炭素と反応させると　ウ　ができる。この　ウ　を出発物質として一部の医薬品はつくられている。

	ア	イ	ウ
①	$H_2C=CH-CH_3$	フェーリング	サリチル酸ナトリウム
②	$H_2C=CH-CH_3$	ヨードホルム	サリチル酸ナトリウム
③	$H_2C=CH-CH_3$	フェーリング	安息香酸ナトリウム
④	$H_2C=CH_2$	ヨードホルム	サリチル酸ナトリウム
⑤	$H_2C=CH_2$	フェーリング	安息香酸ナトリウム
⑥	$H_2C=CH_2$	ヨードホルム	安息香酸ナトリウム

第５問　次の問い(問１～４)に答えよ。(配点 20)

タンパク質はアミノ酸がペプチド結合を繰り返し，重合してできる高分子化合物である。

問１　タンパク質に関する記述として**誤りを含むもの**を，次の①～⑤のうちから一つ選べ。　21

① ビウレット反応は，ジペプチドでは起こらず，トリペプチド以上で起こる。

② 卵をゆでると固まるのは，タンパク質が変性したからである。

③ 大豆(ダイズ)のタンパク質に，ニガリなどのCa^{2+}やMg^{2+}を含む塩を加えると固まるのは，塩析したからである。

④ 酵素は，生体内のいろいろな化学反応に対して触媒として作用するタンパク質であり，その作用は温度が高いほど活発である。

⑤ 硫黄を含むタンパク質に水酸化ナトリウムを加えて加熱した後，酢酸鉛(Ⅱ)水溶液を加えると黒色沈殿が生じる。

問２　アミノ酸の一つにアスパラギン酸がある。電気泳動による分離実験を行った。

実験Ⅰ　アスパラギン酸を少量の濃硫酸を含むエタノール中で煮沸したところ，アスパラギン酸以外に３つのアスパラギン酸由来の化合物を得た。

実験Ⅱ　**実験Ⅰ**で得られた４つの化合物の混合水溶液の少量を，pH6.0の緩衝液で湿らせたろ紙の中央(×印の位置)にたらし，図１のように電極を配置して電圧をかけた。

実験Ⅲ　その後ニンヒドリン溶液を噴霧してドライヤーで加熱したところ，４つの化合物は点線で囲ったA～Cいずれかの位置に紫色のスポットとして検出された。

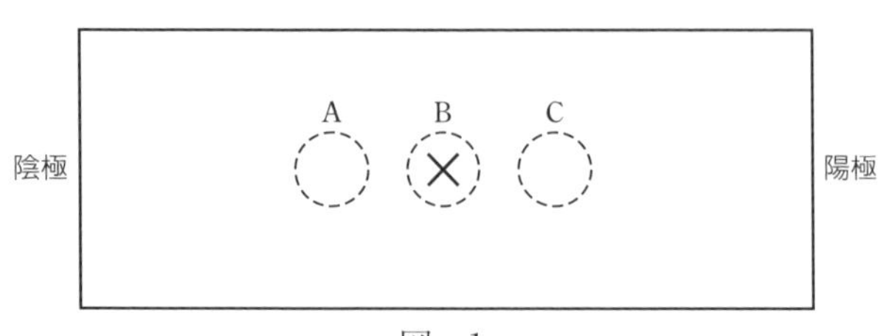

図　1

実験Ⅰで得られる以下の4つの化合物について，**実験**ⅢでAの位置にスポットが現れるもの，Cの位置にスポットが現れるものを，次の①～④のうちからそれぞれ一つずつ選べ。

Aの位置 [22]　Cの位置 [23]

① $HOOC-CH_2-CH(NH_2)-C(=O)-O-CH_2-CH_3$

② $CH_3-CH_2-O-C(=O)-CH_2-CH(NH_2)-COOH$

③ $CH_3-CH_2-O-C(=O)-CH_2-CH(NH_2)-C(=O)-O-CH_2-CH_3$

④ $HOOC-CH_2-CH(NH_2)-COOH$

問3　アミノ酸は陽イオン交換樹脂を用いても分離することができる。

0.10 mol/L の塩化カルシウム $CaCl_2$ 水溶液 50 mL を，図2に示すイオン交換樹脂を詰めたカラムに通した後，純水で十分に洗い，流出液を得た。

この流出液を過不足なく中和する水溶液として最も適当なものを，次の①～④のうちから一つ選べ。[24]

① 0.10 mol/L の塩酸 50 mL
② 0.10 mol/L の塩酸 100 mL
③ 0.10 mol/L の NaOH 水溶液 50 mL
④ 0.10 mol/L の NaOH 水溶液 100 mL

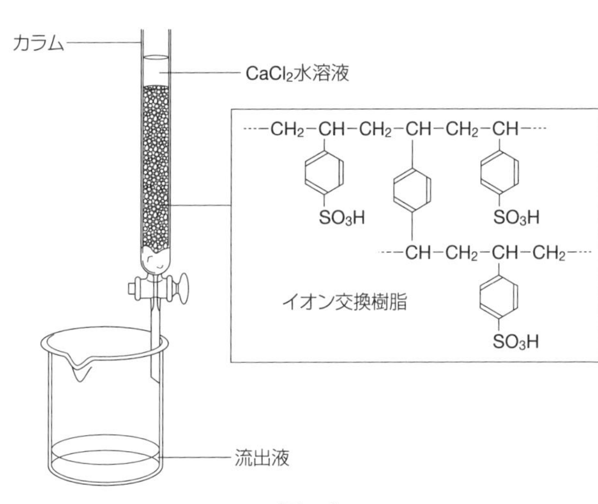

図　2

問4　合成高分子に関する記述として正しいものを，次の①～⑤のうちから一つ選べ。[25]

① 合成高分子の多くは，一定の融点を示す。
② 化学繊維には，レーヨンのような半合成繊維や，ポリエステルのような合成繊維がある。
③ 不溶性のポリスチレンに濃硫酸を作用させて得られるポリスチレンスルホン酸は，陰イオン交換樹脂として用いられている。
④ ナイロン6とナイロン66は，それぞれの構造の繰り返し単位を構成する元素の組成比が同じである。
⑤ 生ゴムは，加硫することでゴム特有の強い弾性を示すようになるが，耐久性は失われる。

問題タイプ別
大学入学共通テスト対策問題集
化学

表紙・本文デザイン
難波邦夫

2025年 4 月20日　初版第 2 刷発行

●編　者 ―― 実教出版編修部
●発行者 ―― 小田　良次
●印刷所 ―― 株式会社　太　洋　社

●発行所 ―― 実教出版株式会社
〒102-8377
東京都千代田区五番町5
電 話 〈営業〉(03) 3238-7777
〈編修〉(03) 3238-7781
〈総務〉(03) 3238-7700
https://www.jikkyo.co.jp/

002502020　ISBN 978-4-407-36328-9

模擬問題（第　　回）解答用紙

（大学入試センターHP参考）

マーク例

良い例	悪い例
●	⊙ ⊗ ◓ ○

① 年・組・番を記入し，その下のマーク欄にマークしなさい。

年・組・番				
年	組		番	
⓪	⓪	⓪	⓪	⓪
①	①	①	①	①
②	②	②	②	②
③	③	③	③	③
④	④	④	④	④
⑤	⑤	⑤	⑤	⑤
⑥	⑥	⑥	⑥	⑥
⑦	⑦	⑦	⑦	⑦
⑧	⑧	⑧	⑧	⑧
⑨	⑨	⑨	⑨	⑨

年・組・番チェック欄

② 氏名・フリガナを記入しなさい。

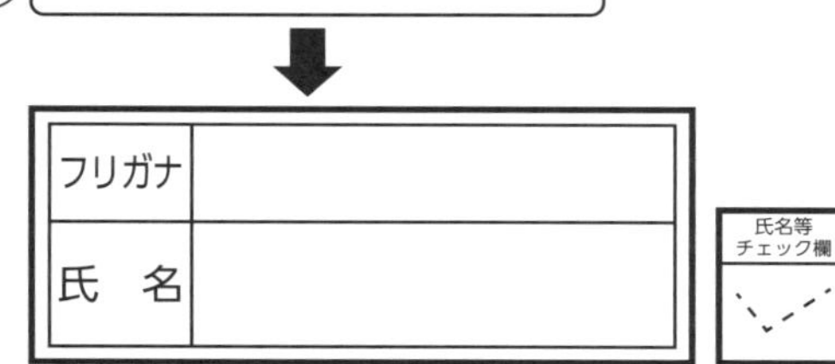

③
・下の解答欄で解答する科目を，1科目だけマークしなさい。
・解答科目欄が無マーク又は複数マークの場合は，0点となります。

解答科目欄	
物　理	○
化　学	○
生　物	○
地　学	○

解答科目チェック欄

注意事項
1　訂正は，消しゴムできれいに消し，消しくずを残してはいけません。
2　所定欄以外にはマークしたり，記入したりしてはいけません。
3　汚したり，折りまげたりしてはいけません。

解答番号	解答欄 1	2	3	4	5	6	7	8	9	0	a	b	解答番号	解答欄 1	2	3	4	5	6	7	8	9	0	a	b
1	①	②	③	④	⑤	⑥	⑦	⑧	⑨	⓪	ⓐ	ⓑ	21	①	②	③	④	⑤	⑥	⑦	⑧	⑨	⓪	ⓐ	ⓑ
2	①	②	③	④	⑤	⑥	⑦	⑧	⑨	⓪	ⓐ	ⓑ	22	①	②	③	④	⑤	⑥	⑦	⑧	⑨	⓪	ⓐ	ⓑ
3	①	②	③	④	⑤	⑥	⑦	⑧	⑨	⓪	ⓐ	ⓑ	23	①	②	③	④	⑤	⑥	⑦	⑧	⑨	⓪	ⓐ	ⓑ
4	①	②	③	④	⑤	⑥	⑦	⑧	⑨	⓪	ⓐ	ⓑ	24	①	②	③	④	⑤	⑥	⑦	⑧	⑨	⓪	ⓐ	ⓑ
5	①	②	③	④	⑤	⑥	⑦	⑧	⑨	⓪	ⓐ	ⓑ	25	①	②	③	④	⑤	⑥	⑦	⑧	⑨	⓪	ⓐ	ⓑ
6	①	②	③	④	⑤	⑥	⑦	⑧	⑨	⓪	ⓐ	ⓑ	26	①	②	③	④	⑤	⑥	⑦	⑧	⑨	⓪	ⓐ	ⓑ
7	①	②	③	④	⑤	⑥	⑦	⑧	⑨	⓪	ⓐ	ⓑ	27	①	②	③	④	⑤	⑥	⑦	⑧	⑨	⓪	ⓐ	ⓑ
8	①	②	③	④	⑤	⑥	⑦	⑧	⑨	⓪	ⓐ	ⓑ	28	①	②	③	④	⑤	⑥	⑦	⑧	⑨	⓪	ⓐ	ⓑ
9	①	②	③	④	⑤	⑥	⑦	⑧	⑨	⓪	ⓐ	ⓑ	29	①	②	③	④	⑤	⑥	⑦	⑧	⑨	⓪	ⓐ	ⓑ
10	①	②	③	④	⑤	⑥	⑦	⑧	⑨	⓪	ⓐ	ⓑ	30	①	②	③	④	⑤	⑥	⑦	⑧	⑨	⓪	ⓐ	ⓑ
11	①	②	③	④	⑤	⑥	⑦	⑧	⑨	⓪	ⓐ	ⓑ	31	①	②	③	④	⑤	⑥	⑦	⑧	⑨	⓪	ⓐ	ⓑ
12	①	②	③	④	⑤	⑥	⑦	⑧	⑨	⓪	ⓐ	ⓑ	32	①	②	③	④	⑤	⑥	⑦	⑧	⑨	⓪	ⓐ	ⓑ
13	①	②	③	④	⑤	⑥	⑦	⑧	⑨	⓪	ⓐ	ⓑ	33	①	②	③	④	⑤	⑥	⑦	⑧	⑨	⓪	ⓐ	ⓑ
14	①	②	③	④	⑤	⑥	⑦	⑧	⑨	⓪	ⓐ	ⓑ	34	①	②	③	④	⑤	⑥	⑦	⑧	⑨	⓪	ⓐ	ⓑ
15	①	②	③	④	⑤	⑥	⑦	⑧	⑨	⓪	ⓐ	ⓑ	35	①	②	③	④	⑤	⑥	⑦	⑧	⑨	⓪	ⓐ	ⓑ
16	①	②	③	④	⑤	⑥	⑦	⑧	⑨	⓪	ⓐ	ⓑ	36	①	②	③	④	⑤	⑥	⑦	⑧	⑨	⓪	ⓐ	ⓑ
17	①	②	③	④	⑤	⑥	⑦	⑧	⑨	⓪	ⓐ	ⓑ	37	①	②	③	④	⑤	⑥	⑦	⑧	⑨	⓪	ⓐ	ⓑ
18	①	②	③	④	⑤	⑥	⑦	⑧	⑨	⓪	ⓐ	ⓑ	38	①	②	③	④	⑤	⑥	⑦	⑧	⑨	⓪	ⓐ	ⓑ
19	①	②	③	④	⑤	⑥	⑦	⑧	⑨	⓪	ⓐ	ⓑ	39	①	②	③	④	⑤	⑥	⑦	⑧	⑨	⓪	ⓐ	ⓑ
20	①	②	③	④	⑤	⑥	⑦	⑧	⑨	⓪	ⓐ	ⓑ	40	①	②	③	④	⑤	⑥	⑦	⑧	⑨	⓪	ⓐ	ⓑ

模擬問題（第　　回）解答用紙

（大学入試センター HP 参考）

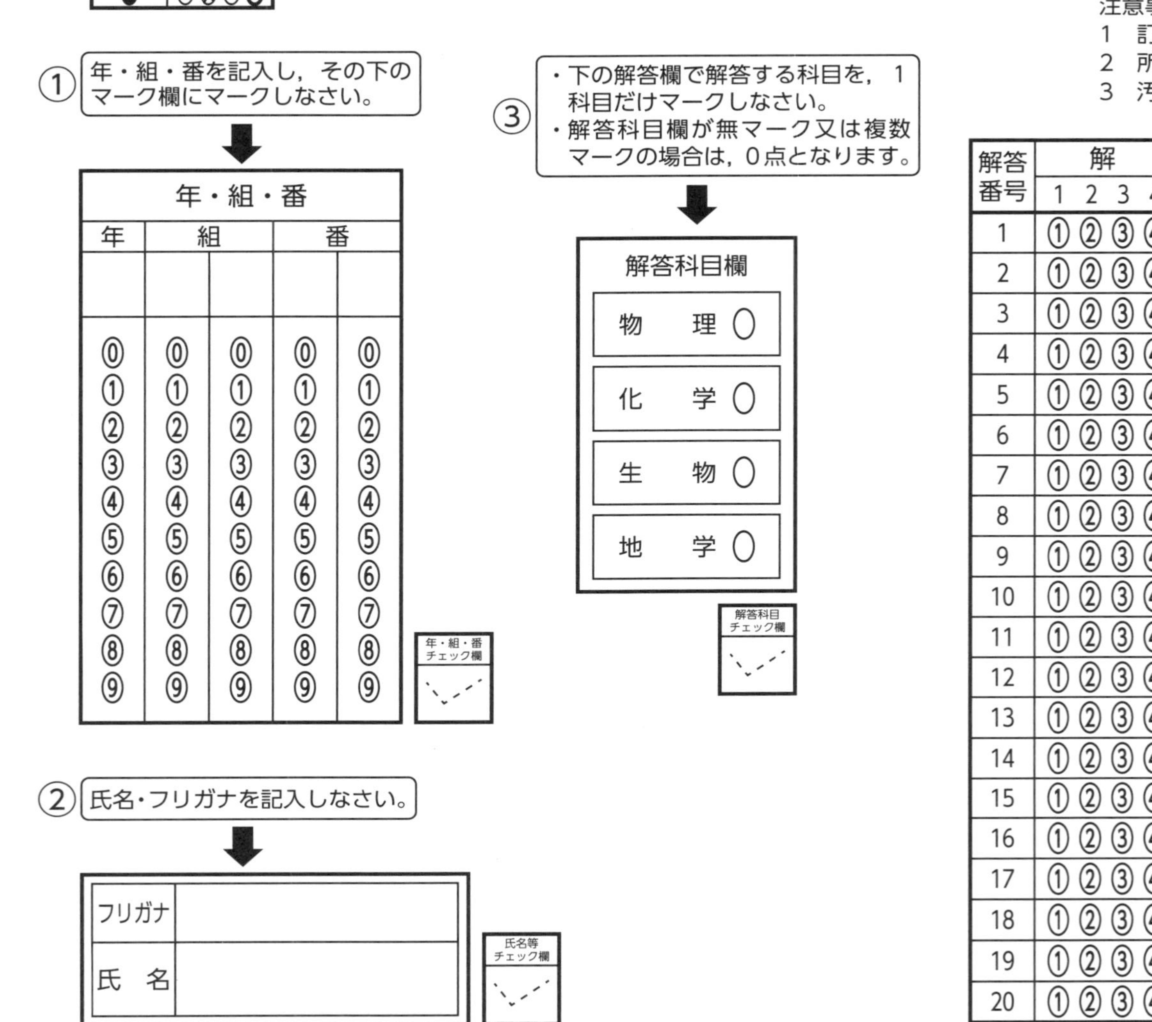
マーク例

良い例	悪い例
●	⊙ ⊗ ◓ ◯

① 年・組・番を記入し，その下のマーク欄にマークしなさい。

年・組・番				
年	組		番	
⓪	⓪	⓪	⓪	⓪
①	①	①	①	①
②	②	②	②	②
③	③	③	③	③
④	④	④	④	④
⑤	⑤	⑤	⑤	⑤
⑥	⑥	⑥	⑥	⑥
⑦	⑦	⑦	⑦	⑦
⑧	⑧	⑧	⑧	⑧
⑨	⑨	⑨	⑨	⑨

年・組・番チェック欄

② 氏名・フリガナを記入しなさい。

フリガナ	
氏　名	

氏名等チェック欄

③
・下の解答欄で解答する科目を，1科目だけマークしなさい。
・解答科目欄が無マーク又は複数マークの場合は，0点となります。

解答科目欄
物　理 ◯
化　学 ◯
生　物 ◯
地　学 ◯

解答科目チェック欄

注意事項
1　訂正は，消しゴムできれいに消し，消しくずを残してはいけません。
2　所定欄以外にはマークしたり，記入したりしてはいけません。
3　汚したり，折りまげたりしてはいけません。

解答番号	解答欄 1	2	3	4	5	6	7	8	9	0	a	b	解答番号	解答欄 1	2	3	4	5	6	7	8	9	0	a	b
1	①	②	③	④	⑤	⑥	⑦	⑧	⑨	⓪	ⓐ	ⓑ	21	①	②	③	④	⑤	⑥	⑦	⑧	⑨	⓪	ⓐ	ⓑ
2	①	②	③	④	⑤	⑥	⑦	⑧	⑨	⓪	ⓐ	ⓑ	22	①	②	③	④	⑤	⑥	⑦	⑧	⑨	⓪	ⓐ	ⓑ
3	①	②	③	④	⑤	⑥	⑦	⑧	⑨	⓪	ⓐ	ⓑ	23	①	②	③	④	⑤	⑥	⑦	⑧	⑨	⓪	ⓐ	ⓑ
4	①	②	③	④	⑤	⑥	⑦	⑧	⑨	⓪	ⓐ	ⓑ	24	①	②	③	④	⑤	⑥	⑦	⑧	⑨	⓪	ⓐ	ⓑ
5	①	②	③	④	⑤	⑥	⑦	⑧	⑨	⓪	ⓐ	ⓑ	25	①	②	③	④	⑤	⑥	⑦	⑧	⑨	⓪	ⓐ	ⓑ
6	①	②	③	④	⑤	⑥	⑦	⑧	⑨	⓪	ⓐ	ⓑ	26	①	②	③	④	⑤	⑥	⑦	⑧	⑨	⓪	ⓐ	ⓑ
7	①	②	③	④	⑤	⑥	⑦	⑧	⑨	⓪	ⓐ	ⓑ	27	①	②	③	④	⑤	⑥	⑦	⑧	⑨	⓪	ⓐ	ⓑ
8	①	②	③	④	⑤	⑥	⑦	⑧	⑨	⓪	ⓐ	ⓑ	28	①	②	③	④	⑤	⑥	⑦	⑧	⑨	⓪	ⓐ	ⓑ
9	①	②	③	④	⑤	⑥	⑦	⑧	⑨	⓪	ⓐ	ⓑ	29	①	②	③	④	⑤	⑥	⑦	⑧	⑨	⓪	ⓐ	ⓑ
10	①	②	③	④	⑤	⑥	⑦	⑧	⑨	⓪	ⓐ	ⓑ	30	①	②	③	④	⑤	⑥	⑦	⑧	⑨	⓪	ⓐ	ⓑ
11	①	②	③	④	⑤	⑥	⑦	⑧	⑨	⓪	ⓐ	ⓑ	31	①	②	③	④	⑤	⑥	⑦	⑧	⑨	⓪	ⓐ	ⓑ
12	①	②	③	④	⑤	⑥	⑦	⑧	⑨	⓪	ⓐ	ⓑ	32	①	②	③	④	⑤	⑥	⑦	⑧	⑨	⓪	ⓐ	ⓑ
13	①	②	③	④	⑤	⑥	⑦	⑧	⑨	⓪	ⓐ	ⓑ	33	①	②	③	④	⑤	⑥	⑦	⑧	⑨	⓪	ⓐ	ⓑ
14	①	②	③	④	⑤	⑥	⑦	⑧	⑨	⓪	ⓐ	ⓑ	34	①	②	③	④	⑤	⑥	⑦	⑧	⑨	⓪	ⓐ	ⓑ
15	①	②	③	④	⑤	⑥	⑦	⑧	⑨	⓪	ⓐ	ⓑ	35	①	②	③	④	⑤	⑥	⑦	⑧	⑨	⓪	ⓐ	ⓑ
16	①	②	③	④	⑤	⑥	⑦	⑧	⑨	⓪	ⓐ	ⓑ	36	①	②	③	④	⑤	⑥	⑦	⑧	⑨	⓪	ⓐ	ⓑ
17	①	②	③	④	⑤	⑥	⑦	⑧	⑨	⓪	ⓐ	ⓑ	37	①	②	③	④	⑤	⑥	⑦	⑧	⑨	⓪	ⓐ	ⓑ
18	①	②	③	④	⑤	⑥	⑦	⑧	⑨	⓪	ⓐ	ⓑ	38	①	②	③	④	⑤	⑥	⑦	⑧	⑨	⓪	ⓐ	ⓑ
19	①	②	③	④	⑤	⑥	⑦	⑧	⑨	⓪	ⓐ	ⓑ	39	①	②	③	④	⑤	⑥	⑦	⑧	⑨	⓪	ⓐ	ⓑ
20	①	②	③	④	⑤	⑥	⑦	⑧	⑨	⓪	ⓐ	ⓑ	40	①	②	③	④	⑤	⑥	⑦	⑧	⑨	⓪	ⓐ	ⓑ

大学入学共通テストの対策

教科書に載っている知識は大切である

出題される問題は，教科書に載っている内容の知識や理解を問うものが大半です。教科書を逸脱する問題が出題されることはないので，教科書に示されている内容の理解が重要になります。本文だけでなく，図や実験にも注意しておきたい。まずは，基本的な内容を正確に理解し，確実に得点できるようにしよう。

実験考察などの問題は過去の問題で練習をしよう

実験の問題やその結果から考察させる問題，グラフや表を読み取らせてその解釈をさせたり数値を計算させたりする問題が重視されます。このような問題では，短い時間で分析し，結論を導くには，事前に十分な練習が必要となります。過去の問題を利用して，グラフの読み取り方，分析の方法などを着実に習得していこう。

時間配分は重要である

問題文の分量が，長くなることが予想されます。文章の読解をすばやく，正確に行う練習の必要があります。時間がかかる計算問題などの対策も心がけておこう。

時間不足になり，あせって力を発揮できないことのないようにしよう。

問題集をうまく活用していこう

この問題集は，知識の確認，計算問題，実験問題，グラフ問題，思考問題のポイントの理解，および模擬試験問題を用いた時間配分の練習と，大学入学共通テストの対策に必要な要素がすべて含まれています。

うまく活用して大学入学共通テストに対応できる力をしっかり身につけてください。